21 世纪高等院校电气工程与自动化规划教材

21 century institutions of higher learning materials of Electrical Engineering and Automation Planning

Electrical Control Technology and PLC

电气控制技术与PLC

徐世许 王美兴 程利荣 胡玉景 编著

人民邮电出版社

北京

图书在版编目（CIP）数据

电气控制技术与PLC / 徐世许等编著. -- 北京 : 人民邮电出版社, 2013.7
21世纪高等院校电气工程与自动化规划教材
ISBN 978-7-115-30823-8

Ⅰ. ①电… Ⅱ. ①徐… Ⅲ. ①电气控制－高等学校－教材②可编程序控制器－高等学校－教材 Ⅳ. ①TM921.5②TM571.6

中国版本图书馆CIP数据核字(2013)第040209号

内 容 提 要

本书分为电气控制技术和 PLC 上、下两篇。上篇介绍了常用低压电器、三相异步电动机控制电路、典型机床的电气控制、电气控制系统设计。下篇介绍了 PLC 的基础知识，并以广泛应用的 OMRON 整体式小型机 CP1 为背景，系统介绍了 PLC 的系统配置、指令系统、任务编程、编程软件 CX-P 的使用和 PLC 控制系统的设计方法。

本书系统性强、阐述清楚、由浅入深、通俗易懂、理论联系实际，每章的末尾都附有思考题与习题，附录配有实验指导，便于教学与自学。本书可作为大专院校自动化、电气技术、机电一体化及其他相关专业的教材，也可以作为工程技术人员的参考用书。

◆ 编　　著　徐世许　王美兴　程利荣　胡玉景
　责任编辑　武恩玉
　责任印制　彭志环　焦志炜

◆ 人民邮电出版社出版发行　　北京市丰台区成寿寺路 11 号
　邮编　100164　　电子邮件　315@ptpress.com.cn
　网址　http://www.ptpress.com.cn
　北京九州迅驰传媒文化有限公司印刷

◆ 开本：787×1092　1/16
　印张：21.25　　　　　　　　2013 年 7 月第 1 版
　字数：528 千字　　　　　　2024 年 8 月北京第 19 次印刷

定价：45.00 元

读者服务热线：(010)81055256　印装质量热线：(010)81055316
反盗版热线：(010)81055315

前言

“电气控制技术与 PLC”是高等工科院校和高职高专类学校自动化、电气技术、机电一体化等专业的一门核心专业课程，它的实践性强、实用性大。在本书的编写过程中，编者注重工程实际，突出技术应用，吸取各校教改成果，结合编者多年来的理论和实践教学经验，精选教学内容。在内容上既注意反映电气控制领域的最新技术，又注意照顾应用型本科学生的知识、能力结构，强调理论联系实际，注重培养学生分析和解决实际问题能力、工程设计能力和创新能力。

全书分为上、下两篇。

上篇的电气控制技术部分共 4 章，主要介绍常用低压电器的结构、原理和用途，三相异步电动机控制的各种基本电路，典型机床的电气控制电路，及电气控制系统设计的原则与方法。下篇的 PLC 部分共 6 章，首先介绍 PLC 的基础知识，并以 OMRON 广泛应用的整体式小型机 CP1 为背景机，详细介绍其系统配置、指令系统、任务编程、编程软件 CX-P 的使用和 PLC 控制系统的设计方法。

本书由徐世许任主编，王美兴、程利荣、胡玉景任副主编。徐世许编写第 7 章～第 10 章及附录，王美兴编写第 1 章～第 4 章，程利荣编写第 5 章，胡玉景编写第 6 章。

OMRON 公司的崔玉兰女士、周岩先生对本书的编写给予极大的支持和帮助，在此表示诚挚的谢意。

本书的编写得到青岛大学自动化工程学院院长于海生教授的大力支持，陈大程、刘磊、程敏、元志超做了大量文字录入和插图绘制工作，付出了辛勤的劳动，许多同事也给予了大力支持，在此谨致以衷心的感谢。

由于编者水平有限，书中难免有错误和不妥之处，希望得到读者的批评指正。

编　者

2012 年 11 月

目　录

上篇　电气控制技术

下篇 PLC

上篇　电气控制技术

第 1 章 常用低压电器

1.1 低压电器的分类及发展概况

在现代化工农业生产中，生产机械的运动部件大多数是由电动机带动的，通过对电动机的自动控制，如启动、正反转、调速、制动等，实现对生产机械的自动控制。这类电气控制系统通常由断路器、继电器、接触器、按钮、行程开关等各种低压电器组成，因此也将其称之为继电接触器控制系统。

低压电器一般是指在交流 1 200V 及以下和直流 1 500V 及以下电路中起通断、控制、保护和调节作用的电器产品。低压电器是组成电器成套设备的基础元件，一套自动化生产线的电器设备中，可能需要使用成千上万件低压电器，其投资费用甚至接近或超过主机的投资。

1.1.1 低压电器分类

1. 按工作原理分类

（1）电磁式电器。是依据电磁感应原理来工作的电器，例如直流接触器、交流接触器及各种电磁式继电器等。

（2）非电量控制电器。靠外力或某种非电物理量的变化而动作的电器，例如刀开关、行程开关、按钮、速度继电器、压力继电器、温度继电器等。

2. 按用途分类

（1）控制电器。用于各种控制电动机的启动、制动、调速等动作，如开关电器、信号控制电器、接触器、继电器、电磁启动器、控制器等。

（2）主令电器。用于自动控制系统中发送控制指令，例如主令开关、行程开关、按钮、万能转换开关等。

（3）保护电器。用于保护电动机和生产机械，使其安全运行，如熔断器、电流继电器、热继电器等。

（4）配电电器。用于电能的输送和分配的电器，例如低压隔离器、断路器、刀开关等。

（5）执行电器。用于完成某种动作或传动功能，例如电磁离合器、电磁铁等。

3. 按执行机能分类

（1）有触头电器。有可分离的动触头、静触头，并利用触头的接触和分离来通断电路，例如刀开关、断路器、接触器、继电器等。

（2）无触头电器。无可分离的触头。利用电子元件的开关效应，即导通和截止来实现电路的通、断控制。例如接近开关、霍尔开关、电子式时间继电器等。

1.1.2 低压电器发展概况

低压电器的生产和发展与电的发明和广泛应用是分不开的，从按钮、刀开关、熔断器等简单的低压电器开始，到各种规格的低压断路器、接触器以及由它们组成的成套电气控制设备，都是随着生产的需要而发展的。使用新材料、新工艺、新技术，极大地促进了低压电器产品质量的提升和性能改善，各种新产品不断研制、开发出来。目前，低压电器正向多功能、高性能、高可靠性、小型化、使用方便等方向发展，主要表现在以下方面。

1. 低压电器产品多功能化和组合化

目前低压电器产品都几乎用较少品种满足各种不同的使用要求，即功能多样化。同时，产品结构上都采用独立功能的组件进行装配，即采用所谓模块化的积木拼装式结构，例如多功能的组合电器就是一个典型。

2. 采用限流新技术，提高分断能力和限流性能

（1）采用上进线静触头导电回路，大幅度提高电动斥力和吹弧磁场，从而达到限流和提高分断能力的目的，如日本三菱公司新一代 WS 型断路器。

（2）采用双断点分断技术，如施耐德公司的 NS 型、默勒公司的 NZM1-4 型断路器采用旋转式双断点分断，ABB 公司 T 型断路器采用平行式双断点分断。这两种结构在较小尺寸条件下获得较大的短路分断能力。

（3）采用绝缘器壁产气和压力喷流技术，新型断路器几乎都采用带有出气口的半封闭灭弧小室，绝缘器壁在电弧侵蚀下产气，通过出气口在室内形成压差驱动电弧，并形成喷流熄弧。这种压力喷流技术是灭弧的一种新观点。

（4）采用 PTC 的限流电阻元件来提高分断能力，如在微型断路器中获得应用，大大提高了短路分断能力。正由于限流新技术的应用，使得低压断路器短路分断能力高达 150kA。

3. 应用电力电子技术与微电子技术，提高低压电器产品的性能，扩大其功能

电力电子技术与微电子技术在低压电器中应用有较长的历史。近年来，该类产品经过不断更新换代，从晶体管式发展到集成电路式。特别是电力电子器件 GTO、IGBT 的质量可靠性不断提高，获得应用越来越多。如固态断路器、混合式接触器、接近开关、固态继电器等。尤其是电子式过载保护器的产生体现了当今世界过载保护继电器的一种发展趋势。它与传统双金属型过载保护继电器相比，具有安装方便、脱扣动作快而且准确、误差小、重复性好、参数调节方便、消耗功率小等优点，是一种更为理想的电动机保护装置。

4. 应用微机技术、自动化技术和通信技术改造传统电器产品，实现智能化

新型低压电器带有微处理器，从单纯的保护作用发展为兼有控制功能，实现中低压配电系统保护和控制的智能化。这些智能化低压电器具有下述特点。

（1）具有对配电线路和电器本身的监测及显示能力。智能化低压电器能准确监测和显示配电线路的运行情况，并能准确地切除过载、短路等各种故障；能按运行人员的设置要求进行各种操作；与此同时，还能对电器本身进行监测、对故障自诊断及故障状况显示。

（2）新的控制理论的应用。新的智能化控制理论（如模糊理论、神经网络等）已从家用电器延伸应用到低压电器的控制上。

（3）具有通信功能和现场总线控制新技术的应用。智能化低压电器带有通信接口，能和

系统通信，构成整个智能化控制系统。在可通信智能化上引入现场总线控制新技术。目前，现场总线在电站自动化、楼宇自动化、工业过程控制和生产自动化中得到广泛的应用。

1.2 低压电器的基本结构

低压电器一般由感测和执行两个基本部分组成。感测部分接收外界信号的变化，做出有规律的反应；执行部分则是根据指令信号，执行电路的通、断控制。

在各种低压电器中，根据电磁感应原理来实现通、断控制的电器很多，它们的结构相似、原理相同，感测部分是电磁机构，执行部分则是触点系统和灭弧系统。

1.2.1 电磁机构

电磁机构是各种电磁式电器的感测部分，其主要作用是将电磁能转换为机械能，带动触点动作，接通或断开电路。电磁机构主要由吸引线圈、铁心和衔铁等几部分组成。按动作方式可分为直动式和转动式等，如图 1.1 所示。

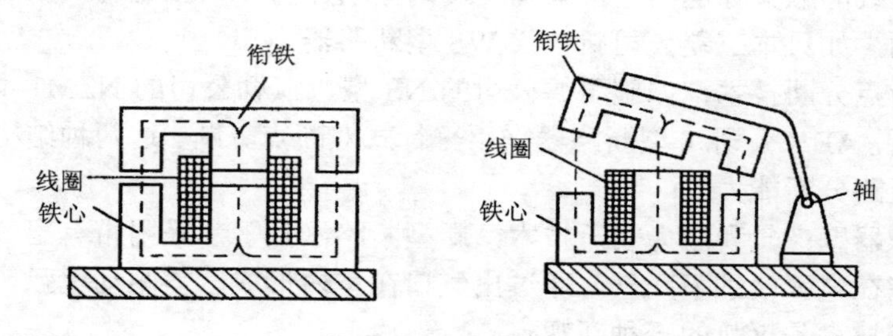

图 1.1 交流接触器电磁系统结构图

电磁机构的工作原理：当线圈通入电流后，将产生磁场，磁通经过铁心、衔铁和工作气隙形成闭合回路，产生电磁吸力，将衔铁吸向铁心。同时，衔铁还要受到复位弹簧的反作用力，只有当电磁吸力大于弹簧的反力时，衔铁才能可靠地被铁心吸住。电磁机构又常称电磁铁。

电磁铁可分为交流电磁铁和直流电磁铁。交流电磁铁为减少交变磁场在铁心中产生的涡流与磁滞损耗，一般采用硅钢片叠压而成，线圈有骨架，且成短粗形，以增加散热面积。而直流电磁铁线圈通入直流电，产生恒定磁通，铁心中没有磁滞损耗与涡流损耗，只有线圈本身的铜损，所以铁心用电工纯铁或铸钢制成，线圈无骨架，且成细长型。

由于交流电磁铁的铁心的磁通是交变的，当线圈中通以交变电流时，在铁心中产生的磁通 Φ_1 也是交变的，对衔铁的吸力时大时小。当磁通过零时吸力也为零，吸合后的衔铁在反作用弹簧的作用下将被拉开，磁通过零后吸力增大，当吸力大于反力时，衔铁又吸合。因而衔铁产生强烈振动与噪声，甚至使铁心松散。为了避免衔铁振动，如图 1.2（a）所示，在铁心端面上安装一个铜制的分磁环（或称短路环），其包围铁心端面约 2/3 的面积。当电磁机构的交变磁通穿过短路环所包围的截面 S_2 时，环中产生涡流。根据电磁感应定律，此涡流产生的磁通 Φ_2 在相位上落后于截面 S_1 中的磁通 Φ_1。这样，铁心中有两个不同相位的磁通 Φ_1 和 Φ_2，这两部分磁通产生的吸力 F_1 和 F_2 也有一个相位差，F_1 和 F_2 不同时为零，如图 1.2（b）所示，电磁机构的吸力为 F_1 和 F_2 之和。只要此合力始终大于反力，衔铁的振动现象就消失了。

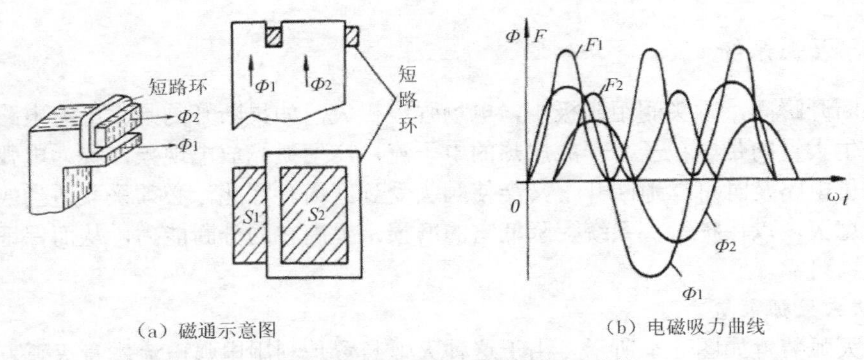

（a）磁通示意图　　（b）电磁吸力曲线

图 1.2　加短路环后的磁通和电磁吸力曲线

1.2.2　触点系统

触头（触点）是接触器的执行元件，用来接通或断开被控制的电路。

触头的结构形式很多，按其所控制的电路可分为主触头和辅助触头。主触头用于接通或断开主电路，允许通过较大的电流；辅助触头用于接通或断开控制电路，只能通过较小的电流。

触头按其原始状态可分为常开触头和常闭触头。原始状态时（即线圈未通电）断开，线圈通电后闭合的触头叫常开触头；原始状态时闭合，线圈通电后断开的触头叫常闭触头。

按触头接触形式可分为三种，即点接触、线接触和面接触。点接触由两个半球形触点或一个半球形与一个平面形触点构成。它常用于小电流的电器中，如接触器的辅助触点或继电器触点。线接触是指两个带弧面的矩形触头相接触，它的接触区域是一条直线。触点在通断过程中是滚动接触，这样，可以自动清除触点表面的氧化膜，同时长期工作的位置不是在易烧灼的接触点，从而保证了触点的良好接触。这种滚动线接触多用于中等容量的触头，如接触器的主触头。面接触是指两个平面触头相接触，它可允许通过较大的电流。这种触点一般在接触表面上镶有合金，以减小触点接触电阻和提高耐磨性，多用作较大容量接触器的主触点。

由于触点表面的不平与氧化层的存在，两个触点的接触处有一定的电阻。为了减小此接触电阻，需在触点间加一定压力。图 1.3 所示为两个点接触的桥式触头，两个触头串于同一条电路中，构成一个桥路，电路的接通与断开由两个触头共同完成。当动触点与静触点接触时，由于安装时弹簧被预先压缩了一段，因而产生一个初压力 F_1，如图 1.3（b）所示。触点闭合后由于弹簧在超行程内继续变形而产生一终压力 F_2，如图 1.3（c）所示。弹簧压缩的距离称为触点的超行程，即从静、动触点开始接触到触点压紧，整个触点系统向前压紧的距离。有了超行程，在触点磨损情况下，仍具有一定压力。触点磨损严重时应予更换。

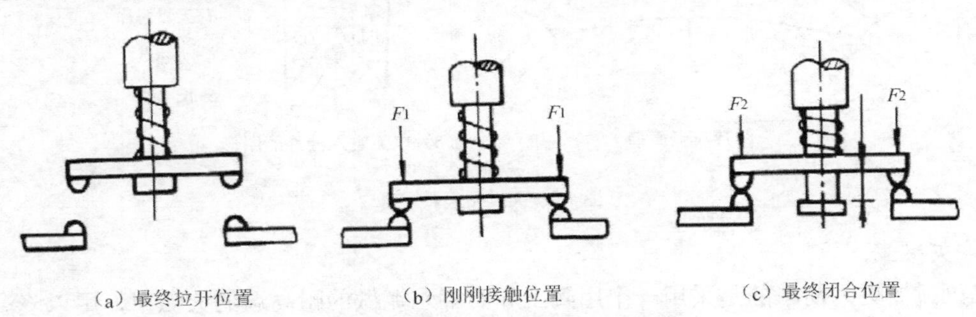

（a）最终拉开位置　　（b）刚刚接触位置　　（c）最终闭合位置

图 1.3　桥式触点闭合过程位置示意图

1.2.3 灭弧系统

当触头断开瞬间，触头间距离极小，电场强度极大，如果断开的是大电流电路，动、静触头间会产生大量的带电粒子，形成炽热的电子流，产生弧光放电现象，称为电弧。电弧的存在既妨碍了电路及时可靠地断开，又会使触头受到磨损。因此，必须采取适当的灭弧装置使电弧迅速熄灭，以保护触头系统，降低它的磨损，提高它的分断能力，从而保证整个电器的工作安全、可靠。

1. 磁吹式灭弧装置

磁吹式灭弧装置如图 1.4 所示。由于这种灭弧装置是利用电弧电流本身灭弧，因而电弧电流越大，吹弧的能力也越强，且不受电路电流方向影响，因此广泛应用于直流接触器中。

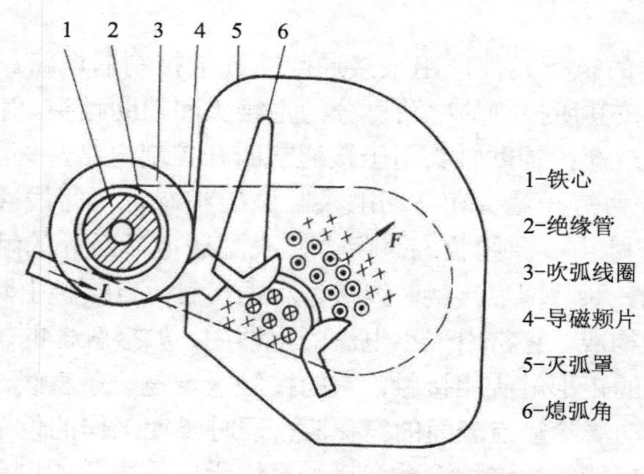

图 1.4 磁吹式灭弧装置

2. 灭弧栅

灭弧栅灭弧原理如图 1.5 所示。电弧被栅片分割成许多串联的短电弧，当交流电压过零时电弧自然熄灭，两栅片间必须有 150～250V 电压，电弧才能重燃。由于电源电压不足以维持电弧，同时由于栅片的散热作用，电弧自然熄灭后很难重燃。这是一种很常用的交流灭弧装置。

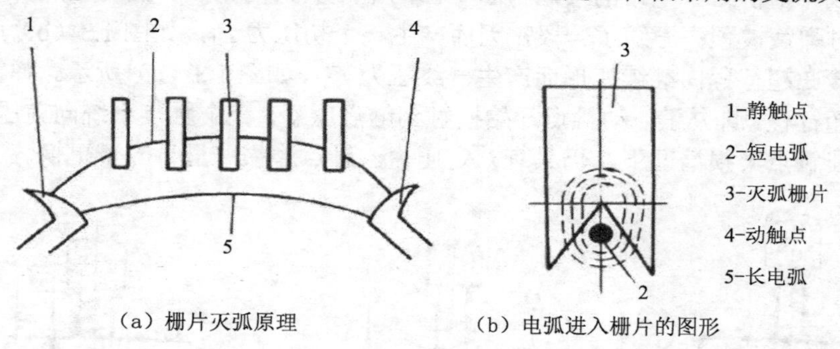

图 1.5 灭弧栅灭弧原理

3. 灭弧罩

比灭弧栅更为简单的是采用一个用陶土和石棉水泥做的耐高温的灭弧罩，用以降温和隔弧。可用于交流和直流灭弧。

4. 多断点灭弧

在交流电路中采用桥式触点，如图 1.6 所示，有两处断开点，相当于两对电极，若有一处断点，要使电弧熄灭后重燃需要 150～250V，现二处断点就需要 2×（150～250）V，所以有利于灭弧。若采用双极或三极接触器控制一个电路时，可灵活地将二个极或三个极串联起来作为一个触点使用，这组触点便成为多断点，灭弧效果将大大提高。

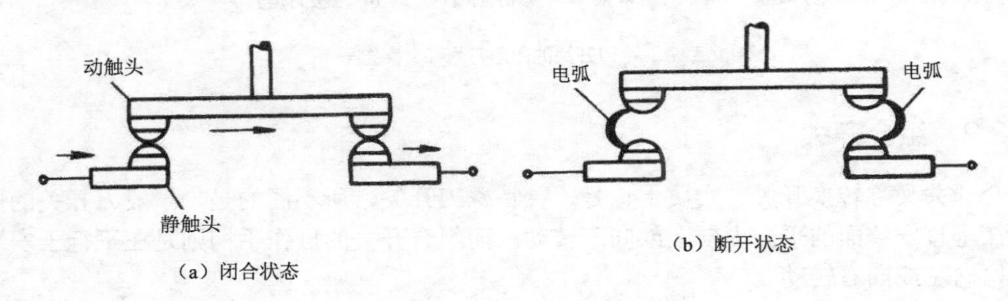

图 1.6　桥式触头

1.3　低压开关和低压断路器

1.3.1　刀开关

刀开关是一种手动电器，广泛应用于配电设备作隔离电源用，有时也用于直接启动小容量的笼形异步电动机。

刀开关主要有胶盖刀开关和铁壳刀开关两种，开关内都装有熔断器，兼有短路保护功能。

胶盖刀开关俗称闸刀开关，结构简单，曾是应用最广泛的一种手动电器，如图 1.7 所示，主要用于电路的电源开关和容量小于 7.5kW 的异步电动机。按极数分，有单极、双极与三极开关几种，刀开关的图形符号和文字符号如图 1.8 所示。

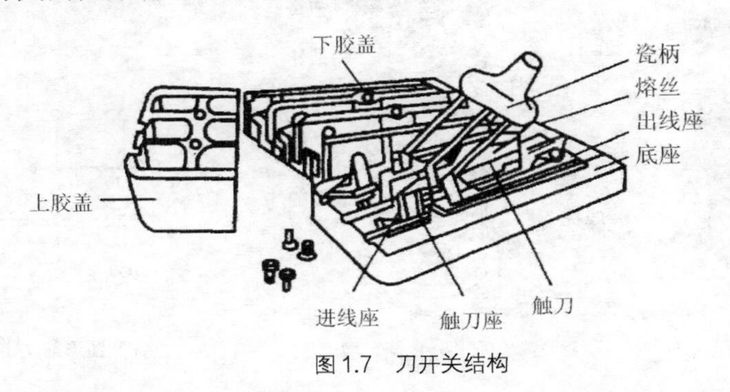

图 1.7　刀开关结构

刀开关安装时，手柄向上，不得倒装或平装，避免由于重力自动下落，引起误动合闸。接线时，应将电源线接在上端，负载线接在下端，这样拉闸后刀开关的刀片与电源隔离，既便于更换熔丝，又可防止可能发生的意外事故。

刀开关的主要技术参数有：额定电压、额定电流、通断能力、刀开关电寿命。

近年来，很多场合下，空气开关取代了刀开关，刀开关的使用逐渐减少。

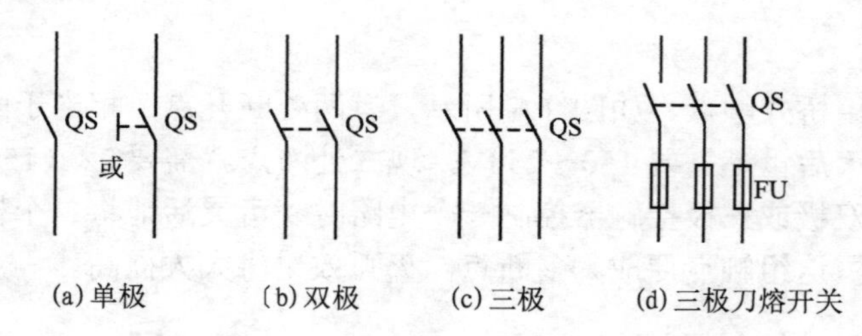

图 1.8 刀开关的图形符号和文字符号

1.3.2 组合开关

组合开关又称转换开关，实质上也是一种特殊刀开关，所不同的是，一般刀开关的操作手柄是在垂直安装面的平面内向上或向下转动，而组合开关的操作手柄则是在平行于安装面的平面内向左或向右转动。

组合开关多用在机床电气控制线路中，作为电源的引入开关，一般用于交流 380V、直流 220V，电流 100A 以下的电路中做电源开关。也可以用作不频繁地接通和断开电路、换接电源和负载，以及控制 5kW 以下的小容量电动机的正转、反转和星三角启动等。

组合开关的外形、内部结构和图形与文字符号如图 1.9 所示。组合开关由若干动触片（动触点）和静触片（静触点）分别装于数层绝缘座内而成，动触片安装在手柄的转轴上，当转动手柄时，每层的动触片随方形转轴一起转动，并使静触片插入相应的动触片中，可实现多条线路、不同联接方式的转换。

组合开关的主要技术参数有额定电压、额定电流、极数等。常用型号有 HZ5、HZ10、HZ15 等系列。

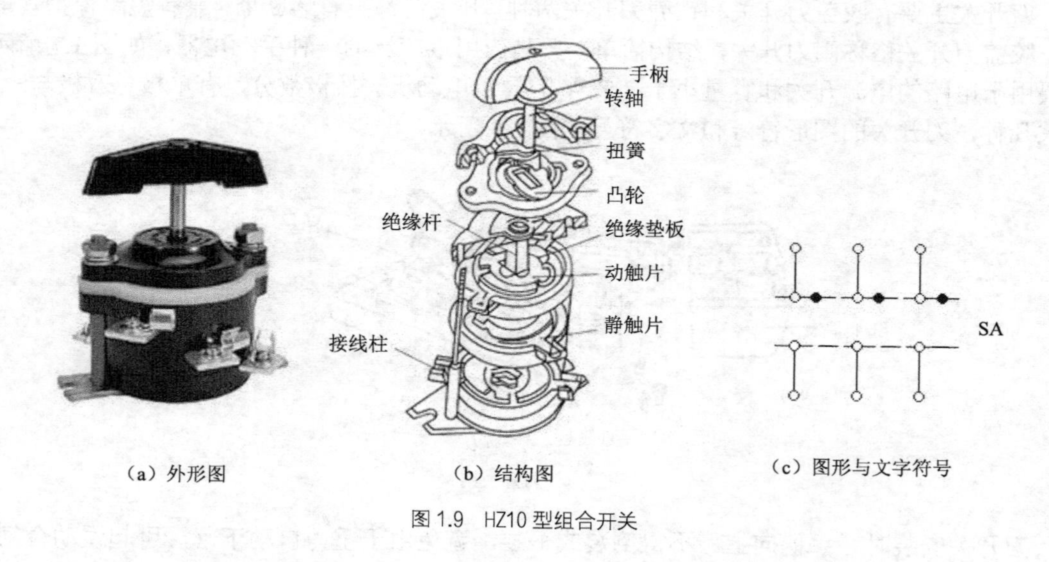

图 1.9 HZ10 型组合开关

1.3.3 低压断路器

低压断路器俗称自动开关，是低压配电系统和电力拖动系统中非常重要的电器，它相当于刀开关、熔断器、热继电器和欠电压继电器的组合，集控制与多种保护于一身，并具有操作安全、使用方便、工作可靠、安装简单、分断能力高等优点。因此，得到广泛应用。

低压断路器的外形如图 1.10 所示，结构原理如图 1.11 所示。

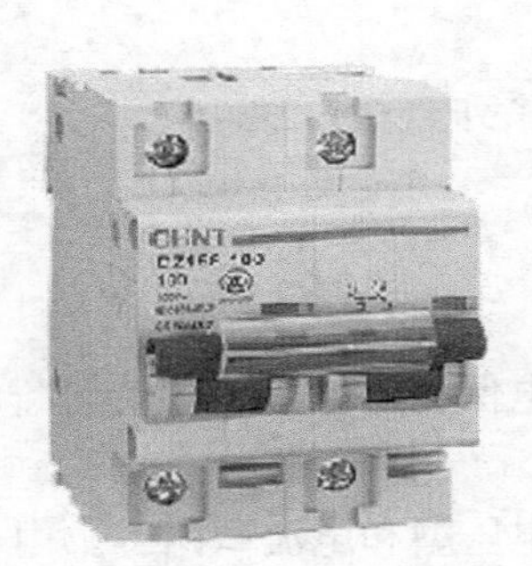

（a）DZ158-100 小型断路器

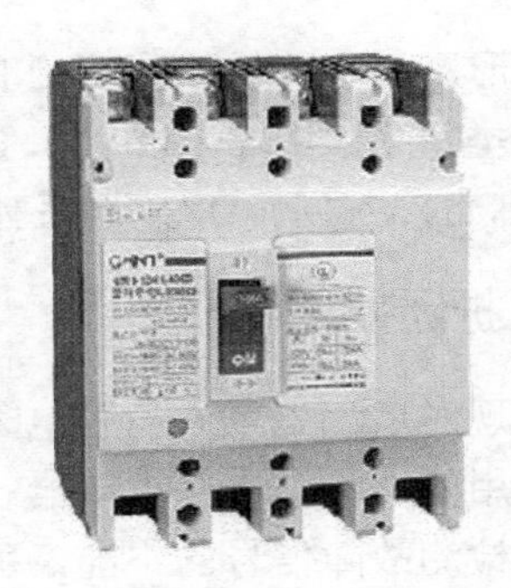

（b）NM1 系列塑料外壳式断路器

图 1.10 断路器外形

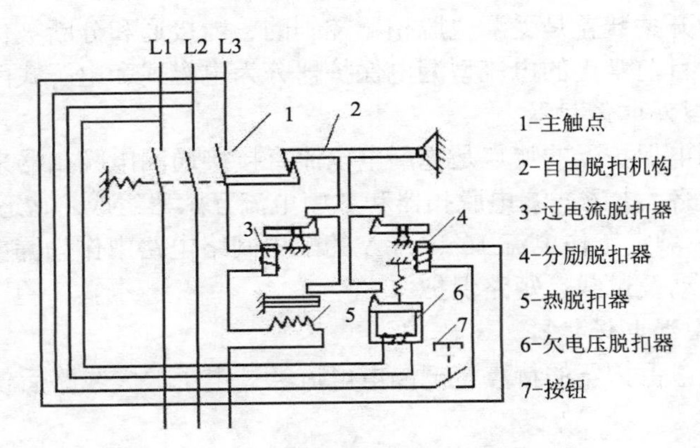

图 1.11 断路器结构原理图

低压断路器由以下 3 个基本部分组成。

（1）主触头和灭弧装置。主触头是断路器的执行元件，用来接通和断开主电路，为提高其分断能力，主触头上装有灭弧装置。

（2）具有不同保护功能的脱扣器。脱扣器是断路器的感受元件，当电路出现故障时，脱扣器感测到故障信号后，经由自由脱扣器使主触头分断，从而起到保护作用。脱扣器有热脱扣器、欠电压脱扣器、过电流脱扣器、分励脱扣器等。由具有不同保护功能的各种脱扣器可以组合成不同性能的低压断路器。

（3）自由脱扣机构和操作机构。自由脱扣机构是用来联系操作机构和主触头的机构，当操作机构处于闭合位置时，也可操作分励脱扣机构进行脱扣，将主触头断开。操作机构是实现断路器闭合、断开的机构。通常电力拖动控制系统中的断路器采用手动操作机构。

低压断路器的开关主触头依靠操作机构手动或电动合闸。主触头闭合后，自由脱扣机构将主触头锁在合闸位置上。过电流脱扣器的线圈和热脱扣器的热元件与主电路串联，欠电压脱扣器的线圈与电源并联。当电路发生短路或严重过载时，过电流脱扣器的衔铁吸合，使自由脱扣机构动作，主触头断开主电路。当电路过载时，热脱扣器的热元件发热使双金属片变形，顶动自由脱扣机构动作。当电路欠压时，欠电压脱扣器的衔铁释放，也使自由脱扣机构动作。分励脱扣器则用作远距离分断电路。

低压断路器的图形、文字符号如图 1.12 所示。

低压断路器的种类很多，主要有 DW10、DW15 系列，DZ5、DZ10、DZ20 系列，DS 系列，DWX15、DZX10 系列。

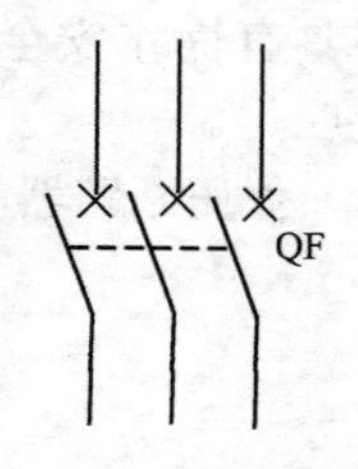

图 1.12 低压断路器的图形与文字符号

1.3.4 漏电保护断路器

当电路或设备出现对地漏电或人身触电时，漏电保护器能迅速自动切断电源，从而避免造成事故，它是最常用的一种漏电保护电器。

漏电保护器按其检测故障信号的不同，可分为电压型和电流型两类。由于电压型漏电保护器存在可靠性差等缺点，目前已被淘汰。这里仅介绍电流型漏电保护器。

漏电保护器结构上一般由零序电流互感器、漏电脱扣器、开关装置三部分组成。零序电流互感器用于检测漏电流的大小；漏电脱扣器能将检测到的漏电流与一个预定基准值相比较，从而判断是否动作；开关装置是受漏电脱扣器控制的、能接通和分断被保护电路的机构。

根据结构不同，目前常用的电流型漏电保护器分为电磁式和电子式两种。

1. 电磁式电流型漏电保护器

电磁式电流型漏电保护器的特点是把漏电电流直接接通漏电脱扣器来操作开关装置，它由开关装置、试验回路、电磁式漏电脱扣器和零序电流互感器组成。它适用于交流 50Hz、额定工作电压至 400V、额定工作电流 16～630A 的配电网络电路中作为漏电保护之用。亦可作为电动机的不频繁启动及过载、短路保护。

2. 电子式电流型漏电保护器

电子式电流型漏电保护器的特点是把漏电电流经过电子放大线路后使漏电脱扣器动作，从而操作开关装置。

电子式漏电保护器的工作原理与电磁式的大致相同。只是当漏电电流超过基准值时，立即被放大并输出具有一定驱动功率的信号使漏电脱扣器动作。

漏电保护断路器有单相式和三相式两种，单相式主要产品有 DZL18-20 型；三相式有 DZ15L、DZ47L、DS250M 等。漏电保护断路器额定漏电动作电流为 30～100mA，漏电脱扣器动作时间小于 0.1s。

3. 漏电保护器的选用

（1）手持电动工具、移动电器、家用电器应选用额定漏电动作电流不大于 30mA、快速动作的漏电保护器，动作时间小于 0.1s。

（2）单台电机设备可选用额定漏电动作电流为 30mA 及以上、100mA 以下快速动作的漏电保护器。

（3）有多台设备的总保护应选用额定漏电动作电流为 100mA、快速动作的漏电保护器。

1.4 熔断器

熔断器是低压电路及电动机控制线路中主要用作短路保护的电器。使用时串接在被保护的电路中，当流过熔断器的电流大于规定值时，以其自身产生的热量使熔体熔断，从而自动切断电路，起到保护作用。它具有结构简单、价格低廉、动作可靠、使用维护方便等优点，因此得到广泛的应用。

1.4.1 熔断器的基本结构

熔断器主要由熔体（保险丝）和熔管（底座）组成。熔体由易熔金属材料铅、锌、锡、银、铜及其合金制成，通常制成丝状和片状。熔管是装熔体的外壳，由耐热的绝缘材料制成，在熔体熔断时兼有灭弧作用。

熔断器的产品系列及种类很多，常用的产品有RC系列瓷插式熔断器、RL系列螺旋式熔断器、R系列玻璃管式熔断器、RM系列无填料密闭管式熔断器、RT系列有填料密闭管式熔断器、RLS/RST/RS系列半导体器件保护用快速熔断器。

图1.13～图1.16所示为几种常用熔断器的结构图。

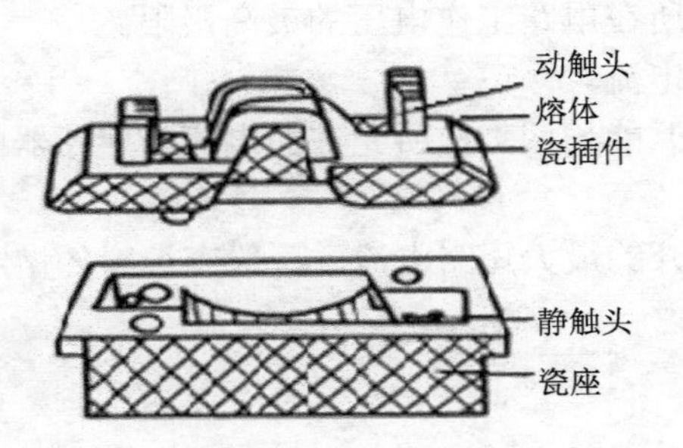

图1.13 瓷插式熔断器

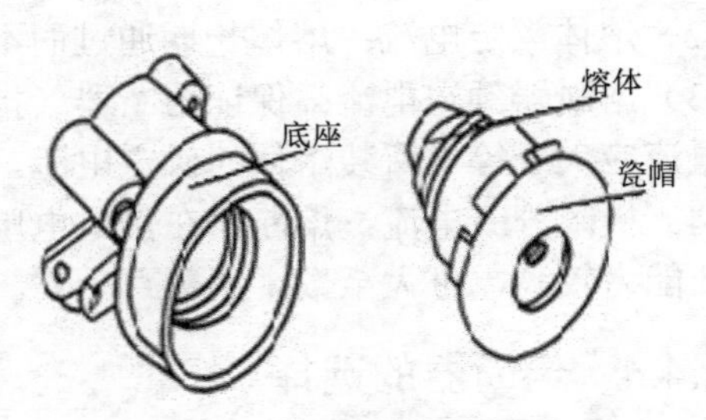

图1.14 螺旋式熔断器

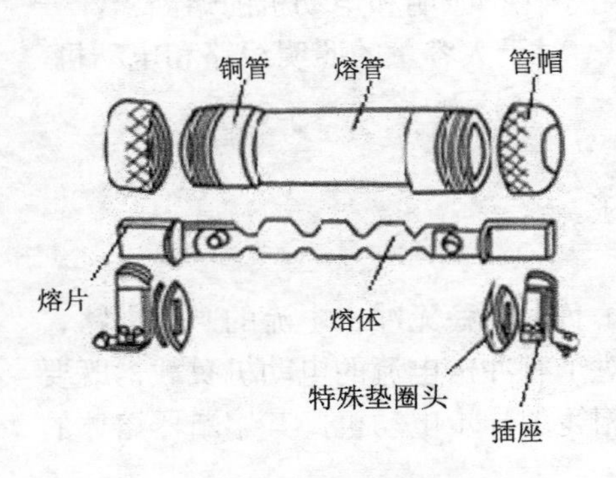

图1.15 无填料密闭管式熔断器

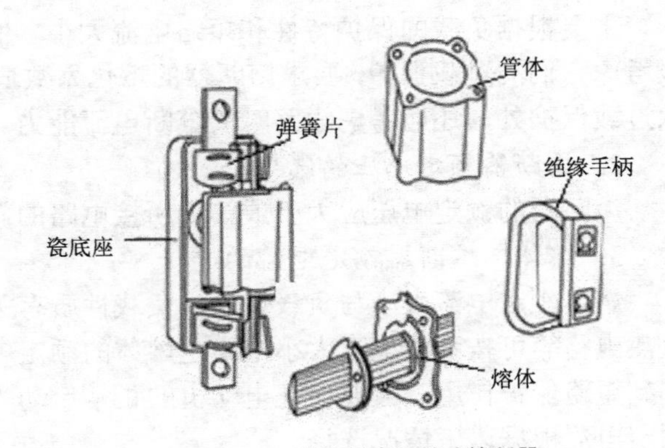

图1.16 有填料密闭管式熔断器

1.4.2 熔断器的工作原理

熔断器串接于被保护的电路中，电流通过熔体时产生的热量与电流平方和电流通过的时间成正比，电流越大，则熔体熔断时间越短，这种特性称为熔断器的保护特性或安秒特性，如图1.17所示。图中I_{min}为最小熔化电流或临界电流，即通过熔体的电流小于此值时不会熔断，所以选择的熔体额定电流I_N应小于I_{min}。通常，$I_{min}/I_N≈1.5$～2，称为熔化系数，该系数反映熔断器在过载时的短时过电流。若要使熔断器能保护小过载电流，则熔化系数应小些。若要避免电动机启动时的短时过电流，熔化系数应大些。

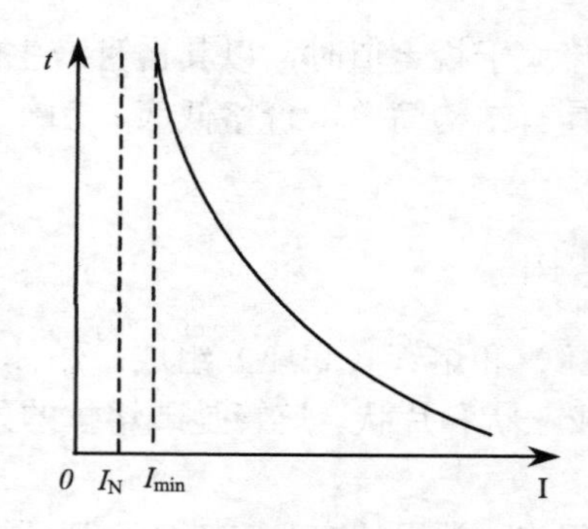

图 1.17 熔断器的保护特性

1.4.3 熔断器的技术参数

熔断器的技术参数包括以下几种。

（1）额定电压：从灭弧的角度出发，规定熔断器所在电路工作电压的最高极限。

（2）熔体额定电流：熔体长期通过而不会熔断的电流。

（3）熔断器额定电流：保证熔断器（指绝缘底座）能长期工作所允许的电流。熔断器的额定电流应大于等于所装熔体的额定电流。

（4）极限分断电流：熔断器在额定电压下所能断开的最大短路电流。一般有填料的熔断器分断能力较高，可大至数十到数百千安。

1.4.4 熔断器的选择

1. 熔断器类型的选择

主要根据负载的保护特性和短路电流大小。例如，用于保护照明和电动机的熔断器，一般考虑它们的过载保护，要求熔断器的熔化系数适当小些。对于大容量的照明线路和电动机，除过载保护外，还应考虑短路时的分断电流能力。

2. 熔断器额定电压的选择

熔断器的额定电压应大于或等于所接电路的额定电压。

3. 熔体、熔断器额定电流的选择

熔体额定电流大小与负载大小、负载性质有关。对于负载平稳无冲击电流的照明电路、电热电路等可按负载电流大小来确定熔体的额定电流；对于有冲击电流的电动机负载，既要起到短路保护作用，又要保证电动机的正常启动，对三相笼型异步电动机，其熔断器熔体的额定电流根据以下情况选择。

（1）单台长期工作电动机

$$I_N = (1.5 \sim 2.5)\ I_{NM}$$

式中，I_N 为熔体额定电流，I_{NM} 为电动机额定电流。

（2）单台频繁启动电动机

$$I_N = (3 \sim 3.5)\ I_{NM}$$

（3）多台电动机共用一熔断器保护

$$I_N = (1.5 \sim 2.5)\ I_{NMmax} + \sum I_{NM}$$

式中，I_{NMmax} 为多台电动机中容量最大一台电动机的额定电流，ΣI_{NM} 为其余各台电动机额定电流之和。

在（1）、（3）两种情况下，对轻载启动或启动时间较短时，式中系数取1.5；重载启动或启动时间较长时，系数取2.5。当熔体额定电流确定后，根据熔断器额定电流大于或等于熔体额定电流来确定熔断器额定电流。

4. 熔断器上、下级配合

在配电系统中，为防止越级熔断、扩大停电事故范围，各级熔断器间应有良好的协调配合，使下一级熔断器比上一级的先熔断，从而满足选择性保护要求。选择时，上一级熔体的额定电流要比下一级的至少大一个等级。

1.5 接触器

接触器是电力拖动和自动控制系统中使用量大、面广的一种低压控制电器，用来频繁地接通和断开交直流主回路和大容量控制电路。主要控制对象是电动机，也可以控制其他负载，如电焊机、电照明、电容器、电阻炉等。交流接触器具有操作频率高、使用寿命长、工作可靠、性能稳定、维护方便等优点，能实现远距离控制，同时还具有欠电压释放保护和零电压保护功能。

按控制电流性质的不同，接触器分交流接触器和直流接触器两大类。

1.5.1 接触器的结构和工作原理

接触器主要由电磁机构、触头系统和灭弧装置组成，其结构如图1.18所示。

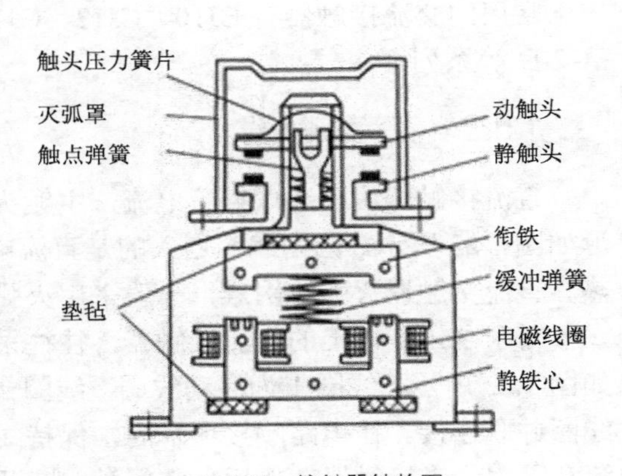

图1.18 接触器结构图

当接触器线圈通电后，在铁心中产生磁通。由此在衔铁气隙处产生吸力，使衔铁产生闭合动作，主触头在衔铁的带动下也闭合，于是接通了主电路。同时，衔铁还带动辅助触头动作，使原来打开的辅助触头闭合，而使原来闭合的辅助触头打开。当线圈断电或电压显著降低时，吸力消失或减弱，衔铁在缓冲弹簧作用下，主、辅触头又恢复到原来状态。这就是接触器的工作原理。接触器的图形、文字符号如图1.19所示。

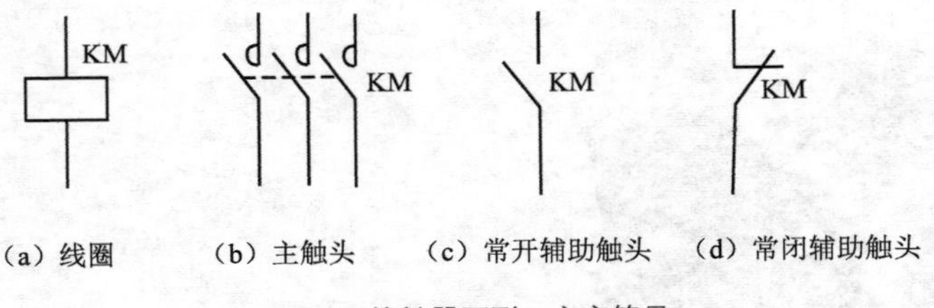

图1.19 接触器图形、文字符号

1.5.2 交流接触器

交流接触器线圈通以交流电，主触头接通，断开交流主电路。当交流磁通穿过铁心时，将产生涡流和磁滞损耗，使铁心发热。为减少铁损，铁心用硅钢片冲压而成。为便于散热，线圈做成短而粗的圆筒状绕在骨架上，CJ20 系列交流接触器实物如图 1.20 所示，交流接触器工作原理如图 1.21 所示。

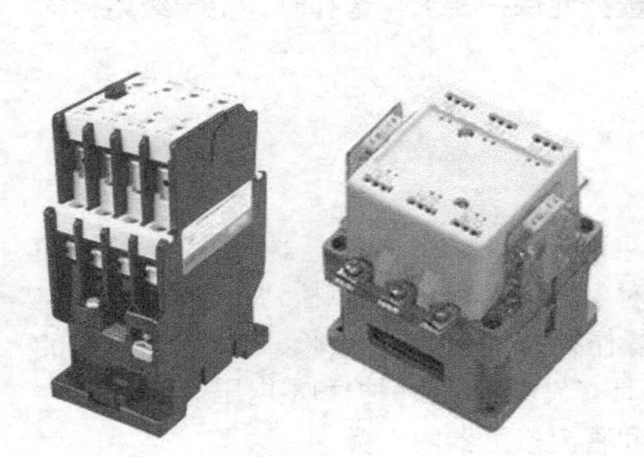

图 1.20　CJ20 系列交流接触器

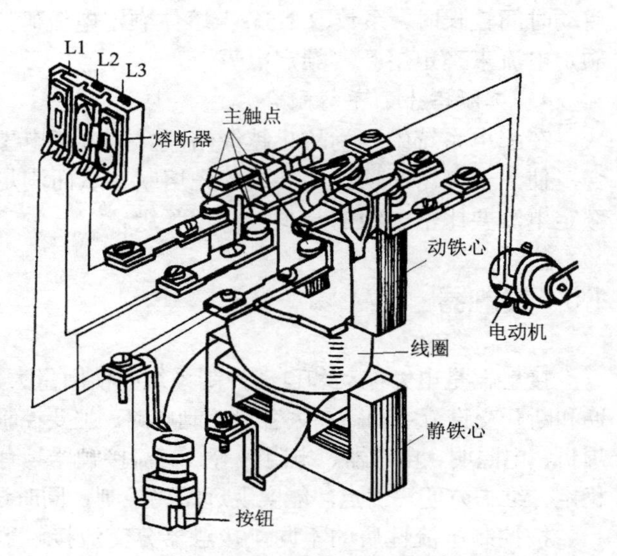

图 1.21　交流接触器的工作原理

常用的交流接触器有 CJ10、CJ12、CJ10X、CJ20、CJX2、CJX1、3TB、3TD、LC1-D、LC2-D 等系列。

1.5.3　直流接触器

直流接触器线圈通以直流电流，主触头接通，断开直流主电路，CZ0 系列直流接触器外形如图 1.22 所示。因为线圈通入的是直流电，铁心中不会产生涡流和磁滞损耗，所以不会发热。直流接触器灭弧较困难，一般采用灭弧能力较强的磁吹灭弧装置。

对于 250A 以上的直流接触器，往往采用串联双绕组线圈，直流接触器双绕组线圈接线如图 1.23 所示。线圈 1 为启动线圈，线圈 2 为保持线圈，接触器的一个常闭辅助触头与保持线圈并联连接。在电路刚接通瞬间，保持线圈被常闭触头短接，可使启动线圈获得较大的电流和吸力。当接触器动作后，常闭触头断开，两线圈串联通电，由于电源电压不变，所以电流减小，但仍可保持衔铁吸合，因而可以节电和延长电磁线圈的使用寿命。

图 1.22　CZ0 系列直流接触器

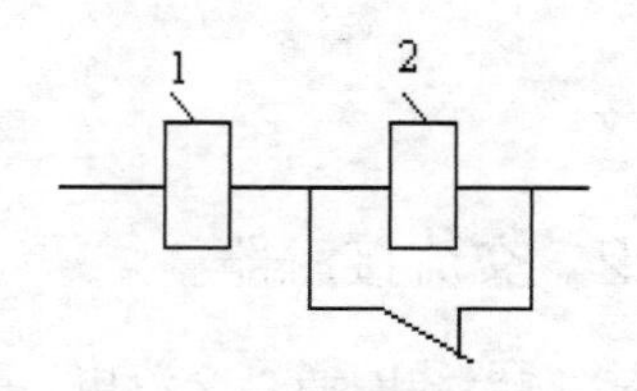

图 1.23　直流接触器双绕组线圈接线图

常用的直流接触器有CZ0、CZ18、CZ21、CZ22等系列。

1.5.4 接触器的技术参数

接触器的主要技术参数有以下几种。

（1）额定电压。接触器的额定电压是指主触头的额定电压。常用电压等级分为交流接触器220V、380V、660V及1140V；直流接触器110V、220V、440V、660V。

（2）额定电流。接触器的额定电流是指主触头的额定电流。CJ20系列交流接触器额定电流等级有10A、16A、32A、55A、80A、125A、200A、315A、400A、630A。CZ18系列直流接触器额定电流等级有40A、80A、160A、315A、630A、1000A。

（3）电磁线圈的额定电压。电磁线圈的额定电压是指保证衔铁可靠吸合的线圈工作电压。常用电压等级分为交流线圈36V、127V、220V、380V；直流线圈24V、48V、110V、220V。

（4）触头数目。各种类型的接触器触头数目不同。交流接触器的主触头有三对（常开触头），一般有四对辅助触头（两对常开、两对常闭），最多可达到六对（三对常开、三对常闭）。直流接触器主触头一般有两对（常开触头），辅助触头有四对（两对常开、两对常闭）。

（5）接通和分断能力。指主触头在规定条件下能可靠地接通和分断的电流值。在此电流值下，接通时主触头不应发生熔焊，分断时主触头不应发生长时间燃弧。

（6）额定操作频率。接触器额定操作频率是指每小时接通次数。通常交流接触器为600次/小时，直流接触器为1200次/小时。

（7）机械寿命和电气寿命。机械寿命是指接触器在需要修理或更换机构零件前所能承受的无载操作次数。电气寿命是在规定的正常工作条件下，接触器不需修理或更换的有载操作次数。

（8）使用类别。接触器用于不同负载时，对主触头的接通和分断能力要求不同，按不同使用条件来选择相应使用类别的接触器。

1.5.5 接触器的选用原则

为了保证系统正常功作，要根据控制要求正确选择接触器，使接触器的技术参数满足条件。

（1）接触器类型。接触器的类型应根据电路中负载电流的种类来选择。对交流负载应选用交流接触器，直流负载应选用直流接触器。

（2）接触器主触点的额定电压。被选用的接触器主触头的额定电压大于或等于额定电压。

（3）接触器主触点额定电流。主触点额定电流应不小于被控电路额定电流，对于电动机负载还应根据其运行方式适当增减。

（4）接触器吸引线圈电压。当控制电路比较简单，所用接触器数量较少时，交流接触器线圈的额定电压一般直接选用220V或380V。当控制电路比较复杂，使用的电器又比较多时，一般交流接触器线圈的电压可选择127V、36V等，这时需要附加一个控制变压器。

直流接触器线圈的额定电压要根据控制回路的情况而定。同一系列、同一容量等级的接触器，其线圈的额定电压有几种，尽量选线圈的额定电压与直流控制电路的电压一致。

1.6 继电器

继电器是一种根据电气量（电压、电流等）或非电气量（温度、压力、转速、时间等）的变化接通或断开控制电路的自动切换电器。它用于各种控制电路中，进行信号传递、放大、转换、联锁等，控制主电路和辅助电路中的器件或设备按预定的动作程序进行工作，实现自动控制和保护的目的。

继电器的种类繁多、应用广泛，常用的继电器有中间继电器、热继电器、时间继电器、电流继电器、电压继电器、速度继电器、温度继电器等。

1.6.1 中间继电器

中间继电器属于电磁式结构，由铁心、衔铁、线圈、释放弹簧和触头等部分组成，如图 1.24 所示。由于继电器用于控制电路，所以流过触头的电流较小，故不需要灭弧装置。

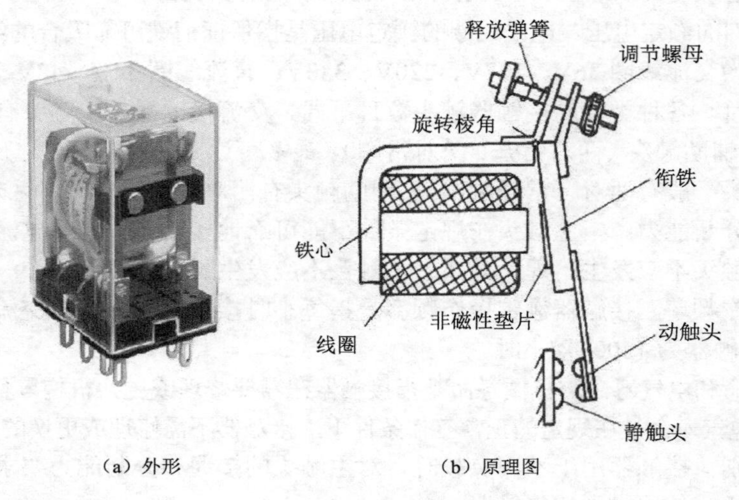

（a）外形　（b）原理图

图 1.24 中间继电器

电磁式中间继电器实质上是一种电磁式电压继电器，其特点是触头数量较多，在电路中起增加触头数量以及信号放大、传递作用，有时也代替接触器控制额定电流不超过 5A 的电动机系统。

中间继电器的工作原理与小型交流接触器基本相同，只是它的触头没有主、辅之分，每对触头允许通过的电流大小相同，触头容量与接触器的辅助触头差不多，其额定电流一般为 5A。图 1.25 所示是中间继电器的图形及文字符号。

KA　KA　KA

（a）线圈　（b）常开触点　（c）常闭触点

图 1.25 中间继电器的图形及文字符号

1.6.2 热继电器

热继电器是利用电流的热效应原理来切断电路的保护电器。电动机在运行中常会遇到过载情况，但只要过载不严重，绕组不超过允许温升，这种过载是允许的。但如果过载情况严重、时间长，则会加速电动机绝缘的老化，甚至烧毁电动机。热继电器就是专门用来对连续运行的电动机实现过载及断相保护，以防电动机因过热而烧毁的一种保护电器。

1. 热继电器的结构与工作原理

热继电器主要由热元件、双金属片和触头等组成，其结构示意图如图 1.26 所示。

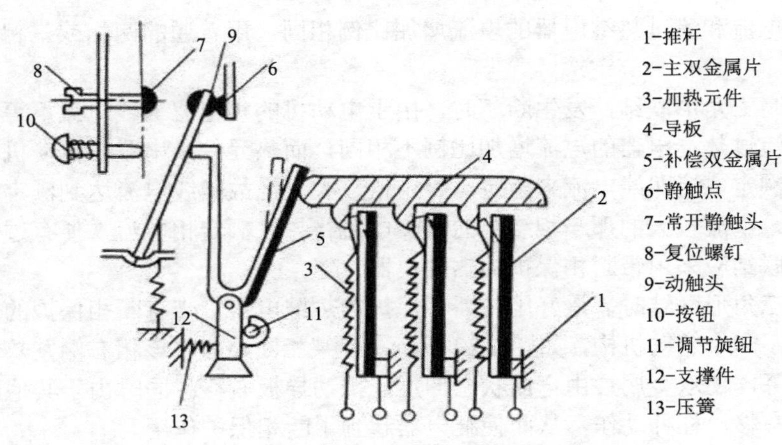

图 1.26 热继电器结构示意图

热元件由发热电阻丝做成。双金属片由两种不同热膨胀系数的金属辗压而成，当双金属片受热时，会出现弯曲变形。使用时，热元件 3 串接在电动机定子绕组中，电动机绕组电流即为流过热元件的电流。当电动机正常运行时，热元件产生的热量虽能使双金属片 2 弯曲，但还不足以使继电器动作；当电动机过载时，热元件产生的热量增大，使双金属片变形弯曲位移增大，经过一定时间后，双金属片弯曲到推动导板 4，并经过补偿双金属片 5 与推杆将触头 9 和 6 分开，触头 9 和 6 为热继电器串于接触器线圈回路的常闭触头，断开后使接触器失电，接触器的常开触头将电动机与电源断开，起到保护电动机的作用。

热继电器动作后，一般不能自动复位，要等双金属片冷却后，按下复位按钮 10 才能复位。调节旋钮 11 是一个偏心轮，它与支撑件 12 构成一个杠杆，13 是一压簧转动偏心轮，改变它的半径即可改变补偿双金属片 5 与导板 4 的接触距离，因而达到调节整定动作电流的目的。此外，靠调节复位螺钉 8 来改变常开触头 7 的位置，使热继电器能工作在手动复位和自动复位两种工作状态。

图 1.27 所示为 JR36 系列热继电器的外形结构，图 1.28 所示为热继电器的图形及文字符号。

图 1.27 JR36 系列热继电器

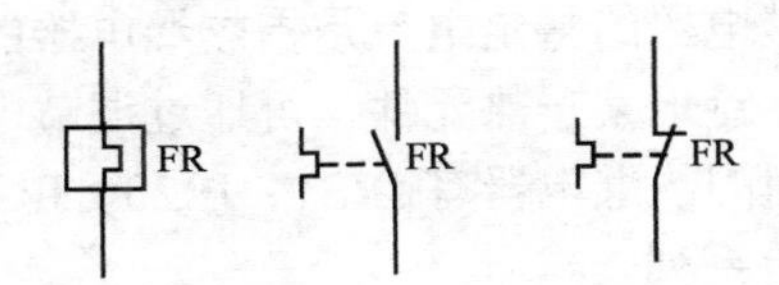

（a）热元件 （b）动合触点 （c）动断触点

图 1.28 热继电器的图形及文字符号

由于发热元件具有热惯性，所以热继电器在电路中不能用于瞬时过载保护，更不能做短路保护，主要用作电动机的长期过载保护。

2. 带断相保护的热继电器

带断相保护的热继电器主要是应用于三角形接法的三相异步电动机。三相异步电动机的一相接线松开或一相熔丝断开，都会造成三相异步电动机烧坏。当热继电器所保护的电动机是星形接法时，线路发生一相断电，另外两相电流增加很多，由于线电流与相电流相等，流过电动机绕组的电流和流过热继电器的电流增加比例相同，用普通的两相或三相热继电器可以实现保护。

如果电动机是三角形联结，发生断相时，由于电动机的相电流与线电流不等，流过电动机绕组的电流和流过热继电器的电流增加比例不相同，而热元件又串联在电动机的电源进线中，按电动机的额定电流即线电流来整定，整定值较大。当故障线电流达到额定电流时，在电动机绕组内部，电流较大的那一相绕组的故障电流将超过额定相电流，便有过热烧毁的危险。所以三角形联结应采用带断相保护的热继电器。

因此当采用三角形联结时，最好用带断相保护的热继电器。带有断相保护的热继电器与普通热继电器多了一个差动机构，如图 1.29 所示。当某相断路时，该相右侧发热元件温度由原来正常状态下降，使双金属片由弯曲状态伸直，推动导板右移；同时由于其他两相电流较大，推动导板向左移，杠杆动作，从而使继电器起到了断相保护作用。

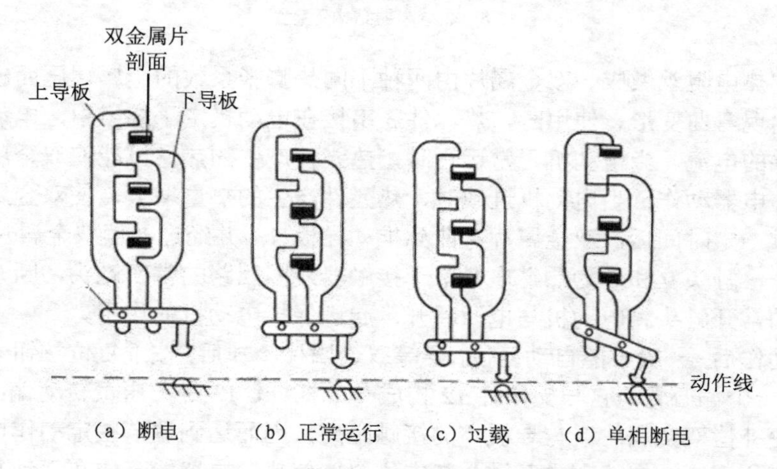

图 1.29　带断相保护的热继电器结构图

3. 热继电器的主要技术参数

热继电器的主要技术参数包括额定电压、额定电流、相数、热元件编号及整定电流范围等。

热继电器的整定电流是指热继电器的热元件允许长期通过又不致引起继电器动作的最大电流值。对于某一热元件，可通过调节电流旋钮，在一定范围内调节电流整定值。

常用的热继电器有 JRS1、JR20、JR36、JR15、JR14 等系列，引进产品有 T 系列、3UA、LR1-D 等系列。

JRS1、JR20 系列具有断相保护、温度补偿、整定电流值可调、手动脱扣、手动复位、动作后的信号指示等功能。安装方式上除采用分立结构外，还增设了组合式结构，可通过导电杆与挂钩直接插接，可直接电气连接在 CJ20 接触器上。

4. 热继电器的选择

热继电器主要用于电动机的过载保护，选用时主要根据电动机的额定电流、工作环境、启动情况、负载性质等因素。

（1）对于过载能力较差的电动机，其配用的热继电器（主要是发热元件）的额定电流可适当小些。

（2）在不频繁启动场合，要保证热继电器在电动机的启动过程中不产生误动作。

（3）当电动机为重复短时工作时，首先注意确定热继电器的允许操作频率。此外，对于可逆运行和频繁通断的电动机，不宜采用热继电器保护，必要时可采用装入电动机内部的温度继电器。

1.6.3 时间继电器

时间继电器是一种通过将接收信号经过一定的延时后才能输出信号，实现触头延时接通或断开的继电器。时间继电器的延时方式有两种：通电延时和断电延时。通电延时是当接收输入信号后要延迟一段时间，输出信号才发生变化；当输入信号消失后，输出瞬时复原。断电延时是当接收输入信号时，立即产生相应的输出信号；当输入信号消失后，继电器需经过一定的延时，输出才复原。时间继电器种类较多，常用的有：电磁式、空气阻尼式、半导体式等。时间继电器图形符号及文字符号如图 1.30 所示。

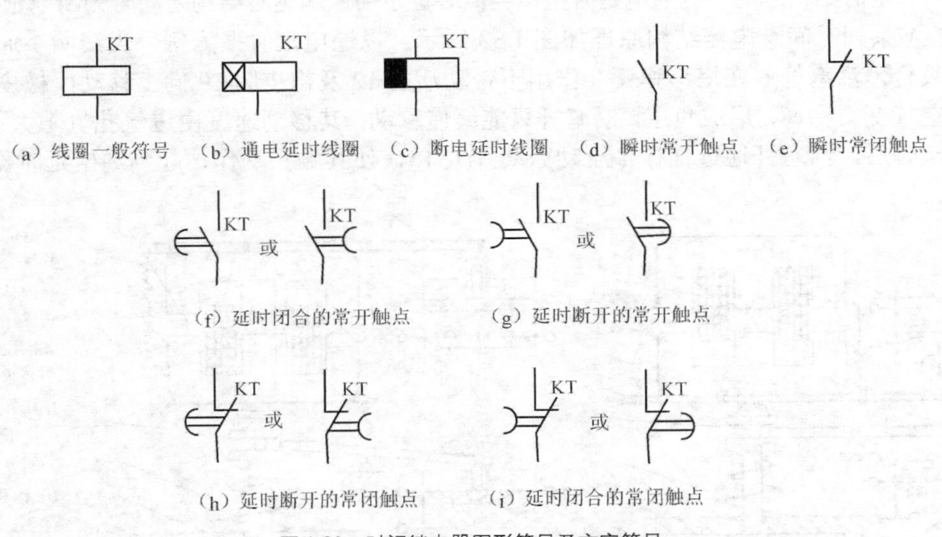

图 1.30 时间继电器图形符号及文字符号

1. 直流电磁式时间继电器

直流电磁式时间继电器是利用电磁系统在电磁线圈断电后磁通延缓变化的原理而工作的。在直流电磁式电压继电器的铁心上增加一个阻尼铜套，构成直流电磁式时间继电器，其结构示意如图 1.31 所示。当线圈通电时，因磁路中气隙大、磁阻大、磁通小，铜套阻尼作用不明显，其固有动作时间约为 0.2s，近乎瞬动。而当线圈断电时，磁通变化量大，铜套阻尼作用显著，使衔铁延时释放，从而实现延时作用。

电磁式时间继电器具有结构简单、运行可靠、寿命长、允许通电次数多等优点，但延时时间短（最长不超过 5s），延时精度不高，体积大且仅适用于直流电路中作断电延时时间继电器，从而限制了它的应用。

常用的直流电磁式时间继电器有 JT3 和 JT18 系列。

2. 空气阻尼式时间继电器

空气阻尼式时间继电器又称气囊式时间继电器，它是利用空气阻尼作用达到延时目的的。它由电磁结构、延时结构和触头组成。国产 JS7-A 系列空气阻尼式时间继电器的外形如图 1.32 所示。

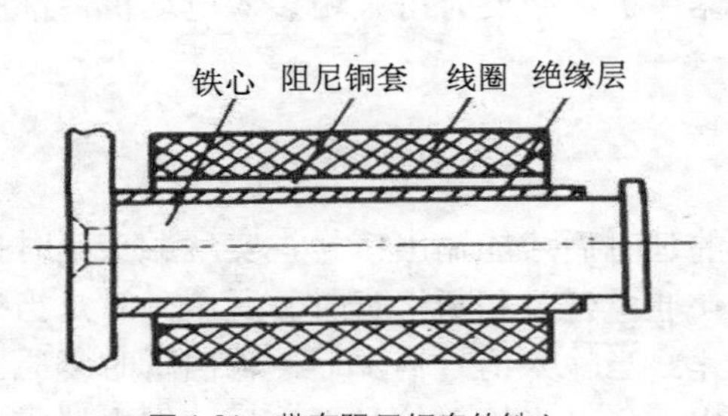

图 1.31 带有阻尼铜套的铁心

图 1.32 JS7-A 系列空气阻尼时间继电器

空气阻尼式时间继电器的延时方式有通电延时型和断电延时型。其外观区别在于：当衔铁位于铁心和延时结构之间时为通电延时型；当铁心位于衔铁和延时结构之间时为断电延时型。

JS7-A 系列时间继电器结构原理如图 1.33 所示。以通电延时型为例，当线圈 1 通电后，衔铁 3 吸合，活塞杆 6 在塔形弹簧 8 作用下带动活塞 12 及橡皮膜 10 向上移动，橡皮膜下方空气室空气变得稀薄，形成负压，活塞杆只能缓慢移动，其移动速度由进气孔气隙大小决定。经一段延时后，活塞杆通过杠杆 7 压动微动开关 15，使其触头动作，起到通电延时作用。

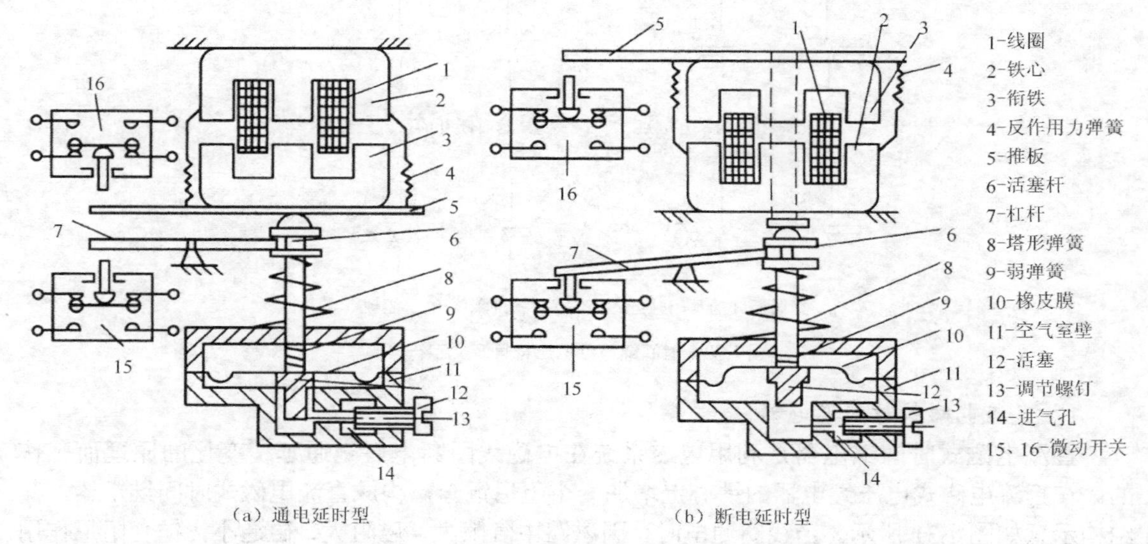

图 1.33 JS7-A 系列空气阻尼式时间继电器结构原理图

当线圈断电时，衔铁释放，橡皮膜下方空气室内的空气通过活塞肩部所形成的单向阀迅速地排出，使活塞杆、杠杆、微动开关等迅速复位。由线圈通电到触头动作的一段时间即为时间继电器的延时时间，其大小可以通过调节螺钉 13 调节进气孔气隙大小来改变。

空气阻尼式时间继电器具有结构简单、延时范围较大（0.4～180s）、价格较低的优点，但其延时精度较低，没有调节指示，适用于延时精度要求不高的场合。

空气阻尼式时间继电器的典型产品有 JS7、JS23、JSK□系列。

3. 晶体管时间继电器

随着电子技术的发展，晶体管时间继电器也迅速发展。这类时间继电器体积小、延时范围宽、调节方便、延时精度高、寿命长，已得到广泛应用。以 JS14A 系列晶体管时间继电器为例，如图1.34所示。

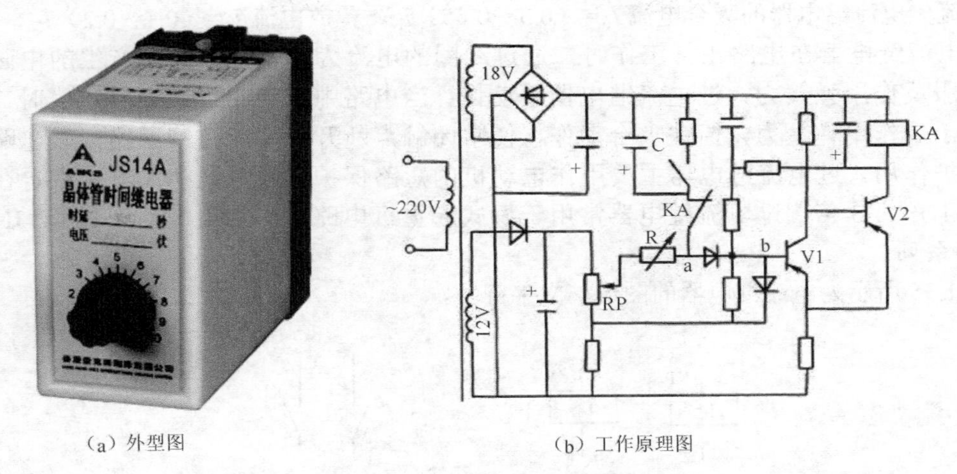

（a）外型图　　（b）工作原理图

图1.34　JS14A晶体管时间继电器

晶体管时间继电器是利用RC电路电容充放电原理实现延时的。图1.34（b）中有两个电源，主电源是由变压器二次侧的18V电压经整流、滤波得到；辅助电源是由变压器二次侧的12V电压经整流、滤波获得。当电源变压器接上电源时，晶体管V_1导通、V_2截止，继电器KA不动作。两个电源分别向电容C充电，a点电位随时间按指数规律上升。当a点电位高于b点电位时，晶体管V_1截止、V_2导通，V_2集电极电流通过继电器KA的线圈，KA各触头动作输出信号。图中KA的常闭触头断开充电电路，常开触头闭合，使电容放电，为下次工作作好准备。调节电位器RP，就可以改变延时的时间长短。此电路延时范围为0.2～300s。

晶体管时间继电器的输出形式有两种：有触头式和无触头式，前者是用晶体管驱动小型电磁式继电器，后者采用晶体管或晶闸管输出。

晶体管时间继电器的典型产品有JS14A、JS14P、JS20等系列。

4. 时间继电器的选用原则

（1）根据控制电路对延时触头的要求选择延时方式，即断电延时型或通电延时型。

（2）根据延时精度和延时范围要求选择合适的时间继电器。

（3）根据工作条件选择时间继电器的类型。

1.6.4　电流继电器

电流继电器反映的是电流信号。在使用时电流继电器的线圈和负载串联，其线圈匝数少而线径粗。这样，线圈上的压降很小，不会影响负载电路的电流，而导线粗电流大仍可获得需要的磁势。常用的电流继电器有欠电流继电器和过电流继电器两种。

欠电流继电器在电路正常工作时，继电器线圈流过负载额定电流，衔铁吸合动作；当电路电流减小到某一整定值（0.3～0.65I_N）以下时，衔铁释放，带动触头复原。欠电流继电器在电路中起欠电流保护作用，常用其常开触头进行保护。当继电器欠电流释放时，常开触点断开控制电路。直流电动机的励磁电流过小会使电动机超速，甚至“飞车”，可以使用直流欠电流继电器进行保护。而交流电路不需欠电流保护，所以无交流欠电流继电器。

直流欠电流继电器的吸合电流 I_o=（0.3～0.65）I_N，释放电流 I_r=（0.1～0.2）I_N。

过电流继电器在电路正常工作时，通过线圈的电流为额定值，它所产生的电磁力不足以克服反作用弹簧力，过电流继电器不动作；当电路中电流超过某一整定值时，电磁吸力大于反作用弹簧力，衔铁吸合动作，使常闭触点断开，切断控制回路，对电路起过电流保护作用。过电流继电器主要用作电动机的短路保护，通常把动作电流整定在启动电流的 1.1～1.3 倍。过电流继电器常用于桥式起重机电路中。常用产品为 JT4、JL12 及 JL14 等系列。

图 1.35 所示为电流继电器的图形、文字符号。

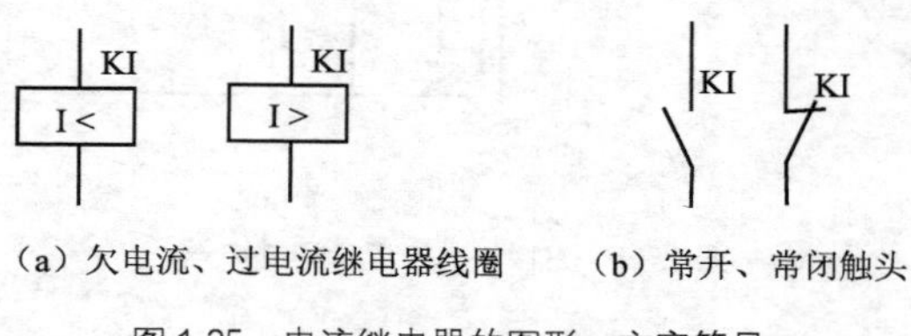

（a）欠电流、过电流继电器线圈　（b）常开、常闭触头

图 1.35　电流继电器的图形、文字符号

1.6.5　电压继电器

电压继电器反映的是电压信号。使用时，电压继电器线圈与负载并联，其线圈匝数多而线径细。常用的有欠电压继电器和过电压继电器两种。

欠电压继电器又称零压继电器，用于电路的欠电压或零电压保护。正常工作时，欠电压继电器吸合，当电路电压减小到某一整定值（0.3～0.5）U_N 以下时，欠电压继电器释放，对电路实现欠电压保护。

零电压继电器是当电路电压降低到（0.05～0.25）U_N 时释放，对电路实现零电压保护。

过电压继电器用于过电压保护。在电路正常工作时，衔铁不吸合；当线圈电压超过某一整定值（1.05～1.2）U_N 时，衔铁才吸合动作，对电路实现过电压保护。由于直流电路一般不会出现过电压，所以只有交流过电压继电器。

图 1.36 所示为电压继电器的图形、文字符号。

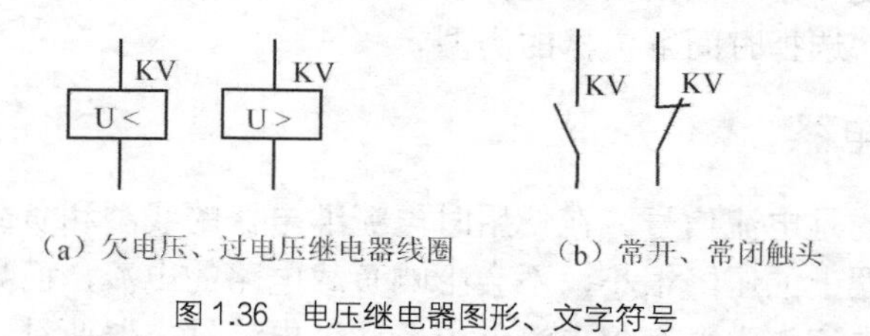

（a）欠电压、过电压继电器线圈　（b）常开、常闭触头

图 1.36　电压继电器图形、文字符号

1.6.6　速度继电器

速度继电器是根据电磁感应原理制成的，主要用于笼型异步电动机的反接制动控制，也称为反接制动继电器。

图 1.37 所示为 JY1 系列速度继电器的外形及结构示意图。它主要由定子、转子和触头三

部分组成。转子是一个圆柱形永久磁铁；定子是一个笼形空的圆环，由硅钢片叠成，并在其中装有笼形绕组。转子与被控电动机的转轴相连接。

转子与被控电动机同轴连接，用以感受转动信号。当转子随被控电动机旋转时，永久磁铁形成旋转磁场，定子中的笼型绕组切割磁场产生感应电动势，感应电流，并在磁场作用下产生电磁转矩，使定子随转子旋转方向转动，定子上固定的胶木摆杆也随着转动，当定子随转子转动一定角度时，胶木摆杆推动簧片（端部有动触头）与静触头闭合（按轴的转动方向而定）。静触头又起挡块作用，限制胶木摆杆继续转动。因此，转子转动时，定子只能转过一个不大的角度。当转子转速接近于零（低于 100 r/min）时，胶木摆杆恢复原来状态，触头断开，切断电动机的反接制动电路。

速度继电器的图形、文字符号如图 1.38 所示。

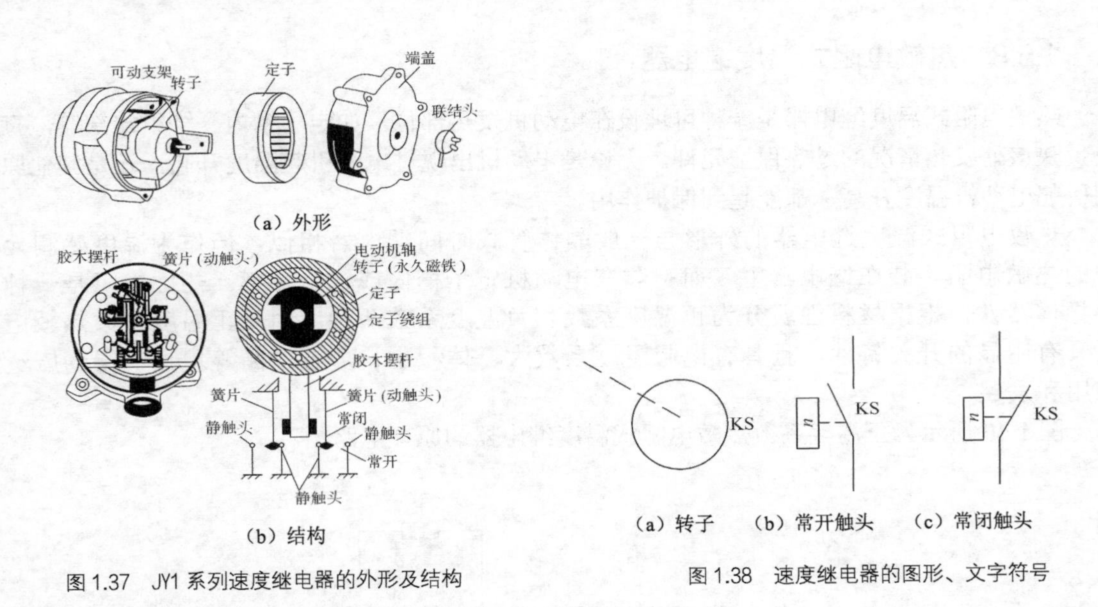

图 1.37 JY1 系列速度继电器的外形及结构

图 1.38 速度继电器的图形、文字符号

常用的速度继电器有 JY1 和 JFZ0 两个系列。其中 JY1 系列可在 700～3600 r/min 范围内工作。JFZ0-1 型适用于 300～1000 r/min，JFZ0-2 型适用于 1000～3600 r/min。

一般速度继电器都具有两对常开、常闭触点，一对常开、常闭正转时动作，另一对反转时动作。通常速度继电器的动作转速不低于 300 r/min，复位转速约在 100 r/min 以下。

1.6.7 液位继电器

液位继电器是根据液体液面高低使触头动作的继电器，常用于锅炉和水柜中控制水泵电动机的启动和停止。

如图 1.39 所示，液位继电器是由浮筒及相连的磁钢、与动触头相连的磁钢、以及两个静触头组成。浮筒置于锅炉或水柜中，当水位降低到极限时，浮筒下落使磁钢绕支点 A 上翘。由于磁钢同性相斥，动触头的磁钢端被斥下落，通过支点 B 使触头 1-1 接通、触头 2-2 断开。触头 1-1 接通控制水泵电动机的接触器线圈，电动机工作，向锅炉供水，液面上升。反之，当水位升高到上限位置时，浮筒上浮，触头 2-2 接通、1-1 断开，水泵电动机停止。显然，液位的高低是由液位继电器的安装位置决定的。

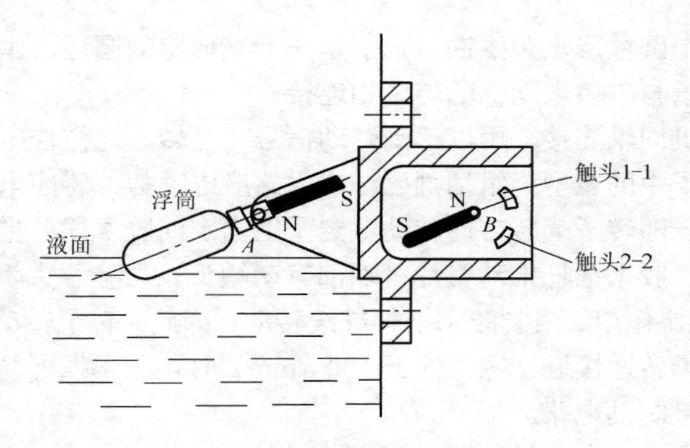

图 1.39　液位继电器结构图

1.6.8　热敏电阻式温度继电器

热敏电阻式温度继电器是一种可埋设在电动机发热部位，如定子槽内、绕组端部等，直接反映该处发热情况的过热保护元件。无论是电动机出现过电流引起温度升高，还是其他原因引起电动机温度升高，都能起到保护作用。

热敏电阻式温度继电器的外形与一般晶体管式时间继电器相似，但作为温度感测元件的热敏电阻不装在继电器中，而是装在电动机定子槽内或绕组端部。热敏电阻是一种半导体器件，根据材料性质分为正温度系数和负温度系数两种。由于正温度系数热敏电阻具有明显的开关特性，且具有电阻温度系数大、体积小、灵敏度高等优点，得到广泛应用和发展。

图 1.40 所示为正温度系数热敏电阻式温度继电器的原理电路图。

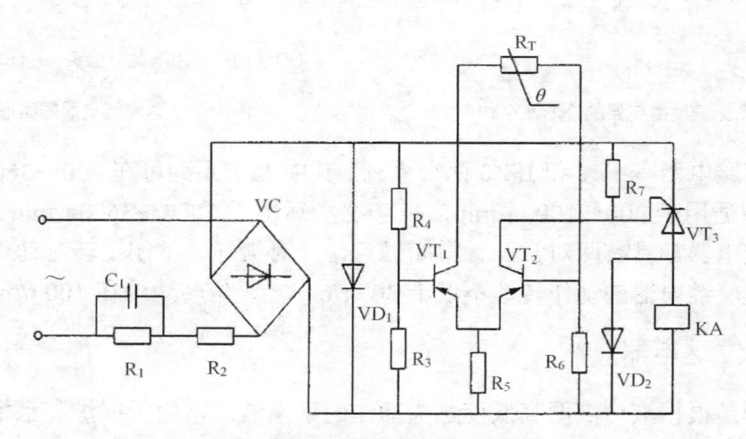

图 1.40　热敏电阻式温度继电器原理图

图中，R_T 表示各绕组内埋设的热敏电阻串联后的总电阻，它同电阻 R_7、R_4、R_6 构成一电桥，由晶体管 VT_1、VT_2 构成的开关电桥接在电桥的对角线上。当温度在 65℃以下时，R_T 大体为一恒值，且比较小，电桥处于平衡状态，VT_1、VT_2 截止，晶闸管 VT_3 不导通，执行继电器 KA 不动作。当温度上升到动作温度时，R_T 的阻值剧增，电桥出现不平衡状态，使 VT_1 及 VT_2 导通，晶闸管 VT_3 获得门极电流也导通，KA 线圈得电吸合，其常闭触头分断接触器线圈使电动机断电，实现了电动机的过热保护。当温度下降至返回温度时，R_T 阻值锐减，

电桥恢复平衡使 VT_3 关断，继电器 KA 线圈断电而使衔铁释放。

1.7 主令电器

主令电器用来发布命令或信号，从而接通或断开控制电路，改变控制系统工作状态。常用的主令电器有控制按钮、行程开关、万能转换开关、主令控制器等。

1.7.1 控制按钮

控制按钮是一种手动且可以自动复位的主令电器，其结构简单、控制方便，在电气控制电路中应用广泛。

控制按钮一般由按钮帽、复位弹簧、触点和外壳等部分组成，如图 1.41 所示。根据需要，每个按钮中的触头形式和数量可装配成一常开一常闭到六常开六常闭等形式。按下按钮时，先断开常闭触头，后接通常开触头。当松开按钮时，在复位弹簧的作用下，常开触头先断开，常闭触头后闭合。

控制按钮按用途分为启动按钮（带有常开触头）、停止按钮（带有常闭触头）和复合按钮（带有常开触头、常闭触头）等。按保护形式分为开启式、保护式、防水式和防腐式等。按结构形式分为嵌压式、紧急式、钥匙式、带信号灯、带灯揿钮式、带灯紧急式等。按钮颜色有红、黑、绿、黄、白、蓝等。控制按钮的图形、文字符号如图 1.42 所示。

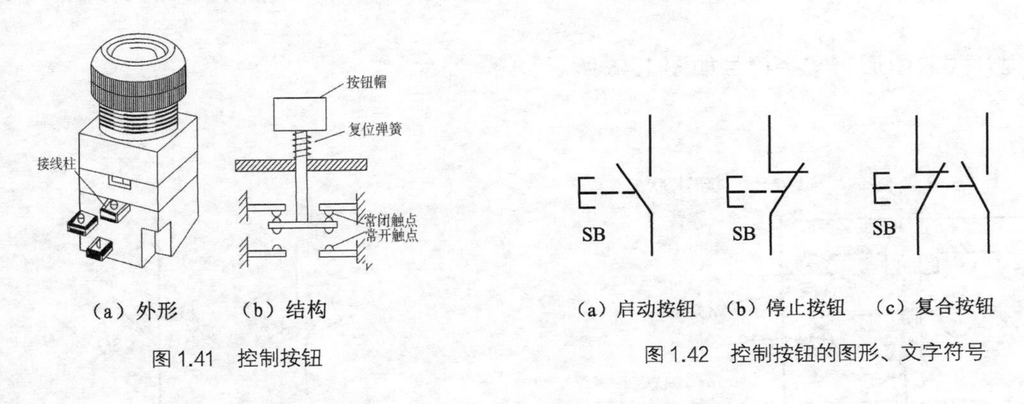

（a）外形　（b）结构

图 1.41　控制按钮

（a）启动按钮　（b）停止按钮　（c）复合按钮

图 1.42　控制按钮的图形、文字符号

控制按钮常用的型号有 LA18、LA19、LA20、LA25 和 LAY3 系列。

1.7.2 行程开关

行程开关也称位置开关，它是利用运动部件的行程位置实现控制的电器。若将行程开关安装于生产机械行程的终点处，用以限制其行程，则称为限位开关或终端开关，是将机械位移转变为电信号，以控制机械运动的电气器件。

行程开关的种类很多，按运动形式分为直动式、滚动式、微动式；按触点的性质分为有触点式和无触点式。

1. 直动式行程开关

直动式行程开关如图 1.43 所示，它的动作原理与按钮相同，区别在于它不靠手压，而是利用生产机械运动部件的挡块碰压而使触点动作。

2. 滚轮式行程开关和微动开关

滚轮式行程开关采用盘形弹簧，如图 1.44 所示。

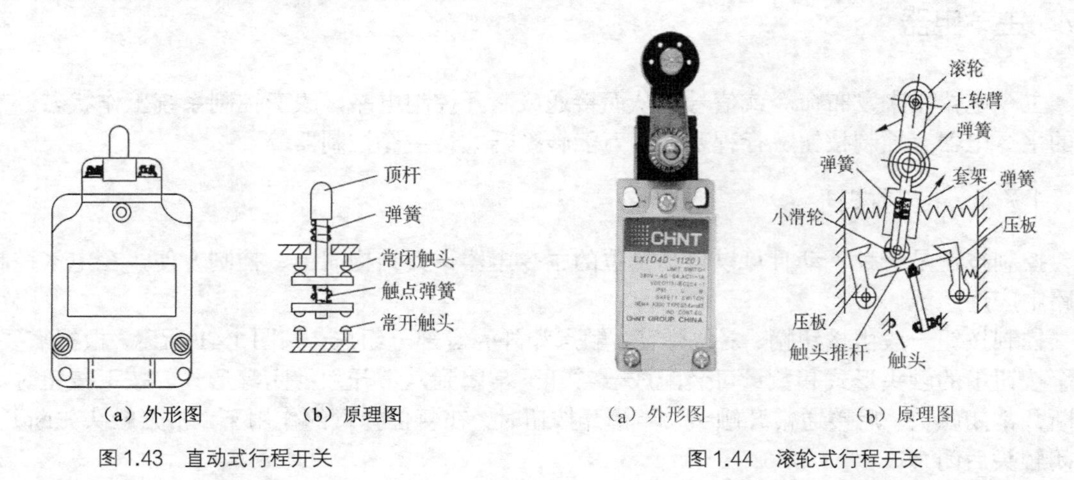

（a）外形图　（b）原理图

图 1.43　直动式行程开关

（a）外形图　（b）原理图

图 1.44　滚轮式行程开关

当生产机械的行程比较小而作用力也很小时，可采用具有瞬时动作和微小行程的微动开关，如图 1.45 所示。

滚轮式行程开关和微动开关的动作原理不再详述。

行程开关触头类型有一常开一常闭、一常开二常闭、二常开一常闭、二常开二常闭等形式。

行程开关的图形、文字符号如图 1.46 所示。

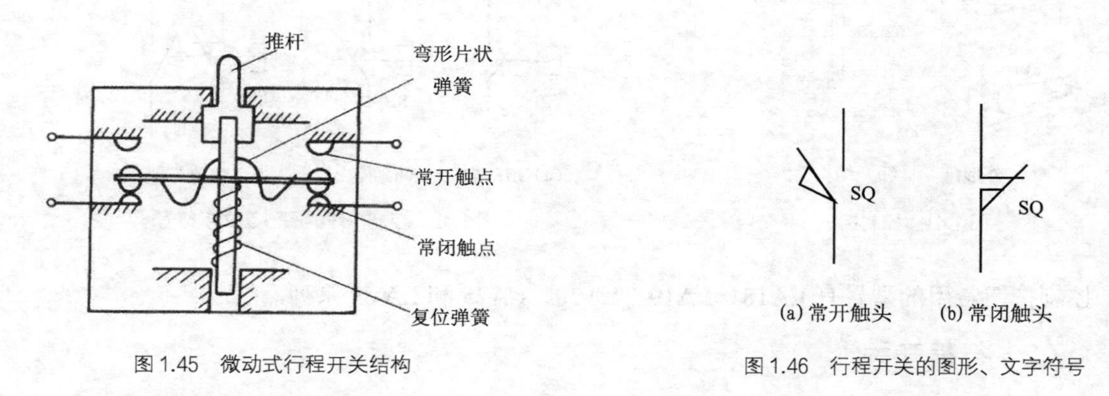

图 1.45　微动式行程开关结构

(a) 常开触头　(b) 常闭触头

图 1.46　行程开关的图形、文字符号

常用的行程开关有 LX19、LXW5、LXK3、LX32 等系列。

3. 接近开关

接近开关又称非接触式、无触点的行程开关。是当运动的物体与开关接近到一定距离发出接近信号，以不接触方式进行控制。接近开关不仅用于行程控制、限位保护等，还可用于高速计数、测速、检测零件尺寸、液面控制、检测金属体的存在等。

按工作原理，接近开关主要分为电感式和电容式，电感式检测金属材料的物体，电容式则检测非金属材料的物体。

图 1.47 所示为 LJ2 系列电感式接近开关电路，由振荡器、放大器和输出三部分组成。其

基本原理是当有金属物体接近高频振荡器的线圈时，使振荡回路参数变化，振荡减弱直至终止而产生输出信号。

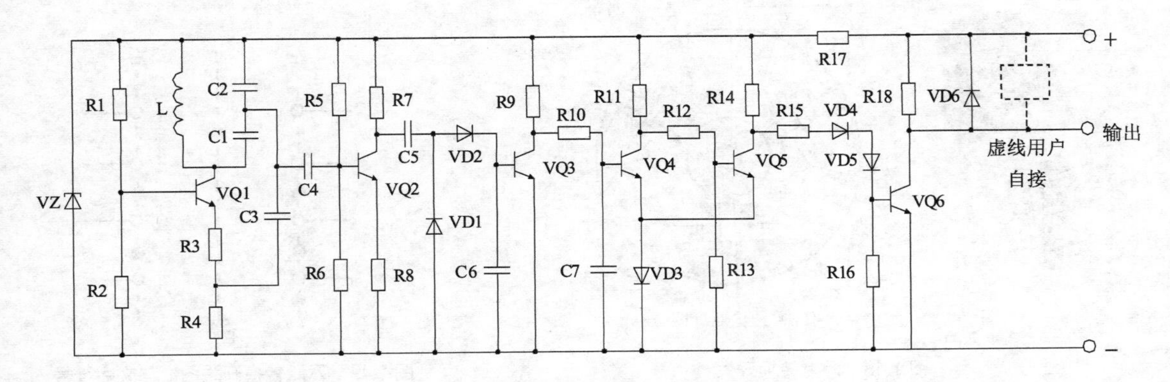

图 1.47 LJ2 系列电感式接近开关电路

图中，三极管 VQ1、电感振荡线圈 L 及电容 C1～C3 组成电容三点式高频振荡器，由三极管 VQ2 放大，经二极管 VD1、VD2 整流成直流信号，然后送至三极管 VQ3 基极，使 VQ3 导通，三极管 VQ4 截止，从而使三极管 VQ5 导通，并使末级三极管 VQ6 截止，其集电极无信号输出。

如果有金属物体接近振荡线圈 L，则在金属物体中产生涡流，涡流产生磁场反过来使振荡电路的谐振阻抗和谐振频率发生变化而停振，使晶体管 VQ3～VQ6 的状态与前相反，此时 VQ6 饱和导通，产生输出信号。

与行程开关比较，接近开关具有定位精度高、操作频率高、寿命长、耐冲击振荡、耐潮湿、能适应恶劣工作环境等优点，因此，在工业生产中得到大量应用。

接近开关的主要技术参数有：工作电压、输出电流、动作距离、重复精度及工作响应频率等。

常用接近开关有 LJ5、LXJ6、LXJ18 等系列。

1.7.3 万能转换开关

万能转换开关实际上是一种多档位、控制多回路的组合开关，可用于控制电路发布控制指令或用于远距离控制，也可作为电压表、电流表的换相开关，或小容量电动机的启动、调速和换向控制开关。因其换接电路多、用途广泛，故称为万能转换开关。

图 1.48 所示为 LW6 系列万能转换开关，图（a）为其外形图，图（b）为某一层的结构示意图。主要由操作机构、面板、手柄及触点座等部件组成，操作位置有 2～12 个，触点底座有 1～10 层，其中每层底座均可装 3 对触点，并由底座中间的凸轮进行控制。由于每层凸轮可做成不同的形状，因此，当手柄转到不同位置时，通过凸轮的作用，可使各对触点按所需要的规律接通和断开。

万能转换开关的图形、文字符号如图 1.49 所示。可以看出各档位电路通断情况，虚线表示操作挡位，有几个挡位就画几根虚线，实线与成对的端子表示触点，使用多少触点就可以画多少对。在虚实线交叉的地方只要标黑点，就表示对应的触点在虚线对应的档位是接通的，不标黑点就意味着该触点在该档位被分断。图 1.49 中，在零位时只有 1 路接通，在左位时 2、

3、4 三路接通，在右位时 2、3 两路接通。

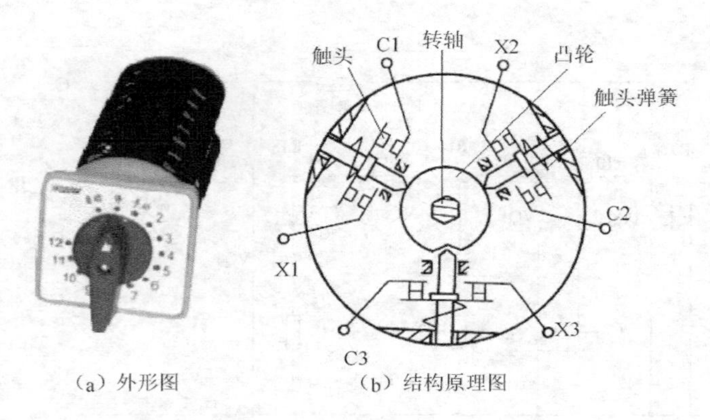

（a）外形图　（b）结构原理图

图 1.48　万能转换开关

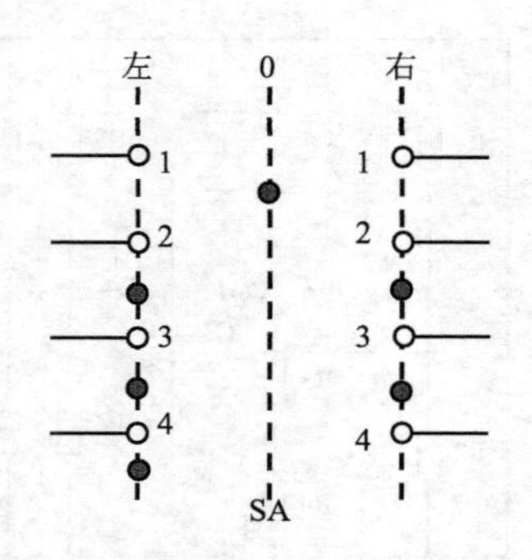

图 1.49　万能转换开关图形与文字符号

常用的万能转换开关有 LW5、LW6、LW12-16 等系列。

1.7.4　主令控制器与凸轮控制器

主令控制器又称主令开关，用于频繁按预定顺序切换多个控制电路，与磁力控制盘配合，可实现对起重机、轧钢机、卷扬机及其他生产机械的远距离控制。

主令控制器如图 1.50 所示。图 1.50（b）为某一层的结构示意图，其中，当转动方轴时，凸轮块随之转动，当凸轮块的凸起部分转到与小轮 7 接触时，则推动支杆 5 向外张开，使动触头 4 离开静触头 3，将被控回路断开。当凸轮块的凹陷部分与小轮接触时，支杆在反力弹簧作用下复位，使动触头闭合，从而接通被控回路。这样安装一串不同形状的凸轮块，可使触头按一定顺序闭合与断开，以获得按一定顺序进行控制的电路。

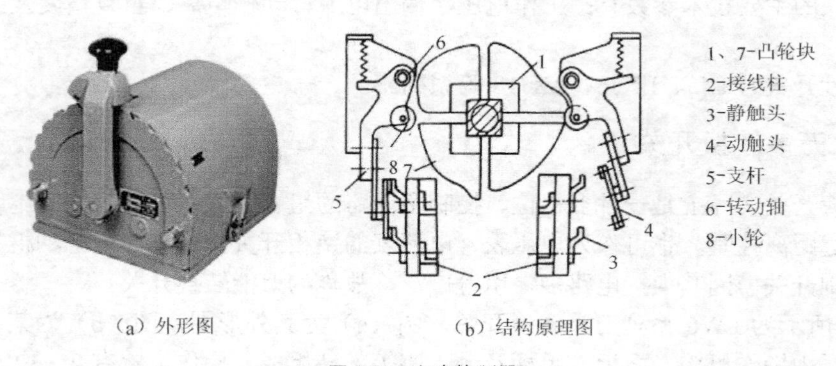

（a）外形图　（b）结构原理图

图 1.50　主令控制器

主令控制器的图形、文字符号如图 1.51 所示。

常用的主令控制器有 LK14、LK15、LK16、LK17 等系列。

凸轮控制器是一种大型的手动控制器，主要用于起重设备中直接控制中小型绕线转子异步电机的起动、停止、调速、反转和制动，也适用于有相同要求的其他电力拖动场合。

凸轮控制器主要由触点、转轴、凸轮、杠杆、手柄、灭弧罩及定位机构等组成。其工作原理与主令控制器基本相同。由于凸轮控制器可直接控制电动机工作，所以其触点容量大并有灭弧装置。这是与主令控制器的主要区别。凸轮控制器的优点是控制电路简单、开关元件少、维修方便等，缺点是体积较大、操作笨重。

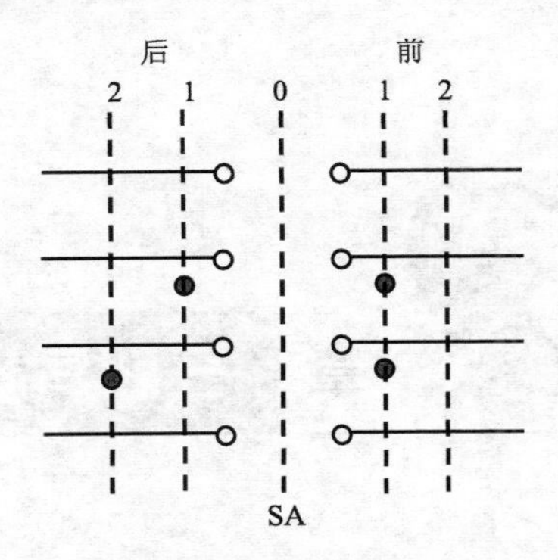

图 1.51　主令控制器图形与文字符号

主令控制器、凸轮控制器的图形符号及触点在各挡位通断状态的表示方法与万能转换开关一样，文字符号也用 SA 表示。

常用的凸轮控制器有 KT10、KT14 系列交流凸轮控制器和 KTZ2 系列直流凸轮控制器。

思考题与习题

1. 常用低压电器怎样分类？它们各有什么用途？
2. 电磁式电器由哪几部分组成？各有何作用？
3. 低压电器的灭弧方法有哪些？相应的灭弧装置又有哪些？
4. 交流电磁系统中短路环的作用是什么？
5. 低压断路器在电路中起哪些保护作用？它由哪几部分组成？
6. 熔断器为什么一般不作过载保护？
7. 接触器的主要组成部分有哪些？交流接触器和直流接触器如何区分？
8. 交流接触器动作时，其常开触点和常闭触点的动作顺序是怎样的？
9. 中间继电器由哪几部分组成？主要作用是什么？
10. 热继电器由哪几部分组成？作用是什么？简述其工作原理。
11. 在电动机控制电路中，热继电器和熔断器各起什么作用？能否相互代替？为什么？
12. 空气阻尼式时间继电器主要由哪几部分组成？说明其延时原理。
13. 时间继电器的延时触点有哪些类型？说明它们的动作过程。
14. 电流继电器、电压继电器在电路中分别起什么作用？
15. 速度继电器主要由哪几部分组成？简述其原理。
16. 按钮由哪几部分组成？按钮在电路中的作用是什么？
17. 行程开关由哪几部分组成？它在电路中起什么作用？
18. 凸轮控制器由哪些部件组成？简述其动作原理。

第2章 三相异步电动机控制线路

电气控制线路是用导线将电动机、电器、仪表等元件按一定方式连接起来，并能实现某种控制要求的电气电路。它的作用是实现对电力拖动系统的启动、调速和制动等运行性能的控制；实现对拖动系统的保护；满足生产工艺要求，实现生产过程自动化。其基本要求是：线路简单，设计、安装、调整、维修方便，便于掌握，价格低廉，运行可靠。电气控制线路在工农业的各种生产机械的电气控制领域，得到广泛的应用。

由于生产机械和加工工艺各异，具体的控制线路也多种多样、千差万别。但是控制线路无论是简单的还是复杂的，都由一些比较简单的基本控制环节组合而成。因此，只要通过对控制线路的基本环节以及典型线路进行剖析，由浅入深、由易到难地加以认识，再结合具体的生产工艺要求，就不难掌握电气控制线路的分析阅读方法和设计方法。

2.1 电气控制系统图

为了表达生产设备电气控制系统的结构、原理等设计意图，为了便于进行电气元件的安装、调整、使用和维修，将电气控制线路中各电气元件的连接用统一的工程语言，即图的形式表达出来，并在图上用不同的图形符号来表示各种电器元件，又用不同的文字符号来表示图形符号所代表的电器元件的名称、用途、主要特征及编号等。按照电气设备和电器的工作顺序，详细表示线路、设备或装置的全部基本组成和连接关系的图形就是电气控制系统图。

常见的电气控制系统图有电气原理图、电器布置图、电气安装接线图三种。在绘制电气控制系统图时，必须采用国家统一规定的图形符号、文字符号和绘图方法。在电气控制原理分析中最常用的是电气原理图。

2.1.1 常用电气图形符号和文字符号

为了便于交流与沟通，国家标准局参照国际电工委员会（IEC）颁布了有关文件，制定了我国电气设备的有关标准，采用新的图形符号和文字符号，颁布了 GB/T 4728—1996～2000《电气简图用图形符号》、GB/T 6988.1～4—2002《电气技术文件的编制》、GB/T6 988.6—1993《控制系统功能图表的绘制》、GB/T 7159—1987《电气技术中的文字符号制定通则》、GB/T 6988.6—1993《控制系统功能图表的绘制》，并按照 GB/T 6988-1997《电气制图》要求来绘制电气控制系统图。

表 2.1 所示为常用电气图形、文字符号新旧对照表。

表 2.1 **常用电气图形、文字符号新旧对照表**

名称		新标准 图形符号	新标准 文字符号	旧标准 图形符号	旧标准 文字符号
三极电源开关			QS		K
低压断路器			QF		UZ
熔断器			FU		RD
接触器	线圈		KM		C
	主触头				
	常开辅助触头				
	常闭辅助触头				
按钮	启动	E	SB		QA
	停止	E			TA
	复合	E			AN
位置开关	常开触头		SQ		XK
	常闭触头				
	复合触头				
热继电器	热元件		FR		RJ
	常闭触头				

名称		新标准 图形符号	新标准 文字符号	旧标准 图形符号	旧标准 文字符号
时间继电器	线圈		KT		SJ
	常开延时闭合触头				
	常闭延时打开触头				
	常闭延时闭合触头				
	常开延时打开触头				
	中间继电器线圈		KA		ZJ
继电器	欠电压继电器线圈	U<	KV	U<	QYJ
	过电压继电器线圈	U>	KV	U>	GYJ
	欠电流继电器线圈	I<	KI	I<	QLJ
	过电流继电器线圈	I>	KI	I>	GLJ
	常开触头		相应继电器符号		相应继电器符号
	常闭触头				

续表

名称		新标准		旧标准	
		图形符号	文字符号	图形符号	文字符号
速度继电器	常开触头		KS		SDJ
	常闭触头				
转换开关			SA		HK
制动电磁铁			YB		DT
电磁离合器			YC		CH
电位器			RP		W
桥式整流装置			VC		ZL
照明灯			EL		ZD
信号灯			HL		XD
电阻器		或	R		R
接插器			XS		CZ
电磁铁			YA		DT
电磁吸盘			YH		DX
串励直流电动机			M		ZD

名称	新标准		旧标准	
	图形符号	文字符号	图形符号	文字符号
并励直流电动机		M		ZD
他励直流电动机				
复励直流电动机				
直流发电机		G		ZF
三相笼型异步电动机		M		D
三相绕线转子异步电动机				
单相变压器		T		B
整流变压器				ZLB
照明变压器		TC		ZB
控制电路电源用变压器				B
三相自耦变压器		T		ZOB
半导体二极管		VD		D
PNP 型三极管		VT		T
NPN 型三极管				T
晶闸管（阴极侧受控）				SCR

2.1.2　电气原理图

电气原理图表示电路的工作原理、各电器元件的作用和相互关系，但不考虑元器件的实际安装位置和实际连线情况。

图 2.1 所示为 CW6132 车床电气原理图。图中根据电路中各部分电路的性质、作用和特点来安排位置，分为主电路（主轴、冷却泵）、控制电路、辅助电路（电源指示、照明）三部分，电气工作原理一目了然。

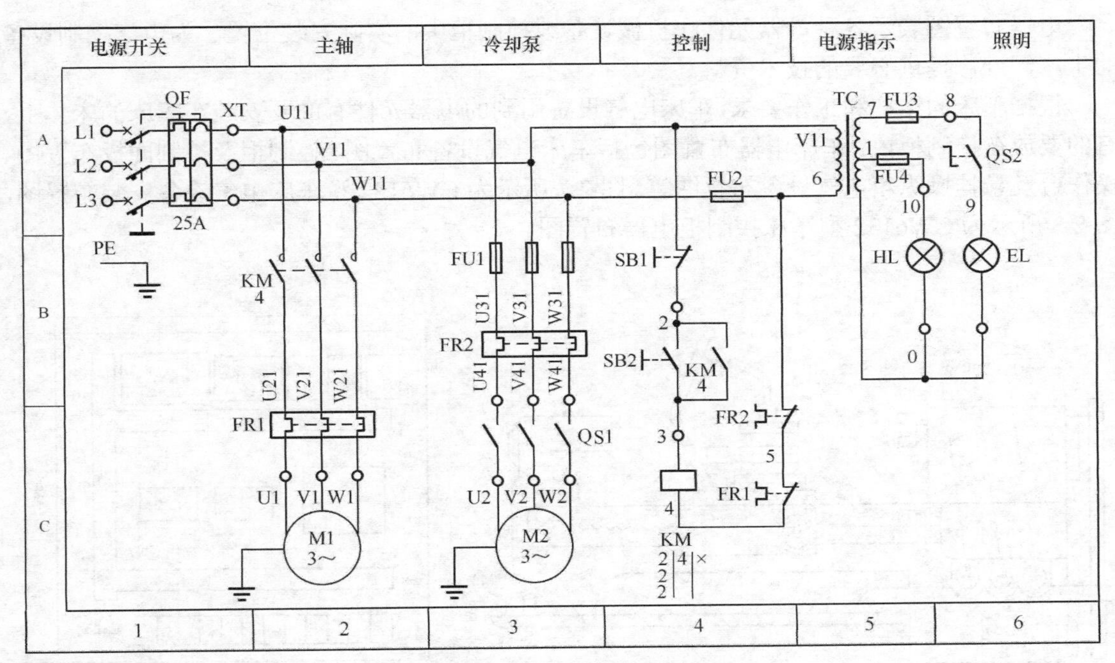

图 2.1　CW6132 型车床电气原理图

电气原理图绘制时应遵循以下基本原则。

（1）电器控制线路根据线路通过的电流大小分为主电路和控制电路。主电路和控制电路应分别绘制。主电路包括从电源到电动机的电路，是强电流通过的部分，绘制在图面的左侧或上部。控制电路是通过弱电流的电路，一般由按钮、电器元件的线圈、接触器的辅助触头、继电器的触头等组成，绘制在图面的右侧或下部。

（2）电气原理图应按国家标准所规定的图形符号、文字符号绘制，必须采用国家规定的统一标准。在图中各电器元件不画实际的外形图。

（3）各电器元件和部件在控制线路中的位置，要根据便于阅读的原则安排。同一电器元件的各个部件可以不画在一起，但要用同一文字符号标出。若有多个同一种类的电器元件，可在文字符号后加上数字序号，如 KM1、KM2 等。

（4）在电气原理图中，控制电路的分支线路，原则上应按照动作先后顺序排列，两线交叉连接时的电气连接点要用“实心圆”表示。无直接联系的交叉导线，交叉处不能用“实心圆”。表示需要测试和拆、接外部引出线的端子，应用符号“空心圆”表示。

（5）所有电器元件的图形符号，必须按电器未接通电源和没有受外力作用时的状态绘制。对按钮、行程开关类电器，是指没有受到外力作用时的触头状态；对继电器、接触器等，是指线圈没有通电时的触头状态。

（6）图中电器元件应按功能布置，一般按动作顺序从上到下、从左到右依次排列。垂直布置时，类似项目应横向对齐；水平布置时，类似项目应纵向对齐。所有电动机图形符号应横向对齐。

2.1.3 电器布置图

电器布置图表示各种电器元件在机械设备或控制柜中的实际安装位置，为电气控制设备的生产、维修提供必要的技术资料。

根据车床的结构和工作要求，车床电气设备用到的电器元件有的要安装在车床的床体上，有的要放在控制柜内。车床电器布置图包括车床电气设备布置图、控制柜及控制面板布置图、操作台及悬挂操纵箱电气设备布置图等。图 2.2 所示为 CW6132 型车床电气设备安装布置图，图 2.3 所示为 CW6132 型车床控制柜电器布置图。

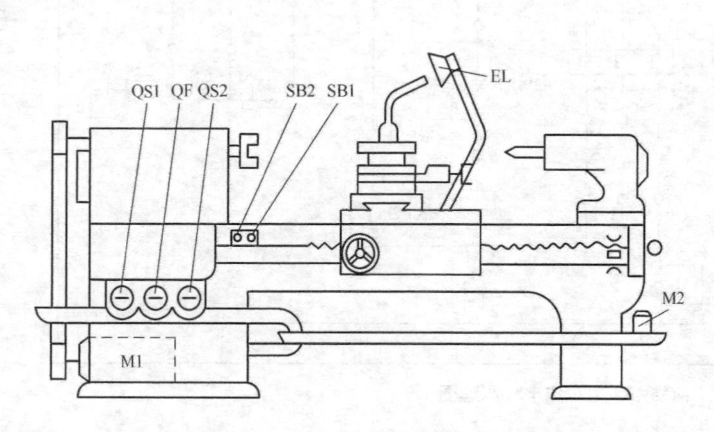

图 2.2 CW6132 型车床电气设备安装布置图

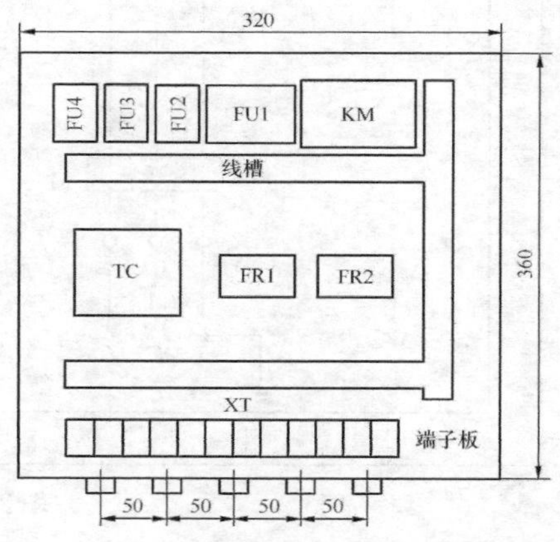

图 2.3 CW6132 型车床控制柜电器布置图

2.1.4 电气安装接线图

电气安装接线图表示电器元件在设备中的实际安装位置和实际接线情况。

图 2.4 所示为 CW6132 型车床电气安装接线图。

绘制电气安装接线图应遵循以下几点。

（1）用规定的图形、文字符号绘制各电器元件，元器件所占图面要按实际尺寸以统一比例绘制，应与实际安装位置一致。

（2）一个元器件中所有的带电部件应画在一起，并用点划线框起来，采用集中表示法。

（3）绘制安装接线图时，走向相同的多根导线可用单线表示。

（4）不在同一控制柜或配电盘上的电器元件的电气连接必须通过端子排进行。各电器元件的文字符号及端子排的编号应与原理图一致，并按原理图的接线进行连接。

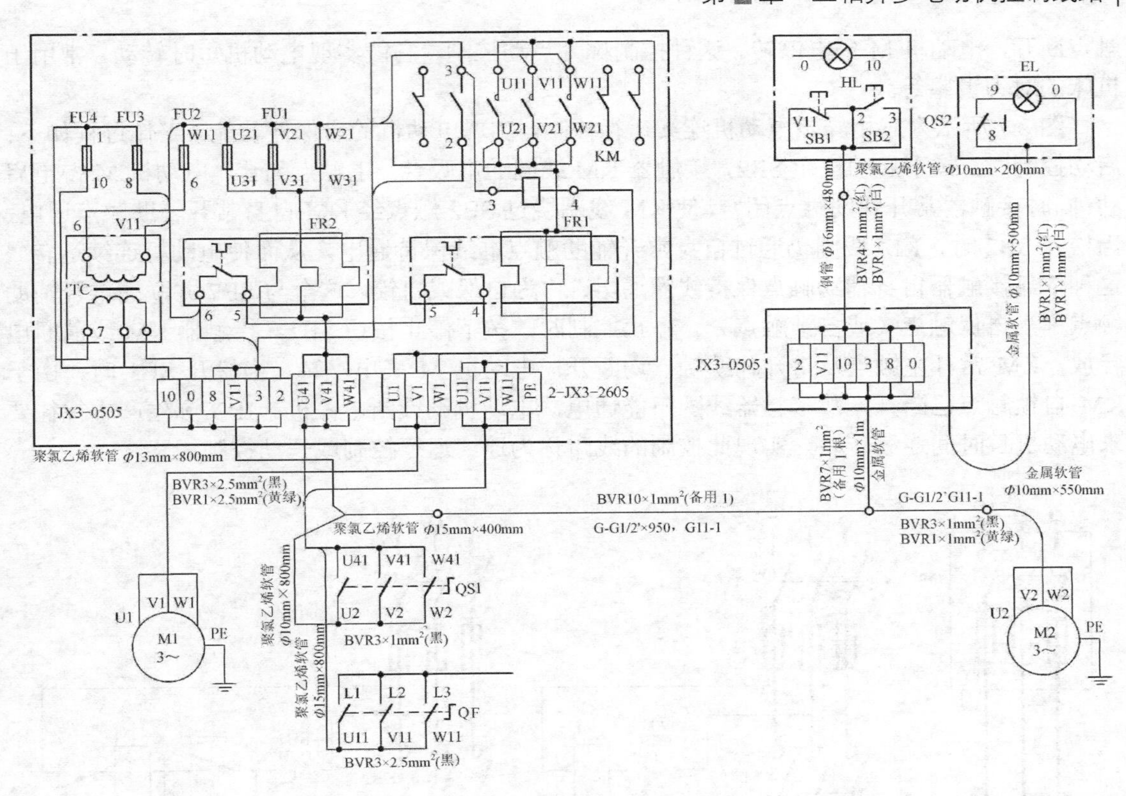

图 2.4　CW6132 型车床电气安装接线图

2.2　基本控制环节

2.2.1　点动控制与长动控制

不同型号、不同功率和不同负载的电动机，往往采用不同的启动方法，因而控制电路也不同。三相异步电动机一般有直接启动和降压启动两种方法。直接启动又称为全压启动，即启动时电源电压全部施加到电动机定子绕组上。降压启动即启动时将电源电压降低到一定的数值后再施加到电动机的定子绕组上，待电动机的转速接近同步转速后，再使电动机在电源电压下运行。

在供电变压器容量足够大时，小容量笼型电动机可直接启动，一般用于 10kW 以下容量三相异步电动机的启动。

直接启动的优点是电气设备少，电路简单。缺点是启动电流大，引起供电线路电压波动，干扰其他用电设备的正常工作。

图 2.5～图 2.7 所示为直接启动的几种控制线路。

图 2.5 所示为采用刀开关直接启动控制。工作过程如下：合上开关 QS，电动机 M 接通电源，全压直接启动。断开开关 QS，电动机 M 断电停转。这种电路适用于小容量、启动不频繁的笼型电动机，例如小型台钻、冷却泵等。熔断器起短路保护作用。

图 2.6 所示为点动控制。工作过程如下：按下点动按钮 SB 时，接触器 KM 线圈通电，KM 主触点闭合，电动机 M 通电启动运行。松开按钮 SB 时，接触器 KM 线圈断电，KM 主

触点断开，电动机 M 失电停转。这种控制称为点动控制，它能实现电动机短时转动，常用于机床的对刀调整等。

图 2.7 所示为三相异步电动机连续运行控制，实现电动机的启保停功能。工作过程如下：启动控制时，按下启动按钮 SB2，接触器 KM 线圈通电吸合，主触点闭合，电动机 M 得电启动；同时接触器常开辅助触点闭合，使 KM 线圈绕过 SB2 触点经 KM 自身常开辅助触点通电，当松开 SB2 时，KM 线圈仍通过自身常开辅助触点继续保持通电，从而使电动机连续运转。这种依靠接触器自身辅助触点保持线圈通电，称为自保或自锁。这个与 SB2 并联的常开辅助触点称为自保触点（或自锁触点）。停止控制时，按下停止按钮 SB1，接触器 KM 线圈断电释放，KM 常开主触点及常开辅助触点均断开，电动机 M 失电停转。当松开 SB1 时，由于 KM 自锁触点已断开，故接触器线圈不能通电，电动机继续断电停机。在实际生产中往往要求电动机长时间连续转动，实现此控制的线路称为连续运行控制或长动控制线路。

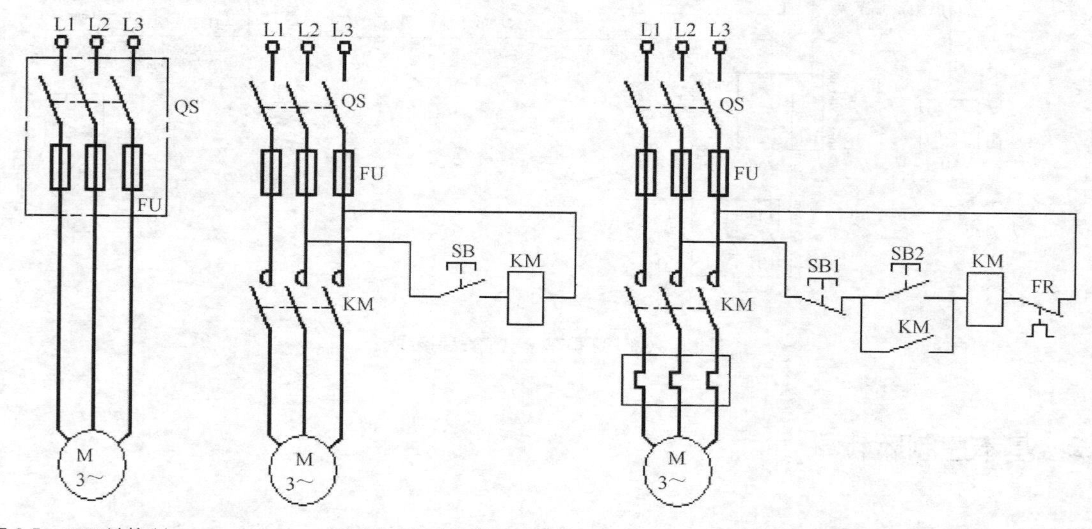

图 2.5　刀开关控制　　图 2.6　点动控制　　图 2.7　连续运行控制

图 2.7 所示为连续运行控制线路具有以下保护环节。

（1）短路保护。短路时熔断器 FU 的熔体熔断而切断电源起保护作用。

（2）过载保护。采用热继电器 FR 作电动机长期过载保护。由于热继电器的热惯性较大，即使发热元件流过几倍于额定值的电流，热继电器也不会立即动作。只有在电动机长期过载时，热继电器才会动作，其常闭触点打开切断控制电路电源。

（3）欠电压、失电压保护。该保护功能由接触器 KM 的自锁环节来实现。当电源电压由于某种原因而严重欠电压或失电压（如停电）时，接触器 KM 断电释放，电动机停止转动。当电源电压恢复正常时，接触器线圈不会自行通电，电动机也不会自行启动，只有在操作人员重新按下启动按钮后，电动机才能启动。

在生产实践中，要求电动机既能点动又能长动运转。点动和长动联合控制如图 2.8 所示，其中图 2.8（a）为主电路，图 2.8（b）、图 2.8（c）、图 2.8（d）是三种控制电路。

图 2.8（b）所示电路，当点动控制时，按复合按钮 SB3；长动控制时，按启动按钮 SB2。

图 2.8（c）所示的电路比较简单，采用开关 SA 实现控制。点动控制时，先把 SA 打开，断开自锁电路，接着按下 SB2 按钮，接触器 KM 线圈通电，电动机 M 点动运转；长动控制

时，合上 SA，按下 SB2 按钮，KM 线圈通电，自锁触头起作用，实现电动机 M 长动运转。

图 2.8（d）所示为采用中间继电器 KA 控制的电路实现长动和点动。按下按钮 SB3，接触器 KM 线圈通电，电动机 M 点动运转。按下按钮 SB2，中间继电器 KA 线圈通电并自锁，其常开触点使接触器 KM 线圈通电，实现电动机 M 长动运转。

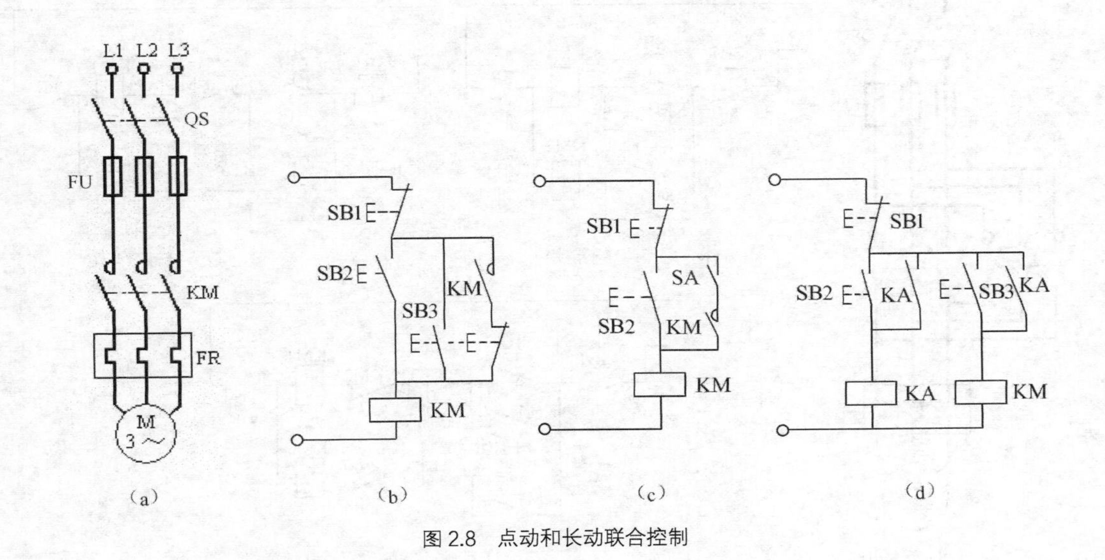

图 2.8　点动和长动联合控制

2.2.2　双向控制与互锁控制

在实际应用中，往往要求生产机械改变运动方向，如工作台前进、后退；电梯的上升、下降等，这就要求电动机能实现正、反转。对于三相异步电动机来说，可通过两个接触器来改变电动机定子绕组的电源相序实现。

图 2.9 所示为电动机正、反转控制线路，其中，图 2.9（a）为主电路。

图 2.9（b）中，按下正向启动按钮 SB2，正向接触器 KM1 线圈通电，KM1 的主触头和自锁触头闭合，电动机 M 正转。按下反向启动 SB3 按钮，反向接触器 KM2 线圈通电，KM2 的主触头和自锁触头闭合，电动机 M 反转。按下停止 SB1 按钮，KM1（或 KM2）断电，电动机停转。上述控制电路必须保证 KM1 与 KM2 不能同时通电，即按钮 SB2、SB3 不能同时按下，否则会引起主电路电源短路，因此该控制电路没有实用价值，不能实际使用。

图 2.9（c）中，电路设置必要的互锁环节，将其中一个接触器的常闭触头串入另一个接触器线圈电路中，则任何一个接触器先通电后，即使按下相反方向启动按钮，另一个接触器也无法通电，这种互锁关系自动保证一个接触器断电释放后，另一个接触器才能通电动作。这种利用两个接触器的辅助触头互相控制的方式，称为电气互锁或电气联锁。起互锁作用的常闭触头叫互锁触头。另外，该电路必须按下停止按钮后，再反向或正向启动，这对需要频繁改变电动机运转方向的设备来说，是很不方便的。

图 2.9（d）中，除了接触器互锁外，还有利用复合按钮实现的互锁控制。SB2 的常闭触点串接在 KM2 的线圈电路中，SB3 的常闭触点串接在 KM1 的线圈电路中，由于采用按钮互

锁，需要改变电动机转向时，直接按正向按钮 SB2 或反向按钮 SB3 就可实现。这种利用复合按钮的常闭触点实现的互锁叫机械互锁。该电路既有接触器的电气互锁，也有复合按钮的机械互锁，即具有双重互锁功能。双重互锁使电路更安全、运行更可靠、操作更方便，故应用十分广泛。

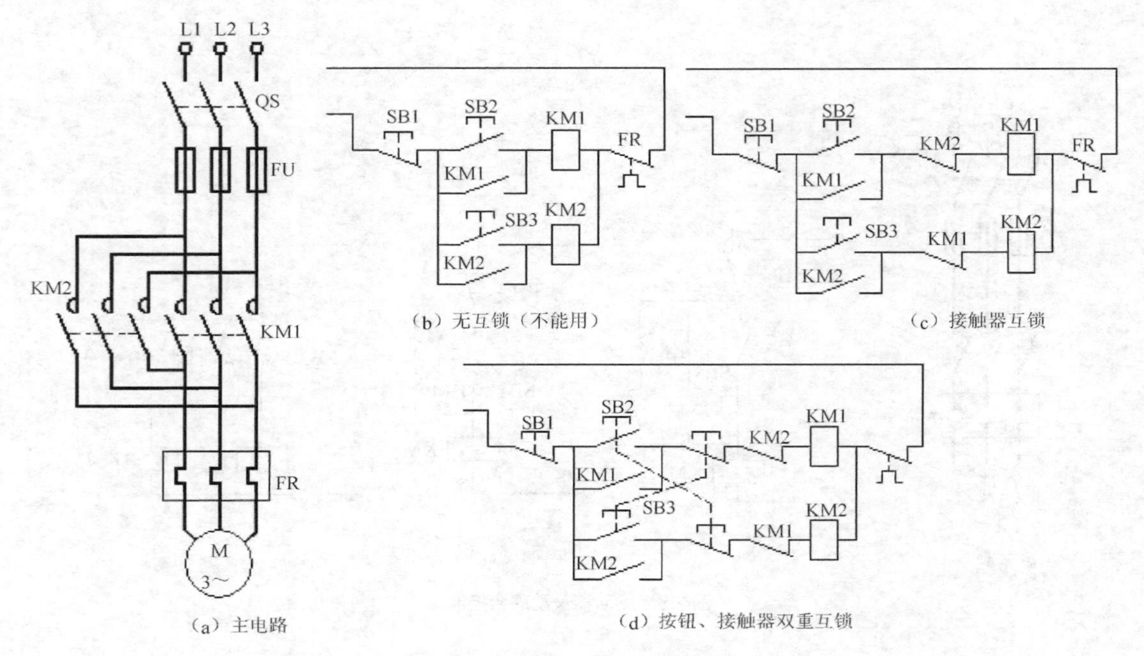

图 2.9 电动机正、反转控制线路

2.2.3 顺序工作的联锁控制

在生产实际中，有时要求一个系统中多台电动机按一定顺序实现启动和停止。如磨床上的电动机就要求先启动液压泵电动机，再启动主轴电动机。有的生产机械除要求按顺序启动外，还要求按一定顺序停止，如传送带运输机，前面的第一台运输机先启动，再启动后面的第二台；停车时应先停第二台，再停第一台，这样才不会造成物料在皮带上的堆积和滞留。

顺序启停控制有顺序启动、同步停止，顺序启动、正序停止和顺序启动、逆序停止。

图 2.10 所示为两台电动机顺序控制线路，其中图 2.10（a）为主电路图。

图 2.10（b）所示为按顺序启动、同步停止控制电路。按下启动按钮 SB2，KM1 线圈通电并自锁，电动机 M1 启动旋转，同时串在 KM2 控制电路中的 KM1 常开辅助触头也闭合，此时再按下按钮 SB3，KM2 线圈通电并自锁，电动机 M2 启动旋转，如果先按下 SB3 按钮，因 KM1 常开辅助触头断开，电动机 M2 不可能先启动，这样达到按顺序启动 M1、M2 的目的。直接按下 SB1，M1、M2 同时停止。

图 2.11（c）所示为顺序启动、正序停止控制电路。为此将接触器 KM1 的常开辅助触头并接在停止按钮 SB2 的两端，这样即使先按下 SB2，由于 KM1 线圈仍通电，电动机 M2 不会停转，只有按下 SB1，电动机 M1 先停后，再按下 SB2 才能使 M2 停转，满足了先停 M1 后停 M2 的要求。

图 2.10（d）所示为顺序启动、逆序停止控制电路，工作过程可自行分析。

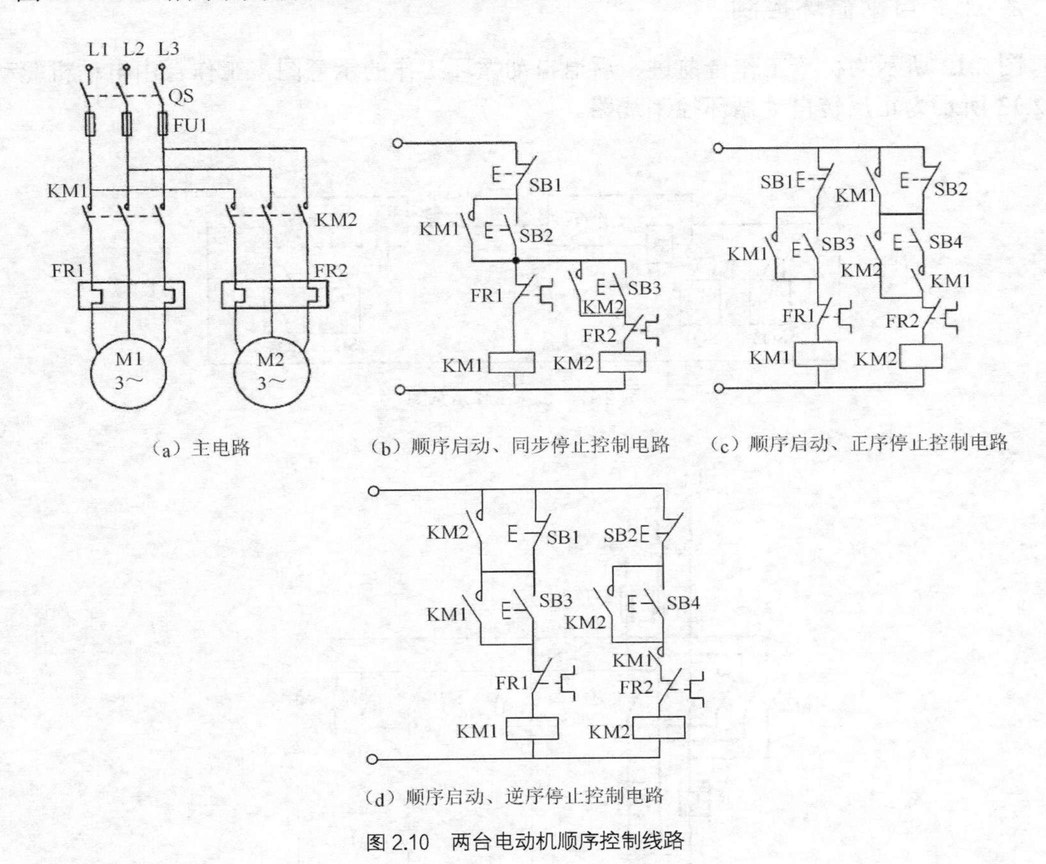

（a）主电路　（b）顺序启动、同步停止控制电路　（c）顺序启动、正序停止控制电路

（d）顺序启动、逆序停止控制电路

图 2.10　两台电动机顺序控制线路

2.2.4　多地点控制

在一些大型生产机械和设备上，如大型机床、起重运输机等，为了操作方便，操作人员可以在不同位置进行操作与控制，如图 2.11 所示为三地点控制电路。图 2.11（a）中把一个启动按钮和一个停止按钮组成一组，并把三组启动、停止按钮分别放置三地，即能实现三地控制。电动机若要三地启动，可按按钮 SB4 或 SB5或SB6；若要三地停止，可按按钮 SB1 或 SB2 或 SB3。图 2.11（b）中，启动按钮和停止按钮也是分别放在三地，由于启动按钮间是串联，属于“逻辑与”，所以启动时必须三地启动按钮同时接通才能实现电动机的启动，而三地的停止按钮是并联连接，只要有一个按钮断开，KM 就断电，电动机停止工作。

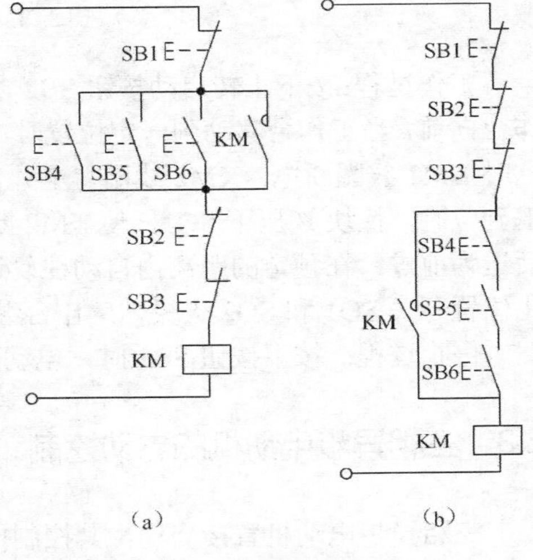

（a）　（b）

图 2.11　多地点控制电路

2.2.5 自动循环控制

图 2.12 所示为机床工作台前进、后退自动循环工作的示意图，工作台由电动机驱动。图 2.13 所示为正反转自动循环控制线路。

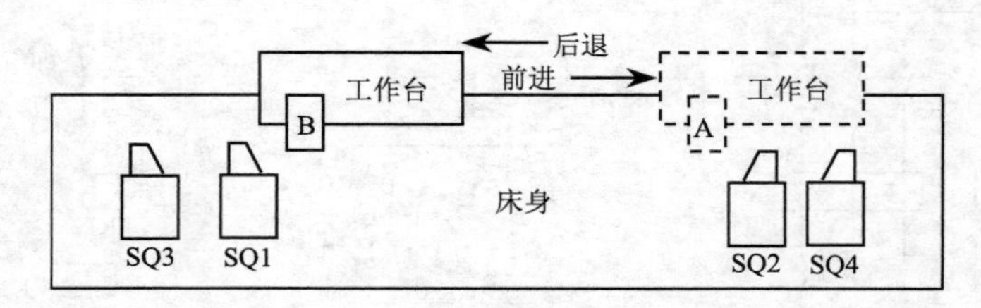

图 2.12 机床工作示意图

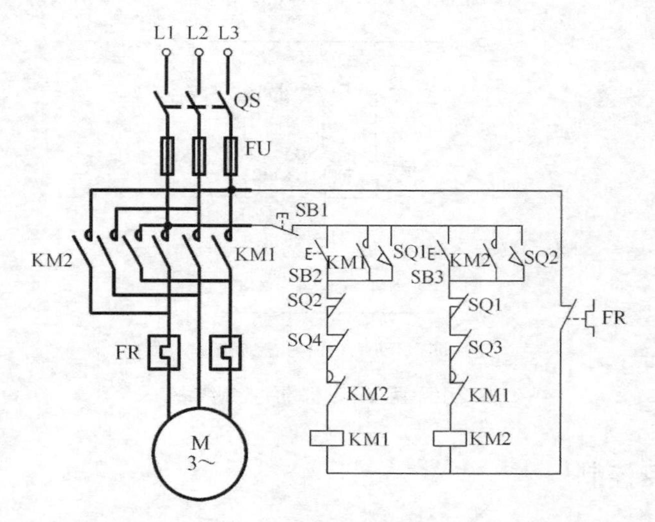

图 2.13 正反转自动循环控制线路

工作过程：按下正转启动按钮 SB2，接触器 KM1 线圈得电并自锁，电动机 M 正转启动，工作台向前，当工作台移动到一定位置时，撞块 A 压下 SQ2，其常闭触头断开，常开触头闭合，这时 KM1 线圈断电，KM2 线圈得电并自锁，电动机由正转变为反转，工作台向后退，当后退到位时，撞块 B 压下 SQ1，使 KM2 断电，KM1 得电，电动机由反转变为正转，工作台变后退为前进，在预定的距离内自动往复运动。SQ3、SQ4 为左右两侧限位保护继电器，以防止位置开关 SQ1 和 SQ2 失灵，工作台继续运动而造成事故。

停止过程：按下按钮 SB1 时，电动机停止，工作台停下。

2.3 三相异步电动机的启动控制

三相异步电动机直接启动，其控制电路简单、经济、操作方便。但对于容量较大的电动机来说，由于启动电流大，会引起较大的电网电压下降，所以必须采用降压启动的方法，以限制启动电流。

笼式异步电动机和绕线式异步电动机结构不同，限制启动电流的措施也不同。下面分别介绍两种电动机限制启动电流所采取的方法。

2.3.1　三相笼型异步电动机的降压启动

笼型异步电动机常用的降压启动方法有：星-三角形降压启动、定子绕组串电阻降压启动、自耦变压器降压启动等。

1. 星-三角形（Y-Δ）降压启动

星-三角形（Y-Δ）降压启动用于正常工作时定子绕组作三角形连接的电动机。在电动机启动时将定子绕组接成星形，实现降压启动。此时加在电动机每相绕组上的电压为额定电压的 $1/\sqrt{3}$，从而减小了启动电流。待启动后过了预先设定的时间，电动机转速接近额定转速，将定子绕组接线方式由星形改接成三角形，使电动机在额定电压下运行。它的优点是启动设备成本低、方法简单、容易操作，但启动转矩只有额定转矩的 1/3，如图 2.14 所示。

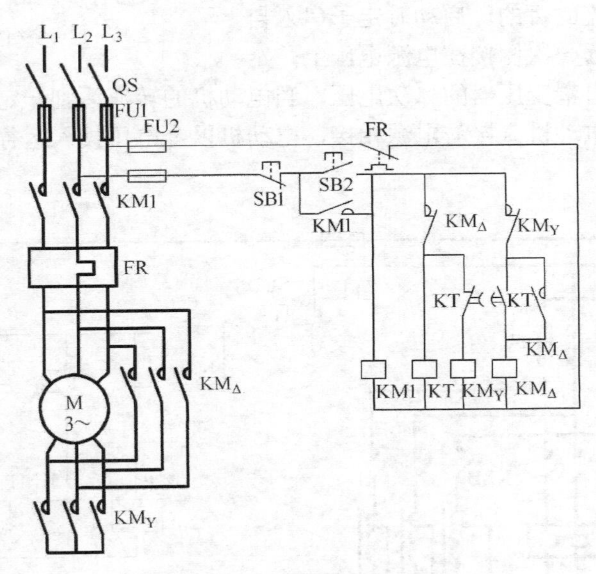

图 2.14　Y-Δ 降压启动控制线路

启动运行：按下启动按钮 SB2，KM1、KT、KM_Y 线圈同时得电并自锁，即 KM1、KM_Y 主触点闭合时，绕组接成星形，进行降压启动。当电动机转速接近额定转速时，时间继电器 KT 常闭触头断开，KM_Y 线圈断电，同时时间继电器 KT 常开触头闭合，KM_Δ线圈得电并自锁，电动机绕组接成三角形全压运行。两种接线方式的切换要在很短的时间内完成，在控制电路中采用时间继电器定时自动切换。KM_Y、KM_Δ常闭触头为互锁触头，以防同时接通造成电源短路。

停止运行：按下停止按钮 SB1，KM1、KM_Δ线圈失电，电动机停止运转。

2. 定子绕组串电阻降压启动

图 2.15 所示为定子绕组串接电阻降压启动控制线路。在电动机启动时，在三相定子电路串接电阻，使电动机定子绕组电压降低，启动结束后再将电阻短接，电动机在额定电压下正常运行。

启动过程如下：按下启动按钮 SB2，接触器 KM1 与时间继电器 KT 的线圈同时通电，KM1 主触点闭合，电动机定子绕组串电阻 R 启动。时间继电器 KT 延时预定时间后，其延时闭合常开触点闭合，接触器 KM2 线圈通电，KM2 主触点闭合，短接 R，电动机投入正常运行；KM2 常闭辅助触头断开，接触器 KM1 与时间继电器 KT 的线圈同时断电。

该电路结构简单、启动功率因数高，缺点是电阻上功率消耗大。常用于中小容量不经常启停电动机的降压启动。

3. 自耦变压器降压启动

利用自耦变压器来降低电动机启动时的电压，达到限制启动电流的目的。启动时定子串入自耦变压器，自耦变压器一次侧接在电源电压上，定子绕组得到的电压为自耦变压器的二次电压，当电动机的转速达到一定值时，将自耦变压器从电路中切除，此时电动机直接与电源相接，电动机以全电压投入运行。控制线路如图 2.16 所示。

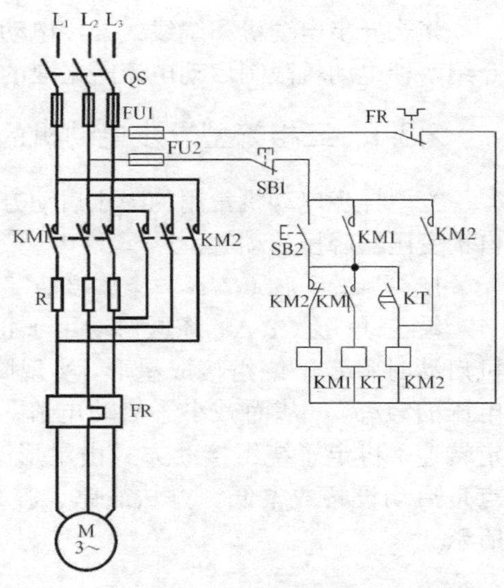

图 2.15 定子绕组串电阻降压启动控制线路

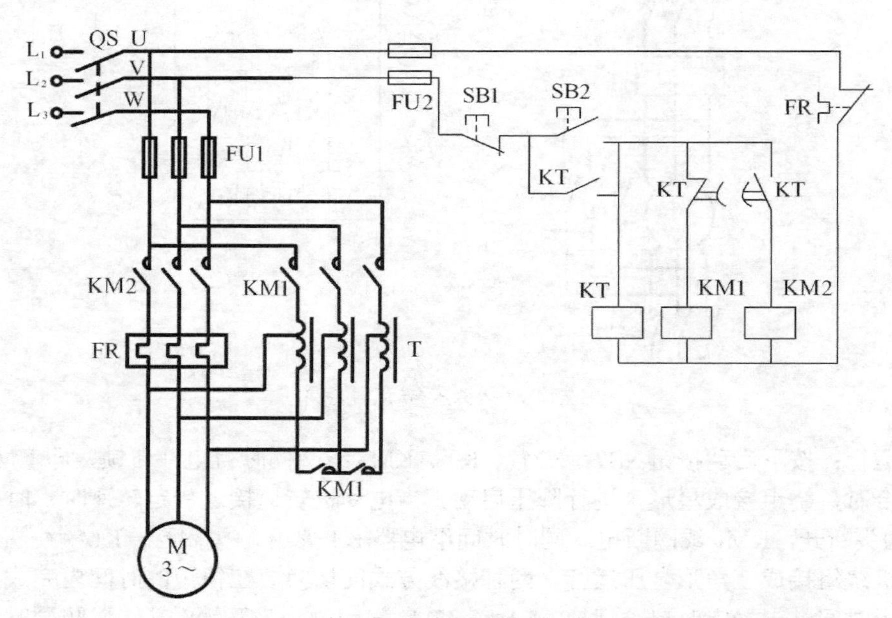

图 2.16 定子串自耦变压器降压启动控制线路

启动运行：按下启动按钮 SB2，接触器 KM1 线圈和时间继电器 KT 线圈得电，自耦变压器 T 接入，降压启动；启动延时一定时间后，时间继电器 KT 延时断开的常闭触头断开，KM1 线圈失电释放，自耦变压器 T 切断，同时 KT 延时闭合的常开触头闭合，KM2 线圈得电并保持，电动机全压工作。

停止运行：按下 SB1，KM2 线圈失电，电动机停止运转。

2.3.2　三相绕线式异步电动机启动

三相绕线式异步电动机的转子回路可以通过滑环外接电阻，达到减少启动电流、提高转子功率因数和增大启动转矩的目的。在要求启动转矩较高的场合，如起重机械、卷扬机等，广泛应用绕线式异步电动机。

按照绕线式异步电动机启动过程中转子串接装置不同，有串电阻启动与串频敏变阻器启动两种方式。

1. 转子回路串接电阻启动

三相转子回路中的启动电阻一般接成星形。在启动前，启动电阻全部接入电路，在启动过程中，启动电阻被逐级短接。短接电阻的方式有三相电阻不平衡短接法和三相电阻平衡短接法。使用凸轮控制器来短接电阻宜采用不平衡短接法，如桥式起重机就是采用这种控制方式。使用接触器来短接电阻时宜采用平衡短接法。

图 2.17 所示为按电流原则控制的绕线式转子电动机串电阻启动线路，该电路按照电流原则实现控制，利用电流继电器，根据电动机转子电流大小的变化来控制电阻的分级切除。KI1～KI3 为欠电流继电器，其线圈串接于转子回路中，KI1～KI3 三个电流继电器的吸合值相同，但释放值不同，KI1 的释放电流最大，首先释放，KI2 次之，KI3 的释放电流最小，最后释放。刚启动时，启动电流较大，KI1～KI3 同时吸合动作，使全部电阻接入。随着电动机转速升高，电流减小，KI1～KI3 依次释放，分别短接电阻，直到将转子串接的电阻全部短接。

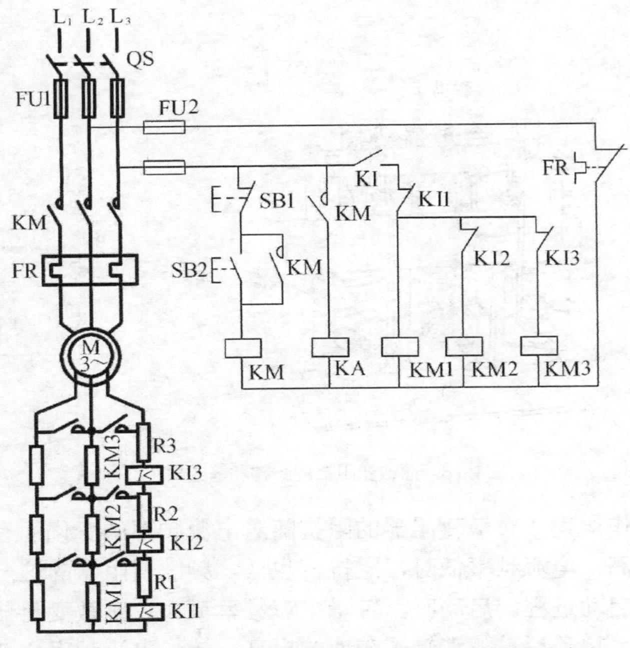

图 2.17　按电流原则控制的绕线转子电动机串电阻启动线路

启动过程如下：按下启动按钮 SB2，接触器 KM 通电，电动机 M 串入全部启动电阻（R1+R2+R3）启动，中间继电器 KA 通电，为接触器 KM1～KM3 通电做准备。随着电动机转速的升高，启动电流逐步减小，首先 KI1 释放，KI1 常闭触点闭合，使接触器 KM1 通电，

KM1 常开触头闭合，短接第一级启动电阻 R1；然后 KI2 释放，KI2 常闭触点闭合，使接触器 KM2 线圈通电，KM2 常开触头闭合，短接第二级启动电阻 R2；KI3 最后释放，KI3 常闭触点闭合，KM3 线圈通电，KM3 常开触头闭合，短接最后一级电阻 R3。至此，电动机启动过程结束。

控制电路中设置的中间继电器 KA，是为了保证转子串入全部电阻后，电动机才能启动。若没有 KA，当启动电流由零上升但尚未到达电流继电器的吸合电流值时，KI1～KI3 不能吸合，将使接触器 KM1～KM3 同时通电，则转子电阻全部被短接，电动机直接启动。设置了 KA 后，从 KM 线圈得电到 KA 常开触点闭合需要一段时间，此时启动电流已达到欠电流继电器的吸合值，其常闭触点全部断开，使接触器 KM1～KM3 均断电。确保转子串入全部电阻，防止电动机直接启动。

2. *转子回路串接频敏变阻器启动*

在转子串电阻启动过程中，由于逐级减小电阻，启动电流和转矩突然增加，故产生一定的机械冲击力。同时由于串接电阻启动，使电路复杂，工作不可靠，而且电阻本身比较粗笨，能耗大，使控制箱体积较大。由于频敏变阻器的阻抗随着转子电流频率的下降自动减小，可实现平滑的无级启动，是一种较理想的启动方法。因此，在桥式起重机和空气压缩机等较大容量的电气设备中获得了广泛应用。

图 2.18 所示为频敏变阻器的结构和等效电路。频敏变阻器实际上是一个特殊的三相铁芯电抗器，它有一个三柱铁芯，每个柱上有一个绕组，三相绕组一般接成星形。等效电路中的 R_d 为绕组直流电阻，R 为铁损等效电阻，L 为等效电感，R、L 值与转子电流频率有关。

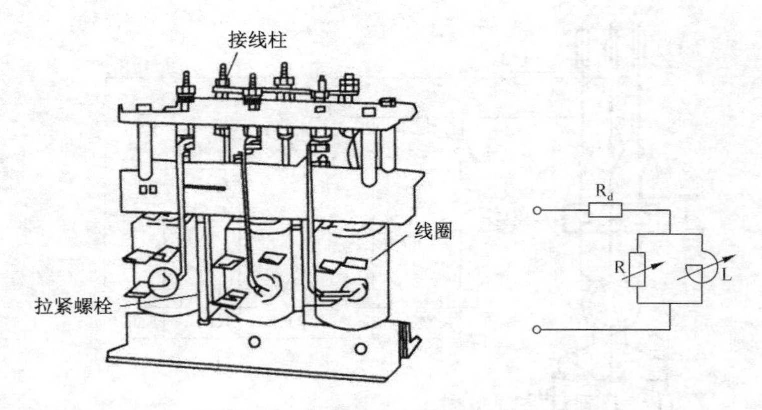

图 2.18 频敏变阻器的结构和等效电路

频敏变阻器的工作原理：频敏变阻器的阻抗随着电流频率的变化而有明显的变化，电流频率高时，阻抗值也高，电流频率低时，阻抗值也低。频敏变阻器的这一频率特性非常适合于控制异步电动机的启动过程。启动时，转子电流频率最大。频敏变阻器的阻抗最大，限制了电动机的启动电流；启动后，随着转子转速的提高，转子电流频率逐渐降低，频敏变阻器的阻抗自动减小。启动完毕后，频敏变阻器应从转子回路中短路切除。

频敏变阻器结构较简单，成本较低，维护方便，平滑启动。缺点是由于电感存在，$\cos\Phi$ 较低，启动转矩并不很大，适于绕线式电动机轻载启动。

图 2.19 所示为绕线式电动机串接频敏变阻器启动的控制线路，其中 RF 是频敏变阻器。

启动运行：按下启动按钮 SB2，接触器 KM1 和时间继电器 KT 线圈同时通电，KM1 主触头闭合，电动机 M 转子电路串入频敏变阻器启动。时间继电器 KT 延时预定时间后，其常开延时触点闭合，使中间继电器 KA 通电，KA 常开触点闭合，接触器 KM2 通电，KM2 主触头闭合，将频敏变阻器 RF 短接，KM2 的常闭辅助触点断开，时间继电器 KT 断电，启动过程结束。

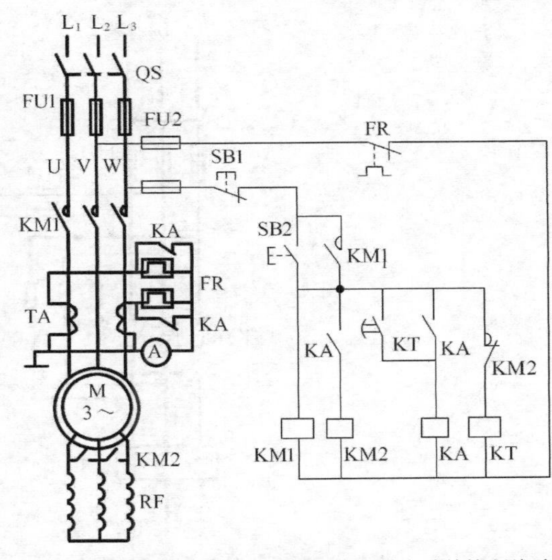

图 2.19　绕线式电动机串接频敏变阻器启动的控制线路

停止运行：按下停止按钮 SB1，KM1、KM2、KA 线圈断电释放，电动机 M 断电停止。

电流互感器 TA 的作用是将主电路中的大电流变换成小电流进行测量。为避免启动时间较长而使热继电器 FR 误动作，在启动过程中，用 KA 的常闭触点将 FR 的加热元件短接，待启动结束，电动机正常运行时才将 FR 的加热元件接入电路。

2.4　三相异步电动机的制动控制

由于惯性作用，电动机断电后不能马上停转。而很多生产机械往往要求电动机快速、准确地停车，这就要求对电动机采取有效措施进行制动。

三相异步电动机的制动控制方法有机械制动和电气制动。所谓机械制动，就是用机械装置来强迫电动机迅速停车，常用的机械装置是电磁抱闸。电气制动是在电动机上产生一个与转子原来转动方向相反的制动转矩，迫使电动机迅速停车。电气制动方法有反接制动、能耗制动、再生制动以及电容制动等，这里主要介绍反接制动和能耗制动。

2.4.1　反接制动

反接制动是通过改变电动机定子绕组三相电源的相序，产生一个与转子惯性转动方向相反的旋转磁场，因而产生制动转矩。反接制动时，转子与定子旋转磁场的相对转速接近电动机同步转速的两倍，所以定子绕组中流过的反接制动电流相当于全压直接启动时的两倍，因此反接制动转矩大，制动迅速。为了减小冲击电流，通常在电动机定子绕组中串接制动电阻。另外，当电动机转速接近零时，要及时切断反相序电源，以防电动机反方向启动，通常用速度继电器来检测电动机转速并控制电动机反相序电源的断开。

1. 单向运行反接制动

图 2.20 所示为单向运行反接制动控制线路，接触器 KM 控制接触器单向运行，接触器 KM2 为反接制动，KS 为速度继电器，R 为反接制动电阻。

工作过程：接通开关 QS，按下启动按钮 SB2，接触器 KM1 通电，电动机 M 启动运行，速度继电器 KS 常开触头闭合，为制动作准备。制动时按下停止按钮 SB1，KM1 断电，KM2 通电（KS 常开触头未打开），KM2 主触头闭合，定子绕组串入限流电阻 R 进行反接制动，当 M 的转速接近 0 时，KS 常开触头断开，KM2 断电，电动机制动结束。

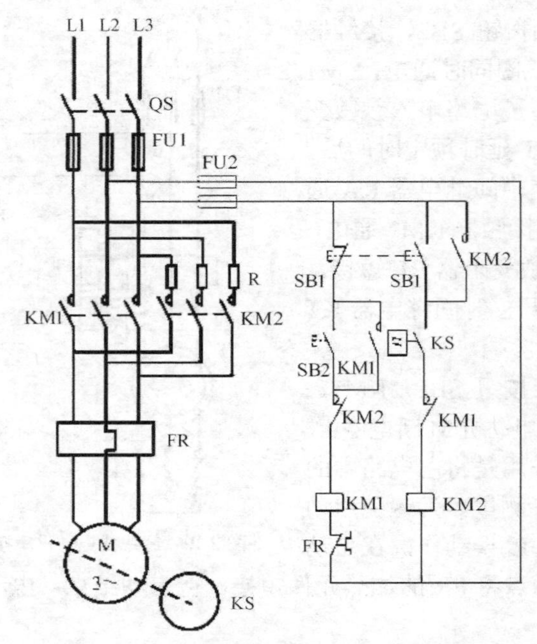

图 2.20 电动机单向运行反接制动控制线路

2. 可逆运行反接制动控制线路

图 2.21 所示为可逆运行反接制动控制线路，KM1 为正转接触器，KM2 为反转接触器，KM3 为短接电阻接触器，KA1、KA2、KA3 为中间继电器，KS1 为正转常开触头，KS2 为反转常开触头，R 为启动与制动电阻。

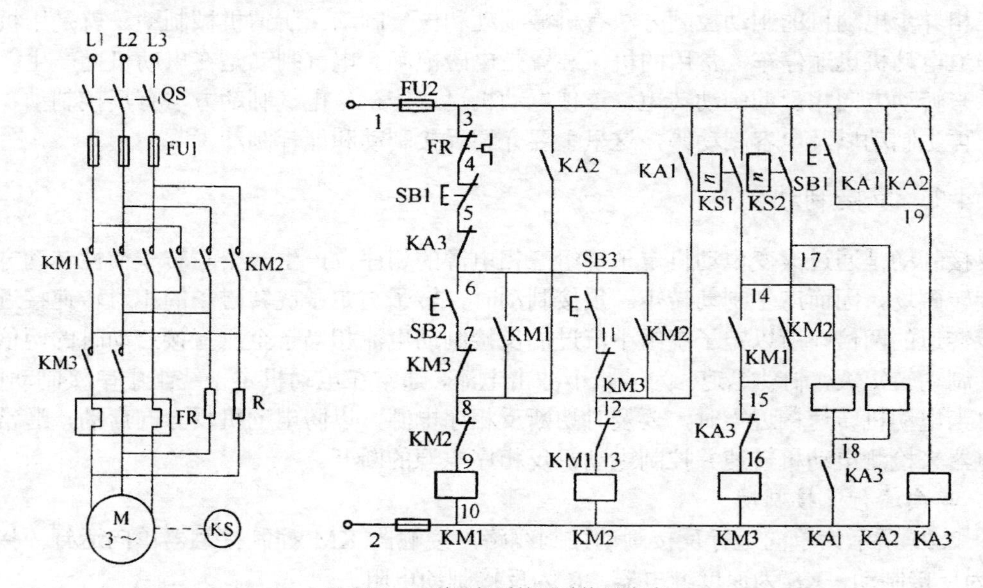

图 2.21 可逆运行反接制动控制线路

电动机正向启动和停车反接制动过程如下。

（1）正向启动时，接通开关 QS，按下启动按钮 SB2，KM1 通电自锁，定子串入电阻 R 正向启动，当正向转速大于 120r/min 时，KS1 闭合，因 KM1 的常开辅助触点已闭合，所以

KM3 通电将 R 短接，从而使电动机在全压下运转。

（2）停止运行时，按下停止按钮 SB1，接触器 KM1、KM3 相继失电，定子切断正序电源并串入电阻 R，SB1 的常开触头后闭合，KA3 通电，常闭触点又再次切断 KM3 电路。由于惯性，KS1 仍闭合，且 KA3（18-10）已闭合，使 KA1 通电，触点 KA1（3-12）闭合，KM2 通电，电动机定子串入 R 进行反接制动；KA1 的另一触点（3-19）闭合，使 KA3 仍通电，确保 KM3 始终处于断电状态，R 始终串入 M 的定子绕组。当正向转速小于 100r/min 时，KS1 失电断开，KA1 断电，KM2、KA3 同时断电，反接制动结束，电动机停止运转。

电动机反向启动和停车反接制动过程与上述相似，请读者自行分析。

该电路在按下 SB1 停车时一定要按到底并保持一定的时间，以保证 KA3 能可靠通电，否则将无法实现反接制动。KM3 的常闭触点接在启动回路，其目的在于防止其因机械卡阻等故障导致主电路直接启动。

反接制动具有制动力强、制动迅速的优点。但其制动准确性差，制动过程中冲击强烈，易损坏传动部件，制动能量消耗大，不宜频繁制动。一般适用于制动要求迅速，系统惯性大，不经常启动和制动的场合。如铣床、镗床、中型车床等主轴的制动。

2.4.2　能耗制动

能耗制动就是在电动机切断三相交流电源后，迅速在定子绕组任意两相施加一直流电压，使定子绕组产生恒定的磁场，利用转子感应电流与静止磁场的相互作用产生制动力矩，实现制动，当转子转速接近零时，及时切除直流电源。能耗制动的控制既可以按时间原则，由时间继电器控制；也可以按照速度原则，由速度继电器控制。

1. 按时间原则控制的单向运行能耗制动电路

图 2.22 所示为按时间原则控制的单向运行能耗制动控制线路，图中接触器 KM1 控制电动机单向运行，接触器 KM2 用来实现能耗制动，TC 为整流变压器，VC 为桥式整流电路，KT 为时间继电器。

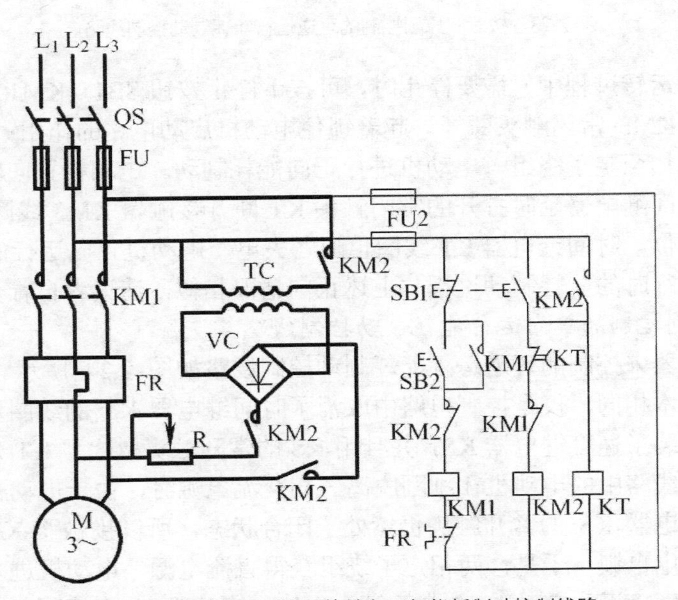

图 2.22　按时间原则控制的单向运行能耗制动控制线路

在电动机正常单向运行的时候，若按下停止按钮 SB1，电动机由于 KM1 断电释放而脱离三相交流电源，而直流电源则由于接触器 KM2 线圈通电其主触头闭合而加入定子绕组，时间继电器 KT 线圈与 KM2 线圈同时通电并保持，于是电动机进入能耗制动状态。当其转子的惯性速度接近于零时，时间继电器延时打开的常闭触头断开接触器 KM2 线圈电路。由于 KM2 常开辅助触头的复位，时间继电器 KT 线圈的电源也被断开，电动机能耗制动结束。

2. 按时间原则控制的可逆运行能耗制动控制线路

图 2.23 所示为按时间原则控制的可逆运行能耗制动控制线路，KM1 为正向接触器，KM2 为反向接触器，接触器 KM3 用来实现能耗制动，TC 为整流变压器，VC 为桥式整流电路，KT 为时间继电器。

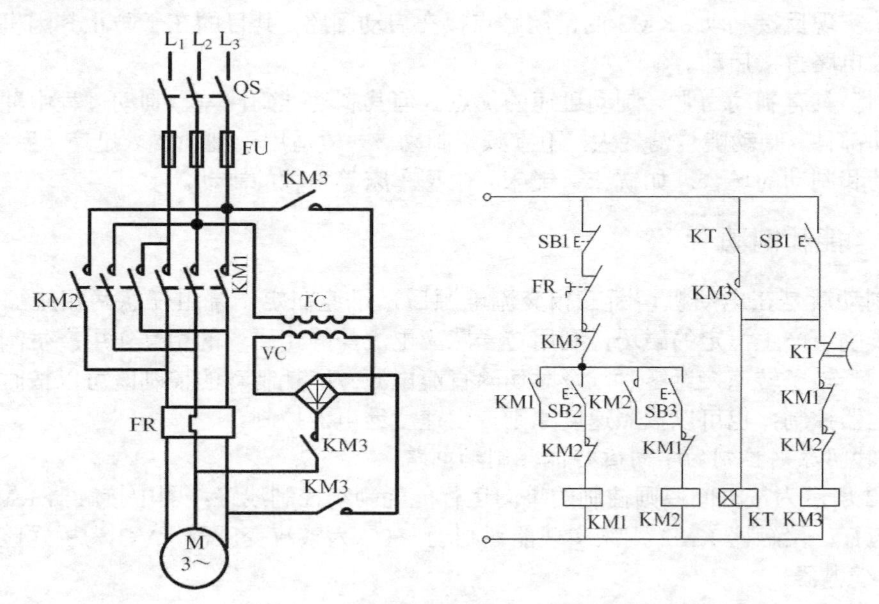

图 2.23 按时间原则控制的可逆运行能耗制动控制线路

在电动机正向运转过程中，需要停止时，可按下停止按钮 SB1，KM1 断电，KM3 和 KT 线路通电并自锁，KM3 常闭触头断开，起着锁住电动机启动电路的作用；KM3 常开主触头闭合，使直流电压加至定子绕组，电动机进行正向能耗制动。电动机正向转速迅速下降，当其接近于零时，时间继电器延时打开的常闭触头 KT 断开接触器 KM3 线圈电源。由于 KM3 常开辅助触头的复位，时间继电器 KT 线圈也随之失电，电动机正向运行的能耗制动结束。

电动机反向运行时的能耗制动过程与上述正向情况相似，请读者自行分析。

3. 按速度原则控制的单向运行能耗制动控制线路

采用速度继电器来控制的可逆运行能耗制动控制线路如图 2.24 所示。该线路与图 2.22 所示的控制线路基本相同，仅是控制电路中取消了时间继电器 KT 的线圈及其触头电路，而在电动机轴伸端安装了速度继电器 KS，并且用 KS 的常开触头取代了 KT 延时打开的常闭触头。这样一来，该线路中的电动机在刚刚脱离三相交流电源时，由于电动机转子的惯性速度仍然很高，速度继电器 KS 的常开触头仍然处于闭合状态，所以接触器 KM2 线圈能够依靠 SB1 按钮的按下通电自锁。于是，两相定子绕组获得直流电源，电动机进入能耗制动。当电动机转子的惯性速度接近于零时，KS 常开触头复位，接触器 KM2 线圈断电而释放，能耗制动结束。

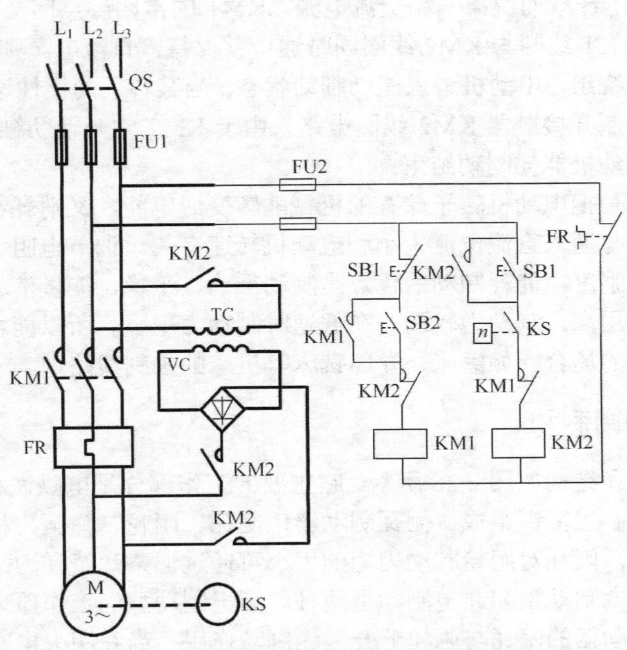

图 2.24　按速度原则控制的单向能耗制动控制线路

4. 无变压器单相半波整流能耗制动控制线路

上述几种能耗制动控制线路均需一套变压器、整流器装置，虽制动效果好，但电动机容量越大，所需设备投资越大。对于 10kW 以下的电动机，在制动效果要求不高的场合，可采用无变压器单相半波整流控制线路，如图 2.25 所示。用单相半波整流器作为直流电源，该电源无变压器、设备简单、体积小、成本低。其整流电源电压为 220V，由 KM2 控制经定子绕组、整流二极管 VD 和电阻 R 接到零线，构成回路。

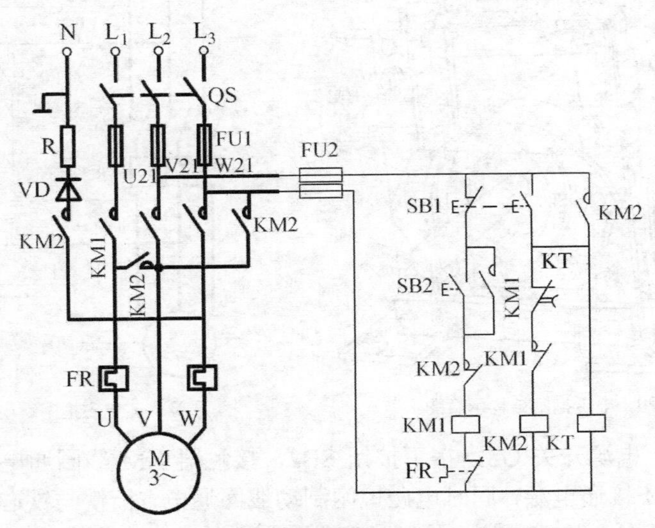

图 2.25　无变压器单相半波整流能耗制动控制线路

在电动机正常单向运行的时候，KM1 线圈通电，KM2 线圈断电，若按下停止按钮 SB1，电动机由于 KM1 断电释放而脱离三相交流电源，KM1 的常闭触点闭合，使 KM2 线圈通电并自保，时间继电器 KT 线圈与 KM2 线圈同时通电并保持，直流电源则通过 KM2 闭合的常开主触头而加入定子绕组，电动机进入能耗制动状态。当其转子的惯性速度接近于零时，KT 延时断开的常闭触头断开接触器 KM2 线圈电路。由于 KM2 常开辅助触头的复位，KT 线圈的电源也被断开，电动机能耗制动结束。

能耗制动的实质是把电动机转子储存的机械能转变成电能，又消耗在转子的制动上。显然，制动作用的强弱与通入直流电流大小和电动机转速有关。调节电阻 R，可调节制动电流大小，从而调节制动强度。能耗制动的优点是制动准确、平稳，能量消耗较小。缺点是需附加直流电源，设备费用高，制动力较弱，在低速时制动力矩小。所以能耗制动一般用于要求制动平稳和制动频繁的场合，如磨床、龙门铣床等机床的控制线路中。

2.4.3 电磁抱闸制动

电磁抱闸的外形和结构如图 2.26 所示。它主要的工作部分是电磁铁和闸瓦制动器。电磁铁由电磁线圈、静铁心、衔铁组成；闸瓦制动器由闸瓦、闸轮、弹簧、杠杆等组成。其中闸轮与电动机转轴相连，闸瓦对闸轮制动力矩的大小可通过调整弹簧弹力来改变。

电磁抱闸分为断电制动型和通电制动型两种。断电制动型的工作原理如下：当制动电磁铁的线圈通电时，制动器的闸瓦与闸轮分开，无制动作用；当线圈失电时，闸瓦紧紧抱住闸轮制动。通电制动型则是在线圈通电时，闸瓦紧紧抱住闸轮制动；当线圈失电时，闸瓦与闸轮分开，无制动作用。

电磁抱闸断电制动的控制线路如图 2.27 所示。

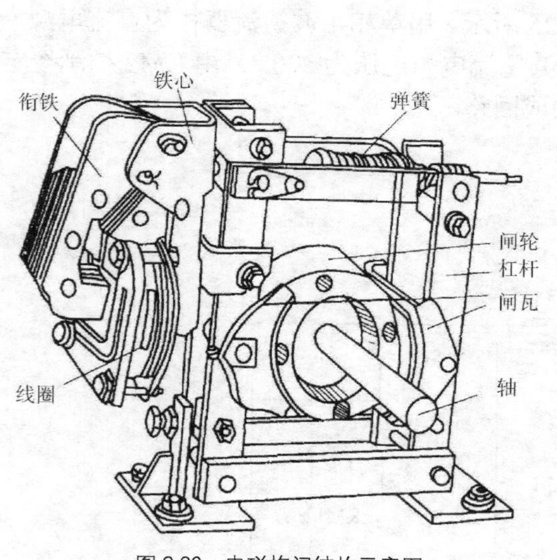

图 2.26 电磁抱闸结构示意图

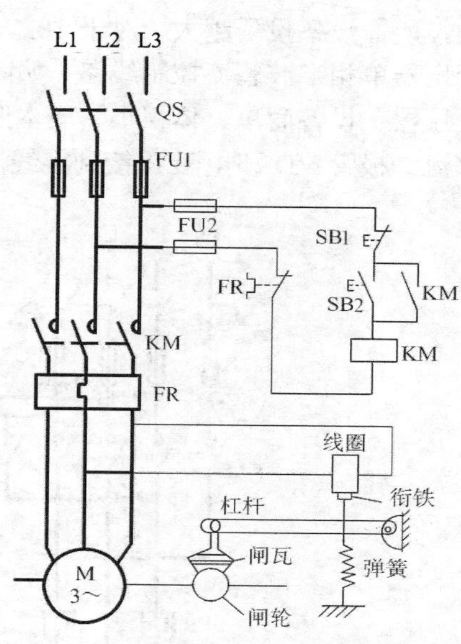

图 2.27 电磁抱闸断电制动控制线路

启动运行：合上电源开关 QS，按下按钮 SB2，接触器 KM 线圈通电，其自锁触头和主触头闭合，电动机 M 接通电源，同时电磁抱闸制动线圈通电，衔铁与铁心吸合，衔铁克服弹簧拉力，使制动杠杆向上移动，从而使制动器的闸瓦与闸轮分开，电动机正常运转。

制动停转：按下按钮 SB1，接触器 KM 线圈失电，其自锁触头和主触头分断，电动机 M 失电，同时电磁抱闸制动线圈也失电，衔铁与铁心分开，在弹簧拉力的作用下，闸瓦紧紧抱住闸轮，电动机因制动而停转。

电磁抱闸制动在起重机械上被广泛采用。其优点是能够准确定位，可防止电动机突然断电时重物的自行坠落。这种制动方式的缺点是不经济。因为电动机工作时，电磁抱闸制动线圈一直在通电。另外，切断电源后，由于电磁抱闸制动器的制动作用，使手动调整很困难，对要求电动机制动后能调整工件位置的设备，只能采用通电制动控制线路。

2.5　三相异步电动机的调速控制

三相异步电动机的调速方法有：改变定子绕组联结方式的变极调速、绕线式异步电动机转子串电阻调速、电磁转差调速、变频调速和串极调速。下面介绍前 3 种调速方法。

2.5.1　变极调速

变极调速一般仅适用于笼型异步电动机。变极电动机一般有双速、三速、四速之分，双速电动机定子装有一套绕组，而三速、四速电动机为两套绕组。变极调速的原理和控制方法基本相同，这里以双速异步电动机为例进行分析。

1. 双速异步电动机定子绕组的联结方式

双速异步电动机是靠改变定子绕组的连接，形成两种不同的极对数，获得两种不同的转速。双速异步电动机定子绕组常见的接法有△/YY 和 Y/YY 两种。双速电动机定子绕组接线图如图 2.28 所示，通过改变定子绕组上每个线圈两端抽头的联结，图 2.28（a）由三角形改为双星形，图 2.28（b）由星形改为双星形，两种接线方式变换成双星形均使极对数减少一半，转速增加一倍。

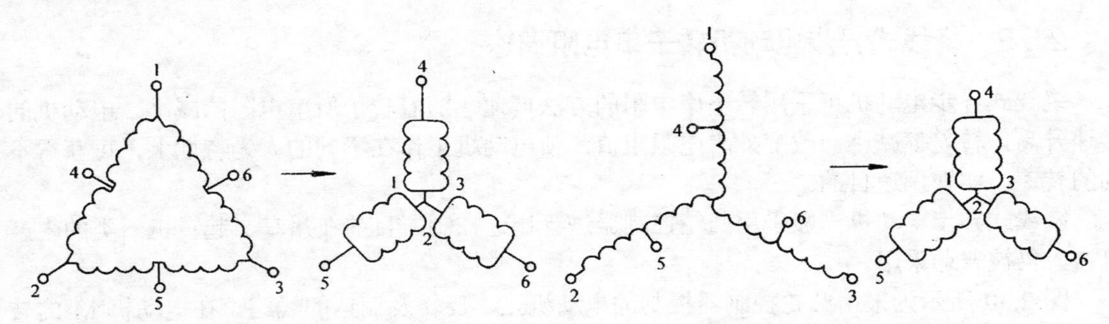

（a）双速异步电动机三相定子绕组△/YY 接线　　（b）双速异步电动机三相定子绕组 Y/YY 接线

图 2.28　双速异步电动机绕组连接图

双速异步电动机调速的优点是可以适应不同负载性质的要求，如需要恒功率调速时可采用三角形→双星形转换接法，需要恒转矩调速时采用星形→双星形转换接法，且线路简单、维修方便；缺点是只能有级调速且价格较高，通常使用时与机械变速配合使用，以扩大其调速范围。

注意： 当定子绕组由三角形联结（各相绕组互为 240°电角度）改变为双星形联结（各相绕组互为 120°电角度）时，为保持变速前后电动机转向不变，在改变极对数的同时必须改变电源相序。

2. 双速异步电动机控制线路

图 2.29 所示为时间继电器控制的双速异步电动机自动控制线路。图中 SA 为选择开关，选择电动机低速运行或高速运行。当 SA 置于“低速”位置时，接通 KM1 线圈电路，电动机直接启动低速运行。当 SA 置于“高速”位置时，时间继电器的瞬时触头闭合，同样先接通 KM1 线圈电路，电动机绕组三角形接法低速启动，当时间继电器延时时间到时，其延时断开的常闭触头 KT 断开，切断 KM1 线圈回路，同时其延时接通的常开触头 KT 闭合，接通接触器 KM2、KM3 线圈并使其自锁，电动机定子绕组换接成双星形接法，改为高速运行。此时 KM3 的常闭触头断开使时间继电器线圈失电停止工作。所以该控制线路具有使电动机转速自动由低速切换至高速的功能，以降低启动电流，适用于较大功率的电动机。

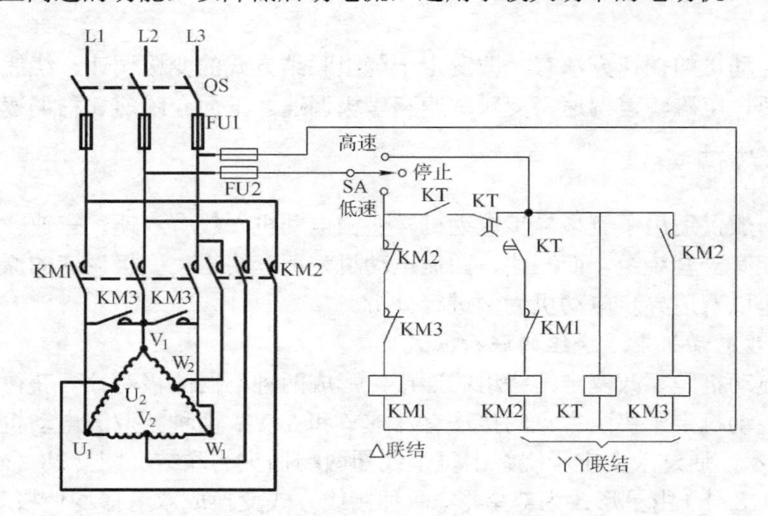

图 2.29　双速异步电动机高、低速控制线路

2.5.2　绕线式异步电动机转子串电阻调速

绕线式异步电动机可采用转子串电阻的方法调速。随着转子所串电阻的减小，电动机的转速升高，转差率减小。改变外串电阻阻值，使电动机工作在不同的人为特性上，可获得不同的转速，实现调速目的。

绕线式异步电动机一般采用凸轮控制器进行调速控制，目前在吊车、起重机一类的生产机械上仍被普遍采用。

图 2.30 所示为采用凸轮控制器控制的电动机正、反转及调速的线路。在电动机 M 的转子电路中，串接三相不对称电阻作启动和调速用，由凸轮控制器的触头进行控制。定子电路电源的相序也由凸轮控制器进行控制。

该凸轮控制器的触头展开图如图 2.30（c）所示。列上的虚线表示“正”、“反”各五个挡位和中间“0”位，每一根行线对应凸轮控制器的一个触头。黑点表示该位置触头接通，没有黑点则表示不通。触点 $SA_{1\text{-}1}$～$SA_{1\text{-}5}$ 与转子电路串接的电阻相连接，用于短接电阻，控制电动机的起动和调速。

线路工作过程如下。

将凸轮控制器 SA_1 的手柄置“0”位，$SA_{1\text{-}10}$、$SA_{1\text{-}11}$、$SA_{1\text{-}12}$ 三对触头接通。合上电源开关 QS。

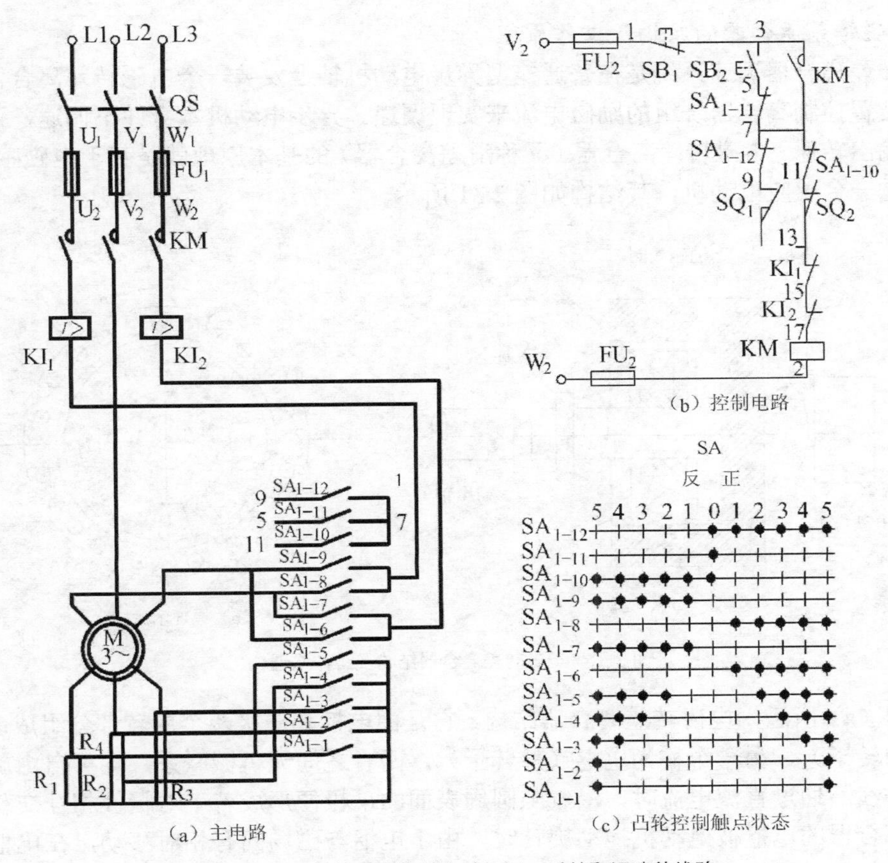

（a）主电路

（b）控制电路

（c）凸轮控制触点状态

图 2.30　凸轮控制器控制电动机正、反转和调速的线路

按下 SB2，KM 线圈通电并自锁，KM 主触头闭合；将凸轮控制器手柄扳到正向“1”位，触头 SA_{1-12}、SA_{1-8}、SA_{1-6} 闭合，M 定子接通电源，转子串入全部电阻（$R_1+R_2+R_3+R_4$），正向低速起动；将 SA_1 扳到正向“2”位，SA_{1-12}、SA_{1-8}、SA_{1-6}、SA_{1-5} 四对触头闭合，切除电阻 R_1，M 转速上升；当 SA_1 手柄从正向“2”位依次转向“3”、“4”、“5”位时，触头 SA_{1-4}～SA_{1-1} 先后闭合，R_2、R_3、R_4 被依次切除，M 转速逐步升高至额定转速运行。

当凸轮控制器手柄由“0”位扳到反向“1”位时，触头 SA_{1-10}、SA_{1-9}、SA_{1-7} 闭合，M 电源相序改变而反向起动。将手柄从“1”位依次扳向“5”位时，M 转子所串电阻被依次切除，M 转速逐步升高。其过程与正转时相同。

限位开关 SQ_1、SQ_2 分别与凸轮控制器触头 SA_{1-10}、SA_{1-12} 串接，在电动机正、反转过程中，对运动机构进行终端位置保护。

2.5.3　电磁调速

变极调速不能实现连续平滑调速，只能得到几种特定的转速。但在很多机械中，要求转速能够连续无级调节，并且有较大的调速范围。目前除了用变频器进行无级调速外，还有较多用调电磁转差率进行的调速，也就是电磁转差离合器调速，其优点是结构简单、维护方便、运行可靠、能平滑调速，采用闭环系统可扩大调速范围；缺点是调速效率低，低速时尤为突出，不宜长期低速运行，且控制功率小，机械特性较软。

1. 电磁转差离合器的结构及工作原理

电磁转差离合器调速系统是在普通笼型异步电动机轴上安装一个电磁转差离合器，由晶闸管控制装置控制离合器绕组的励磁电流来实现调速。异步电动机本身并不调速，调节的是离合器的输出转速。电磁转差离合器（又称滑差离合器）的基本原理就是基于电磁感应原理，实质上就是一台感应电动机，其结构如图 2.31 所示。

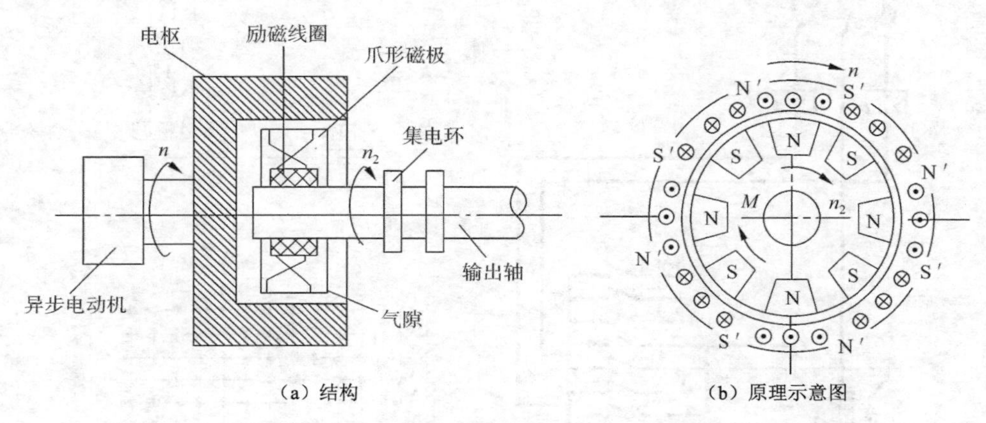

图 2.31　电磁转差离合器结构及工作原理

图 2.31（a）所示为电磁转差离合器结构，它是由电枢和磁极两个旋转部分组成：一个称为磁极（内转子），另一个称为电枢（外转子），两者之间无机械联系，均可自由旋转。当磁极的励磁线圈通过直流电流时，沿气隙圆周表面的爪极便形成若干对极性相互交替的空间磁场。当离合器的电枢被电动机拖动旋转时，由于电枢与磁场间有相对移动，在电枢内就产生涡流；此涡流与磁通相互作用产生转矩，带动磁极按同一方向旋转。

无励磁电流时，磁极不会跟着电枢转动，相当于磁极与电枢“离开”，当磁极通入励磁电流时，磁极即刻跟随电枢旋转，相当于磁极与电枢“合上”，故称为“离合器”。因它是根据电磁感应原理工作的，磁极与电枢之间必须有转差才能产生涡流与电磁转矩，故又称“电磁转差离合器”。因为工作原理和异步电动机相似，所以又将它及与其相连的异步电动机一起称为“滑差电动机”。

电磁转差离合器的磁极转速与励磁电流的大小有关。励磁电流越大，建立的磁场越强，在一定转差率下产生的转矩越大。当负载一定时，励磁电流不同，转速就不同，只要改变电磁转差离合器的励磁电流，即可调节转速。由于输出轴的转向与电枢转向一致，要改变输出轴的转向，必须改变异步电动机的转向。

2. 电磁调速异步电动机的控制

电磁调速异步电动机的控制线路如图 2.32 所示。VC 为晶闸管控制器，其作用是将单相交流转换成可调直流电，供转差离合器调节输出转速。

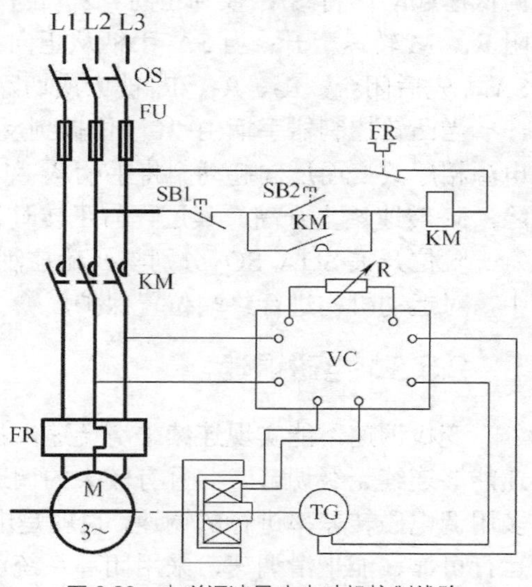

图 2.32　电磁调速异步电动机控制线路

按下启动按钮SB2，接触器KM线圈通电并自锁，主触头闭合，电动机M运转。同时接通晶闸管控制器VC电源，VC向电磁转差离合器爪形磁极的励磁电流，由于离合器电枢与电动机M同轴连接，爪形磁极随电动机同向转动，调节电位器R，可改变转差离合器磁极的转速，从而调节拖动负载的转速。测速发电机TG与磁极连接，将输出转速的速度信号反馈到控制装置VC，起速度反馈作用，稳定转差离合器输出转速。

按下停车按钮SB1，KM线圈断电，电动机M和电磁转差离合器同时断电停止。

2.6 电气控制系统常用保护措施

为保证电气控制系统安全可靠运行，保护环节是不可缺少的组成部分。常用的保护环节如下。

1. 短路保护

电器或线路绝缘损坏、负载短路、接线错误等都会发生短路现象，使瞬时电流可达额定电流的十几倍到几十倍，损坏电气设备或配电线路，或发生火灾。短路保护要具有瞬动特性，要求在很短时间内切断电源。为保护电气设备或配电设施，用熔断器、低压断路器做短路保护器。

2. 过电流保护

区别于短路保护的另一种电流型保护，叫过电流保护。线路中产生过电流是指工作电流超过额定电流，比短路电流小，不超过6倍额定电流。过电流的危害是，电器元件不会马上损坏，在达到最大允许温升前可恢复。但过大冲击负载，易损坏电动机；过大电动机电磁转矩，损坏机械传动部件。因此出现过电流时，要瞬时切断电源。

过电流的保护措施：采用过电流继电器，与接触器配合使用，常用于直流电动机、绕线转子异步电动机。

3. 过载保护

过载保护是过电流保护的一种。负载过大，使运行电流大于额定电流，但在1.5倍额定电流以内。过载的原因是由于负载突然增大、缺相运行或电源电压降低等，若长期过载运行会造成绕组温升超过允许值，使绝缘老化或损坏。热继电器是用来做过负载保护的，它具有反时限特性，不因短时过载冲击电流或短路电流影响而瞬时动作。

4. 失电压保护

防止电压恢复时电动机自行启动或电器元件自行投入工作而设置的保护。如接触器、按钮控制的电动机启保停电路具有失压保护功能。

对不能自动复位的手动开关控制电路，有专门的零电压继电器。

5. 欠电压保护

当电源电压下降到60%～80%额定电压时，要切除电动机电源。不然，会因电压太低使电动机电流增大，转速下降；而且电压下降会使控制电器释放，电路工作不正常。常用保护元件是欠电压继电器。

6. 过电压保护

对电磁铁、电磁吸盘等大电感负载及直流电磁机构、直流继电器等，通断瞬间会产生较高感应电动势，击穿绝缘，甚至损坏其他元件，为此常在线圈两端并联电阻、电阻串电容、电阻串二极管形成放电回路，从而起到保护作用。

7. *弱磁保护*

一般用于直流电动机，防止励磁减少或消失时飞车而需采用的保护，所用的保护器件是欠电流继电器。

8. *其他保护*

除了上述保护环节外，电气控制系统中还有行程保护、超速保护、油压（水压）保护、油温保护及互锁等，这些保护环节是在控制电路中串接一个受这些参量控制的常开触头或常闭触头来实现对控制电路的电源控制。这些装置有离心开关、测速发电机、行程开关、压力继电器等。

思考题与习题

1. 电气控制系统图主要有哪几种？各有什么用途？

2. 长动、点动在控制电路上的区别是什么？试用按钮、转换开关、中间继电器、接触器等电器，分别设计出既能长动又能点动的控制电路。

3. 设计能从两地操作，实现对同一台电动机的点动与长动控制的线路。

4. 在电动机可逆运行的控制线路中，为什么必须采用联锁环节？有哪些类型联锁？

5. 什么叫直接启动？直接启动有什么优缺点？在什么条件下可允许交流异步电动机直接启动？

6. 什么叫降压启动？有哪几种方式？各有什么特点和适用场合？

7. 试设计按时间原则控制的三相笼型异步电动机串电抗器降压启动控制电路。

8. 反接制动和能耗制动各有何特点？

9. 图 2.17 所示为按电流原则控制的绕线式异步电动机串电阻启动线路，试分析其工作原理。

10. 某机床主轴和油泵分别由两台笼型异步电动机 M1、M2 来拖动。试设计控制电路，其要求如下：①油泵电动机 M1 启动后，主轴电动机 M2 才能启动；②主轴电动机能正反转，且能单独停车；③该控制线路具有短路、过载、失压、欠压保护。

11. 设计一个控制线路，三台笼型异步电动机工作情况如下：M1 先启动，经 10 秒后 M2 自行启动，运行 30 秒后 M1 停机并同时使 M3 启动，再运行 30 秒后全部停机。

12. 设计一个小车运行的控制线路，小车由异步电动机拖动，其动作过程如下。

① 小车在原位装料 3 分钟，装料完毕向卸料位运行。

② 在卸料位自动停止并卸料 2 分钟，卸料完毕自动返回。

③ 回到原位装料，然后继续启动向卸料位运行，周而复始，自动往返。

④ 要求能在任意位置停车或启动，并有完善的保护措施。

13. 设计一台四级皮带运输机，分别由 M1、M2、M3、M4 四台电动机拖动。其动作过程如下：

① 启动时要求按 M1→M2→M3→M4 顺序启动；

② 停机时要求按 M4→M3→M2→M1 顺序停止。

第3章 典型机床的电气控制

生产机械种类繁多，其拖动方式和电气控制线路各有不同。本章通过一些典型机床的电气控制线路分析，介绍阅读电气原理图的方法，培养读图能力并通过读图分析各种典型生产机械的工作原理，为电气控制电路的设计、应用以及调试、维护等方面打下良好的基础。

3.1 电气控制线路分析基础

3.1.1 电气控制线路分析的内容

分析电气控制线路主要包括以下几步。

（1）详细阅读说明书。了解设备的结构，技术指标，机械传动、液压与气动的工作原理；电机的规格型号；各操作手柄、开关、旋钮等的作用；与机械、液压部分直接关联的行程开关、电磁阀、电磁离合器等的位置、工作状态及作用。

（2）电气控制原理图。电气控制线路原理图主要由主电路、控制电路及辅助电路等组成，这是分析控制线路的关键内容。

（3）电气元件布置图与电气总装接线。主要电气部件的布置、安装要求；电器元件布置与接线；在调试、检修中可通过布置图和接线图很方便地找到各种电器元件和测试点，进行维护和维修保养。

3.1.2 电气控制原理图的分析方法

电气控制原理图的分析主要包括主电路、控制电路和辅助电路等几部分。在分析之前，必须了解设备的主要结构、运动形式、电力拖动形式、电动机和电器元件的分布状况及控制要求等内容，在此基础上去分析电气控制原理图。

1. 分析主电路

首先从主电路入手分析，根据各电动机和执行电器的控制要求去分析各电动机和执行电器的控制环节及它们的控制内容。控制内容包括电动机的启动、调速和制动等状况。

2. 分析控制电路

根据各电动机的执行电器的控制要求找出控制电器中的控制环节，可将控制线路按功能不同分成若干个局部控制线路来进行分析。

3. 分析辅助电路

辅助电路由电源显示、工作状态显示、照明和故障报警等部分组成。

4. 分析联锁与保护环节

生产机械对安全性和可靠性有很高的要求，除了要合理地选择拖动和控制方案以外，在控制线路中还必须设置一系列电气保护和必要的电气联锁控制。

5. 总体检查

先化整为零，在逐步分析了每一个局部电路的工作原理以及各部分之间的控制关系之后，还必须用集零为整的方法，检查整个控制线路是否有遗漏。要从整体角度去进一步检查和理解各控制环节之间的联系，了解电路中每个元件所起的作用。

3.2 普通车床的电气控制线路

3.2.1 普通车床的结构及工作情况

普通车床是应用极为广泛的金属切削机床。主要用于车削外圆、内圆、端面螺纹和定型表面，并可通过尾架进行钻孔、铰孔、攻纹等加工。

在各种车床中，使用最多的是卧式车床。卧式车床主要由床身、主轴变速箱、进给箱、溜板箱、溜板与刀架、尾座、光杠、丝杠等部分组成，如图 3.1 所示。

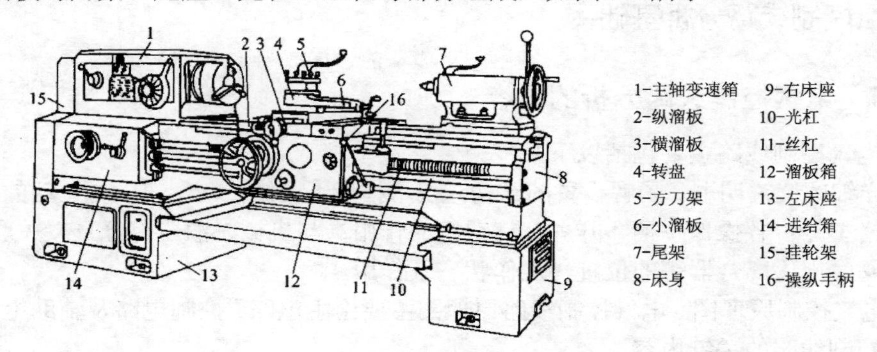

图 3.1　C650 型普通车床结构外形图

车床的切削加工包括主运动、进给运动和辅助运动。主运动为工件的旋转运动：有主轴通过卡盘或顶尖带动工件旋转。进给运动为刀具的直线运动：由进给箱调节加工时的纵向或横向进给量。辅助运动为刀架的快速移动及工件的夹紧、放松等。

根据切削加工工艺的要求，对电气控制提出下列要求：主拖动电动机采用三相笼型电动机，主轴的正、反转由主轴电动机的正、反转来实现。调速采用机械齿轮变速的方法。中小型车床采用直接启动的方法（容量较大，采用星-三角减压启动）。为实现快速停车，一般采用机械制动或电气反接制动。控制线路采用必要的保护环节和照明装置。

3.2.2 普通车床的电气控制

图 3.2 所示为 C650 普通车床的电气控制原理图，分为主电路、控制电路及照明电路三部分。电气控制电路分析如下。

1. 主电路

在主电路中，一共有三台电动机。

M1 为主轴电动机，功率为 30kW，带动主轴旋转和刀架做进给运动，允许在空载下直接启动；能实现正、反转，既主轴正、反转和刀架的横向左、右移动。

M2 为冷却泵电动机，功率为 0.15kW，用来输送切削时的冷却液。

M3 为刀架快速移动电动机，功率为 2.2kW，溜板箱连续移动时短时工作。

接通三相交流电源开关 QF，主轴电动机 M1 由接触器 KM1 控制启动，热继电器 FR1 作过载保护，熔断器 FU 作短路保护，接触器 KM1、KM2 还可作失压和欠压保护。冷却泵电动机 M2 由接触器 KM4 控制启动，热继电器 FR2 作为冷却泵电动机 M2 的过载保护。刀架快速移动电动机 M3 由 KM5 控制，因属于点动，可以省去过载保护的热继电器。

2. 控制电路

（1）M1 的点动控制

调整车床时，要求 M1 点动控制，工作过程如下：按下启动按钮 SB2，接触器 KM1 通电，KM1 主触头闭合，M1 串接电阻 R 低速运行。松开按钮 SB2，接触器 KM1 断电，M1 停转。

（2）M1 的正转、反转控制

正转：按下正转启动按钮 SB3，接触器 KM、时间继电器 KT 通电。KM 常开触头闭合短接电阻 R。KM 通电使中间继电器 KA 通电，KA 通电使接触器 KM1 通电，电动机 M1 正向启动。主回路中电流表 A 被时间继电器 KT 常闭触点短接，KT 延时 t 秒后，其常闭触点断开，电流表 A 串接于主电路监视负载情况。

主电路中通过电流互感器 TA 接入电流表 A，为防止启动时启动电流对电流表的冲击，启动时利用时间继电器 KT 延时断开常闭触头把电流表 A 短接，启动结束，常闭触头断开，电流表 A 投入使用。

反转：工作过程和正转相似，不再详述。

停车：按停止按钮 SB1，控制线路电源全部切断，电动机 M1 停转。

由于电气互锁的原因，在电动机正转时，反向按钮不起作用，只有电动机停止后才能反转。

（3）M1 的反接制动控制

C650 车床采用速度继电器实现电气反接制动。速度继电器 KS 与电动机 M1 同轴连接，当电动机正转时，速度继电器正向触头 KS_F 动作；当电动机反转时，速度继电器反向触头 KS_R 动作。

M1 反接制动工作过程如下。

M1 的正向反接制动：电动机正转时，速度继电器正向常开触头 KS_F 闭合。制动时，按下按钮 SB1，接触器 KM、时间继电器 KT、中间继电器 KA、接触器 KM1 均断电，主回路串入限流电阻 R。松开 SB1，由于 M1 的转动惯性，速度继电器正向常开触头 KS_F 继续闭合，使 KM2 线圈通电，M1 电源反接，实现反接制动。当电动机速度接近于零时，速度继电器正向常开触头 KS_F 断开，KM2 失电，M1 停转，制动结束。

M1 的反向反接制动：工作过程和正向相似，只是电动机 M1 反转时，速度继电器反向常开触头 KS_R 动作，反向制动时，KM1 通电，实现反接制动。

（4）刀架快速移动控制

转动刀架手柄，压下限位开关 SQ，接触器 KM5 通电，电动机 M3 转动，刀架快速移动。

（5）冷却泵电动机控制

按启动按钮 SB6，接触器 KM4 通电，电动机 M2 转动，提供切削液。

按下停止按钮 SB5，接触器 KM4 断电，电动机 M2 停转。

3. 保护环节及照明电路

主电动机 M1、冷却泵电动机 M2 都有短路保护和过载保护，控制电路和照明电路有短路保护。

加工工件照明采用 36V 安全低压，由开关 SA 控制照明灯 EL。

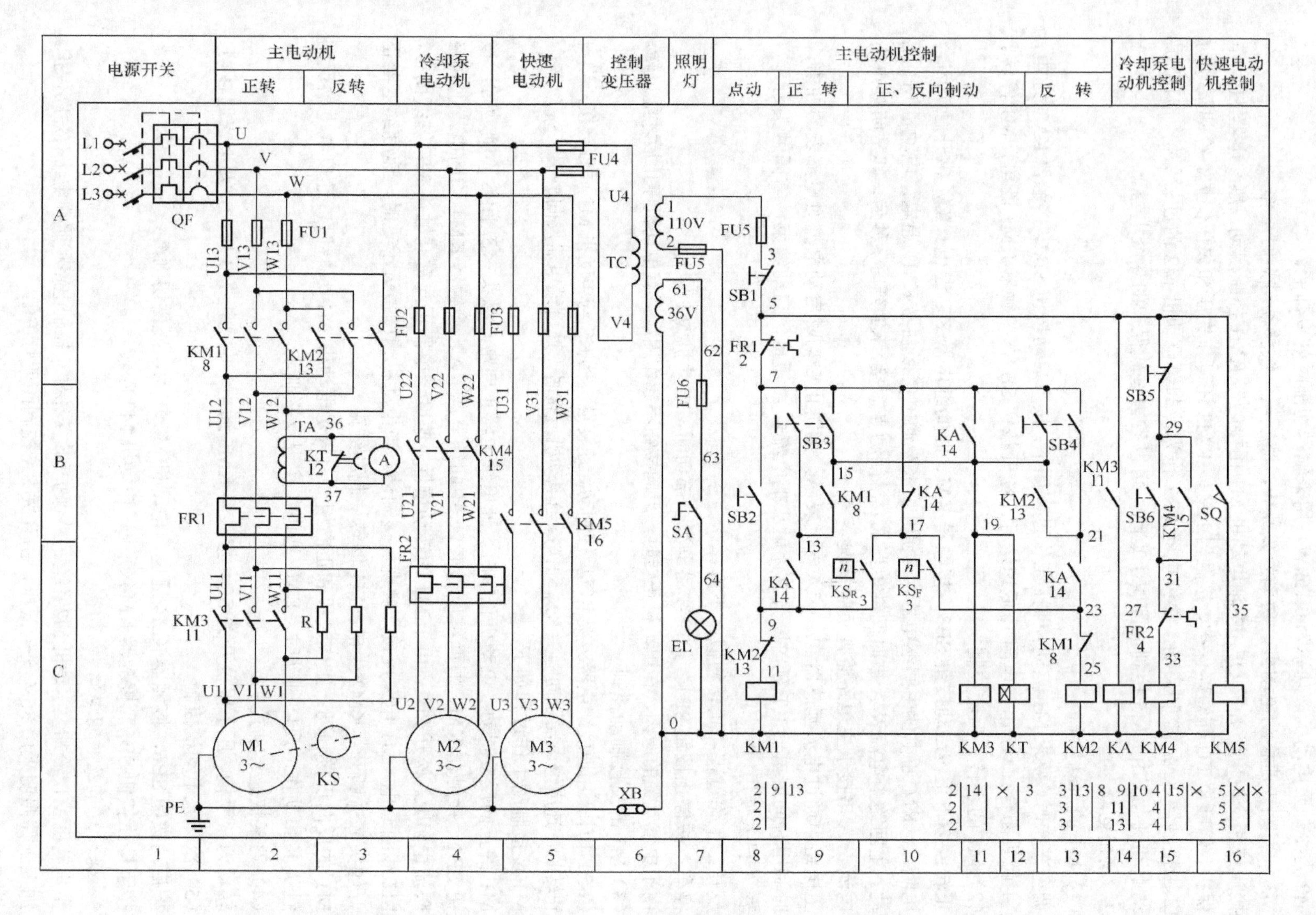

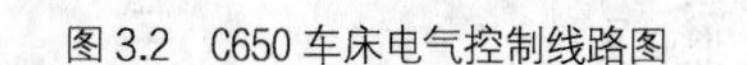
图 3.2 C650 车床电气控制线路图

3.3 Z3040 型摇臂钻床的电气控制线路

3.3.1 Z3040 型摇臂钻床的结构及工作情况

摇臂钻床是一种孔加工机床，可进行钻孔、扩孔、铰孔、镗孔、攻螺纹等加工。

Z3040 型摇臂钻床结构如图 3.3 所示，主要由底座、内外立柱、摇臂、主轴箱和工作台组成。内立柱固定在底座的一端，在它外面有外立柱，摇臂可连同外立柱绕内立柱回转。摇臂的一端为套筒，套装在外立柱上，并借助丝杆的正、反转可沿外立柱做上下移动。

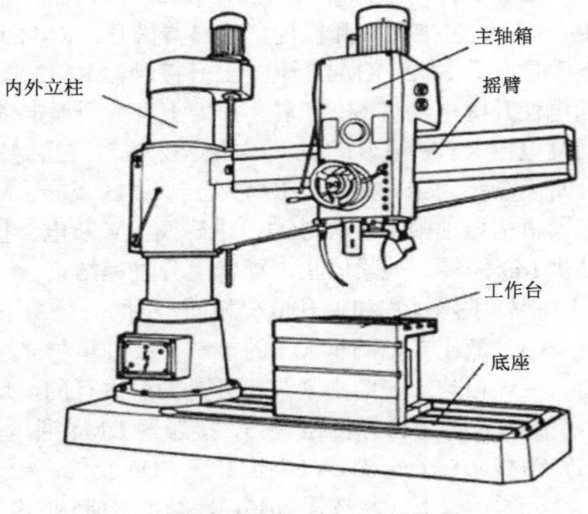

主轴箱安装在摇臂的水平导轨上，可通过手轮操作使其在水平导轨上沿摇臂移动。加工时，根据工件高度的不同，摇臂借助于丝杆可带着主轴沿外立柱上下升降。在升降之前，应自动将摇臂松开，再进行升降，当达到所需的位置时，摇臂自动夹紧在立柱上。

内外立柱
主轴箱
摇臂
工作台
底座

图 3.3 Z3040 型摇臂钻床结构示意图

钻削加工时，钻头一面旋转一面做纵向进给。钻床的主运动是主轴带着钻头做旋转运动。进给运动是钻头的上下移动。辅助运动是主轴沿摇臂水平移动，摇臂沿外立柱上下移动和摇臂与外立柱一起绕内立柱的回转运动。

3.3.2 Z3040 型摇臂钻床的电气控制

图 3.4 所示为 Z3040 型摇臂钻床电气控制原理图。

采用多电动机拖动，摇臂钻床共有四台电动机拖动。

M1 为主轴电动机。钻床的主运动与进给运动皆为主轴的运动，共由电动机 M1 拖动，分别经由主轴与进给传动机构实现主轴旋转和进给。主轴变速机构和进给变速机构均装在主轴箱内。

M2 为摇臂升降电动机。摇臂的移动严格按摇臂松开→摇臂移动→移动到位摇臂夹紧的程序进行。

M3 为立柱松紧电动机，或液压泵电动机。驱动液压泵送出不同流向的液压油，故液压泵电动机是正反转。

M4 为冷却泵电动机。钻削加工时，由冷却电动机拖动冷却泵，供出冷却液进入钻头，冷却电动机单向旋转。

1. Z3040 型摇臂钻床主电路

主轴电动机 M1，单一转向，由 KM1 控制；主轴的正、反转由机床液压系统操作机构配合摩擦离合器实现。摇臂电动机 M2，正、反转由 KM2、KM3 控制；液压泵电动机 M3，正、反转由 KM4、KM5 控制；冷却电动机 M4，单一转向，由 QS2 控制。

2. Z3040 型摇臂钻床控制线路

（1）主轴电动机 M1 的控制

按启动按钮 SB2，接触器 KM1 通电，M1 转动，同时指示灯 HL3 亮，表示主轴电机在工作。按停止按钮 SB1，接触器 KM1 断电，M1 停止。

（2）摇臂升降电动机 M2 的控制

摇臂上升：按上升启动按钮 SB3，时间继电器 KT 通电，使电磁阀 YV、接触器 KM4 通电。YV 通电推动松开机构，使摇臂松开。KM4 通电使液压泵电动机 M3 正转，松开机构压下限位开关 SQ2，KM4 断电、上升接触器 KM2 通电。KM4 断电使 M3 停转，松开停止。KM2 通电使升降电动机 M2 正转，摇臂上升，到预定位置。松开 SB3，上升接触器 KM2 断电、时间继电器 KT 断电。KM2 断电使 M2 停转，摇臂停止上升。KT 断电，延时 t 秒，KT 延时闭合常闭触头闭合，接触器 KM5 通电，M3 反转，M2 停转，电磁阀推动夹紧机构使摇臂夹紧，夹紧机构压动限位开关 SQ3，电磁阀 YV 断电、接触器 KM5 断电。KM5 断电，使液压泵电动机 M3 停转，夹紧停止。摇臂上升过程结束。

摇臂下降过程和上升情况相同，不同的是由下降按钮 SB4 和下降接触器 KM3 实现控制。

（3）液压泵电动机 M3 的控制（主轴箱与立柱的夹紧与放松控制）

主轴箱与立柱的夹紧与松开是同时进行的，均采用液压机构控制，工作过程如下。

松开：按下松开按钮 SB5，接触器 KM4 通电，液压泵电动机 M3 正转，推动松紧机构使主轴箱和立柱分别松开，限位开关 SQ4 复位，松开指示灯 HL1 亮。

夹紧：按下夹紧按钮 SB6，接触器 KM5 通电，液压泵电动机 M3 反转，推动松紧机构使主轴箱和立柱分别夹紧，压下限位开关 SQ4，夹紧指示灯 HL2 亮。

（4）冷却泵电动机 M4 的控制

冷却泵电动机 M4 由 QS2 控制，单向旋转。

（5）限位开关

Z3040 型摇臂钻床使用 5 个限位开关，分别为如下所述。

SQ1：摇臂上升极限开关。

SQ5：摇臂下降极限开关。

SQ2：摇臂松开到位开关。

SQ3：摇臂夹紧到位开关。

SQ4：立柱与主轴箱夹紧开关。

（6）保护环节

熔断器 FU1～FU3 实现电路的短路保护。热继电器 FR1、FR2 为电动机 M1、M2 的过载保护。

（7）照明与信号线路

变压器 TC 提供 36V 和 6V 交流电源电压，供照明与信号指示。

HL1 为主轴箱与立柱松开指示灯，灯亮表示已松开，可以手动操作主轴箱沿摇臂移动或推动摇臂回转。

HL2 为主轴箱与立柱夹紧指示灯，灯亮表示已夹紧，可以进行钻削加工。

HL3 为主轴箱旋转工作指示灯。

EL 为机床照明，由控制变压器 TC 供 36V 安全电压，由手动开关 SA 控制。

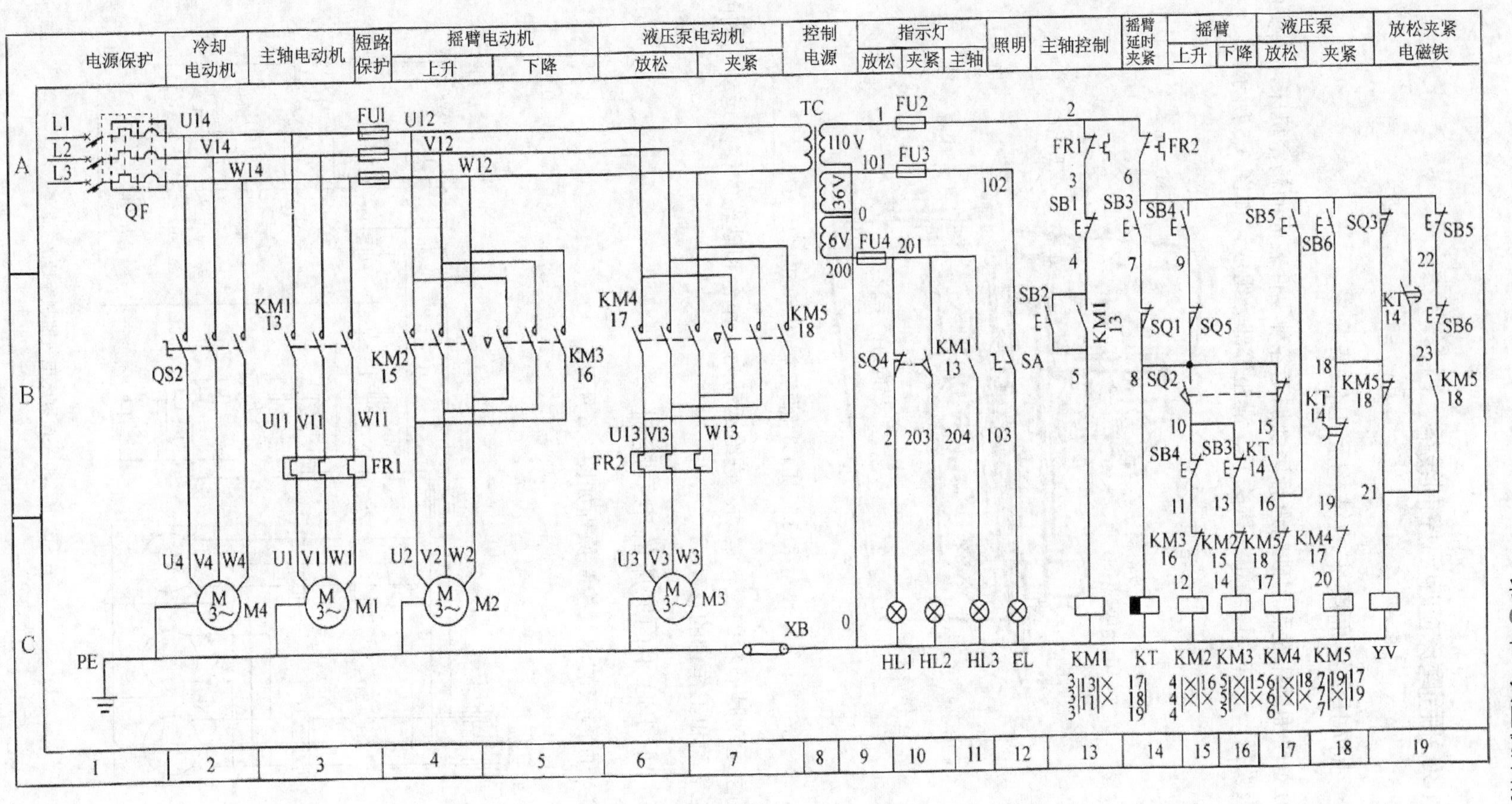

图 3.4 Z3040 型摇臂钻床电气控制原理图

3.4 M7130 平面磨床的电气控制线路

3.4.1 M7130 平面磨床的结构及工作情况

M7130 型平面磨床是利用砂轮进行磨削加工各种零件表面的精密机床，主要由工作台、床身、电磁吸盘、立柱、砂轮箱（磨头）、滑座等部分组成，如图 3.5 所示。

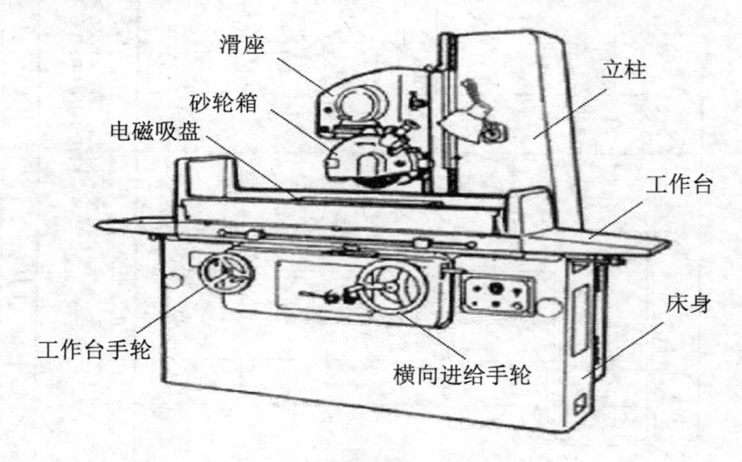

图 3.5 M7130 平面磨床结构示意图

磨床的主运动是砂轮的旋转运动。进给运动为工作台和砂轮的往复运动。辅助运动为砂轮架的快速移动和工作台的移动。

3.4.2 M7130 平面磨床的电气控制

M7130 平面磨床的电气控制原理如图 3.6 所示。

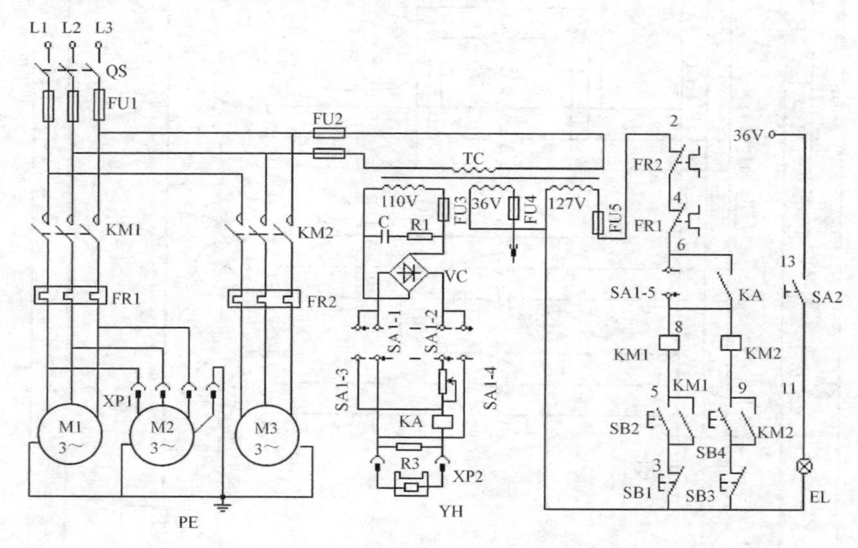

图 3.6 M7130 平面磨床电气控制原理图

平面磨床共有三台电动机拖动：砂轮电动机 M1、冷却泵电动机 M2 和液压泵电动机 M3。加工工艺要求砂轮电动机 M1 和冷却泵电动机 M2 同时启动或停止。为了使工作台运动时换向平稳且容易调整运动速度，保证加工精度，采用了液压传动。液压电动机 M3 拖动液压泵，工作台在液压作用下做进给运动。线路具有必要的保护环节和局部照明。

1. M7130 平面磨床主电路

砂轮电动机 M1 由接触器 KM1 控制。冷却泵电动机 M2 由 KM1 和插头 XP1 控制。液压泵电动机 M3 由接触器 KM2 控制。三台电动机均直接启动，单向旋转。共同由熔断器 FU1 作短路保护。M1 和 M2 由热继电器 FR1、M3 由热继电器 FR2 作过载保护。

2. M7130 平面磨床控制线路

砂轮电动机 M1 和冷却泵电动机 M2 的工作过程：合上开关 QS 并插上插头 XP1，按下启动按钮 SB2，接触器 KM1 通电，电动机 M1、M2 同时启动。按下停止按钮 SB1，接触器 KM1 断电，电动机 M1、M2 同时停止。

液压泵电动机 M3 的工作过程：按下启动按钮 SB4，接触器 KM2 通电，液压泵电动机 M3 启动。按下停止按钮 SB3，接触器 KM2 断电，M3 停止。

特别注意：电动机的启动必须在电磁吸盘 YH 工作、且欠电流继电器 KA 通电吸合，其常开触点 KA 闭合，或 YH 不工作，但转换开关 SA1 置于“去磁”位置，其触点 SA1-5 闭合的情况下方可进行。

3. M7130 平面磨床电磁吸盘控制

电磁吸盘是用来吸住工件以便进行磨削加工，其线圈通以直流电，使芯体被磁化，将工件牢牢吸住。

电磁吸盘控制线路包括整流线路、控制线路和保护装置。

电磁吸盘整流装置由变压器 TC 与桥式全波整流 VC 组成，输出 110V 直流电压对电磁吸盘供电。各台电动机的启动必须在电磁吸盘工作且欠电流继电器 KA 吸合动作的情况下方可进行。

电磁吸盘由转换开关 SA1 控制，SA1 手柄操作有 3 个位置：充磁、断电、去磁。

充磁：SA1 扳向“充磁”位置，SA1 的触头 SA1-3、SA1-4 闭合，电流继电器触点 KA 闭合，按下按钮 SB2，接触器 KM1 通电，M1 转动；按下按钮 SB4，接触器 KM2 通电，M3 转动，此时可进行磨削加工。

断电：加工完毕，SA1 扳向“断电”位置，电磁吸盘断电，取下工件。

为方便从吸盘上取下工件，并去掉工件上的剩磁，需进行去磁工作。

去磁：SA1 扳向“去磁”位置，SA1 的触头 SA1-1、SA1-2 闭合，电磁吸盘通以反向电流实现去磁。去磁结束，SA1 扳向“断电”位置，电磁吸盘断电，取下工件。

4. M7130 平面磨床必要的保护环节和照明线路

① 电磁吸盘的欠电流保护。为防止在磨削加工过程中，电磁吸盘吸力减小或失去吸力，造成工件飞出，引起工件损坏或人身事故，采用欠电流继电器 KA 作欠电流保护，保证吸盘有足够的吸力，欠电流继电器吸合，其触点 KA 闭合，M1、M2 才能启动工作。

② 电磁吸盘的过电压保护。电磁吸盘的电磁吸力大，要求其线圈的匝数多、电感大。当线圈断电时，将在线圈两端产生高压，使线圈损坏，所以在线圈两端并联电阻 R3，提供放电回路，保护电磁吸盘。

③ 整流装置的过电压保护。在整流装置中设有 R1、C 串联支路并联在变压器 TC 二次

侧，用以吸收交流电路产生过电压和直流侧电路在接通、关断时在 TC 二次侧产生浪涌电压，实现过电压保护。

④ 短路保护。用熔断器 FU1、FU2、FU3、FU4、FU5 分别作电动机、控制线路、照明线路和电磁吸盘的短路保护。

⑤ 过载保护。用 FR1、FR2 分别作电动机 M1、M3 的长期过载保护。

⑥ 由照明变压器 TC 将 380V 交流电压降为 36V 的安全电压供照明线路，由开关 SA2 控制照明灯 EL。

思考题与习题

1．分析 C650 型卧式普通车床电气控制线路，写出其工作过程。

2．分析 Z3040 型摇臂钻床电气控制原理图，写出其工作过程。

3．分析 M7130 平面磨床电气控制原理图，写出其工作过程。

4．简述 M7130 平面磨床中为什么采用电磁吸盘来夹持工作？电磁吸盘线圈为何采用直流供电而不采用交流供电？

5．分析 M7130 平面磨床中电磁吸盘吸力不足的原因。吸力不足会造成什么后果？采取什么保护措施可防止这种后果产生？

第4章 电气控制系统设计

电气控制系统的设计包含两个基本内容：一个是原理设计，即要满足生产机械和加工工艺的各种控制要求；另一个是工艺设计，即要满足电气控制装置本身的制造、使用以及维修的需要。原理设计决定着生产机械设备的合理性与先进性，工艺设计决定了电气控制设备的生产可行性、经济性、造型美观和使用维护方便等。

4.1 电气控制系统设计的任务

电气控制系统设计的任务是完成原理设计和工艺设计，即根据控制要求，编制出设备制造和使用维修过程中必需的图样、资料等。图样包括电气原理图、电器元件布置图、电气安装接线图，以及电气系统的组件划分图、电气箱图、控制面板图、电器元件安装底板图和非标准件加工图等，另外还要编制外购件目录、单台材料消耗清单、设备说明书等文字资料。

1. 原理设计内容

（1）拟定电气控制系统设计任务书。

（2）确定电力拖动方案，选择电动机。

（3）设计电气控制原理图，计算主要技术参数。

（4）选择电器元器件，制定元器件明细表。

（5）编写设计说明书。

2. 工艺设计内容

（1）设计电气总布置图、总安装图与总接线图。

（2）设计组件布置图、安装图和接线图。

（3）设计电气箱、操作台及非标准件。

（4）列出全部元件清单。

（5）编写使用维护说明书。

4.2 电气控制系统设计的步骤

电气控制系统设计一般按以下步骤进行。

1. 拟定设计任务书

电气设计任务书是整个系统设计的依据。制定电气设计任务书，要根据所设计的机械设备的总体技术要求，有条件时应聚集电气、机械工艺、机械结构三方面的设计人员，共同讨论。在电气设计任务书中，要说明所设计的机械设备型号、用途、工艺过程、技术性能、传动要求、工作条件、使用环境等。除此之外，还应说明以下技术指标及要求。

① 控制精度和生产效率要求。

② 有关电力拖动的基本特性。电动机的数量、用途、负载特性、工艺过程、动作要求、控制方式、调速范围以及对反向、启动和制动的要求等。

③ 有关电气控制的特性。自动控制的电气保护、联锁条件、控制精度、生产效率、自动化程度、动作程序、稳定性及抗干扰要求等。

④ 其他要求。主要电气设备的布置草图、安装、照明、信号指示、显示和报警方式、电源种类、电压等级、频率及容量等要求。

⑤ 目标成本及经费限额。

⑥ 验收标准及方式等。

2. 选择电力拖动方案与控制方式

电力拖动方案与控制方式的确定是设计的先决条件。

电力拖动方案：包括生产工艺要求、运动要求、调速要求及生产机械的结构、负载性质、投资额等条件，确定电动机的类型、数量、拖动方式，并拟制定电动机启动、运行、调速、转向和制动等要求，可作为电气控制原理图设计及电器元件选择的依据。

3. 电动机的选择

选择电动机。根据选择的拖动方案，确定电动机的类型、数量、结构形式、容量、额定电压和额定转速等。

4. 电气控制方案的确定

5. 设计电气控制原理图

设计电气控制原理线路图并合理选择元器件，编制元器件目录清单。

6. 设计电气设备的施工图

设计电气设备制造、安装、调试所必需的各种施工图纸并以此为根据编制各种材料定额清单。

7. 编写说明书

4.3 电气控制系统设计的原则

电气控制系统设计一般应遵循以下原则。

1. 满足生产机械和工艺过程的要求

应最大限度地满足生产机械和工艺过程对电气控制线路的要求。在设计前，首先要做好需求分析，全面细致地了解生产要求。如一般控制线路只要求满足启动、反向和制动就可以了；有些则要求在一定范围内平滑调速和按规定的规律改变转速，出现事故时需要有必要的保护、信号预报，各部分运动要求有一定的配合和联锁关系等。

2. 控制线路应简单、经济

在满足生产要求的前提下，控制线路应力求简单、经济。

（1）选用标准的器件

① 选择电源时，一般尽量减少控制电路中电源的种类，控制电压等级应符合标准等级。控制电路比较简单的情况下，通常采用交流 220V 和 380V 供电，可以省去控制变压器。在控

制系统电路比较复杂的情况下，应采用控制变压器降低控制电压，或用直流低电压控制。对于微机控制系统，还要注意弱电与强电电源之间的隔离，一般情况下，不要共用零线，避免电磁干扰。对照明、显示及报警电路，要采用安全电压。

交流标准控制电压等级为：380V、220V、127V、110V、48V，36V，24V、6.3V。

直流标准控制电压等级为：220V、110V、48V、24V、12V。

② 尽量选用标准电器元件，尽可能减少电器元件的品种、数量，同一用途的器件尽量选用相同型号的电器元件以减少备件的种类和数量。

（2）控制线路应标准

尽量选用标准的、常用的或经过实践考验的典型环节或基本电气控制线路。

（3）控制线路应简短

尽量缩减连接导线的数量和长度。设计控制线路时，应考虑到各个元件之间的实际接线，走线尽可能简化。

（4）尽量减少不必要的触点

所用的电器、触头越少则越经济，出故障的机会也就越少。

（5）尽量减少通电电器的数量

在正常工作的过程中，除必要的电器元件外，其余电器应尽量减少通电时间。以Y-△减压启动控制电路为例，如图4.1所示，两个电路均可实现Y-△减压启动功能，但经过比较，图4.1（b）在正常工作时，只有接触KM1和KM2的线圈通电，比图4.1（a）更合理。

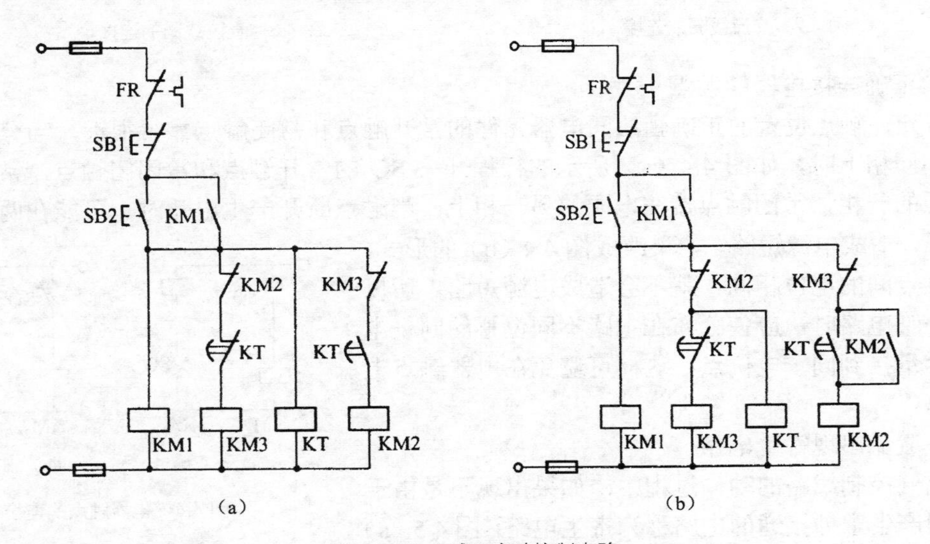

图4.1 Y-Δ减压启动控制电路

3. 保证控制线路工作的可靠和安全

（1）电器元件的选择

为了保证电气控制电路工作的可靠性，最主要的是选择可靠的电器元件。在选择的时候尽可能选用机械和电气寿命长、动作可靠、抗干扰性能好的电器。使控制电路在技术指标、稳定性、可靠性等方面得到进一步提高。

（2）正确连接电器的线圈

① 在交流控制线路中，电器的线圈不允许串联连接。如图4.2（a）所示，如果将两个接

触器的线圈进行串联，由于它们的阻抗各不相同，即使外加电压是两个线圈额定电压之和，两个电器元件的动作有先后，不可能同时动作。这就使得两个线圈分配的电压就不可能相等；当衔铁未吸合时，其气隙较大，电感很小，因而吸合电流很大。当有一个接触器先动作，其阻抗值增加很多，电路中电流下降很快，就使另一个线圈不能吸合，严重时可将线圈烧毁。如果需要两个电器同时动作，线圈应并联连接，按图 4.2（b）所示连接。

② 对于直流电磁线圈，当两电感量相差悬殊也不能直接并联，以免使控制电路产生误动作，如图 4.3（a）所示。直流电磁铁 YA 线圈与直流继电器 KA 线圈并联，当接触器 KM 常开触点断开时，继电器 KA 很快释放。由于 YA 线圈的电感很大，存储的磁能经 KA 线圈释放，从而使继电器 KA 有可能重新吸合，过一段时间 KA 又释放，这种情况显然是不允许的。因此应在 KA 的线圈电路中单独加一 KM 的常开触点，如图 4.3（b）所示。

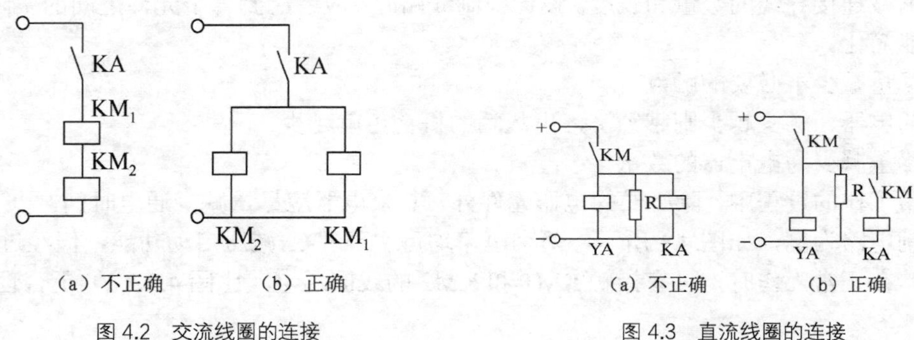

图 4.2　交流线圈的连接　　　图 4.3　直流线圈的连接

（3）正确连接电器的触点

电器元件触点位置的正确画法同电器元件的常开触点和常闭触点靠得很近，当分别接在电源的不同相上时，如图 4.4（a）所示的行程开关 SQ 的常开触点和常闭闭触点，常开触点接在电源的一相，常闭触点接在电源的另一相上，当触点断开产生电弧时，可能在两触点间形成电弧，造成电源短路。如果改成图 4.4（b）的形式，由于两触点间的电位相同，就不会造成电源短路。所以在设计控制电路时，应使分布在电路不同位置的同一电器触点尽量接到同一电位点，这样可避免在电器触点上引起短路。

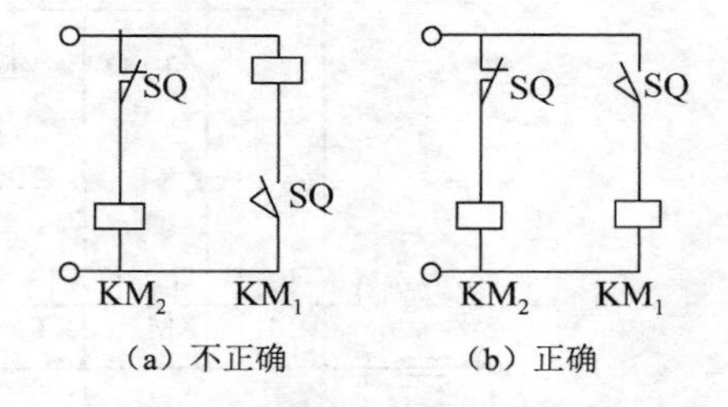

图 4.4　电器触点的连接

（4）避免出现寄生电路

在电气控制线路的动作过程中，如果出现不是由于误操作而产生意外接通的电路称为寄生电路。图 4.5（a）所示为一个具有指示灯显示和过载保护的电动机正反向运行控制电路。正常工作情况下能完成正、反向启动、停止和信号指示。但当热继电器 FR 动作时，产生寄生电路，电流流向如图 4.5（a）中虚线所示，使正向接触器 KM1 不能释放，起不了保护作用。如改为图 4.5（b）所示电路，则当电动机发生过载时，FR触点断开，整个控制电路断电，电动机停转。

4. 设置完善的保护环节

必须设有完善的保护环节，以避免因误操作而引起事故。这些保护环节包括短路保护、过载保护、失压保护、欠压保护、过电压保护、欠电流保护、极限保护、弱磁保护等，有时还应设有合闸、断开、事故、安全等必要的指示信号。

5. 操作、使用、调试与维修方便

线路设计要考虑操作、使用、调试与维修的方便。例如设置必要的显示，以便随时反映系统的运行状态与参数；考虑到运动机构的调整和修理，设置必要的单机点动、必要的易损触头及电器元件的备用等。

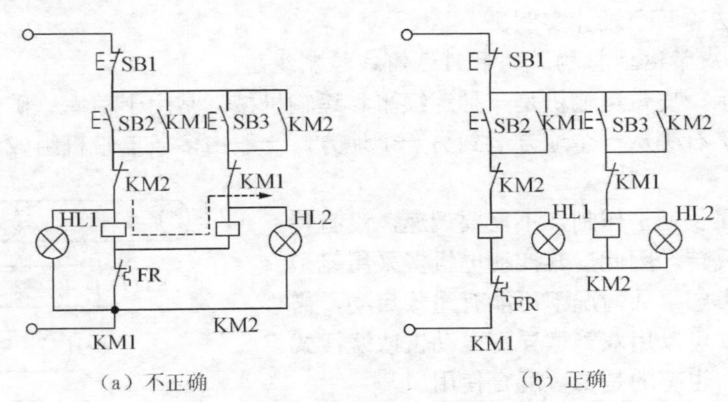

（a）不正确　　（b）正确

图 4.5　防止寄生回路

4.4　电气控制线路的设计方法

电气控制线路的设计有两种方法：一是经验法，二是逻辑法。这里重点介绍经验法。

经验法根据生产机械工艺要求和工作过程，利用各种典型环节，加以适当补充和修改，综合成所需电路。它的特点是无固定的设计程序和设计模式，灵活性很大，主要靠经验进行。要求设计人员必须熟悉大量的控制线路基本环节，同时具有丰富的设计经验。在设计过程往往要经过多次反复修改、试验，才能使线路符合设计要求。即使这样，设计出来的线路也可能不是最简的，使用的电器及触点也不一定最少，所得出的方案也不一定是最佳的。

一般不太复杂的继电接触器控制系统都可以按照这种方法进行设计，这种方法易于掌握，便于推广，但设计速度慢，设计方案需要反复修改，必要时要对整个电气控制线路进行模拟实验。

4.4.1　电气控制线路的设计步骤

生产机械电气控制线路设计包含主电路、控制电路和辅助电路设计。

① 主电路设计。主要考虑电动机的启动、点动、正反转、调速和制动。

② 控制电路设计。包括基本控制线路和控制线路特殊部分的设计，以及选择控制参量和确定控制原则。主要考虑如何满足电动机的各种运转功能和生产工艺要求。

③ 联结各单元环节。构成满足整机生产工艺要求，实现生产过程自动、半自动及调整的控制线路。

④ 联锁保护环节设计。主要考虑如何完善整个控制线路的设计，包含各种联锁环节以及短路、过载、过流、失压等保护环节。

⑤ 辅助电路设计。包括照明、声及光指示、报警等电路的设计。

⑥ 线路的综合审查。反复审查所设计的控制线路是否满足设计原则和生产工艺要求。在

条件允许的情况下，进行模拟实验，逐步完善整个电气控制线路的设计，直到满足生产工艺要求。

4.4.2 经验法的设计实例

以下为经验法的两个设计实例。

1. 设计三条皮带运输机构成的散料运输线控制线路

如图 4.6 所示。皮带运输机是一种连续平移运输机械，常用于粮库、矿山等的生产流水线上，将粮食、矿石等从一个地方运到另一个地方，一般由多条皮带机组成，可以改变运输的方向和斜度。

皮带运输机属长期工作制，不需要调速，没有特殊要求，也不需反转。因此，其拖动电机多采用笼型异步电动机。若考虑事故情况下可能有重载启动，需要的启动转矩大，可以用双笼型异步电动机或绕线式异步电动机拖动，也有的是二者配合使用。

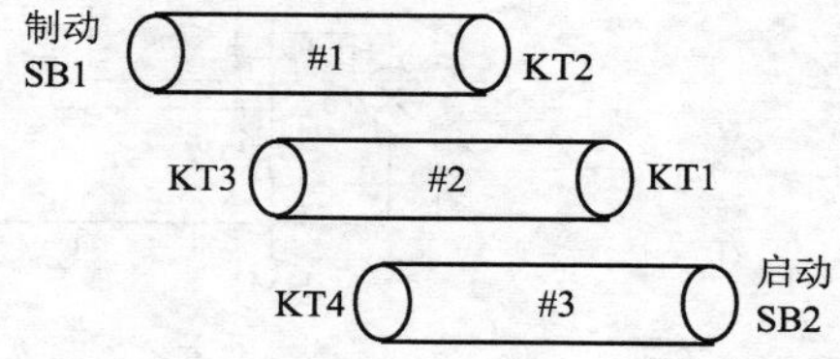

图 4.6 皮带运输机工作示意图

（1）控制要求

① 启动顺序为#3、#2、#1，并要有一定时间间隔，以免货物在皮带上堆积。

② 停车顺序为#1，#2、#3，也要有一定时间间隔，保证停车后皮带上不残存货物。

③ 不论#2 或#3 哪一个出故障，#1 必须停车，以免继续进料，造成货物堆积。

④ 必要的保护。

（2）主电路设计

三条皮带运输机由三台电动机拖动，均采用笼型异步电动机。由于电网容量相对于电动机容量来讲足够大，而且三台电动机又不同时启动，所以不会对电网产生大的冲击。因此，采用直接启动，由于皮带运输机不经常启动、制动，对于制动时间和停车准确度也没有特殊要求，停止时采用自由停车。三台电动机都用熔断器作短路保护，用热继电器作过载保护。由此，设计出主电路如图 4.7 所示。

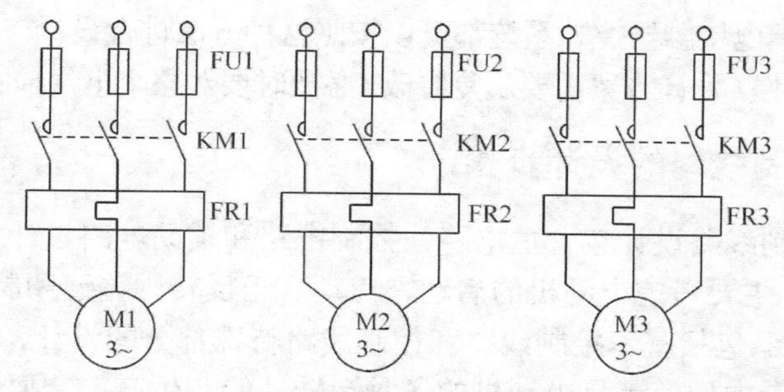

图 4.7 皮带运输机主电路图

（3）基本控制电路设计

三台电动机由三个接触器控制其启动、停止。启动时，顺序为#3、#2、#1，可用#3 接触器的常开触头去控制#2 接触器的线圈，用#2 接触器的常开触头去控制#1 接触器的线圈。停车时，顺序为#1、#2、#3，用#1 接触器的常开触头与控制#2 接触器的常闭按钮并联，用#2 接触器的常开触头与控制#3 接触器的常闭按钮并联。其基本控制线路如图 4.8 所示。由图可见，只有 KM3 动作后，按下 SB4，KM2 线圈才能通电动作，然后按下 SB2，KM1 线圈通电动作，这样就实现了电动机的顺序启动。同理，只有 KM1 断电释放，按下 SB3，KM2 线圈才能断电，然后按下 SB5，KM3 线圈断电，这样实现了电动机的顺序停车。

（4）控制线路特殊部分的设计

图 4.8 所示的控制线路显然是手动控制，为了实现自动控制，皮带运输机的启动和停车过程可以用行程信号或时间信号加以控制。由于皮带是回转运动，检测行程比较困难，而用时间信号比较方便，利用时间继电器作为输出器件的控制信号。以通电延时的常开触头作为启动信号，经断电延时的常开触头作为停车信号。为使三条皮带自动地按顺序工作，采用中间继电器 KA，其线路如图 4.9 所示。

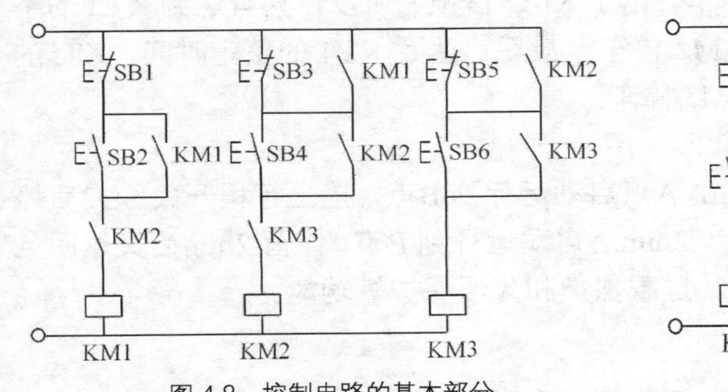

图 4.8 控制电路的基本部分

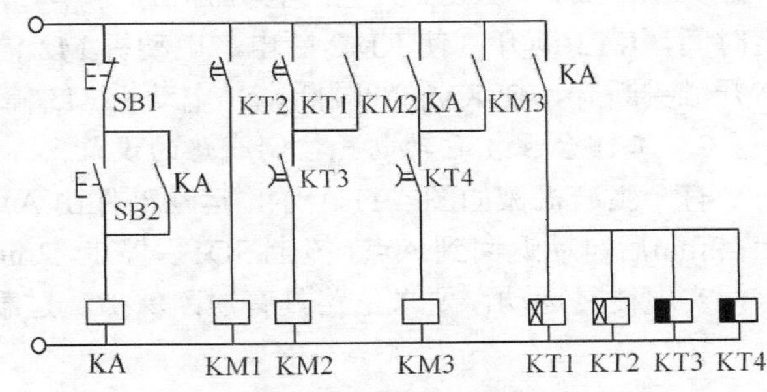

图 4.9 控制电路的联锁部分

（5）设计联锁保护环节

按下 SB_1 发出停车指令时，KT1、KT2、KA 同时断电，KA 常开触头瞬时断开，接触器 KM2、KM3 若不加自锁，则 KT3、KT4 的延时将不起作用，KM2、KM3 线圈将瞬时断电，电动机不能按顺序停车，所以需加自锁环节。三个热继电器的保护触头均串联到 KA 的线圈电路中，这样，无论哪一号皮带机发生过载，都能按#1、#2、#3 顺序停车。线路的失压保护由继电器 KA 实现。

（6）线路综合审查

完整的控制线路如图 4.10 所示。

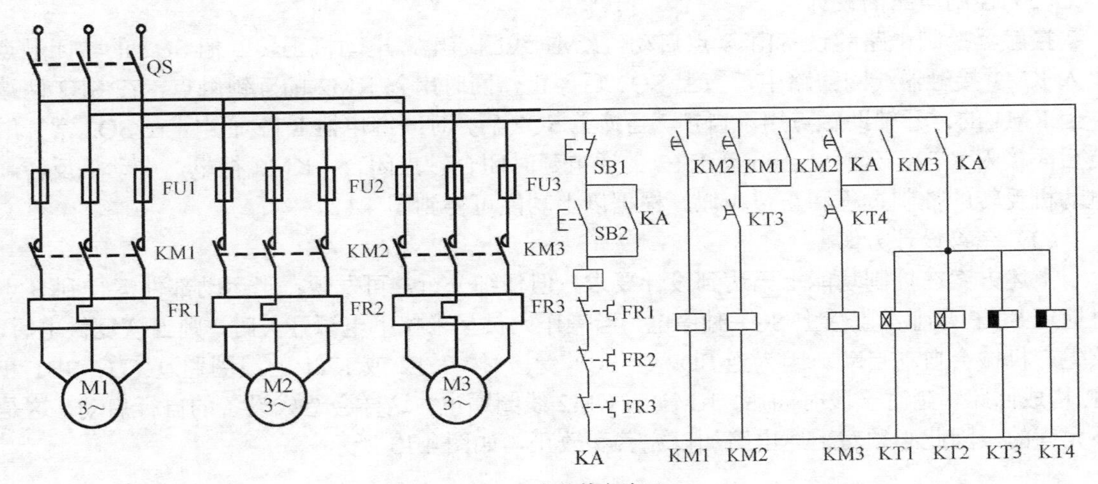

图 4.10 完整的电路图

线路工作过程：按下启动按钮 SB2，继电器 KA 通电吸合并自锁，KA 的一个常开触头闭合，接通时间继电器 KT1～KT4，其中 KT1、KT2 为通电延时型时间继电器，KT3、KT4 为断电延时型时间继电器，所以，KT3、KT4 的常开触头立即闭合，为接触 KM2 和 KM3 的线圈通电准备条件。KA 的另一个常开触头闭合，与 KT4 一起接通接触器 KM，使电动机 M3 首先启动，经一段时间，达到 KT1 的整定时间，则时间继电器 KT1 的常开触头闭合，使 KM 通电吸合，电动机 M2 启动，再经一段时间，达到 KT2 的整定时间，则时间继电器 KT2 的常开触头闭合，使 KM1 通电吸合，电动机 M1 启动。

按下停止按钮 SB1，继电器 KA 断电释放，4 个时间继电器同时断电，KT1、KT2 的常开触头立即断开，KM1 失电，电动机 M1 停车。由于 KM2 自锁，所以，只有达到 KT3 的整定时间，KT3 断开，使 KM2 断电，电动机 M2 停车，最后，达到 KT4 的整定时间，KT_4 的常开触头断开，使 KM3 线圈断电，电动机 M3 停车。

2. 工作台往复运动电气控制线路的设计

有一生产机械如图 4.11 所示，运动部件由 A点启动运行到 B点，撞上行程开关 SQ2后停止；2min后自动返回到 A点，撞上 SQ1后停止，2min后自动运行到 B点，停留 2min后又返回 A 点，实现往复运动。要求电路具有短路保护、过载保护和欠压保护等功能。

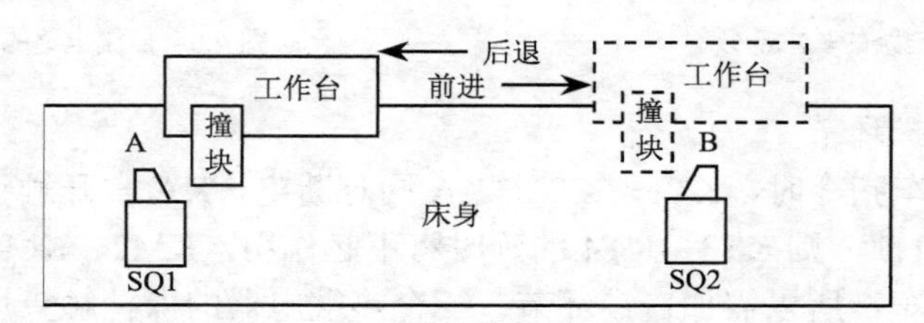

图 4.11 机床工作示意图

（1）主电路的设计

由于要实现往复运动，所以主电路应具备有正反转功能。

（2）控制电路的设计

接触器控制电路的设备由 A 点启动，KM1 线圈通电，电动机正转。把 SQ2 的常闭触点串入 KM1 接触器线圈回路中，撞上 SQ2 后停止，同时串入 KM2 的互锁触点，在 SB2 两端并上 KM1 的常开辅助触点用于自锁。当撞上 SQ2 后，时间继电器 KT2 通电，在 SQ2 常开触点后面接入 KT2，延时 2 min 后 KT2 的通电延时闭合触点闭合，KM2 得电，电动机反转。电动机反转的控制过程和正传相似。根据以上功能可得到图 4.12。

（3）完善设计方案

上述方案在控制功能上已达到设计要求，但仔细分析，可发现：当运动部件运行到 B 点时撞上 SQ2 或到 A 点撞上 SQ1 时停电，当操作人员又未拉下电源开关时，则当恢复供电后，该生产机械会自动启动。因为当 SQ2 或 SQ1 受压时，KT2 或 KT1 的线圈通过 FU、SB1 和 FR 构成回路，延时一段时间后，KM1 或 KM2 线圈通电，这样会造成设备的自行启动，这是不允许的，因此必须对上述电路加以完善和改正，如图 4.13 所示。

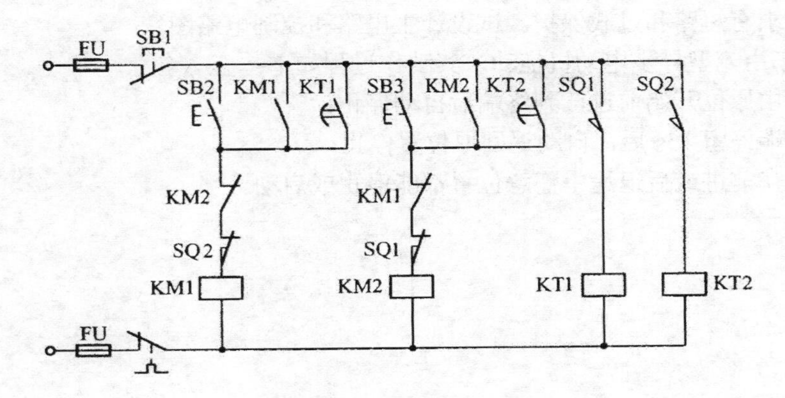

图 4.12　自动往返控制电路

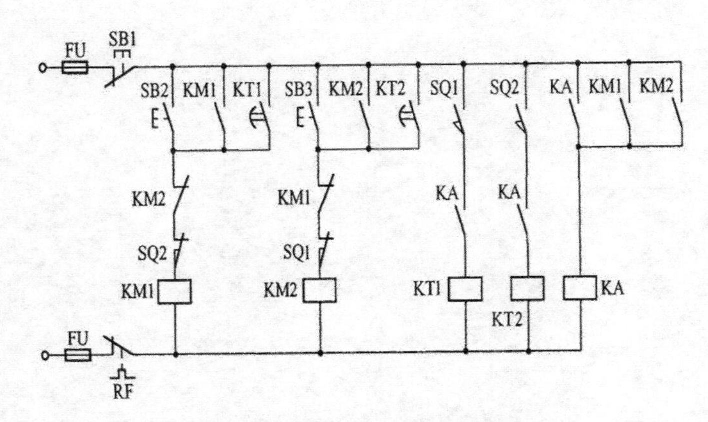

图 4.13　改进的自动往返控制电路

这个电路是在原电路的基础上增加了一个中间继电器 KA。由于 KA 具有失压保护功能，当断电恢复供电后设备必须重新人工启动，从而提高了系统的安全性。

当然，上述这种现象出现的机会不多，但作为一名电气电路的设计人员，要尽量考虑周全，做到万无一失。

（4）校核电气原理图

设计完成后，必须认真进行校核，看其是否满足生产工艺要求，电路是否合理，有无需要进一步简化之处，是否存在寄生电路，电路工作是否安全可靠等。

思考题与习题

1．简述电气控制系统设计的任务、步骤和原则。

2．什么是经验设计法？其优缺点如何？

3．为了确保电动机正常、安全运行，电动机应具备哪些综合保护措施？

4．有两台电动机 M1 和 M2，M2 应在 M1 启动 10s 后才能用按钮启动；M2 启动后，M1 立即停转，要求有短路和过载保护。试设计主电路和控制电路图。

5．一小车由笼型异步电动机拖动，其动作过程如下：

（1）小车由原位开始前进，到终端后自动停止；

（2）在终端停留 15s 后，自动返回原位置停止；

（3）要求在前进或后退途中任意位置都能停止或启动。

下篇 PLC

第5章 可编程序控制器的基础知识

5.1 PLC的产生与发展

5.1.1 什么是可编程序控制器

可编程序控制器是一种以计算机（微处理器）为核心的通用工业控制装置，目前已被广泛地应用于工业生产的各个领域。早期的可编程序控制器只能进行开关量的逻辑控制，被称为可编程序逻辑控制器（Programmable Logic Controller），简称PLC。现代可编程序控制器采用微处理器（Microprocessor）作为中央处理单元，其功能大大增强，它不仅具有逻辑控制功能，还具有过程控制、运动控制和通信联网等功能，PLC这一名称已不能准确地反映它的特性，于是，人们将其称为可编程序控制器（Programmable Controller），简称PC。但近年来个人计算机（Personal Computer）也简称PC，为了避免混淆，可编程序控制器常被称为PLC。

1987年，国际电工委员会（IEC）在其颁布的可编程序控制器标准草案第三稿中，对可编程序控制器定义如下：可编程序控制器是一种数字运算操作的电子系统，专为工业环境下应用而设计。它采用可编程序的存储器，用来在其内部存储执行逻辑运算、顺序控制、定时、计数和算术运算等操作的指令，并通过数字式、模拟式的输入和输出，控制各种机械或生产过程。可编程序控制器及其有关设备，都应按易于使工业控制系统形成一个整体，易于扩充其功能的原则设计。

现代PLC的功能已远远超出上述定义的范围。近年来，PLC的发展异常迅猛，产品更新换代的速度明显加快，功能日益增强，应用领域愈加广泛。PLC已成为实现工业自动化的一种强有力工具。

5.1.2 PLC的产生与发展

在PLC出现之前，机械控制及工业生产控制是用工业继电器实现的。在一个复杂的控制系统中，可能要使用成百上千个各式各样的继电器，接线、安装的工作量很大。如果控制工艺及要求发生变化，控制柜内的元件和接线也需要作相应的改动，但是这种改造往往费用高、工期长，以至于有的用户宁愿扔掉旧的控制柜，去制作一台新的控制柜。在一个复杂的继电器控制系统中，如果有一个继电器损坏，甚至某一个继电器的某一对触点接触不良，都会导致整个系统工作不正常，由于元件多、线路复杂，查找和排除故障往往很困难。继电器控制的这些固有缺点，给日新月异的工业生产带来了不可逾越的障碍。由此，人们产生了一种寻求新型控制装置的想法。

1968 年，美国最大的汽车制造厂家通用汽车公司（GM 公司）为了适应汽车型号不断翻新的要求，提出如下设想：能否把计算机功能完备、灵活、通用等优点和继电器控制系统的简单易懂、操作方便、价格便宜等优点结合起来，做成一种通用控制装置，并把计算机的编程方法和程序输入方式加以简化，用面向过程、面向问题的“自然语言”编程，使得不熟悉计算机的人也能方便地使用。这样，使用人员不必在编程上花费大量的精力，而是集中力量去考虑如何发挥该装置的功能和作用。这一设想提出后，美国数字设备公司（DEC 公司）首先响应，于 1969 年研制出了世界上第一台 PLC，型号为 PDP-14。用它代替传统的继电器控制系统，在美国 GM 公司的汽车自动装配线上试用获得了成功。

此后，这项新技术就迅速发展起来。1971 年日本从美国引进了这项新技术，很快就研制出了日本第一台 PLC（DSC-8）。1973～1974 年，原西德和法国也研制出自己的 PLC。我国从 1974 年开始研制，1977 年研制成功了以一位微处理器 MC14500 为核心的 PLC，并开始工业应用。

PLC 自产生以来，随着大规模集成电路和微处理器技术的发展，一直在不断地更新换代。现代 PLC 全面使用 16 位、32 位的微处理器芯片，位片式微处理器，精简指令系统微处理器（Reduced Instruction Set Computing，RISC）等高性能、高速度的 CPU，极大地提高了 PLC 的工作性能、速度和可靠性；同时，由于大量含有微处理器的智能模块的出现，使现代 PLC 不仅具有逻辑控制，还同时具有过程控制、运动控制、数据处理、通信联网等诸多功能，真正成为名副其实的多功能控制器。

5.1.3　PLC 的发展趋势

随着微处理技术的发展，PLC 也得到了迅速发展，其技术和产品日趋完善。它不仅以其良好的性能满足了工业生产的广泛需要，而且将通信技术和信息处理技术融为一体，使其功能更加完备。目前，为了适应大中小型企业的不同需要，进一步扩大 PLC 在工业自动化领域的应用范围，PLC 正朝着以下两个方向发展：其一是小型 PLC 向体积缩小、功能增强、速度加快、价格低廉的方向发展，使之能更加广泛地取代继电器控制；其二是大中型 PLC 向大容量、高可靠性、高速度、多功能、网络化的方向发展，使之能对大规模、复杂系统进行综合性的自动控制。总的趋势如下所述。

1. CPU 处理速度进一步加快

PLC 的 CPU 使用 64bit RISC 芯片，多 CPU 并行处理或分时处理或分任务处理，各种模块智能化，部分系统程序用门阵列电路固化，这样可使速度达到 ns 级。

2. 控制系统将分散化

根据分散控制、集中管理的原则，PLC 控制系统的 I/O 模块将直接安装在控制现场，通过通信电缆或光缆与主 CPU 进行数据通信。这样使控制更有效、系统更可靠。

3. 可靠性进一步提高

随着 PLC 进入过程控制领域，对可靠性的要求进一步提高。硬件冗余的容错技术将进一步应用。不仅会有 CPU 单元冗余、通信单元冗余、电源单元冗余、I/O 单元冗余，甚至整个系统冗余。

4. 控制与管理功能一体化

为了满足现代化大生产的控制与管理的需要。PLC 将广泛采用计算机信息处理技术、网络通信技术和图形显示技术，使 PLC 系统的生产控制功能和信息管理功能融为一体。

5.2 PLC 的特点与应用领域

5.2.1 PLC 的特点

PLC 的诞生给工业控制带来了一次革命性的飞跃，与继电器、微机控制相比，PLC 有它独特之处，下面来看一下 PLC 的特点。

1. 灵活、通用

在继电器控制系统中，使用的控制器件是大量的继电器，整个系统是根据设计好的电气控制图，由人工通过布线、焊接、固定等手段组装完成的，其过程费时费力。如果因为工艺上的稍许变化，需要改变电气控制系统的话，那么原先的整个电气控制系统将被全部拆除，而重新进行布线、焊接、固定等工作，耗费了大量的人力、物力和时间。而 PLC 是通过存储在存储器中的程序实现控制功能的，如果控制功能需要改变的话，只需要修改程序以及改动极少量的接线即可。而且，同一台 PLC 还可以用于不同的控制对象，改变软件就可以实现不同的控制要求，因此具有很大的灵活性、通用性。另外，PLC 产品还具有多样化、系列化的特点，其结构形式多种多样，同一系列又有低档、中档、高档之分，因此可以适应于各种不同规模、不同要求的工业控制。PLC 还有多种功能模块，可以根据需要灵活组合成各种不同功能的控制装置，实现各种特殊的控制要求。

2. 可靠性高、抗干扰能力强

对工业控制器件来讲，可靠性是一个非常重要的指标，如何能在各种恶劣的工业环境和条件（如电磁干扰、低温、潮湿、灰尘、超高温等）下，平稳、可靠地工作，将故障率降至最低，是研制每一种控制器件必须考虑的问题。PLC 研制者在这一方面采取了许多有力的措施，使 PLC 具有很高可靠性和抗干扰能力，因此被称为“专为适应恶劣工业环境而设计的计算机”。

首先，PLC 采用的是微电子技术，大量的开关动作是由无触点的半导体电路来完成的，因此不会出现继电器控制系统中的接线老化、脱焊、触点电弧等现象，提高了可靠性。另外，PLC 还在硬件和软件两方面采取了以下主要措施来提高其可靠性。

（1）硬件措施

对电源变压器、CPU、编程器等主要部件，均采用严格措施进行屏蔽，以防外界干扰；对供电系统及输入线路采用多种形式的滤波，如 LC 或Π型滤波网络，以消除或抑制高频干扰，也削弱了各种模块之间的相互影响；对 CPU 这个核心部件所需的+5V 电源，采用多级滤波，并用集成电压调整器进行调整，以适应交流电网的波动和过电压、欠电压的影响；在 CPU 与 I/O 电路之间，采用光电隔离措施，有效地隔离了内部电路与 I/O 间电的联系，减少故障和误动作；采用模块式结构，这种结构有助于在故障情况下短时修复。因为一旦查出某一模块出现故障就能迅速更换，使系统恢复正常工作。

（2）软件措施

监控程序定期地检测外界环境，如掉电、欠电压、后备电池电压过低及强干扰信号等，以便及时进行处理；当检测到故障时，立即把现状态存入存储器，并对存储器进行封闭，禁止对存储器的任何操作，以防存储信息被冲掉。这样，一旦检测到外界环境正常后，便可恢复到故障发生前的状态，继续原来的程序工作；设置监视定时器 WDT，如果程序每次循环执行时间超过了 WDT 规定时间，表明程序进入死循环，立即报警；加强对程序的检查和校验，一旦程序有错，立即报警，并停止执行；对用户程序及动态数据进行电池后备，停电时利用后备电池供电，保证信息不丢失。

由于采取了以上措施，使 PLC 的可靠性、抗干扰能力大大提高，这是 PLC 控制优于微机控制的一大特点。

3. 编程简单、使用方便

用微机实现控制，使用的是汇编语言，难于掌握，要求使用者具有一定水平的计算机硬件和软件知识。而 PLC 采用面向控制过程、面向问题的"自然语言"编程，容易掌握。例如目前大多数 PLC 采用的梯形图语言编程方式，既继承了继电器控制线路的清晰直观感，又考虑到大多数电气技术人员的读图习惯及应用微机的水平，很容易被电气技术人员所接受。PLC 易于编程，程序改变时也容易修改，灵活方便。这种面向控制过程、面向问题的编程方式，与目前微机控制常用的汇编语言相比，虽然在 PLC 内部增加了解释程序，增加了程序执行时间，但对大多数的机电控制设备来说，PLC 的控制速度是足够快的。

用微机控制，还要在输入输出接口上做大量工作，才能与控制现场连接起来，调试也比较烦琐。而 PLC 的输入输出接口已经做好，可直接与控制现场的用户设备连接。输入接口可以与各种开关和传感器连接，输出接口具有较强的驱动能力，可以直接与继电器、接触器、电磁阀等连接，使用很方便。

4. 接线简单

PLC 的接线只需将输入设备（如按钮、开关等）与 PLC 输入端子连接，将输出设备（如接触器、电磁阀等）与 PLC 输出端子连接。接线工具仅为螺丝刀，接线工作极其简单、工作量极少。

5. 功能强

现代 PLC 不仅具有条件控制、计时、计数、步进等控制功能，而且还能完成 A/D、D/A 转换、数字运算和数据处理以及通信联网、生产过程监控等。因此，它既可对开关量进行控制，又可对模拟量进行控制；既可控制一台单机、一条生产线，又可控制一个机群、多条生产线；既可现场控制，又可远距离控制；既可控制简单系统，又可控制复杂系统。

6. 体积小、重量轻、易于实现机电一体化

由于 PLC 采用半导体集成电路，因此具有体积小、重量轻、功耗低的特点。且由于 PLC 是专为工业控制而设计的专用计算机，其结构紧凑、坚固耐用、体积小巧，并由于具备很强的可靠性和抗干扰能力，使之易于装入机械设备内部，因而成为实现机电一体化十分理想的控制设备。

5.2.2 PLC 的应用领域

1. 开关量的逻辑控制

开关量的逻辑控制是 PLC 最基本的控制功能。所控制的逻辑可以是各种各样的：时序的、组合的、延时的、计数的、不计数的等。控制的输入、输出点数可以不受限制。少则十点、几十点，多则成千上万的点，并可通过联网来实现控制。

用 PLC 进行开关量控制的实例很多，冶金、机械、纺织、轻工、化工等，几乎所有工业行业都需用到它。目前，PLC 首用的目标，就是用于开关量的控制。

2. 模拟量的闭环控制

PLC 具有 A/D、D/A 转换及算术运算等功能，因此可以实现模拟量控制。有的 PLC 还具有 PID 控制或模糊控制的功能，可用于闭环的位置控制、速度控制和过程控制。目前除大型机、中型机具有此功能外，一些公司的小型机也具有这种功能。如 OMRON 公司的 CQM1

机，松下电工的 FP1 机等。

3. 数字量的智能控制

利用 PLC 能接收和输出高速脉冲的功能，再配备相应的传感器（如旋转编码器）或脉冲伺服装置（如环型分配器、功放、步进电机）就能实现数字量的智能控制。较高级的还专门开发了位控单元模块、运动单元模块等，实现曲线插补。新开发的运动单元，还认识数控技术的编程语言，为 PLC 进行数字量控制提供了方便。

4. 数据采集与监控

PLC 在控制现场实行控制，把现场的数据实时显示出来或采集保存下来，供进一步分析研究是很重要的。较普遍使用的是 PLC 加上触摸屏，可随时观察采集下来的数据及统计分析结果。有的 PLC 本身就具有数据记录单元（如 OMRON 公司的 C200Hα），可使用一般的便携式计算机的存储卡，插入该单元中即可保存采集到的数据。

利用 PLC 自检信号多的特点实现自诊断式的监控，减少系统的故障，提高累计平均无故障运行时间，同时可减低故障修复时间，提高系统的可靠性。

5. 通信、联网及集散控制

PLC 的通信联网能力很强。除了 PLC 与 PLC 之间通信和联网以外，PLC 还可以与计算机进行通信和联网，由计算机来实现对其编程和管理。PLC 也能与智能仪表、智能执行装置（如变频器）进行通信和联网，互相交换数据并实施对其的控制。

利用 PLC 强大的通信联网功能，把 PLC 分布到控制现场，并实现各站间的通信，上、下层间的通信，达到分散控制、集中管理，即构成了现在的 PCS 系统。

5.3 PLC 控制的基本概念

本节通过一个具体的实例来认识一下 PLC 控制的原理。

图 5.1 是一个简单的继电器控制电路，KT 是时间继电器，KM1、KM2 是两个接触器，分别控制电机 M1、M2 的运转，SB1 为启动按钮，SB2 为停止按钮。控制功能如下：按下启动按钮 SB1，电机 M1 开始运转，过 10 秒钟后，电机 M2 开始运转；按下停止按钮 SB2，电机 M1、M2 同时停止运转。

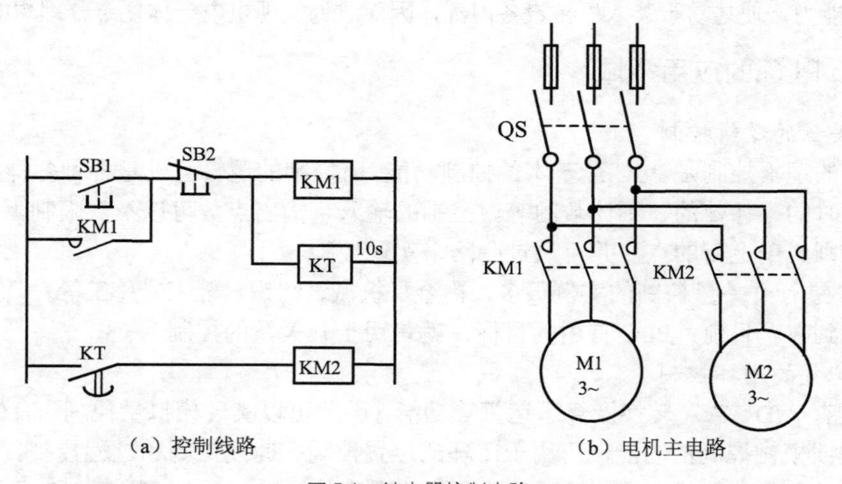

图 5.1　继电器控制电路

图 5.1 的继电器控制原理如下：在控制线路中，当按下 SB1 时，KM1、KT 的线圈同时通电，KM1 的一个常开触点闭合并自锁，M1 开始运转；KT 线圈通电后开始延时，10 秒后 KT 的延时常开触点闭合，KM2 线圈通电，M2 开始运转。当按下 SB2 时，KM1、KT 线圈同时断电，KM2 线圈也断电，M1、M2 随之停转。

现在用 PLC 来实现上述的控制功能，图 5.2 所示为 PLC 控制的接线图，PLC 选用 OMRON 的小型机 CP1。在 PLC 的面板上，有一排输入端子和一排输出端子，输入端子和输出端子各有自己的公共接线端子 COM，输入端子的编号为 0.00、0.01、…，输出端子的编号为 100.00、100.01、…。启动按钮 SB1、停止按钮 SB2 接到输入端子上，输入公共端子 COM 上接 DC 24V 的输入驱动电源；接触器 KM1、KM2 的线圈接到输出端子上，输出公共端子 COM 上接 AC 220V 的负载驱动电源。

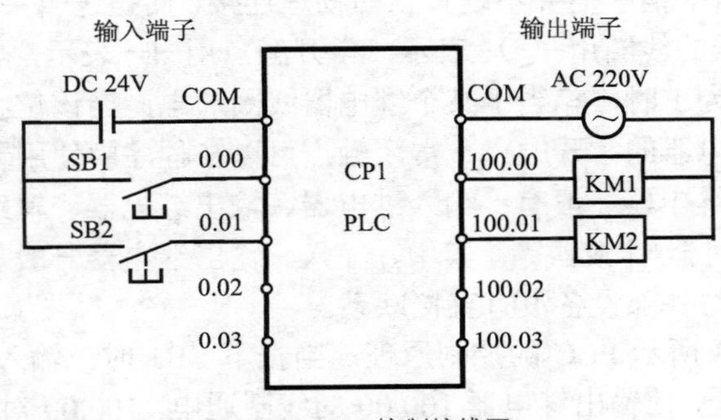

图 5.2 PLC 控制接线图

PLC 是如何进行控制的呢？下面来看一下图 5.3 所示的 PLC 控制的等效电路图。

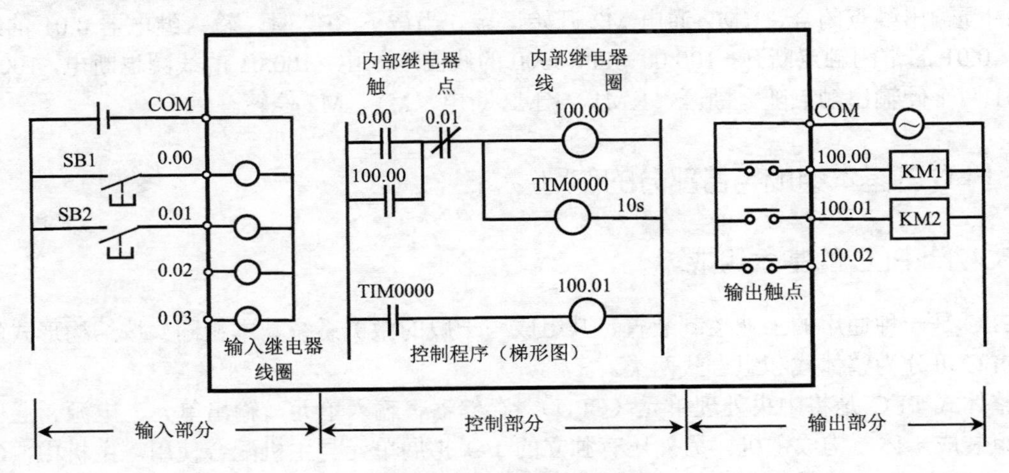

图 5.3 PLC 控制的等效电路图

PLC 控制的等效电路由三部分组成。

输入部分：接收操作指令（由启动按钮、停止按钮等提供），或接收被控对象的各种状态信息（由行程开关、接近开关等提供）。PLC 的每一个输入点对应一个内部输入继电器，当输入点与输入 COM 端接通时，输入继电器线圈通电，它的常开触点闭合、常闭触点断开；当输入点与输入 COM 端断开时，输入继电器线圈断电，它的常开触点断开、常闭触点接通。

控制部分：这一部分是用户编制的控制程序，通常用梯形图的形式表示，如图 5.3 所示。控制程序放在 PLC 的用户程序存储器中。系统运行时，PLC 依次读取用户程序存储器中的程序语句，对它们的内容进行解释并加以执行，有需要输出的结果则送到 PLC 的输出端子，以控制外部负载的工作。

输出部分：根据程序执行的结果直接驱动负载。在 PLC 内部有多个输出继电器，每个输出继电器对应输出端的一个硬触点，当程序执行的结果使输出继电器线圈通电时，对应的硬输出触点闭合，控制外部负载的动作。例如，图 5.3 中的输出触点 100.00、100.01 分别连接接触器 KM1、KM2 的线圈，控制两个线圈通电或断电。

梯形图是从继电器控制电路的原理图演变而来的。PLC 内部的继电器并不是实际的硬继电器，每个继电器是 PLC 内部存储单元的一位，因此称为“软继电器”。梯形图是由这些“软继电器”组成的控制线路，但它们并不是真正的物理连接，而是逻辑关系上的连接，称为“软接线”。PLC 内部继电器的线圈用—○—表示，常开触点用—||—表示，常闭触点用—|/|—表示。当存储单元的某位状态为 1 时，相当于某个继电器线圈通电；当该位状态为 0 时，相当于该继电器线圈断电。软继电器的常开触点、常闭触点可以在程序中使用无数次。

PLC 为用户提供的继电器一般有：输入继电器、输出继电器、辅助继电器、特殊功能继电器、移位寄存器、定时器/计数器等。其中，输入、输出继电器一般与外部输入、输出设备相连接，而其他继电器与外部设备没有直接联系。

现在来看一下图 5.3 所示 PLC 的控制原理：当按下 SB1 时，输入继电器 0.00 的线圈通电，0.00 的常开触点闭合，使输出继电器 100.00 的线圈通电，100.00 对应的硬输出触点闭合，KM1 通电 M1 开始运转，同时 100.00 的一个常开触点闭合并自锁。时间继电器 TIM0000 的线圈通电开始延时，10 秒后 TIM0000 的常开触点闭合，输出继电器 100.01 的线圈通电，100.01 对应的硬输出触点闭合，KM2 通电 M2 开始运转。当按下 SB2 时，输入继电器 0.01 的线圈通电，0.01 的常闭触点断开，100.00、TIM0000 的线圈均断电，100.01 的线圈也断电，100.00、100.01 两个硬输出触点随之断开，KM1、KM2 断电，M1、M2 停转。

5.4 PLC 的基本组成与各部分的作用

5.4.1 PLC 的基本组成

PLC 是一种通用的工业控制装置，其组成与一般的微机系统基本相同。按结构形式的不同，PLC 可分为整体式和组合式两类。

整体式 PLC 是将中央处理单元（CPU）、存储器、输入单元、输出单元、电源、通信接口等组装成一体，构成主机。另外还有独立的 I/O 扩展单元与主机配合使用。主机中，CPU 是 PLC 的核心，I/O 单元是连接 CPU 与现场设备之间的接口电路，通信接口用于 PLC 与编程器和上位机等外部设备的连接。

组合式 PLC 将 CPU 单元、输入单元、输出单元、智能 I/O 单元、通信单元等分别做成相应的电路板或模块，各模块插在底板上，模块之间通过底板上的总线相互联系。装有 CPU 单元的底板称为 CPU 底板，其他称为扩展底板。CPU 底板与扩展底板之间通过电缆连接，距离一般不超过 10m。

无论哪种结构类型的 PLC，都可根据需要进行配置与组合。例如 OMRON CPM1A 型 PLC

为整体式结构，通过主机连接I/O扩展单元，I/O点数可在10～160点的范围内进行配置。组合式PLC则在I/O配置上更方便、更灵活。

图5.4所示为整体式PLC的组成示意图，图5.5所示为组合式PLC的组成示意图。

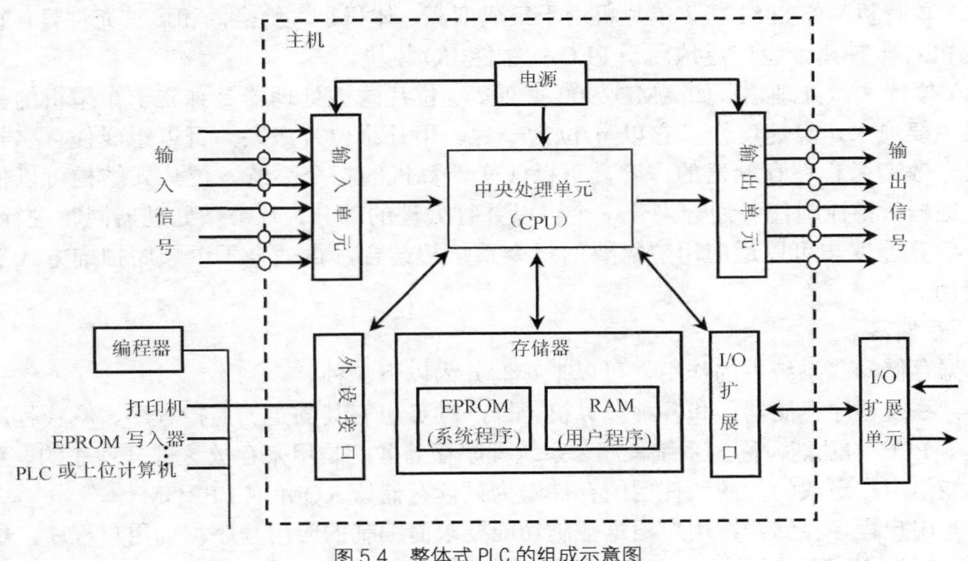

图5.4 整体式PLC的组成示意图

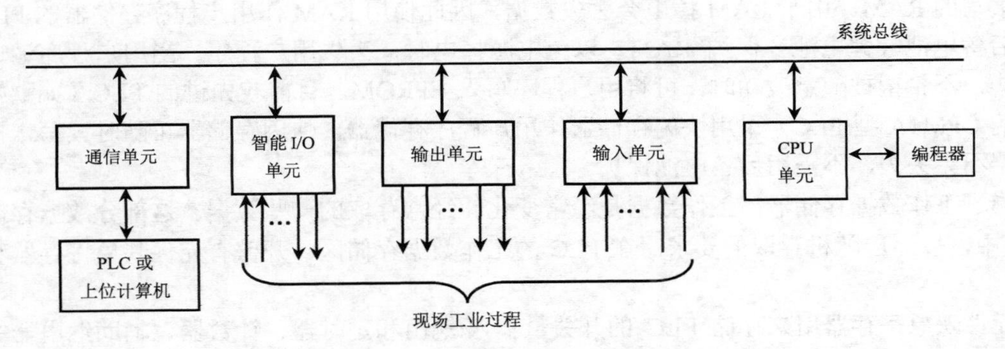

图5.5 组合式PLC的组成示意图

5.4.2 PLC各部分的作用

1. 中央处理单元（CPU）

CPU在PLC中的作用类似于人体的神经中枢，它是PLC的运算、控制中心。它按照系统程序所赋予的功能，完成以下任务。

（1）接收并存储从编程器输入的用户程序和数据。

（2）诊断电源、PLC内部电路的工作状态和编程的语法错误。

（3）用扫描的方式接收输入信号，送入PLC的数据寄存器保存起来。

（4）PLC进入运行状态后，根据存放的先后顺序逐条读取用户程序，进行解释和执行，完成用户程序中规定的各种操作。

（5）将用户程序的执行结果送至输出端。

现代 PLC 使用的 CPU 主要有以下几种。

（1）通用微处理器，如 8080、6800、Z80A、8086 等。通用微处理器的价格便宜，通用性强，还可以借用微机成熟的实时操作系统、丰富的软硬件资源。

（2）单片机，如 8051 等。单片机由于集成度高、体积小、价格低和可扩充性好，很适合在小型 PLC 上使用，也广泛地用于 PLC 的智能 I/O 模块。

（3）位片式微处理器，如 AMD2900 系列等。位片式微处理器是独立于微型机的另一分支。它主要追求运算速度快，它以 4 位为一片。用几个位片级联，可以组成任意字长的微处理器。改变微程序存储器的内容，可以改变计算机的指令系统。位片式结构可以使用多个微处理器，将控制任务划分为若干个可以并行处理的部分，几个微处理器同时进行处理。这种高运算速度与可以适应用户需要的指令系统相结合，很适合于以顺序扫描方式工作的 PLC 使用。

2. *存储器*

根据存储器在系统中的作用，可以把它们分为以下 3 种。

（1）系统程序存储器：和各种计算机一样，PLC 也有其固定的监控程序、解释程序，它们决定了 PLC 的功能，称为系统程序，系统程序存储器就是用来存放这部分程序的。系统程序是不能由用户更改的，故所使用的存储器为只读存储器 ROM 或 EPROM。

（2）用户程序存储器：用户根据控制功能要求而编制的应用程序称为用户程序，用户程序存放在用户程序存储器中。由于用户程序需要经常改动、调试，故用户程序存储器多为可随时读写的 RAM。由于 RAM 掉电会丢失数据，因此使用 RAM 作用户程序存储器的 PLC，都有后备电池（锂电池）保护 RAM，以免电源掉电时，丢失用户程序。当用户程序调试修改完毕，不希望被随意改动时，可将用户程序写入 EPROM。目前较先进的 PLC（如欧姆龙公司的 CPM1A 型 PLC）采用快闪存储器作用户程序存储器，快闪存储器可随时读写，掉电时数据不会丢失，不需用后备电池保护。

（3）工作数据存储器：工作数据是经常变化、经常存取的一些数据。这部分数据存储在 RAM 中，以适应随机存取的要求。在 PLC 的工作数据存储区，开辟有元件映象寄存器和数据表。

元件映象寄存器用来存储 PLC 的开关量输入/输出和定时器、计数器、辅助继电器等内部继电器的 ON/OFF 状态。

数据表用来存放各种数据，它的标准格式是每一个数据占一个字。它存储用户程序执行时的某些可变参数值，如定时器和计数器的当前值和设定值。它还用来存放 A/D 转换得到的数字和数学运算的结果等。

根据需要，部分数据在停电时用后备电池维持其当前值，在停电时可以保持数据的存储器区域称为数据保持区。

3. *I/O 单元*

I/O 单元也称为 I/O 模块。PLC 通过 I/O 单元与工业生产过程现场相联系。输入单元接收操作指令和现场的状态信息，如控制按钮、操作开关和限位开关、光电管、继电器触点、行程开关、接近开关等信号，并通过输入电路的滤波、光电隔离和电平转换等将这些信号转换成 CPU 能够接收和处理的信号。输出单元将 CPU 送出的弱电控制信号通过输出电路的光电隔离和功率放大等转换成现场需要的强电信号输出，以驱动接触器、电磁阀、电磁铁等执行元件。

I/O单元有多种类型，但各种I/O单元的原理基本相同。下面介绍几种常用的I/O单元，并说明其工作原理。

（1）开关量输入单元

PLC的开关量输入单元按照输入端电源类型的不同，分为直流输入单元和交流输入单元。

① 直流输入单元。直流输入单元外接直流电源，电路如图5.6所示，虚线框内为PLC内部输入电路，框外左侧为外部用户接线，图中只画出对应于一个输入点的输入电路，各个输入点所对应的输入电路均相同。图中，T为一光电耦合器，它是将发光二极管与光电三极管封装在一个管壳中，当二极管中有电流流过时，二极管发光，使光电三极管导通；当二极管中无电流流过时，三极管不导通。发光二极管LED指示该点输入状态。R1为限流电阻，R2和C构成滤波电路，可滤除输入信号中的高频抖动。输入单元的外接直流电源的极性任意。当S闭合时，光电耦合器导通，A点为高电平，经滤波器、输入选择器后，送到I/O总线，CPU访问该路信号时，将该点对应的输入映象寄存器状态置1；发光二极管LED点亮，指示输入开关处于接通状态。当S断开时，光电耦合器不导通，A点为低电平，该电平经滤波电路、输入选择器后，送到I/O总线，CPU访问该路信号时，将该点对应的输入映象寄存器状态置0；发光二极管LED不亮，指示输入开关处于断开状态。

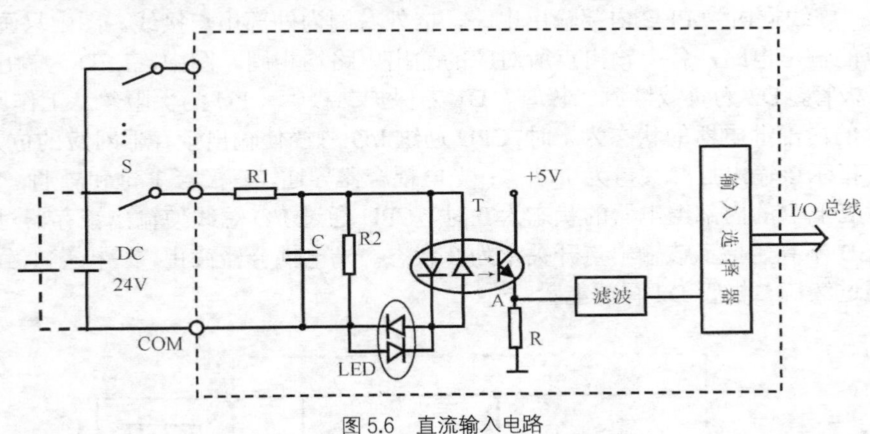

图5.6 直流输入电路

有的直流输入单元不需要外接电源，称为无源式输入单元。无源式输入单元的内部提供24V直流电源，用户只需将开关接在输入端子和公共端子之间即可，不用再外接电源，简化了输入端的接线。

② 交流输入单元。交流输入单元外接交流电源，电路如图5.7所示，虚线框内为PLC内部输入电路，框外左侧为外部用户接线，图中只画出对应于一个输入点的输入电路，各个输入点所对应的输入电路均相同。电容C为隔直电容，对交流来说，相当于短路。R1和R2构成分压电路。光电耦合器中有两个反向并联的发光二极管。显示用的两个发光二极管也是反向并联的。所以这个电路可以接收外部的交流输入电压，其工作原理与直流输入电路基本相同。

在图5.6、图5.7所示的输入电路中，输入端子有一个公共端子COM，即有一个公共汇集点，因此称为汇点式输入方式。除此之外，输入单元还有分组式和分隔式。分组式输入单元的输入端子分为若干组，每组共用一个公共端子和一个电源。分隔式输入单元的输入端子互相隔离，互不影响，各自使用独立的电源。

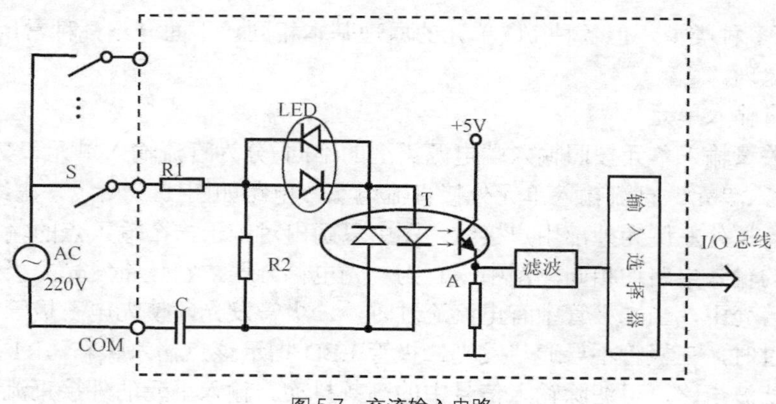

图 5.7 交流输入电路

（2）开关量输出单元

PLC 的开关量输出单元按输出电路所用开关器件的不同可分为晶体管输出单元、晶闸管输出单元、继电器输出单元。

① 晶体管输出单元。在晶体管输出单元中，输出电路采用三极管作为开关器件，电路如图 5.8 所示，虚线框内为 PLC 内部输出电路，框外右侧为外部用户接线。图中只画出对应于一个输出点的输出电路，各个输出点所对应的输出电路均相同。图中，LED 为输出指示灯，T 为输出三极管，D2 为负载续流二极管，D1 为保护二极管，FU 为保险丝。工作原理如下：当对应于 T 的内部继电器的状态为 1 时，CPU 通过 I/O 总线使输出锁存器对应的位为高电平，LED 点亮，指示该输出点开关量为 1 状态；光电耦合器导通，三极管 T 饱和导通，负载通电。反之，当对应于 T 的内部继电器的状态为 0 时，CPU 通过 I/O 总线使输出锁存器对应的位为低电平，LED 不亮，指示该输出点开关量为 0 状态；光电耦合器截止，三极管 T 截止，负载失电，并通过续流二极管 D2 释放能量。

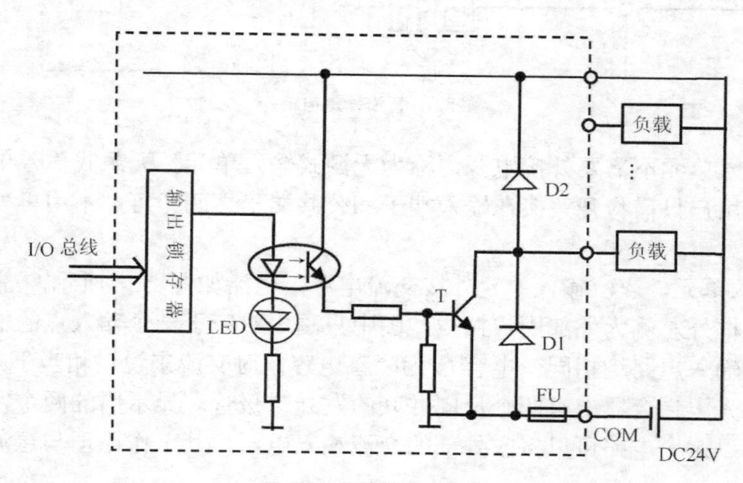

图 5.8 晶体管输出电路

晶体管开关量输出单元为无触点输出，使用寿命长，响应速度快。

② 双向晶闸管输出单元。在双向晶闸管输出单元中，输出电路采用的开关器件是光控双向晶闸管，电路如图 5.9 所示，虚线框内为 PLC 内部输出电路，框外右侧为外部用户接线。

图中只画出对应于一个输出点的输出电路，各个输出点所对应的输出电路均相同。图中，T为双向晶闸管，它把两个晶闸管反向并联，当发光二极管导通发光时，外接电源无论正负，双向晶闸管均可导通。LED为输出指示灯，R、C构成阻容吸收电路，FU为保险丝。工作原理如下：当对应于T的内部继电器的状态为1时，T导通，负载得电，同时输出指示灯LED点亮。当对应于T的内部继电器的状态为0时，T关断，负载失电，指示灯LED灭。

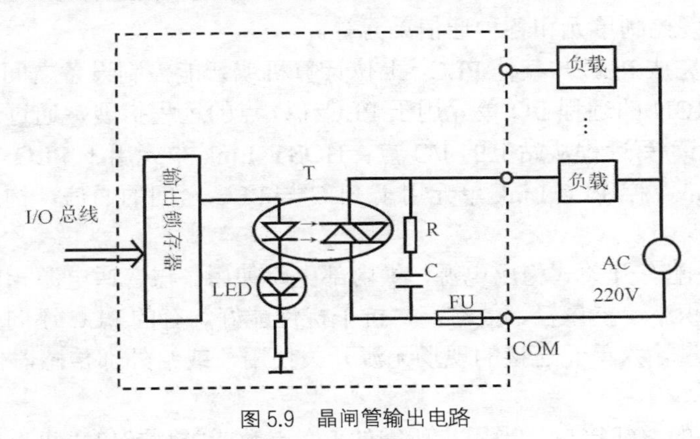

图5.9 晶闸管输出电路

③ 继电器输出单元。在继电器输出单元中，输出电路采用的开关器件是继电器。电路如图5.10所示，虚线框内为PLC内部输出电路，框外右侧为外部用户接线。图中只画出对应于一个输出点的输出电路，各个输出点所对应的输出电路均相同。图中，R和LED组成输出状态显示器，J为一小型直流继电器，FU为保险丝。工作原理如下：当对应于J的内部继电器状态为1时，输出指示灯LED点亮，J得电吸合，其常开触点闭合，负载得电。当对应于J的内部继电器状态为0时，指示灯LED灭，J失电，其常开触点断开，负载失电。

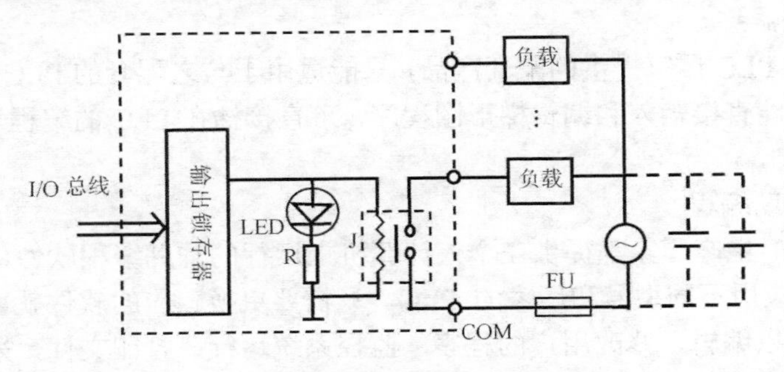

图5.10 继电器输出电路

继电器输出电路中的负载电源可以根据需要选用直流或交流。继电器的工作寿命有限，触点的电气寿命一般为10万～30万次，因此在需要输出点频繁通断的场合（如脉冲输出），应使用晶体管型输出电路。另外，继电器从线圈通电到触点动作，存在延迟时间，这是造成输出滞后输入的原因之一。

输出单元按照使用公共端子的情况分类，也有汇点式、分组式、分隔式三种接线方式。

4. 智能单元

PLC除开关量I/O基本单元外，还有多种智能单元。智能单元本身是一个独立的计算机系统，它有自己的CPU、系统程序、存储器，以及与外界过程相连的接口。另外，根据单元的功能还有一些特殊组成部分。智能单元是 PLC 系统的一个模块，和 CPU 单元通过系统总线相连接，进行数据交换，并在 CPU 单元的协调管理下独立地进行工作。这里所说的独立是指智能单元的工作不参加循环扫描过程，而是按照它自己的规律参与系统工作，即多数情况下的运算功能都由其本身的 CPU 完成的。

目前已开发的常用的智能单元有：A/D 单元、D/A 单元、高速计数单元、位置控制单元、PID 控制单元、温度控制单元和各种通信单元等。

通信单元用来完成 PLC 与其他 PLC、上位计算机或智能控制设备之间的通信，构成各种网络。例如，OMRON 的远程 I/O 单元用于 PLC I/O 点的远程扩展，通过远程 I/O 单元的通信功能，PLC 可以读/写远程从站上的 I/O 点；HOST Link 单元用于 PLC 与上位机之间的通信，构成 HOST Link 网；PLC Link 单元用于 PLC 与 PLC 之间的通信，构成 PLC Link 网。

5. 电源

现代 PLC 一般配有开关式稳压电源，供内部电路使用。与普通电源相比，开关电源的输入电压范围宽、体积小、重量轻、效率高、抗干扰性能好。有的 PLC 还向外提供 24 VDC 的直流电源，给开关量输入单元连接的现场无源开关使用，或给外部传感器供电。

6. 扩展口

扩展口是 PLC 的总线接口。当用户所需的 I/O 点数或类型超出主机上的点数或类型时，可以通过加接 I/O 扩展单元来解决。主机与 I/O 扩展单元通过扩展口连接。

7. 编程工具

编程工具的主要作用是用来编辑程序、调试程序和监控程序的执行，还可以在线测试 PLC 的内部状态和参数，与 PLC 进行人机对话。因此编程工具是开发、应用、监控运行和检查维护 PLC 不可缺少的设备。编程工具可以是简易编程器，也可以是配有专用编程软件的通用计算机。

（1）简易编程器

简易编程器是 PLC 厂家提供的配套产品，只能适用于与之配套的 PLC。它只能输入和编辑语句表程序，不能直接输入和编辑梯形图程序，可直接插在 PLC 的编程器的插座上，或者用电缆与 PLC 相连。

（2）计算机辅助编程

世界上各 PLC 生产厂家都提供在个人计算机上运行的辅助编程软件，如欧姆龙公司的 CX-P 编程软件。应用不同型号和厂家的 PLC，只需要更换相应的软件就可以了。编程软件的功能很强，它可以编辑、修改用户的程序，监控系统运行，打印文件，采集和分析数据，在屏幕上显示系统运行状况，对工业现场和系统仿真，将程序备份保存，实现计算机和 PLC 之间的程序相互传送等。

5.5 PLC 的工作原理

5.5.1 PLC 的循环扫描工作过程

各种 PLC 都采用扫描工作方式，具体工作过程大同小异。下面以欧姆龙公司的小型机 CP1 为例，介绍 PLC 的工作过程。如图 5.11（a）所示，PLC 上电后，首先进行初始化，然后进入循环工作过程。一次循环过程可归纳为五个工作阶段，如图 5.11（b）所示。一次循环所用的时间称为一个工作周期（或扫描周期），其长短与用户程序的长短以及 PLC 机本身性能有关，其数量级为 ms 级，典型值为几十 ms。

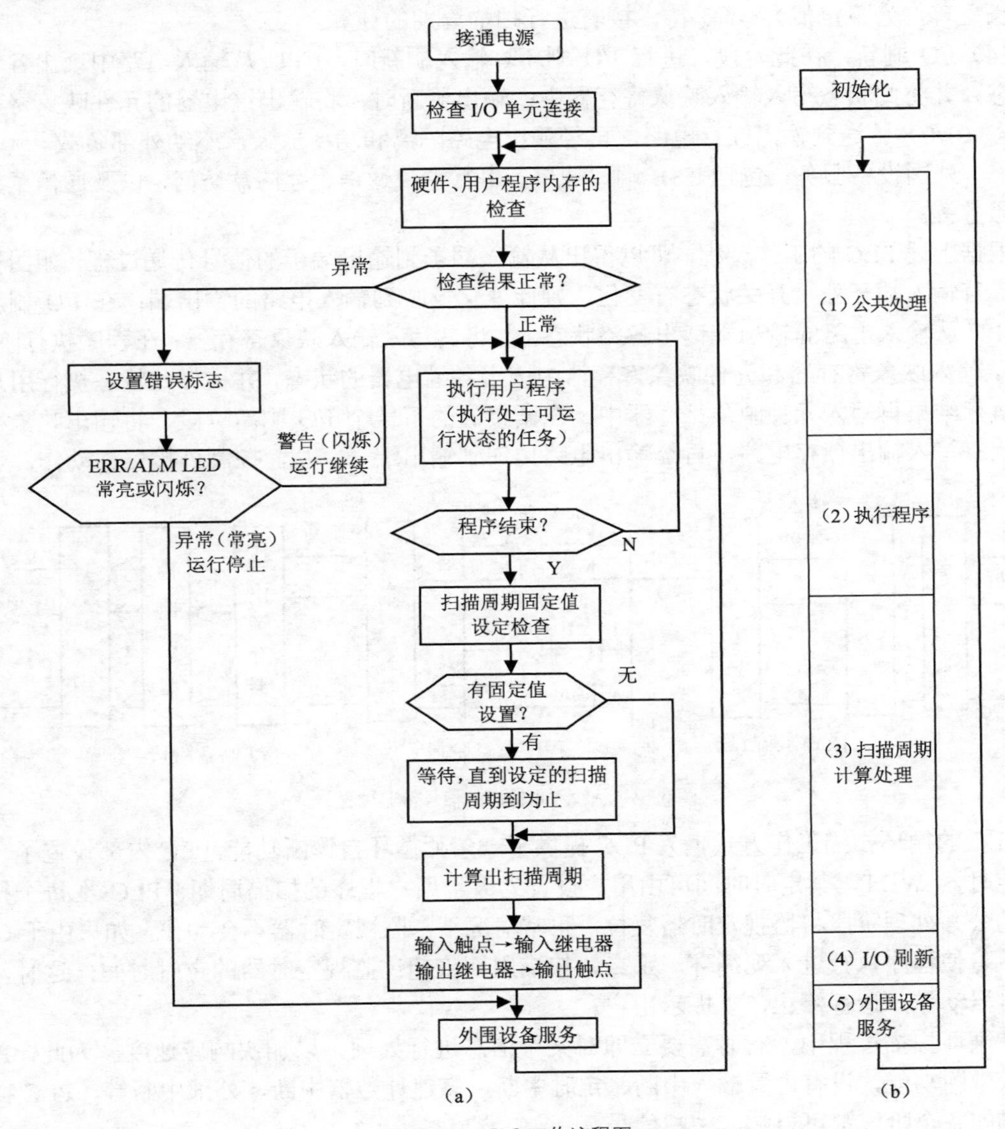

图 5.11　PLC 工作流程图

各阶段完成的任务如下。

（1）公共处理：进行硬件检查、用户程序内存检查和电池异常检查等。检查正常后，方可进行下面的操作。如果有异常情况，则根据错误的严重程度发出报警或停止 PLC 运行。

（2）程序执行：在程序执行阶段，CPU 按先左后右，先上后下的顺序对每条指令进行解释、执行，CPU 从输入映象寄存器（每个输入继电器对应一个输入映象寄存器，其通/断状态对应 1 / 0 ）和元件映象寄存器（即与各种内部继电器、输出继电器对应的寄存器）中读出各继电器的状态，根据用户程序给出的逻辑关系进行逻辑运算，运算结果再写入元件映象寄存器中。

（3）扫描周期计算处理：若设定扫描周期为固定值（可由用户在 PLC 设置中设定），则进入等待循环，直到该固定值到，再往下进行。若设定扫描周期为不定的（即决定于用户程序的长短等，为不定值），不等待，接着进行扫描周期的计算。

（4）I/O 刷新：在此阶段，进行 I/O 刷新。输入刷新时，CPU 从输入电路中读出各输入点状态，并将此状态写入输入映象寄存器中；输出刷新时，将输出继电器的元件映象寄存器的状态（1/0）传送到输出锁存电路，再经输出电路隔离和功率放大，驱动外部负载。

（5）外围设备服务：包括 USB 端口通信、串行端口通信、存储盒访问，以及通信单元的链接服务等。

根据上述 PLC 的工作过程，可以得出从输入端子到输出端子的信号传递过程，如图 5.12 所示。若输入端子外接开关状态有变化，则此变化反映到输入电路的输出端；在 I/O 刷新阶段，CPU 从输入电路的输出端读出各路状态，并将其写入输入映象寄存器；在程序执行阶段，CPU 从输入映象寄存器和元件映象寄存器中读出各继电器的状态，并根据此状态执行用户程序，执行结果再写入元件映象寄存器中；在紧接着的下一个 I/O 刷新阶段，将输出映象寄存器的状态写入输出锁存电路，再经输出电路传递到输出端子，从而控制外接器件动作。

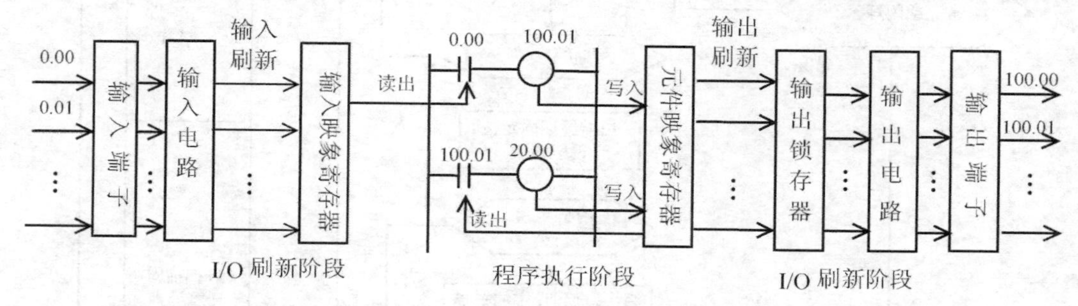

图 5.12　从输入到输出的信号传递过程

PLC 的循环扫描工作方式也为 PLC 提供了一条死循环自诊断功能。PLC 内部设置了一个监视定时器 WDT，其定时时间可由用户设置为大于用户程序的扫描周期，PLC 在每个扫描周期的公共处理阶段将监视定时器复位。正常情况下，监视定时器不会动作，如果由于 CPU 内部故障使程序执行进入死循环，那么，扫描周期将超过监视定时器的定时时间，这时，监视定时器动作，运行停止，以提示用户。

在循环扫描过程中，有时需要立即对某个信息进行处理，以加快响应速度，为此，PLC 中引入中断功能，设有内置输入中断、定时中断、高速计数器中断、外部中断等，PLC 在循环扫描的各个阶段都可以响应中断信号。

5.5.2　PLC 的 I/O 滞后现象

PLC 有很多优越特性，但也有不足之处，其中之一，PLC 的 I/O 有响应滞后现象。产生 I/O 滞后现象的原因主要有 3 个方面。

（1）输入滤波器有时间常数。输入电路中的滤波器对输入信号有延迟作用，时间常数越大，延迟作用越大。

（2）输出继电器有机械滞后。从输出继电器的线圈通电到其触点闭合有一段时间，这是输出电路的硬件参数，如 CP1 输出继电器的滞后时间为 15ms。

（3）PLC 循环操作时，进行公共处理、I/O 刷新和执行用户程序等产生扫描周期。

在图5.13（a）给出的梯形图中，从输入触点闭合到输出触点闭合有一段延迟时间，称为I/O响应时间。图5.13（b）为最小I/O响应时间，在I/O刷新阶段，输入信号已经在输入电路的输出端反映出来，CPU将其写入输入映象寄存器，经过程序执行后，结果在随后扫描周期的I/O刷新阶段被输出，这种情况下，I/O响应时间最小，为输入ON时间、一个扫描周期和输出ON时间之和。图5.13（c）为最大I/O响应时间，在I/O刷新阶段刚结束，输入信号恰好在输入电路的输出端反映出来，由于错过了I/O刷新阶段，CPU不能读取，而要等到第一个扫描周期的I/O刷新阶段，才能被CPU写入输入映象寄存器，经过程序执行后，结果在第二个扫描周期的I/O刷新阶段被输出，这种情况下，I/O响应时间最大，为输入ON时间、两个扫描周期和输出ON时间之和。

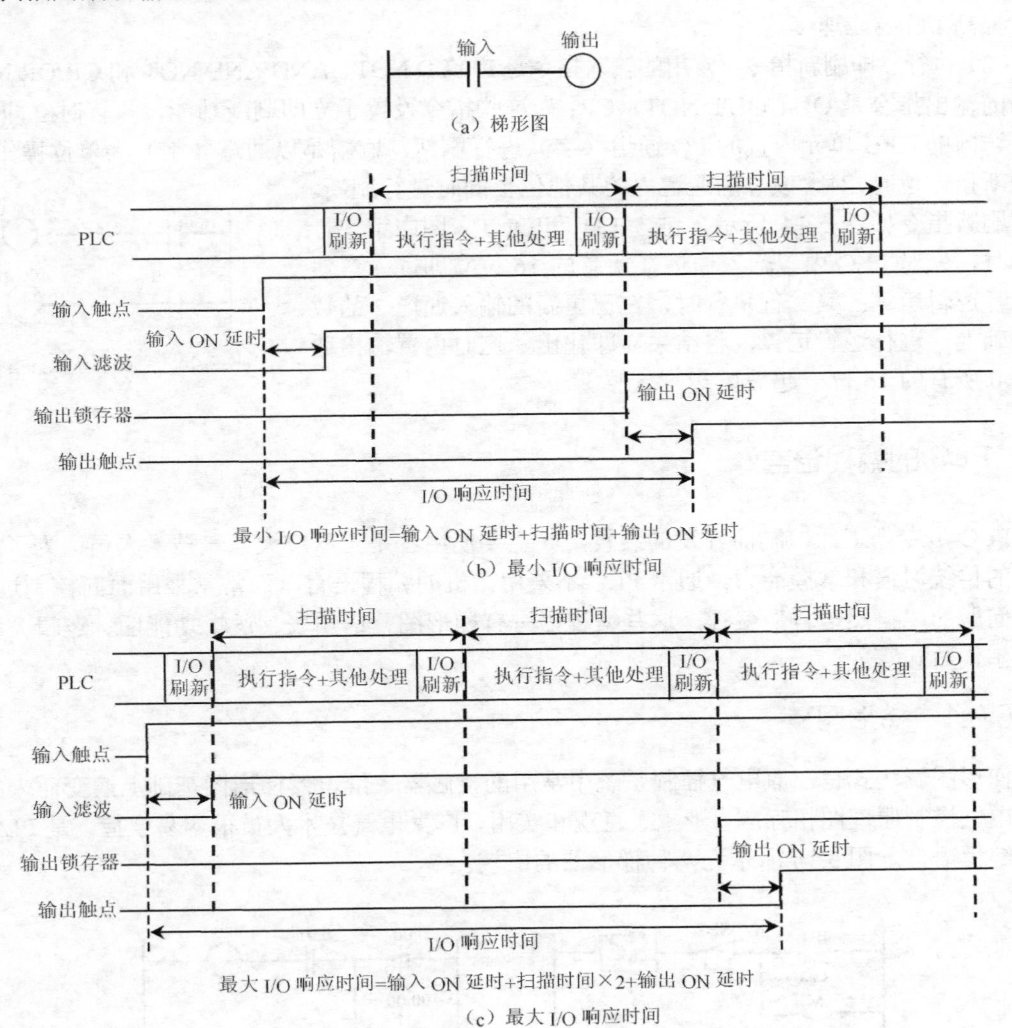

图5.13　I/O响应时间

以CP1为例，I/O响应时间计算如下。

输入ON延时：8ms（缺省设置）。

公共处理+ I/O刷新时间：2ms。

程序执行时间：14ms。

输出 ON 延时：15ms。

最小 I/O 响应时间=8+（2+14）+15ms=39ms。

最大 I/O 响应时间=8+（2+14）×2+15ms=55ms。

由于 PLC 是在循环扫描的 I/O 刷新阶段才对 I/O 更新的，PLC 这种集中输入、集中输出的刷新方式是造成输出滞后输入的原因之一。对一般工业控制设备来说，这些滞后现象是完全允许的。但某些场合下，需要输出对输入作出快速响应，PLC 提供以下措施。

（1）执行 I/O 刷新指令。CP1 设置了 I/O 刷新指令 IORF（97），在程序中执行该指令，可随时对指定的 CPU 单元内置的或扩展单元的 I/O 通道进行刷新，以缩短输出滞后输入的时间，提高 I/O 响应速度。

（2）执行立即刷新指令。常用的输入指令是 LD/LD NOT、AND/AND NOT 和 OR/OR NOT，常用的输出指令是 OUT/OUT NOT，CP1 为这些指令设置了立即刷新功能，执行时立即对指令所访问的 CPU 单元内置的 I/O 通道（字）进行刷新，刷新是以通道（字）为单位操作的，即刷新指定位时，对含该位的通道内的其他位也同时进行刷新。立即刷新指令如图 5.14 所示，包含!LD 和!OUT，图中第一行执行时，先对 PLC 内置输入通道 2 所有的 16 位立即读入，然后进行逻辑运算；第二行执行时，在已更新的输入通道 2 的数据基础上，进行逻辑运算，将结果立即输出，这时内置输出通道 100 所有的 16 位一起被更新。

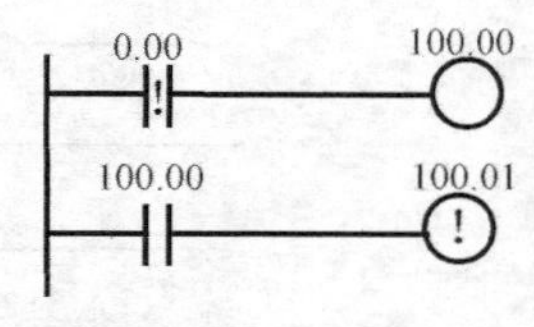

图 5.14　立即刷新执行指令

5.6 PLC 的编程语言

PLC 是专为工业控制而开发的装置，其主要使用者是工厂广大电气技术人员，为了适应他们的传统习惯和掌握能力，通常 PLC 不采用微机的编程语言，而常常采用面向控制过程、面向问题的“自然语言”编程，这些编程语言有梯形图、语句表、逻辑功能图、逻辑方程式或布尔代数式等。

5.6.1　梯形图

梯形图表达式是在原电气控制系统中常用的接触器、继电器梯形图基础上演变而来的。它与电气控制原理图相呼应，形象、直观和实用，广大电气技术人员很容易掌握，是 PLC 的主要编程语言。图 5.15 所示为两种梯形图的比较。

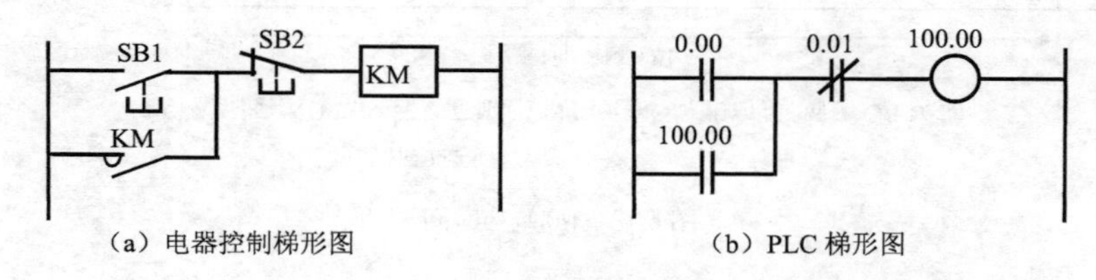

（a）电器控制梯形图　　（b）PLC 梯形图

图 5.15　两种梯形图

由图 5.15 可以看出，PLC 梯形图在形式上类似于继电器控制梯形图。它是用图形符号—| |—、—|/|—、┇、•—•、—○— 等连接而成，这些符号依次为常开触点、常闭触点、并

联连接、串联连接、继电器线圈。梯形图按自上而下、从左到右的顺序排列。一般每个继电器线圈对应一个逻辑行。梯形图的最左边是起始母线，每一逻辑行必须从起始母线开始画起，然后是触点的各种连接，最后终了于继电器线圈。梯形图的最右边是结束母线，有时可以省去不画。

在梯形图中的每个编程元件应按一定的规则加注字母和数字串，不同的编程元件常用不同的字母符号和一定的数字串来表示。

PLC 梯形图具有以下特点。

（1）梯形图中的继电器不是物理继电器，每个继电器实际上是映象寄存器中的一位，因此称为“软继电器”。相应位的状态为 1，表示该继电器线圈通电，其常开触点闭合，常闭触点断开；相应位的状态为 0，表示该继电器线圈失电，其常开触点断开，常闭触点闭合。梯形图中继电器线圈是广义的，除了输出继电器、辅助继电器线圈外，还包括定时器、计数器、移位寄存器以及各种算术运算等。

（2）每个继电器对应映象寄存器中的一位，其状态可以反复读取，因此可以认为继电器有无限多个常开触点和常闭触点，在程序中可以被反复引用。

（3）梯形图是 PLC 形象化的编程手段，梯形图两端是没有任何电源可接的。梯形图中并没有真实的物理电流流动，而仅只是“概念”电流，是用户程序解算中满足输出执行条件的形象表示方式。“概念”电流只能从左向右流动。

（4）输入继电器供 PLC 接收外部输入信号，而不是由内部其他继电器的触点驱动，因此，梯形图中只出现输入继电器的触点，而不出现输入继电器的线圈。输入继电器的触点表示相应的输入信号。

（5）输出继电器供 PLC 作输出控制用。它通过开关量输出模块对应的输出开关（晶体管、双向晶闸管或继电器触点）去驱动外部负载。因此，当梯形图中输出继电器线圈满足接通条件时，就表示在对应的输出点有输出信号。

（6）当 PLC 处于运行状态时，PLC 就开始按照梯形图符号排列的先后顺序（从上到下、从左到右）逐一处理，也就是说，PLC 对梯形图是按扫描方式顺序执行程序。

（7）用户程序解算时，输入触点和输出线圈状态是从 I/O 映象寄存器中读取的，不是解算时现场开关的实际状态。梯形图中前面程序解算的结果马上可以被后面程序的解算所利用。

5.6.2 语句表

语句表是一种与汇编语言类似的助记符编程表达式。在许多小型 PLC 的编程器中没有 CRT 屏幕显示，或没有较大的液晶屏幕显示，就用一系列 PLC 操作命令组成的语句表将梯形图控制逻辑描述出来，并通过编程器输入到机器中去。

不同的 PLC，语句表使用的助记符不相同。以 OMRON 的 PLC 为例，对应图 5.15（b）的语句表为：

```
LD          0.00     （表示逻辑操作开始，常开触点与母线连接）
OR          100.00   （表示常开触点并联）
AND NOT     0.01     （表示常闭触点串联）
OUT         100.00   （表示输出）
```

语句是用户程序的基础单元，每个控制功能由一条或多条语句组成的用户程序来完成。每条语句是规定 CPU 如何动作的指令，它的作用和微机的指令一样，PLC 的语句也由操作码和操作数组成，故其表达式也和微机指令类似。

PLC 的语句：操作码+操作数

操作码用来指定要执行的功能，告诉 CPU 该进行什么操作；操作数内包含为执行该操作所必须的信息，告诉 CPU 用什么地方的数据来执行此操作。

操作数应该给 CPU 指明为执行某一操作所需要信息的所在地，所以操作数的分配原则如下。

（1）为了让 CPU 区别不同的编程元件，每个独立的元件应指定一个互不重复的地址。

（2）所指定的地址必须在该型机器允许的范围之内。超出机器允许的操作参数，PLC 不予响应，并以出错处理。

语句表编程有键入方便、编程灵活的优点，但不如梯形图形象、直观。

5.6.3 功能块

功能块（FB）是一个将处理功能标准化的基本程序单元。功能块由 PLC 生产厂家以库文件形式提供，或由用户自行定义。

功能块定义时包括两部分：算法和变量定义。图 5.16 所示为定义时钟脉冲“ClockPulse”功能块示例，其中，图 5.16（a）为算法和变量定义，图 5.16（b）为生成的功能块。

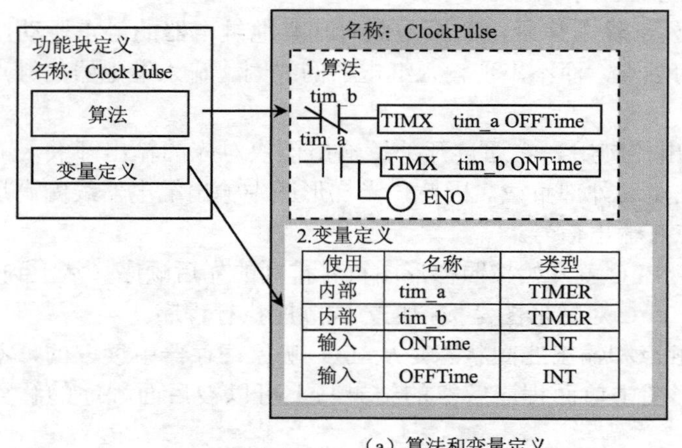

（a）算法和变量定义

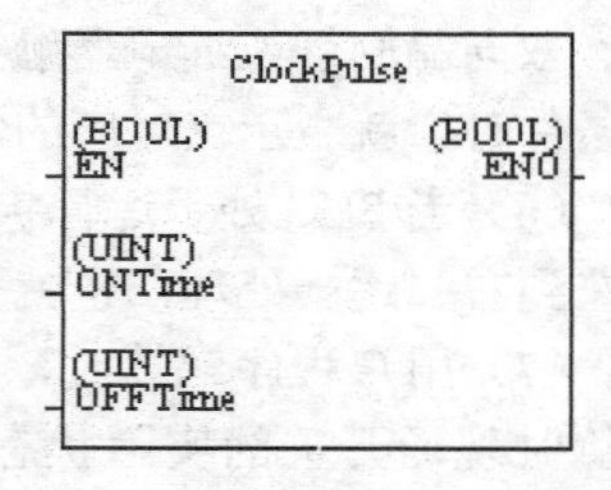

（b）生成的功能块

图 5.16 功能块定义

1. 算法

功能块的算法可由梯形图或结构文本编写，OMRON 由编程软件 CX-P（5.0 及以上版本）实现，图 5.16（a）中采用的是梯形图，算法使用变量名而非实际的 I/O 地址编写。

2. 变量定义

变量定义要求列出每个变量的类型和属性。

（1）变量类型

内部变量：只能在功能块内部使用的变量。内部变量不能与功能块的 I/O 参数直接建立联系，例如，从功能块的输入参数直接获得数据，或将数据直接从功能块输出。

输入变量：输入变量从功能块外面指定的输入参数中获得数据。每个功能块都有一个默认输入变量 EN，EN 为使能变量，功能块创建时自动生成，不需要用户定义，当 EN 处于 ON

时，功能块执行。

输出变量：输出变量可以将数据赋给功能块外面指定的输出参数。每个功能块都有一个默认输出变量 ENO，ENO 为使能输出变量，功能块创建时自动生成，不需要用户定义，功能块执行时，ENO 处于 ON 状态。

外部变量：外部变量是由 CX-P 定义保存的系统变量（条件标志和一些辅助区域位），或用户定义的全局符号（可用于每个实例中）。

（2）属性

属性是为变量指定名称、数据类型、初始值等。

图 5.17 中定义 2 个内部变量 tim_a 和 tim_b，2 个输入变量 ONTime 和 OFFTime，变量 ONTime 为高电平持续时间，变量 OFFTime 为低电平持续时间。

编程时，功能块嵌入到程序中，称作“实例”或“功能块实例”，每个实例要有一个名称。一个功能块可以创建多个实例嵌入到程序中，如果这些实例具有相同的名称，则它们使用相同的内部变量；如果这些实例具有不同的名称，则它们使用的内部变量不同。

在程序中每创建一个实例，就需要为功能块的输入变量、输出变量设置相应的参数：I/O 内存地址或者常数，图 5.17 所示为输入变量、输出变量设置示例。

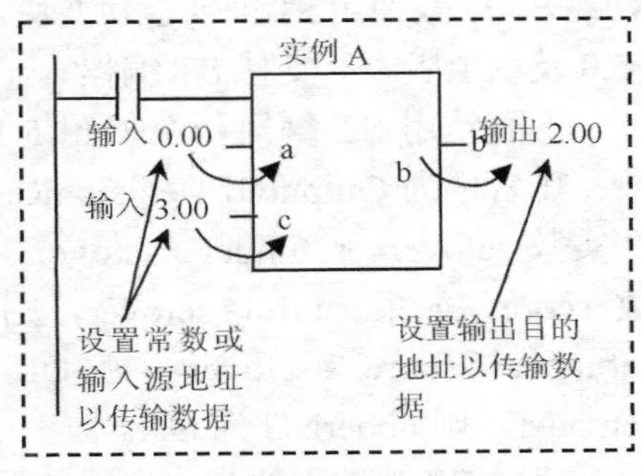

图 5.17　输入变量、输出变量设置示例

图 5.18 使用功能块产生时钟脉冲输出，功能块为“ClockPulse”，实例名为“脉冲发生器”，高电平持续时间变量 ONTime 赋值为字地址 D100，低电平持续时间变量 OFFTime 赋值为十六进制常数 10。

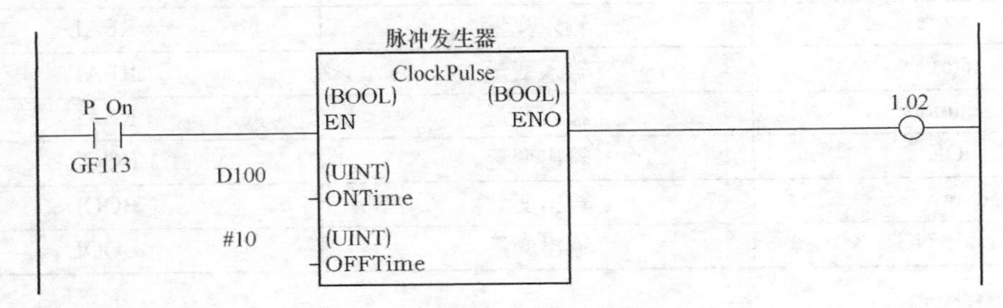

图 5.18　功能块使用举例

使用功能块编程便于程序结构化，具有更好的设计质量和更短的设计时间。一旦为功能块创建了标准程序并将其保存为文件，便可将功能块嵌入程序中并设置功能块的 I/O 参数，功能块可在程序中反复使用。当创建/调试程序时，反复使用现有功能块将节省大量的时间并减少编码错误，而且程序更容易理解。

OMRON 为用户提供了功能强大的功能块库文件，可安装在 CX-P（5.0 及以上版本）中，使用非常方便。OMRON 新型号的 PLC（如 CS1、CJ1、CP1 等）支持功能块编程。

5.6.4　结构文本

随着 PLC 技术的发展，PLC 的高级功能越来越多，如果仍然用梯形图来实现，会很不方便。为了方便用户使用 PLC 的数学运算、数据处理、图形显示、打印报表等功能，许多大中型或先进的 PLC 都配备了结构文本（ST）编程语言。

ST 是一种类似于 PASCAL 的高级编程语言，使用诸如选择语句和迭代语句的语言结构。

ST 使用语句来编写结构化的文本程序，语句用变量和方程式来配置。

方程式是包含运算符和操作数（变量或常数）的表达式。运算符包括算术运算符、比较运算符和逻辑运算符等。

语句既可以是赋值语句，也可以是控制语句。赋值语句将方程式计算的结果保存于变量中。控制语句包括选择语句和迭代语句等。

OMRON 的 CS1、CJ1、CP1 等新型号的 PLC 均可使用 ST 编程，一般使用 ST 来创建功能块。OMRON 编程软件 CX-P（5.0 及以上版本）支持 ST 编程。

下面使用 ST 编写一个如图 5.19 所示的数据比较功能块，其名称为 OutputOf DecisionResult，功能如下：已知两个实数 setover、setunder（setover≥setunder），给定一个实数 score，如果 score＞setover，则 overNG 为 ON；如果 setunder≤score≤setover，则 OK 为 ON；如果 score＜setunder，则 underNG 为 ON。

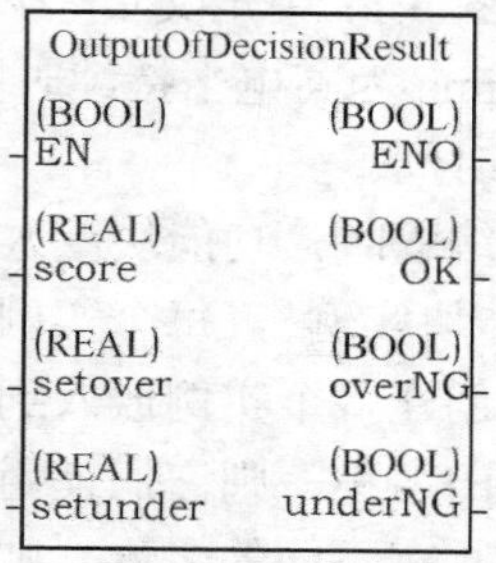

OutputOfDecisionResult

输入	输出
(BOOL) EN	(BOOL) ENO
(REAL) score	(BOOL) OK
(REAL) setover	(BOOL) overNG
(REAL) setunder	(BOOL) underNG

图 5.19　数据比较功能块

使用 CX-P 编程的具体步骤如下。

1. 变量定义

变量定义如表 5.1 所示。

表 5.1　变量定义

变量名称	变量类型	数据类型
score	输入变量	REAL
setover	输入变量	REAL
setunder	输入变量	REAL
OK	输出变量	BOOL
overNG	输出变量	BOOL
underNG	输出变量	BOOL

2. 算法实现

```
IF score > setover THEN
  underNG: = FALSE;
  OK: = FALSE;
  overNG: = TRUE;
ELSIF score < setunder THEN
  overNG: = FALSE;
  OK: = FALSE;
  underNG: = TRUE;
ELSE
  underNG: = FALSE;;
  overNG: = FALSE;
  OK: = TRUE;
END_IF;
```

实际上，熟悉计算机编程的人很容易使用 ST，采用 ST 编程来实现一些更为复杂的数学运算并生成功能块不但极大地节省编程时间，而且使源程序清晰、易读，降低了出错率。

与梯形图相比，结构文本有两个优点，其一是能实现复杂的数学运算，其二是非常简洁和紧凑。

5.7 PLC 的性能指标与分类

5.7.1 PLC 的性能指标

PLC 的性能指标主要有以下几种。

1. I/O 点数

I/O 点数即输入、输出端子的个数，I/O 点数越多，PLC 可外接的输入开关器件和输出控制器件就越多，控制规模就越大。因此 I/O 点数是衡量 PLC 的一个重要指标。

2. 用户程序存储器容量

用户程序存储器容量决定了 PLC 可以容纳用户程序的长短，一般以字为单位来计算。每 16 位二进制数为一个字，每 1024 个字为 1K 字。中、小型 PLC 的存储容量一般在 8KB 以下，大型 PLC 的存储容量达到 256KB～2MB。

3. 扫描速度

扫描速度是指 PLC 执行程序的速度，是衡量 PLC 控制速度的重要指标。以 ms/K 字为单位表示，例如 20ms/K 字，表示扫描 1K 字的用户程序所需要的时间为 20ms。

4. 指令种类及条数

这是衡量 PLC 编程能力强弱的主要指标。指令种类及条数越多，其编程功能就越强，即处理能力、控制能力越强。

5. 内部器件的种类和数量

内部器件包括辅助继电器、定时器、计数器、保持继电器、特殊辅助继电器、数据存储器等。其种类和数量越多，同样反映其控制功能越强。

在描述 PLC 的内部器件时，经常用到以下术语：位（bit）、数字（digit）、字节（byte）及字（word）或通道（channel）。位是二进制数的一位，仅 1、0 两个取值，分别对应继电器线圈通电（ON）或失电（OFF）及继电器触点的通（ON）或断（OFF）。4 个二进制位构成一个数字。这个数字可以是 0～9（用于十进制数的表示），也可是 0～F（用于十六进制数的表示）。2 个数字，或 8 个二进制位构成一个字节。2 字节构成一个字。字也可称为通道，一个通道含 16 位，或说含 16 个继电器。上述关系表示如下。

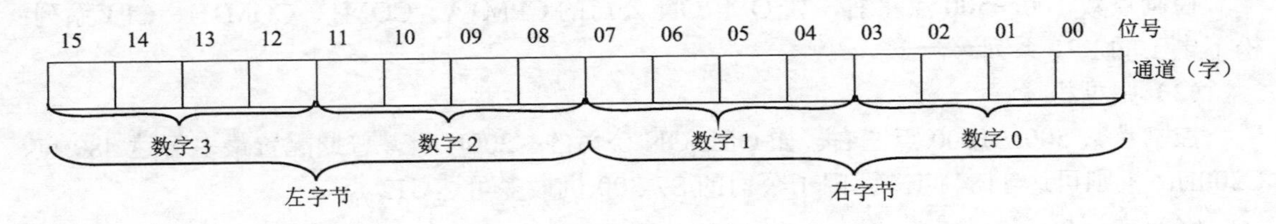

6. 智能单元

PLC 不仅能完成开关量的逻辑控制，而且利用智能单元可完成模拟量控制、位置和速度控制以及通信联网等。智能单元的种类、功能的强弱是衡量 PLC 产品水平高低的一个重要指标。各个 PLC 生产厂家都非常重视智能单元的开发，近年来智能单元发展很快，种类日益增多，功能越来越强。

5.7.2 PLC 的分类

PLC 的种类很多，其实现的功能、内存容量、控制规模、外型等方面均存在较大差异。因此，PLC 的分类没有一个严格的统一标准，一般是按照结构形式、控制规模、实现的功能进行大致地分类。

1. 按结构分类

PLC 按照硬件的结构形式可以分为整体式和组合式。整体式 PLC 外观上是一个长方形箱体，又称箱体式 PLC。组合式 PLC 在硬件构成上具有较高的灵活性，其模块可以像拼积木似地进行组合，构成具有不同控制规模和功能的 PLC，因此这种 PLC 又称为模块式或积木式 PLC。

（1）整体式 PLC

整体式 PLC 的 CPU、存储器、I/O 单元、电源安装在同一机体内，构成主机。另外还有 I/O 扩展单元配合主机使用，用电缆将其接在主机上可以扩充 I/O 点数。整体式 PLC 的特点是结构紧凑、体积小，重量轻、价格低，输入、输出点数固定，实现的功能和控制规模固定，灵活性较低。小型 PLC 常采用这种结构，适应于工业生产中的单机控制。

（2）组合式 PLC

组合式（模块式）PLC 为总线结构，其总线做成总线板，上面有若干个总线槽，每个总线槽上可安装一个 PLC 模块，不同的模块实现不同的功能。PLC 的 CPU、存储器做成一个模块（有的把电源也做在上面），该模块在总线上的安装位置一般来说是固定的。其他的模块可根据 PLC 的控制规模、实现的功能选用，安装在总线板的其他任一总线槽上。组合式 PLC 安装完成后，需进行登记，使 PLC 对安装在总线上的各模块进行地址确认。组合式 PLC 的总线板又称底板。组合式 PLC 的特点是：系统配置灵活，可构成具有不同控制规模和功能的 PLC，但它的价格较高。一般大、中型 PLC 采用这种结构。

2. 按控制规模分类

控制规模主要是指控制开关量的输入、输出点数及模拟量的输入、输出路数。但主要以开关量计数，模拟量的路数可折合成开关量的点数，一般一路相当于 8～16 点。根据 I/O 点数的不同，PLC 大致可分为微型机、小型机、中型机及大型机、超大型机。

（1）微型机

控制点数仅几十点，如 OMRON 公司的 SP 系列；松下电工的 FP0 系列等。

（2）小型机

控制点数 100～500 点左右，如 OMRON 公司的 CPM1A、CQM1、CQM1H、CP1 系列；松下电工的 FP1 系列等。

（3）中型机

控制点数 500～1000 点左右。如 OMRON 公司的 C200H 机，普通配置最多可达 880 点，C200Hα 机则可达 1184 点。西门子公司的 S7-300 机最多可达 512 点。

（4）大型机

控制点数 1000 点以上。如 OMRON 公司的 C1000H、CV1000，本地配置可达 1024 点，C2000H、CV2000 本地配置可达 2048 点；松下公司的 FP2 本地配置可达 1600 点，FP3、FP10、

FP10SH 使用远程 I/O 可达 2048 点。

（5）超大型机

控制点数可达上万点，甚至于几万点。如美国 GE 公司的 90-70 机，其点数可达 24000 点，另外还有 8000 路的模拟量。

3. 按生产厂家分类

目前世界上能生产 PLC 的厂家较多，在中国市场占有较大份额，较有影响的公司和 PLC 系列机型有以下一些。

德国西门子公司：早期为 S5 系列的产品，如 S5-95U、100U、115U、135U 及 155U。135U、155U 为大型机，控制点数可达 6000 多点，模拟量可达 300 多路。以后推出 S7 系列，有 S7-200（小型）、S7-300（中型）及 S7-400（大型），性能比 S5 系列大为提高。

日本 OMRON 公司：早期为 P、C200H、C1000H，以后推出 CPM1A、CPM2A、C200Hα、CQM1、CQM1H、CV，现在主推 CP1、CJ1、CS1 等系列机型。OMRON 的大、中、小、微型机都有，各具特色各有所长，在中国及世界市场上都占有相当的份额。

日本三菱公司：该公司的 PLC 也是较早推广到中国的，其中小型机 F1 前期在国内用的较多，以后陆续推出的小型机有 FX2、FX0N、FX0S、FX1N、FX1S、FX2N，最新小型机为 FX3U。它的中、大型机早期为 A 型机，最新为 Q 型机。

美国 ROCKWELL 公司：ROCKWELL 公司已把 AB 公司兼并。AB 公司的 PLC-5 很有名，有 PLC-5/10、PLC-5/11、…、PLC-5/250 多种型号，它的微型机为 SLC-500。近年，AB 公司推出 Logix 系列产品，典型产品有：ControlLogix、CompactLogix、MicroLogix 等。

法国施耐德公司：法国施耐德公司已把美国 MODICON（莫迪康）公司兼并，MODICON 的品牌仍然保留，推出各种型号的 PLC，有 MODICON Quantum（大、超大型机）、MODICON Premium（中型机）、MODICON Compact（中、小型机，可用于较大的工作温度范围及有腐蚀气氛的场合）、MODICON Momentum（中型机）、MODICON Micro（小型机）、MODICON NAZA（微型机）。

美国 GE 公司与日本 FANAC 合资的 GE-FANAC 公司：GE-FANAC 公司有 90-70 大型机，90-30 系列中型机，90-20 系列小型机。

日本松下电工公司：FP0 系列微型机，FP1 系列箱体式小型机，FP2、FP3、FP10、FP10SH 模块式机。

日本日立公司：有 E 系列箱体式机，EM 系列模块式机。

日本东芝公司：有 EX 及 EX-PLUS 小型机。

日本富士公司：有 NB 系列箱体式小型机，NS 系列模块式机。

国内曾有许多家单位从事过 PLC 的研制与生产，但与国外相比差距还比较大。改革开放后，已有不少国外著名厂商在我国合资建厂，这将促使我国的 PLC 研制及应用水平以更快的速度发展，为提高我国工业自动化水平作出应有的贡献。

思考题与习题

1. PLC 的定义是什么？
2. 简述 PLC 在工业控制系统中的一般作用。
3. PLC 控制有哪些特点？比较 PLC 控制和继电器控制、微机控制的优缺点。

4．PLC 的应用领域有哪些？

5．世界上第一台 PLC 是怎样诞生的？

6．PLC 的发展趋势如何？

7．PLC 的内部继电器是什么？为什么称它是软继电器？和硬件继电器相比，软继电器的触点在使用上有何特点？

8．PLC 采用什么语言编程？各有何特点？

9．PLC 主要由哪几部分组成？画出 PLC 的结构框图，简述各部分作用。

10．PLC 常用的 CPU 有哪几种？各有何特点？

11．PLC 的用户程序存储器有哪几种？各有何特点？

12．PLC 的编程器有哪几种？各有何特点？

13．PLC 主要有哪些外设？各有何作用？

14．开关量输入模块有哪几种类型？输出模块有哪几种类型？

15．什么是直流、交流输入模块？什么是晶体管型、晶闸管型、继电器型输出单元？

16．画出直流汇点式输入模块的原理电路图，并说明其工作原理。

17．画出继电器输出电路的原理电路图，并说明其工作原理。

18．输入、输出模块中为何要设光电隔离器？

19．PLC 的工作过程分为哪几个工作阶段，各完成什么任务？

20．什么是 PLC 的扫描周期？其长短与哪些因素有关？

21．PLC 的扫描工作方式和继电器工作方式有何不同？

22. 什么是 PLC 的输入输出滞后现象？造成这种现象的原因是什么？可采取哪些措施缩短输入输出滞后时间？

23．什么是整体式 PLC 和组合式 PLC？各有何特点？

24．PLC 的性能指标主要有哪些？PLC 是怎样分类的？

第6章 CP1 PLC的规格与系统配置

CP1 系列 PLC 是 OMRON 公司于 2005 年之后陆续推出的新一代高性能整体式小型机。CP1 分为三个子系列：经济型 CP1E、标准型 CP1L 和高功能型 CP1H。CP1E 可以满足基本的控制要求，具有简单、经济、高效等特点，其价格极富竞争力，应用十分广泛；CP1L 为用户提供不同点数的选择；CP1H 的功能最强，除具有相同的基本控制功能外，还分别搭载了模拟量、通信、高速计数、脉冲输出等专业控制功能。

CP1 系列是 OMRON 小型机 CPM*（CPM1A、CPM2A/2AE /2AH）系列的升级换代产品，其外形尺寸与 CPM*系列相同，但具有和高端 CJ1/CS1 系列相兼容的体系结构和指令系统。与 CPM*系列相比，它的性能更优越，价格更低廉。CP1 系列的推出极大地提高了 OMRON 整体式小型机对各种应用的处理能力，为现代多种控制要求的集成提供了良好的解决方案。

6.1 CP1 的各种单元

CP1 有 CPU 单元（主机）、基本 I/O 扩展单元、特殊 I/O 功能单元，除此之外，还可使用 CJ1 系列的高功能单元。

6.1.1 CP1 的 CPU 单元

CP1 的 CPU 单元分 CP1H、CP1L 和 CP1E 三个子系列，每个子系列型号众多。按 I/O 点数分有 10 点、14 点、20 点、30 点、40 点和 60 点；按使用电源分有 AC 型和 DC 型；按输出形式分有继电器型和晶体管型，晶体管型又分为漏型（NPN 型）和源型（PNP 型）。

1. CP1H 的 CPU 单元规格

CP1H 系列 PLC 共有 X、XA 和 Y 三大类型，7 种型号，如表 6.1 所示。

表 6.1 CP1H 的 CPU 单元

类型	型号	电源电压	输出形式	I/O 点数	扩展后最大的 I/O 点数
X 型（基本型）	CP1H-X40DR-A	AC100～240V	继电器	40 点 输入：24 点 输出：16 点	最多连 7 台扩展单元，最大 320 点
	CP1H-X40DT-D	DC24V	晶体管（漏型）		
	CP1H-X40DT1-D		晶体管（源型）		

续表

类型	型号	电源电压	输出形式	I/O 点数	扩展后最大的 I/O 点数
XA 型（带内置模拟输入输出端子型）	CP1H-XA40DR-A	AC100～240V	继电器	40 点 输入：24 点 输出：16 点	最多连 7 台扩展单元，最大 320 点
	CP1H-XA40DT-D	DC24V	晶体管（漏型）		
	CP1H-XA40DT1-D		晶体管（源型）		
Y 型（带脉冲输入输出专用端子型）	CP1H-Y20DT-D	DC24V	晶体管（漏型）	20 点 输入：12 点 输出：8 点	最多连 7 台扩展单元，最大 300 点

2. CP1L 的 CPU 单元规格

CP1L 系列 PLC 共有 M、L 两大类型，30 多种型号，如表 6.2 所示。

表 6.2　　　　CP1L 的 CPU 单元

类型	型号	电源电压	输出形式	I/O 点数	扩展后最大的 I/O 点数
M 型	CP1L-M60DR-A	AC 100～240V	继电器	60 点 输入：36 点 输出：24 点	最多连 3 台扩展单元，最大 180 点
	CP1L-M60DT-A		晶体管（漏型）		
	CP1L-M60DR-D	DC 24V	继电器		
	CP1L-M60DT-D		晶体管（漏型）		
	CP1L-M60DT1-D		晶体管（源型）		
	CP1L-M40DR-A	AC 100～240V	继电器	40 点 输入：24 点 输出：16 点	最多连 3 台扩展单元，最大 160 点
	CP1L-M40DT-A		晶体管（漏型）		
	CP1L-M40DR-D	DC 24V	继电器		
	CP1L-M40DT-D		晶体管（漏型）		
	CP1L-M40DT1-D		晶体管（源型）		
	CP1L-M30DR-A	AC 100～240V	继电器	30 点 输入：18 点 输出：12 点	最多连 3 台扩展单元，最大 150 点
	CP1L-M30DT-A		晶体管（漏型）		
	CP1L-M30DR-D	DC 24V	继电器		
	CP1L-M30DT-D		晶体管（漏型）		
	CP1L-M30DT1-D		晶体管（源型）		
L 型	CP1L-L20DR-A	AC 100～240V	继电器	20 点 输入：12 点 输出：8 点	最多连 1 台扩展单元，最大 60 点
	CP1L-L20DT-A		晶体管（漏型）		
	CP1L-L20DR-D	DC 24V	继电器		
	CP1L-L20DT-D		晶体管（漏型）		
	CP1L-L20DT1-D		晶体管出（源型）		
	CP1L-L14DR-A	AC 100～240V	继电器	14 点 输入：8 点 输出：6 点	最多连 1 台扩展单元，最大 54 点
	CP1L-L14DT-A		晶体管（漏型）		
	CP1L-L14DR-D	DC 24V	继电器		
	CP1L-L14DT-D		晶体管（漏型）		
	CP1H-L14DT1-D		晶体管（源型）		

续表

类型	型号	电源电压	输出形式	I/O 点数	扩展后最大的 I/O 点数
L 型	CP1L-L10DR-A	AC 100～240V	继电器	10 点 输入：6 点 输出：4 点	不能连扩展单元
	CP1L-L10DT-A		晶体管（漏型）		
	CP1L-L10DR-D	DC 24V	继电器		
	CP1L-L10DT-D		晶体管（漏型）		
	CP1H-L10DT1-D		晶体管（源型）		

3. CP1E 的 CPU 单元规格

CP1E 系列 PLC 共有 E、N 和 NA 三大类型，40 多种型号，如表 6.3 所示。

表 6.3　CP1E 的 CPU 单元

类型	型号	电源电压	输出形式	I/O 点数	扩展后最大的 I/O 点数
E 型（基本型）	CP1E-E40DR-A	AC 100～240V	继电器	40 点，24/16	最多连 3 台扩展单元，最大 160 点
	CP1E-E30DR-A	AC 100～240V	继电器	30 点，18/12	最多连 3 台扩展单元，最大 150 点
	CP1E-E20DR-A	AC 100～240V	继电器	20 点，12/8	不能连接扩展单元
	CP1E-E14DR-A	AC 100～240V	继电器	14 点，8/6	
	CP1E-E10DR-A	AC 100～240V	继电器	10 点 输入：6 点 输出：4 点	
	CP1E-E10DT-A		晶体管（漏型）		
	CP1E-E10DT1-A		晶体管（源型）		
	CP1E-E10DR-D	DC 24V	继电器		
	CP1E-E10DT-D		晶体管（漏型）		
	CP1E-E10DT1-D		晶体管（源型）		
N 型（应用型）	CP1E-N60DR-A	AC 100～240V	继电器	60 点 输入：32 点 输出：24 点	最多连 3 台扩展单元，最大 180 点
	CP1E-N60DT-A		晶体管（漏型）		
	CP1E-N60DT1-A		晶体管（源型）		
	CP1E-N60DR-D	DC 24V	继电器		
	CP1E-N60DT-D		晶体管（漏型）		
	CP1E-N60DT1-D		晶体管（源型）		
	CP1E-N40DR-A	AC 100～240V	继电器	40 点 输入：24 点 输出：16 点	最多连 3 台扩展单元，最大 160 点
	CP1E-N40DT-A		晶体管（漏型）		
	CP1E-N40DT1-A		晶体管（源型）		
	CP1E-N40DR-D	DC 24V	继电器		
	CP1E-N40DT-D		晶体管（漏型）		
	CP1E-N40DT1-D		晶体管（源型）		
	CP1E-N30DR-A	AC 100～240V	继电器	30 点 输入：18 点 输出：12 点	最多连 3 台扩展单元，最大 150 点

续表

类型	型号	电源电压	输出形式	I/O 点数	扩展后最大的 I/O 点数
N 型（应用型）	CP1E-N30DT-A	AC 100～240V	晶体管（漏型）	30 点 输入：18 点 输出：12 点	最多连 3 台扩展单元，最大 150 点
	CP1E-N30DT1-A		晶体管（源型）		
	CP1E-N30DR-D	DC 24V	继电器		
	CP1E-N30DT-D		晶体管（漏型）		
	CP1E-N30DT1-D		晶体管（源型）		
	CP1E-N20DR-A	AC 100～240V	继电器	20 点 输入：12 点 输出：8 点	不能连接扩展单元
	CP1E-N20DT-A		晶体管（漏型）		
	CP1E-N20DT1-A		晶体管（源型）		
	CP1E-N20DR-D	DC 24V	继电器		
	CP1E-N20DT-D		晶体管（漏型）		
	CP1E-N20DT1-D		晶体管（源型）		
	CP1E-N14DR-A	AC 100～240V	继电器	14 点 输入：8 点 输出：6 点	不能连接扩展单元
	CP1E-N14DT-A		晶体管（漏型）		
	CP1E-N14DT1-A		晶体管（源型）		
	CP1E-N14DR-D	DC 24V	继电器		
	CP1E-N14DT-D		晶体管（漏型）		
	CP1E-N14DT1-D		晶体管（源型）		
NA 型（增强型）	CP1E-N20DR-A	AC 100～240V	继电器	20 点 输入：12 点 输出：8 点	最多连 3 台扩展单元，最大 140 点
	CP1E-N20DT-D	DC 24V	晶体管（漏型）		
	CP1E-N20DT1-D		晶体管（源型）		

6.1.2 CP1 的基本 I/O 扩展单元

表 6.4 列出了 CP1 的基本 I/O 扩展单元，分为 6 种类型：8 点输入单元、8 点输出单元、16 点 I/O 单元、20 点 I/O 单元、32 点 I/O 单元和 40 点 I/O 单元。

表 6.4　　CP1 的基本 I/O 扩展单元

名称	型号	点数	输出形式	占用通道数（输入/输出）
基本 I/O 单元	CP1W-40EDR	40 点 输入：24 点 输出：16 点	继电器	2/2
	CP1W-40EDT		晶体管（漏型）	
	CP1W-40EDT1		晶体管（源型）	
	CP1W-32ER	32 点 输出：32 点	继电器	无/4
	CP1W-32ET		晶体管（漏型）	
	CP1W-32ET1		晶体管（源型）	
	CP1W-20EDR1	20 点 输入：12 点 输出：8 点	继电器	1/1
	CP1W-20EDT		晶体管（漏型）	
	CP1W-20EDT1		晶体管（源型）	
	CP1W-16ER	16 点 输出：16 点	继电器	无/1
	CP1W-16ET		晶体管（漏型）	
	CP1W-16ET1		晶体管（源型）	

续表

<table>
<tr><th>名称</th><th>型号</th><th>点数</th><th>输出形式</th><th>占用通道数（输入/输出）</th></tr>
<tr><td rowspan="4">基本 I/O 单元</td><td>CP1W-8ED</td><td>8 点
输入：8 点</td><td>无</td><td>1/无</td></tr>
<tr><td>CP1W-8ER</td><td rowspan="3">8 点
输出：8 点</td><td>继电器</td><td rowspan="3">无/1</td></tr>
<tr><td>CP1W-8ET</td><td>晶体管（漏型）</td></tr>
<tr><td>CP1W-8ET1</td><td>晶体管（源型）</td></tr>
</table>

6.1.3 CP1 的特殊 I/O 扩展单元

表 6.5 所示为 CP1 的特殊 I/O 扩展单元，有模拟量 I/O 单元、模拟输入单元、模拟输出单元、温度传感器单元、DeviceNet I/O 链接单元和 CompoBus/S I/O 链接单元。

表 6.5　　CP1 的特殊 I/O 扩展单元

<table>
<tr><th>名称</th><th>型号</th><th colspan="3">规格</th><th>占用通道数（输入/输出）</th></tr>
<tr><td rowspan="4">模拟 I/O 单元</td><td rowspan="2">CP1W-MAD01</td><td>模拟输入：2 点</td><td>电压：0～10V/1～5V
电流：4～20mA</td><td rowspan="2">分辨率
256</td><td rowspan="4">2/1</td></tr>
<tr><td>模拟输出：1 点</td><td>电压：0～10V/-10～+10V
电流：4～20mA</td></tr>
<tr><td rowspan="2">CP1W-MAD11</td><td>模拟输入：2 点</td><td>电压：0～5V/1～5V/
0～10V/-10～+10V/
电流：0～20mA/4～20mA</td><td rowspan="2">分辨率
6000</td></tr>
<tr><td>模拟输出：1 点</td><td>电压：1～5V/0～5V/
0～10V/-10～+10V
电流：0～20mA/4～20mA</td></tr>
<tr><td>模拟输入单元</td><td>CP1W-AD041</td><td>模拟输入：4 点</td><td>电压：0～5V/1～5V/
0～10V/-10～+10V/
电流：0～20mA/4～20mA</td><td>分辨率
6000</td><td>4/无</td></tr>
<tr><td rowspan="2">模拟输出单元</td><td>CP1W-DA041</td><td>模拟输出：4 点</td><td rowspan="2">电压：1～5V/0～5V/
0～10V/-10～+10V
电流：0～20mA/4～20mA</td><td rowspan="2">分辨率
6000</td><td>无/4</td></tr>
<tr><td>CP1W-DA021</td><td>模拟输出：2 点</td><td>无/2</td></tr>
<tr><td rowspan="4">温度传感器单元</td><td>CP1W-TS001</td><td>输入：2 点</td><td colspan="2" rowspan="2">热电偶输入 K，J</td><td>2/无</td></tr>
<tr><td>CP1W-TS002</td><td>输入：4 点</td><td>4/无</td></tr>
<tr><td>CP1W-TS101</td><td>输入：2 点</td><td colspan="2" rowspan="2">测温电阻体输入 Pt100，JPt100</td><td>2/无</td></tr>
<tr><td>CP1W-TS102</td><td>输入：4 点</td><td>4/无</td></tr>
<tr><td>DeviceNet
I/O 链接单元</td><td>CPM1A-DRT21</td><td colspan="3">DeviceNet 从站
I/O 点数：32 点/32 点</td><td>2/2</td></tr>
<tr><td>CompoBus/S
I/O 链接单元</td><td>CP1W-SRT21</td><td colspan="3">CompoBus/S 从站
I/O 点数：8 点/8 点</td><td>1/1</td></tr>
</table>

6.1.4 可连接的 CJ1 系列高功能单元

CP1H 可连接 CJ1 系列的高功能单元，即特殊 I/O 单元和 CPU 总线单元，最多连 2 台。特殊 I/O 单元为 CompoBus/S 主单元、模拟输入单元、模拟输出单元、模拟输入输出单元、过程 I/O 单元、温度调节单元、高速计数单元、ID 传感器单元等，CPU 总线单元为 Ethernet 单元、Controller Link 单元、串行通信单元、DeviceNet 单元等。以上 CJ1 系列高功能单元可参见 CJ1 相关手册。

6.2 CP1 的系统配置

6.2.1 CP1 CPU 单元的结构

图 6.1 所示为 CP1 的 CPU 单元面板图，其中，图 6.1（a）为 CP1H，图 6.1（b）为 CP1E，因 CP1L 与 CP1E 的外形非常相似，这里省略。

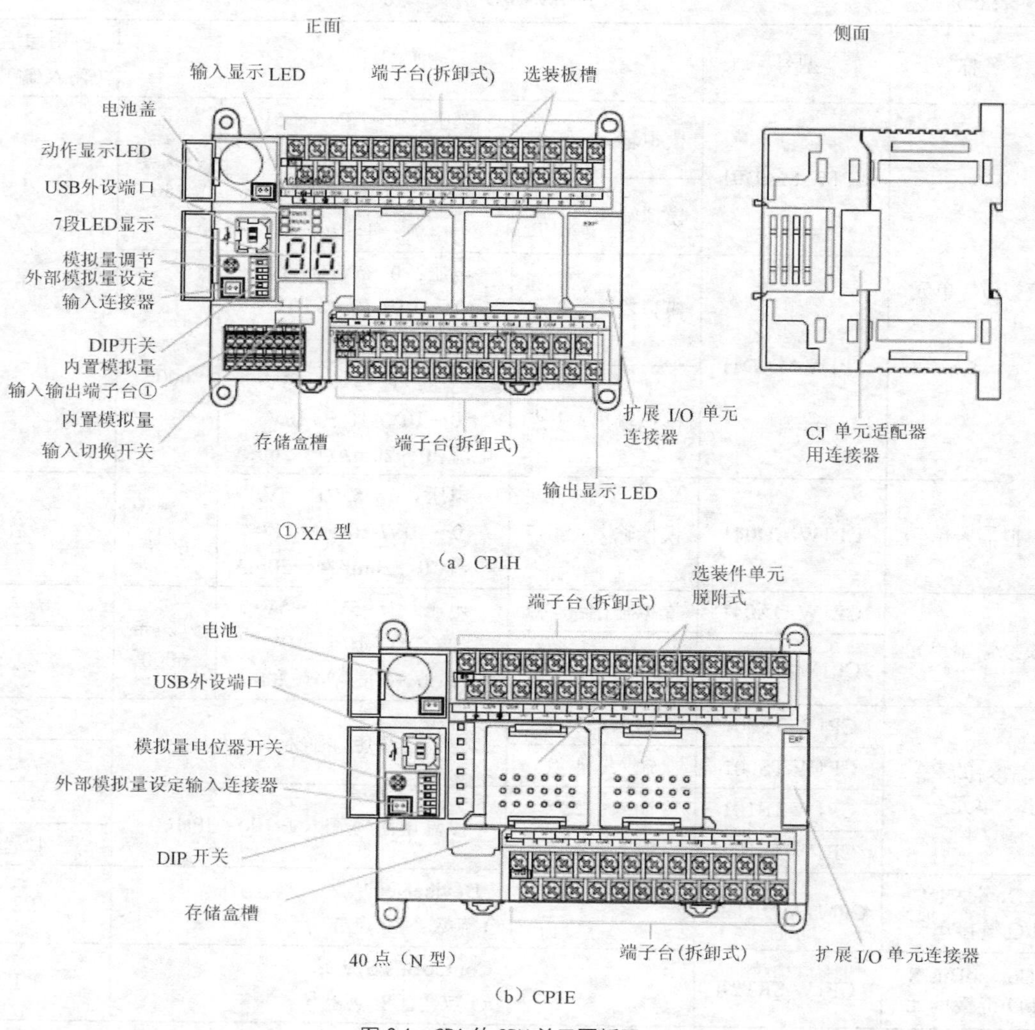

图 6.1 CP1 的 CPU 单元面板图

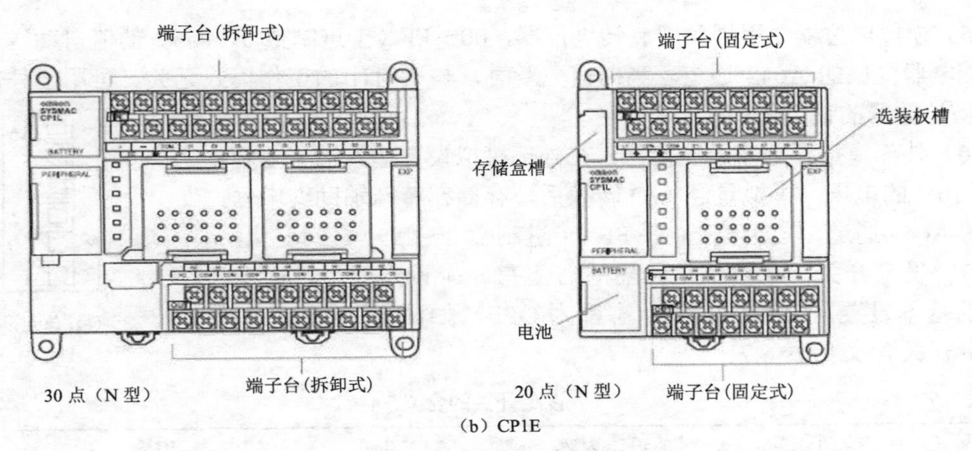

（b）CP1E

图 6.1 CP1 的 CPU 单元面板图（续）

CPU 单元面板上各部分说明如下。

（1）电池。用作 RAM 的后备电源，起断电保护作用。

（2）工作指示灯。有 6 个 LED 指示灯，表示 CP1H 所处的工作状态，如图 6.2 所示，各个指示灯的含义见表 6.6。

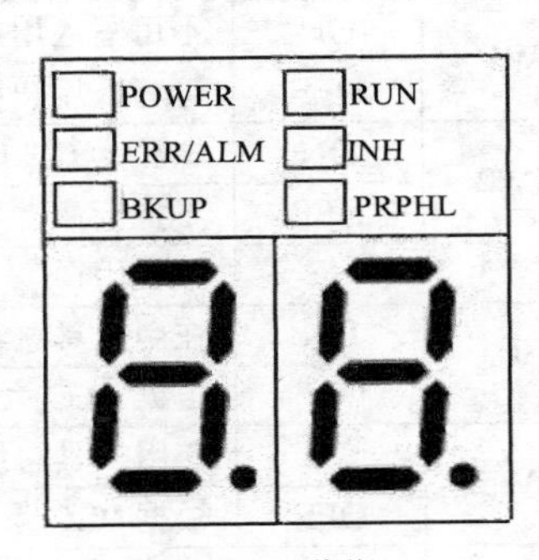

图 6.2 工作指示

表 6.6 CPU 面板上工作指示灯的含义

指示灯	状态	含义
POWER（绿） 电源接通或断开指示	常亮	通电
	熄灭	未通电
RUN（绿） PLC 工作状态指示	常亮	CP1H 正在运行或监视模式下执行程序
	熄灭	CP1H 处在编程状态或运行异常时灭
ERR/ALM（红） 错误指示	常亮	严重错误指示。发生运行停止异常（包含 FAL 指令执行），或发生硬件异常（WDT 异常）时，CP1H 停止运行，所有的输出都切断
	闪烁	警告性错误指示。发生异常 CP1H 继续运行（包含 FAL 指令执行）
	熄灭	正常
INH（黄） 输出禁止指示	常亮	输出禁止特殊辅助继电器（A500.15）为 ON 时灯亮，所有输出都切断
	熄灭	正常
BKUP（黄） 内置闪存访问指示	常亮	正在向内置闪存（备份存储器）写入用户程序、参数、数据或访问中。此外 PLC 的电源变 ON 时，用户程序、参数、数据复位过程中灯也亮。
	熄灭	上述情况外
PRPHL（黄） USB 端口通信指示	闪烁	外围设备 USB 端口处于通信中
	熄灭	不通信时

（3）7 段 LED 显示。如图 6.2 所示，2 位 7 段 LED 可显示单元版本、CPU 单元的故障代码、存储盒传送状态、模拟电位器变更状态和用户定义代码等信息。

（4）USB 端口。可与上位计算机连接，在上位机上运行软件 CX-P，对 PLC 进行编程及监控。

（5）模拟电位器。用螺丝刀旋转电位器，00～FF（十进制数 0～255）的值自动送入特殊辅助继电器区域的 A642 通道。当前值更新时，与 CP1H 的工作模式无关。可用于外部调整定时器/计数器的设定值。

（6）外部模拟设定输入连接器。在外部模拟设定输入端子上施加 0～10V 的电压，模拟量经 A/D 转换后，存储在特殊辅助继电器区域的 A643 通道，转换值在 00～FF（十进制数 0～255）之间变化。

（7）设定开关。在模拟电位器的右侧有 6 个设定开关，用于 PLC 的基本设置，它们的初始状态都为 OFF。如图 6.3 所示，每个设定开关含义见表 6.7。

图 6.3　CPU 单元设定开关

表 6.7　设定开关的含义

开关号	设定值	设定内容	用途
SW1①	ON	不可写入用户程序存储器	防止改写用户程序
	OFF	可写入用户程序存储器	
SW2	ON	电源为 ON 时，执行存储盒的自动传送	在电源为 ON 时。可将保存在存储盒内的程序、数据内存、参数调入 CPU 单元
	OFF	不执行	
SW3	—	不使用	—
SW4	ON	在用工具总线的情况下使用	需要通过工具总线来使用选件板槽位 1 上安装的串行通信选件板时置于 ON
	OFF	根据 PLC 系统设定	
SW5	ON	在用工具总线的情况下使用	需要通过工具总线来使用选件板槽位 2 上安装的串行通信选件板时置于 ON
	OFF	根据 PLC 系统设定	
SW6	ON	A395.12 为 ON	在不使用输入点而用户需要使某种条件成立时，可在程序中引入 A395.12，使该 SW6 置于 ON 或 OFF
	OFF	A395.12 为 OFF	

① 通过将 SW1 置为 ON 不写入的数据包括：所有用户程序（所有任务内的程序）；参数区域的所有数据（PLC 系统设定等）。此外，当 SW1 置为 ON 时，即使通过 CX-P 软件执行清除存储器全部数据的操作，所有的用户程序及参数区域的数据不会被删除。

（8）内置模拟量输入/输出端子台（仅限 XA 型）。XA 型 CP1H CPU 单元内置了 4 个模拟量输入点和 2 个模拟量输出点。详见 6.3.3 小节。

（9）内置模拟量输入切换开关（仅限 XA 型）。有 4 个切换开关，用于设置 4 路模拟量输入信号是电压型还是电流型。详见 6.3.3 小节。

（10）存储盒。存储盒型号为 CP1W-ME05M，容量为 512KB。用于存储内置闪存内的用户程序、参数、DM 区初始值、功能块程序及 RAM 上的数据。用存储盒可将程序及初始数据方便地复制到其他的 CPU 单元内。

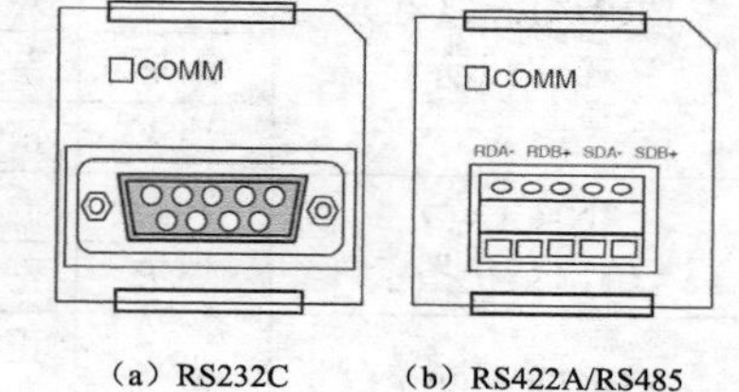

（a）RS232C　（b）RS422A/RS485

图 6.4　通信选件板

（11）选件板槽位。CP1H 有两个串行口，最多可以安装 2 个串行通信选件板，如图 6.4 所示，选 CP1W-CIF01 则将串口配置成 RS232C 口，选 CP1W-CIF11 则将串口配置成 RS422A/485 口。

（12）电源、接地。电源端子连接 AC100～240V 或 DC24V 供电电源。接地端子分为功能接地和保护接地两种。

（13）输入端子、输出端子。输入端子在 CPU 单元的上半部，输出端子在下半部。40 点 I/O 的 CPU 单元上有 24 个输入点、16 个输出点。24 个输入点为 0.00～0.11、1.00～1.11，共用一个COM端子。16个输出点为100.00～100.07、101.00～101.07，有6个COM端子，100.00、100.01各用一个COM端子，100.02、100.03共用一个COM端子，100.04～100.07、101.00～101.03、101.04～101.07各共用一个COM端子。

（14）外部供给电源端子（仅AC电源型）。对外提供DC 24V电源，可用于向输入端子或现场传感器供电。

（15）输入LED、输出LED。每个输入、输出点都对应一个LED。当某一点的LED亮时，表示该点的状态为ON；灭时，表示该点的状态为OFF。I/O点的LED指示为检查运行结果、调试程序提供了方便。

（16）扩展I/O单元连接器。用于连接I/O扩展单元，进行系统I/O扩展配置。

（17）CJ单元适配器。位于CP1H CPU单元的侧面，连接CJ单元适配器CP1W-EXT01后，再连接CJ的高功能单元。CP1L、CP1E无此功能，不能连接CJ1的高功能单元。

6.2.2 CP1的I/O扩展配置

CP1 CPU单元扩展时，可以连接CP1系列、CPM1A系列的各种扩展单元；CP1H还可以连接2台CJ1系列的高功能单元（特殊I/O单元、CPU总线单元），但不可以连接CJ1的基本I/O单元；CP1L、CP1E不可以连接CJ1系列的高功能单元。

CP1扩展配置时，要注意连接台数、占用的I/O通道数、消耗功率等限制条件。

1. 连接CP1或CPM1A系列扩展单元

图6.5所示为CP1H CPU单元连接CPM1A系列扩展单元的配置图，其中，图6.5（a）为常用的简单配置，图6.5（b）使用I/O连接电缆CP1W-CN811，可延长80cm，并可两段并行。

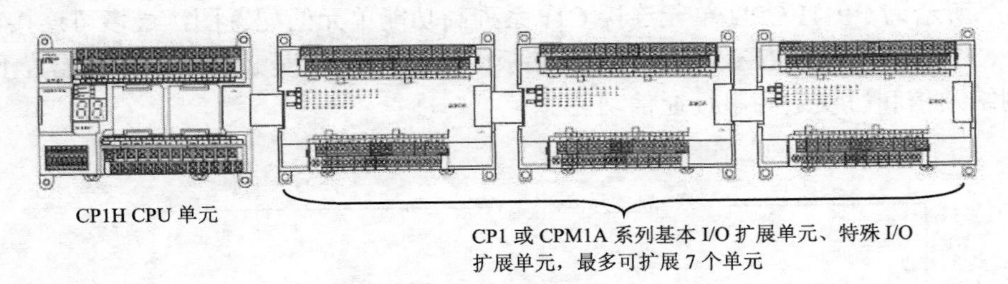

（a）常用的简单配置

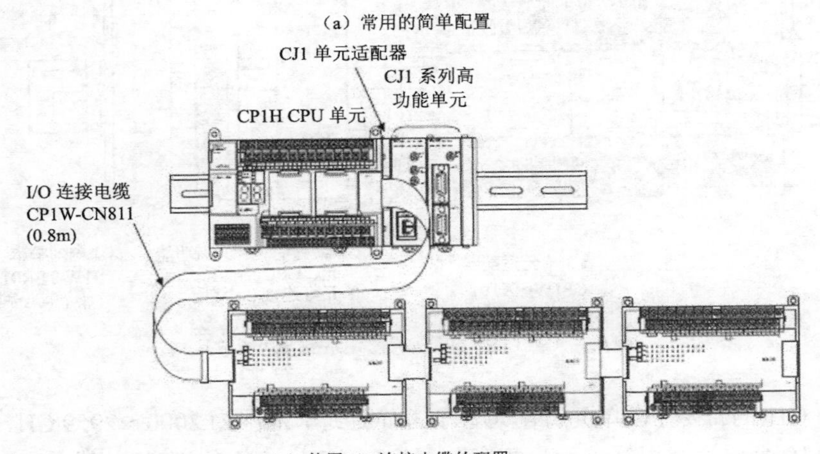

（b）使用I/O连接电缆的配置

图6.5 CP1H的扩展配置

CP1H CPU 单元连接 CP1 或 CPM1A 系列扩展单元时，最多可连接 7 个单元，而且所连接的扩展单元占用的输入通道、输出通道都不能超过 15 个。即使连接台数在 7 个单元以下，输入或输出通道都不能超过 15 个，否则，PLC 无法运行。

CP1L 的 M 型最多可连接 3 台 CP1 或 CPM1A 系列扩展单元，而 CP1L 的 L 型则只能连接 1 台扩展单元，但 10 点 L 型的不能扩展。

CP1E 最多可连接 3 台 CP1 或 CPM1A 系列扩展单元，但 E 型中 20 点、14 点、10 点的和 N 型中 20 点、14 点的不能扩展。

图 6.6 所示为 CP1H 连接 CPM1A 系列扩展单元时的 I/O 通道分配。

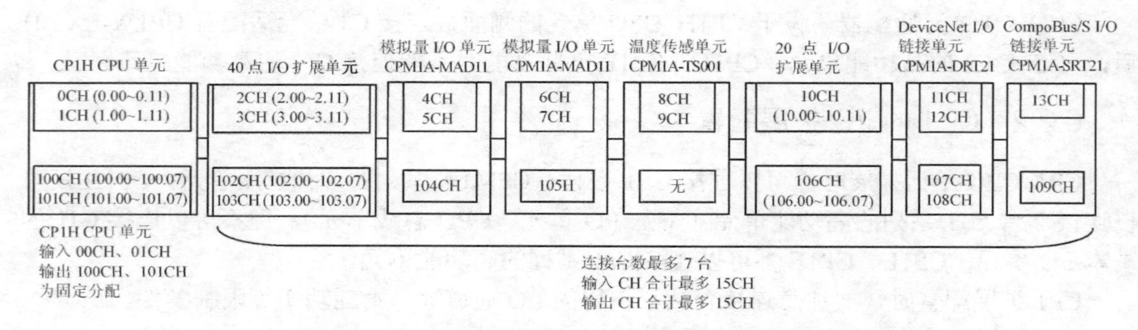

图 6.6 CP1H 的 I/O 通道分配

2. 连接 CJ1 系列高功能单元

图 6.7 所示为 CP1H CPU 单元连接 CJ1 系列高功能单元的配置图，最多可连接 2 台。为了连接，CJ1 单元适配器 CP1W-EXT01 和端板 CJ1W-TER01 是必需的。这种配置下，CP1H 可扩展网络通信和协议宏等串行通信功能。

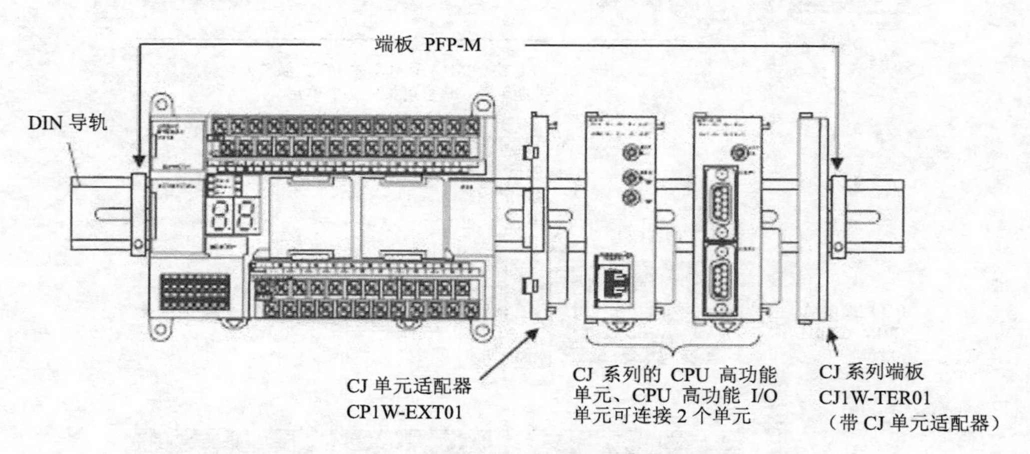

图 6.7 CP1H CPU 单元连接 CJ1 系列高功能单元

CP1H 为 CJ1 的特殊 I/O 单元分配总计 960 个通道，范围为 2000～2959 CH，每一个特殊 I/O 单元分配 10 个通道，根据单元号相应分配。CP1H 为 CJ1 的 CPU 总线单元分配总计 400 个通道，范围为 1500～1899CH。每一个 CPU 总线单元分配 25 个通道，根据单元号相应分配。详见 CJ1 手册。

6.2.3 CP1 的编程工具

CP1 编程只能通过编程软件 CX-Programmer（简称 CX-P），不能用手持编程器。CP1E 用 CX-P V8.3（CX-One V3.0）以上版本；CP1L 用 CX-P V8.0（CX-One V2.3）以上版本；CP1H 用 CX-P V6.1（CX-One V1.1）以上版本。

1. 通过 USB 连接

USB 连接如图 6.8 所示，USB 连接线可以用市场销售的通用电缆。

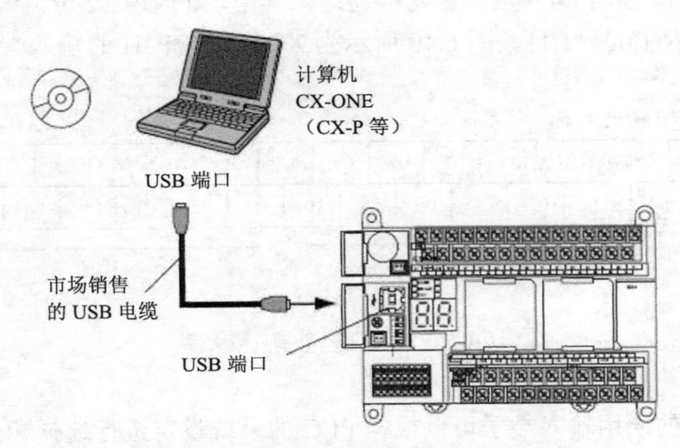

图 6.8 CP1 通过 USB 电缆连接

2. 通过 RS232C 连接

RS232C 连接如图 6.9 所示，RS232C 连接线用 OMRON 的 XW2Z-200S-CV 或 XW2Z-200S-CV 电缆。

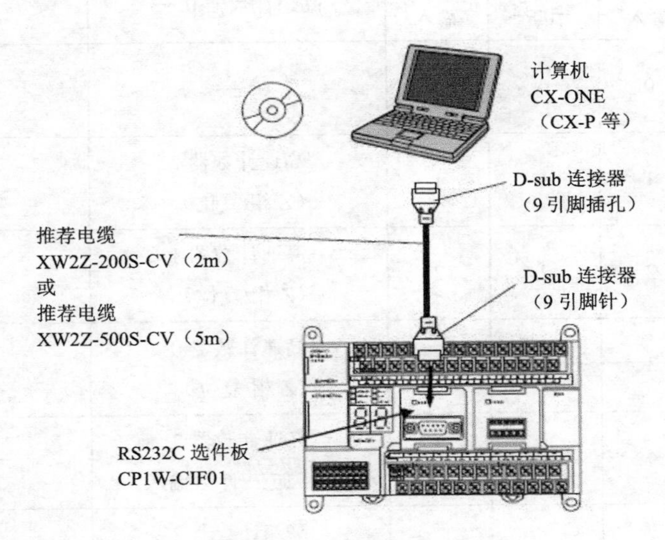

图 6.9 CP1 通过 RS232C 电缆连接

6.3 CP1 的输入/输出规格

由于 CP1 型号众多，以下仅选择 CP1H 的 X/XA 型介绍 PLC 的输入/输出规格。熟悉本节内容后，就可以对 PLC 和外围设备进行正确连接。

6.3.1 CP1H 的输入规格

1. X/XA 型 CP1H 的输入端子

X/XA 型 CP1H 有 24 个输入点，占两个通道，其中，0 通道 12 位，编号为 0.00～0.11；1 通道 12 位，编号为 1.00～1.11。图 6.10 所示为 X/XA 型 CP1H 的输入端子排。

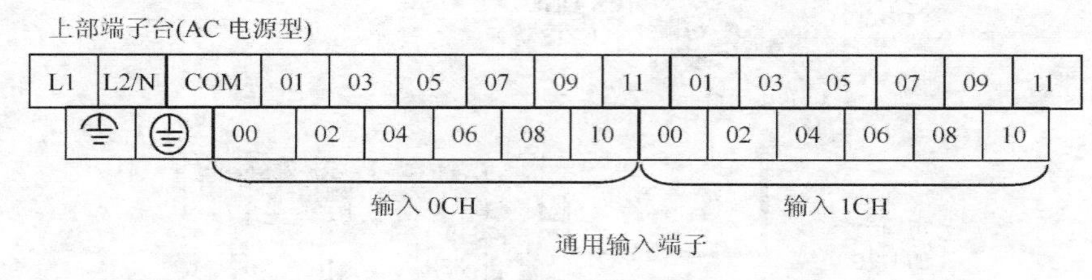

图 6.10　X/XA 型 CP1H 的输入端子排

X/XA 型 CP1H 的通用输入端子可以根据 PLC 的系统设定进行选择和分配，具体设置见表 6.8。

表 6.8　X/XA 型 CP1H 输入点功能表

输入端子台		输入动作设定			高速计数器动作设定	原点搜索功能
通道	位号	通用输入	输入中断①	脉冲输入	高速计数器 0～3	脉冲输出 0～3 的原点搜索功能
0	00	0	0	0	—	脉冲 0 原点输入信号
	01	1	1	1	高速计数器 2（Z 相/复位）	脉冲 0 原点接近输入信号
	02	2	2	2	高速计数器 1（Z 相/复位）	脉冲 1 原点输入信号
	03	3	3	3	高速计数器 0（Z 相/复位）	脉冲 1 原点接近输入信号
	04	4	—	—	高速计数器 2（A 相/加法/计数输入）	—
	05	5	—	—	高速计数器 2（B 相/减法/方向输入）	—

续表

输入端子台		输入动作设定			高速计数器动作设定	原点搜索功能
通道	位号	通用输入	输入中断①	脉冲输入	高速计数器 0～3	脉冲输出 0～3 的原点搜索功能
0	06	6	—	—	高速计数器 1 （A 相/加法/计数输入）	—
	07	7	—	—	高速计数器 1 （B 相/减法/方向输入）	—
	08	8	—	—	高速计数器 0 （A 相/加法/计数输入）	—
	09	9	—	—	高速计数器 0 （B 相/减法/方向输入）	—
	10	10	—	—	高速计数器 3 （A 相/加法/计数输入）	—
	11	11	—	—	高速计数器 3 （B 相/减法/方向输入）	—
1	00	12	4	4	高速计数器 3 （Z 相/复位）	脉冲 2 原点输入信号
	01	13	5	5	—	脉冲 2 原点接近输入信号
	02	14	6	6	—	脉冲 3 原点输入信号
	03	15	7	7	—	脉冲 3 原点接近输入信号
	04	16	—	—	—	—
	05	17	—	—	—	—
	06	18	—	—	—	—
	07	19	—	—	—	—
	08	20	—	—	—	—
	09	21	—	—	—	—
	10	22	—	—	—	—
	11	23	—	—	—	—

① 直接模式或计数器模式，根据 MSKS 指令设定。

2. CP1H 的输入规格

X/XA 型 CPU 单元的输入规格见表 6.9。

表 6.9　　X/XA 型 CPU 单元的输入规格

项目	规格		
	0.04～0.11	0.00～0.03/1.00～1.03	1.04～1.11
输入电压	DC20.4～26.4V		
输入阻抗	3.3 kΩ	3.0 kΩ	4.7 kΩ
输入电流	7.5mA	8.5mA	5mA
ON 电压	最小 DC17.0V	最小 DC17.0V	最小 DC14.4V
OFF 电压/电流	最大 DC5.0V/1mA 以下	最大 DC5.0V/1mA 以下	最大 DC5.0V/1mA 以下
ON 响应时间	2.5μs	5.0μs	1ms
OFF 响应时间	2.5μs	5.0μs	1ms
电路构成图	输入编号 0.04～0.11（IN、COM、DC 24V、3.3K、2.4K、1000PF、输入 LED、内部电路）	输入编号 0.00～0.03/1.00～1.03（IN、COM、DC 24V、3.0K、910Ω、1000PF、输入 LED、内部电路）	输入编号 1.04～1.11（IN、COM、DC 24V、4.7K、750Ω、输入 LED、内部电路）

6.3.2　CP1H 的输出规格

1. X/XA 型 CP1H 的输出端子

图 6.11 所示为 X/XA 型 CP1H 的输出端子排，有 16 个输出点，占 2 个通道，其中，100 通道 8 个点，编号为 100.00～100.07；101 通道 8 个点，编号为 101.00～101.07。

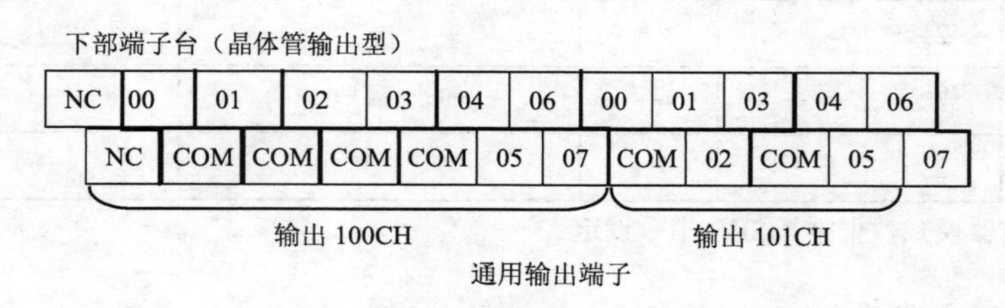

图 6.11　X/XA 型 CP1H 的输出端子排

X/XA 型 CP1H 通用输出端子可根据 PLC 的系统设定进行脉冲输出。具体设置见表 6.10。

表 6.10 X/XA 型 CP1H 输出点功能表

输出端子台		除执行右侧所述指令以外	执行脉冲输出指令（SPED、ACC、PLS2、ORG 中的某一个）		通过 PLC 系统设定，用“应用”+ORG 指令执行原点搜索功能	执行 PWM 指令
通道	位号	通用输出	固定占空比脉冲输出			可变占空比脉冲输出
			CW/CCW	脉冲+方向	+应用原点搜索功能时	PWM 输出
100	00	0	脉冲输出 0（CW）	脉冲输出 0（脉冲）	—	—
	01	1	脉冲输出 0（CCW）	脉冲输出 1（脉冲）	—	—
	02	2	脉冲输出 1（CW）	脉冲输出 0（方向）	—	—
	03	3	脉冲输出 1（CCW）	脉冲输出 1（方向）	—	—
	04	4	脉冲输出 2（CW）	脉冲输出 2（脉冲）	—	—
	05	5	脉冲输出 2（CCW）	脉冲输出 2（方向）	—	—
	06	6	脉冲输出 3（CW）	脉冲输出 3（脉冲）	—	—
	07	7	脉冲输出 3（CCW）	脉冲输出 3（方向）	—	—
101	00	8	—	—	—	PWM 输出 0
	01	9	—	—	—	PWM 输出 1
	02	10	—	—	原点搜索 0（偏差计数器复位输出）	—
	03	11	—	—	原点搜索 1（偏差计数器复位输出）	—
	04	12	—	—	原点搜索 2（偏差计数器复位输出）	—
	05	13	—	—	原点搜索 3（偏差计数器复位输出）	—
	06	14	—	—	—	—
	07	15	—	—	—	—

2. CP1H 的输出规格

（1）继电器型输出

继电器输出规格（CPU 单元、I/O 扩展单元）见表 6.11。

表 6.11　　继电器输出规格

项目			规格
最大开关能力			AC250V/2A（$\cos\phi=1$） DC24V/2A （4A/公共端）
最小开关能力			DC5V、10mA
继电器寿命	电气性	阻性负载	10 万次（DC24V）
		感性负载	48 000 次（AC250V $\cos\phi=0.4$）
	机械性		2000 万次
ON 响应时间			15ms 以下
OFF 响应时间			15ms 以下
电路构成图			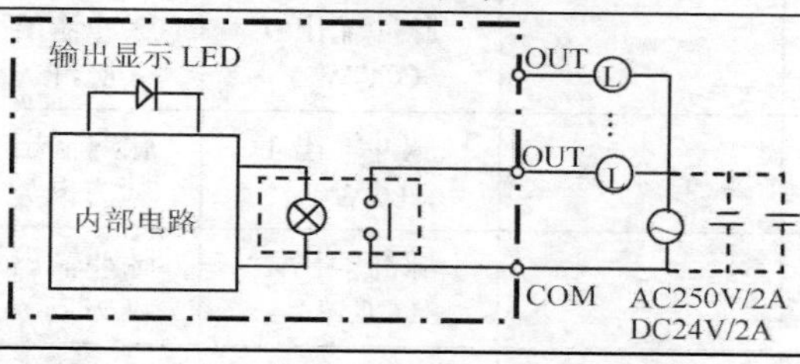 输出显示 LED 内部电路 OUT OUT COM AC250V/2A DC24V/2A

（2）晶体管型输出单元

晶体管输出规格（CPU 单元、I/O 扩展单元）见表 6.12。

表 6.12　　晶体管输出规格

项目	规格		
	100.00～100.07	101.00、101.01	101.02～101.07
最大开关能力	DC4.5～30V 300mA/点　0.9mA/公共 3.6A/单元		
最小开关能力	DC4.5～30V 1mA		
漏电流	0.1ms 以下		
残留电压	0.6V 以下	1.5V 以下	
ON 响应时间	0.1ms 以下		
OFF 响应时间	0.1ms 以下		1ms 以下
保险丝	有		
电路构成图	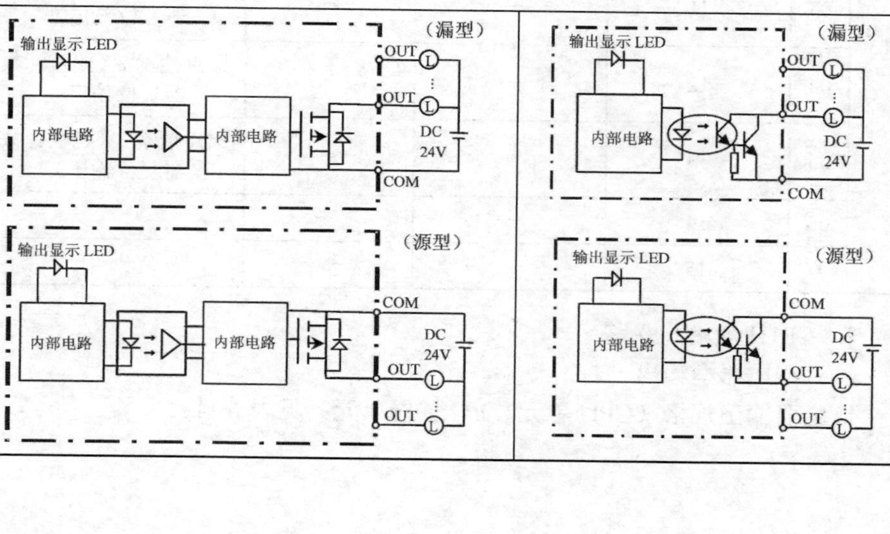 （漏型） 输出显示 LED 内部电路 内部电路 OUT OUT DC 24V COM （源型） 输出显示 LED 内部电路 内部电路 COM DC 24V OUT OUT	（漏型） 输出显示 LED 内部电路 OUT OUT DC 24V COM （源型） 输出显示 LED 内部电路 COM DC 24V OUT OUT	

6.3.3　CP1H–XA 的内置模拟量输入/输出规格

XA 型 CP1H 内置模拟量 I/O，其中，输入 4 路，输出 2 路。

1. XA 型内置模拟量 I/O 端子排

XA 型内置模拟量 I/O 端子排如图 6.12 所示，模拟量输入可选择电压或电流，用切换开关设置，见图 6.13。

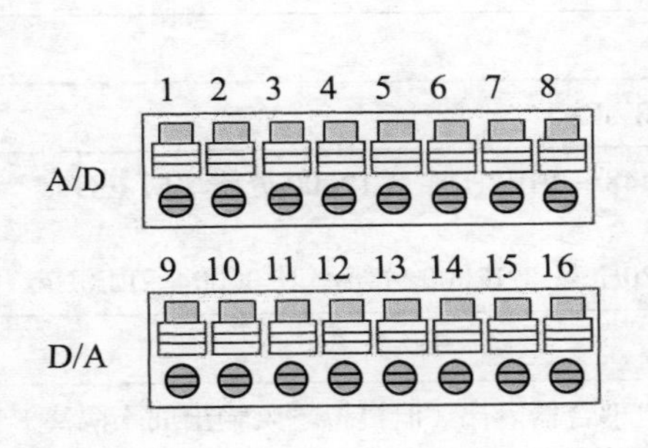

引脚号	功能
1	IN1+
2	IN1-
3	IN2+
4	IN2-
5	IN3+
6	IN3-
7	IN4+
8	IN4-

引脚号	功能
9	OUT V1+
10	OUT I1+
11	OUT1-
12	OUT V2+
13	OUT I2+
14	OUT2-
15	IN AG*
16	IN AG*

*：不连接屏蔽线

图 6.12　XA 型内置 CP1H 模拟量 I/O 端子排

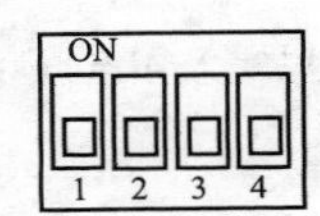

ON：电压输入（出厂时设定）
OFF：电流输入

图 6.13　内置模拟量输入切换开关

2. XA 型内置模拟量 I/O 规格

XA 型内置模拟量 I/O 规格见表 6.13。

表 6.13　XA 型内置模拟量 I/O 规格

项目		电压输入输出[①]	电流输入输出[①]
模拟输入	模拟输入点数	4 点（模拟输入 0～3，占用 4 通道，固定分配到 200～203CH）	
	输入信号量程	0～5V，1～5V，0～10V，-10～10V（通过 PLC 系统设定切换）	0～20mA，4～20mA（通过 PLC 系统设定切换）
	最大额定输入	±15V	±30mA
	外部输入阻抗	1MΩ 以上	约 250Ω
	分辨率	1/6000 或 1/12000（FS：满量程）[②]	
	综合精度	25℃时±0.3%FS / 0～55℃时±0.6%FS	25℃时±0.4%FS / 0～55℃时±0.8%FS
	A/D 转换数据范围	-10～10V：1/6000 分辨率时 F448～0BB8Hex；1/12000 分辨率时 E890～1770Hex 其他：1/6000 分辨率时 0000～1770Hex；1/12000 分辨率时 0000～2EE0Hex	
	平均化处理	有（通过 PLC 系统设定可设定到各输入）	
	断线检测功能	有（断线时的值 8000Hex）	

续表

项目		电压输入输出①	电流输入输出①
模拟输出	模拟输出点数	2 点（模拟输出 0～2，占用 2 通道，固定分配到 210～213CH）	
	输入信号量程	0～5V，1～5V，0～10V，−10～10V （通过 PLC 系统设定切换）	0～20mA，4～20mA （通过 PLC 系统设定切换）
	外部输出允许负载电阻	1KΩ 以上	600Ω 以下
	外部输出阻抗	0.5Ω 以下	
	分辨率	1/6000 或 1/12000②	
	综合精度	25℃时±0.4%FS / 0～55℃时±0.8%FS	
	D/A 转换数据	−10～10V 时：1/6000 分辨率时 F448～0BB8Hex；1/12000 分辨率时 E890～1770Hex 其他：1/6000 分辨率时 0000～1770Hex；1/12000 分辨率时 0000～2EE0Hex	
转换时间		1ms/点③	
隔离方式		模拟输入输出与内部电路间：光电耦合器隔离（但模拟输入输出间不隔离）	

① 电压输入/电流输入的切换由内置模拟输入切换开关来完成，出厂时设置为电压输入；

② 分辨率 1/6000、1/12000 的切换由 PLC 系统设定来进行，分辨率的设定针对所有的输入输出通道通，不可以进行输入输出通道的逐个设定；

③ 合计转换时间为所使用的点数的转换时间的合计，使用模拟输入 4 点+模拟输出 2 点为 6ms。

6.4 CP1 的继电器区与数据区

6.4.1 概述

CP1 的继电器区与数据区由以下几部分组成：CIO 区、工作继电器区（WR）、保持继电器区（HR）、特殊辅助继电器区（AR）、暂存继电器区（TR）、定时器区（TIM）、计数器区（CNT）、数据存储器区（DM）、索引寄存器区（IR）、数据寄存器区（DR），任务标志区（TK）、状态标志区、时钟脉冲区等。

表 6.14 所示为 CP1H 的继电器区与数据区分配。

表 6.14 CP1H 的继电器区与数据区分配

名称			大小	通道范围
CIO	输入输出继电器	输入继电器	272 点，17CH	0～16
		输出继电器	272 点，17CH	100～116
	内置模拟输入输出（仅限 XA 型）	内置模拟输入量	4CH	200～203
		内置模拟输出量	2CH	210～211
	数据链接继电器		3200 点，200CH	1000～1199
	CPU 总线单元继电器		6400 点，400CH	1500～1899

续表

名称		大小	通道范围
CIO	特殊I/O单元继电器	15360点，960CH	2000～2959
	串行PLC链接继电器	1440点，90CH	3100～3189
	DeviceNet继电器	9600点，600CH	3200～3799
	内部辅助继电器	4800点，300CH 37504点，2344CH	1200～1499 3800～6143
工作继电器		8192点，512CH	W000～W511
保持继电器		8192点，512CH	H000～H511
特殊辅助继电器		15360点，960CH	A000～A959
暂存继电器		16位	TR0～TR15
数据存储器		32768字	D00000～D32767
定时器当前值		4096字	T0000～T4095
定时完成标志		4096位	T0000～T4095
计数器当前值		4096字	C0000～C4095
计数完成标志		4096位	C0000～C4095
任务标志		32点	TK0～TK31
索引寄存器		16个	IR0～IR15
数据寄存器		16个	DR0～DR15

CP1L的继电器区、数据区分配与CP1H大部分相同，不同的是由于CP1L没有内置模拟量功能，不能连接CJ1系列特殊功能单元，因此，CP1L中没有内置的模拟量输入区200～203CH和模拟量输出区210～211CH，没有CPU总线单元继电器区1500～1899CH和特殊I/O单元继电器区2000～2959CH，也没有DeviceNet继电器区3200～3799CH。另外，数据链接继电器区只有64个通道，范围3000～3063CH；内部辅助继电器区只有2344个通道，范围3800～6143CH。

6.4.2　数据类型

CP1 PLC单字表示的16位二进制数如下。

位号	15	14	13	12	11	10	09	08	07	06	05	04	03	02	01	00
内容																

实际使用时，可以当作无符号的二进制数，或有符号的二进制数，或BCD数，究竟选择哪种数据类型，要视所用的指令及使用环境而定。

1. 无符号的二进制数

无符号数总是正的，单字时，数的范围0～65535（0000～FFFFH）。双字时，数的范围0～4294967295（0000 0000～FFFF FFFFH）。

2. 带符号的二进制数

带符号的二进制数可正可负，第15位为符号位，该位OFF时表示正；该位ON时表示负。单字时，正数范围0～32767（0000～7FFFH），负数范围-32768～0（8000～FFFFH）。双字时，正数范围0～2147483647（0000 0000～7FFF FFFFH），负数范围-2147483648～0（8000 0000～FFFF FFFFH）。

3. BCD 数

BCD 数是二进制化的十进制数。可用 4 位二进制数表示 1 位十进制数，例如，二进制数 1001 表示十进制数 9。4 位二进制数共有 16 种组合，1010～1111 这 6 种不能在 BCD 数中出现，若出现则不是 BCD 数。单字时，BCD 数为 4 位十进制数，范围 0～9999；双字时，BCD 数为 8 位十进制数，范围 0～9999 9999。

另外，CP1 还能处理单精度浮点数、双精度浮点数，详见 7.12 节。

下面以 CP1H 为例，介绍 PLC 内部的各种器件及其使用方法。

6.4.3 CIO 区

CIO 区可以按位或字使用，CP1H 中 CIO 区的字的寻址范围是 CIO0000～CIO6143，在指定某一地址时无需输入缩写“CIO”，根据不同的用途 CIO 区又划分了若干区域，如表 6.15 所示，其中空闲的区域可以作为内部辅助继电器使用。

表 6.15　CIO 区分配

通道范围	型号		注释
	X/Y 型	XA 型	
0～16	输入继电器区	输入继电器区	用于内置输入继电器区
17～99	空闲	空闲	
100～116	输出继电器区	输出继电器区	用于内置输出继电器区
117～199	空闲	空闲	
200～211	空闲	内置模拟输入输出区	内置模拟输入：200～203 内置模拟输出：210～211
212～999	空闲	空闲	
1000～1199	数据链接继电器区	数据链接继电器区	分配给 Controller Link 网
1200～1499	内部辅助继电器区	内部辅助继电器区	程序内部使用的继电器区
1500～1899	CPU 总线单元继电器区（25 通道/单元）	CPU 总线单元继电器区（25 通道/单元）	
1900～1999	空闲	空闲	
2000～2959	特殊 I/O 单元继电器区（10 通道/单元）	特殊 I/O 单元继电器区（10 通道/单元）	
2960～3099	空闲	空闲	
3100～3189	串行 PLC 链接继电器区	串行 PLC 链接继电器区	用于与其他 PLC 进行数据链接
3190～3199	空闲	空闲	
3200～3799	DeviceNet 继电器区	DeviceNet 继电器区	适用 CJ1 系列 DeviceNet 单元
3800～6143	内部辅助继电器区	内部辅助继电器区	程序内部使用的继电器区

1. 输入/输出继电器区

CP1 的通道用 4 位数字表示，称为通道号。一个通道内有 16 位。在指明一个位时用 6 位数字，称为继电器号，前 4 位数字为该位所在通道的通道号，后 2 位数字为该位在通道中的序号。一个通道中 16 个位的序号为 00～15，因此位号中的后 2 位数字为 00～15，如 3800.04 为 3800 通道中的 04 位。

输入继电器区有 17 个通道 0～16，其中，0、1 通道用于 CPU 单元输入通道，2～16 通道用于 CPU 单元连接的扩展单元的输入通道。

输出继电器区有17个通道100～116，其中，100、101通道用于CPU单元输出通道，102～116通道用于CPU单元连接的扩展单元的输出通道。

例如，CP1H-X40DR-A CPU单元和CP1W-20EDR I/O扩展单元组成的系统，000、001用于CPU单元的输入通道，100、101用于CPU单元的输出通道。CP1W-20EDR有20个I/O点，其输入点为12个，占用一个输入通道；输出点8个，占用一个输出通道。40点的CPU单元最多可连接7个I/O扩展单元。2、102用于第一个I/O扩展单元的输入通道、输出通道，3、103用于第二个I/O扩展单元的输入通道、输出通道，4、104用于第三个I/O扩展单元的输入通道、输出通道，依此类推。CPU单元和I/O扩展单元的连接及输入、输出继电器编号已在图6.6中示出。

2. 内置模拟量输入/输出继电器区（仅限XA型）

XA型内置4路模拟量输入、2路模拟量输出。4路模拟量输入对应4个通道：200～203，CPU可通过这4个通道读入4路模拟量；2路模拟量输出对应2个通道：210～211，CPU可通过这2个通道输出2路模拟量，如表6.16所示。

表6.16　内置模拟量I/O通道分配

种类	占用通道号	内容		
		数据	6000分辨率	12000分辨率
模拟输入 A/D转换值	200	模拟输入0	−10～+10V量程： F448～0BB8H 其他量程： 0000～1770H	−10～+10V量程： E890～1770H 其他量程： 0000～2EE0H
	201	模拟输入1		
	202	模拟输入2		
	203	模拟输入3		
模拟输出 D/A转换值	210	模拟输出0		
	211	模拟输出1		

3. 数据链接继电器区

数据链接继电器区有200个通道：1000～1199，用于CP1H使用CJ1的Controller Link单元加入控制器网时的数据链接。

4. CPU总线单元继电器区

CPU总线单元继电器区有400个通道：1500～1899，分配给CP1H使用的CJ1系列CPU总线单元，用于传送单元操作状态等数据，每个单元按其单元号分配25个字。

5. 特殊I/O单元继电器区

特殊I/O单元继电器区有960个通道：2000～2959，分配给CP1H使用的CJ1系列特殊I/O单元，用于传送单元操作状态等数据，每个单元按其单元号分配10个字。

6. 串行PLC链接继电器区

串行PLC链接继电器区有90个通道：3100～3189，用于CP1H与CP1或CJ1M之间的数据链接。

7. DeviceNet继电器区

DeviceNet继电器区有600个通道：3200～3799。它是使用CJ1系列DeviceNet主站单元时，各从站被分配的继电器区域（固定分配时）。

8. 内部辅助继电器区

内部辅助继电器供PLC的程序调用，由两部分组成：第一部分，300个通道：1200～1499；第二部分，2344个通道：3800～6143。

6.4.4 工作继电器区（WR）

工作继电器区有 512 个通道：W000～W511，与内部辅助继电器的作用相同，供 PLC 的程序使用。

6.4.5 保持继电器区（HR）

保持继电器在 PLC 工作方式改变、电源掉电时，能够保持状态。保持继电器以 H 标识，有 512 个通道：H000～H511。每个通道有 16 个继电器，编号为 00～15，共有 8192 个继电器。保持继电器的使用方法同内部辅助继电器一样。

保持继电器既能以位为单位使用，又能以通道为单位使用。其断电保持功能通常有两种用法。

① 以通道为单位使用，用作数据通道，此时断电后数据不会丢失，恢复供电时，数据亦可恢复。

② 以位为单位使用，与 KEEP 指令配合使用，或者用于本身带有自保电路。

6.4.6 特殊辅助继电器区（AR）

特殊辅助继电器区有 960 个通道：A000～A959，储存自诊断发现的异常标志、初始设定标志、操作标志、控制位及运行监视数据等。其中，A000～A447 为系统只读区，A448～A959 为可读写区，可以作为工作通道或工作位由用户程序使用。

6.4.7 暂存继电器区（TR）

暂存继电器用于暂存复杂梯形图中分支点的 ON/OFF 状态，在语句表编程时使用。CP1H 有 16 个暂存继电器，其范围为 TR00～TR15。暂存继电器在同一程序段内不能重复使用，在不同的程序段可重复使用。

6.4.8 定时器区（TIM）

定时器区为定时器指令（TIM/TIMX）、高速定时器指令（TIMH/TIMHX）、超高速定时器指令（TIMHH/TIMHHX）、累计定时器指令（TTIM/TTIMX）、块程序的定时器待机指令（TIMW/TIMWX）、块程序的高速定时器待机指令（TIMHW/TIMHWX）等提供了 4096 个定时器的编号 T0000～T4095，用于访问这些指令的定时器完成标志和当前值（PV）。

当定时器编号被用于位操作时，该编号为定时完成标志，此标志可以作为常开或常闭条件在程序中被调用；当定时器编号用于字处理时，该编号为定时器的 PV 值通道号，此值可以作为普通字读取。

需注意的是定时器区寻址时需要在地址号前加前缀“T”，而且两个定时器指令不要使用相同的定时器编号，否则无法正确操作。

6.4.9 计数器区（CNT）

计数器区为计数器指令（CNT/CNTX）、可逆计数器指令（CNTR/CNTRX）、块程序的计数器待机指令（CNTW/CNTWX）提供了 4096 个计数器的编号 C0000～C4095，通过计数器编号访问这些指令的计数完成标志和当前值（PV）。

当计数器编号被用于位操作时，该编号为计数完成标志，此标志可以作为常开或常闭条件在程序中被调用；当计数器编号用于字处理时，该编号为计数器的 PV 值通道号，此值可以作为普通字读取。

需注意的是计数器区寻址时需要在地址号前加前缀“C”，而且两个计数器指令不要使用相同的计数器编号，否则无法正确操作。内置高速计数器 0～3 不使用计数器编号。

通过 CX-P 软件可以将定时器/计数器的设定值及当前值更新设定方式，由 BCD 码（0000～9999）方式变更为 BIN 方式（0000～FFFF）。具体步骤如下。

（1）用鼠标右键单击工程工作区中的项目“新 PLC”，选择“属性”，如图 6.14 所示。

（2）在 PLC 的属性设定窗口中选择“以二进制形式执行定时器/计数器”，则在所有任务中的定时器及计数器将在 BIN 模式下执行。否则，定时器及计数器将在 BCD 模式下执行，如图 6.15 所示。

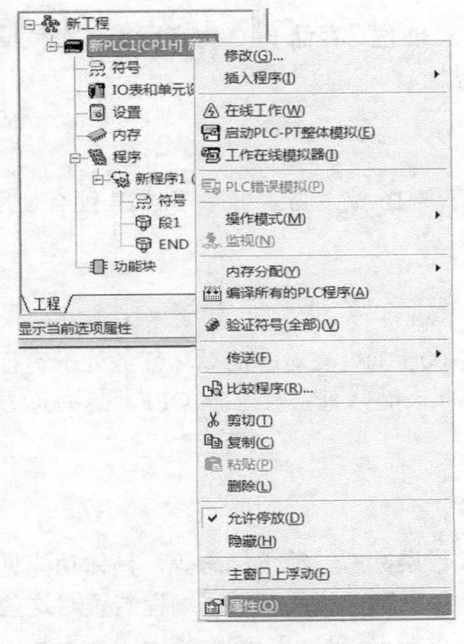

图 6.14　变更定时器/计数器当前值方式

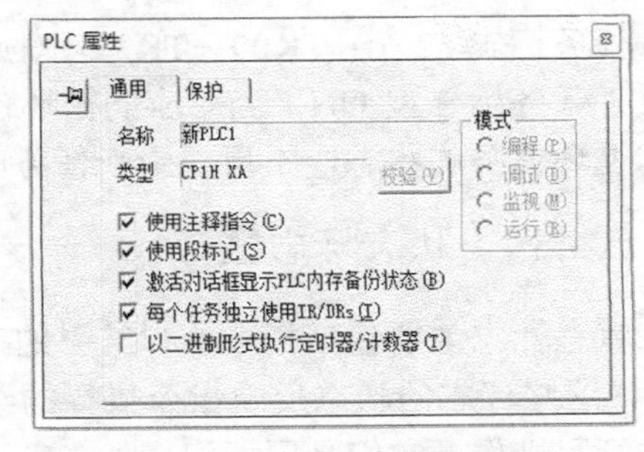

图 6.15　PLC 的属性设定窗口

6.4.10 数据存储器区（DM）

数据存储区（DM）是一个以字为单位存取的多用途数据区，不能用于位操作指令，但可以用于位测试指令 TST 和 TSTN。寻址范围及用途见表 6.17，寻址方式是在字号前加前缀“D”。PLC 上电或改变工作模式时 DM 区中数据保持不变。

表 6.17　DM 区字分配

字范围	用途
D00000～D19999	读写区
D20000～D29599	特殊 I/O 单元区域，每个单元按其单元号设定分配 100 个字 首字 m = D20000+100×单元号
D29600～D29999	读写区

续表

字范围	用途
D30000～D31599	CPU 总线单元区域，每个单元按其单元号设定分配 100 个字 首字 n = D30000+100×单元号
D31600～D32199	读写区
D32200～D32299	串行端口 1 用
D32300～D32399	串行端口 2 用
D32400～D32767	读写区

6.4.11 索引寄存器区（IR）

索引寄存器 16 个：IR00～IR15，每个索引寄存器 32 位，存储 PLC 内存区中一个位或字的绝对地址，可用于对内存区中的位或字进行间接寻址。

6.4.12 数据寄存器区（DR）

数据寄存器 16 个：DR00～DR15，每个数据寄存器 16 位，与索引寄存器 IR 配合使用，其内容为间接寻址的偏移值。

6.4.13 任务标志区（TK）

任务标志 32 个：TK00～TK31，对应着循环任务 00～31。当对应的循环任务处于运行状态时，任务标志置 ON；当对应的循环任务处于待机状态时，任务标志置 OFF。这些标志仅指示循环任务的状态，不反映中断任务的状态。

6.4.14 状态标志区

状态标志主要包括指令执行结果的运算标志，如错误标志、等于标志等，具体功能见表 6.18，这些标志的状态反映指令执行的结果，只能读取不能直接从指令或编程装置对这些标志进行写操作。它们是用标记（如 CY，ER）或符号（如 P_ON, P_EQ）指定，而不是由地址指定。需注意的是以“P_”开头的状态标志在 CX-P 编程时作为全局符号，任务切换时所有的状态标志清零，因此状态标志的状态不能传递到下一个循环任务中，而 ER、AER 的状态只在出现错误的任务中保持。

表 6.18 状态标志功能位

名称	标记	符号	功能
错误标志	ER	P_ER	指令中的操作数据不正确（指令处理错误）时，该标志置 ON，以指使指令因错误而停止 如果在“PLC 设置”中设置为停止指令错误时停止操作（指令操作错误），则在错误标志置 ON 时停止程序的执行，并且指令处理错误标志（A429510）也置 ON
存取错误标志	AER	P_AER	出现非法存取错误时，该标志置 ON。非法存取错误指示某指令试图访问一个不应该被访问的存储区域 如果在“PLC 设置”设置为指令错误（指令操作错误）时停止操作，则在存取错误标志置 ON 时停止程序的执行，并且指令处理错误标志（A429510）也置 ON

续表

名称	标记	符号	功能
进位标志	CY	P_CY	算术运算结果中出现进位或数据移位指令将一个“1”移进进位标志时，该标志置 ON 进位标志是某些算术运算和符号运算指令执行结果的一部分
大于标志	>	P_GT	当比较指令中的第一个操作数大于第二个操作数或一个值大于指定范围时，该标志置 ON
等于标志	=	P_EQ	当比较指令中的两个操作数相等或某一计算结果为 0 时，该标志置 ON
小于标志	<	P_LT	当比较指令中的第一个操作数小于第二个操作数或一个值小于指定范围时，该标志置 ON
负标志	N	P_N	当结果的最高有效位（符号位）为 ON 时，该标志置 ON
上溢标志	OF	P_OF	当计算结果溢出结果字容量的上限时，该标志置 ON
下溢标志	UF	P_UF	当计算结果溢出结果字容量的下限时，该标志置 ON
大于等于标志	>=	P_GE	当比较指令中的第一个操作数大于或等于第二个操作数时，该标志置 ON
不等于标志	<>	P_NE	当比较指令中的两个操作数不相等时，该标志置 ON
小于等于标志	<=	P_LE	当比较指令中的第一个操作数大于或等于第二个操作数时，该标志置 ON
常通标志	ON	P_ON	该标志总是为 ON（总是 1）
常断标志	OFF	P_OFF	该标志总是为 OFF（总是 0）

6.4.15 时钟脉冲区

时钟脉冲是由 CPU 内部的定时器按规定的时间间隔交替置 ON 和 OFF 的标志，它们用符号而不是地址指定，见表 6.19。时钟脉冲是只读标志，不能用指令或编程装置执行写操作。

表 6.19　　时钟脉冲功能表

名称	标记	符号	操作	
0.02s 时钟脉冲	0.02s	P_0_02s	0.01s / 0.01s	ON: 0.01s OFF: 0.01s
0.1s 时钟脉冲	0.1s	P_0_1s	0.05s / 0.05s	ON: 0.05s OFF: 0.05s
0.2s 时钟脉冲	0.2s	P_0_2s	0.1s / 0.1s	ON: 0.1s OFF: 0.1s
1s 时钟脉冲	1s	P_1s	0.5s / 0.5s	ON: 0.5s OFF: 0.5s
1min 时钟脉冲	1min	P_1min	30s / 30s	ON: 30s OFF: 30s

表 6.20 所示为 CP1E 的继电器区与数据区分配，CP1E 与 CP1H/CP1L 相比，不仅内部器件的种类少，而且器件的数量也小很多。

表 6.20　　CP1E 的继电器区与数据区分配

<table>
<tr><th colspan="2">区域</th><th>大小（范围）</th></tr>
<tr><td rowspan="5">CIO 区</td><td>输入继电器区</td><td>100CH（0～99）</td></tr>
<tr><td>输出继电器区</td><td>100CH（100～199）</td></tr>
<tr><td rowspan="2">内置模拟量区（限 NA 型）</td><td>输入：2CH（90～91）</td></tr>
<tr><td>输出：1CH（190）</td></tr>
<tr><td>串行 PLC 链接器区</td><td>1440 位，90CH
（200～289）</td></tr>
<tr><td colspan="2">工作继电器区（WR）</td><td>1600 位，100CH（W00～W99）</td></tr>
<tr><td colspan="2">保持继电器区（HR）</td><td>800 位，50CH（H00～H49）</td></tr>
<tr><td colspan="2">特殊辅助继电器区（AR）</td><td>只读：7168 位，448CH（A000～A447）
读/写：4896 位，306CH（A448～A753）</td></tr>
<tr><td colspan="2">暂存继电器区（TR）</td><td>16 位（TR00～TR15）</td></tr>
<tr><td colspan="2">定时器区（TIM）</td><td>256 个（T000～T255）</td></tr>
<tr><td colspan="2">计数器区（CNT）</td><td>256 个（C000～C255）</td></tr>
<tr><td colspan="2" rowspan="2">数据存储器区（DM）</td><td>E 型 CPU 单元 2K 字
D0～D2047</td></tr>
<tr><td>N/NA 型 CPU 单元 8K 字
D0～D8191</td></tr>
<tr><td colspan="2">状态标志区</td><td>14 位</td></tr>
<tr><td colspan="2">时钟脉冲区</td><td>5 位</td></tr>
</table>

6.5 CP1 的主要功能及特长

CP1 系列 PLC 属于小型整体式 PLC，即电源、CPU、I/O 点及通信端口整合为一体，这种整体式结构的功能集成、选型简单、易于使用。

CP1 系列 PLC 根据不同需求分为 3 个子系列：经济型 CP1E、标准型 CP1L、高功能型 CP1H。这 3 个子系列的定位不同，每个子系列又有多种型号。CP1H 子系列有 3 种型号：基本型 X、带模拟量输入输出型 XA 和带脉冲输出专用型 Y；CP1L 子系列有两种型号：基本型 L 和应用型 M；CP1E 子系列有 3 种型号：基本型 E、N 型和增强型 NA。CP1 系列众多的机型为用户提供了相当丰富的选择，用户可以根据使用要求从中挑选出理想的机型，做到既节省开支，又获得专业的控制功能。

表 6.21 所示为 CP1 系列 PLC 的性能比较。

表 6.21　　CP1 系列 PLC 的性能比较

项目	CP1H			CP1L		CP1E		
型号	XA	X	Y	M	L	NA	N	E
内置 I/O 点数	40		20	60/40/30	20/14/10	20	60/40/30/20/14	40/30/20/14/10
程序容量	20K 步			10K 步	5K 步	8K 步		2K 步
数据存储容量	32K 字			32K 字	10K 字	8K 字		2K 字
指令执行速度	LD 指令 0.10μs MOV 指令 0.3μs			LD 指令 0.55μs MOV 指令 1.84μs		LD 指令 1.19μs MOV 指令 7.9μs		
模拟设定电位器	1 个			1 个		2 个		
外部模拟输入口	1 个			1 个		–		
内存盒	有			有		有		
7 段 LED 显示	有			–		–		
LCD 显示设定板	可选装在槽 1 处			可选装在槽 1 处 （L 型 10 点除外）		–		
时钟功能	有			有		有		
功能块	有			–		–		
中断输入 中断输入计数器模式	8 点		6 点	2 点：L 型 10 点 4 点：L 型 14 点 6 点：其他				
快速响应输入	8		6					
间隔定时中断	1			1		1		
内置模拟量 I/O	输入2路 输出2路	–	–	–		仅限 NA 型 输入 2 路、输出 1 路		–
高速计数	递增模式： 100kHz×4 轴 增/减模式： 100kHz×4 轴 脉冲+方向： 100kHz×4 轴 相位差(4×)： 50kHz×4 轴		递增模式： 1MHz×4 轴 增/减模式： 1MHz×4 轴 脉冲+方向： 1MHz×4 轴 相位差（4×）： 50KHz×4 轴	递增模式： 100kHz×4 轴 增/减模式： 100kHz×2 轴 脉冲+方向： 100kHz×2 轴 相位差（4×）： 50kHz×2 轴		递增模式： 100kHz×2 轴、 10kHz×4 轴 增/减模式： 100kHz×1 轴、 10kHz×1 轴 脉冲+方向： 100kHz×2 轴 相位差（4×）： 50kHz×1 轴、5kHz×1 轴		递增模式： 10kHz×6 轴 （10 点为 5 轴） 增/减模式： 10kHz×2 轴 脉冲+方向： 10kHz×2 轴 相位差（4×）： 5kHz×2 轴
高速脉冲输出	100kHz×4 轴		1MHz×2 轴 100kHz×2 轴	100kHz×2 轴		100kHz×2 轴		–

续表

项目	CP1H			CP1L		CP1E		
型号	XA	X	Y	M	L	NA	N	E
PWM 输出	2 点			2 点		1 点		–
变频器定位	–			有		–		–
串行通信	可选装 2 个串口①			可选装 2 个串口①	可选装 1 个串口①（L 型 10 点无）	N 型 20/14 点：1 个内置串口②；其他：1 个内置串口②+选装 1 个串口①		–
以太网通信	装一个以太网端口			装一个以太网端口（L 型 10 点除外）		装一个以太网端口（N 型 20/14 点除外）		–
USB 端口	有			有		有		有

① 选装的串口为 RS232C 或 RS422/485 口，RS232C 口选件的型号为 CP1W-CIF01，RS422/485 口选件的型号为 CP1W-CIF11。

② 内置串口为 RS232C 口。

CP1 系列 PLC 性能特点如下。

1. 速度更快、程序容量更大

CP1 在处理速度方面，比 OMRON 以往的小型机快得多。CPM2A 的基本指令（如 LD 指令）处理速度是 0.64μs，应用指令（如 MOV 指令）处理速度为 7.8μs；而 CP1 对应的执行速度分别为 0.10μs 和 0.15μs，处理速度提高了近 5 倍。CP1H 的程序容量为 20K 步，CPM2A 则为 4096 字（约为 2K 步）。

2. 指令的种类更丰富

CPM2A 的指令为 105 种，而 CP1 指令的种类约为 500 多种，多了将近 4 倍。CP1 具有和高端 CJ1/CS1 系列 PLC 兼容的指令体系。指令的多样性提升了 CP1 的控制性能，同时也加快了处理速度。另外，任务编程和功能块（FB）编程也为用户提供了更加灵活的编程方法。

3. 功能块编程

用户可以根据实际需求自行创建相应的功能块，将标准的多个电路编制在一个功能块中，只要将其插入梯形图主程序中，并在输入输出中设定参数，就可以方便地对复杂的电路进行反复调用。这样可以大大减少程序编制与调试的工作量以及编码错误，增强可读性。

4. 模拟量控制功能

CP1H-XA 的 CPU 已内置了 4 路模拟量输入和 2 路模拟量输出功能，CP1E-NA 的 CPU 已内置了 2 路模拟量输入和 1 路模拟量输出功能，对于其余 CPU 单元，根据需要配置 CP1、CPM 或 CJ1 的模拟量 I/O 扩展单元即可实现模拟量控制功能。

CP1 系列 PLC 模拟量功能具有高分辨率（1/6000、1/12000）、平均值处理、断线检测等功能。当分辨率不同，模拟量对应的总的转换量程就不一样。如果分辨率为 1/12000，则转换的数字量程为 0～12000（或-6000～+6000）。在平均值处理功能中，将 8 次输入的平均值作为转换数据输出。在模拟量发生变化时，通过平均值功能，作为平滑输入的处理。当输入信号由于故障或接触不良，PLC 能自动检测信号的断线，断线检测功能检测到断线时，转换数据显示为 8000（Hex），可提醒用户及时进行检查。以上功能可通过 CX-P 软件一次设定完成，使用起来非常方便。

5. 高速计数功能

CP1 系列 PLC 可连接旋转编码器，最多可接收 4 路高速脉冲输入。CP1E-N/NA、CP1L、CP1H-X/XA 最高可接收 100kHz 的脉冲信号，而 CP1H-Y 型最高接收 1MHz 的脉冲信号。CP1 对脉冲个数进行计数，并将当前值存放在特殊辅助继电器区，将高速计数器的当前值与设定值进行比较，实现高速处理。可用于变频器的定位、测量电动机的转速等。CP1 高速计数功能如图 6.16 所示。

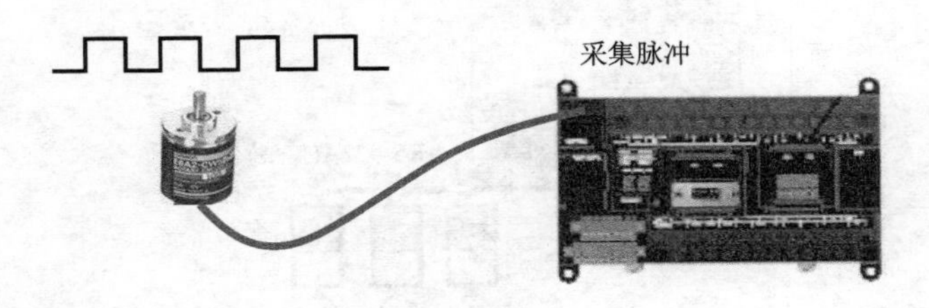

图 6.16　高速计数器功能

6. 脉冲输出功能

CP1 PLC 内置输出点除了输出普通的 ON/OFF 开关量信号外，还能输出高频脉冲信号，可用于现场对电动机进行速度控制或精确定位控制。CP1E/CP1L CPU 内置 2 路脉冲输出，最高输出频率 100kHz。CP1H CPU 内置 4 路脉冲输出，对于 CP1H-X/XA 系列能输出 100kHz 和 30kHz 的脉冲信号；而脉冲专用型 CP1H-Y 系列的 CPU 能输出频率更高的脉冲信号，分别是：1MHz 和 30kHz 的脉冲信号。脉冲输出种类有：CW/CCW、脉冲＋方向、可变占空比脉冲输出。脉冲输出功能如图 6.17 所示。

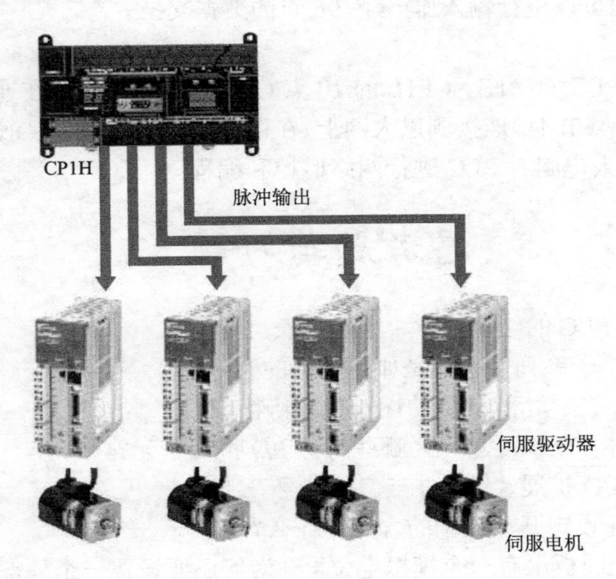

图 6.17　脉冲输出功能

7. 串行通信功能

CP1 PLC 最多可以选择 2 个 RS232C 或 RS422A/485 通信接口，在连接触摸屏、各种元器件（变频器、温控器、智能传感器等）、PLC 与 PLC 之间的串行链接的同时，还能通过 USB 接口方便地实现与计算机的连接，如图 6.18 所示。

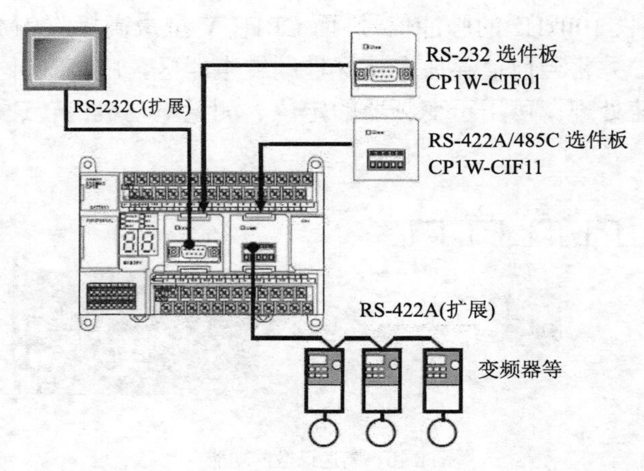

图 6.18　串行通信连接

8. 网络功能

（1）CompoBus/S 网络从站

CP1 系列 PLC 通过连接 CompoBus/S 扩展 I/O 单元，可以成为 CompoBus/S 网络的从站。此时，与主单元间进行输入/输出各 8 点的数据交换。

（2）DeviceNet 网络从站

CP1 系列 PLC 通过连接 DeviceNet 扩展 I/O 单元，可以成为 DeviceNet 网络的从站。此时，在网络中与主站间可以进行输入/输出各 96 点的数据交换。

（3）以太网功能

CP1H/CP1L 系列 PLC（CP1E、CP1L 的 10 点 CPU 除外）可通过在通信选件槽位 1 上安装以太网选件板（CP1W-CIF41）连接到以太网上。在以太网上通过 OMRON 标准的 FINS/TCP、FINS/UDP 协议使用个人电脑对 PLC 进行网络监控和编程。

思考题与习题

1. 简述 CP1 系列 PLC 的结构特点、主要特长。
2. CP1 系列分几个子系列？它们是如何定位的？
3. CP1H 的 X 型、XA 型和 Y 型的性能各有何特点？
4. CP1 有哪些基本 I/O 扩展单元？哪些特殊 I/O 扩展单元？
5. CP1 如何进行 I/O 扩展？其 I/O 点怎样编号？
6. CP1H CPU 单元设定开关各位的含义是什么？
7. CP1H CPU 单元面板上有一个模拟电位器，为何还要设置一个外部模拟设定输入连接器？实际使用时意义何在？
8. CX-P 编程时怎样与 CP1 连接？指出所用的通信端口。
9. CP1H 的内部继电器区和数据区是怎样划分的？CP1L 与 CP1H 相比有哪些不同？

10. XA型的CP1H使用模拟量输入时要做哪些设定？使用模拟量输出时要做哪些设定？PLC怎样读到模拟量输入值？又怎样输出模拟量？

11. CP1H、CP1L、CP1E各有几个高速计数器？最高计数频率是多少？

12. 试比较CP1各个子系列的高速脉冲输出功能，如有几路？哪些模式？最高脉冲输出频率？

13. X/XA型CP1H的高速计数器0用到哪三个输入点？各个点的作用是什么？如何对高速计数器0进行设定？为保证设定生效要对PLC做哪些操作？

14. X/XA型CP1H的高速脉冲输出0用到哪两个输出点？各个点的作用是什么？如何对高速脉冲输出0进行设定？

第7章 CP1的指令系统

7.1 概述

CP1 系列 PLC 的指令根据功能分为基本指令和应用指令两大类。基本指令包括顺序输入指令、顺序输出指令、顺序控制指令和定时器/计数器指令等。应用指令包括数据传送指令、数据比较指令、数据移位指令、数据转换指令、递增/递减指令、四则运算指令、逻辑运算指令、单精度浮点转换及运算指令、双精度浮点转换及运算指令、子程序控制指令、高速计数/脉冲输出指令、步进指令、中断控制指令、特殊运算指令、表格数据处理指令、数据控制指令、I/O 单元指令、串行通信指令、网络通信指令、显示功能指令、时钟功能指令、调试处理指令、故障诊断指令、特殊指令、块程序指令、字符串处理指令、任务控制指令、机型转换指令及功能块特殊指令。

1. 指令的格式

指令的格式为：

```
助记符（指令码）        操作数 1
                        操作数 2
                        操作数 3
```

助记符表示指令的功能。指令码是指令的代码，用三位数字表示，有些基本指令没有指令码，而几乎所有应用指令都有指令码。

2. 操作数

操作数提供了指令执行的对象，少数指令不带操作数，有的指令带 1 个或 2 个，有的指令带 3 个。操作数有如下几种形式。

（1）继电器号

继电器区 CIO、W、H、A、TR、T、C 中的继电器编号，例如，输入点 0.00，输出点 100.00，工作继电器 W0.00，保持继电器 H0.00，特殊辅助继电器 A448.00 等。

CIO 区中被输入点占用的继电器不要用作程序的输出，即不要用程序去改变其状态。同样，不要用程序去改变 A 只读区 A000～A447 中继电器的状态，而 A 读/写区 A448～A959 中的继电器则可以用作程序的输出。

（2）通道（字）号

通道（字）的编号，例如，0、W0、H10、D1000 等。

CIO 区中的通道号没有前缀，注意与常数区分，例如

计数器指令：　　CNT　0000

　　　　　　　　　　　SV

当 SV=1200 时，表明计数器 000 的设定值是 CIO 内部辅助继电器区 1200 通道中的数据；当 SV=#1200 时，表明计数器 0000 的设定值是常数值 1200。

（3）DM 间接寻址

DM 区可以采用 BCD 模式或 BIN 模式进行间接寻址。

① BCD 模式寻址（*D）。若 DM 区地址前缀一个“*”字符，则 DM 字中的内容将按 BCD 数处理，指令将在此 BCD 数所指的 DM 字上进行操作，只有部分 DM 区（D00000～D09999）可以通过 BCD 数 000～9999 进行间接寻址。如图 7.1 所示，若 D00010 通道中内容为 0100，执行 MOV 指令后，将立即数 3560H 送入 D00100 中。

② 二进制模式寻址（@D）。若 DM 区地址前缀一个“@”字符，则 DM 字中的内容将按无符号二进制数处理，指令将在此二进制所指的 DM 字上进行操作，全部 DM 区都可以通过十六进制数 0000～7FFFH 进行间接寻址。如图 7.2 所示，若 D00010 通道中内容为 0100，十六进制数 0100 对应十进制 00256，执行 MOV 指令后，将立即数 3560H 送入 D00256 中。

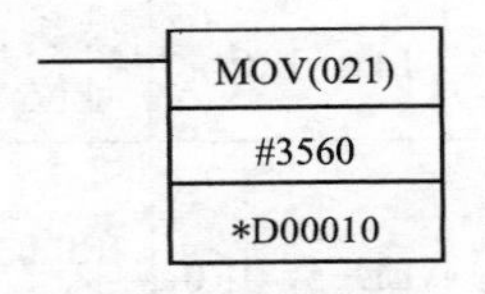

图 7.1　BCD 模式间接寻址

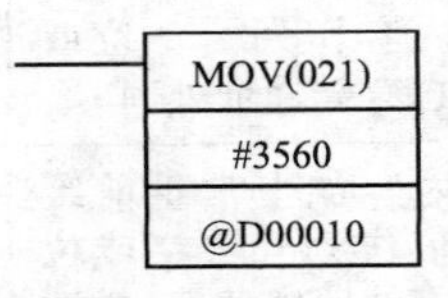

图 7.2　二进制模式间接寻址

（4）常数

操作数为常数时，可以是十进制，也可以是十六进制，这取决于指令的需要。16 位单通道常数有四种形式，如表 7.1 所示。

表 7.1　　**16 位单通道数据**

数据形式	标识	范围
无符号 BIN	#	#0000～#FFFF
带符号十进制数	±	−32768～+32767
无符号十进制数	&	&0～&65535
BCD 数	#	#0～#9999

（5）索引寄存器 IR 间接寻址

共有 16 个索引寄存器：IR0～IR15。每个索引寄存器 32 位，存储 PLC 内存区中一个位或字的绝对地址，可用于对内存区中的位或字进行间接寻址。用 MOVR 指令将一个常规数据区地址转换成它的 PLC 存储地址，并将该值写到指定的 IR 中（用 MOVRW 指令在 IR 中设定定时器/计数器当前值的 PLC 存储地址），如图 7.3 所示。

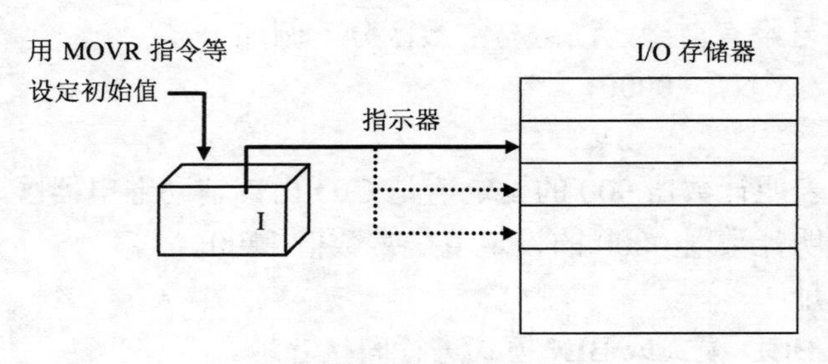

图 7.3　索引寄存器工作原理

若 IR 带前缀“，”作为操作数，则指令将在 IR 中 PLC 存储地址所指定的字上进行操作，而不是索引寄存器，IR 即为 I/O 存储区的指针。I/O 存储区（除索引寄存器、数据寄存器和状态标志位以外）中所有的地址都能用 PLC 存储地址唯一指定，无须指定数据区。除了基本的间接寻址外，还可以用常数、数据寄存器及自动增加或减少偏移 IR 中的 PLC 存储地址等方式实现每次执行指令时增大或减少地址来循环读写数据。参见表 7.2。应用示例如图 7.4 所示。

表 7.2　IR 间接寻址变量表

变量	功能	句法	示例	
间接寻址	IR□的内容作为一个位或字的 PLC 存储地址处理	，IR□	LD，IR0	装载 IR0 所含的 PLC 存储地址位
常量偏移间接寻址	IR□的内容加上常量前缀所得的值作为一个字或位的 PLC 存储地址处理，常数为−2048～2047 的整数	常数，IR□（正负数均可）	LD+5，IR0	IR0 的内容加 5 作为 PLC 存储地址，并装载该地址中的位
DR 偏移间接寻址	IR□的内容加上 DR 的内容所得的值作为一个字或位的 PLC 存储地址	DR□，IR□	LD DR0，IR0	IR0 的内容加 DR0 的内容作为 PLC 存储地址，并装载该地址中的位
地址自动递增的间接寻址	IR□的内容作为一个位或字的 PLC 存储地址后，IR□的内容自动加 1 或 2	加 1：IR□+ 加 2：IR□++	LD，IR0++	装载 IR0 中 PLC 存储地址中的位，并将 IR0 的内容加上 2
地址自动递减的间接寻址	IR□的内容自动减 1 或 2 并将结果作为一个字或位的 PLC 存储地址	减 1：−IR□ 减 2：−−IR□	LD，−−IR0	IR0 的内容减 2 作为 PLC 存储地址并装载该地址中的位

将字 CIO 00002 的 PLC 存储地址存储到索引寄存器 IR0 中。

```
MOVR    2           将 CIO00002 的 PLC 存储地址存储在 IR0 中
        IR0
MOV     #0001       将#0001 写到 IR0 所含的 PLC 存储地址中
        ,IR0
MOV      #0020      读取 IR0 的内容并加 1 作为 PLC 存储地址，将#0020 写到该地址中
        +1,IR0
```

（6）索引寄存器 IR 直接寻址

若 IR 不带前缀“，”作为操作数时，指令将 IR 本身的内容（双字）进行操作，表 7.3 列出了可对 IR 直接寻址的指令，当这些指令对索引寄存器操作时，后者作为指针。

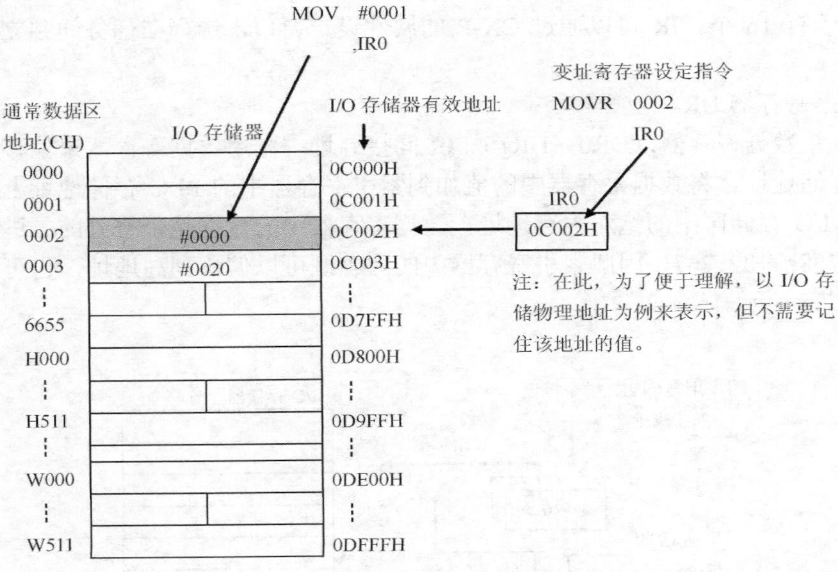

图 7.4 IR 间接寻址示例

表 7.3 适用 IR 直接寻址指令

指令组	指令名称	助记符
数据传送指令	索引寄存器设置	MOVR
	索引寄存器设置（定时器/计数器当前值存储器）	MOVRW
	双字传送	MOVL
	双字数据交换	XCGL
表格数据处理指令	记录位置设置	SETR
	记录号读取	GETR
递增/递减指令	二进制递增	++L
	二进制递减	––L
比较指令	双字等于	=L
	双字不等于	<>L
	双字小于	<L
	双字小于或等于	<=L
	双字大于	>L
	双字大于或等于	>=L
	双字比较	CMPL
带符号算术运算指令	带符号双字无进位二进制加法	+L
	带符号双字无进位二进制减法	–L

启动一个中断任务时，索引寄存器中的值未知。若在一个中断任务中需使用索引寄存器，则总是在该任务中使用索引寄存器前用 MOVR 或 MOVRW 指令在索引寄存器中设定一个 PLC 存储地址。因为 IR 在初始设定中各任务相互独立，故不会相互影响。因此，IR 在各个

任务中相当于有 16 个。IR 可以通过 CX-P 的属性设定窗口，选择在任务间独立使用或共享使用。

（7）数据寄存器 DR

共有 16 个数据寄存器：DR0～DR15。IR 间接寻址中利用数据寄存器来偏移索引寄存器中的 PLC 存储地址。将数据寄存器中的值加到索引寄存器中的 PLC 存储地址上，来指定一个位或字在 I/O 存储区中的绝对内存地址，数据寄存器中的数据是带符号的二进制数，取值范围是−32 768～+32 767，因此索引寄存器中的内容既可以偏移到高地址，也可以偏移到低地址，如图 7.5 所示。

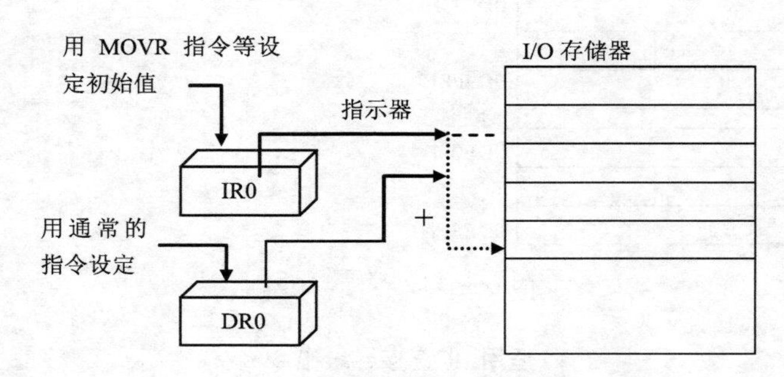

图 7.5　数据寄存器工作原理

用数据寄存器来偏移索引寄存器中的 PLC 存储地址。

```
LD   DR0,IR0      将 DR0、IR0 的内容相加得到 PLC 存储地址，将该地址的位装载到 PLC 内存中
MOV  #0001        将 DR0、IR1 的内容相加得到 PLC 存储地址，并将#0001 写到该地址中
     DR0,IR1
```

需要注意的是，启动一个中断任务时，数据寄存器中的值未知。若在一个中断任务中需使用数据寄存器，则必须在使用该数据寄存器前设置一个值。DR 可以通过 CX-P 的属性设定窗口，选择在任务间独立使用或共享使用。可从编程装置 CX-P 访问数据寄存器的内容，但不能直接修改，需用指令改变其内容。

3. 标志位

指令执行可能影响的标志位见表 6.18。

错误标志 ER，是用于监视指令执行的最常用的标志，当 ER 变 ON 时，表明正在执行的当前指令出错，停止执行。指令往往有使用限制条件，若使用不当，会使 ER 置位。在本章后续介绍 PLC 指令的功能时，限于篇幅，不能一一介绍每条指令的使用限制，具体应用时，可参阅编程手册，留心注意。

等于标志 EQ，在比较指令中的两个操作数相等或指令计算结果为 0 时，该标志置 ON。

负标志 N，在指令计算结果的最高有效位（符号位）为 1 时，该标志置 ON。

4. 应用指令的上升沿微分形式

CP1 的绝大多数应用指令都有周期性循环执行型和上升沿微分执行型两种形式，在指令助记符前加@标记，代表上升沿微分。只要执行条件为 ON，指令的周期性循环执行型在每个循环周期都将执行。而上升沿微分执行型仅在执行条件由 OFF 变为 ON 时才执行一次，如果执行条件不发生变化，或者从上一个循环周期的 ON 变为 OFF，是不执行的。图 7.6 所示为数据传送指令 MOV（021）的两种形式，其中图 7.6（a）为周期性循环执行型，只

要执行条件 0.00 为 ON 时，就执行 MOV（021）指令，将 H10 通道中的数据传送到 D0 中去，所以如果 0.00 为 ON 的时间很长，则会执行很多次 MOV（021）指令；图 7.6（b）中指令为上升沿微分执行型，只有当执行条件 0.00 由 OFF 变为 ON 时，才执行一次 MOV(021）指令，将 H10 通道中的数据传送到 D0 中去，而当 0.00 继续为 ON 时，将不再执行 MOV（021）指令。

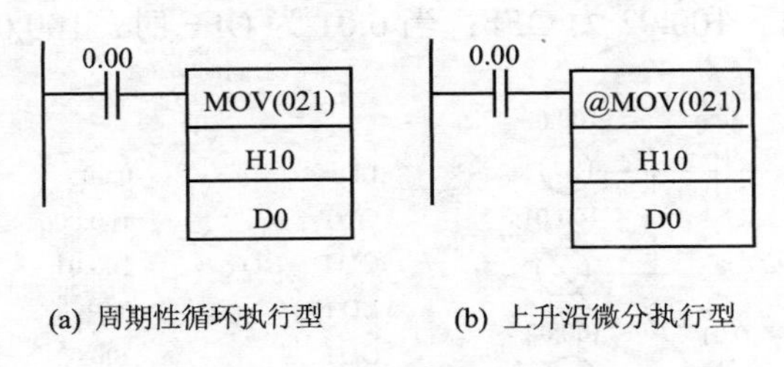

图 7.6 MOV 指令的两种形式

7.2 基本指令

7.2.1 顺序输入/顺序输出指令

1. LD 和 LD NOT 指令

LD、LD NOT 指令的梯形图符号及操作数 N 的取值区域见图 7.7。

功能：LD 指令表示常开触点与左侧母线连接；LD NOT 指令表示常闭触点与左侧母线连接。LD、LD NOT 指令只能以位为单位进行操作，且不影响标志位。

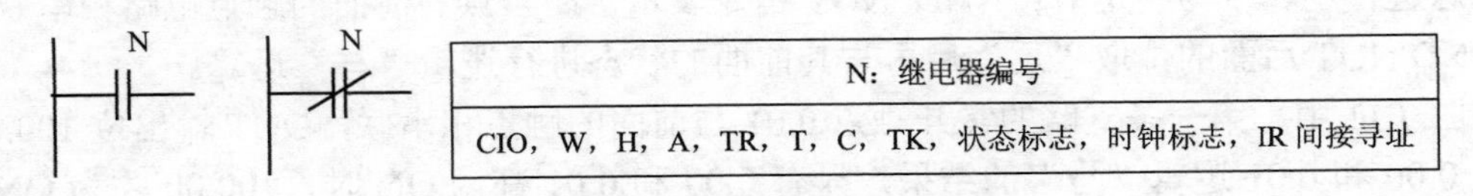

N：继电器编号
CIO，W，H，A，TR，T，C，TK，状态标志，时钟标志，IR 间接寻址

图 7.7 LD、LD NOT 指令的梯形图符号及操作数取值区域

2. OUT 和 OUT NOT 指令

OUT、OUT NOT 指令的梯形图符号及操作数 N 的取值区域见图 7.8。

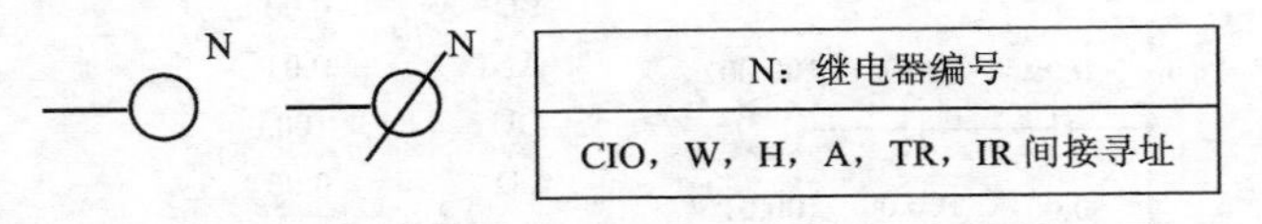

N：继电器编号
CIO，W，H，A，TR，IR 间接寻址

图 7.8 OUT、OUT NOT 指令的梯形图符号及操作数取值区域

功能：OUT 指令输出逻辑运算结果，OUT NOT 指令将逻辑运算结果取反后再输出。输出位相当于继电器线路中的线圈。若输出位为 PLC 的输出点，则运算结果输出到 PLC 的外部；若输出位为 PLC 的内部继电器，则逻辑运算结果为中间结果，不输出到 PLC 外部。

说明：

（1）OUT、OUT NOT 指令只能以位为单位进行操作，且不影响标志位；

（2）CIO 区中已用作输入通道的位不能作为 OUT、OUT NOT 的输出位；

（3）OUT、OUT NOT 指令常用于一条梯形图支路的最后，但有时也用于分支点；

（4）线圈并联输出时，可连续使用 OUT、OUT NOT 指令。

梯形图如图 7.9 所示，线圈 100.00、100.01 并联输出，梯形图右侧为对应的语句表。当 0.00 为 ON 时，100.00 为 ON、100.01 为 OFF；当 0.00 为 OFF 时，100.00 为 OFF、100.01 为 ON。当 0.01 为 ON 时，100.02 为 OFF；当 0.01 为 OFF 时，100.02 为 ON。

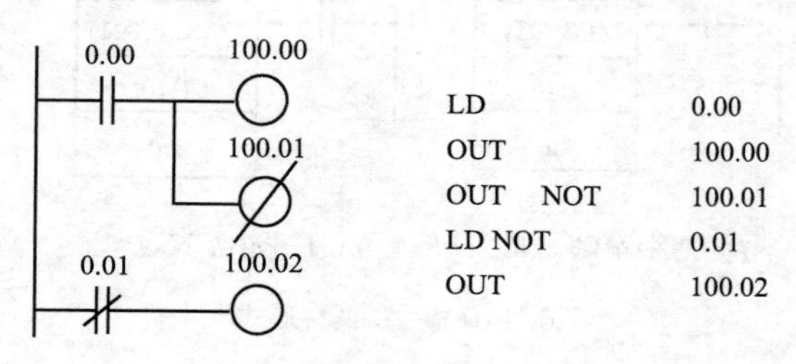

图 7.9 梯形图

3. AND 和 AND NOT 指令

AND、AND NOT 指令的梯形图符号及操作数 N 的取值区域见图 7.10。

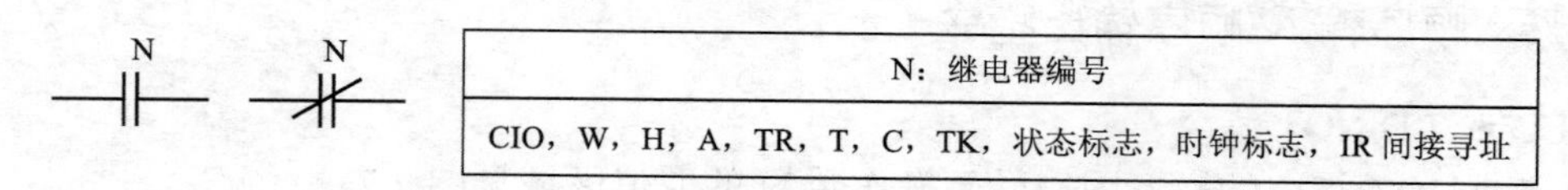

图 7.10 AND、AND NOT 指令的梯形图符号及操作数取值区域

功能：AND 指令表示常开触点与前面的触点电路相串联，或者说 AND 后面的位与其前面的状态进行逻辑“与”运算；AND NOT 指令表示常闭触点与前面的触点电路相串联，或者说 AND NOT 后面的位取“反”后再与其前面的状态进行逻辑“与”运算。

在图 7.11 中，第一条支路的常开触点 0.01 与前面的触点相串联，OUT 输出位 100.00 的状态是 0.00 和 0.01 逻辑“与”的结果，只有 0.00 和 0.01 都为 ON 时，100.00 才为 ON，否则 100.00 为 OFF。第二条支路的常闭触点 100.00 与前面的触点相串联，OUT 输出位 100.01 的状态是 100.00 取“反”后再和 0.00 逻辑“与”的结果，只有 100.00 为 OFF、0.00 为 ON 时，100.01 才为 ON，否则 100.01 为 OFF。

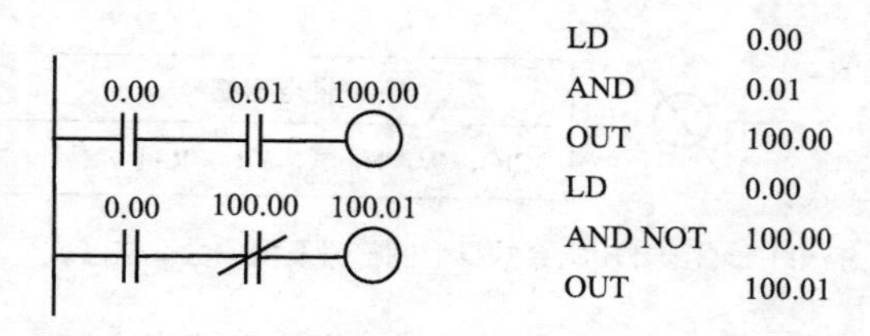

图 7.11 AND、AND NOT 指令的应用

说明：

（1）AND、AND NOT 指令只能以位为单位进行操作，且不影响标志位；

（2）串联触点的个数没有限制。

在图7.12中，常开触点0.02与前面的触点也是串联的关系，故也应用AND指令，这种连接方式称为连续输出，注意连续输出的次序不能颠倒，如将图7.12中的梯形图改为图7.13，虽然逻辑功能没有错误，但这种连接用语句表实现繁琐，应避免这种情况。

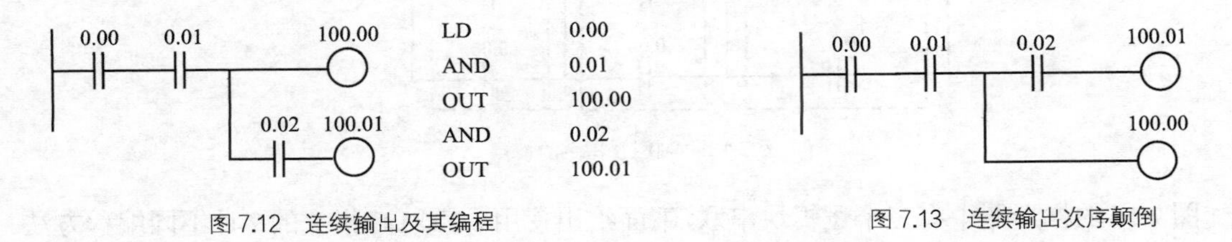

图7.12　连续输出及其编程　　　　图7.13　连续输出次序颠倒

4. OR和OR NOT指令

OR、OR NOT指令的梯形图符号及操作数N的取值区域见图7.14。

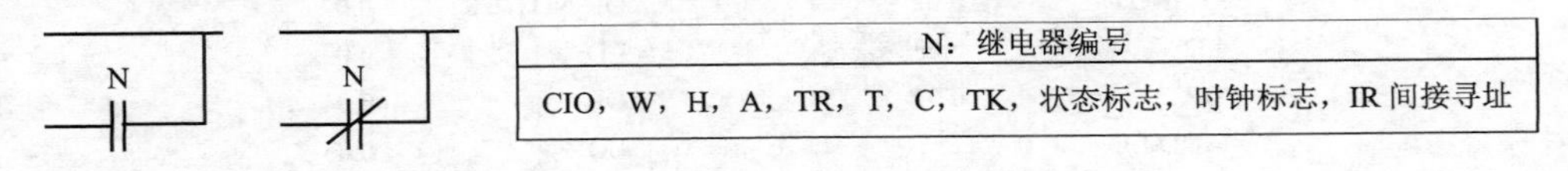

图7.14　OR、OR NOT指令的梯形图符号及操作数取值区域

功能：OR指令表示常开触点与前面的触点电路相并联，或者说OR后面的位与其前面的状态进行逻辑“或”运算；OR NOT指令表示常闭触点与前面的触点电路相并联，或者说OR NOT后面的位取“反”后再与其前面的状态进行逻辑“或”运算。

在图7.15中，常开触点0.01与触点0.00相并联，OUT输出位100.00的状态是0.00和0.01逻辑“或”的结果，只有0.00和0.01都为OFF时，100.00才为OFF，否则100.00为ON。常闭触点0.03与触点0.00相并联，OUT输出位100.01的状态是0.03取“反”后再和0.00逻辑“或”的结果，只有0.00为OFF、0.03为ON时，100.01才为OFF，否则100.01为ON。

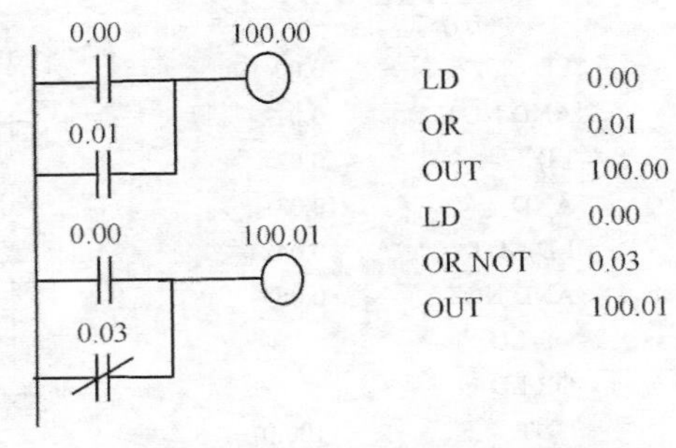

图7.15　OR、OR NOT指令的应用

说明：

（1）OR、OR NOT指令只能以位为单位进行操作，且不影响标志位；

（2）并联触点的个数没有限制。

5. AND LD

功能：AND LD指令用于逻辑块的串联连接，即对逻辑块进行逻辑“与”的操作。每一个逻辑块都以LD或LD NOT指令开始。AND LD指令单独使用，后面没有操作数。AND LD

指令的使用如图 7.16 所示。

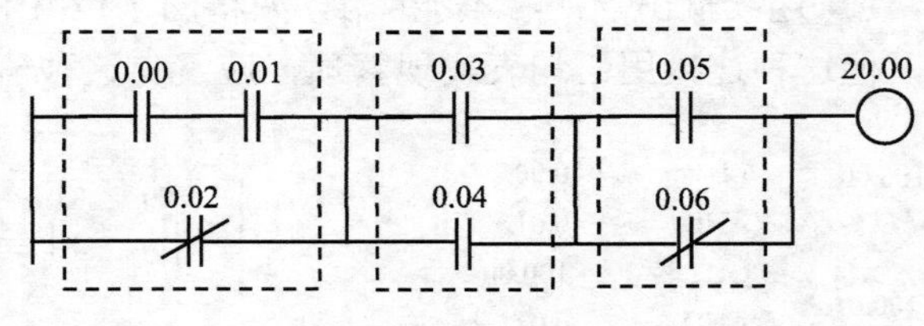

图 7.16 AND LD 指令的使用

图 7.16 的梯形图中有三个逻辑块串联，下面给出使用 AND LD 指令的 2 种不同编程方法。

方法 1		方法 2	
LD	0.00	LD	0.00
AND	0.01	AND	0.01
OR NOT	0.02	OR NOT	0.02
LD	0.03	LD	0.03
OR	0.04	OR	0.04
AND LD		LD	0.05
LD	0.05	OR NOT	0.06
OR NOT	0.06	AND LD	
AND LD		AND LD	
OUT	20.00	OUT	20.00

在方法 2 中，AND LD 指令之前的逻辑块数应小于等于 8，而方法 1 对此没有限制。

6. OR LD

功能：OR LD 指令用于逻辑块的并联连接，即对逻辑块进行逻辑“或”的操作。每一个逻辑块都以 LD 或 LD NOT 指令开始。OR LD 指令单独使用，后面没有操作数。OR LD 指令的使用如图 7.17 所示。

图 7.17 的梯形图中有三个逻辑块并联，下面给出使用 OR LD 指令的 2 种不同编程方法。

方法 1		方法 2	
LD	0.00	LD	0.00
AND NOT	0.01	AND NOT	0.01
LD	0.02	LD	0.02
AND	0.03	AND	0.03
OR LD		LD NOT	0.04
LD NOT	0.04	AND NOT	0.05
AND NOT	0.05	OR LD	
OR LD		OR LD	
OUT	100.01	OUT	100.01

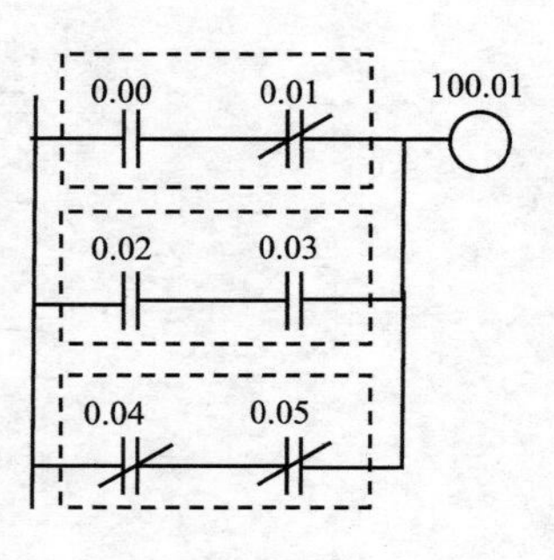

图 7.17 OR LD 指令的应用

在方法 2 中，OR LD 指令之前的逻辑块数应小于等于 8，而方法 1 对此没有限制。

利用上面介绍的指令可以对复杂的梯形图编程，图 7.18 中复杂梯形图的语句表程序如右侧所示。

7. 非指令 NOT

指令的梯形图符号见图 7.19，NOT 指令无操作数。

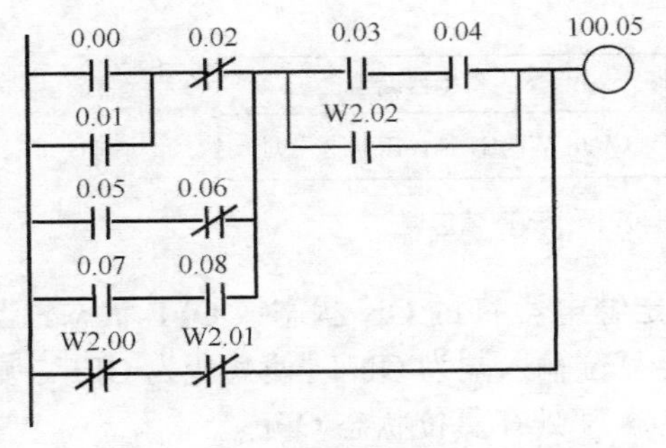


```
LD          0.00        LD          0.03
OR          0.01        AND         0.04
AND NOT     0.02        OR          W2.02
LD          0.05        AND LD
AND NOT     0.06        LD NOT      W2.00
OR LD                   AND NOT     W2.01
LD          0.07        OR LD
AND         0.08        OUT         100.05
OR LD
```

图 7.18 复杂梯形图

功能：将输入条件取反，连接到下一段。

图 7.20 中，当 0.00 为 OFF 时，经过 NOT 取反，100.00 为 ON；当 0.00 为 ON 时，经过 NOT 取反，100.00 为 OFF。

图 7.19 NOT 指令的梯形图符号　　图 7.20 NOT 指令的应用

8. 置位和复位指令——SET 和 RSET

指令的梯形图符号及操作数 N 取值区域见图 7.21。

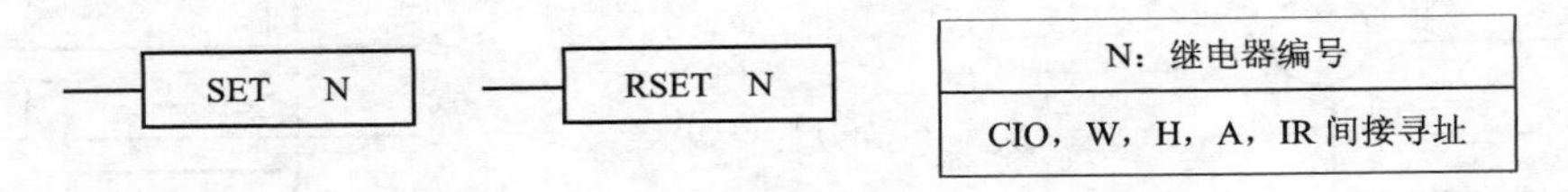

N：继电器编号
CIO，W，H，A，IR 间接寻址

图 7.21 SET、RSET 指令的梯形图符号及操作数取值区域

功能：当 SET 指令的执行条件为 ON 时，使指定继电器置位为 ON，当执行条件为 OFF 时，SET 指令不改变指定继电器的状态。当 RESET 指令的执行条件为 ON 时，使指定继电器复位为 OFF，当执行条件为 OFF 时，RSET 指令不改变指定继电器的状态。

图 7.22 中，当 0.00 由 OFF 变为 ON 后，W0.00 被置位为 ON，并保持 ON，即使 0.00 变为 OFF。当 0.03 由 OFF 变为 ON 后，W0.00 被复位为 OFF，并保持 OFF，即使 0.03 变为 OFF。

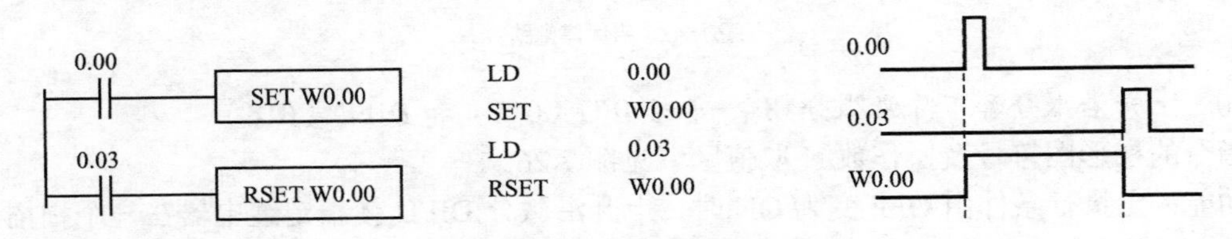

图 7.22 SET 和 RSET 指令的应用

SET 和 RSET 指令的功能与数字电路中的 RS 触发器功能相似。

9. 保持指令——KEEP（011）

指令的梯形图符号及操作数 N 的取值区域见图 7.23。该指令有两个执行条件，S 称为置位输入，R 称为复位输入。

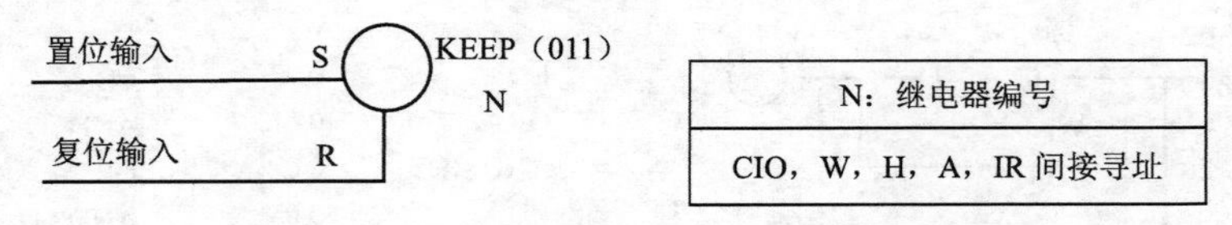

图 7.23　KEEP 指令的梯形图符号及操作数取值区域

功能：根据两个执行条件，KEEP 用来保持指定继电器 N 的 ON 状态或 OFF 状态。当置位输入端为 ON 时，继电器 N 保持为 ON 状态直至复位输入端为 ON 时使其变为 OFF。复位具有高优先级，当两个输入端同时为 ON 时，继电器 N 处在复位状态 OFF。

在图 7.24 中，当 0.02 由 OFF 变 ON 时，H0.00 被置位为 ON，并保持 ON，即使 0.02 变为 OFF，直到 0.03 由 OFF 变为 ON，H0.00 才被复位为 OFF，并保持 OFF，即使 0.03 变为 OFF。波形如图中右侧所示。在用语句表编程时，先编置位端，再编复位端，最后编 KEEP（011）指令。

可以看出，KEEP 指令的功能与 SET 和 RSET 指令的功能相似。但 KEEP 指令是一个整体，不像 SET 和 RSET 指令那样中间可以插入其他指令。另外 KEEP 指令实际上完成的是一个启保停电路的功能，如图 7.25 所示。图 7.24 和图 7.25 程序的功能完全相同，但用 KEEP 指令编程可以少用一条指令。当用 KEEP 指令对保持继电器编程时，可实现断电保持功能，即当电源断电以后又恢复供电时，保持继电器可保持断电前的状态。如例中的 H0.00 即有此功能，而普通的辅助继电器无断电保持功能。

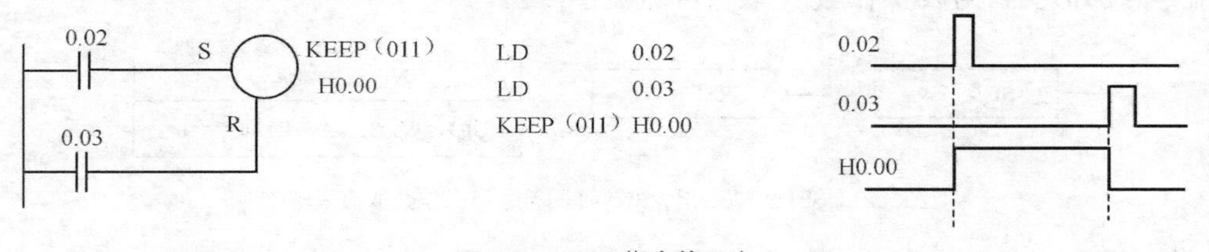

图 7.24　KEEP 指令的用法

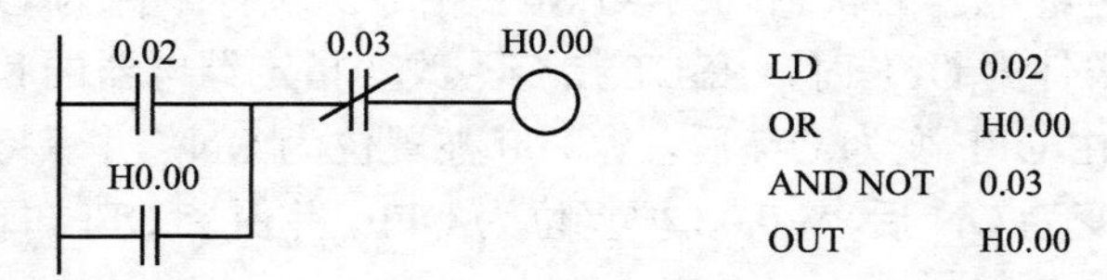

图 7.25　启保停电路

10. 上升沿微分和下降沿微分指令——DIFU（013）和 DIFD（014）

指令的梯形图符号及操作数 N 取值区域见图 7.26。

功能：当执行条件由 OFF 变为 ON 时，上升沿微分 DIFU 使指定继电器在一个扫描周期内为 ON；当执行条件由 ON 变为 OFF 时，下降沿微分指令 DIFD 使指定继电器在一个扫描周期内为 ON。

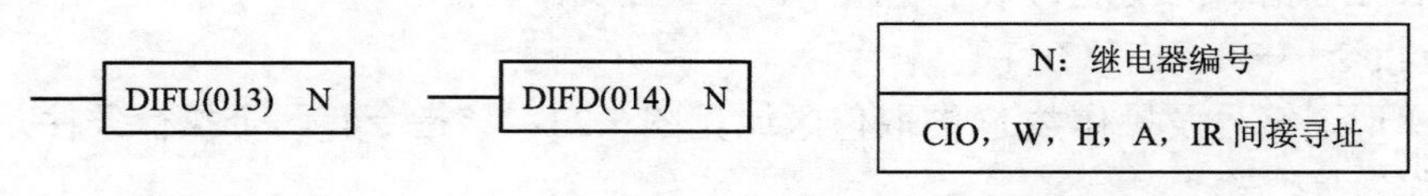

图 7.26　DIFU、DIFD 指令的梯形图符号及操作数取值区域

在图7.27中，当0.00由OFF变为ON时，DIFU的输出W0.00接通，但接通时间只有一个周期。如果某条指令要求在0.00由OFF变为ON时只执行一次，则可利用DIFU的输出W0.00作为该指令的执行条件。当W0.00由ON变为OFF时，DIFD的输出W0.01接通，但接通时间只有一个周期。如果某条指令要求在0.00由ON变为OFF时只执行一次，则可利用DIFD的输出W0.01作为该指令的执行条件。

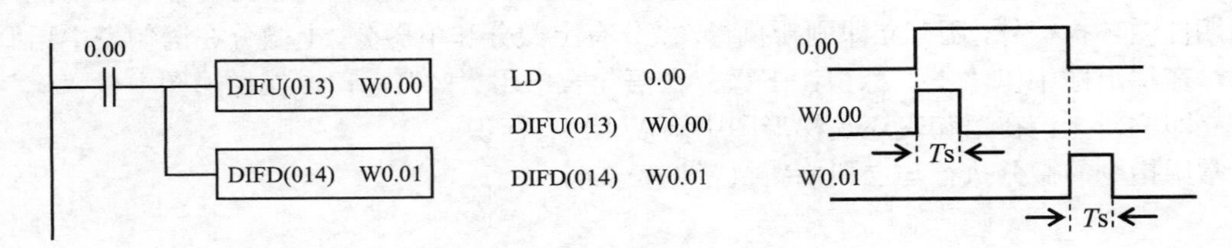

图7.27 DIFU和DIFD指令的应用

说明：

（1）CIO区中已用作输入通道的位不能作为微分指令的输出位，输出通道的位最好也不要用；

（2）在第n次扫描时检测到输入条件为OFF，第$n+1$次扫描检测到ON时，DIFU指令才开始执行，所以对于开机时就ON的执行条件，DIFU指令不执行。同样，对于开机时就OFF的执行条件，DIFD指令不执行。

11. 条件上升沿微分和条件下降沿微分——UP（521）和DOWN（522）

指令的梯形图符号见图7.28，UP和DOWN无操作数。

功能：当执行条件由OFF变为ON时，条件上升沿微分UP输出ON一个扫描周期，连接到下一段；当执行条件由ON变为OFF时，条件下降沿微分DOWN输出ON一个扫描周期，连接到下一段。

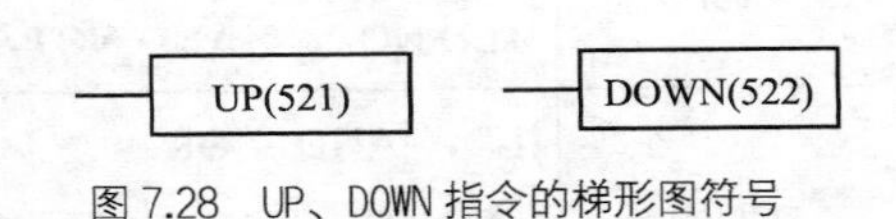

图7.28 UP、DOWN指令的梯形图符号

在图7.29中，可以实现与图7.27相同的功能。

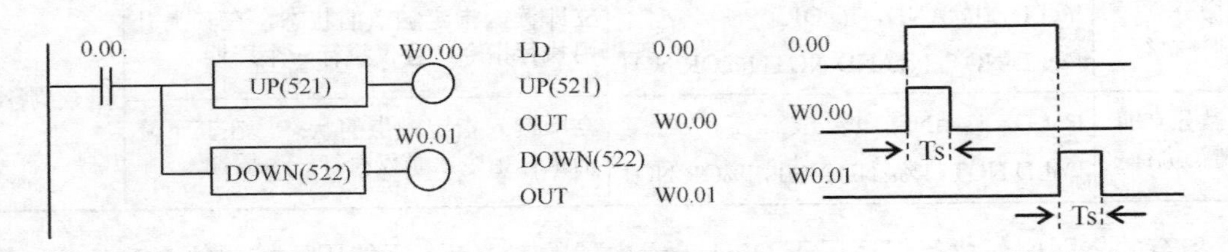

图7.29 UP和DOWN指令的应用

除前面所述之外，顺序输入指令还有位测试指令TST（350）、位测试非指令TSTN（351），与LD、AND和OR配合，形成LD TST（350）、LD TSTN（351）、AND TST（350）、AND TSTN（351）、OR TST（350）、OR TSTN（351）等应用，限于篇幅，此处不再赘述。

除前面所述之外，顺序输出指令还有多位置位指令SETA（530）、多位复位指令RSTA（531），1位置位指令SETB（532）、1位复位指令RSTB（533）、1位输出指令OUTB（534），限于篇幅，此处不再赘述。

7.2.2 指令的微分执行和立即刷新执行

LD/LD NOT、AND/AND NOT、OR/OR NOT 和 OUT/OUT NOT 属于使用频率最高的基本指令。从指令执行的方式来看，LD/LD NOT、AND/AND NOT 和 OR/OR NOT 除通常的周期性循环执行外，还有微分执行、立即刷新执行以及二者组合执行；OUT/OUT NOT 除通常的周期性循环执行外，还有立即刷新执行。微分有上微分和下微分，上微分在语句表中用“@”标识，在梯形图中以“↑”标识；下微分在语句表中用“%”标识，在梯形图中以“↓”标识。立即刷新无论在语句表还是梯形图中均以“!” 标识。

常用指令的微分执行与立即刷新执行见表 7.4。

表 7.4　　**常用指令的微分执行与立即刷新执行**

<table>
<tr><th>执行方式</th><th>指令</th><th>功能</th><th>I/O 刷新</th></tr>
<tr><td rowspan="2">周期性循环执行</td><td>LD，AND，OR
LD NOT，AND NOT，OR NOT</td><td>指定触点的状态在周期性 I/O 刷新时由 CPU 读入，进行相应的运算，产生执行结果</td><td rowspan="4">周期性刷新</td></tr>
<tr><td>OUT，OUT NOT</td><td>指令执行后，将指定线圈的状态在之后的周期性 I/O 刷新阶段输出</td></tr>
<tr><td>上微分执行</td><td>@LD，@AND，@OR
@LD NOT，@AND NOT，@OR NOT</td><td>在指定触点上升沿时执行指令，且仅执行一个周期</td></tr>
<tr><td>下微分执行</td><td>%LD，%AND，%OR
%LD NOT，%AND NOT，%OR NOT</td><td>在指定触点下降沿时执行指令，且仅执行一个周期</td></tr>
<tr><td rowspan="2">立即刷新执行</td><td>!LD，!AND，!OR
!LD NOT，!AND NOT，!OR NOT</td><td>立即读入指定触点的 ON/OFF 状态，并执行指令</td><td>指令执行前</td></tr>
<tr><td>!OUT，!OUT NOT</td><td>执行指令的结果并立即输出给指定线圈</td><td>指令执行后</td></tr>
<tr><td>上微分立即刷新执行</td><td>!@LD，!@AND，!@OR
!@LD NOT，!@AND NOT，!@OR NOT</td><td>立即读入指定触点的状态，在其上升沿执行指令，且仅执行一个周期</td><td rowspan="2">指令执行前</td></tr>
<tr><td>下微分立即刷新执行</td><td>!%LD，!%AND，!%OR
!%LD NOT，!%AND NOT，!%OR NOT</td><td>立即读入指定触点的状态，在其下降沿执行指令，且仅执行一个周期</td></tr>
</table>

指令的立即刷新执行仅适用于 CPU 单元内置的 I/O 点，不能用于扩展的 I/O 点，后者可使用 IORF 指令实现立即刷新功能。

CP1 PLC 指令除周期性循环执行外，大多数可上微分执行，但可下微分执行的指令为少数，除表 7.4 中所列，仅还有%SET、%RSET。

CP1 PLC 指令中，可立即刷新执行的也为少数，除表 7.4 中所列，还有!SET、!RSET、!KEEP、!DIFU、!DIFD、!CMP、!MOV、!CPS、!SETB、!RSTB、!OUTB。

由 LD 指令和 OUT 指令构成的程序，执行的时序如图 7.30 所示。

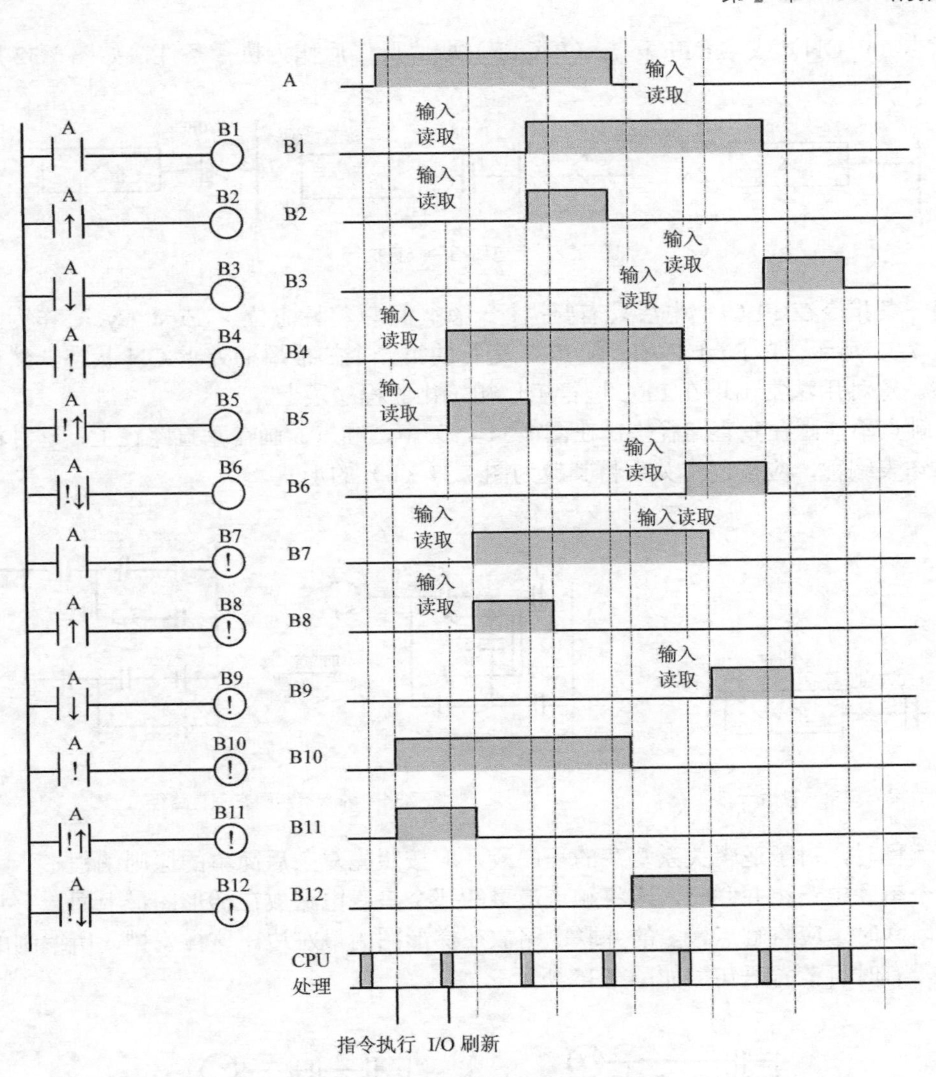

图 7.30 LD和OUT构成程序的时序图

7.2.3 编程规则及技巧

下面介绍一下编制梯形图时应注意的一些问题。

（1）梯形图中线圈应放在最右边。图 7.31 中（a）图是正确的，（b）图是不正确的。

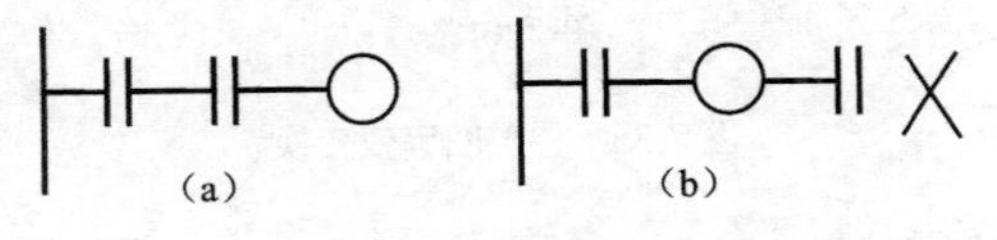

图 7.31 线圈应画在最右边

（2）除极少数指令（如 ILC、JME 等）不允许有执行条件外，几乎所有的指令都需要执行条件。

如果一条指令在 PLC 上电后需要一直执行，不能直接连到母线上，可以将状态标志区的常 ON 标志（P_ON）或常 OFF 标志（P_OFF）取“反”后作为执行条件，如图 7.32 所示。

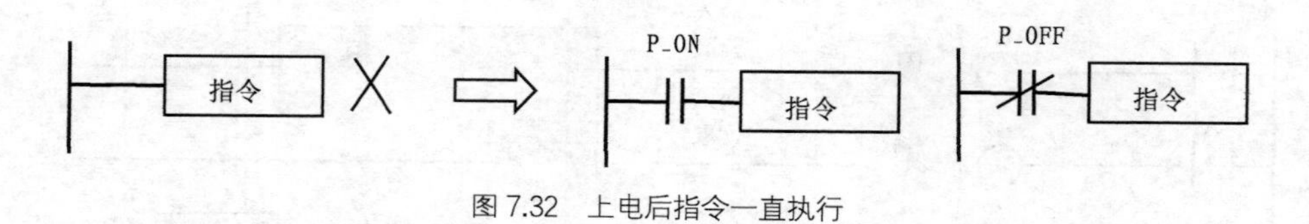

图 7.32　上电后指令一直执行

如果一条指令在 PLC 上电后只需要执行一次，可以将标志位 P_First_Cycle 作为执行条件，如图 7.33 所示，P_First_Cycle 在 PLC 运行的第一个扫描周期处于 ON 状态，然后处于 OFF 状态。这种用法常出现在 PLC 进行工作初始化的程序段上。

（3）触点不能画在垂直路径上。在图 7.34（a）中，触点 5 画在垂直路径上，这种梯形图不能用语句表编程，应按逻辑关系将其改为图 7.34（b）的形式。

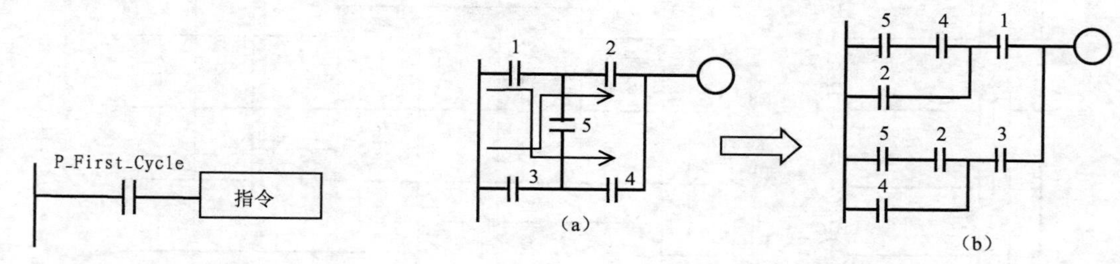

图 7.33　上电后指令只执行一次

图 7.34　触点不能画在垂直路径上

（4）编程时，对于逻辑关系复杂的程序段，应按照先复杂后简单的原则编程。

有几个串联电路相并联时，应将触点最多的那个串联电路放在梯形图最上面。有几个并联电路相串联时，应将触点最多的并联电路放在梯形图的最左边。这样安排，所编制的程序简洁明了，有时可节省语句，如图 7.35 所示。

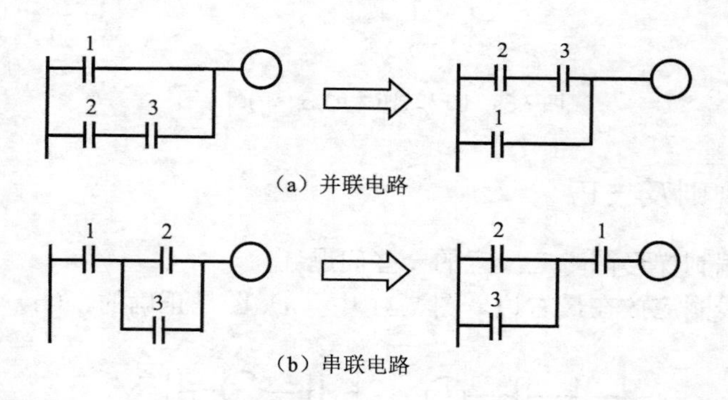

图 7.35　梯形图等效变换

（5）尽量避免出现双线圈输出。

如果在同一个程序中，同一元件的线圈使用了两次或多次，称为双线圈输出。这时前面的输出无效，最后一次输出才是有效的，例图 7.36（a）中，若 0.00 为 ON、W0.00 为 OFF，则 100.00 最后的状态为 OFF。

一般在程序中不应出现双线圈现象，因为容易引起逻辑分析上的混乱。例图 7.36（b）中，设 0.00 闭合，0.01 断开，则执行第一条支路时，100.00 通电；执行第二条支路时，100.01 通电；执行第三条支路时，100.00 断电。因此在输出处理阶段，100.01 通电，100.00 断电。但从第二条支路看，100.00 和 100.01 的状态应该一致，这就是双线圈输出造成的逻辑分析上的混乱。

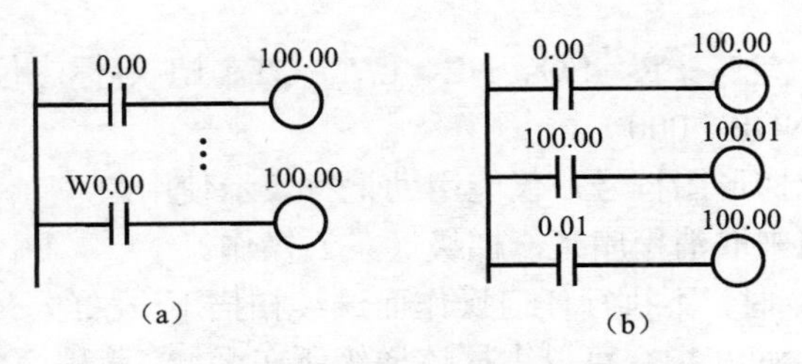

图 7.36 双线圈引起逻辑关系混乱

7.3 顺序控制指令

1. 结束指令——END（001）

END 指令的梯形图符号见图 7.37，该指令无操作数。

功能：END 指令表示程序段结束。

CP1 PLC 的程序划分为多个任务，每个任务对应一个程序段，采用多任务顺序执行的方式，CPU 按任务编号依次扫描各程序段后执行 I/O 刷新，然后进行下一个周期扫描。其工作过程如图 7.38 所示。

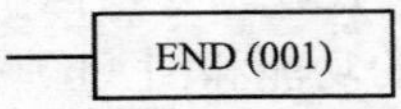

END (001)

图 7.37 END 指令的梯形图符号

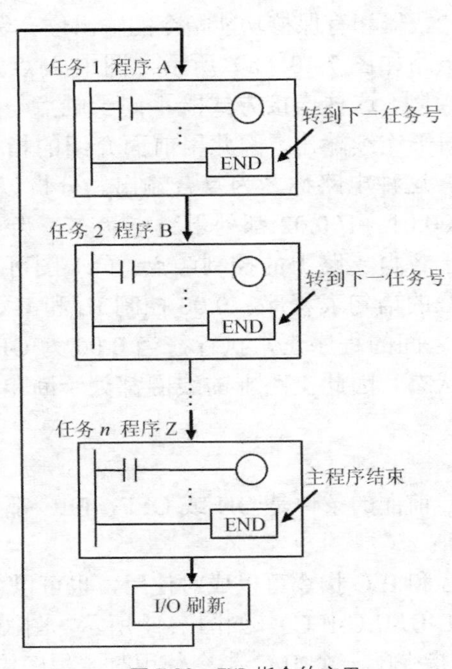

图 7.38 END 指令的应用

END 指令用于程序段的结尾处，如果有子程序，则 END 指令放在最后一个子程序后。PLC 执行到 END 指令，即认为程序段到此结束，后面的指令一概不执行，马上转到下一个任务程序段执行。因此，在调试复杂程序时，可把程序分成若干段，每段插入一条 END 指令，从头开始进行分段调试，调通一段就删去插入的 END 指令，直到整个程序调通为止。若整个程序段没有 END 指令，则 PLC 不执行程序，并显示出错信息“NO END INST”。

说明：执行 END 指令时，ER、EQ、NE、CY、GT、LT 等标志位都被置为 OFF。

2. 空操作指令——NOP（000）

该指令无操作数，无梯形图符号，仅能用助记符表示使用。

功能：空操作指令用来取消程序某一梯级（条）操作。

当 CUP 扫描到该指令时，不执行任何操作而继续扫描下一梯级。修改程序时，如果取消某一梯级中的指令，使用 NOP 指令可以占据该梯级所在区域，而程序中其他梯级的序号保持不变。

3. 联锁/联锁解除指令——IL（002）/ILC（003）

指令的梯形图符号见图 7.39，该指令无操作数。

功能：IL 总是和 ILC 指令一起使用，用于处理梯形图中的分支电路。如果 IL 的输入条件为 ON，则位于 IL 和 ILC 之间的联锁程序段正常执行，如同程序中没有 IL 和 ILC 一样。如果 IL 的输入条件为 OFF，则位于 IL 和 ILC 之间的联锁程序段不执行，IL 和 ILC 之间的程序输出状态如下。

IL(002)　　ILC(003)

图 7.39　IL/ILC 指令的梯形图符号

所有输出位：OFF。

所有定时器：复位。

所有计数器和有保持功能指令的输出位：保持以前状态。

分支电路如图 7.40（a）所示。图中 A 点为分支点，右侧分为三条支路，且每条支路都有触点控制，这种连接方式既不同于触点与触点的连接，也不同于逻辑块与逻辑块的连接，还不同于连续输出，因此用前面介绍的指令都不能编程，此时要用到联锁指令和联锁解除指令。这种电路称之为复合输出。分析该图的功能，可以看出，当 0.00 为 OFF 时，100.00、100.01、100.02 都处于断电状态，当 0.00 为 ON 时，100.00、100.01、100.02 的状态决定于各自支路上的控制触点。（a）图可以用联锁和联锁解除指令修改为图（b）。右侧为其对应的语句表程序。0.00 控制 IL 和 ILC 之间的联锁程序执行，当 0.00 为 ON 时，IL 和 ILC 之间的程序正常执行，当 0.00 为 OFF 时，PLC 认为 IL 和 ILC 之间的各支路都处于断开状态，因此支路上的线圈都处于断电状态。所以，图（a）的功能和图（b）是完全一样的。

说明：

（1）IL 前面的条件是 ON 或 OFF，PLC 都要对 IL-ILC 之间的联锁程序段处理，都要占用扫描时间；

（2）IL 和 ILC 指令可以成对使用，也可以多个 IL 指令配一个 ILC 指令，但不允许嵌套使用（如 IL-IL-ILC-ILC）。如图 7.41 所示，图（a）联锁程序实现的功能和图（b）是一样的。当多个 IL 指令配一个 ILC 指令使用时，程序检查时会有出错信息显示，但不影响程序的正常执行。

注意区别并联输出、连续输出和复合输出的结构及其编程方法，见图 7.42。

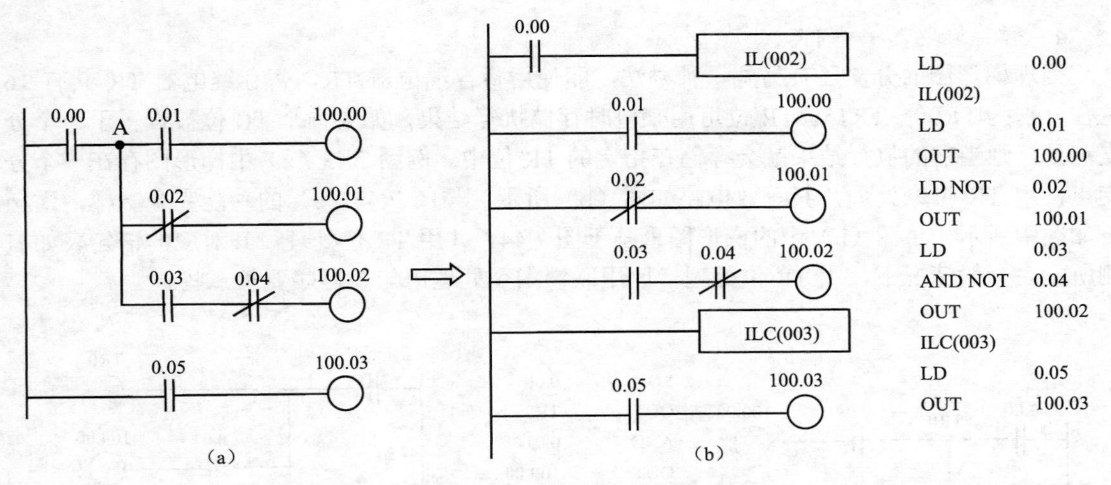

图 7.40 分支电路及其处理

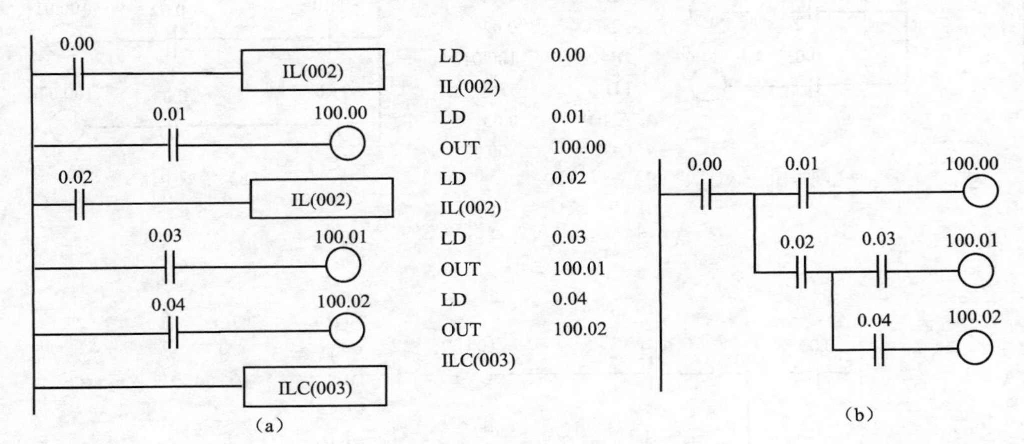

图 7.41 连续使用 IL 指令

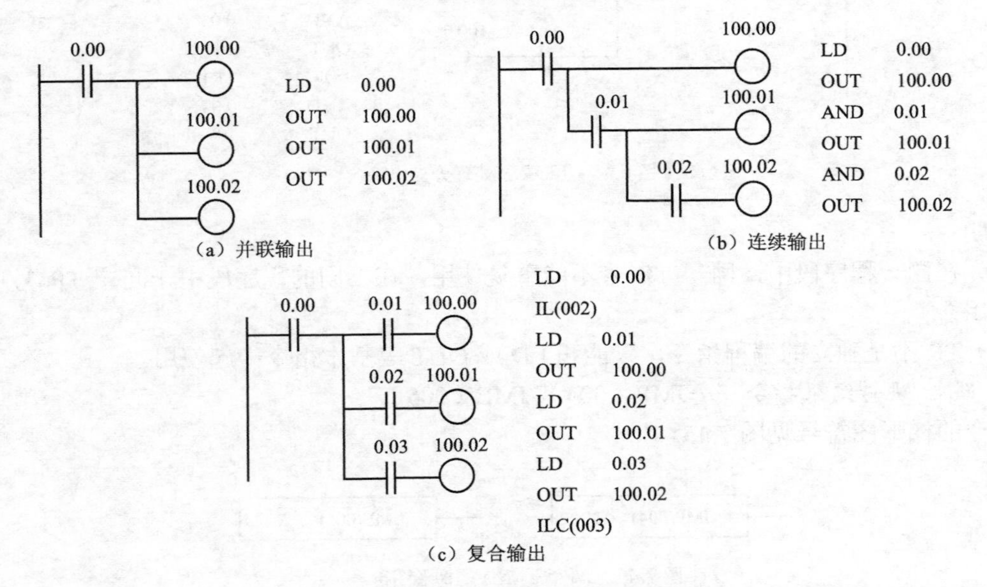

图 7.42 并联输出、连续输出和复合输出

4. 暂存继电器——TR

处理梯形图的分支还有另外一种办法，即使用暂存继电器 TR，暂存继电器 TR 共有 16 位，分别为 TR00～TR15。TR 位可用来暂时存储执行结果，如果一个 TR 位被设置于一个分支点处，则当前的执行结果就会存储在指定的 TR 位中。例图 7.43（a）中梯形图存在一个分支点，用 TR 位来处理，其等效电路如图（b）所示，与图 7.43（a）的功能完全一样，语句表如图中所示。将图（b）中的梯形图重画于图 7.44，并用 TR 位处理，其对应的语句表如右侧所示。一般情况下，用 TR 位处理，比用联锁指令处理语句表程序要长一些。

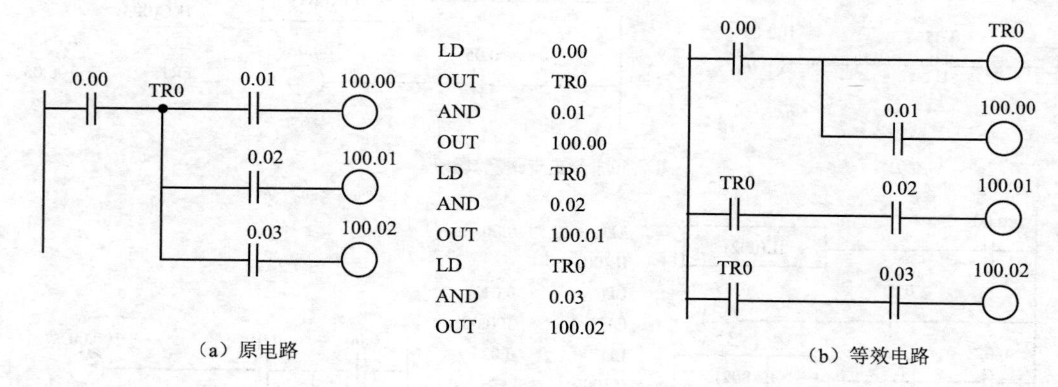

图 7.43 用 TR 位处理梯形图的分支

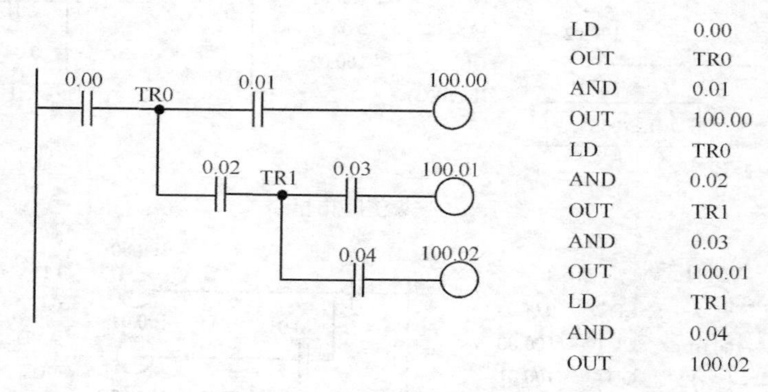

图 7.44 用 TR 位处理分支电路

说明：

（1）在同一程序段中，同一 TR 号不能重复使用，在不同的程序段中，同一 TR 号可以重复使用；

（2）TR 不是独立的编程指令，只能和 LD 或 OUT 等基本指令一起使用。

5. 跳转/跳转结束指令——JMP（004）/JME（005）

指令的梯形图符号见图 7.45。

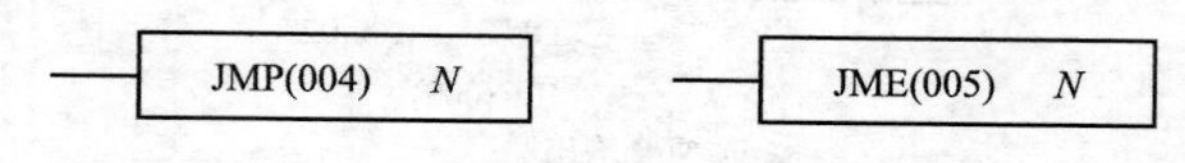

图 7.45 JMP/JME 指令的梯形图符号

*N*为跳转号，范围为#0～FF或&0～255，*N*可以为常数，也可以在CIO、W、H、A、T、C、D、@D、*D、DR、IR间接寻址的通道中取值，但JME指令只能将*N*指定为常数。

功能如下。

（1）JMP/JME指令用于控制程序流向，当JMP *N*的执行条件为OFF时，跳过JMP *N*和JME *N*之间的程序段，转去执行JME *N*后面的程序。当JMP *N*的执行条件为ON时，JMP *N*和JME *N*之间的程序段将被执行，程序如同没有跳转指令一样执行。

图7.46中，当0.00为OFF时，执行跳步，JMP #0和JME #0之间的程序段B被跳过不执行，转去执行程序段C。当0.00为ON时，不执行跳步，顺序执行程序段B、程序段C。

（2）当JMP *N*的执行条件为OFF时，在JMP *N*和JME *N*之间的程序都不执行，如同所有指令不存在一样，所有输出、定时器和计数器的状态保持不变。发生跳转时，JMP *N*和JME *N*之间的程序不执行，不占用扫描时间。

图7.47中，当0.00为OFF时，JMP #0到JME #0之间的程序不执行，100.00、100.02、W0.00、TIM0000、CNT0001保持跳步前的状态。例如，TIM0000若跳步前未定时，则跳步期间也不会定时，即使W0.01为ON；若跳步前已定时，则跳步期间停止定时并保持当前值不变，即使W0.01为OFF；一旦W0.00变为ON，JMP #0到JME #0之间的程序被执行，当W0.01为ON时，TIM0000将从当前值开始恢复定时。

（3）每个跳转号只能使用一次，即对同一个*N*，JMP N-JME *N*只能在程序中使用一次。

（4）多个JMP *N*可以共用一个JME *N*，如JMP #0-JMP #0-JME #0，见图7.48，这样使用后，在进行程序检查时会出现错误信息“JMP-JME ERR”，但程序会正常执行。

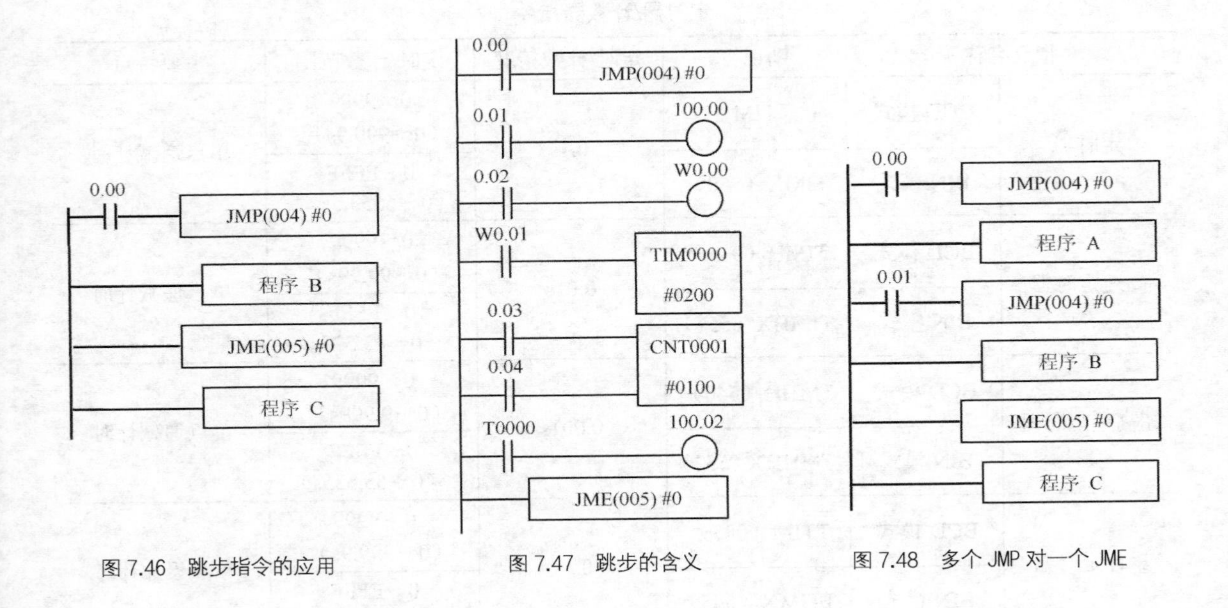

图7.46 跳步指令的应用　　图7.47 跳步的含义　　图7.48 多个JMP对一个JME

（5）跳转指令可以嵌套使用，但必须是不同跳转号的嵌套，如JMP #0-JMP #1-JME #1-JME #0。

在两段具有互补功能的程序切换时，常用到跳转指令。例如在手动/自动切换程序中使用跳转指令，如图 7.49 所示。当输入继电器 0.00 接通时，执行手动程序而不执行自动程序；当 0.00 不接通时，跳过手动程序转去执行自动程序。

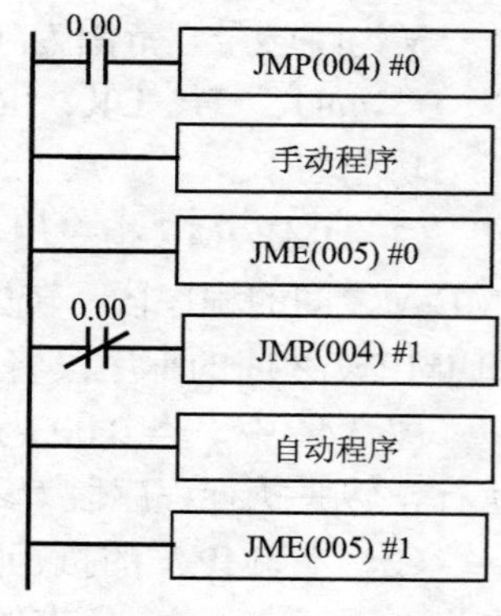

图 7.49　手动/自动切换

顺序控制指令除前面所述的之外，还有条件转移指令 CJP（510），条件非转移指令 CJPN（511），循环开始/循环结束指令 FOR（512）/NEXT（513），循环中断指令 BREAK（514），多重跳转/结束指令 JMP0（515）/JME0（516），多重互锁（微分标志保持型）/多重互锁解除指令 MILH（517）/ MILC（519），多重互锁（微分标志不保持型）/多重互锁解除指令 MILR（518）/ MILC（519），限于篇幅，此处不再赘述。

7.4　定时器/计数器指令

CP1 提供如下定时计数功能。

（1）普通定时器 TIM/TIMX，高速定时器 TIMH/TIMHX，超高速定时器 TMHH/TMHHX，累计定时器 TTIM/TTIMX，长定时器 TIML/TIMLX，多输出定时器 MTIM/MTIMX，普通计数器 CNT/CNTX，可逆计数器 CNTR/CNTRX，定时器/计数器复位 CNR/CNRX。

（2）用于块程序的定时等待 TIMW/TIMWX，高速定时等待 TMHW/TMHWX，计数等待 CNTW/CNTWX。

CP1 提供的定时器/计数器指令如表 7.5 所示。

表 7.5　　定时器/计数器指令

指令名称		助记符	定时/计数精度	定时/计数范围	主要特点
定时器	BCD 模式	TIM	0.1s	0～9999 （0～999.9s）	单点递减计时
	BIN 模式	TIMX（550）		0～FFFF （0～6553.5s）	
高速定时器	BCD 模式	TIMH（015）	0.01s	0～9999 （0～99.99s）	单点递减计时
	BIN 模式	TIMHX（551）		0～FFFF （0～65.535s）	
超高速定时器	BCD 模式	TMHH（540）	0.001s	0～9999 （0～9.999s）	单点递减计时
	BIN 模式	TMHHX（552）		0～FFFF （0～65.535s）	
累计定时器	BCD 模式	TTIM（087）	0.1s	0～9999 （0～999.9s）	单点累加计时
	BIN 模式	TTIMX（555）		0～FFFF （0～6553.5s）	
长时间定时器	BCD 模式	TIML（542）	1s	0～99999999 （0～115 天）	单点递减计时
	BIN 模式	TIMLX（553）		0～FFFFFFFF （0～49710 天）	

续表

指令名称		助记符	定时/计数精度	定时/计数范围	主要特点
多输出定时器	BCD 模式	MTIM（543）	0.1s	0～9999（0～999.9s）	多点累加计时
	BIN 模式	MTIMX（554）		0～FFFF（0～6553.5s）	
计数器	BCD 模式	CNT	1	0～9999	单点递减计数
	BIN 模式	CNTX（546）		0～FFFF	
可逆计数器	BCD 模式	CNTR（012）	1 或-1	0～9999	单点可逆计数
	BIN 模式	CNTRX（548）		0～9999	
定时器/计数器复位	BCD 模式	CNR（545）	–	–	对指定的定时器/计数器复位
	BIN 模式	CNRX（547）	–	–	
定时等待	BCD 模式	TIMW（813）	0.1s	0～9999（0～999.9s）	单点递减计数
	BIN 模式	TIMWX（816）		0～FFFF（0～6553.5s）	
高速定时等待	BCD 模式	TMHW（815）	0.01s	0～9999（0～99.99s）	单点递减计数
	BIN 模式	TMHWX(817)		0～FFFF（0～655.35s）	
计数等待	BCD 模式	CNTW（814）	1	0～9999	单点递减计数
	BIN 模式	CNTWX（818）		0～FFFF	

定时器/计数器有两种执行模式：BCD 模式和 BIN 模式，用户程序里只能选用一种模式，两者不能混在一起使用。BIN 模式极大扩展了定时/计数的范围，通常默认的为 BCD 模式，若要使用 BIN 模式，需用 CX-P 软件在“PLC 属性”里设定。BIN 模式下，定时器/计数器指令助记符的最后一个字符为“X”。

定时器 TIM/TIMX、TIMH/TIMHX、TMHH/TMHHX、TTIM/TTIMX、TIMW/TIMWX 和 TMHW/TMHWX 统一编号，每个定时器分配一个编号 *N* 作为一个操作数，称为定时器编号，取值范围 0000～4095，同一编号不能重复使用。同样，计数器 CNT/CNTX、CNTR/CNTRX 和 CNTW/CNTWX 也是统一编号，每个计数器分配一个不同的编号，取值范围 0000～4095。以上定时器和计数器都有两个操作数：除了编号 *N* 还有设定值 *SV*。*SV* 可以是常数，也可以是通道号。是常数时，在 BCD 模式下这个数必须是 BCD 数，常数前面要加前缀&；在 BIN 模式下常数前面要加前缀#。是通道号时，通道内的数据作为设定值。当 *SV* 由指定的输入通道设置时，通过连接输入通道的外设（如拨码开关）可以改变设定值。

定时器/计数器都有一个当前值 *PV*。普通定时器、高速定时器、超高速定时器、长时间定时器、普通计数器和块程序的定时等待、高速定时等待、计数等待，工作时都是单向递减计数，计数前设定值 *SV* 要赋给当前值 *PV*，当前值 *PV* 递减计数，一直到 0 为止。而累计定时器为递增计数，当前值 *PV* 从 0 开始递增计数，一直到设定值 *SV* 为止。多输出定时器也为递增计数。可逆计数器是双向可逆计数，当前值 *PV* 既可递增也可递减。通过定时器/计数器编号可以得到定时器或计数器的当前值 *PV*，因此定时器/计数器编号可以作很多指令的操作数。

长定时器 TIML/TIMLX 和多输出定时器 MTIM/MTIMX 没有编号这个操作数。

限于篇幅，下面介绍常用的定时器和计数器指令。

7.4.1 定时器类指令

1. 定时器指令——TIM/TIMX（550）

TIM 指令的梯形图符号及操作数取值区域见图 7.50。定时器的最小定时单位为 0.1s，定时范围为 0～999.9s，设定值 *SV* 的取值范围为 0～9999，实际定时时间为 *SV*×0.1s。设定值 *SV* 无论是常数还是通道内的内容，都必须是 BCD 数。

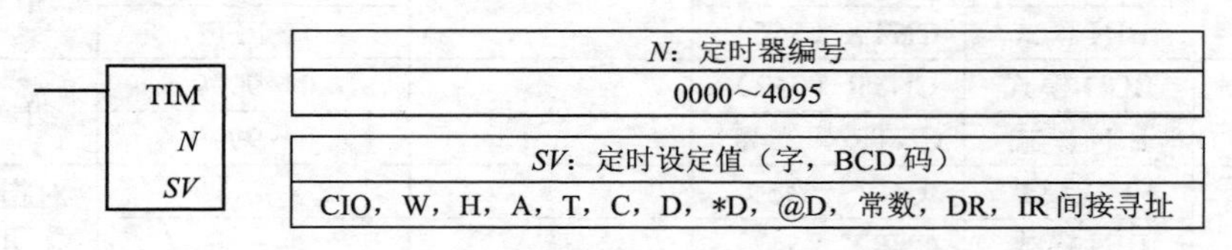

图 7.50　TIM 指令的梯形图符号及操作数取值区域

功能：定时器为通电延时，当定时器的输入为 OFF 时，定时器的输出为 OFF。当定时器的输入变为 ON 时，开始定时，定时时间到，定时器的输出变为 ON。若输入继续为 ON，则定时器的输出保持为 ON。当定时器的输入变为 OFF 时，定时器的输出随之变为 OFF。

图 7.51 中的定时器 0000，设定值为 50，表示定时时间为 5.0s。当 0.00 为 OFF 时，TIM0000 处于复位状态，当前值 *PV*=*SV*；当 0.00 为 ON 时，TIM0000 开始定时，定时器的当前值 *PV* 从设定值 50 开始，每隔 0.1s 减去 1，5s 后，当前值 *PV* 减为 0，此时定时器 0000 输出为 ON，TIM0000 的常开触点闭合，使 100.00 为 ON。此后，若 0.00 一直为 ON，则 TIM0000 的状态不变，若 0.00 变为 OFF，则定时器复位，当前值 *PV* 恢复为设定值 *SV*。

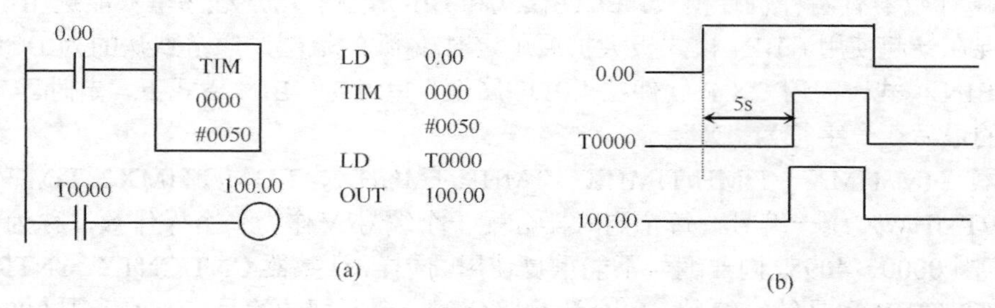

图 7.51　TIM 指令的应用

图 7.52 中，定时器 0000 的设定值为通道 W0 中的数据。以通道内容设定 *SV* 时，如果在定时过程中改变通道内容，新的设定值对本次定时不产生影响，只有当 TIM 的输入经过 OFF 后，在下一次定时新的设定值才有效。

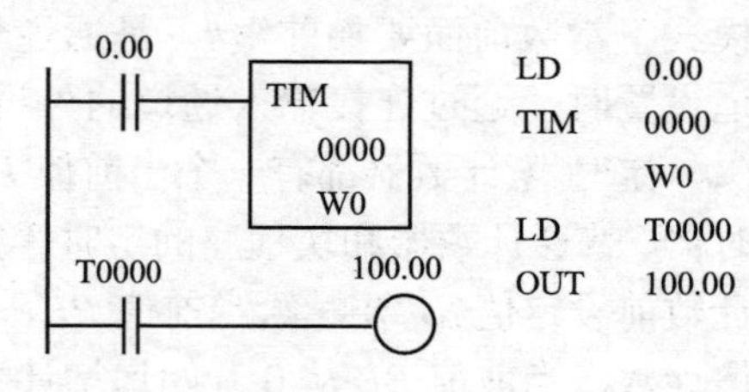

图 7.52　TIM 指令的应用

注意，定时器没有断电保持功能，断电时，定时器复位，不能保存定时器的当前值。

TIMX（550）的功能与 TIM 相同，区别是设定值 *SV* 为十六制数，取值范围是 0000～FFFF，定时范围是 0～6553.5s。与 TIM 相比，TIMX 的定时范围大大扩展了。

2. 高速定时器指令——TIMH（015）/ TIMHX（551）

TIMH 指令的梯形图符号及操作数取值区域见图 7.53。高速定时器的最小定时单位为

0.01s，定时范围为 0～99.99s，定时时间为 *SV*×0.01s。除此之外，其他情况 TIMH 与 TIM 相同。设定值 *SV* 的取值范围为 0～9999，*SV* 无论是常数还是通道内的数据，都必须是 BCD 数。

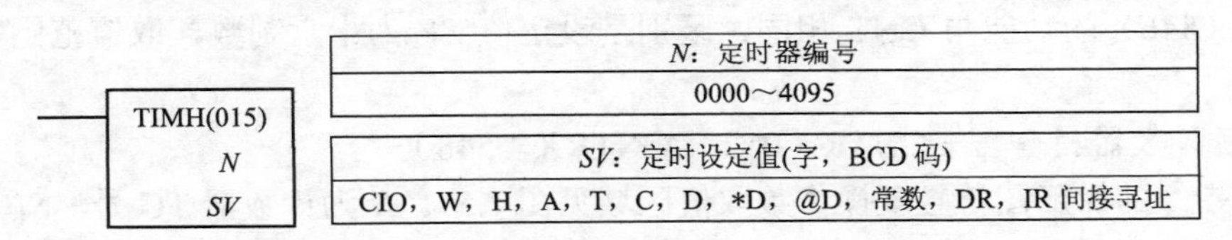

图 7.53 TIMH 指令的梯形图符号及操作数取值区域

TIMHX（551）的功能与 TIMH（015）相同，区别是设定值 *SV* 为十六制数，取值范围是 0000～FFFF，定时范围是 0～655.35s。

7.4.2 计数器类指令

1. 计数器指令——CNT/CNTX（546）

CNT 指令的梯形图符号及操作数取值区域见图 7.54。*N* 为计数器编号，*SV* 为计数设定值。CP 为计数脉冲输入端，R 为复位端。设定值 *SV* 无论是常数还是通道内的数据，都必须是 BCD 数，取值范围为 0～9999。

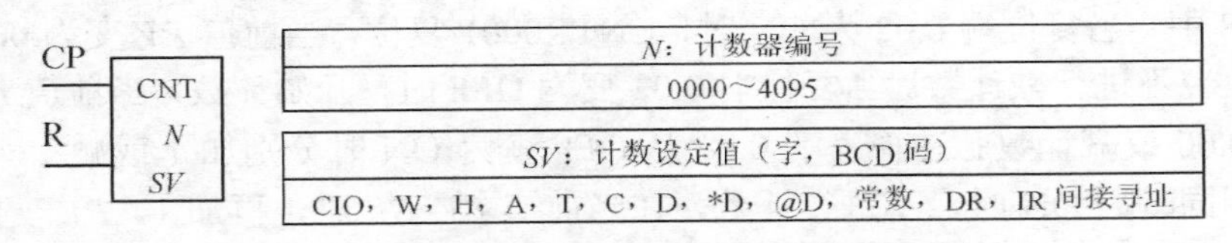

图 7.54 CNT 指令的梯形图符号及操作数取值区域

计数器为递减计数，在图 7.55 中，CNT0004 的设定值为 150。当复位端 0.01 为 ON 时，计数器处于复位状态，不能计数，当前值 *PV*=*SV*。当复位端由 ON 变为 OFF 后，计数器开始计数，当前值 *PV* 从设定值 150 开始，每当 0.00 由 OFF 变为 ON 时减 1。在当前值 *PV* 减到 0 时，也即计满 150 个脉冲时，不再接收计数脉冲，停止计数，计数器 CNT0004 的输出变为 ON，其常开触点闭合，使 100.05 得电为 ON。若在计数过程中，复位端 0.01 由 OFF 变为 ON，则计数器立即复位，停止计数，当前值 *PV* 恢复到设定值 *SV*。若在计数结束以后，复位端 0.01 由 OFF 变为 ON，则计数器立即复位，当前值 *PV* 恢复到设定值 *SV*。计数器 CNT0004 复位后，输出为 OFF，使 100.05 断电为 OFF。

图 7.55 中 CNT 的工作时序如图 7.56 所示。

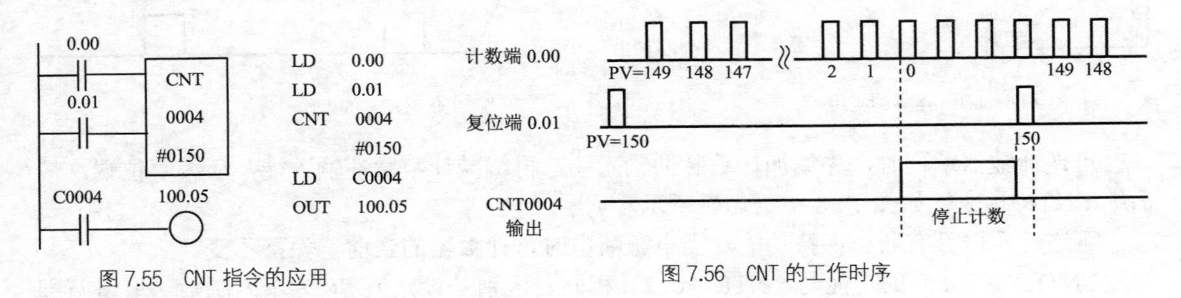

图 7.55 CNT 指令的应用

图 7.56 CNT 的工作时序

计数器编程时，先编计数输入端，再编复位端，最后编 CNT 指令，如图 7.55 中语句表所示。

计数器具有断电保持功能，当电源断电时，计数器的当前值保持不变。

CNTX（546）的功能与 CNT 相同，区别是设定值 *SV* 为十六制数，取值范围是 0000～FFFF。

2. 可逆计数器指令——CNTR（012）/CNTRX（548）

CNTR 指令的梯形图符号及操作数取值区域见图 7.57。*N* 为计数器 TC 号，*SV* 为计数设定值。ACP 为加计数脉冲输入端，SCP 为减计数脉冲输入端，R 为复位端。设定值 *SV* 无论是常数还是通道内的数据，都必须是 BCD 数，取值范围为 0～9999。

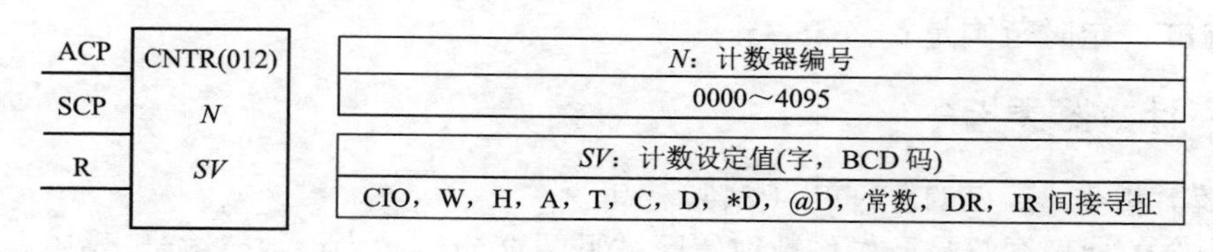

图 7.57　CNTR 指令的梯形图符号及操作数取值区域

CNTR 为可逆、加减循环的计数器，在 0000 和设定值之间进行递增或递减计数。

在图 7.58 中，当复位端 0.02 为 ON 时，CNTR0001 复位，当前值 *PV* 变为 0000，此时既不进行加计数也不进行减计数。当复位端 0.02 变为 OFF 时，开始计数，当前值 *PV* 在加计数脉冲输入端 0.00 或减计数脉冲输入端 0.01 从 OFF 变为 ON 时分别加 1 或减 1。但当两个计数脉冲输入端同时为 ON 时，不进行计数。在当前值 *PV*=*SV* 时，再加 1，*PV* 变为 0000，同时 CNTR0001 的输出变为 ON，再来一个加计数脉冲，则 *PV*=1 且 CNTR0001 的输出变为 OFF。在 *PV*=0000 时，再减 1，当前值 *PV* 变为设定值，同时 CNT0001 变为 ON，再来一个减计数脉冲，则 *PV*=*SV*−1 且 CNTR0001 的输出变为 OFF。可逆计数器 CNTR 作为环行计数器，当计数发生进位或借位时，输出为 ON。

图 7.58 中 CNT 的工作时序如图 7.59 所示。

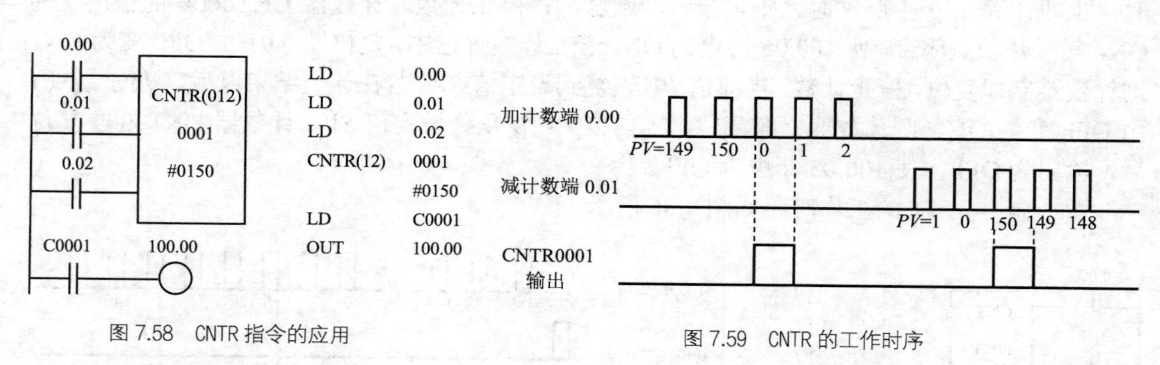

图 7.58　CNTR 指令的应用

图 7.59　CNTR 的工作时序

可逆计数器编程时，先编加计数脉冲输入端，再编减计数脉冲输入端，后编复位端，最后编 CNTR 指令，如图 7.58 中语句表所示。

可逆计数器具有断电保持功能，当电源断电时，计数器的当前值保持不变。

CNTRX（548）的功能与 CNTR（012）相同，区别是设定值 *SV* 为十六制数，取值范围是 0000～FFFF。

7.4.3 定时器/计数器复位指令

定时器/计数器复位指令CNR指令的梯形图符号及操作数取值区域见图7.60。

功能：将从编号D1开始到编号D2结束的定时器/计数器的所有定时或计数完成标志位复位，并将它们的当前值*PV*置为最大值9999。

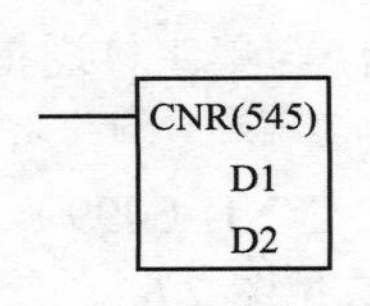

D1：定时器/计数器开始编号
T0000～T4095或C0000～C4095

D2：定时器/计数器结束编号
T0000～T4095或C0000～C4095

图7.60 CNR指令的梯形图符号及操作数取值区域

如图7.61所示，当0.00为ON时，T1～T4的定时完成标志置为OFF，同时它们的定时当前值置为最大值9999；当0.01为ON时，C1～C4的计数完成标志置为OFF，同时它们的计数当前值置为最大值9999。

CNRX（547）的功能与CNR（545）相同，区别是它将定时器/计数器的*PV*值置为最大值FFFF。

注意：CNR/CNRX指令不能复位长时间定时器TIML/TIMLX和多输出定时器MTIM/MTIMX的当前值。

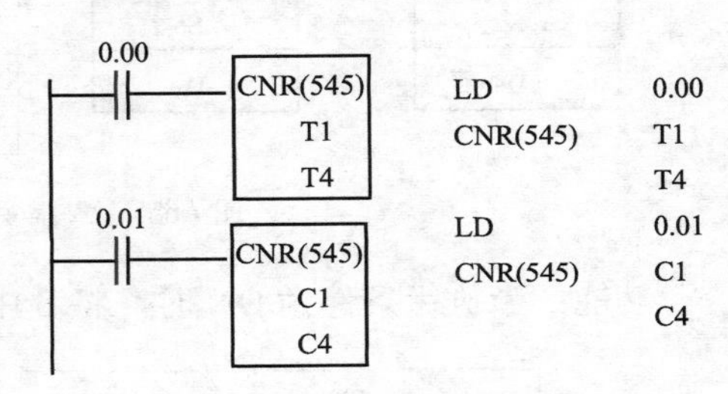

图7.61 CNR指令的应用

7.5 数据传送指令

1. 单字传送指令MOV（021）/双字传送指令MOVL（498）

单字传送指令MOV的梯形图符号及操作数取值区域见图7.62。

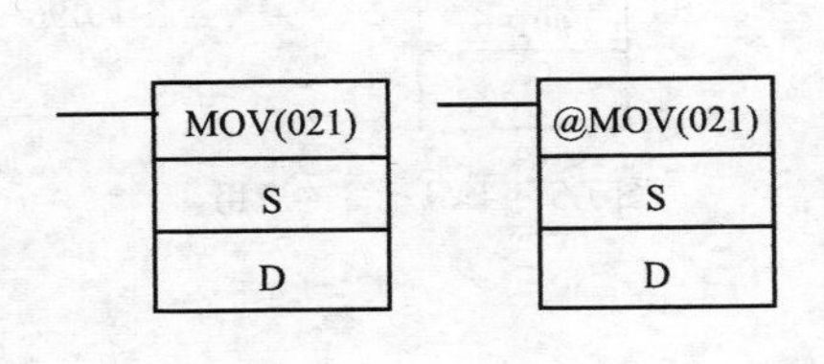

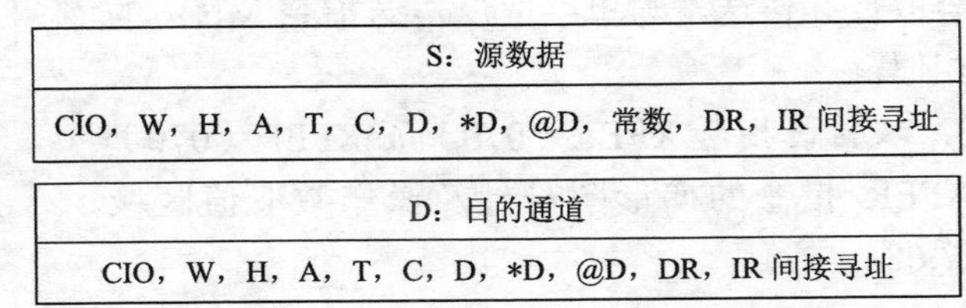

S：源数据
CIO，W，H，A，T，C，D，*D，@D，常数，DR，IR间接寻址

D：目的通道
CIO，W，H，A，T，C，D，*D，@D，DR，IR间接寻址

图7.62 MOV指令的梯形图符号及操作数取值区域

功能：当执行条件为ON时，MOV将S中的数据传送到D通道中，如图7.63所示。

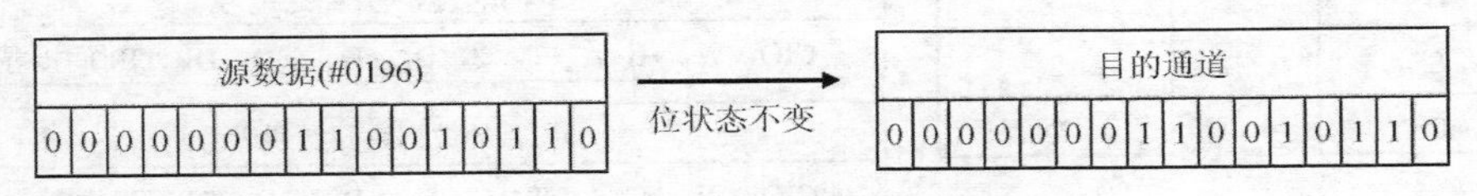

图7.63 MOV指令的功能示意图

图7.64中，当0.00为ON时，执行MOV指令，将常数0196送至D0。

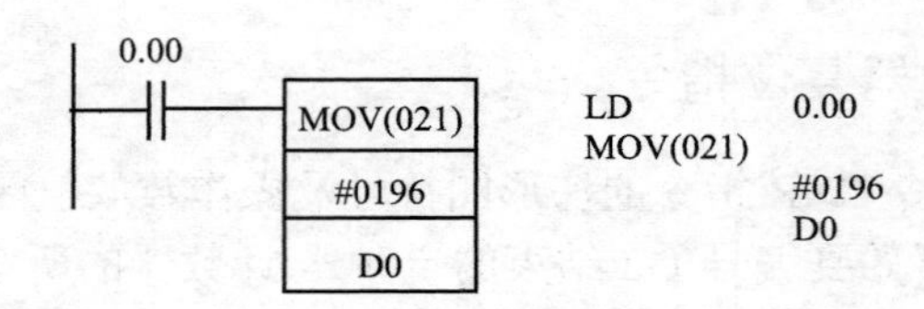

图 7.64 MOV 指令的应用

双字传送指令 MOVL 是将两个连续通道的内容进行传送，与单字传送指令 MOV 的用法相似。

2. 单字取反传送指令 MVN（022）/双字取反传送指令 MVNL（499）

单字取反传送指令 MVN 的梯形图符号及操作数取值区域见图 7.65。

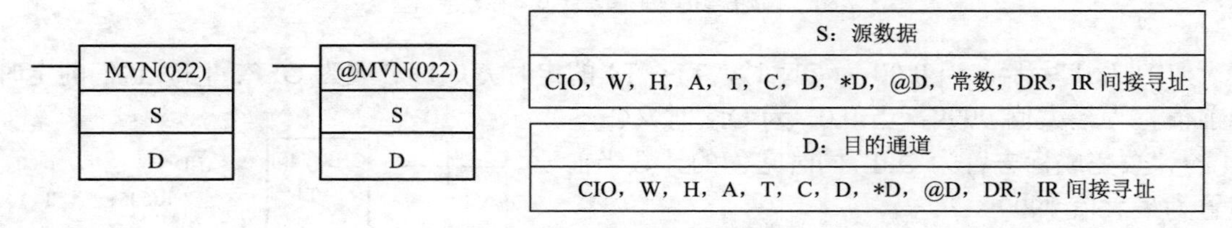

图 7.65 MVN 指令的梯形图符号及操作数取值区域

功能：当执行条件为 ON 时，将 S 中的数据取反后传送到 D 中，如图 7.66 所示。

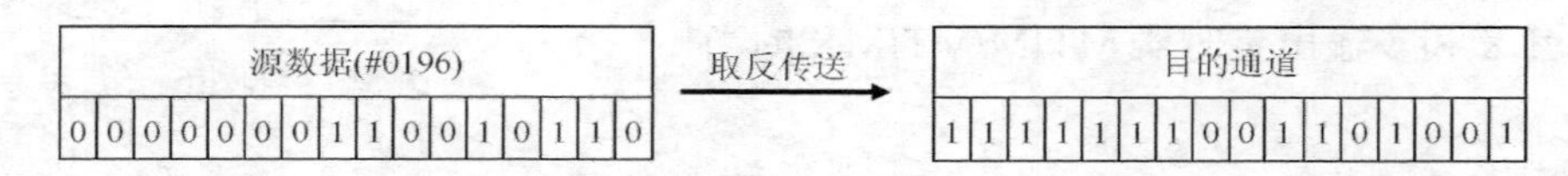

图 7.66 MVN 指令的功能示意图

图 7.67 中，当 0.00 为 ON 时，执行 MVN 指令，将常数 0196 取反后（结果为 FE69）送至 D0 中。

双字取反传送指令 MVNL 是将两个连续通道的内容取反并传送，与单字取反传送指令 MNV 的用法相似。

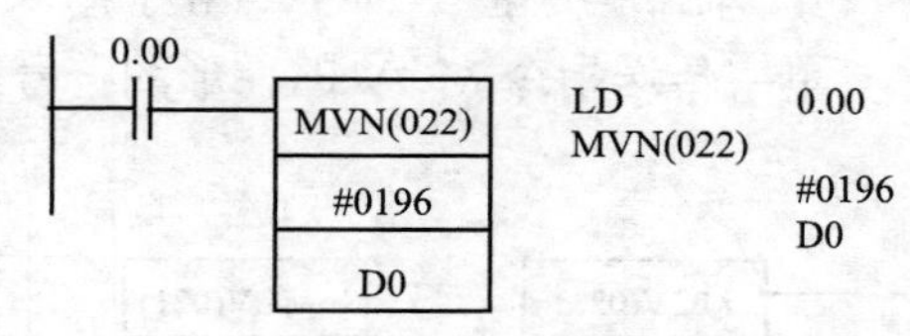

图 7.67 MVN 指令的应用

3. 块传送指令 XFER（070）/@XFER（070）

XFER 指令的梯形图符号及操作数取值区域见图 7.68。

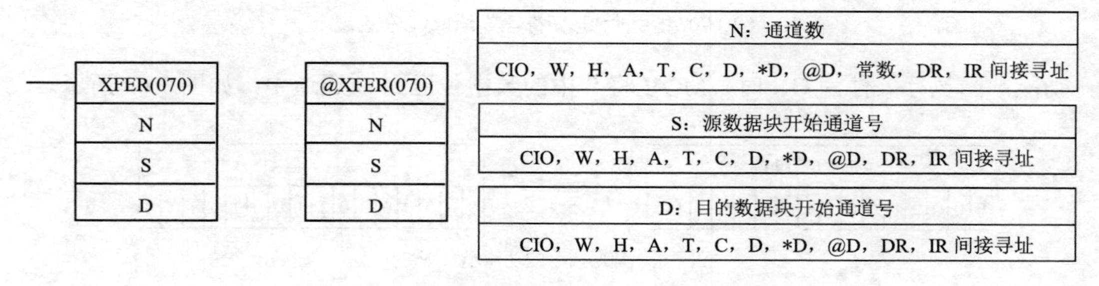

图 7.68 XFER 指令的梯形图符号及操作数取值区域

功能：块传送是指将几个连续通道中的数据对应传送到另外几个连续通道中。当执行条件为ON时，XFER将*S*、*S*+1、*S*+2、…、*S*+*N*−1中的内容对应传送到*D*、*D*+1、*D*+2、…、*D*+*N*−1中，如图7.69所示。S和D可在同一区域内，但两个数据块不能占用相同的通道。*S*和*S*+*N*−1、*D*和*D*+*N*−1不能超出所在的区域。

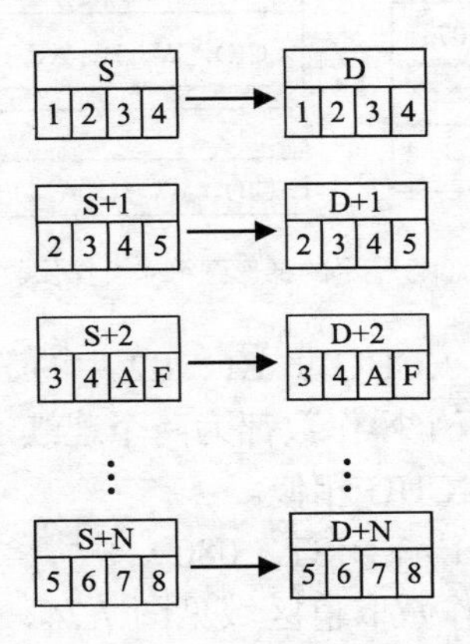

图7.69 XFER指令的功能示意图

4. 块设置指令BSET（071）/@BSET（071）

BSET指令的梯形图符号及操作数取值区域见图7.70。

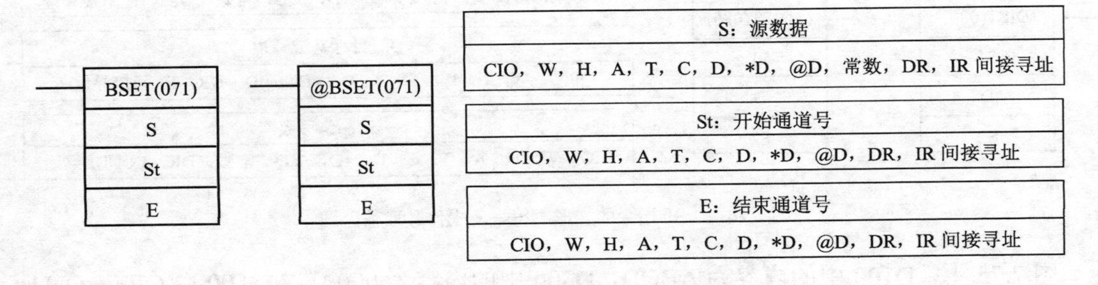

图7.70 BSET指令的梯形图符号及操作数取值区域

功能：当执行条件为ON时，将S中的数据传送到从St到E的所有通道中去，如图7.71所示。St和E必须在同一区域，且St≤E。

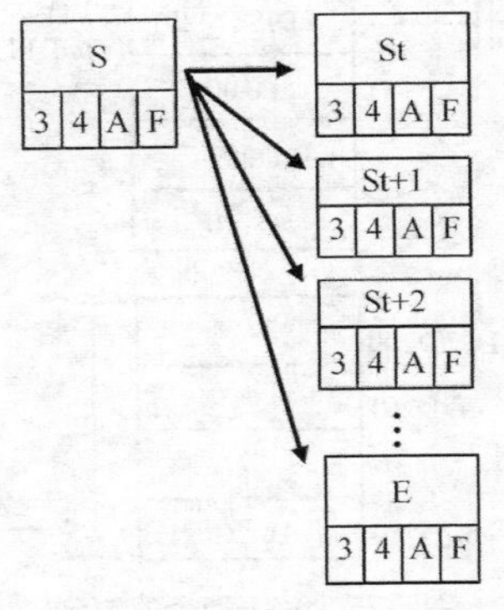

图7.71 BSET指令的功能示意图

5. 单字数据交换指令 XCHG（073）/双字数据交换指令 XCGL（562）

单字数据交换指令 XCHG 的梯形图符号及操作数取值区域见图 7.72。

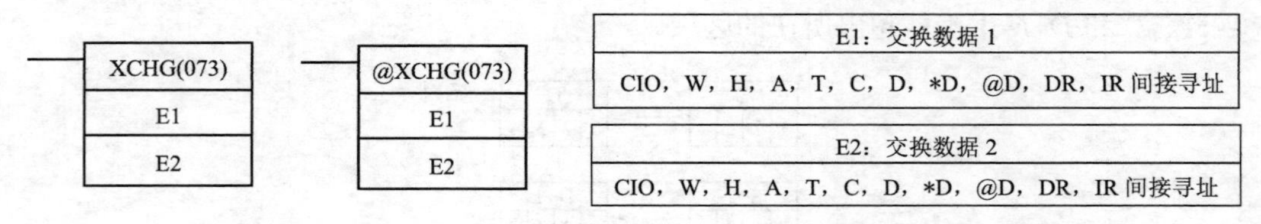

图 7.72 XCHG 指令的梯形图符号及操作数取值区域

功能：当执行条件为 ON 时，XCHG 将 E1、E2 中的数据交换，如图 7.73 所示。

双字数据交换指令 XCGL 的两个操作数都为两个连续通道，其用法与单字数据交换指令 XCHG 相似。

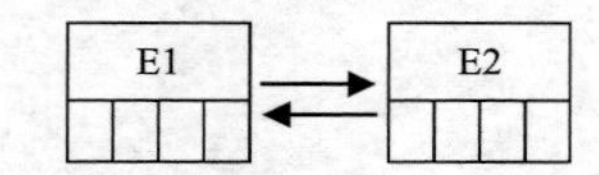

图 7.73 XCHG 指令的功能示意图

6. 数据分配指令 DIST（080）/@DIST（080）

DIST 指令的梯形图符号及操作数取值区域见图 7.74。

功能：当执行条件为 ON 时，将源数据传送到以目标通道为基址加偏移数后所指定的通道中。

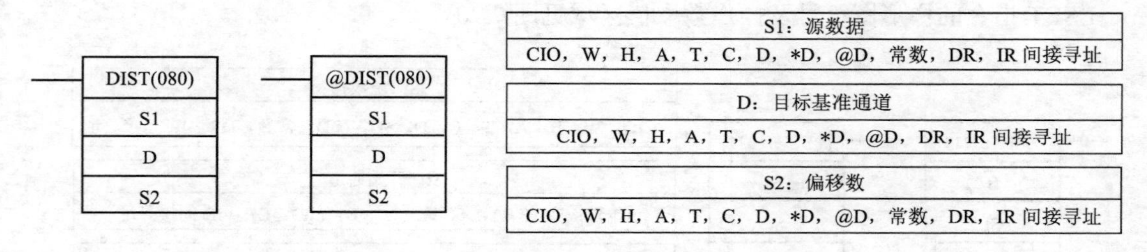

图 7.74 DIST 指令的梯形图符号及操作数取值区域

图 7.75 中，D100 中的内容为 ABCD，D300 中的内容为 000A，当 0.00 由 OFF→ON 时，将 D100 的内容传送到 D210 中，D210 是地址 D200 加上 D300 中的内容后生成的地址。通过改变 D300 中的内容，可以将 D100 的内容分配给任意的地址。

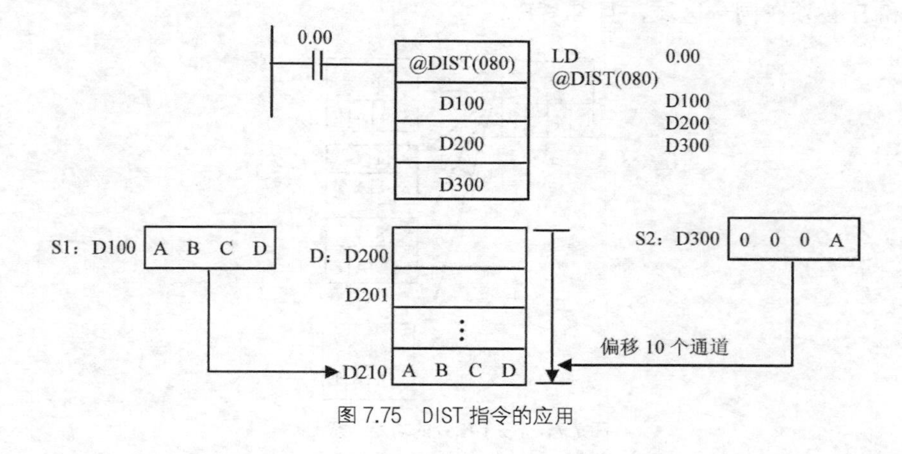

图 7.75 DIST 指令的应用

7. 数据抽取指令 COLL（081）/@COLL（081）

COLL 指令的梯形图符号及操作数取值区域见图 7.76。

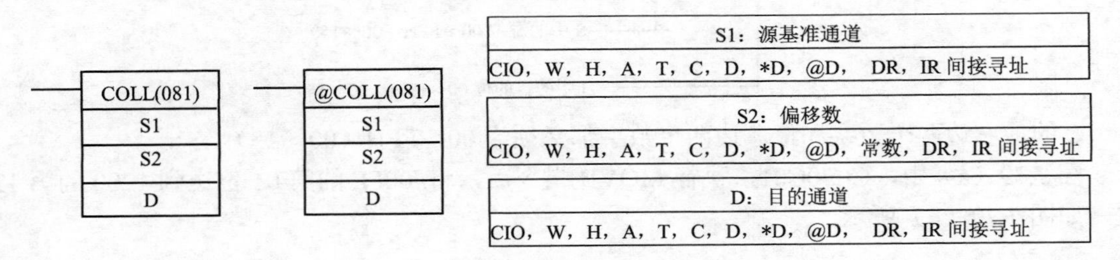

图 7.76 COLL 指令的梯形图符号及操作数取值区域

功能：当执行条件为 ON 时，将源通道为基址加偏移数后所指定通道的内容传送到目标通道中。

图 7.77 中，D110 中的内容为 ABCD，D200 中的内容为 000A，当 0.00 由 OFF→ON 时，将 D110 的内容传送到 D300 中，D110 是地址 D100 加上 D200 中的内容后生成的地址。通过改变 D200 中的内容，可以从任意的地址中抽取数据。

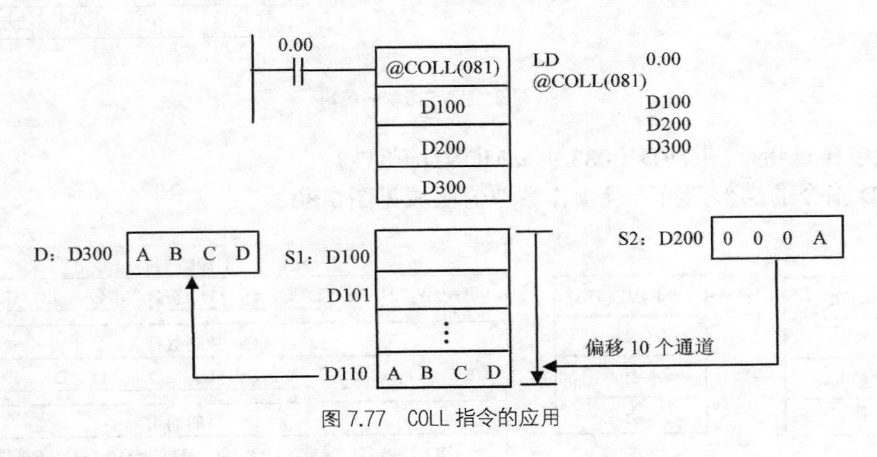

图 7.77 COLL 指令的应用

8. 位传送指令 MOVB（082）/@ MOVB（082）

MOVB 指令的梯形图符号及操作数取值区域见图 7.78。

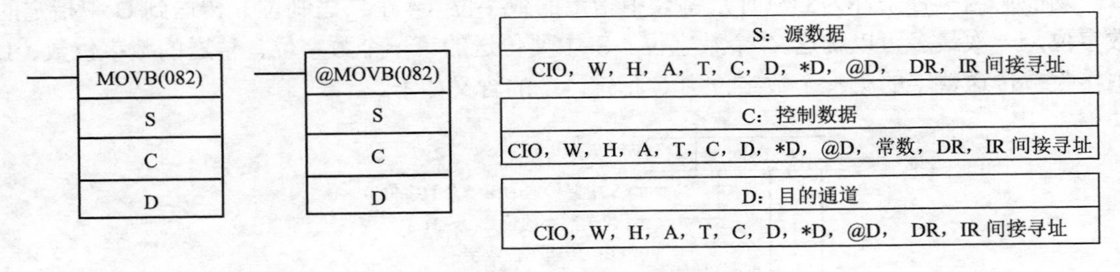

图 7.78 MOVB 指令的梯形图符号及操作数取值区域

功能：当执行条件为 ON 时，将 S 中指定的一位传送到 D 的指定位上，S 和 D 中的位由 C 指定。C 的最右边 2 个数字指定源位，C 的最左边 2 个数字指定目的位，C 的含义如下。

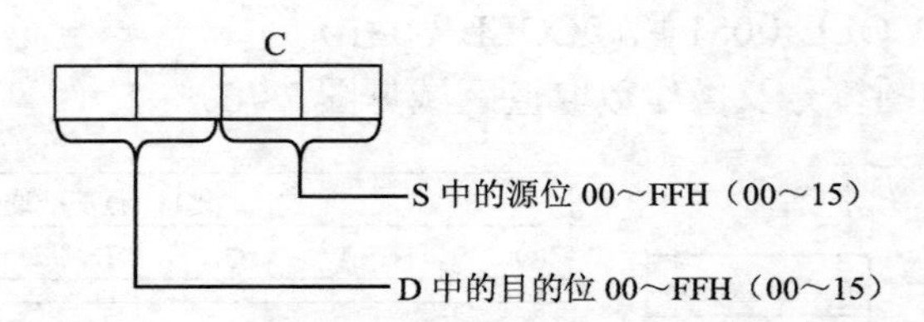

C 的最右边两个数字和最左边两个数字都必须为 00～FFH（00～15）。

图 7.79（a）中，C=#0C01，执行 MOVB 指令后，将#00FF 的第 01 位送到 1200 的第 12 位，如图 7.79（b）所示。

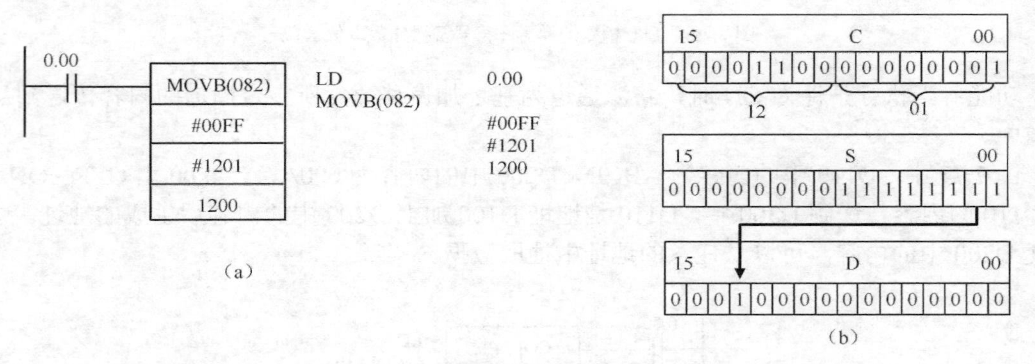

图 7.79　MOVB 指令的应用

9. 数字传送指令 MOVD（083）/@MOVD（083）

MOVD 指令的梯形图符号及操作数取值区域见图 7.80。

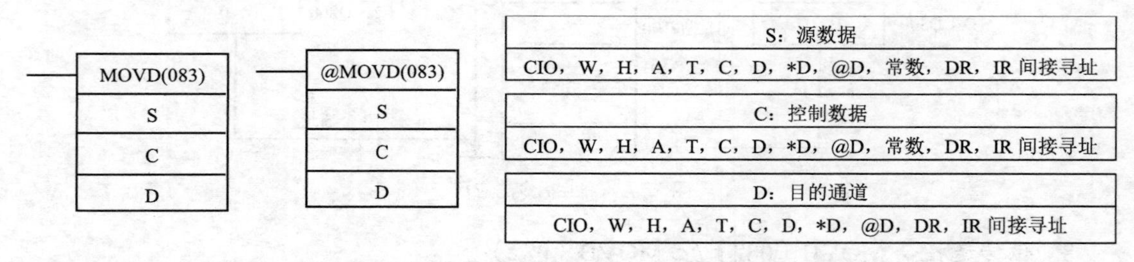

图 7.80　MOVD 指令的梯形图符号及操作数取值区域

功能：当执行条件为 ON 时，将 S 中指定的数字位（4 个二进制位）传送到 D 中指定的数字位，一次最多可以传送 4 个数字位。S 中要传送的第一个数字位、传送的数字位数、D 中接收被传送数字的第一个数字位由 C 指定，C 的含义如下。

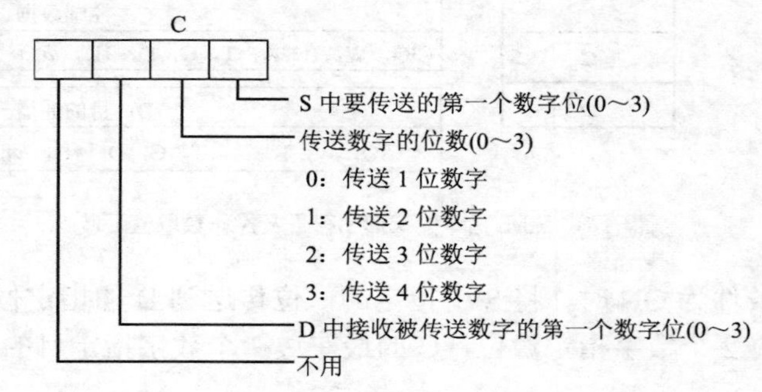

C 的低三位数都必须在 0～3 之间。

图 7.81 给出了一组传送举例。

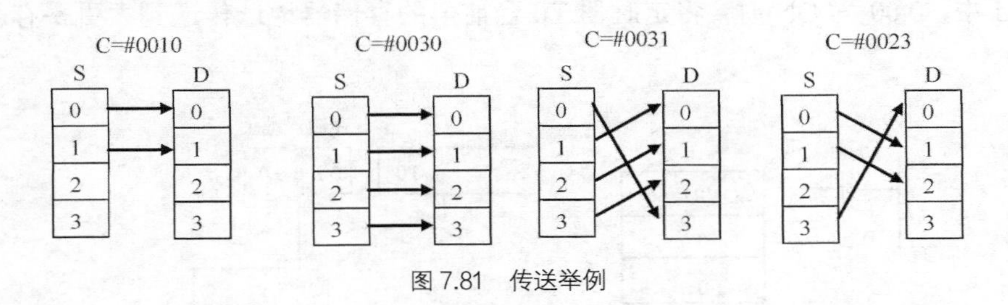

图 7.81　传送举例

10. 索引寄存器设置指令 MOVR（560）/@MOVR（560）

MOVR 指令的梯形图符号及操作数取值区域见图 7.82。

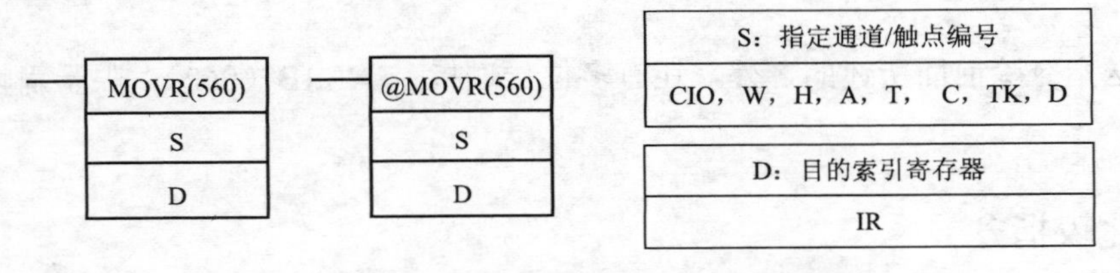

图 7.82　MOVR 指令的梯形图符号及操作数取值区域

功能：当执行条件为 ON 时，将 S 指定的通道、触点的存储器地址传送到 D 指定的索引寄存器（IR0～IR15）中。当 S 为定时器/计数器时，MOVR 是将定时器/计数器完成标志存储器的地址传送到索引寄存器中，若要获取定时器/计数器当前值存储器的地址，则需使用 MOVRW 指令。

图 7.83 中，0.00 为 ON 时，将 200CH 的存储器地址传送到索引寄存器 IR0 中。

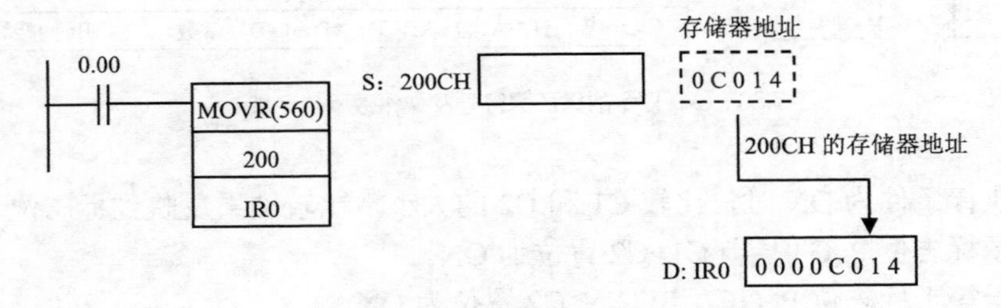

图 7.83　MOVR 指令的应用

11. 索引寄存器设置指令 MOVRW（561）/@MOVRW（561）

MOVRW 指令的梯形图符号及操作数取值区域见图 7.84。

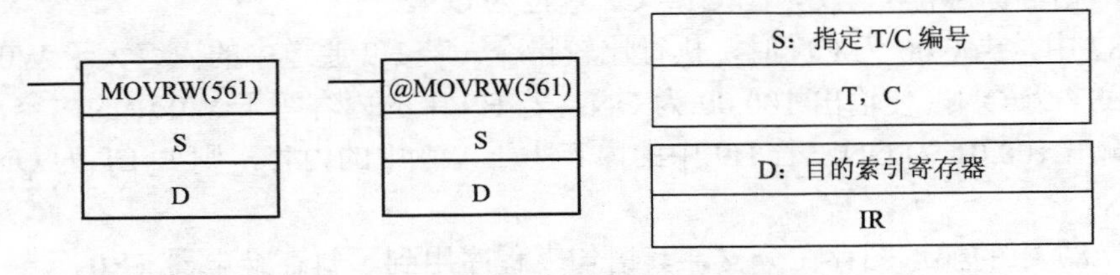

图 7.84　MOVRW 指令的梯形图符号及操作数取值区域

功能：当执行条件为 ON 时，将 S 指定的定时器/计数器当前值存储器的地址，传送到 D 指定的索引寄存器（IR0～IR15）中。

图 7.85 中，0.00 为 ON 时，将定时器 T0 当前值的存储器地址传送到索引寄存器 IR1 中。

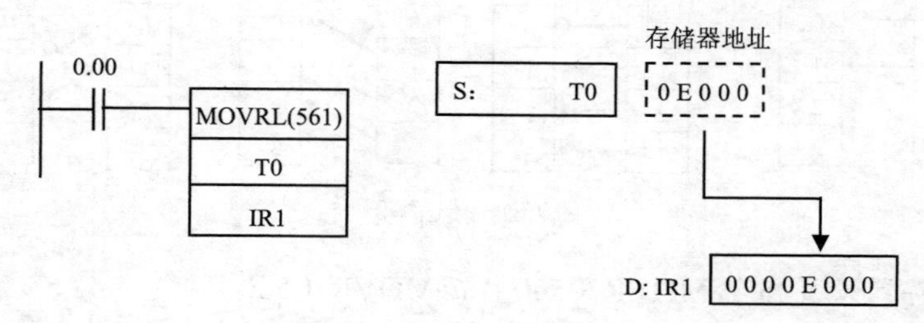

图 7.85　MOVRL 指令的应用

数据传送指令除前面所述的之外，还有多位传送指令 XFRB（062），限于篇幅，此处不再赘述。

7.6　数据比较指令

1. 无符号单字比较指令 CMP（020）/无符号双字比较指令 CMPL（060）

CMP 指令的梯形图符号及操作数取值区域见图 7.86。

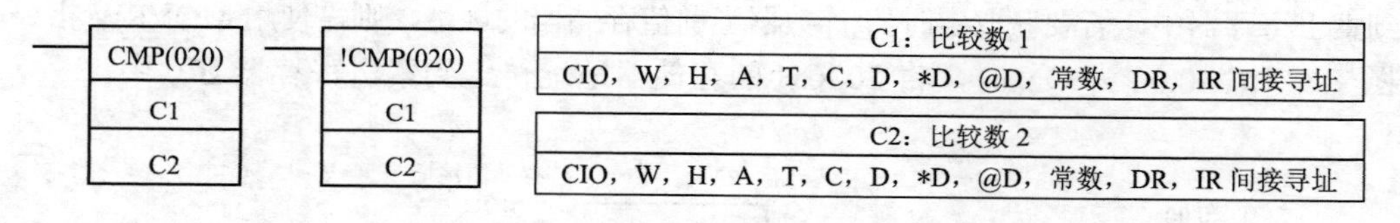

图 7.86　CMP 指令的梯形图符号及操作数取值区域

功能：当执行条件为 ON 时，比较 C1 和 C2 的大小，比较结果反映到标志位。

大于标志位 P_GT，当 C1>C2 置位为 ON。

大于等于标志位 P_GE，当 C1≥C2 置位为 ON。

等于标志位 P_EQ，当 C1=C2 置位为 ON。

小于标志位 P_LT，当 C1<C2 置位为 ON。

小于等于标志位 P_LE，当 C1≤C2 置位为 ON。

不相等标志位 P_NE，当 C1≠C2 置位为 ON。

在图 7.87 中，当 0.00 为 ON 时，执行比较指令。若 H9 通道中的内容大于 W0 通道中的内容，则 P_GT 为 ON，使输出 100.00 为 ON；若 H9 中的内容等于 W0 中的内容，则 P_EQ 为 ON，使输出 100.01 为 ON；若 H9 中的内容小于 W0 中的内容，则 P_LT 为 ON，使输出 100.02 为 ON。

注意图 7.87 中的梯形图存在分支，其语句表程序用到了暂存继电器 TR0。

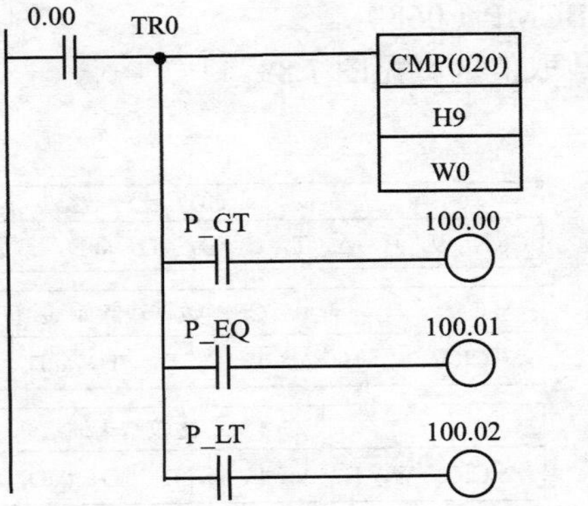

LD	0.00
OUT	TR0
CMP(20)	
	H9
	W0
LD	TR0
AND	P_GT
OUT	100.00
LD	TR0
AND	P_EQ
OUT	100.01
LD	TR0
AND	P_LT
OUT	100.02

图 7.87 CMP 指令的基本应用

梯形图如图 7.88 所示，图中使用了定时器 TIM、比较指令 CMP（020）和小于标志位 P_LT，在定时器递减计时的特定时间产生输出信号。0.00 为 ON 时，定时器开始定时，100s 后 100.00 为 ON；200s 后 100.01 为 ON；300s 后 100.02 为 ON；500s 后 100.03 为 ON。

LD	0.00
TIM	0010
	#5000
CMP(20)	
	T0010
	#4000
AND	P_LT
OUT	100.00
LD	100.00
CMP(20)	
	T0010
	#3000
AND	P_LT
OUT	100.01
LD	100.01
CMP(20)	
	T0010
	#2000
AND	P_LT
OUT	100.02
LD	T0010
OUT	100.03

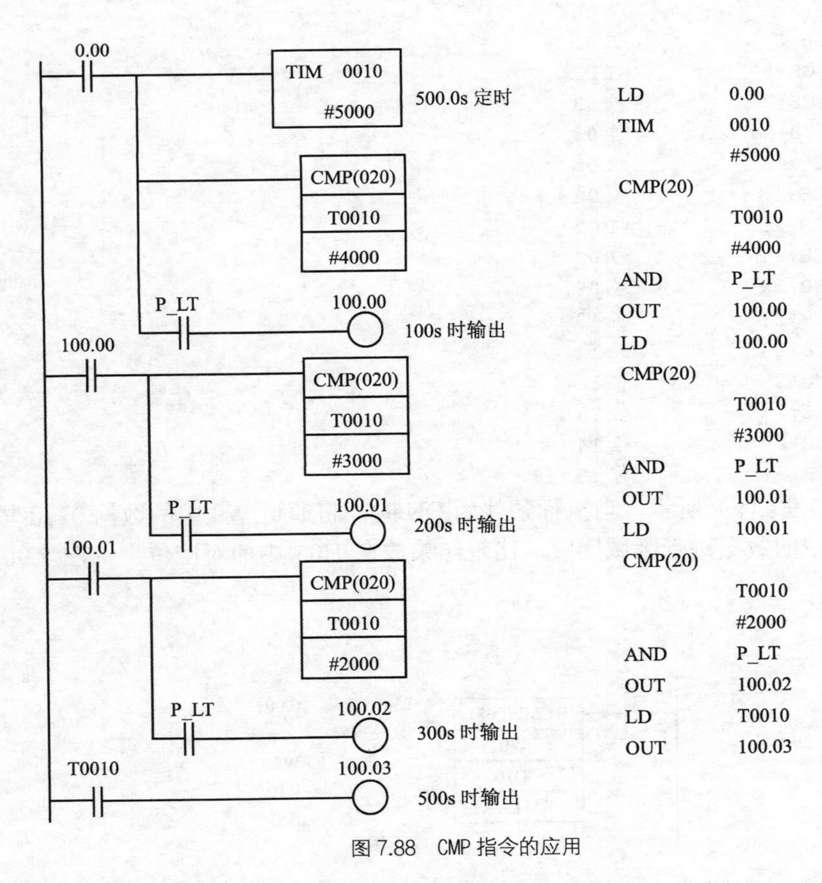

图 7.88 CMP 指令的应用

无符号双字比较指令 CMPL 是对两个双字数进行比较，其用法与 CMP 相似。

2. 块比较指令 BCMP（068）/@BCMP（068）

BCMP 指令的梯形图符号及操作数取值区域见图 7.89。

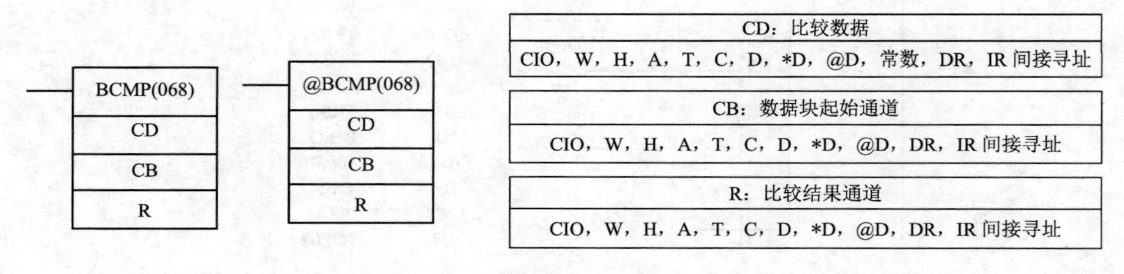

图 7.89 BCMP 指令的梯形图符号及操作数取值区域

功能：比较块由 CB，CB+1，CB+2，…，CB+31 组成，分 16 个比较区域，每一个区域由两个通道定义，第一个为下限，第二个为上限，上限值应大于等于下限值。当执行条件为 ON 时，将比较数据 CD 与每一个区域进行比较，如果 CD 处在某一个区域中，比较结果通道 R 中对应位置 1，否则该对应位置 0。区域比较与 R 位的对应关系如下。

CB≤CD≤CB+1　　位 00
CB+2≤CD≤CB+3　　位 01
CB+4≤CD≤CB+5　　位 02
CB+6≤CD≤CB+7　　位 03
CB+8≤CD≤CB+9　　位 04
CB+10≤CD≤CB+11　　位 05
CB+12≤CD≤CB+13　　位 06
CB+14≤CD≤CB+15　　位 07
CB+16≤CD≤CB+17　　位 08
CB+18≤CD≤CB+19　　位 09
CB+20≤CD≤CB+21　　位 10
CB+22≤CD≤CB+23　　位 11
CB+24≤CD≤CB+25　　位 12
CB+26≤CD≤CB+27　　位 13
CB+28≤CD≤CB+29　　位 14
CB+30≤CD≤CB+31　　位 15

梯形图如图 7.90（a）所示，当执行条件为 ON 时，将通道 W0 中的数据 0210 与 D10 开始的比较块通道中的数据进行区域比较，比较结果放在 H05 中的对应位上，图 7.90（b）给出了执行结果。

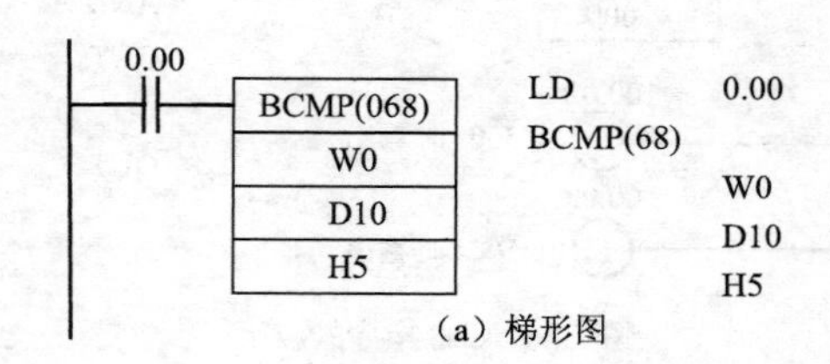

（a）梯形图

图 7.90 BCMP 指令的应用

比较数据

W0	0210

下 限

D10	0000
D12	0101
D14	0201
D16	0301
D18	0401
D20	0501
D22	0601
D24	0701
D26	0801
D28	0901
D30	1001
D32	1101
D34	1201
D36	1301
D38	1401
D40	1501

上 限

D11	0100
D13	0200
D15	0300
D17	0400
D19	0500
D21	0600
D23	0700
D25	0800
D27	0900
D29	1000
D31	1100
D33	1200
D35	1300
D37	1400
D39	1500
D41	1600

比较结果通道：H05

H5.00	0
H5.01	0
H5.02	1
H5.03	0
H5.04	0
H5.05	0
H5.06	0
H5.07	0
H5.08	0
H5.09	0
H5.10	0
H5.11	0
H5.12	0
H5.13	0
H5.14	0
H5.15	0

（b）执行结果

图 7.90　BCMP 指令的应用（续）

3. 表比较指令 TCMP（085）/@TCMP（085）

TCMP 指令的梯形图符号及操作数取值区域见图 7.91。

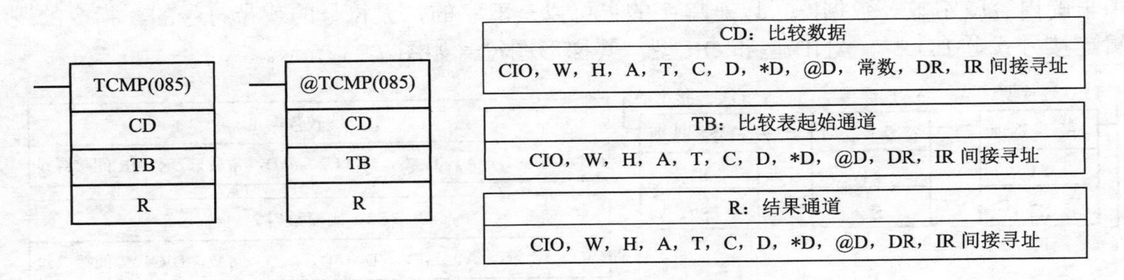

图 7.91　TCMP 指令的梯形图符号及操作数取值区域

功能：当执行条件为 ON 时，将数据 CD 与 TB，TB+1，TB+2，…，TB+15 中的数据进行比较，如果 CD 与这些通道中某一个数据相同，则结果通道 R 中相应的位置 1，否则置 0。例如，如果 CD 等于 TB 中内容，则 R 中的 bit00 为 1，如果 CD 不等于 TB+1 中内容，则 R 中的 bit01 为 0，依此类推。

梯形图如图 7.92（a）所示，当执行条件 0.00 为 ON 时，将通道 W0 中的数据 0210 与 D10 开始的 16 个通道中的数据进行比较，比较结果放在 H5 中的对应位上，图 7.92（b）给出了执行结果。

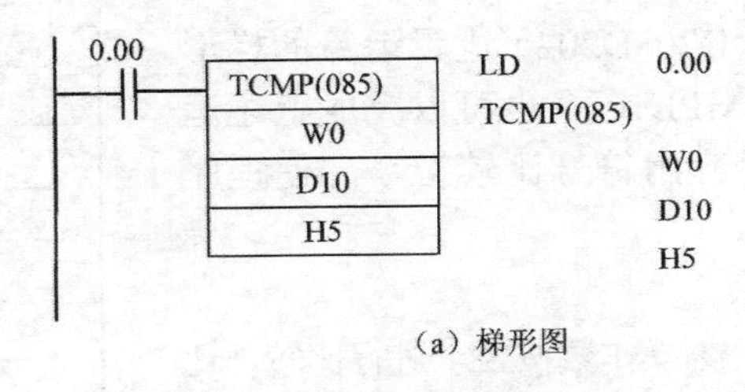

（a）梯形图

图 7.92　TCMP 指令的应用

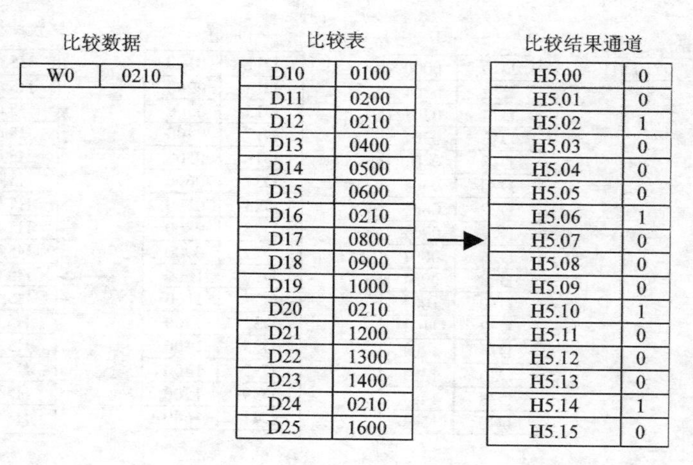

比较数据

W0	0210

比较表

通道	数据
D10	0100
D11	0200
D12	0210
D13	0400
D14	0500
D15	0600
D16	0210
D17	0800
D18	0900
D19	1000
D20	0210
D21	1200
D22	1300
D23	1400
D24	0210
D25	1600

比较结果通道

位	值
H5.00	0
H5.01	0
H5.02	1
H5.03	0
H5.04	0
H5.05	0
H5.06	1
H5.07	0
H5.08	0
H5.09	0
H5.10	1
H5.11	0
H5.12	0
H5.13	0
H5.14	1
H5.15	0

（b）执行结果

图 7.92　TCMP 指令的应用（续）

4. 符号比较指令

符号比较指令对两个数据进行比较，比较结果为真时，逻辑上则接通。这两个数据为通道里的内容或常数。数据既可以是单字的也可以是双字的，无符号的或带符号的，指令的逻辑连接方式分 LD 型、AND 型和 OR 型，其梯形图符号如图 7.93 所示。

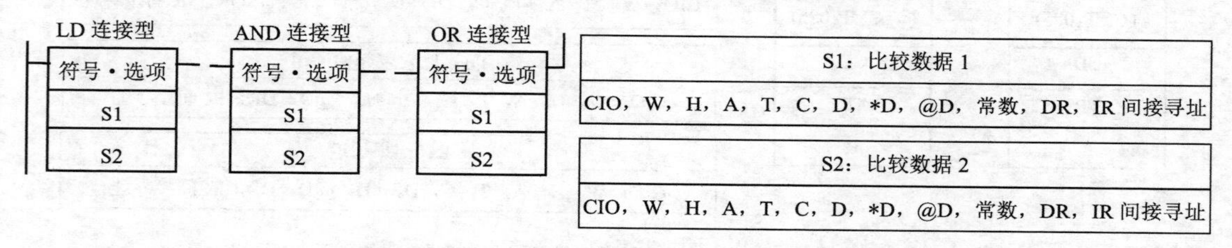

图 7.93　符号比较指令的梯形图符号及操作数取值区域

指令中的符号・选项共有如下 24 种选择。

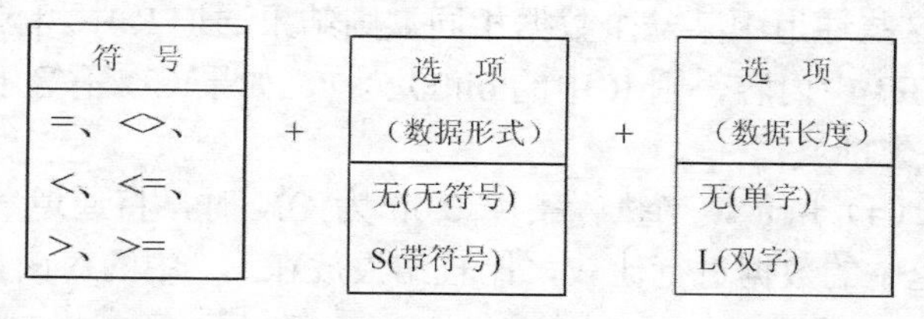

图 7.94 为应用符号比较指令执行（D100≤D101≤D102）·OR·（D201D200≥D203D202）逻辑运算的梯形图。使用 CMP 指令和 CMPL 指令也可以完成上述运算，但要麻烦得多，这里应用符号比较指令，使程序相当简洁。

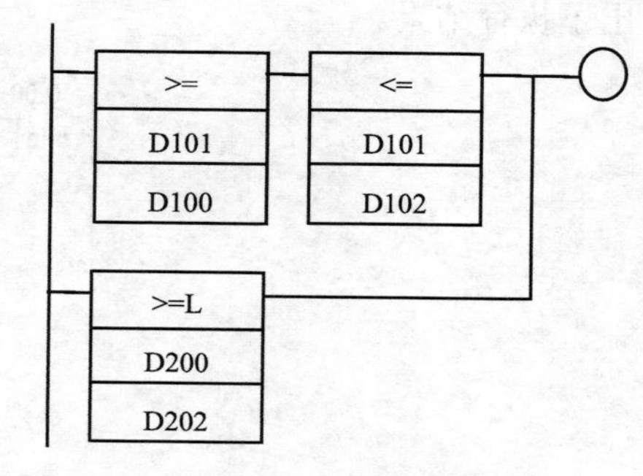

图 7.94　符号比较指令的应用

5. 时刻比较指令

时刻比较指令对两个时刻操作数按要求进行比较，比较结果为真时，逻辑上则接通。指令的逻辑连接方式分 LD 型、AND 型和 OR 型，其梯形图符号如图 7.95 所示。

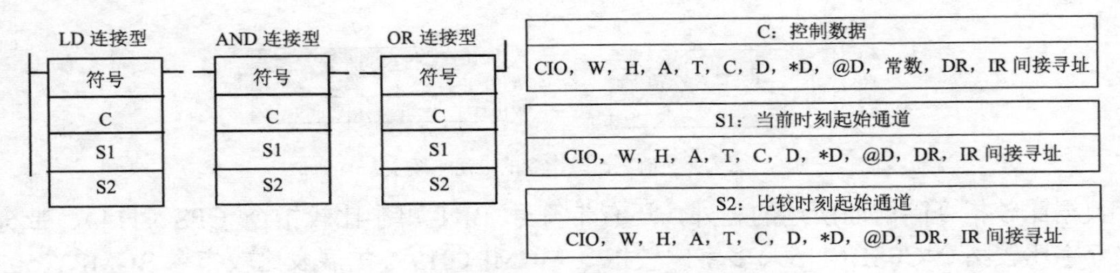

图 7.95 符号比较指令的梯形图符号及操作数取值区域

其中符号包括“=DT”、“<>DT”、“<DT”、“>DT”、“<=DT”、“>=DT”等。

控制数据 C 如下所示。

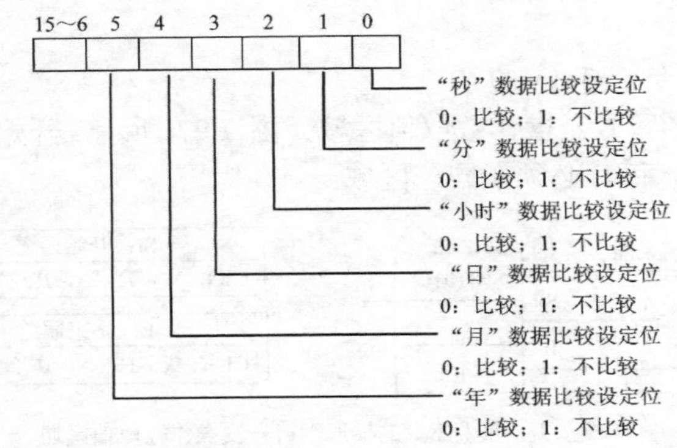

当前时刻数值通道 S1～S1+2 如下所示。

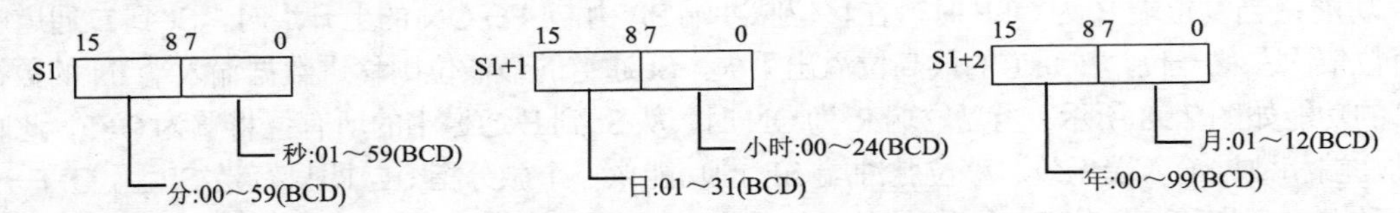

CPU 单元的内部时钟所占通道为 A351～A353，可以作为当前时刻的赋值通道。

比较时刻数值通道 S2～S2+2，其设定值的格式与 S1～S1+2 相同。

图 7.96 为时刻比较指令的应用，控制通道 W0 的内容为 0038H，表示仅对时刻的“秒”、“分”和“小时”进行比较，时刻的“年”、“月”和“日”不比较。将 CPU 内部时钟当前时刻 A351～A353 与 W100～W102 中指定的内容（图中阴影部分）进行等值比较，当内部时钟到达设定时刻“13:00:00”时，100.01 为 ON。

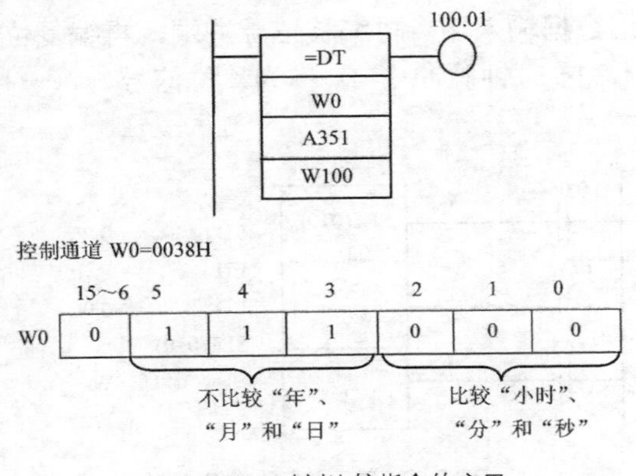

图 7.96 时刻比较指令的应用

	15　　8	7　　0
A351	分	秒
A352	日	小时
A353	年	月

	15　　8	7　　0
W100	00	00
W101	—	13
W102	—	—

图 7.96　时刻比较指令的应用（续）

数据比较指令除前面所述的之外，还有带符号 BIN 单字比较指令 CPS（114）、带符号 BIN 双字比较指令 CPSL（115）、多字比较指令 MCMP（019）、扩展表比较指令 BCMP2（502）、双字区域比较指令 ZCPL（116），限于篇幅，不再赘述。

7.7　数据移位指令

1．移位寄存器指令 SFT（010）

SFT 指令的梯形图符号及操作数取值区域如图 7.97 所示，开始通道号 St 必须小于或等于结束通道号 E，且 St 和 E 必须在同一区域。

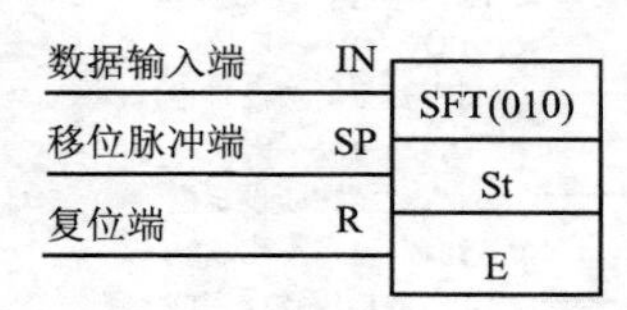

St：开始通道
CIO，W，H，A，IR 间接寻址

E：结束通道
CIO，W，H，A，IR 间接寻址

图 7.97　SFT 指令的梯形图符号及操作数取值区域

功能：当复位端 R 为 OFF 时，在移位脉冲端 SP 由 OFF→ON 的上升沿时，St 到 E 通道中的所有位依次左移一位，E 通道的最高位溢出丢失，St 通道的最低位则移进数据输入端 IN 的数据，SFT 的功能如图 7.98 所示。当复位端 R 为 ON 时，从 St 到 E 通道中的所有位将置为 OFF，此时移位脉冲端和数据输入端无效。移位脉冲端 SP 的功能像一个微分指令，即只有当 SP 由 OFF→ON 的上升沿才产生移位，当 SP 的状态不变，或由 ON→OFF 时，不产生移位。

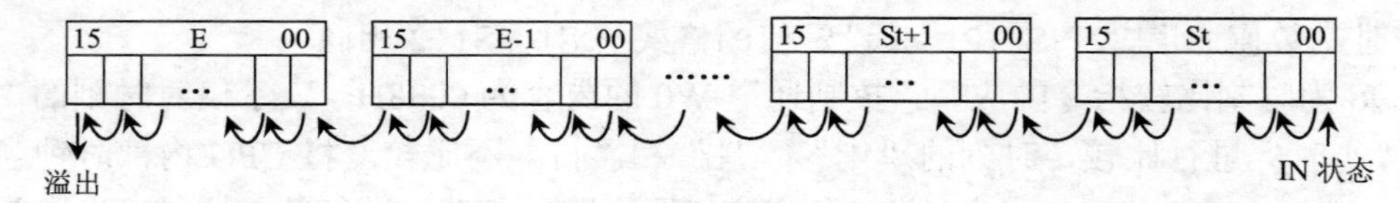

图 7.98　SFT 指令的功能示意图

SFT 指令编程时，先编数据输入端，再编移位脉冲端，再编复位端，最后编 SFT 指令。

梯形图如图 7.99 所示，1s 时钟脉冲 P_1s 作为移位信号，每一秒钟 0.05 位的数据移进 W0 一次。

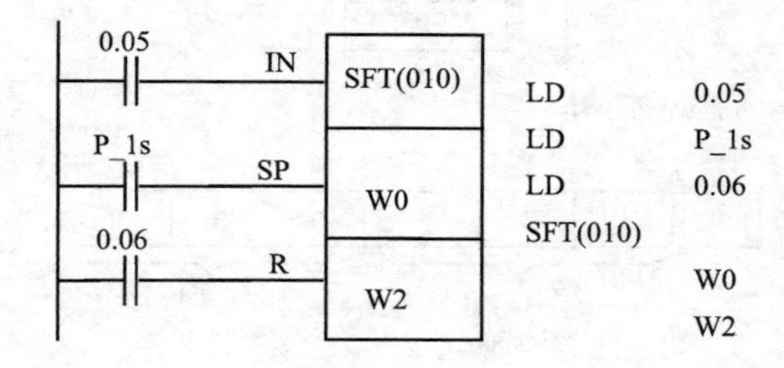

图 7.99　SFT 指令的应用

说明：SFT 指令不影响标志位。

2. 可逆移位寄存器指令 SFTR（084）/@SFTR（084）

SFTR 指令的梯形图符号及操作数取值区域见图 7.100。

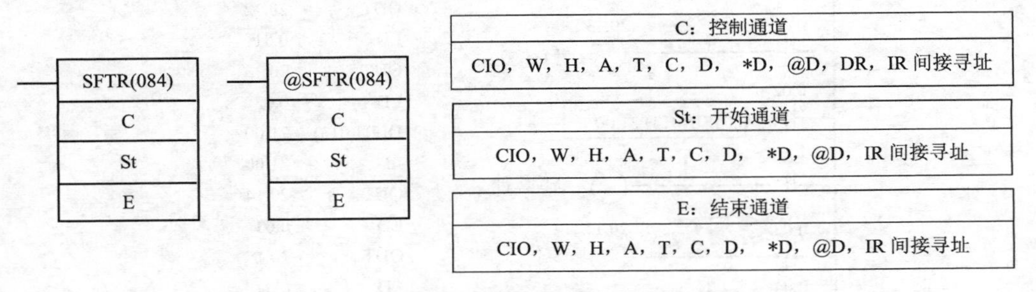

图 7.100　SFTR 指令的梯形图符号及操作数取值区域

开始通道号 St 必须小于或等于结束通道号 E，且 St 和 E 必须在同一区域。控制通道 C 中的数据规定了移位方向、数据输入端、移位脉冲端和复位端，C 的含义如下。

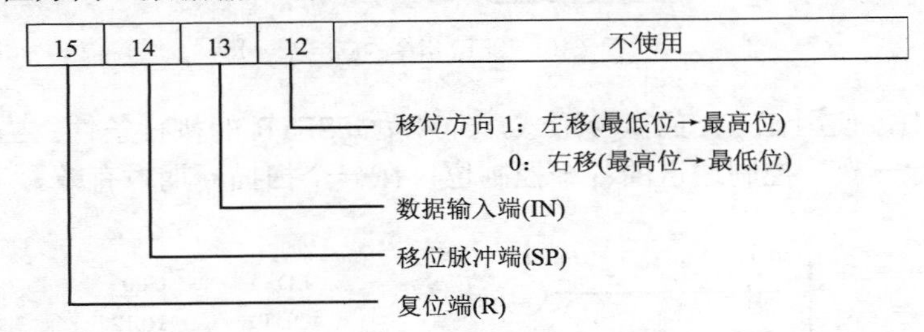

功能：当执行条件为 ON 时，SFTR 开始工作。如果控制通道复位端（bit15）为 ON，则从 St 到 E 通道的数据及进位位 CY 全部复位为 0，SFTR 不能接收输入数据。如果控制通道的复位端（bit15）为 OFF，则在控制通道移位脉冲端（bit14）为 ON 时，St 到 E 通道的数据根据控制通道规定的移位方向（bit12）移位。如果是左移，则 St 到 E 通道的数据每个扫描周期左移一位，控制通道输入端（bit13）的数据移入开始通道 St 的 bit00，结束通道 E 的 bit15 的数据移入进位位 CY。如果是右移，则 St 到 E 通道的数据每个扫描周期右移一位，控制通道输入端（bit13）的数据移入结束通道 E 的 bit15，开始通道 St 的 bit00 的数据移入进位位 CY。当 SFTR 的执行条件为 OFF 时，停止工作，此时复位信号不起作用，即当复位信号为 ON 时，St 到 E 通道的数据及进位位 CY 保持不变。

图 7.101 中，0.04 为 SFTR 的执行条件，20 为控制通道，可逆移位寄存器由 1200、1201 两个通道构成。0.00 控制移位方向，0.01 是移位寄存器的数据输入端，以 0.02 的微分信号作为移位脉冲。当 0.04 为 ON 时，SFTR 开始工作。当 0.04 为 ON 且 0.03 为 ON 时，1200～1201 及进位位 CY 的数据清 0。当 0.04 为 ON 且 0.03 为 OFF，0.02 由 OFF→ON 时，1200～1201 的数据进行一次移位，移位方向取决于 0.00。0.00 为 ON 则左移一位，0.00 为 OFF 则右移一位。左移时，0.01 的状态移入 1200 的 bit00，1201 的 bit15 移入进位位 CY；右移时，0.01 的状态移入 1201 的 bit15，1200 的 bit00 移入进位位 CY。注意这里以 0.02 的微分信号作为移位脉冲，只有当 0.02 由 OFF→ON 时才移位一次。如果直接以 0.02 为移位脉冲，当 0.02 为 ON 时，每扫描一次，都要执行一次移位，移位次数失去控制。当 SFTR 的执行条件为 OFF 时，停止工作，此时控制通道 20 的各个控制位失效，1200～1201 及进位位 CY 的数据

将保持不变。

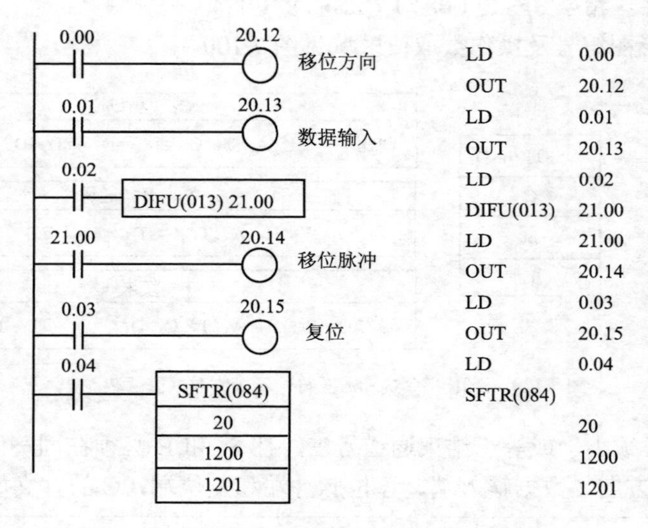

图 7.101 SFTR 指令的应用（一）

图 7.102 中，使用 SFTR 的微分形式，0.04 为@SFTR 的执行条件。当 0.04 由 OFF→ON 时，SFTR 执行一次，控制通道的各个控制位仅在一个扫描周期内有效。

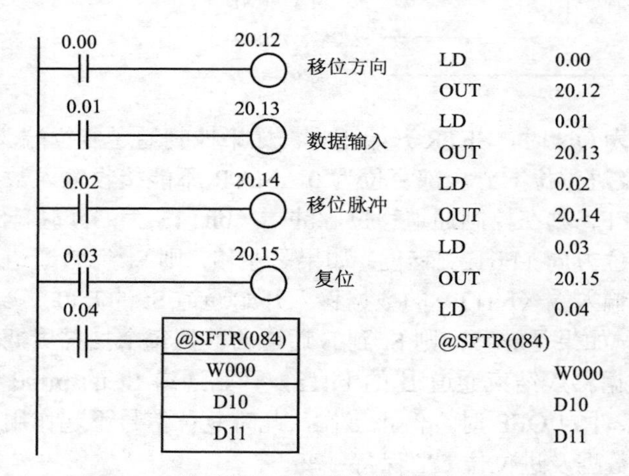

图 7.102 SFTR 指令的应用（二）

3. 字移位指令 WSFT（016）/@WSFT（016）

WSFT 指令的梯形图符号及操作数取值区域见图 7.103。

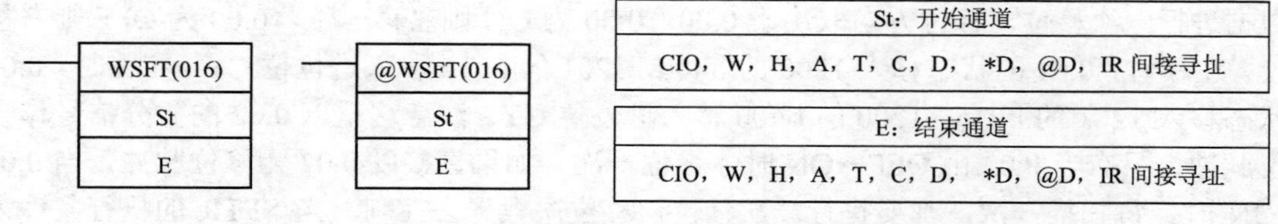

图 7.103 WSFT 指令的梯形图符号及操作数取值区域

功能：当执行条件为 ON 时，WSFT 每执行一次将 St 和 E 通道中的数据以字为单位左移一次，0000 移进 St，E 中的数据溢出丢失。

在图 7.104 中，当 0.00 为 ON 时，执行 WSFT 指令，将 1200、1201、1202 中的数据按字移位，0000 移进 1200，1202 中的字溢出。

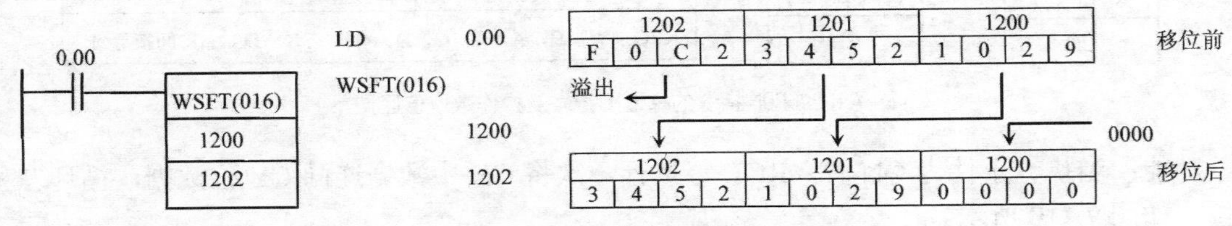

图 7.104 WSFT 指令的应用

4. 单字算术左移指令 ASL（025）/双字算术左移指令 ASLL（570）

ASL 指令的梯形图符号及操作数取值区域见图 7.105。

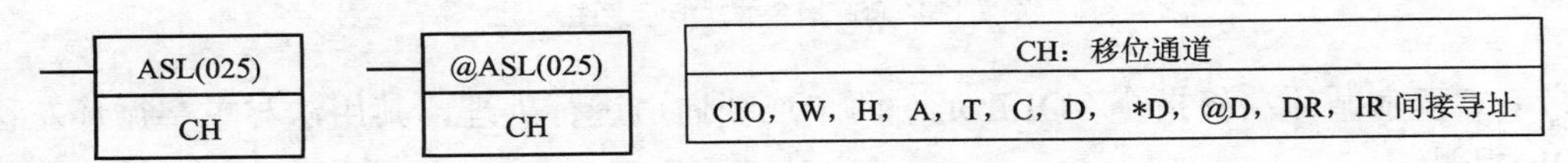

图 7.105 ASL 指令的梯形图符号及操作数取值区域

功能：当执行条件为 ON 时，ASL 每执行一次将 CH 中数据左移一位，最高位移到 CY 位，0 移进最低位，如图 7.106 所示。

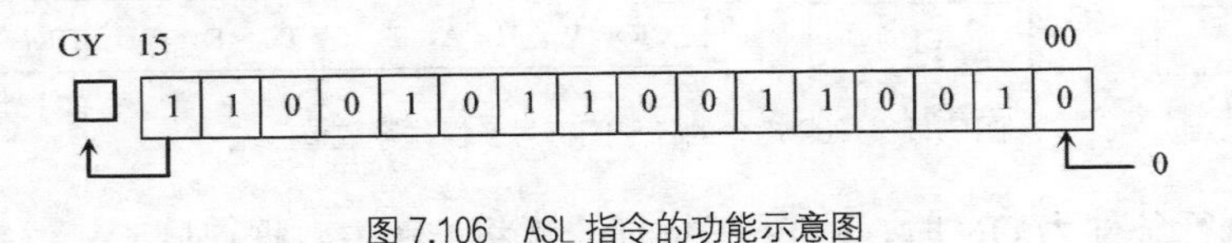

图 7.106 ASL 指令的功能示意图

双字算术左移指令 ASLL 是对两个连续通道进行处理，其用法与单字算术左移指令 ASL 相似。

5. 单字算术右移指令 ASR（26）/双字算术右移指令 ASRL（571）

ASR 指令的梯形图符号及操作数取值区域见图 7.107。

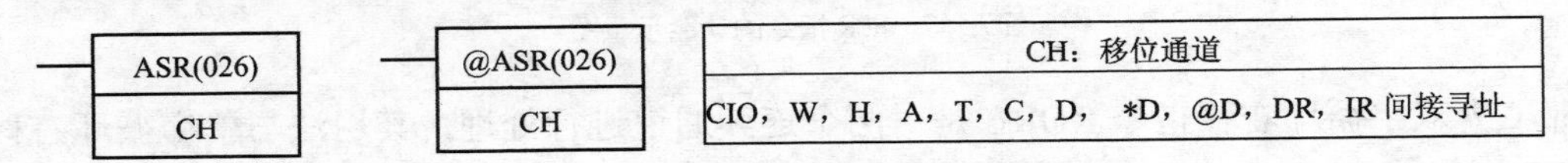

图 7.107 ASR 指令的梯形图符号及操作数取值区域

功能：当执行条件为 ON 时，ASR 每执行一次将 CH 中数据右移一位，最低位移到 CY 位，0 移进最高位，如图 7.108 所示。

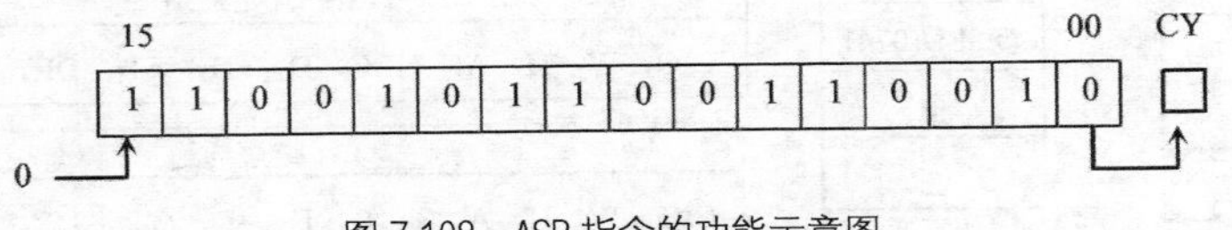

图 7.108 ASR 指令的功能示意图

双字算术右移指令ASRL是对两个连续通道进行处理,其用法与单字算术右移指令ASR相似。

6. 带 CY 单字循环左移指令 ROL（27）/带 CY 双字循环左移指令 ROLL（572）

ROL 指令的梯形图符号及操作数取值区域见图 7.109。

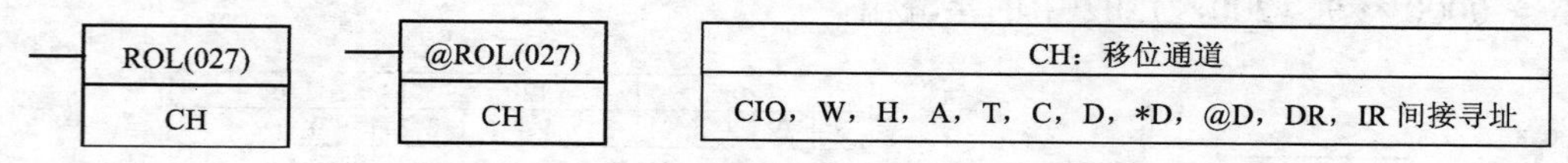

图 7.109 ROL 指令的梯形图符号及操作数取值区域

功能：当执行条件为 ON 时，ROL 每执行一次将 CH 中数据连同 CY 位数据，循环左移一位，如图 7.110 所示。

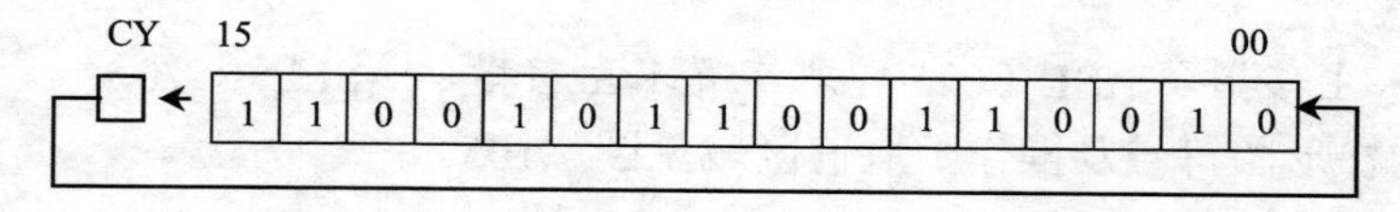

图 7.110 ROL 指令的功能示意图

带 CY 双字循环左移指令 ROLL 是对两个连续通道进行处理，其用法与单字循环左移指令 ROL 相似。

7. 带 CY 单字循环右移指令 ROR（028）/带 CY 双字循环右移指令 RORL（573）

ROR 指令的梯形图符号及操作数取值区域见图 7.111。

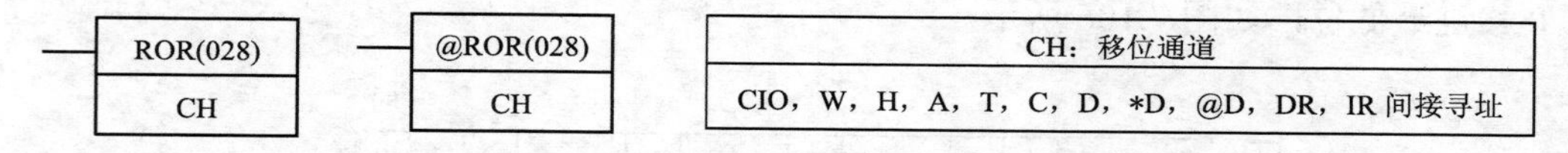

图 7.111 ROR 指令的梯形图符号及操作数取值区域

功能：当执行条件为 ON 时，ROR 每执行一次将 CH 中数据连同 CY 位数据，循环右移一位，如图 7.112 所示。

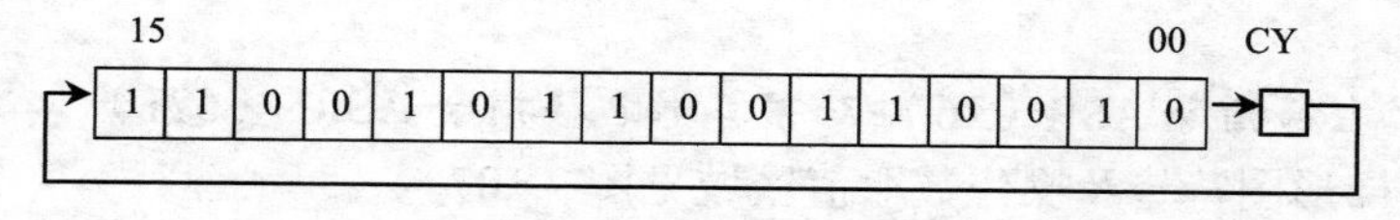

图 7.112 ROR 指令的功能示意图

带 CY 双字循环右移指令 RORL 是对两个连续通道进行处理，其用法与单字循环右移指令 ROR 相似。

8. 1 位数字左移指令 SLD（074）/@SLD（074）

SLD 指令的梯形图符号及操作数取值区域见图 7.113。

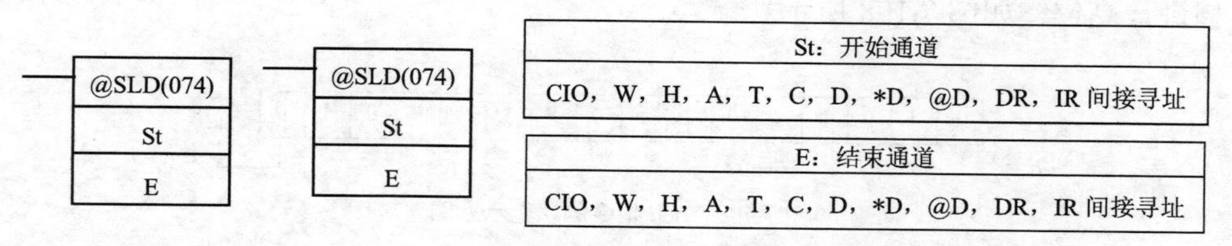

图 7.113 SLD 指令的梯形图符号及操作数取值区域

功能：当执行条件为 ON 时，SLD 每执行一次将 St 到 E 通道中的数据以数字（4 位二进制）为单位左移一次，E 的最高位数字溢出丢失，St 的最低位数字填入 0，如图 7.114 所示。

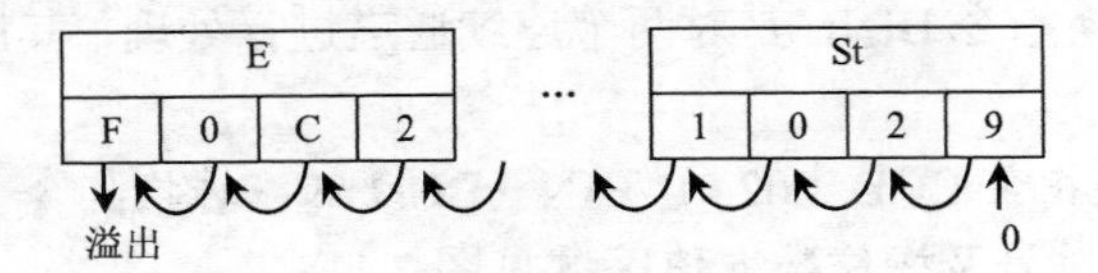

图 7.114 SLD 指令的功能示意图

9. 1 位数字右移指令 SRD（075）/@SRD（075）

SRD 指令的梯形图符号及操作数取值区域见图 7.115。

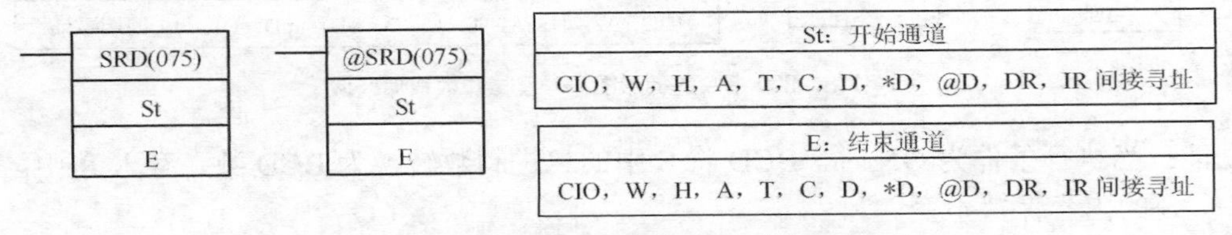

图 7.115 SRD 指令的梯形图符号及操作数取值区域

功能：当执行条件为 ON 时，SRD 每执行一次将 St 到 E 通道中的数据以数字（4 位二进制）为单位右移一次，E 的最高位数字填入 0，St 的最低位数字溢出丢失，如图 7.116 所示。

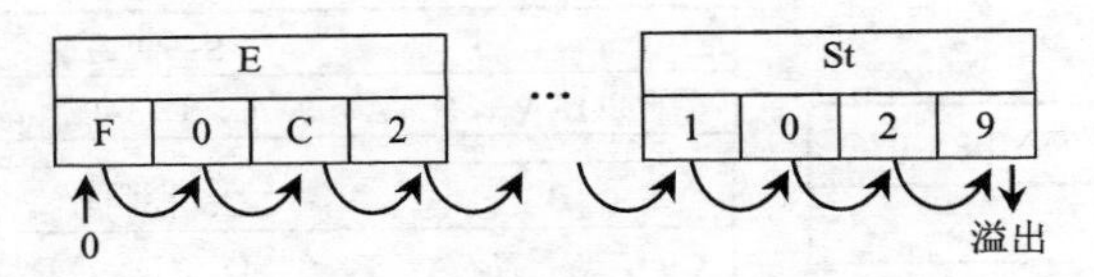

图 7.116 SRD 指令的功能示意图

数据移位指令除前面所述的之外，还有非同步移位寄存器指令 ASFT（017）、无 CY 单字循环左移 RLNC(574)/无 CY 双字循环左移 RLNL(576)、无 CY 单字循环右移 RRNC(575)/无 CY 双字循环右移 RRNL（577）、*N* 位数字左移 NSFL（578）、*N* 位数字右移 NSFR（579）、单字 *N* 位左移 NASL（580）/双字 *N* 位左移 NSLL（582）、单字 *N* 位右移 NASR（581）/双字 *N* 位右移 NSRL（583），限于篇幅，此处不再赘述。

7.8 数据转换指令

1. BCD→BIN 单字转换指令 BIN（023）/ BCD→BIN 双字转换指令 BINL（058）

BCD→BIN 单字转换指令 BIN 的梯形图符号及操作数取值区域如图 7.117 所示。

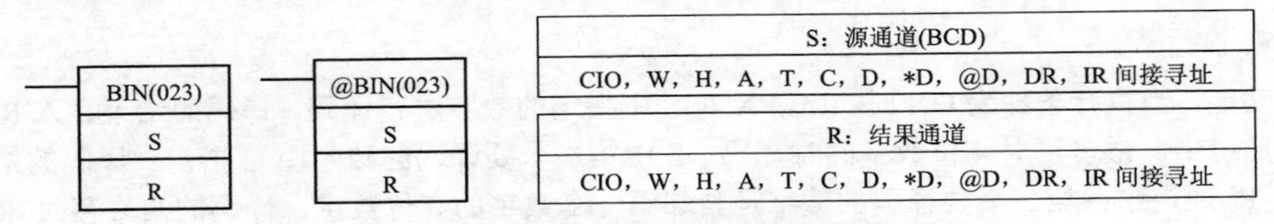

图 7.117 BIN 指令的梯形图符号及操作数取值区域

功能：当执行条件为 ON 时，BIN 将 S 中的 BCD 数转换为二进制数，存入 R 中。转换过程中，S 的内容保持不变。

BCD→BIN 双字转换指令 BINL 是对两个连续通道进行处理，其用法与 BCD→BIN 单字转换指令 BIN 相似。

2. BIN→BCD 转换指令 BCD（024）/BIN→BCD 双字转换指令 BCDL（059）

BCD 指令的梯形图符号及操作数取值区域见图 7.118。

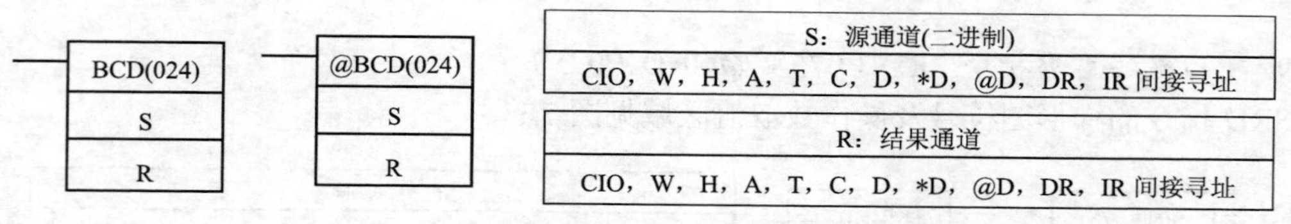

图 7.118　BCD 指令的梯形图符号及操作数取值区域

功能：当执行条件为 ON 时，BCD 将 S 中的二进制数转换为 BCD 数，存入 R 中。转换过程中，S 的内容保持不变。

BIN→BCD 双字转换指令 BCDL 是对两个连续通道进行处理，其用法与 BIN→BCD 单字转换指令 BCD 相似。

3. 4→16 译码器指令 MLPX（076）/@MLPX（076）

MLPX 指令的梯形图符号及操作数取值区域见图 7.119。

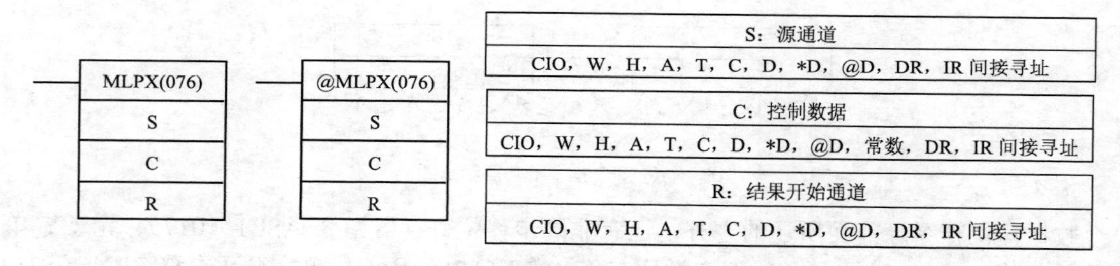

图 7.119　MLPX 指令的梯形图符号及操作数取值区域

控制数据 C 的含义如下。

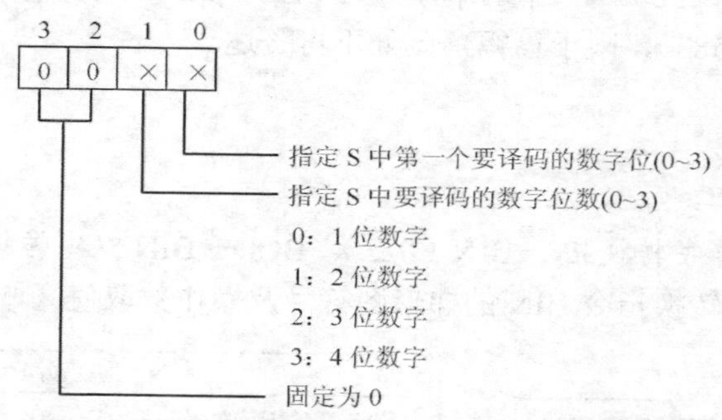

功能：当执行条件为 ON 时，MLPX 对 S 中指定的数字进行译码，译码的结果存入 R 开始的通道中。最多可对 4 位数字同时译码。S 中第一个要译码的数字由 C 指定，译码的结果存入 R 通道中；第二个要译码的数字是紧邻第一个数字的高位数字，译码的结果存入 R+1 通道中；依此类推，第四个要译码的数字是紧邻第三个数字的高位数字，译码的结果存入 R+3

通道中。若对S中的数字3译码后仍不够要译码的数字位数，则再从S的数字0译码。对S中的某位数字译码时，把这位数字（1位十六进制）转换为0～15的十进制数，然后将指定结果通道中与该十进制数对应的位置为ON，其余各位置为OFF。

图7.120所示是一些控制数据C值及由其控制的数字到字的转换举例。

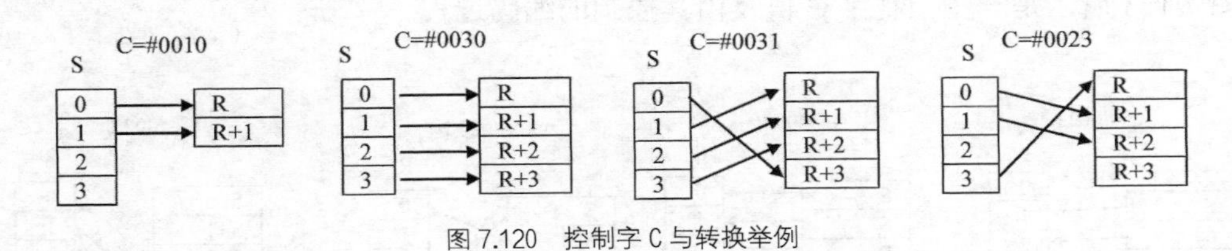

图7.120　控制字C与转换举例

图7.121所示是取S中的第二个数字进行译码的例子，C=#0001，表示从第1位开始转换，只转换1位。

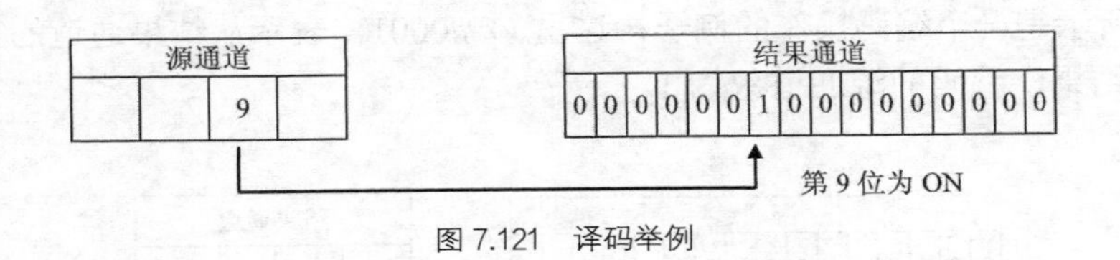

图7.121　译码举例

4. 16→4编码器指令DMPX（077）/@DMPX（077）

DMPX指令的梯形图符号及操作数取值区域如图7.122所示。

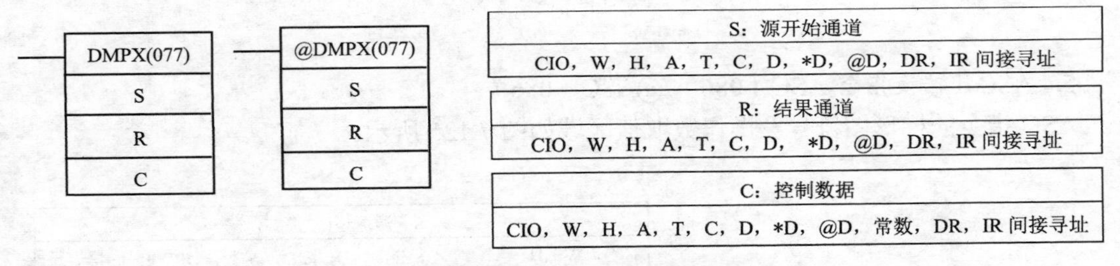

图7.122　DMPX指令的梯形图符号及操作数取值区域

控制数据C的含义如下。

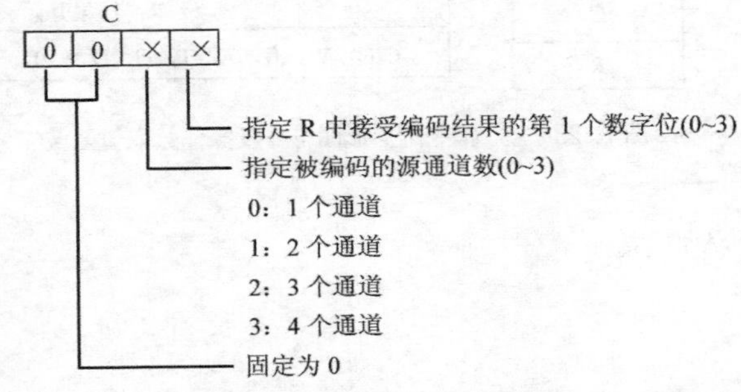

功能：当执行条件为ON时，DMPX对源通道进行编码，编码结果存放在R中指定的数字位上。一次最多可对4个源通道进行编码。第一个源通道S的编码结果放入R中指定

的开始存放数字位上，S+1 通道的编码结果放入 R 中的紧邻开始存放数字位的高位数字上，依此类推，存完 R 的数字 3 后再从 R 的数字 0 开始存放。对源通道编码时，把该通道状态为 ON 的最高位的位号，编码成相应的一位十六进制数，然后传送到结果通道的指定数字位上。

图 7.123 所示是一些控制字 C 值及由其控制的编码过程。

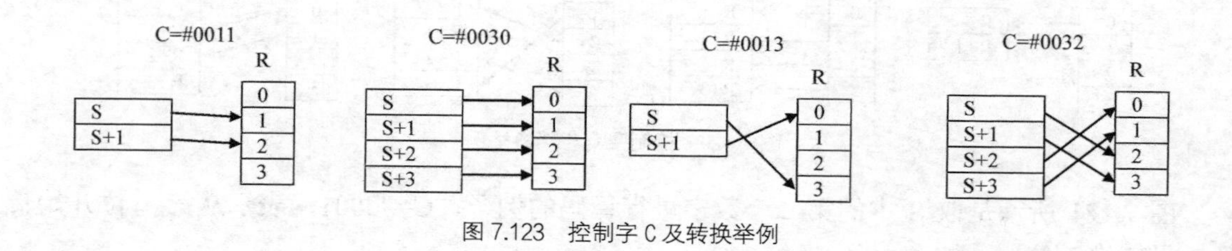

图 7.123　控制字 C 及转换举例

图 7.124 所示是一个编码操作的例子，这里 C=#0001，表示从结果通道的第 1 个数字位开始存放编码结果，编码的源通道数为 1。

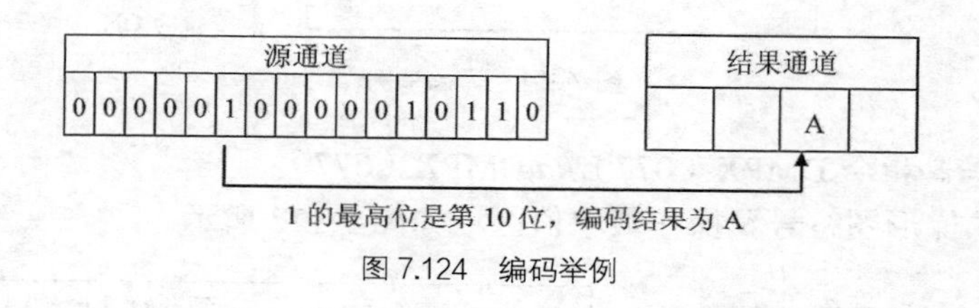

图 7.124　编码举例

5. ASCⅡ转换指令 ASC（086）/@ASC（086）

ASC 指令的梯形图符号及操作数取值区域如图 7.125 所示。

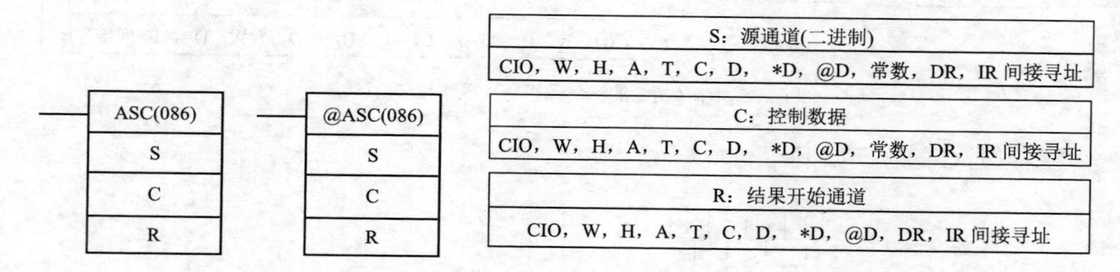

图 7.125　ASC 指令的梯形图符号及操作数取值区域

控制数据 C 的含义如下。

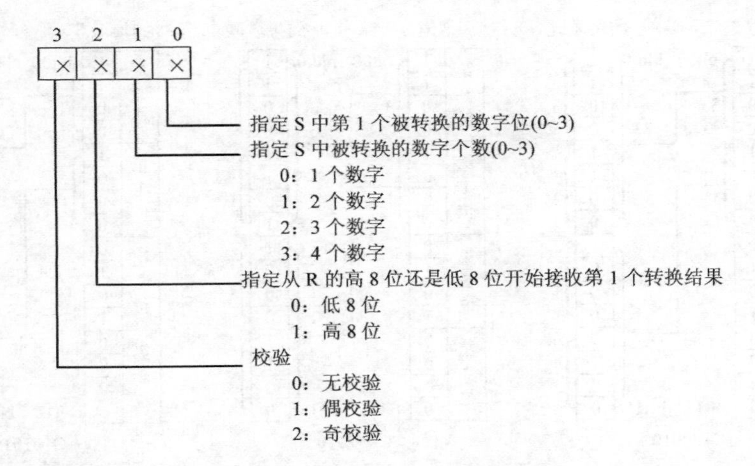

功能：当执行条件为 ON 时，ASC 对 S 中指定的数字（十六进制数）转换 ASCⅡ码并存入从 R 开始的结果通道中。一次最多可对 S 中的 4 个数字进行转换，如果 C 中指定从 R 的高 8 位开始存放，则最多可占用 3 个结果通道。一个通道可存放两个数字的转换结果，其中高 8 位的 bit14～bit08、低 8 位的 bit06～bit00 用于存放 ASCⅡ码，而高 8 位的最高位 bit15、低 8 位的最高位 bit07 存放校验位。校验位取 0 或 1 要根据 C 中规定的校验方式确定。若 C 指定不校验，则校验位为 0；若 C 指定偶校验，则校验位和 ASCⅡ码中 1 的个数应为偶数；若 C 指定奇校验，则校验位和 ASCⅡ码中 1 的个数应为奇数。

图 7.126 所示是一些 C 值和相应的 4 位二进制到 8 位 ASCⅡ码转换处理的例子。

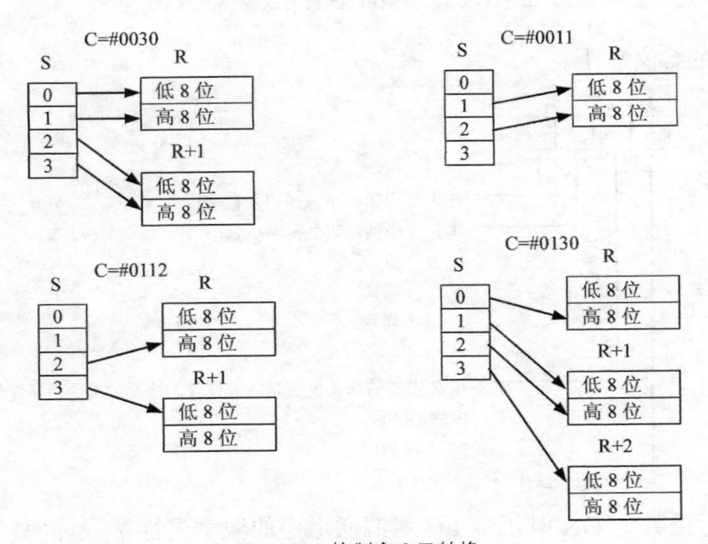

图 7.126　控制字 C 及转换

图 7.127 所示为一些 C 值和相应的 4 位二进制到 8 位 ASCⅡ码转换的实例。

6. 7 段译码指令 SDEC（078）/@SDEC（078）

SDEC 指令的梯形图符号及操作数取值区域如图 7.128 所示。

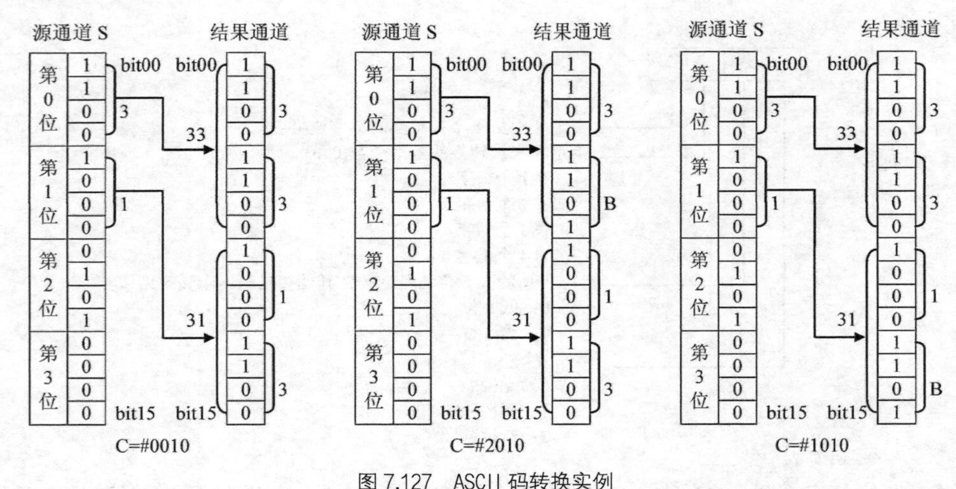

图 7.127 ASCII 码转换实例

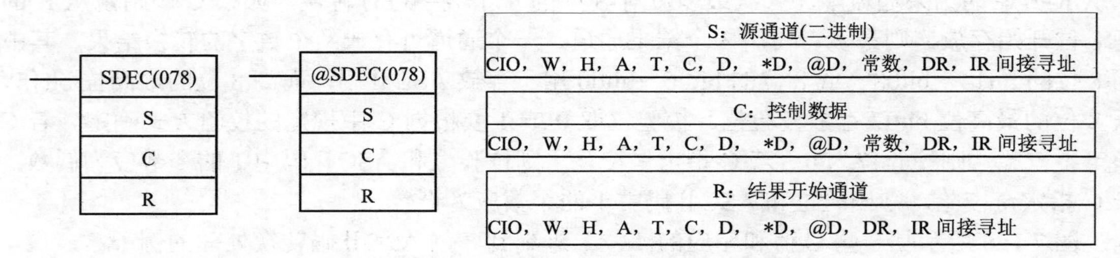

图 7.128 SDEC 指令的梯形图符号及操作数取值区域

控制数据 C 的含义如下。

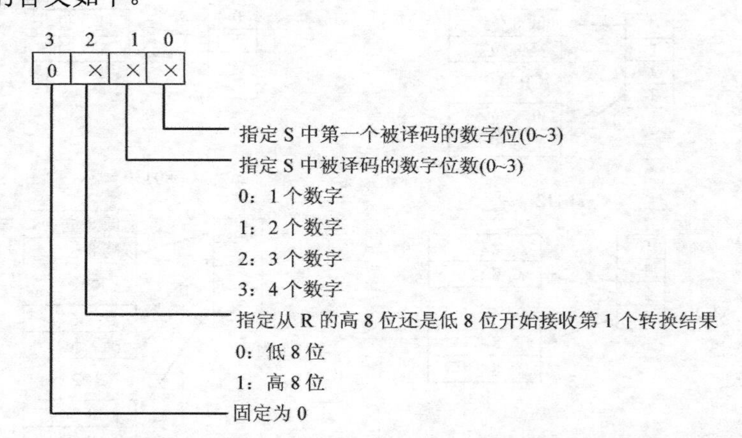

功能：当执行条件为 ON 时，SDEC 对源通道中的数字进行 7 段译码，译码结果放入从 R 开始的结果通道中。一次最多可对 S 中的 4 个数字进行转换，如果 C 中指定从 R 的高 8 位开始存放，则最多可占用 3 个结果通道。一个通道可存放两个数字的转换结果，低 8 位的 bit00～bit06 对应于 7 段数码管的 a、b、c、d、e、f、g 段，bit07 不用；高 8 位的 bit08～bit14 对应于 7 段数码管的 a、b、c、d、e、f、g 段，bit15 不用。

图 7.129 所示是一些 C 值和相应的 16 进制到 7 段显示码的转换处理例子。

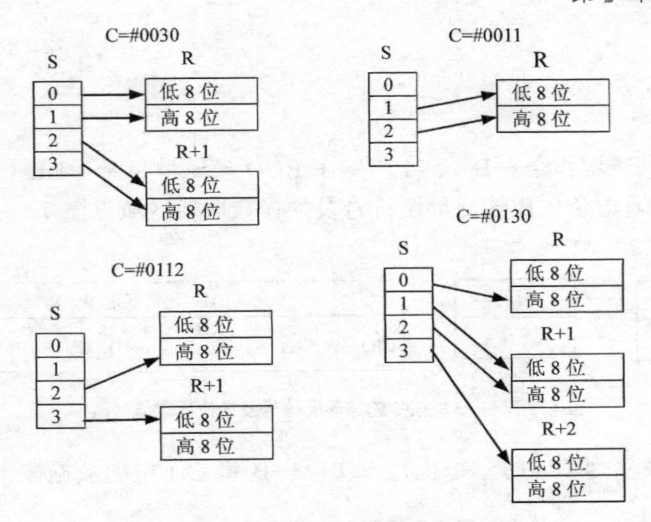

图7.129 控制字C及转换举例

图7.130所示为7段译码举例，控制字C=#0001，源通道S、结果通道R中数据及显示数据如图中所示。

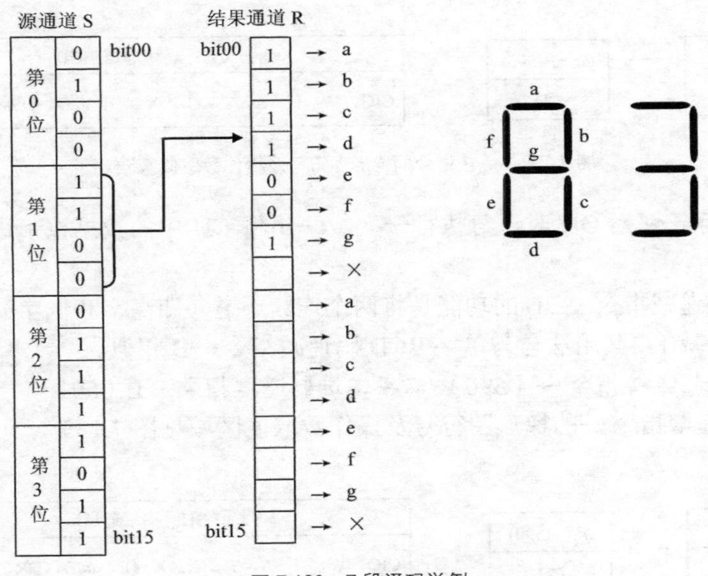

图7.130 7段译码举例

数据转换指令除前面所述的之外，还有单字补码转换指令NEG（160）/双字补码转换指令NEGL（161）、符号扩展指令SIGN（600）、位列→位行转换指令LINE（063）、位行→位列转换指令COLM（064）、带符号BCD→BIN单字转换指令BINS（470）/带符号BCD→BIN双字转换指令BISL（472）、带符号BIN→BCD单字转换指令BCDS（471）/带符号BIN→BCD双字转换指令BDSL（473）、格雷码转换指令GRY（474），限于篇幅，此处不再赘述。

7.9 递增/递减指令

1. 单字 BCD 码递增指令++B（594）/双字 BCD 码递增指令++BL（595）

单字 BCD 码递增指令++B 的梯形图符号及操作数取值区域见图 7.131。

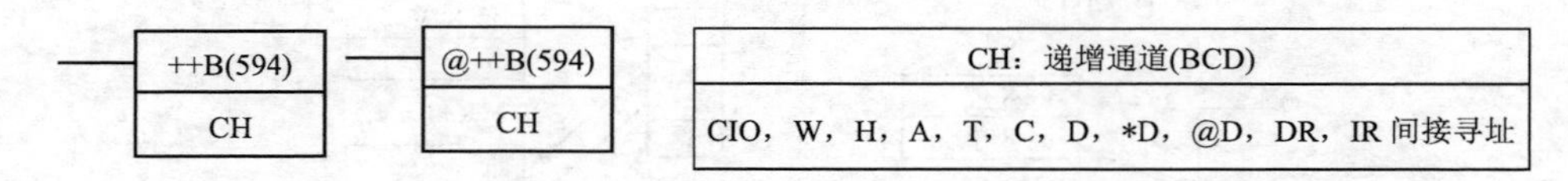

图 7.131 ++B 指令的梯形图符号及操作数取值区域

功能：当执行条件为 ON 时，每执行一次，++B 将 CH 中的数据按十进制加 1，不影响进位位 CY。

双字 BCD 码递增指令++BL 的功能是将两个连续通道（即高字和低字）作为指定通道，实现 8 位 BCD 码加 1。其用法与单字 BCD 码递增指令++B 相似。

2. 单字 BCD 码递减指令––B（596）/双字 BCD 码递减指令––BL（597）

单字 BCD 码递减指令––B 的梯形图符号及操作数取值区域见图 7.132。

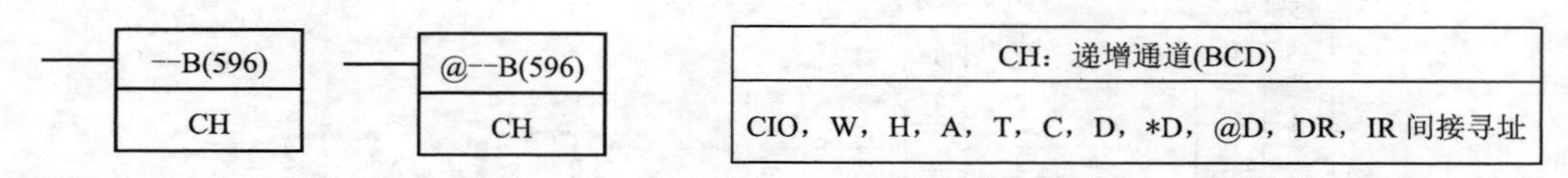

图 7.132 ––B 指令的梯形图符号及操作数取值区域

功能：当执行条件为 ON 时，每执行一次，––B 将 CH 中的数据按十进制减 1，不影响进位位 CY。

双字 BCD 码递减指令––BL 的功能是将两个连续通道（即高字和低字）作为指定通道，实现 8 位 BCD 码减 1。其用法与与单字 BCD 码递减指令––B 相似。

3. 单字二进制递增指令++（590）/双字二进制递增指令++L（591）

单字二进制递增指令++的梯形图符号及操作数取值区域见图 7.133。

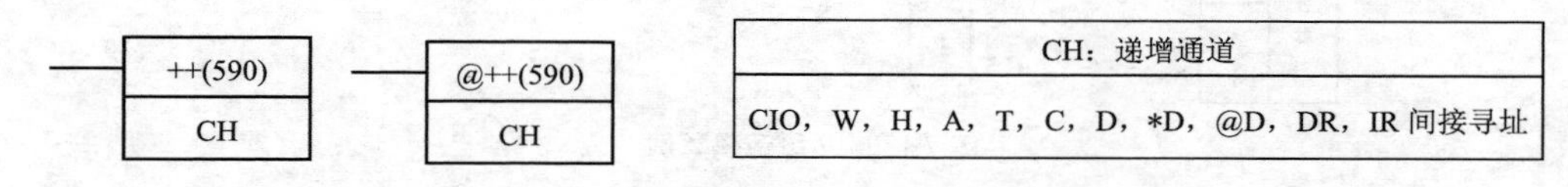

图 7.133 ++指令的梯形图符号及操作数取值区域

功能：当执行条件为 ON 时，每执行一次++将 CH 中的数据按十六进制加 1，不影响进位位 CY。

双字二进制递增指令++L 指令的功能是将两个连续通道（即高字和低字）作为指定通道，实现 8 位十六进制加 1。其用法与单字二进制递增指令++相似。

4. 单字二进制递减指令––（592）/双字二进制递减指令––L（593）

单字二进制递减指令––的梯形图符号及操作数取值区域见图 7.134。

图 7.134 --指令的梯形图符号及操作数取值区域

功能：当执行条件为 ON 时，每执行一次，--将 CH 中的数据按十六进制减 1，不影响进位位 CY。

双字二进制递减指令--L 的功能是将两个连续通道（即高字和低字）作为指定通道，实现 8 位十六进制减 1。其用法与单字二进制递减指令--相似。

7.10 四则运算指令

本节介绍 CP1 的四则运算指令。STC 和 CLC 指令分别用于进位标志位 P_CY 置 1 和进位标志位 P_CY 置 0，由于加减运算要用到进位标志位，所以这两条指令也在这里介绍。

1. 进位位置 1 指令 STC（040）/@STC（040），进位位置 0 指令 CLC（041）/@CLC（041）

STC、CLC 指令的梯形图符号如图 7.135 所示。

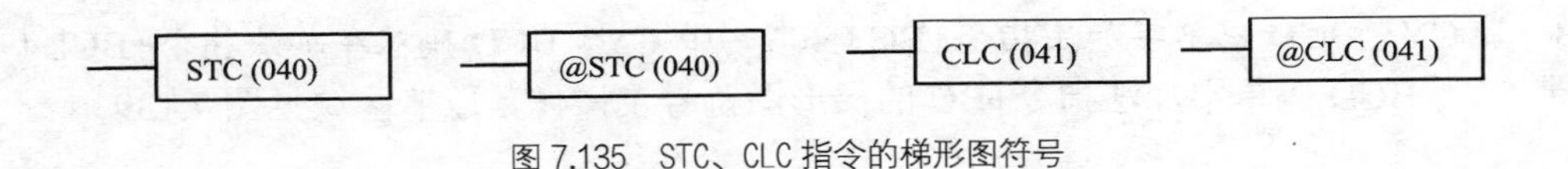

图 7.135 STC、CLC 指令的梯形图符号

功能：当 STC 的执行条件为 ON 时，进位标志位 P_CY 被置为 1。当 CLC 的执行条件为 ON 时，进位标志位 P_CY 被置为 0。STC、CLC 在执行条件为 ON 时，每次扫描都要执行一次。@STC、@CLC 仅在执行条件由 OFF 变 ON 时执行一次。

2. 无 CY BCD 码单字加法指令+B（404）/ 无 CY BCD 码双字加法指令+BL（405）

无 CY BCD 码单字加法指令+B 的梯形图符号及操作数取值区域如图 7.136 所示。

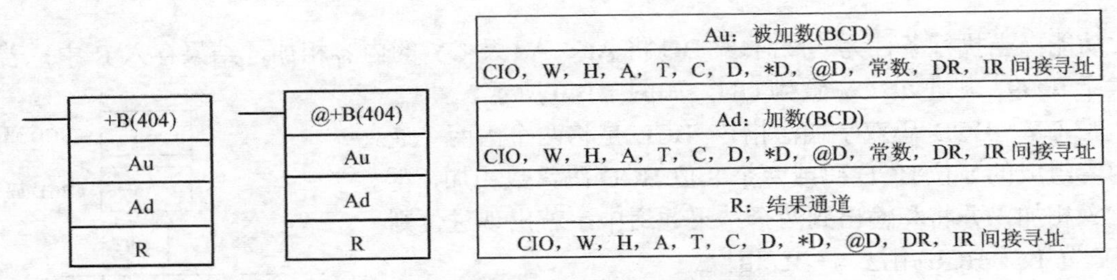

图 7.136 +B 指令的梯形图符号及操作数取值区域

功能：当执行条件为 ON 时，+B 将 Au、Ad 的内容相加，结果存入 R 中，若结果大于 9999，则把 P_CY 置为 ON，如图 7.137 所示。

图 7.138 中，如果 0.02 为 ON，把 D10 的内容与常数 6103 相加，并将结果存入 DM100，最后根据 CY 的状态将 0000 或 0001 传送到 D101，保证了运算结果的进位标志保存在 R+1 中。

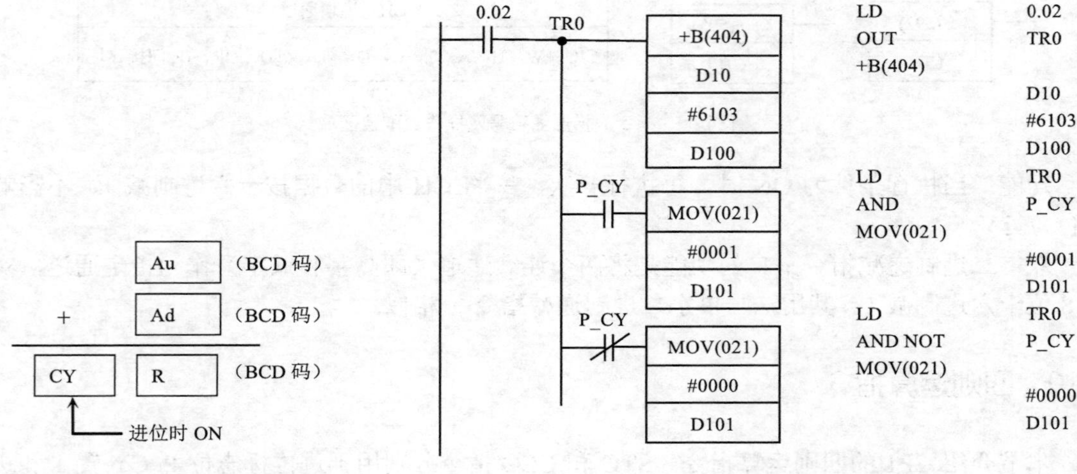

图 7.137 无 CY 单字 BCD 码加法

图 7.138 +B 指令的应用

无 CY BCD 码双字加法指令+BL 是将两个由两个通道内容组成的 8 位 BCD 码或两个 8 位 BCD 码常数相加，并将和输出到两个结果通道中，若出现进位则 P_CY 置 1。+BL 用法与+B 相似。

3. 带 CY BCD 码单字加法指令+BC（406）/带 CY BCD 码双字加法指令+BCL（407）

带 CY BCD 码单字加法指令+BC 的梯形图符号及操作数取值区域见图 7.139。

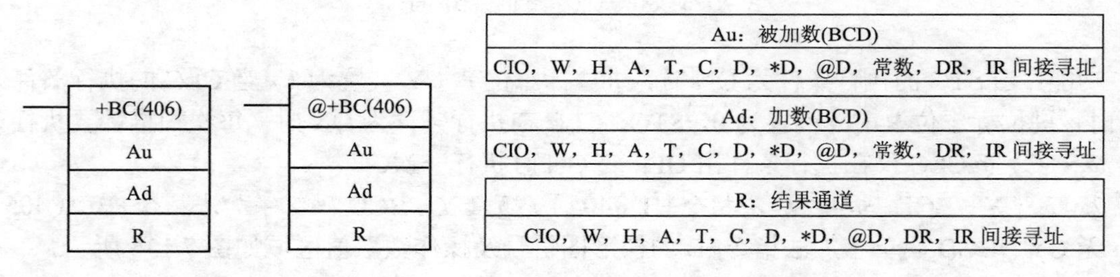

图 7.139 +BC 指令的梯形图符号及操作数取值区域

功能：当执行条件为 ON 时，+BC 将 Au、Ad 及 CY 的内容相加，结果存入 R 中，若结果大于 9999，则把 P_CY 置为 ON，如图 7.140 所示。

带 CY BCD 码双字加法指令+BCL 是将两个由两个通道内容组成的 8 位 BCD 码或两个 8 位 BCD 码常数相加，再与 CY 相加，并将和输出到两个结果通道中，若出现进位则 P_CY 置 1。+BCL 用法与+BL 相似。

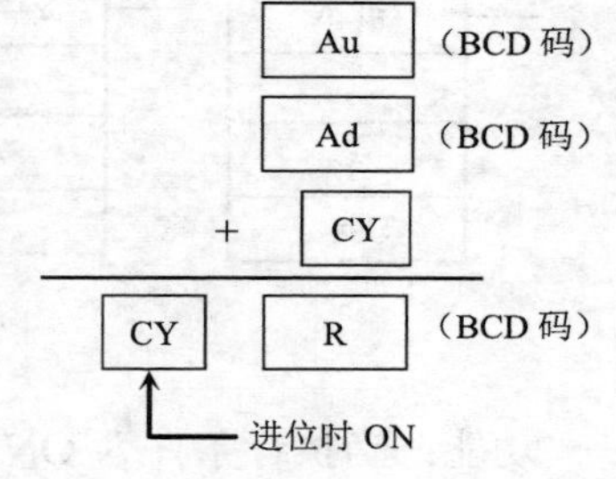

图 7.140 带 CY 单字 BCD 码加法

4. 无 CY BCD 码单字减法指令–B（414）/ 无 CY BCD 码双字减法指令–BC（416）

无 CY BCD 码单字减法指令–B 的梯形图符号及操作数取值区域见图 7.141。

功能：当执行条件为 ON 时，–B 将 Mi 的内容减去 Su 的内容，结果存入 R 中。如图 7.142 所示。若结果为负，将置位 CY，而 R 中的内容为实际结果的十进制补码。要将 R 中的内容转换为实际结果，再执行一次–B，用 0 减去 R 中的内容。

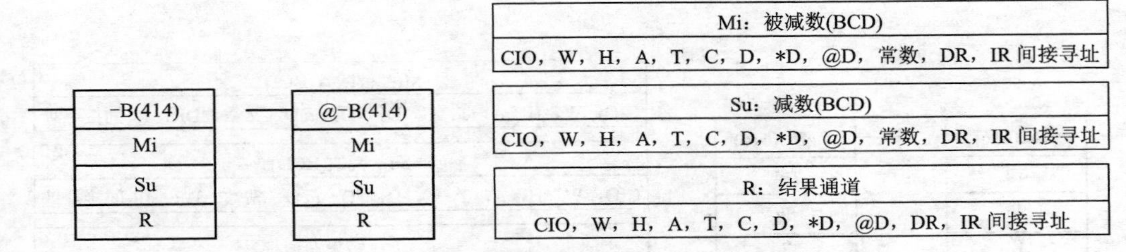

图 7.141 -B 指令的梯形图符号及操作数取值区域

图 7.143 中，如果 0.02 为 ON，则 H0 的内容减去 D100 的内容，结果存放在 H1 中，符号位存放在 H2 中。当符号位为 0 时表示结果为正，为 1 时表示结果为负。在进行第一次减法时，如果 H0 的内容大于 D100 的内容，则 CY 为 OFF，H2 的内容为 0，即结果为正数；若 H0 的内容小于 D100 的内容，则 CY 为 ON，H1 的内容为差的补码，所以进行第二次减法，求得差的原码，同时把 H2 的内容送 1，表示结果为负数。

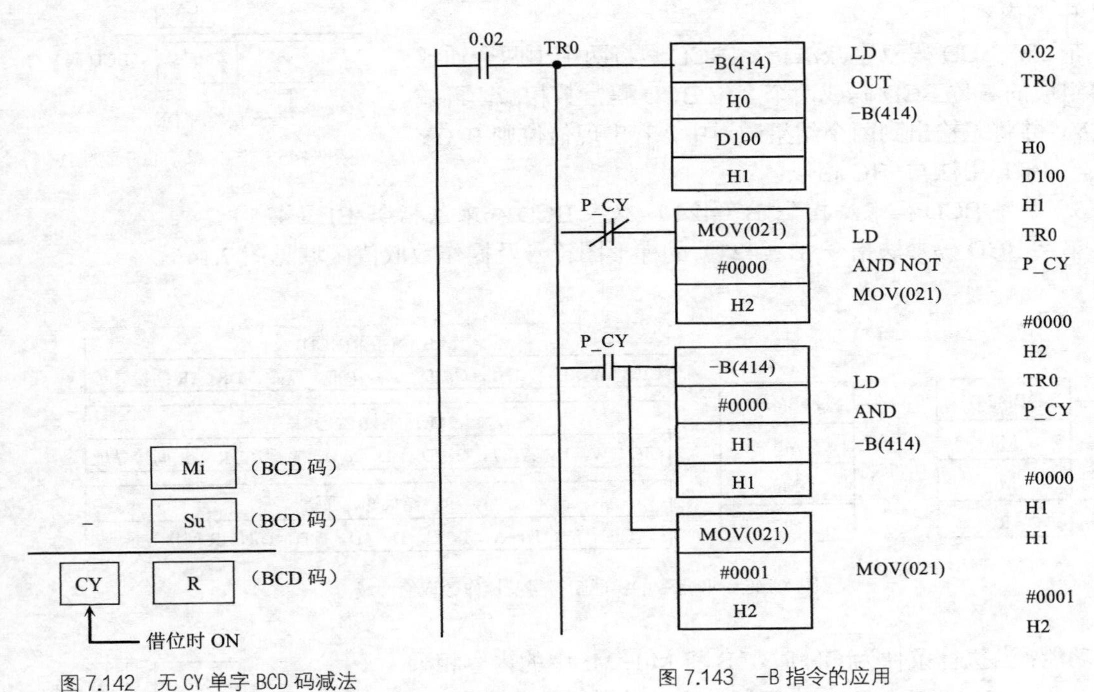

图 7.142 无 CY 单字 BCD 码减法　　图 7.143 -B 指令的应用

下面是 H0 内容小于 D100 内容时的操作过程。

```
                                                  H1     CY   H2
第一次相减1029  -  3452   =>   1029+(10000-3452)  =  7577   1    -
第二次相减0000  -  7577   =>   0000+(10000-7577)  =  2423   1    1
```

无 CY BCD 码双字减法指令-BL 是将两个由两个通道内容组成的 8 位 BCD 码或两个 8 位 BCD 码常数相减，并将差输出到两个结果通道中，若出现借位则 P_CY 置 1。-BL 用法与-B 相似。

5. 带 CY BCD 码单字减法指令-BC(416)/ 带 CY BCD 码双字减法指令-BCL(417)

带 CY BCD 码单字减法指令-BC 的梯形图符号及操作数取值区域见图 7.144。

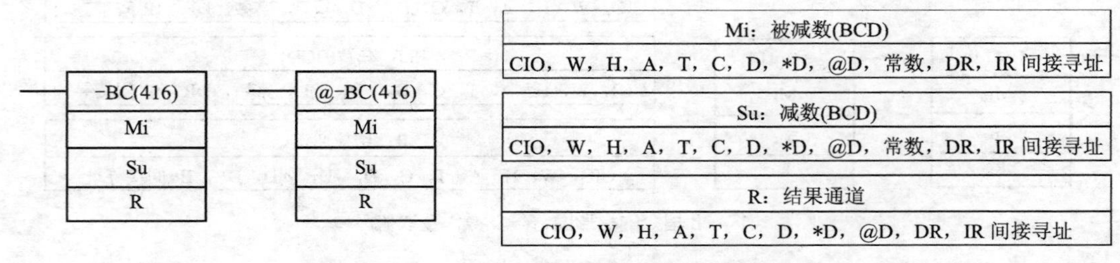

图 7.144 -BC 指令的梯形图符号及操作数取值区域

功能：当执行条件为 ON 时，-BC 将 Mi 的内容减去 Su 的内容和 CY，结果存入 R 中。如图 7.145 所示。若结果为负，将置位 CY，而 R 中的内容为实际结果的十进制补码。要将 R 中的内容转换为实际结果，再执行一次-BC，用 0 减去 R 中的内容。

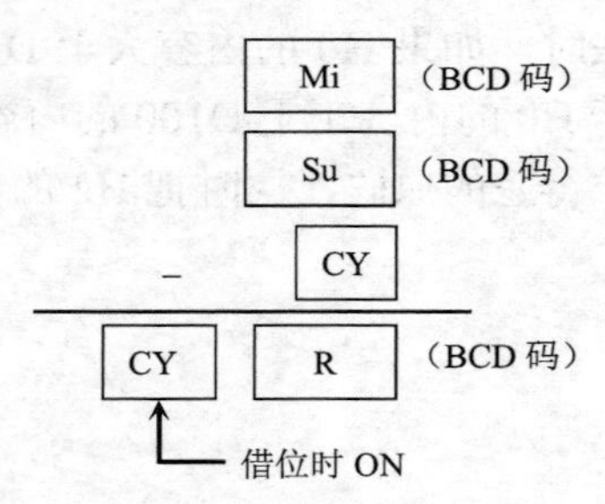

图 7.145 带 CY 单字 BCD 码减法

带 CY BCD 码双字减法指令-BCL 是将两个由两个通道内容组成的 8 位 BCD 码或两个 8 位 BCD 码常数相减，再减去 CY，并将差输出到两个结果通道中，若出现借位则 P_CY 置 1。-BCL 用法与-BC 相似。

6. 单字 BCD 码乘法指令*B（424）/双字 BCD 码乘法指令*BL（425）

单字 BCD 码乘法指令*B（424）的梯形图符号及操作数取值区域见图 7.146。

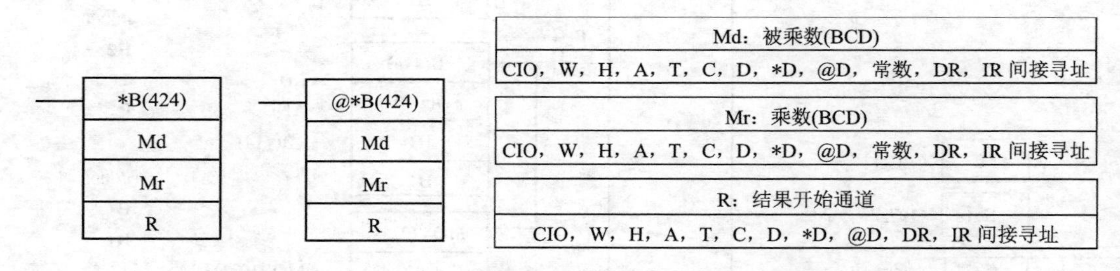

图 7.146 *B 指令的梯形图符号及操作数取值区域

功能：当执行条件为 ON 时，*B 将 Md、Mr 中的内容相乘，结果存入 R+1、R 中，R+1 中存积的高 4 位数，R 中存积的低 4 位数。如图 7.147 所示。

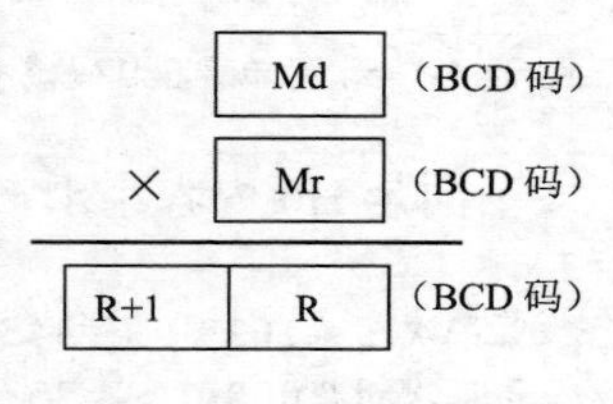

图 7.147 单字 BCD 码乘法

双字 BCD 码乘法指令*BL 是将两个由两个通道内容组成的 8 位 BCD 码或两个 8 位 BCD 码常数相乘，并将积输出到 4 个结果通道中，其用法与单字 BCD 码乘法指令*B 相似。

7. 单字 BCD 码除法指令/B（434）和双字 BCD 码除法指令/BL（435）

单字 BCD 码除法指令/B 的梯形图符号及操作数取值区域见图 7.148。

功能：当执行条件为 ON 时，/B 将 Dd 中的内容除以 Dr 中的内容，结果存入 R+1、R 中，R+1 中存余数，R 中存商，如图 7.149 所示。

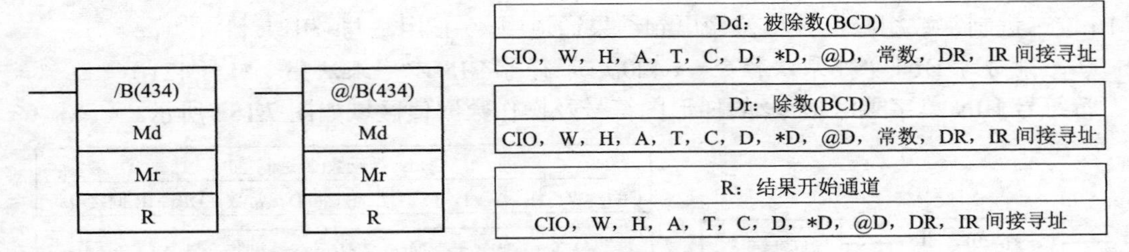

图 7.148 /B 指令的梯形图符号及操作数取值区域

双字BCD码除法指令/BL是将两个由两个通道内容组成的8位BCD码或两个8位BCD码常数相除，并将积输出到4个结果通道中，其用法与单字BCD码除法指令/B相似。

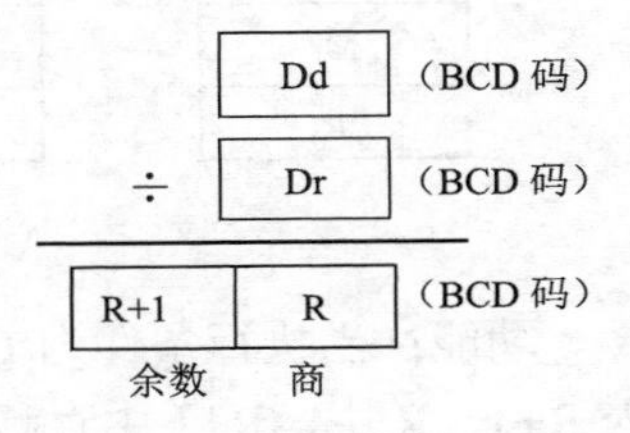

图 7.149 单字 BCD 码除法

8. 带符号无 CY BIN 单字加法指令+（400）/带符号无 CY BIN 双字加法指令+L（401）

带符号无 CY BIN 单字加法指令+的梯形图符号及操作数取值区域见图 7.150。

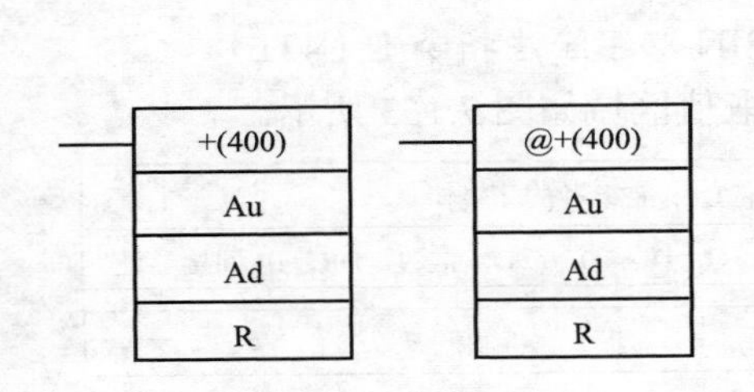

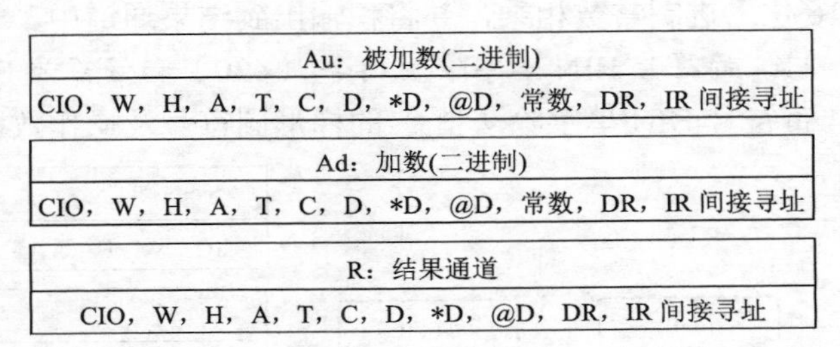

图 7.150 +指令的梯形图符号及操作数取值区域

功能：当执行条件为ON时，指令+将Au、Ad中的内容进行二进制加法运算，结果存入R中。如果运算结果大于FFFF，CY为ON。

带符号无CY BIN双字加法指令+L是将两个由两个通道内容组成的16位二进制数或两个16位二进制常数相加，并将和输出到结果通道中，+L用法与+相似。

9. 带符号无 CY BIN 单字减法指令–（410）/带符号无 CY BIN 双字减法指令–L（411）

带符号无CY BIN单字减法指令的梯形图符号及操作数取值区域见图 7.151。

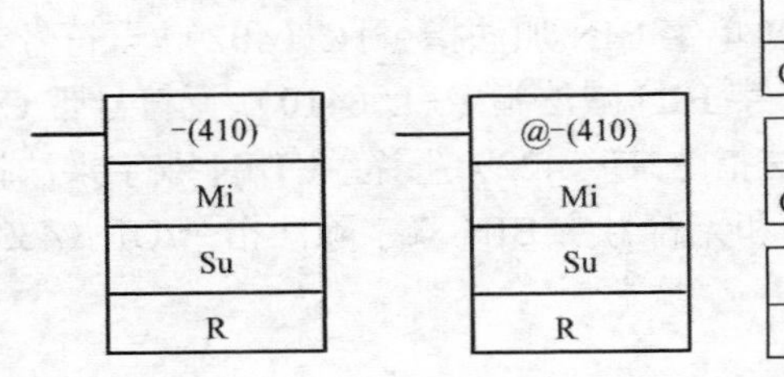

Mi：被减数(二进制)
CIO，W，H，A，T，C，D，*D，@D，常数，DR，IR 间接寻址

Su：减数(二进制)
CIO，W，H，A，T，C，D，*D，@D，常数，DR，IR 间接寻址

R：结果通道
CIO，W，H，A，T，C，D，*D，@D，DR，IR 间接寻址

图 7.151 –指令的梯形图符号及操作数取值区域

功能：当执行条件为ON时，指令–进行一次二进制减法运算，将Mi中的内容减去Su中的内容，结果存入R中。若结果为负，将置位CY，而R中的内容为实际结果的二进制补码。

带符号无CY BIN双字减法指令–L是将两个由两个通道内容组成的16位二进制数或两

个 16 位二进制常数相减，并将差输出到结果通道中，–L 用法与–相似。

10. 带符号 BIN 单字乘法指令*（420）/带符号 BIN 双字乘法指令*L（421）

带符号 BIN 单字乘法指令*的梯形图符号及操作数取值区域如图 7.152 所示。

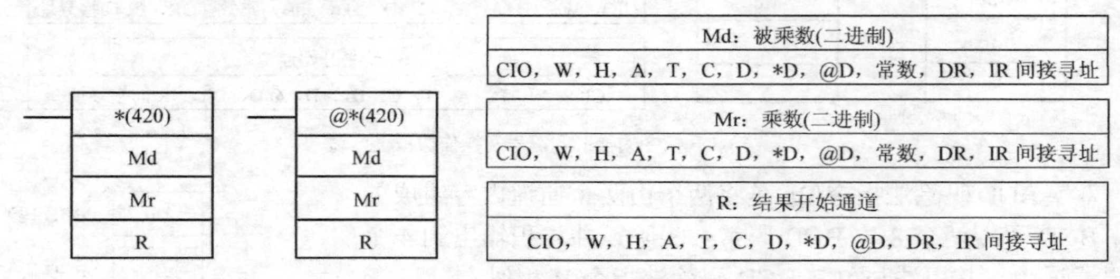

图 7.152　*指令的梯形图符号及操作数取值区域

功能：当执行条件为 ON 时，指令*将 Md、Mr 中的内容进行二进制乘法计算，结果存入 R+1、R 中，R+1 中存积的高 4 位十六进制数，R 中存积的低 4 位十六进制数。

带符号无 CY BIN 双字乘法指令*L 是将两个由两个通道内容组成的 16 位二进制数或两个 16 位二进制常数相乘，并将积输出到结果通道中，*L 用法与*相似。

11. 带符号 BIN 单字除法指令/（430）和带符号 BIN 双字除法指令/L（431）

带符号 BIN 单字除法指令/的梯形图符号及操作数取值区域如图 7.153 所示。

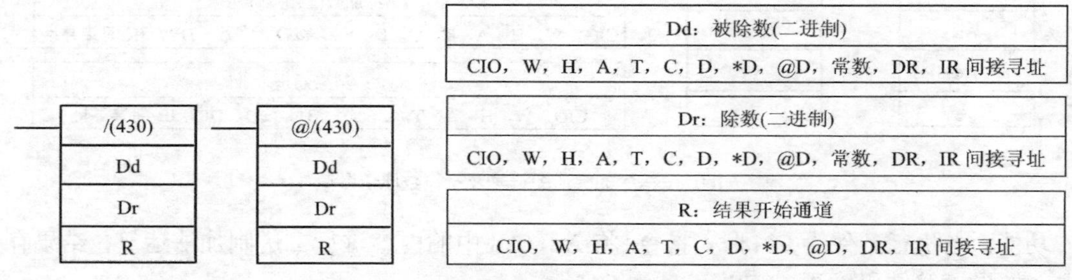

图 7.153　/指令的梯形图符号及操作数取值区域

功能：当执行条件为 ON 时，指令/进行一次二进制除法运算，将 Dd 中的内容除以 Dr 中的内容，结果存入 R+1、R 中。R+1 中存余数、R 中存商。

带符号无 CY BIN 双字除法指令/L 是将两个由两个通道内容组成的 16 位二进制数或两个 16 位二进制常数相除，并输出到结果通道中，R+3、R+2 中存余数，R+1、R 存商，/L 用法与/相似。

四则指令除前面所述的之外，还有无符号带 CY 单字 BIN 加法指令+C（402）/无符号带 CY 双字 BIN 加法指令+CL（403）、无符号带 CY 单字 BIN 减法指令–L（410）/无符号带 CY 双字 BIN 减法指令–L（411）、无符号 BIN 单字乘法指令*U（422）/无符号 BIN 双字乘法指令*UL（423）、无符号 BIN 单字除法指令/U（432）和无符号字 BIN 双字除法指令/UL（433）等，限于篇幅，此处不再赘述。

7.11　逻辑运算指令

1. 单字位取反指令 COM（029）/双字位取反指令 COML（614）

单字位取反指令 COM 的梯形图符号及操作数取值区域如图 7.154 所示。

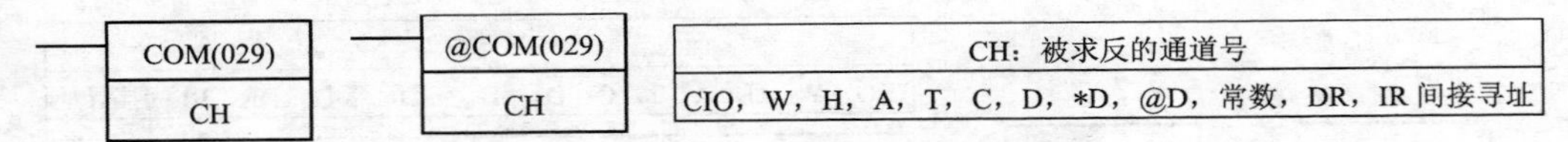

图 7.154 COM指令的梯形图符号及操作数取值区域

功能：当执行条件为ON时，将CH中的数据按位求反，如图7.155所示。

图 7.155 求反功能示意图

双字位取反指令COML的功能是将两个连续通道内的各位取反，其用法与单字位取反指令COM相似。

2. 单字逻辑与指令ANDW（034）/双字逻辑与指令ANDL（610）

单字逻辑与指令ANDW的梯形图符号及操作数取值区域如图7.156所示。

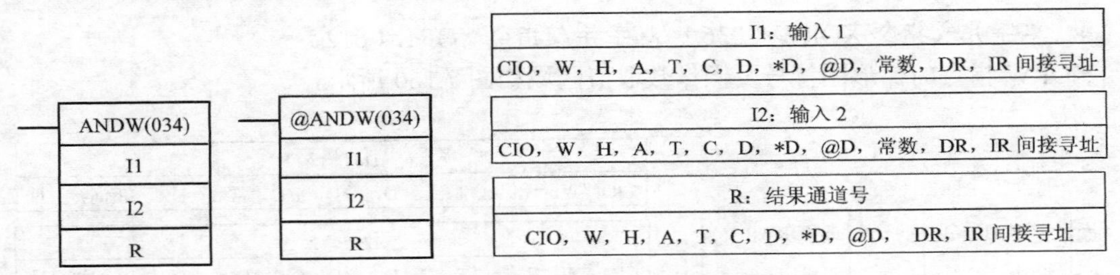

图 7.156 ANDW指令的梯形图符号及操作数取值区域

功能：当执行条件为ON时，将I1、I2中的数据按位进行逻辑与运算，结果存入R中。如图7.157所示。

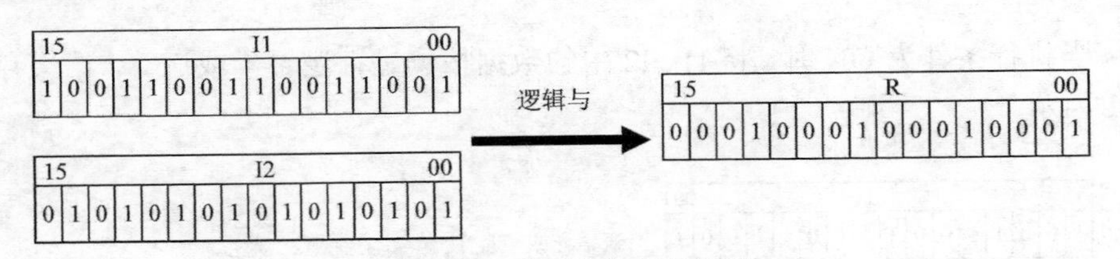

图 7.157 ANDL指令的功能示意图

双字逻辑与指令ANDL的两个操作数都是两个连续通道，其用法与单字逻辑与指令AND相似。

3. 单字逻辑或指令ORW（035）/双字逻辑或指令ORWL（611）

ORW指令的梯形图符号及操作数取值区域如图7.158所示。

功能：当执行条件为ON时，将I1、I2中的数据按位进行逻辑或运算，结果存入R中，如图7.159所示。

双字逻辑或指令 ORWL 的两个操作数都是两个连续通道，其用法与单字逻辑或指令ORW相似。

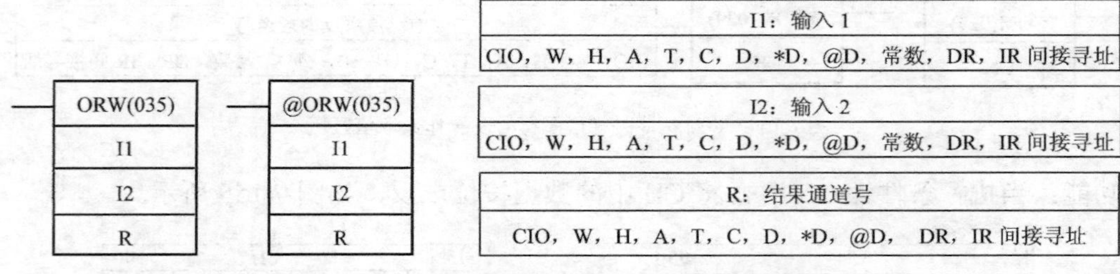

图 7.158 ORW 指令的梯形图符号及操作数取值区域

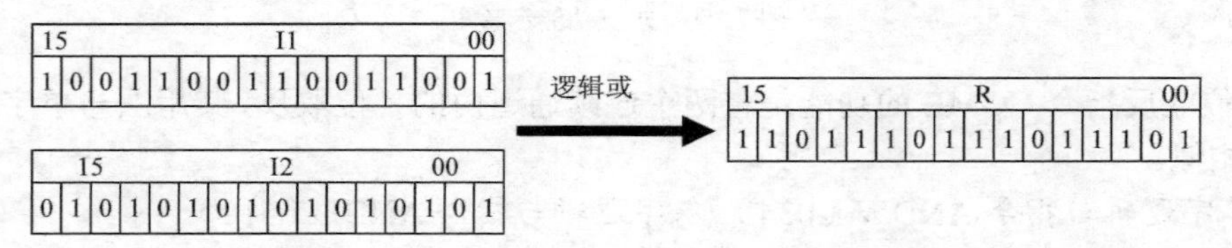

图 7.159 ORW 指令的功能示意图

4. 单字异或指令 XORW（036）/双字异或指令 XORL（612）

XORW 指令的梯形图符号及操作数取值区域如图 7.160 所示。

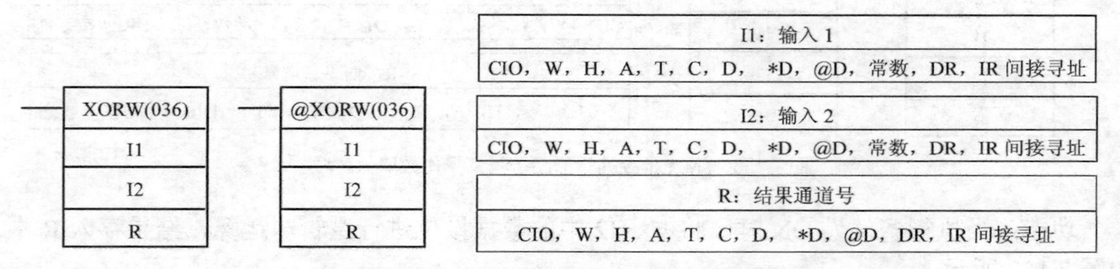

图 7.160 XORW 指令的梯形图符号及操作数取值区域

功能：当执行条件为 ON 时，将 I1、I2 中的数据按位进行逻辑异或运算，结果存入 R 中，如图 7.161 所示。

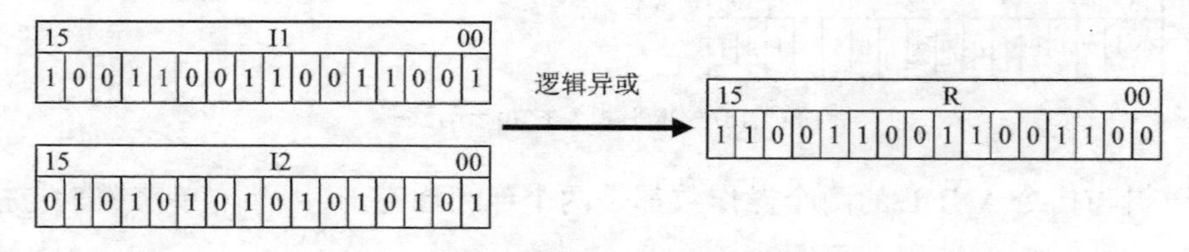

图 7.161 XORL 指令的功能示意图

双字异或指令 XORL 的两个操作数都是两个连续通道，其用法与单字异或指令 XORW 相似。

5. 单字同或指令 XNRW（037）/双字同或指令 XNRL（613）

XNRW 指令的梯形图符号及操作数取值区域如图 7.162 所示。

功能：当执行条件为 ON 时，将 I1、I2 中的数据进行逻辑同或运算，结果存入 R 中，如图 7.163 所示。

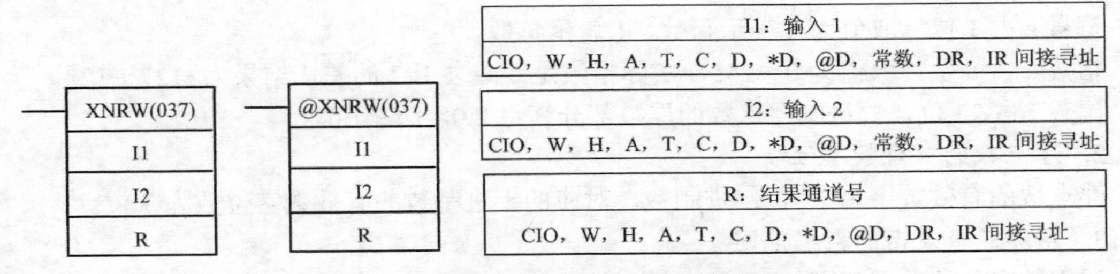

图7.162　XNRW指令的梯形图符号及操作数取值区域

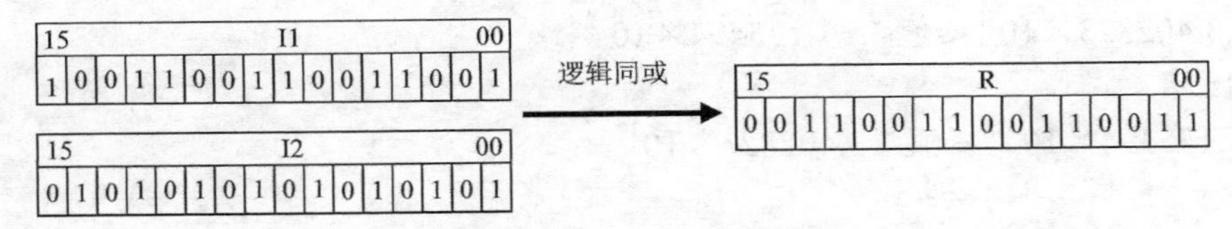

图7.163　同或指令的功能示意图

双字同或指令XNRL的两个操作数都是两个连续通道，其用法与单字同或指令XNRW相似。

7.12　单精度浮点数转换与运算指令

浮点数在计算机中用二进制数来表示，通常为32位或64位，分别叫作单精度和双精度。CP1的浮点转换与运算指令分为单精度和双精度两类，理解了单精度指令，双精度指令的使用也就变得很容易了。限于篇幅，以下主要介绍单精度浮点转换与运算指令。

7.12.1　浮点数

在数据的位数有限的情况下，用定点数表示的数的范围小。当用浮点数表示一个实数时，小数点的位置可变，随着小数点位置的改变，指数的数值也随之改变。因此，在有效数字的位数有限的情况下，不仅浮点数的范围可以比定点数的范围大得多，而且也可以保持数据的有效精度。

对浮点数的表示法，美国电气与电子工程师协会（IEEE）制定的标准已被众多计算机制造商采用。下面以浮点数的IEEE754格式为例，介绍浮点数的表示法。

1. 浮点数的IEEE754格式

浮点数的IEEE754格式可表示为：

$$实数=(-1)^{s}2^{e-127}(1.f)$$

式中各符号的意义是：

s：符号；

e：指数；

f：尾数（小数点后面的有效数字）。

浮点数要用32位表示，占两个字，各位的意义如下。

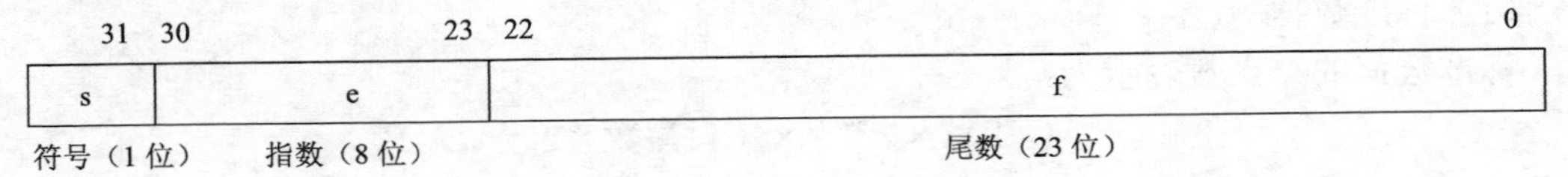

符号 s 占 1 位，取值为 0 表示正数，1 表示负数。

指数 e 占 8 位，取值为 0～255，实际指数是 e 减去 127 的差，结果为−127～128。

尾数 f 占 23 位，二进制浮点数的尾数部分满足 2.0> 1.f≥1.0。

2. 浮点数的有效数字位数

浮点数的有效数字为 24 位二进制数，对应的十进制数的有效数字位数为 7 位。

3. 用浮点数表示的数据范围

浮点数表示的数据范围如下。

（1）$-\infty$。

（2）-3.402823×10^{38}≤值≤-1.175494×10^{-38}。

（3）0。

（4）1.175494×10^{-38}≤值≤3.402823×10^{38}。

（5）$+\infty$。

（6）NaN（Not a number，不是一个数）。

单精度浮点数的数据范围如图 7.164 所示。

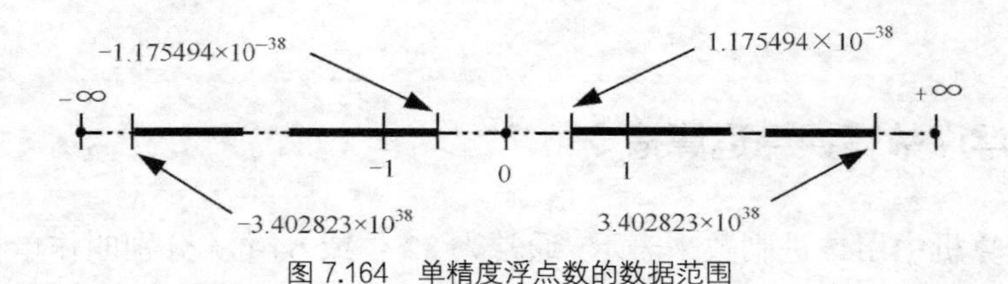

图 7.164 单精度浮点数的数据范围

4. 特殊数据 NaN、±∞、±0 的浮点数格式

（1）NaN：e=255、f≠0。

（2）−∞：e=255、f=0、s=1。

（3）+∞：e=255、f=0、s=0。

（4）−0：e=0、f=0、s=1。

（5）+0：e=0、f=0、s=0。

5. 用浮点数表示数据

用浮点数表示的数据如表 7.6 所示。

表 7.6 用浮点数表示的数据

尾数（f）	指数（e）		
	0	非 0 和非全 1	全 1（255）
0	0	标准数据	∞
非 0	非标准数据		NaN

（1）标准数据

标准数据的浮点数表示为：

$$(-1)^{s}\times2^{e-127}\times(1+\text{尾数}\times2^{-23})$$

① 符号 s 为 0 表示正数，1 表示负数。

② 指数 e 为 1～254（0 和 255 分别用于表示 0 和∞），所以实际指数为-126～127。

③ 尾数 f 用 0～（2^{23}-1）表示，在实际尾数 1.f 中，规定位 23 为 1，二进制数的小数点要紧跟在它之后。

例如，某标准数据的浮点数如下。

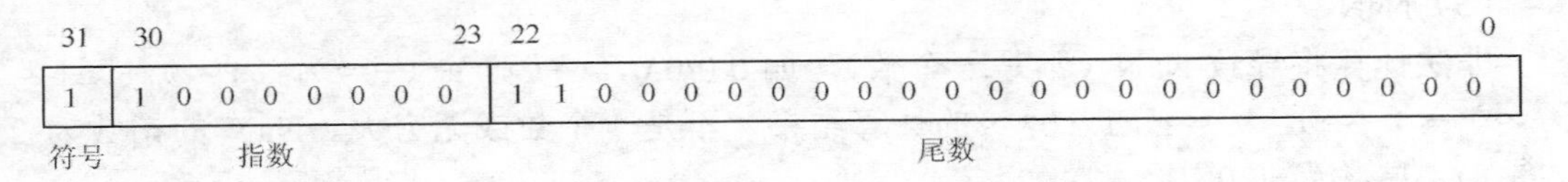

符号 s 为 1，表示该数据是负数；

指数 e 为 2^7=128，实际指数为 128−127=1；

尾数 f 为（2^{22}+2^{21}）×2^{-23}=0.75，实际尾数为 1+0.75=1.75；

该数据值为−2^1×1.75=−3.5。

必须指出，标准数据浮点数中的实际尾数 1.f 占用 24 位，规定了位 23 为 1，而且该位的 1 是隐含的。这样做的目的，是去掉尾数中最高位为 1 的位之前所有的 0，这样在有效数字为 24 位二进制的前提下，尽可能提高数据的表示精度。

以十进制数 0.00213456 的表示法为例，当只能保留 6 位有效数字的时候，为了保证数据的精度，去掉数据中从右边开始第 1 个不为零的数字（本例为 2）之前所有的 0，将 0.00213456 写成 2.13456×10^{-3}。又如，二进制数 0.0111111，当只能保留 6 位有效数字的时候，为了保证数据的精度，去掉数据中最高位为 1 的位之前所有的 0，将 0.0111111 写成 1.11111×2^{-10}。

（2）非标准数据

非标准数据是绝对值太小而不能表示为标准数据的实数。非标准数据的有效数字较少。若计算结果（包括中间结果）是非标准数据时，有效数字的个数将减少。

非标准数据的浮点数表示为：

$$(-1)^s \times 2^{-126} \times (\text{尾数} \times 2^{-23})$$

① 符号 s 为 0 表示正数，1 表示负数。

② 指数 e 为 0，实际指数为−126。

③ 尾数 f 用 1～（2^{23}−1）表示，在实际尾数 0.f 中，设定位 23 为 0（这也是一种规定），二进制数的小数点要紧跟在它的后面。

例如，某非标准数据的浮点数如下：

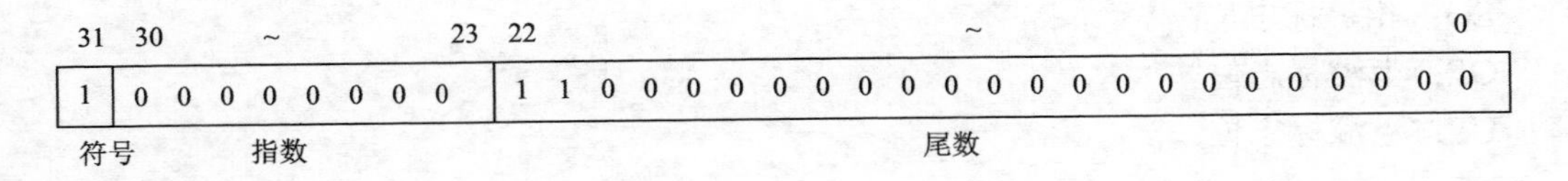

符号 s 为 1，表示该数是负数；

指数 e 为 0，实际指数为−126；

尾数 f 为（2^{22}+2^{21}）×2^{-23}=0.75，实际尾数为 0+0.75=0.75；

该数据值为−2^{-126}×0.75，是一个绝对值很小的数值。

（3）零

+0.0 和−0.0 可通过设置符号来表示，0 表示正数，1 表示负数。指数和尾数都为 0。+0.0 和−0.0 都等于 0.0。

（4）无穷大

+∞和−∞可通过设置符号来表示，0 表示正数，1 表示负数。指数为 255（2^8-1），尾数为 0。

（5）NaN

非法计算将导致 NaN（不是一个数），如 0.0/0.0，（+∞）+（−∞），（+∞）−（+∞），（−∞）−（−∞），∞/∞，或 0×∞的计算结果，不是一个数或无穷大。NaN 的指数为 255（2^8-1），尾数为非 0。

NaN 的符号或尾数（除了非 0 外）没有特别的规定。

6. 浮点数运算结果的四舍五入

当浮点数运算结果中的数字个数超过内部处理表达式中的有效数字时，若结果近似于两个内部浮点表达式中的一个，则使用较接近的值。若结果介于两个内部浮点表达式的中间，可四舍五入，以便使尾数的最后一个数字为 0。

7. 处理特殊数据注意事项

特殊数据包括 0、∞、NaN，处理时注意以下事项：

（1）+0 和−0 的和为+0；

（2）相同符号的 0 之差为+0；

（3）如果有一个操作数为 NaN，结果将为 NaN；

（4）+0 和−0 进行比较时按相等处理。

8. 上溢出、下溢出和非法计算

上溢出将根据结果的符号以+∞或−∞输出。下溢出将根据结果的符号以+0 或−0 输出。

如果浮点数转换为整数时出现上溢出，那么结果值可能不正确。

非法计算将导致出现 NaN。

9. 用编程软件 CX-P 读/写浮点数

在读/写浮点数时，用户不需要记忆其 IEEE754 格式，但要知道每个浮点数需占两个字。

当用编程软件 CX-P 将 I/O 内存编辑显示器里的数据格式指定为浮点时，用户输入的标准十进制数将会自动转换为 IEEE754 格式的浮点数，并写到 I/O 内存中。当在显示器上进行监控时，浮点数又会自动转换为标准的十进制数。

10. 浮点数运算的标志位

进行浮点运算时，要影响如下标志位。

ER：出错标志位。

EQ：相等标志位。

OF：上溢标志位。

UF：下溢标志位。

7.12.2 单精度浮点数转换与运算指令

1. 单精度浮点数→16 位有符号的二进制数指令 FIX（450）/@FIX（450）

FIX 指令的梯形图符号及操作数取值区域见图 7.165。

功能：当执行条件为 ON 时，FIX 把 S+1、S 中的 32 位浮点数的整数部分转换成 16 位有符号的二进制整数，并把结果存于 R 中。

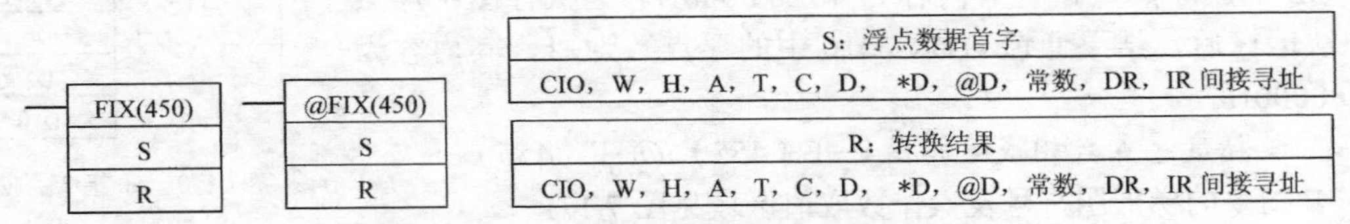

图 7.165　FIX 指令的梯形图符号及操作数取值区域

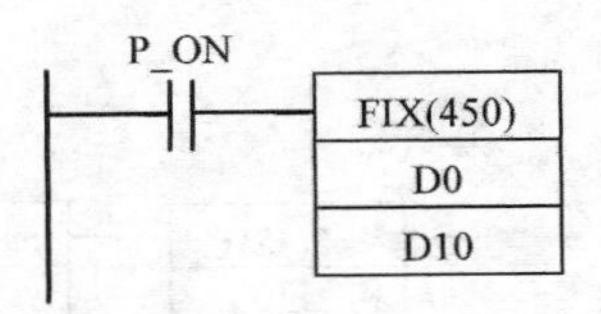

图 7.166　FIX 指令的应用

图 7.166 中，设 D1、D0 中的内容为 46B7 4000H，浮点数为 $+2.345600\times2^4$，执行图中程序后，则结果通道 D10 中的内容为 5BA0H，十进制数为+23456。若 D1、D0 中的内容为 C6B7 4000H，浮点数为 -2.345600×2^4，执行图中程序后，结果通道 D10 中的内容为 A460H，十进制数为−23456。

2. 16 位有符号的二进制数→单精度浮点数指令 FLT（452）/@FLT（452）

FLT 指令的梯形图符号及操作数取值区域见图 7.167。

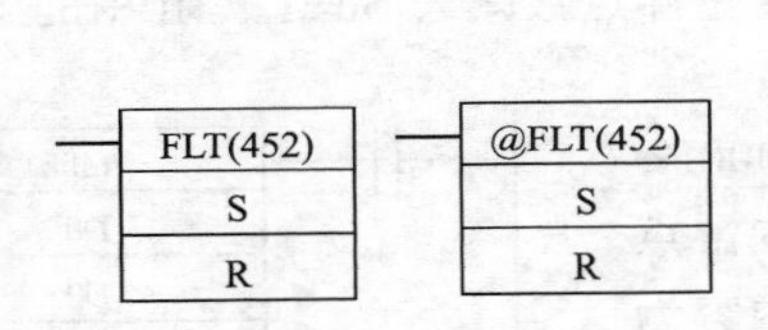

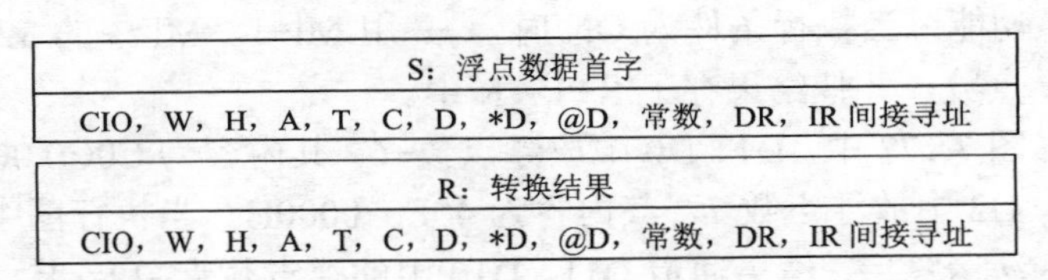

图 7.167　FLT 指令的梯形图符号及操作数取值区域

功能：当执行条件为 ON 时，FLT 把 S 中的 16 位有符号的二进制整数转换成 32 位浮点数，并把结果存于 R+1 和 R 中。

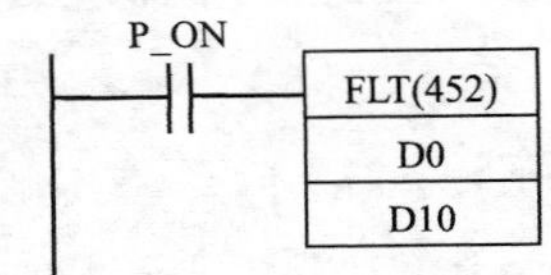

图 7.168　FLT 指令的应用

图 7.168 中，设 D0 中的内容为 FFFAH，为−6 的补码，即被转换数是−6，当执行图中的程序，结果通道 D11、D10 中内容为 C0C0 0000H，浮点数为−6.000000。

3. 单精度浮点数相加运算指令+F（454）/@+F（454）

+F 指令的梯形图符号及操作数取值区域见图 7.169。

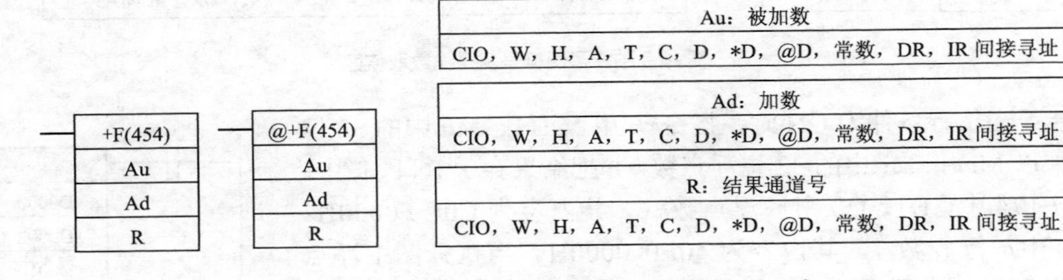

图 7.169　+F 指令的梯形图符号及操作数取值区域

功能：当执行条件为 ON 时，+F 把 Au+1、Au 中的 32 位浮点数与 Ad+1、Ad 中的 32 位浮点数相加，结果存于 R+1、R 中。

图 7.170 中，D1、D0 中放浮点数−6，其内容为 C0C0 0000H；D3、D2 中放浮点数+7，其内容为 40E0 0000H。当执行图中浮点数加法运算后，结果通道 D11、D10 中的浮点数为+1，其内容为 3F80 0000H。

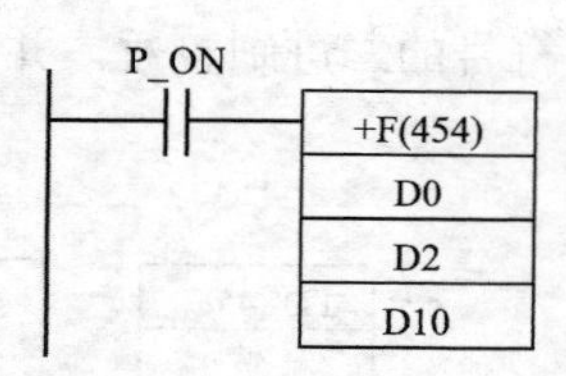

图 7.170　+F 指令的应用

4. 单精度浮点数相减运算指令−F（455）/@−F（455）

−F 指令的梯形图符号及操作数取值区域见图 7.171。

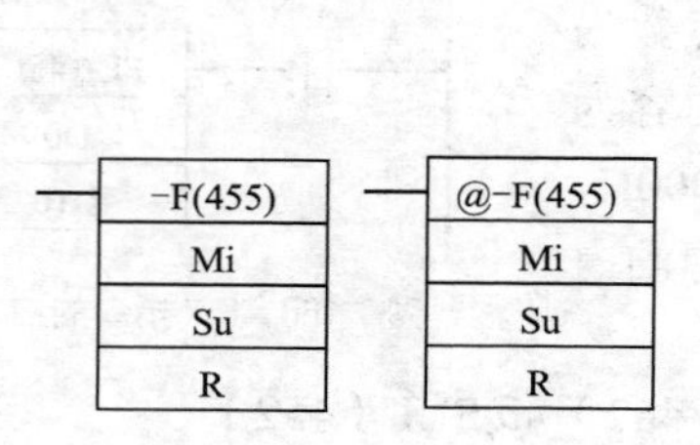

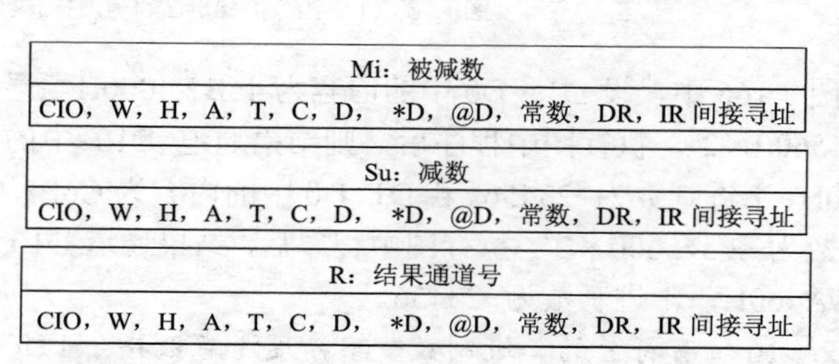

图 7.171　−F 指令的梯形图符号及操作数取值区域

功能：当执行条件为 ON 时，−F 用 Mi+1、Mi 中的 32 位浮点数减去 Su+1、Su 中的 32 位浮点数，并把结果存于 R+1、R 中。

图 7.172 中，D1、D0 中放浮点数−6，其内容为 C0C0 0000H；D3、D2 中放浮点数 7，其内容为 40E0 0000H。当执行图中浮点数减法运算后，结果通道 D11、D10 中的浮点数为−13，其内容为 C1500000H。

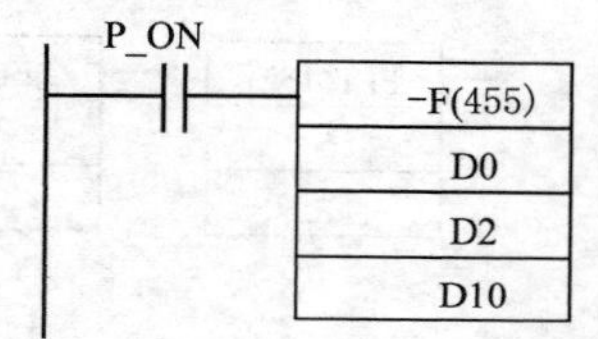

图 7.172　−F 指令的应用

5. 单精度浮点数相乘运算指令*F（456）/@*F（456）

*FLT 指令的梯形图符号及操作数取值区域见图 7.173。

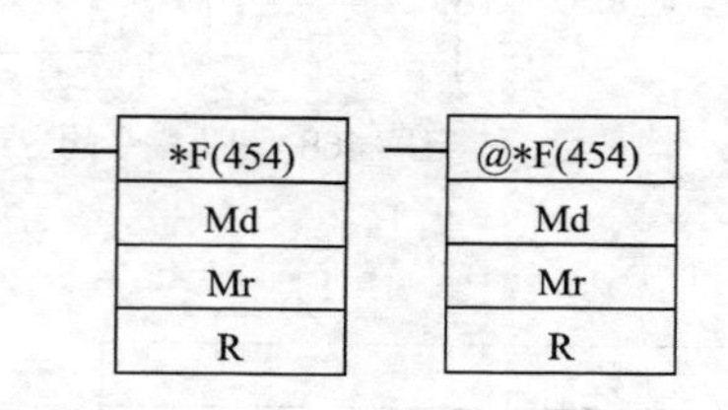

Md：被乘数
CIO，W，H，A，T，C，D， *D，@D，常数，DR，IR 间接寻址

Mr：乘数
CIO，W，H，A，T，C，D， *D，@D，常数，DR，IR 间接寻址

R：结果通道号
CIO，W，H，A，T，C，D， *D，@D，常数，DR，IR 间接寻址

图 7.173　*F 指令的梯形图符号及操作数取值区域

功能：当执行条件为 ON 时，指令*F 用 Md+1、Md 中的 32 位浮点数乘以 Mr+1、Mr 中的 32 位浮点数，并把结果存于 R+1、R 中。

图 7.174 中，D1、D0 中放浮点数−6，其内容为 C0C0 0000H；D3、D2 中放浮点数 7，其内容为 40E0 0000H。当执行图中浮点数乘法运算后，结果通道 D11、D10 中的浮点数为−42，其内容为 C2280000H。

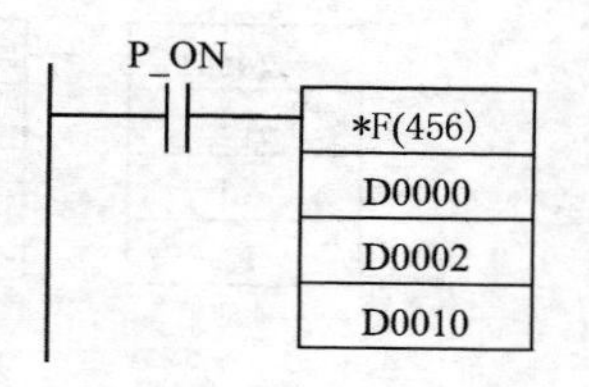

图 7.174　*F 指令的应用

6. 单精度浮点数相除运算指令/F（457）和@/F（457）

/F 指令的梯形图符号及操作数取值区域见图 7.175。

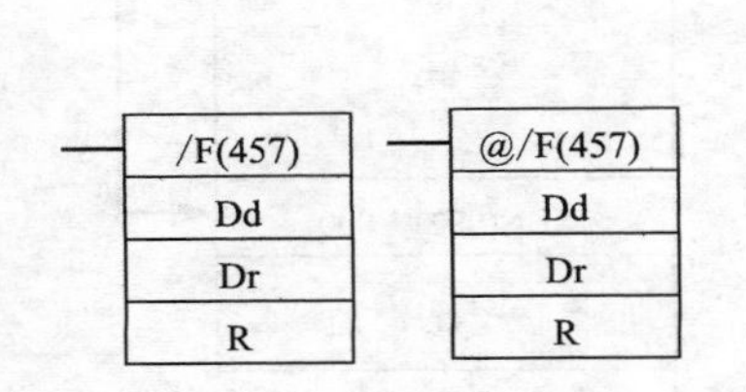

Dd：被除数
CIO，W，H，A，T，C，D，*D，@D，常数，DR，IR 间接寻址

Dr：除数
CIO，W，H，A，T，C，D，*D，@D，常数，DR，IR 间接寻址

R：结果通道号
CIO，W，H，A，T，C，D，*D，@D，常数，DR，IR 间接寻址

图 7.175 /F 指令的梯形图符号及操作数取值区域

功能：当执行条件为 ON 时，/F 用 Dd+1、Dd 中的 32 位浮点数除以 Dr+1、Dr 中的 32 位浮点数，并把结果存于 R+1、R 中。

图 7.176 中，D1、D0 中放浮点数−6，其内容为 C0C0 0000H；D3、D2 中放浮点数−6，其内容为 C0C0 0000H。当执行图中浮点数除法运算后，结果通道 D11、D10 中的浮点数为+1，其内容为 3F80 0000H。

P_ON
/F(457)
D0
D2
D10

图 7.176 /F 指令的应用

单精度四则指令除前面所述的之外，还包括单精度浮点数→32 位有符号的二进制数指令 FIXL（451）、32 位有符号的二进制数→单精度浮点数指令 FLTL（453）、角度→弧度指令 RAD（458）、弧度→角度指令 DEG（459）、SIN 运算指令 SIN（460）、COS 运算指令 COS（461）、TAN 运算指令 TAN（462）、SIN^{-1} 运算指令 ASIN（463）、COS^{-1} 运算指令 ACOS（464）、TAN^{-1} 运算指令 ATAN（465）、平方根运算指令 SQRT（466）、指数运算指令 EXP（467）、对数运算指令 LOG（468）、乘方运算指令 PWR（840）、单精度浮点数比较指令、单精度浮点数→字符串转换指令 FSTR（448）、字符串→单精度浮点转换指令 FVAL（449）等，限于篇幅，此处不再赘述。

7.13 子程序控制指令

CP1 的程序分成多个任务，每个任务分为主程序和子程序。在任务中需要多次执行的程序段可以编成一个子程序，主程序可以重复调用子程序。当主程序调用子程序时，CPU 中断主程序的执行，转去执行子程序中的指令，子程序执行完毕后返回主程序，从调用子程序指令的下一条指令开始执行。

1. 子程序调用指令 SBS（091）/@SBS（091）

SBS 指令的梯形图符号见图 7.177，其中 *N* 为子程序编号，取值范围 000～255（十进制）。

功能：SBS 在主程序中调用子程序。当执行条件为 ON 时，SBS（091）*N* 调用编号为 *N* 的子程序。如果 SBS 为周期性循环执行的形式，当执行条件一直为 ON 时，每次扫描都要调用一次子程序 *N*。如果要求执行条件从 OFF→ON 时只调用一次子程序 *N*，可使用上微分型 @ SBS（091）*N*。

在主程序中将 SBS（091）*N* 指令放在要求执行子程序的地方，执行该指令时，便会调用编号为 *N* 的子程序，即 SBN（092）*N* 和 RET（093）指令之间的程序，执行完毕后返回到 SBS（091）指令的下一条指令，继续执行主程序，如图 7.178 所示。

主程序可以无限次调用子程序。子程序可以嵌套调用，但不能超过 16 级。

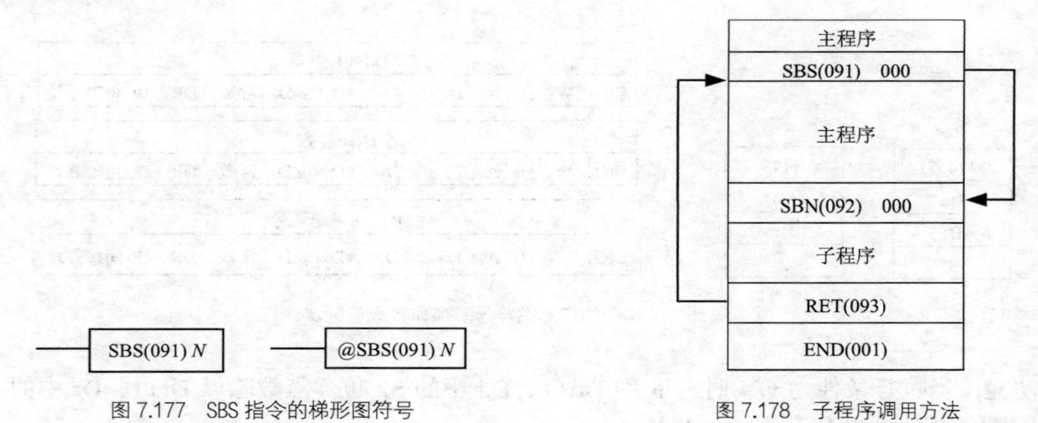

图 7.177　SBS 指令的梯形图符号　　图 7.178　子程序调用方法

2. 子程序定义和子程序返回指令 SBN（092）/RET（093）

SBN、RET 指令的梯形图符号见图 7.179，其中 N 为子程序编号，取值范围 000～255（十进制），RET 不需要子程序编号。

功能：SBN 和 RET 一起使用，SBN（092）N 用于每段子程序的开始，定义子程序的编号为 N。RET（093）用于每段子程序的结尾，表示子程序结束。两条指令都不需要执行条件，直接与母线连接。

主程序只能调用处于同一任务中的子程序，所有的子程序都必须放在主程序的末尾，END 的前面，如图 7.180 所示。END 必须置于最后一个子程序的后面，即在最后一个 RET 之后。如果错误将 SBN 放置在主程序中，它将屏蔽此点以后的程序，即当遇到 SBN 指令时，将结束该任务的执行，转到下一个任务。

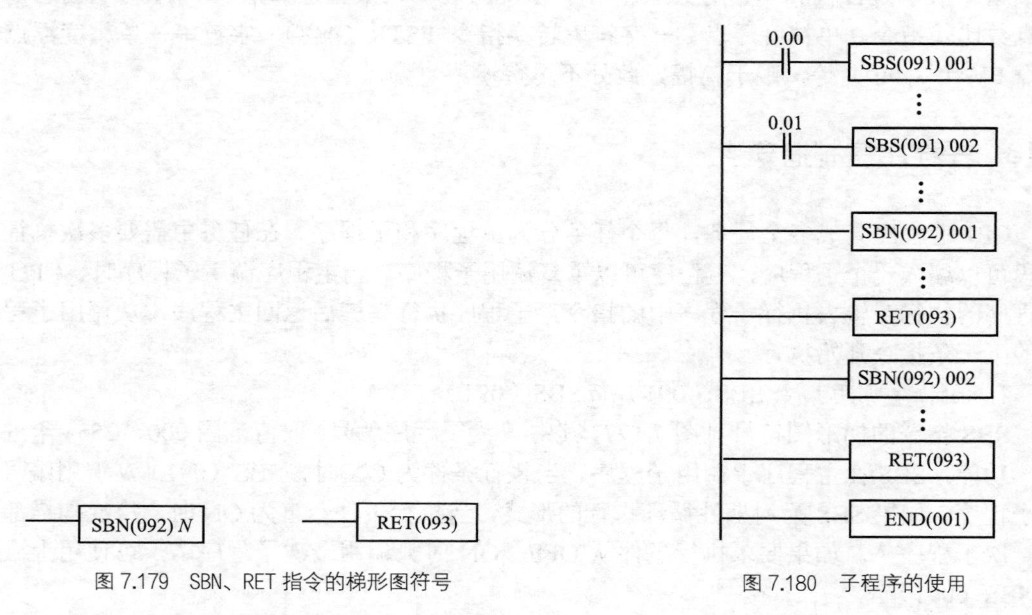

图 7.179　SBN、RET 指令的梯形图符号　　图 7.180　子程序的使用

3. 宏指令 MCRO（099）/@MCRO（099）

MCRO 指令的梯形图符号及操作数取值区域见图 7.181。

功能：宏指令允许用一个单一子程序代替数个具有相同的结构但不同操作数的子程序。有 4 个输入字（A600～A603）和 4 个输出字（A604～A607）分配给 MCRO，这 8 个字用于子程序中。当执行条件为ON时，MCRO首先将I1～I1+3的内容复制到A600～A603中，将O1～O1+3的内容复制到A604～A607中。然后调用并执行编号为*N*的子程序。当子程序完成时，A604～A607的内容传送回O1～O1+3中，然后才结束MCRO。

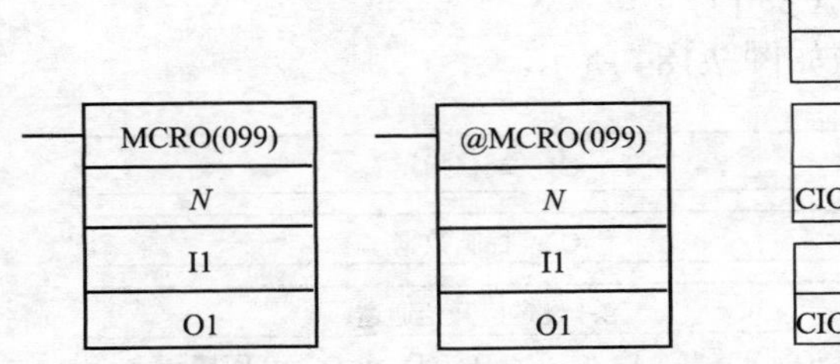

N：子程序编号
000~255（十进制）

I1：第一个输入字
CIO，W，H，A，T，C，D，*D，@D，DR，IR间接寻址

O1：第一个输出字
CIO，W，H，A，T，C，D，*D，@D，DR，IR间接寻址

图7.181　MCRO指令的梯形图符号及操作数取值区域

在图7.182中，当执行MCRO时，D10～D13的内容复制到A600～A603中，D20～D23的内容复制到A604～A607中，并且调用和执行子程序010。当子程序执行后，A604～A607中的内容复制回D20～D23中。

图7.183（a）给出了用4条MCRO指令进入相同子程序的例子，图7.183（b）的梯形图是不用MCRO指令，但功能相同的梯形图。

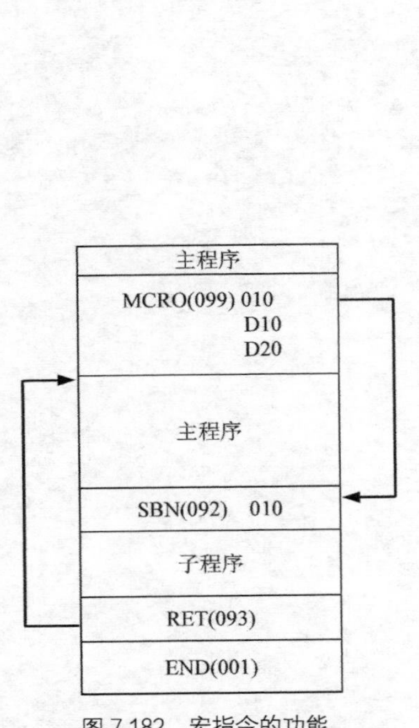

图7.182　宏指令的功能

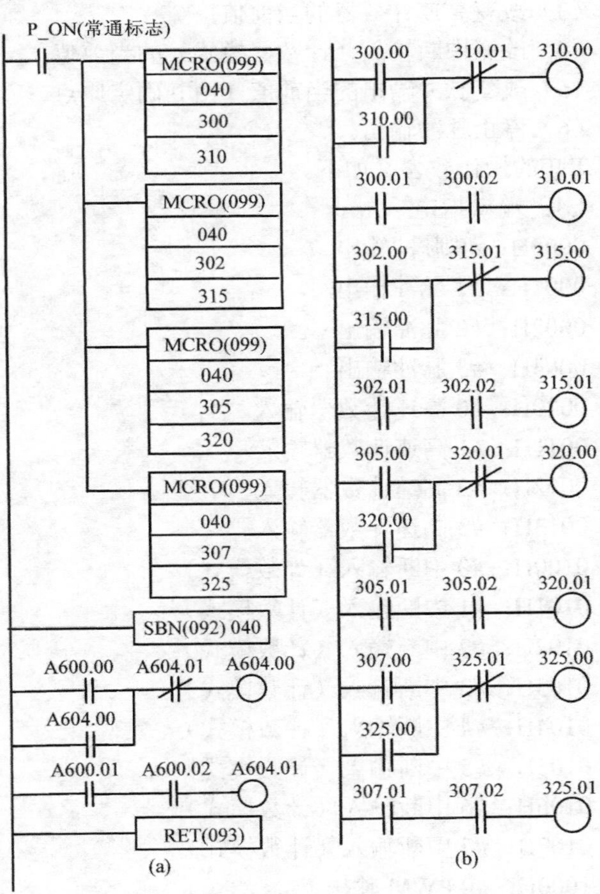

图7.183　MCRO指令的应用举例

7.14 高速计数/脉冲输出指令

1. 动作模式控制指令 INI（880）/@INI（880）

INI 指令的梯形图符号及操作数取值区域如图 7.184 所示。

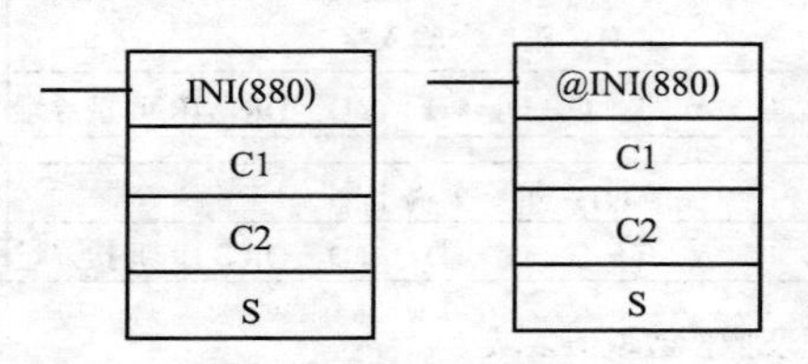

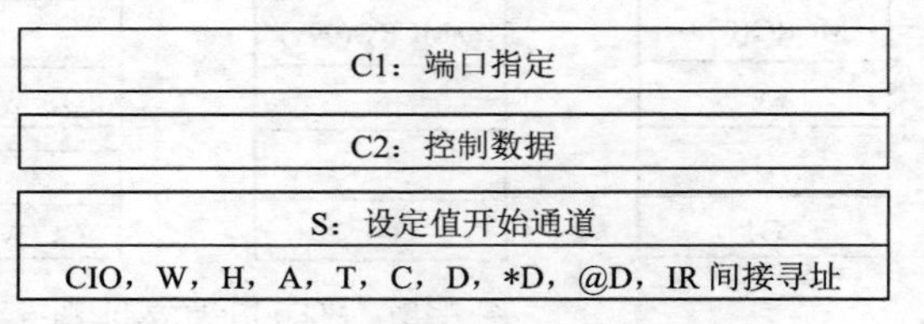

图 7.184 INI 指令的梯形图符号及操作数取值区域

功能：当执行条件为 ON 时，INI 用于控制高速计数器或脉冲输出的动作，有如下 6 项功能：

（1）启动用 CTBL 登记的比较表与高速计数器当前值的比较；

（2）停止用 CTBL 登记的比较表与高速计数器当前值的比较；

（3）改变高速计数器的当前值；

（4）改变中断输入（计数器模式）的当前值；

（5）改变脉冲输出的当前值（由 0 确定原点）；

（6）停止脉冲输出。

INI 的操作数含义如下。

C1：端口指定

0000H：#0 脉冲输出

0001H：#1 脉冲输出

0002H：#2 脉冲输出

0003H：#3 脉冲输出

0010H：#0 高速计数器输入

0011H：#1 高速计数器输入

0012H：#2 高速计数器输入

0013H：#3 高速计数器输入

0100H：#0 中断输入（计数模式）

0101H：#1 中断输入（计数模式）

0102H：#2 中断输入（计数模式）

0103H：#3 中断输入（计数模式）

0104H：#4 中断输入（计数模式）

0105H：#5 中断输入（计数模式）

0106H：#6 中断输入（计数模式）

0107H：#7 中断输入（计数模式）

1000H：#0 PWM 输出

1001H：#1 PWM 输出

C2：控制数据

0000H：开始比较

0001H：停止比较

0002H：改变当前值

0003H：停止脉冲输出

S：设定值开始通道。当 C2=0002H，S 值有效；当 C2 为其他值时，不使用此操作数 S。

	15 0	
S	设定值的低通道	高速计数/脉冲输出的数据范围：00000000～FFFFFFFFH 或 70000000～7FFFFFFFH
S+1	设定值的高通道	中断输入（计数模式）的数据范围：00000000～0000FFFFH

图 7.185 中，当 0.00 由 OFF→ON 时，执行 SPED 指令，采用 CW/CCW 方式、CW 方向及连续模式，以 500 Hz 频率启动#0 脉冲输出端口发出脉冲。当 0.01 由 OFF→ON 时，INI 指令停止#0 脉冲输出端口的脉冲输出。

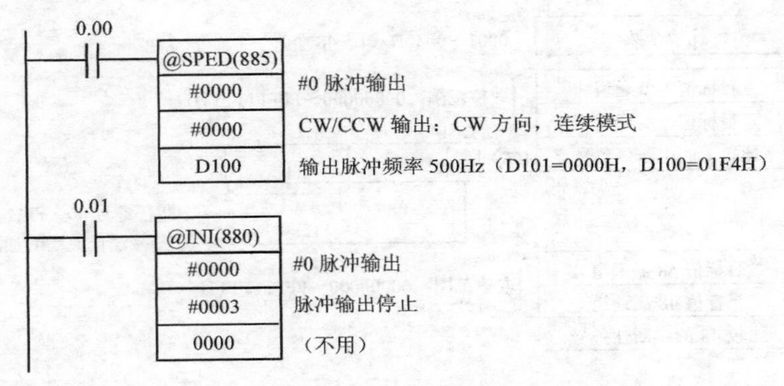

图 7.185　INI 指令的使用

2. 比较表登录指令 CTBL（882）/@CTBL（882）

比较表登录指令 CTBL 是对 PLC 内置的高速计数器的当前值进行目标值的一致比较或区域比较，当条件满足时执行指定的中断任务。CTBL 指令的梯形图符号及操作数取值区域见图 7.186。

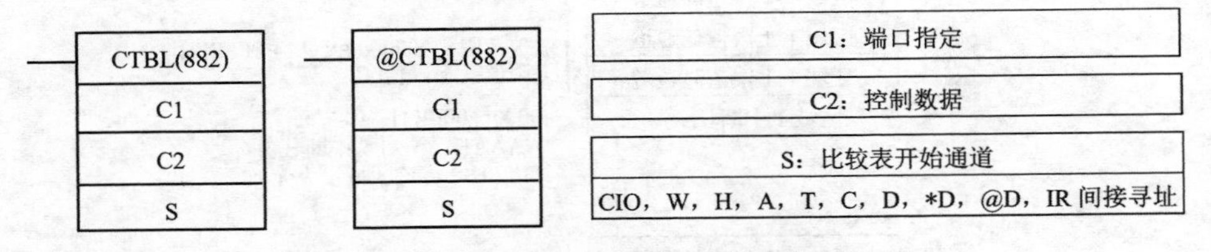

图 7.186　CTBL 指令的梯形图符号及操作数取值区域

功能：当执行条件为 ON 时，登记一个用于高速计数器的比较表，根据 C2 的值，同高速计数器当前值的比较可以立即启动，也可以用 INI 单独启动。

操作数的含义如下。

C1：端口指定

0000H：#0 高速计数器输入

0001H：#1 高速计数器输入

0002H：#2 高速计数器输入

0003H：#3 高速计数器输入

C2：控制数据

0000H：登记目标值比较表，并启动比较

0001H：登记区域比较表，并启动比较

0002H：登记目标值比较表，用 INI 启动比较

0003H：登记区域比较表，用 INI 启动比较

S：比较表开始通道

（1）目标值比较表

目标值比较表包含 48 个目标值和与各个目标值对应的中断任务号。当计数器当前值 PV 与目标值一致时，执行指定的中断任务。S 的设定值定义如下。

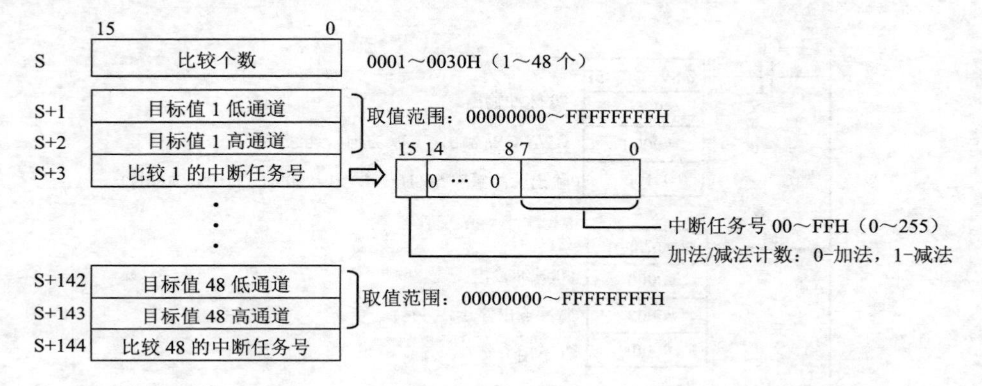

（2）区域比较表

区域比较表包含 8 个区域和与各个区域对应的中断任务号，8 个区域由 8 个下限值和 8 个上限值定义。在当前值落入某一区域时，执行对应的中断任务。区域比较表必须设定 8 个区域，如果不满 8 个，设定其余的中断任务号为 FFFF。S 的设定值定义如下。

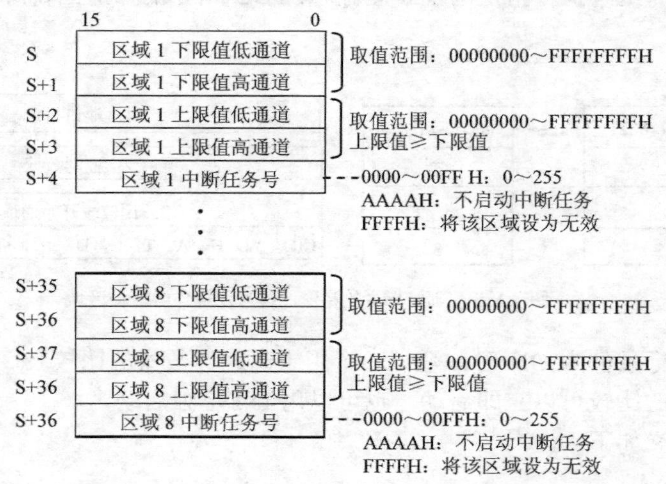

目标值比较中断如图 7.187（a）所示，比较表内容如图 7.187（b）所示，CTBL 指令对高速计数器 0 进行目标值一致比较表的登录并启动比较。高速计数器进行加法计数，当到达

500时，执行中断任务1。继续加法计数，当达到1000时，执行中断任务2。

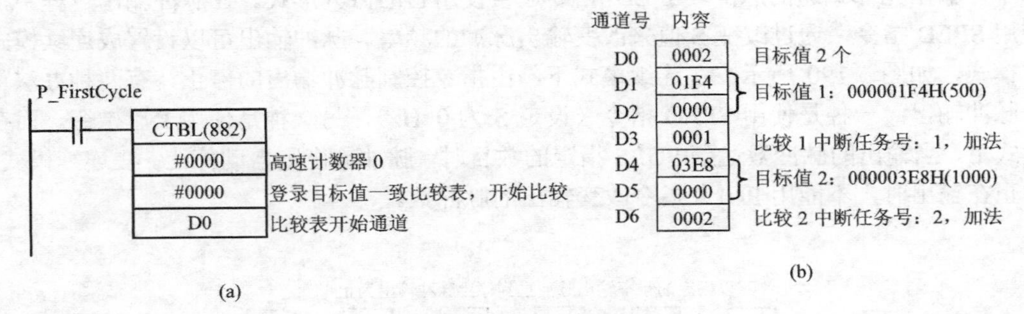

图7.187　目标值比较中断

区域比较中断如图7.188所示，比较表内容如图7.188（b）所示，CTBL指令对高速计数器0进行区域比较表的登录并启动比较。高速计数器进行加法计数，当到达区域1时，执行中断任务1。继续加法计数，当到达区域2时，执行中断任务2。

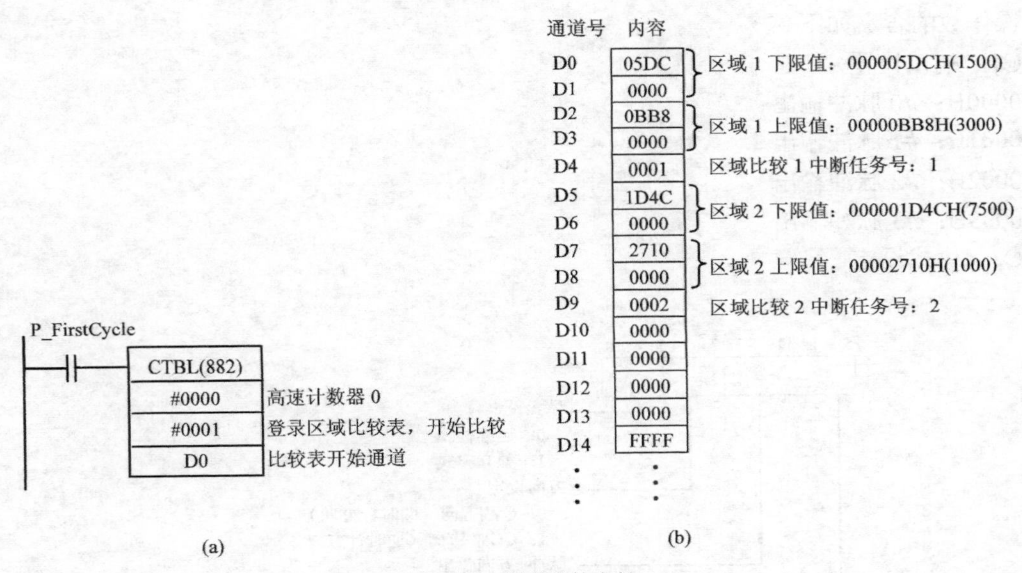

图7.188　区域比较中断

3. 速度输出指令SPED（885）/@SPED（885）

SPED指令的梯形图符号及操作数取值区域见图7.189。

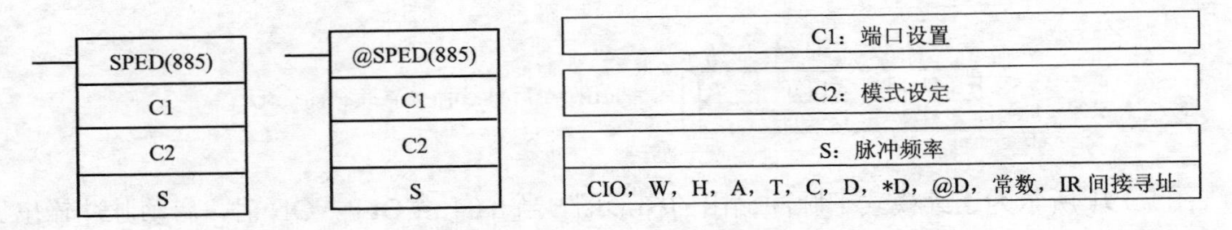

图7.189　SPED指令的梯形图符号及操作数取值区域

功能：当执行条件为 ON 时，SPED 由 C1 指定的端口，按照 C2 指定的模式，以 S 指定的频率，输出无加减速的脉冲。SPED 指令通常使用它的微分形式。在脉冲输出过程中，可以使用 SPED 指令，通过改变 S 值来改变输出脉冲的频率。脉冲输出可以设置成连续模式或独立模式，如图 7.190 所示。在连续模式下，由指令控制脉冲输出的停止，有两种办法可以停止脉冲输出：一种是使用 SPED 指令（设定 S 为 0 Hz），另一种是使用 INI 指令。而在独立模式下，当输出的脉冲数达到 PULS 指定的数目时，脉冲输出则自动停止。在连续模式下，脉冲正在输出时，不能用 PULS 指令改变输出的脉冲数。

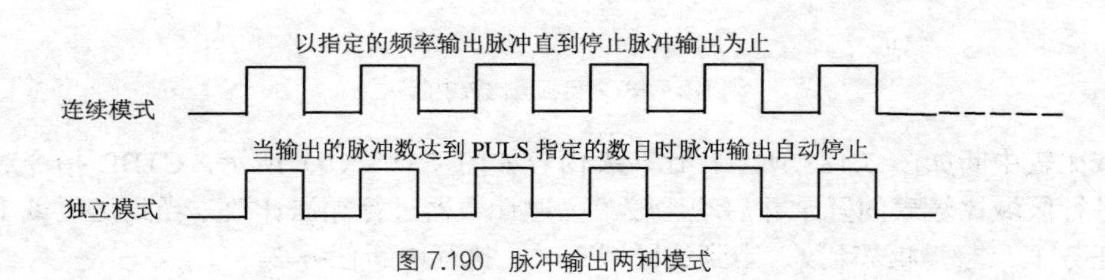

图 7.190　脉冲输出两种模式

操作数的含义如下。

C1：端口设置

0000H：#0 脉冲输出

0001H：#1 脉冲输出

0002H：#2 脉冲输出

0003H：#3 脉冲输出

C2：模式设定

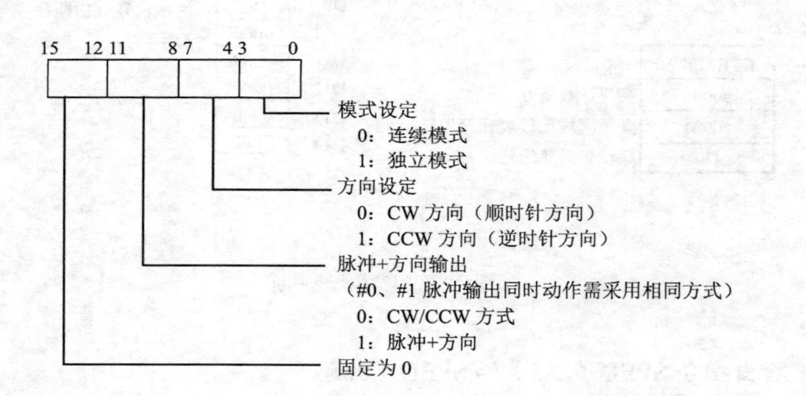

S：脉冲频率

图 7.191 所示为连续模式下脉冲输出的梯形图。当 0.04 由 OFF→ON 时，启动脉冲输出。当 0.05 由 OFF→ON 时，执行 INI 指令停止脉冲输出。

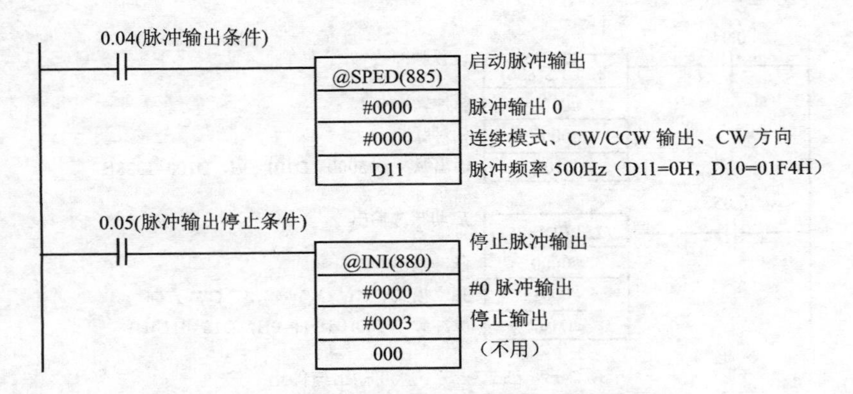

图 7.191　连续模式下脉冲输出与停止

4. 设置脉冲指令 PULS（886）/@PULS（886）

PULS 指令的梯形图符号及操作数取值区域见图 7.192。

PULS(886)
C1
C2
S

@PULS(886)
C1
C2
S

C1：端口设置

C2：控制数据

S：脉冲输出量
CIO，W，H，A，T，C，D，*D，@D，常数，IR 间接寻址

图 7.192　PULS 指令的梯形图符号及操作数取值区域

功能：当执行条件为 ON 时，PULS 为 C1 指定的、按 C2 方式输出的脉冲设定输出脉冲数目。SPED 或 ACC 以独立模式输出脉冲时，需使用 PULS 指令先进行脉冲数的设置，而以连续模式输出脉冲则不需要此设置。

C1：端口设置

0000H：#0 脉冲输出

0001H：#1 脉冲输出

0002H：#2 脉冲输出

0003H：#3 脉冲输出

C2：控制数据

0000H：相对脉冲

0001H：绝对脉冲

S：脉冲输出量

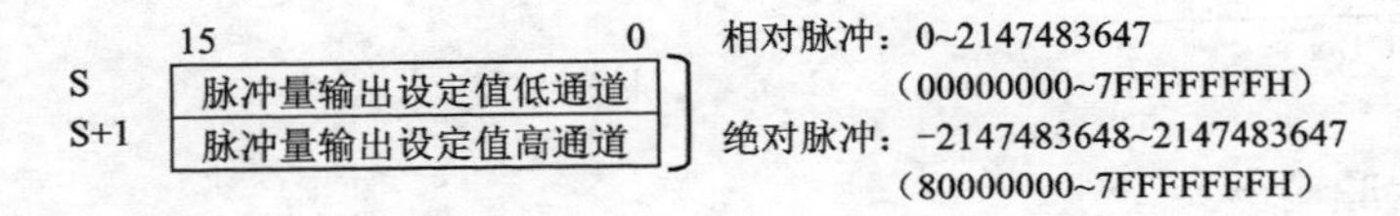

图 7.193 所示为独立模式下脉冲输出的梯形图。当 0.04 由 OFF→ON 时，PULS 设置输出的脉冲数（存放于 D101～D100），同时 SPED 启动脉冲输出，当输出的脉冲数达到 PULS 指定数目时，脉冲输出自动停止。

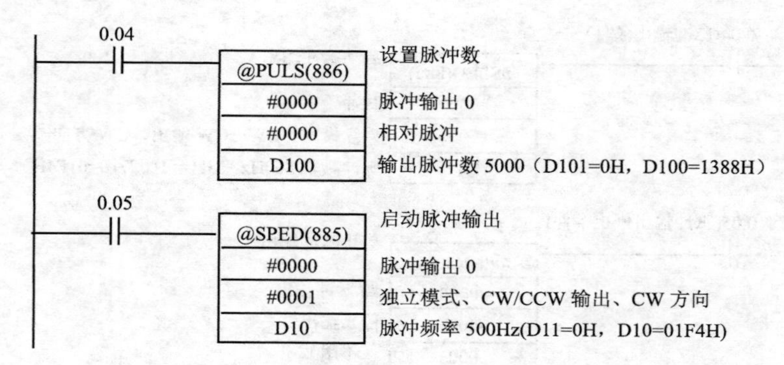

图 7.193　独立模式下脉冲输出与停止

5. 定位指令 PLS2（887）/@PLS2（887）

PLS2 指令的梯形图符号及操作数取值区域见图 7.194。

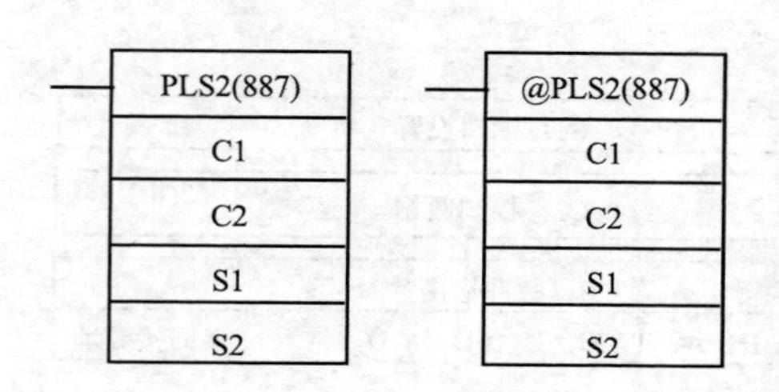

C1：端口设置

C2：控制数据

S1：设定表

CIO，W，H，A，T，C，D，*D，@D，常数，IR 间接寻址

S2：启动频率

CIO，W，H，A，T，C，D，*D，@D，常数，IR 间接寻址

图 7.194　PLS2 指令的梯形图符号及操作数取值区域

功能：当执行条件为 ON 时，PLS2 由 C1 指定的端口，按照 C2 指定的方式，从 S2 指定的启动频率开始，以 S1 的加速比率加速，进行脉冲的输出；当加速到 S1+2 目标频率时，持续保持；快要到达 S1+4 指定的脉冲数时，以 S1+1 的减速比率减速；减至 S2 指定的启动频率，维持一定时间，达到 S1+4 指定的脉冲数时停止脉冲输出，如图 7.195 所示。

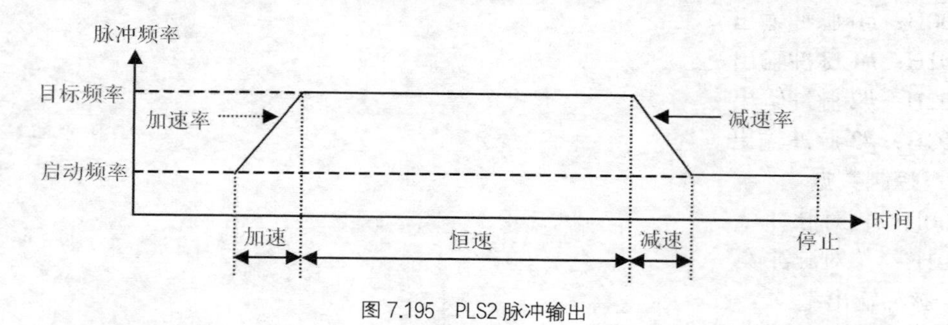

图 7.195　PLS2 脉冲输出

操作数含义如下。

C1：端口设置

0000H：#0 脉冲输出

0001H：#1 脉冲输出

0002H：#2 脉冲输出

0003H：#3 脉冲输出

C2：控制数据

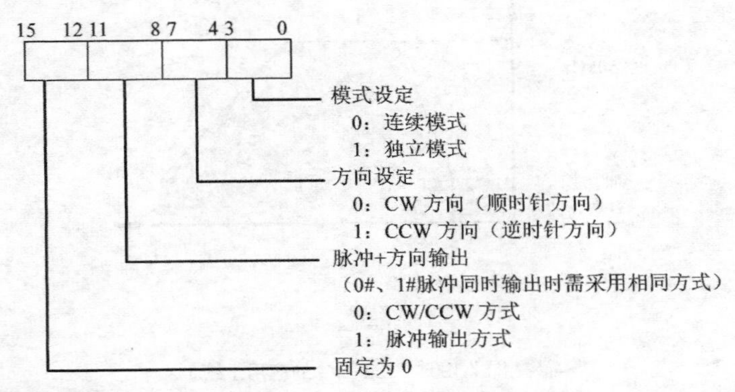

S1：设定表低位 CH 编号

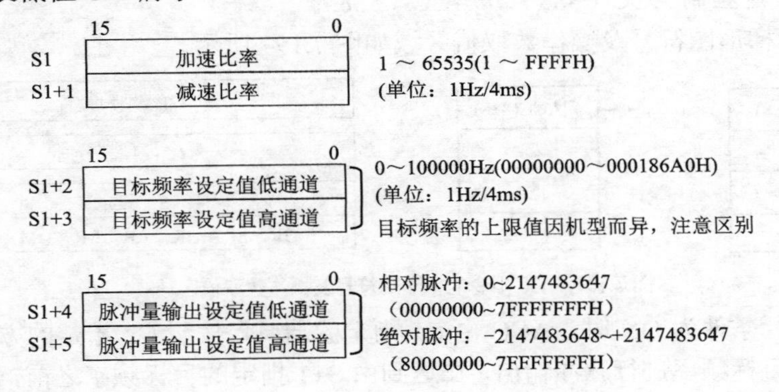

S2：启动频率低位 CH 编号

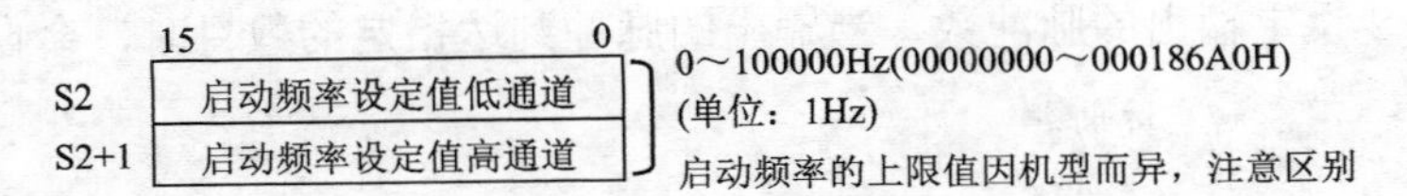

图 7.196 中，0.00 由 OFF→ON 时，PLS2 控制脉冲输出 0，输出脉冲数为 100000。从启动频率 200Hz 开始，以 500Hz/4ms 的加速比率，加速到目标频率 50kHz 为止。之后以 250Hz/4ms 的减速比率进行减速，当减速到启动频率 200Hz 时，到达指定的脉冲数 100000，停止脉冲输出。

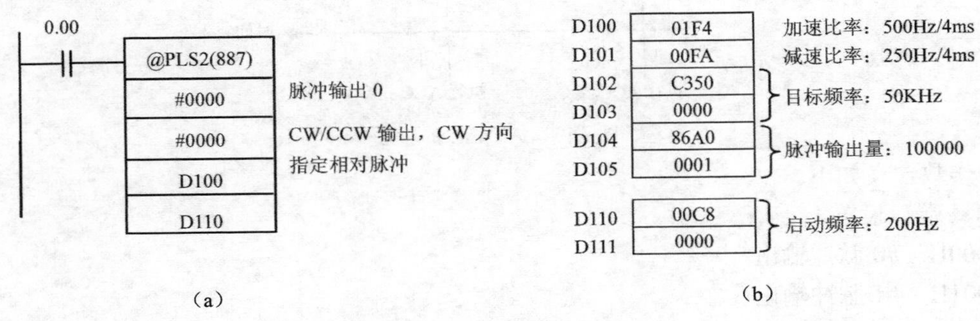

图 7.196　PLS2 指令的应用

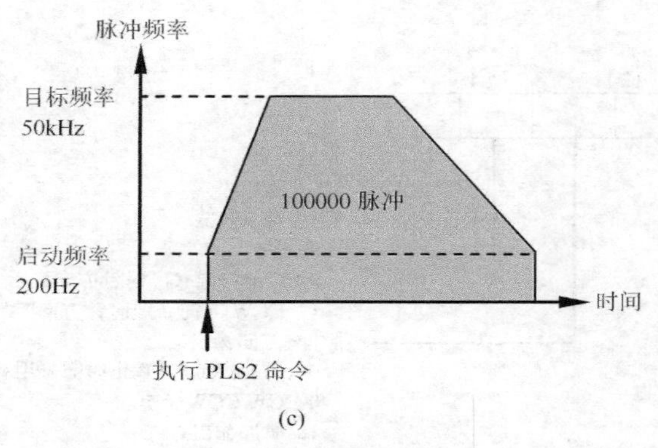

(c)

图 7.196　PLS2 指令的应用（续）

6. 频率加减速控制 ACC（888）/@ACC（888）

ACC 指令的梯形图符号及操作数取值区域如图 7.197 所示。

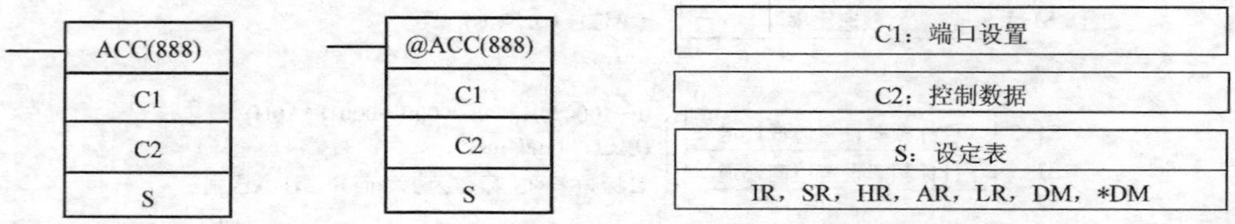

ACC(888)
C1
C2
S

@ACC(888)
C1
C2
S

C1：端口设置
C2：控制数据
S：设定表
IR，SR，HR，AR，LR，DM，*DM

图 7.197　ACC 指令的梯形图符号及操作数取值区域

功能：当执行条件为 ON 时，ACC 由 C1 指定的端口，按照 C2 指定的方式，以 S 指定的加减速比率和目标频率进行脉冲输出，在达到由 S+1 指定的目标频率之前，每 4ms 时间内以 S 指定的加减速比率进行频率的加速或减速，如图 7.198 所示。当需要使用有加速/减速控制的脉冲输出功能时，仅需执行一次 ACC，所以常用指令的微分形式。ACC 独立模式使用时，需应用 PULS 设定输出的脉冲数，当输出的脉冲到达指定的数目时，会自动停止输出。

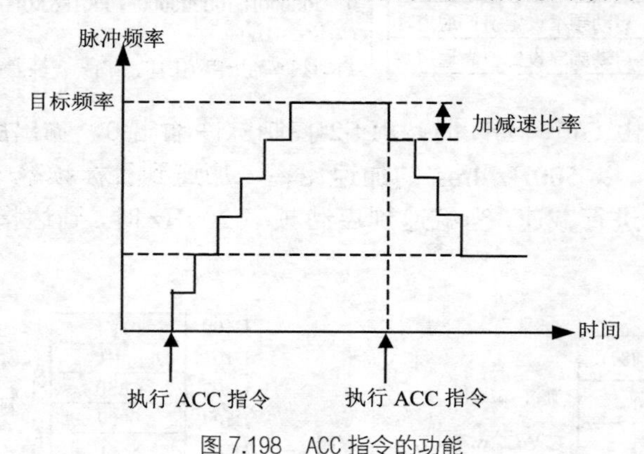

图 7.198　ACC 指令的功能

操作数含义如下。

C1：端口设置

0000H：#0 脉冲输出

0001H：#1 脉冲输出

0002H：#2 脉冲输出

0003H：#3 脉冲输出

C2：控制数据

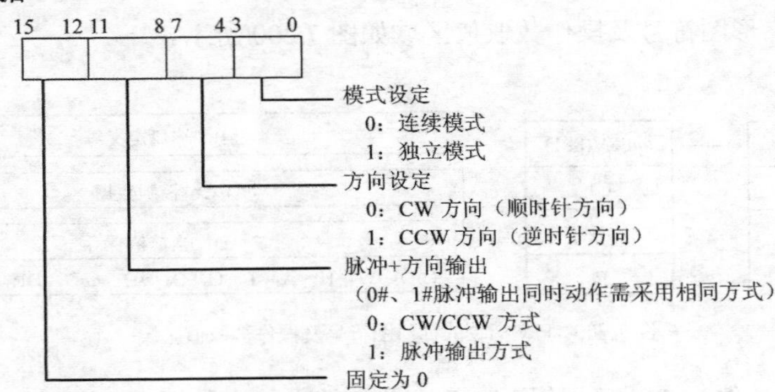

S：设定表

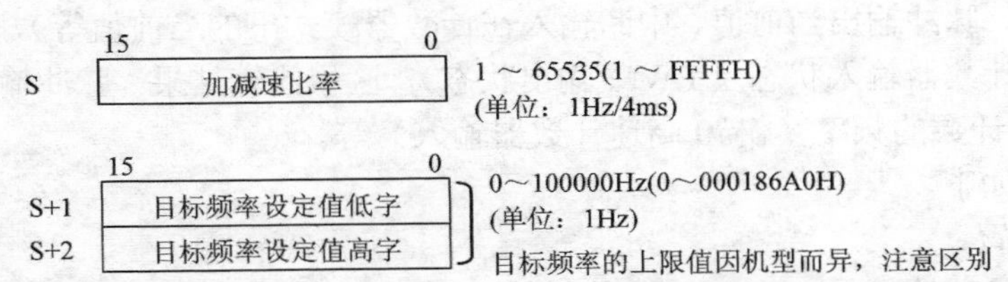

图7.199中，0.00由OFF→ON时，通过ACC指令从脉冲输出0的端口，用CW/CCW方式、CW方向、连续模式启动脉冲输出，其加减速比率20Hz/4ms、目标频率500Hz。之后0.01由OFF→ON时，再一次通过ACC指令变更为加减速比率10Hz/4ms、目标频率1000Hz。

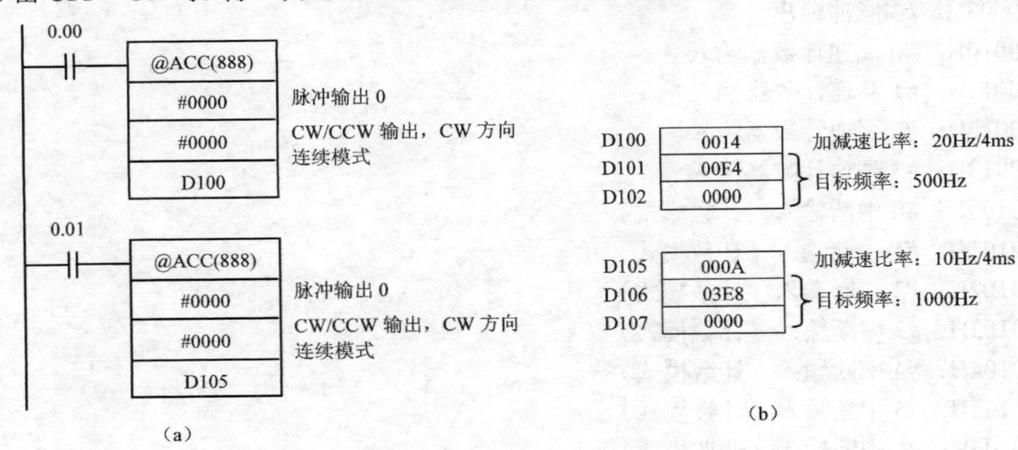

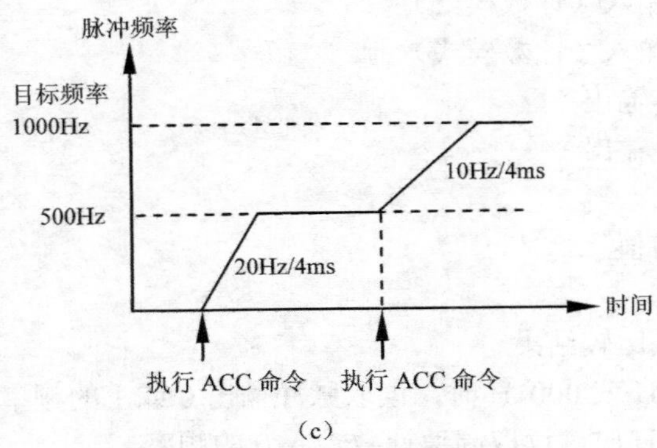

图7.199 ACC指令的应用

7. 脉冲当前值读出指令 PRV（881）/@PRV（881）

PRV 指令的梯形图符号及操作数取值区域如图 7.200 所示。

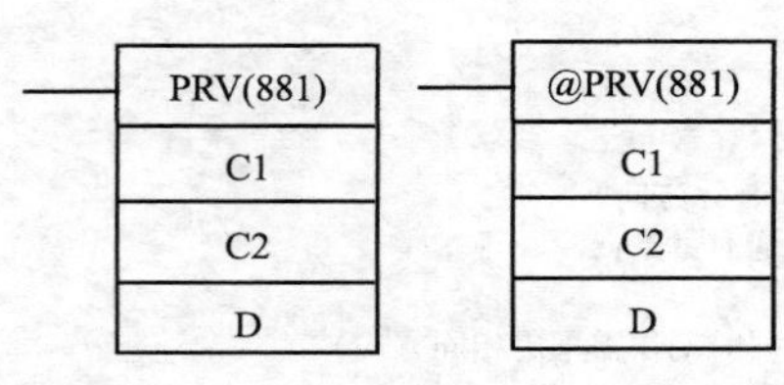

P：端口定义符

C：控制数据

D：当前值保存

CIO，W，H，A，T，C，D，*D，@D，DR，IR 间接寻址

图 7.200 PRV 指令的梯形图符号及操作数取值区域

功能：当执行条件为 ON 时，读取 PLC 内置的输入输出数据，这些数据包括：当前值（高速计数器当前值、脉冲输出当前值、中断输入在计数器模式下的当前值等），状态信息（脉冲输出状态、高速计数器输入状态及 PWM 输出状态），区域比较结果，脉冲输出频率（脉冲输出 0～1）及高速计数的频率（仅#0 高速计数器输入）等。

操作数含义如下。

C1：端口设置

0000H：#0 脉冲输出

0001H：#1 脉冲输出

0002H：#2 脉冲输出

0003H：#3 脉冲输出

0010H：#0 高速计数器输入

0011H：#1 高速计数器输入

0012H：#2 高速计数器输入

0013H：#3 高速计数器输入

0100H：#0 中断输入（计数模式）

0101H：#1 中断输入（计数模式）

0102H：#2 中断输入（计数模式）

0103H：#3 中断输入（计数模式）

0104H：#4 中断输入（计数模式）

0105H：#5 中断输入（计数模式）

0106H：#6 中断输入（计数模式）

0107H：#7 中断输入（计数模式）

1000H：#0 PWM 输出

1001H：#1 PWM 输出

C2：控制数据

0000H：读取当前值

0001H：读取状态

0002H：读取区域比较结果

0003H：C1=0000H 或 0001H 时，读取脉冲输出 0 或 1 的频率

C1=0010H 时，读取高速计数输入 0 的频率

0003H：通常方式

0013H：高频率对应10ms采样方式

0023H：高频率对应100ms采样方式

0033H：高频率对应1s采样方式

D：当前值保存开始通道

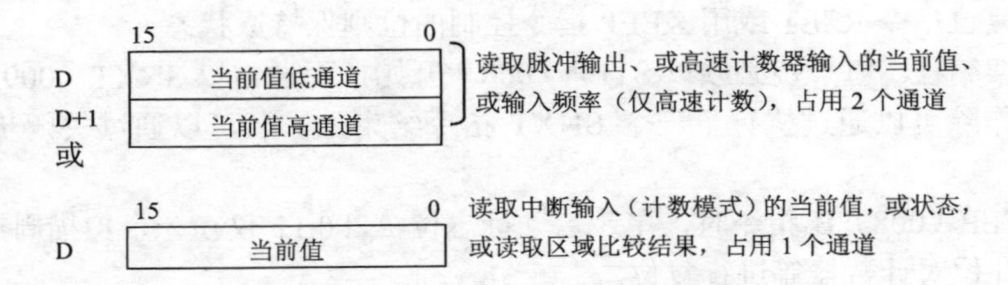

图7.201中，0.01为ON时，PRV指令读取高速计数器0的脉冲输入频率，以16进制数的形式输出到D101、D100中。

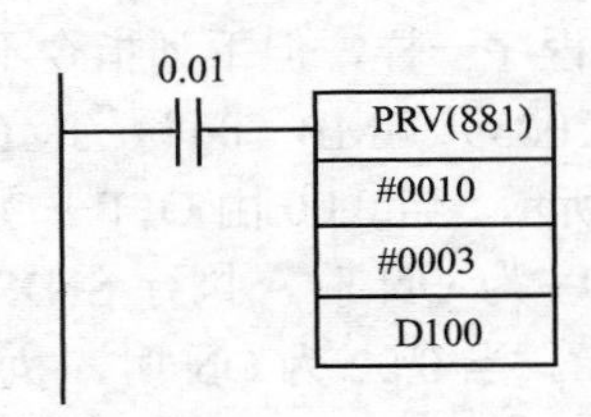

图7.201 PRV指令的应用

7.15 步进指令

步进指令STEP和SNXT总是一起使用，以便在一个大型程序中的程序段之间设置断点。每个程序段（称为一步）是作为一个整体执行的，一个程序段（步）通常对应实际应用中的一个过程。用步进指令可以按照指定的顺序执行各个程序段，上一段程序执行完以后再执行下一段。在下一段程序执行之前，CPU将通过断点复位上一段使用的定时器和数据区，因此，在步程序段里可以重复使用PLC的内部资源。

单步指令STEP（008），步进指令SNXT（009）

STEP、SNXT指令的梯形图符号及操作数取值区域见图7.202。其中，B为控制位，它是一个位地址号，表示步序号。

图7.202 STEP、SNXT指令的梯形图符号

功能：STEP（008）B用来定义一个程序段的开始，它无需执行条件，其执行与否是由控制位决定的。SNXT（009）B用来启动步号为B的程序段，SNXT（009）B指令必须写进程序中，并置于STEP（008）B之前的位置。程序中任何步，若没有以SNXT指令开始，均

不被执行。STEP（008）不带控制位 B，无需执行条件，它表示一系列程序段结束。在不带控制位的 STEP（008）之前，必须要有一条 SNXT（009）B，其中 B 为虚控制位，无任何意义，可用系统任何未被使用的位号，当程序执行到这里时，将结束步进程序段的执行。

当执行条件为 ON 时，SNXT（009）B 将结束前一个程序段的执行，前一个程序段使用过的定时器和数据区将被复位，同时启动步号为 B 的程序段的执行。前一个程序段用过的定时器将被复位成它们的设定值 SV；用过的输出、W、H、A 位均变为 OFF；而计数器、用置位指令 SET、复位指令 RSET 或用 KEEP 指令控制的位则保持原状态。

步可以连续编程。每一步必须以 STEP（008）开始，而通常以 SNXT（009）结束。

一个步动作除可以通过执行下一个 SNXT 指令结束外，还可以通过关闭步中控制位来结束。

当执行 STEP（008）B 指令时，单步启动标志位 A200.12 仅在一个扫描周期内为 ON，必要时可利用此位对计数器等进行复位。

说明：

（1）B 的取值必须在同一个字中，并且要连续；

（2）如果控制位 B 在 H 区中，可以掉电保持；

（3）步程序段内部编程同普通程序一样，但下列指令不能用在步程序段中：

END（001）、IL（002）/ILC（003）、JMP（004）/JME（005）、SBN（092）。

两个简单的步过程如图 7.203 所示。当 0.00 由 OFF→ON 时，执行 SNXT（009）H10.00，由 H10.00 控制的步被启动，当 0.01 为 ON 时，执行 SNXT（009）H10.01，结束由 H10.00 控制的步，启动由 H10.01 控制的步。当 0.02 为 ON 时，执行 SNXT（009）H10.02，结束由 H10.01 控制的步，下一条是不带操作数的 SETP（008）指令，步程序到此结束。

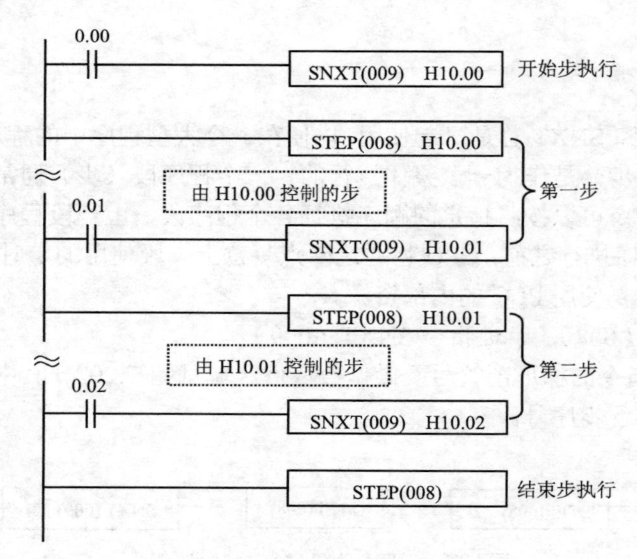

图 7.203 步进指令的应用

如图 7.204 所示，CPU 执行“STEP H10.00”指令时，单步启动标志位 A200.12 仅 ON 一个扫描周期，使用 A200.12 可进行进入步动作时的初始化处理，如复位计数器。

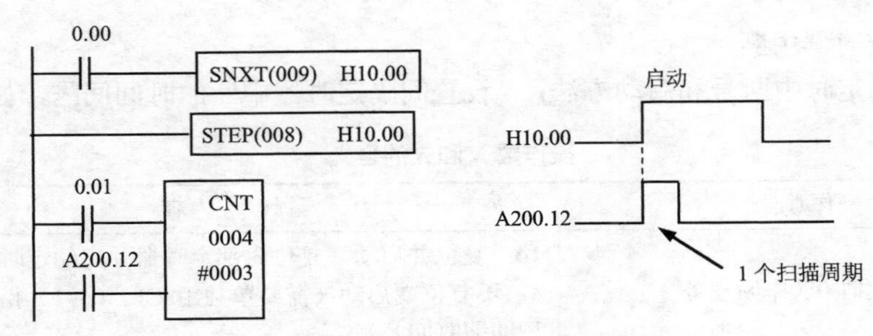

图 7.204 标志位 A200.12 的使用举例

7.16 中断控制指令

1. 中断屏蔽设置指令 MSKS（690）/@MSKS（690）

MSKS 指令的梯形图符号及操作数取值区域如图 7.205 所示。

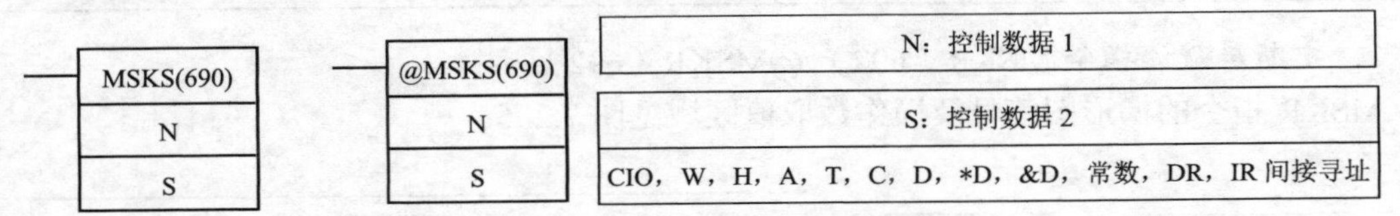

图 7.205 MSKS 指令的梯形图符号及操作数取值区域

功能：当执行条件为 ON 时，MSKS 对输入中断设置屏蔽（中断禁止）或取消屏蔽（中断允许），以及设置间隔定时器中断的时间间隔。

PLC 进入运行状态时，输入中断和间隔定时器中断均被屏蔽，应用 MSKS 可取消屏蔽。

MSKS 的操作数说明如下。

（1）输入中断

N 用来指定输入中断号，*S* 用来设定执行条件，如表 7.7 所示。

表 7.7 操作数 *N* 和 *S* 的含义

操作数		内容	
		指定输入的上升沿/下降沿产生中断	设置屏蔽或解除屏蔽
N	输入中断 0（中断任务 140）	110（或 10）	100（或 6）
	输入中断 1（中断任务 141）	111（或 11）	101（或 7）
	输入中断 2（中断任务 142）	112（或 12）	102（或 8）
	输入中断 3（中断任务 143）	113（或 13）	103（或 9）
	输入中断 4（中断任务 144）	114	104
	输入中断 5（中断任务 145）	115	105
	输入中断 6（中断任务 146）	116	106
	输入中断 7（中断任务 147）	117	107
S		#0000：上升沿有效（缺省） #0001：下降沿有效	#0000：中断允许，直接模式 #0001：中断禁止 #0002：中断允许，计数器模式，启动减法计数 #0003：中断允许，计数器模式，启动加法计数

注：输入中断 2 和 3 不能用在 Y 型

（2）间隔定时器中断

N 设置间隔定时中断号和启动方法，*S* 设置间隔定时器中断的时间间隔，如表 7.8 所示。

表 7.8　　操作数 *N* 和 *S* 的含义

操作数			内容
N	间隔定时 0（中断任务 2）		14：复位并启动（复位内部定时器并启动定时） 4：不复位就启动（需要单独用 CLI（691）指令来设定首次中断的时间）
S			0000：禁止执行间隔定时和停止内部定时器
	PLC 系统设定“定时中断单位时间设定”	10ms	1～9999（0001～270FH）：定时中断时间设定 10～99990ms
		1ms	1～9999（0001～270FH）：定时中断时间设定 1～9999ms
		0.1ms	5～9999（0005～270FH）：定时中断时间设定 0.5～999.9ms 注：1～4（0001～0004H）不能指定，否则出错

2．中断屏蔽读指令 MSKR（692）/@MSKR（692）

MSKR 指令的梯形图符号及操作数取值区域见图 7.206。

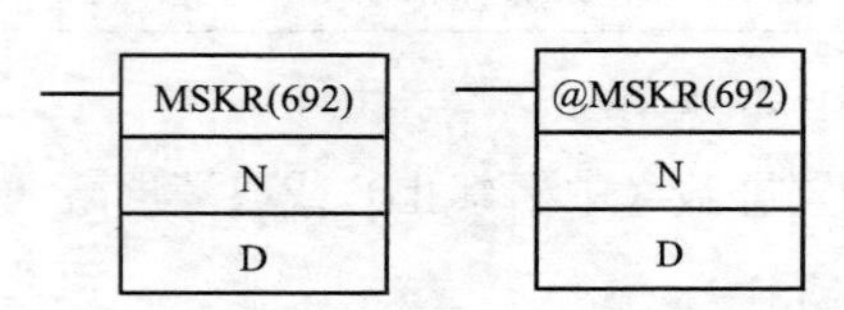

N：控制数据

D：输出通道
CIO，W，H，A，T，C，D，*D，&D，DR，IR 间接寻址

图 7.206　MSKR 指令的梯形图符号及操作数取值区域

功能：当执行条件为 ON 时，MSKR 读取通过 MSKS 指令设定的中断控制的状态。如果读取的是输入中断的情况，*N*、D 的含义与 MSKS 中的 *N*、S 相同。如果读取的是定时中断的情况，当 *N* 取 4 时，D 为 0（禁止定时中断）或定时中断的设定值；当 *N* 取 7 时，D 为内部定时器的当前值。

图 7.207 中，当 W0.00 为 ON 时，读取输入中断 0 的设置屏蔽/解除屏蔽状态，如果 D100 中的内容为#0003，表示输入中断 0 设置为解除屏蔽、计数模式、加计数。

图 7.208 中，当 W0.01 为 ON 时，读取间隔定时中断 0 的设置状态，如果 D200 中的内容为 0，表示禁止定时中断；如果 D200 中的内容为#0069H，若 PLC 系统设定中“定时中断单位时间设定”为 0.1ms，则定时的时间为 10.5ms。

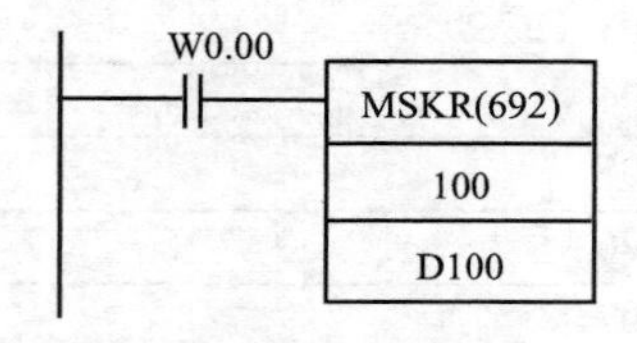

图 7.207　MSKR 指令的应用 1

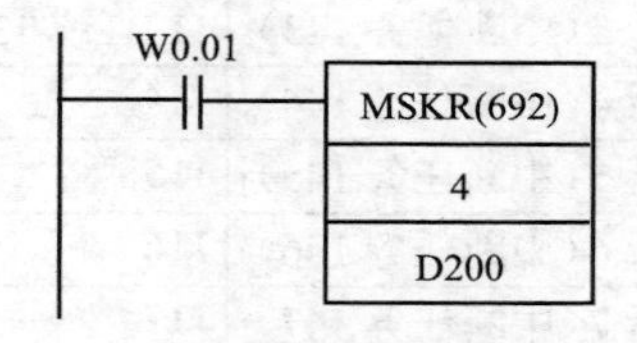

图 7.208　MSKR 指令的应用 2

3．中断解除指令 CLI（691）/@CLI（691）

CLI 指令的的梯形图符号及操作数取值区域见图 7.209。

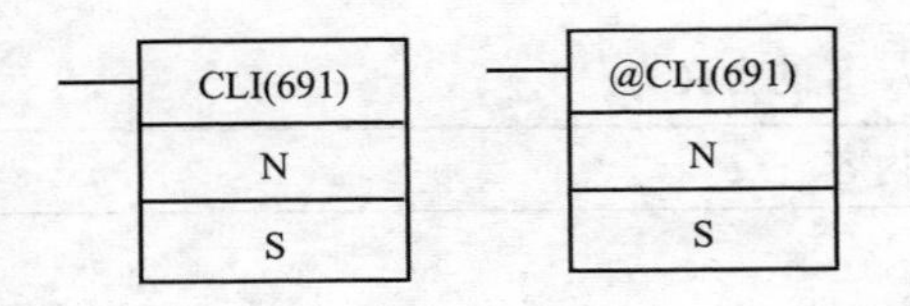

N：控制数据 1

S：控制数据 2

CIO，W，H，A，T，C，D，*D，&D，DR，IR 间接寻址

图 7.209 CLI 指令的梯形图符号及操作数取值区域

功能：当执行条件为 ON 时，CLI 清除或保持输入中断和高速计数器中断的中断输入记录，或设置间隔定时器首次定时的时间。

（1）输入中断

N 设定输入中断的编号，S 设定中断记录清除或保持，*N*、S 含义如表 7.9 所示。

表 7.9 **输入中断时操作数 *N*、S 的含义**

操作数	内容
N 输入中断号	100 或 6：输入中断 0（中断任务 140） 101 或 7：输入中断 1（中断任务 141） 102 或 8：输入中断 2（中断任务 142） 103 或 9：输入中断 3（中断任务 143） 104：输入中断 4（中断任务 144） 105：输入中断 5（中断任务 145） 106：输入中断 6（中断任务 146） 107：输入中断 7（中断任务 147）
S	0000：中断记录保持 0001：中断记录清除

注：输入中断 2 和 3 不能用在 Y 型

如图 7.210 所示，对于 *N* 指定的输入中断，根据 S 值，中断记录被清除或保持。如果正在执行一个输入中断任务，接收到一个具有不同中断号的中断任务，这个中断号内部被保留。根据执行优先级（从高到低），随后中断会执行。在它们被执行前，CLI（691）可用来清除这些记录。

图 7.211 中，当 W0.00 由 OFF→ON 时，CLI 清除所有输入中断 0 的记录。

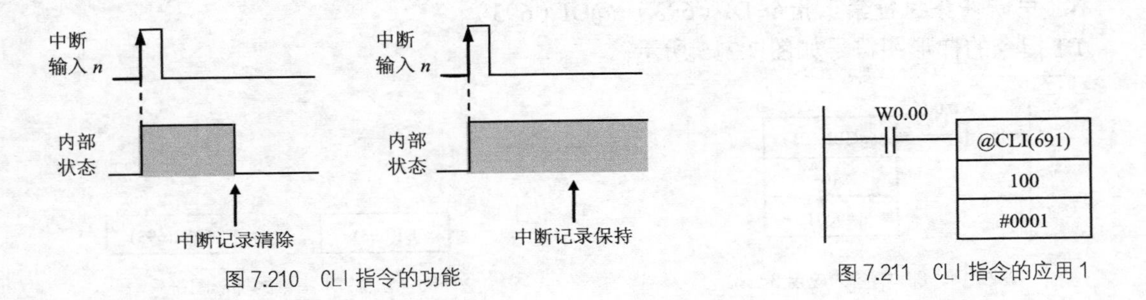

图 7.210 CLI 指令的功能

图 7.211 CLI 指令的应用 1

（2）间隔定时器中断：*N*=4

N 设定间隔定时器号，S 设定首次间隔定时的时间，*N*、S 含义如表 7.10 所示。

表 7.10　　间隔定时器中断时操作数 *N*、S 的含义

操作数	内容
N	间隔定时中断号 4：间隔定时中断 0（中断任务 2）
S	0001～270FH：初次中断时间 1～9999 注：定时中断单位时间可设定为 10ms/1.0ms/0.1ms 中的任一个

图 7.212 所示为间隔定时的时序。

图 7.213 中，当 W0.00 由 OFF→ON 时，CLI 设置首次间隔定时中断的时间为 10.5ms。假设 PLC 设置时，中断时间间隔单位为 0.1 ms，0069H=105。

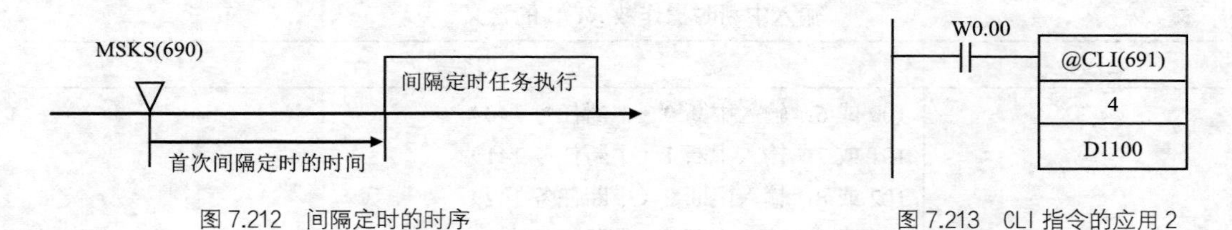

图 7.212　间隔定时的时序　　图 7.213　CLI 指令的应用 2

（3）高速计数器中断：*N*=10～13

N 设定高速计数器中断编号，S 设定操作，*N*、S 含义如表 7.11 所示。

表 7.11　　高速计数器中断时操作数 *N*、S 的含义

操作数	内容
N	高速计数器中断号 10：高速计数器输入 0 11：高速计数器输入 1 12：高速计数器输入 2 13：高速计数器输入 3
S	中断记录清除或保持 0000：中断记录保持 0001：中断记录清除

当 W0.00 由 OFF→ON 时，CLI 清除高速计数器 0 中断的记录，如图 7.214 所示。

4. 中断任务执行禁止指令 DI（693）/@DI（693）

DI 指令的梯形图符号如图 7.215 所示。

图 7.214　CLI 指令的应用 3　　图 7.215　DI 指令的梯形图符号

功能：当执行条件为 ON 时，DI 暂时禁止中断任务（输入中断、间隔定时器中断、高速计数器中断和外部中断）的执行。

所有的中断任务会保持不执行，直到执行 EI 为止。

DI 不能在中断任务中执行。

DI 不能同时在多于一个周期性任务中执行。

DI 指令的应用如图 7.216 所示。

5. 解除中断任务执行禁止指令 EI（694）/@EI（694）

EI 指令的梯形图符号如图 7.217 所示。

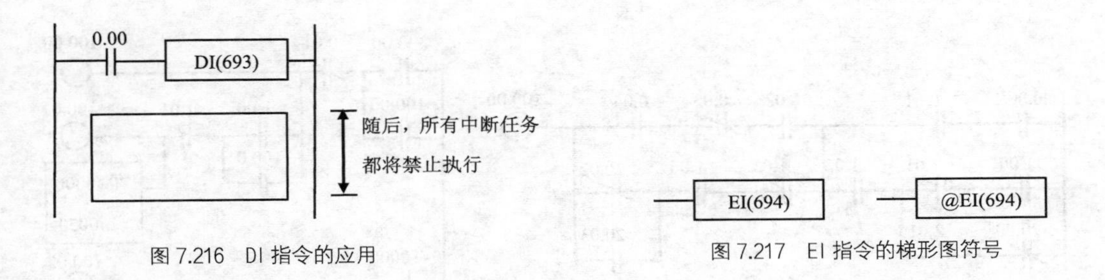

图 7.216 DI 指令的应用　　图 7.217 EI 指令的梯形图符号

功能：EI 暂时解除由 DI 设置的所有中断任务执行禁止，输入中断、间隔定时器中断、高速计数器中断和外部中断。EI 不需要一个执行条件。EI 不能解除输入中断的屏蔽或设置间隔定时器。EI 不能在中断任务中执行。

EI 指令的应用如图 7.218 所示。

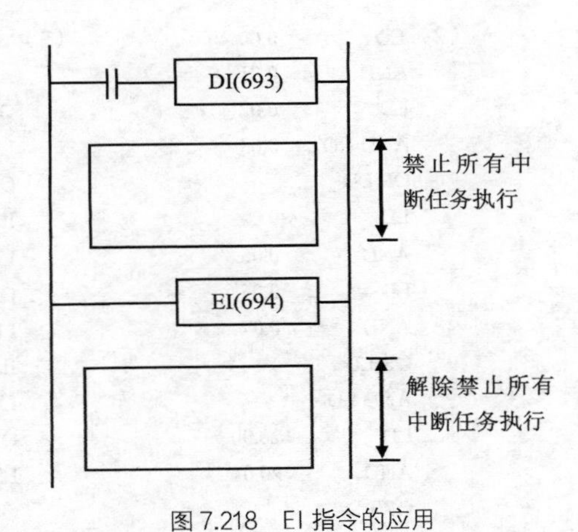

图 7.218 EI 指令的应用

思考题与习题

1. 常用指令的执行方式有哪些？各有何特点？
2. 指令的微分执行有哪两种方式？用的最多的是哪一种？
3. 语句表指令中的指令码是什么？有何用途？
4. 语句表指令中的操作数怎样区分常数和通道号？
5. 什么是间接寻址？在什么情况下间接寻址 DM 单元不存在？
6. 索引寄存器 IR、数据寄存器 DR 作为指令的操作数时各起什么样的作用？有哪些指令可以给 IR 本身赋值？怎样给 DR 赋值？

7．暂存继电器 TR 的作用是什么？

8．并联输出、连续输出和复合输出这三种结构怎样编程？

9．编程时怎样处理梯形图的分支？

10．什么是双线圈输出？为何要避免此现象？

11．写出第 11 题图中的梯形图的语句表。

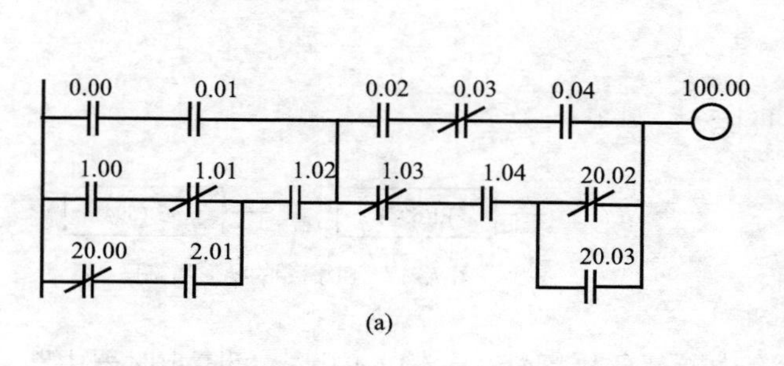

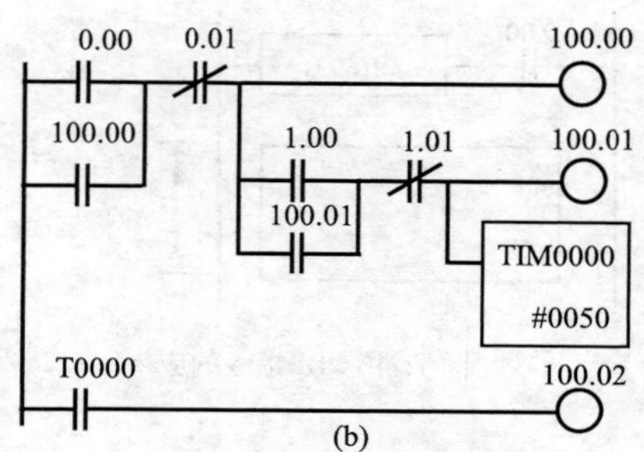

第 11 题图

12．绘出下列语句表的梯形图。

（1）

LD	0.00
OR	20.00
AND NOT	0.02
OUT	100.01
OUT	20.00
LD	0.03
TIM	0000
	#0025
OUT	100.02
LD	T0000
TIM	0001
	#0035
OUT	100.03
LD	0.04
DIFU(013)	20.01
LD	0.05
LD	20.01
CNT	0002
	#0010
LD	0.05
OUT	100.04
END(001)	

（2）

LD	0.00
AND	0.01
LD	0.02
AND NOT	0.03
OR LD	
LD	0.04
AND	0.05
LD	0.06
AND	0.07
OR LD	
AND LD	
LD	20.00
AND	20.01
OR LD	
AND	20.02
OUT	100.04

（3）

LD	0.00
AND	0.01
OUT	20.00
LD	0.02
OR	0.03
IL(002)	
LD	0.04
OUT	100.00
LD	0.05
IL(002)	
LD	0.06
OUT	100.02
LD	0.07
OUT	100.03
ILC(003)	
LD	0.08
OUT	100.04

13．将第 11 题图中的梯形图分别改画成用联锁指令编程和用 TR 继电器编程的梯形图，并分别写出对应的语句表程序。

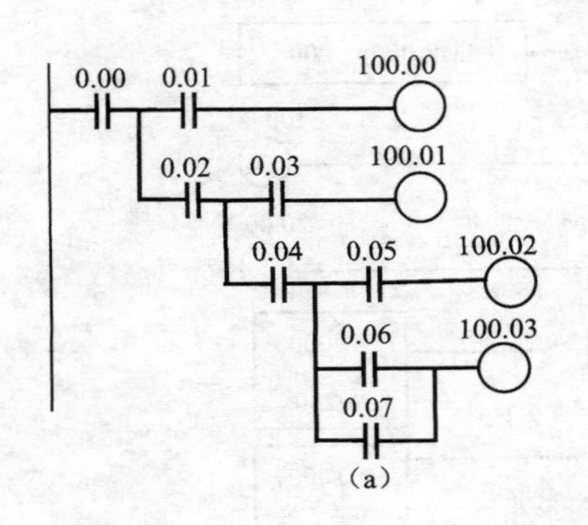

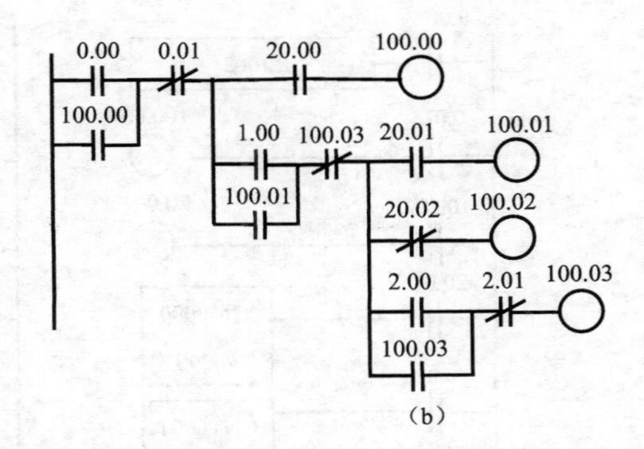

第 13 题图

14．已知梯形图及 0.00、0.01、0.02 的时序图如第 14 题图所示，画出 100.00 的时序图。

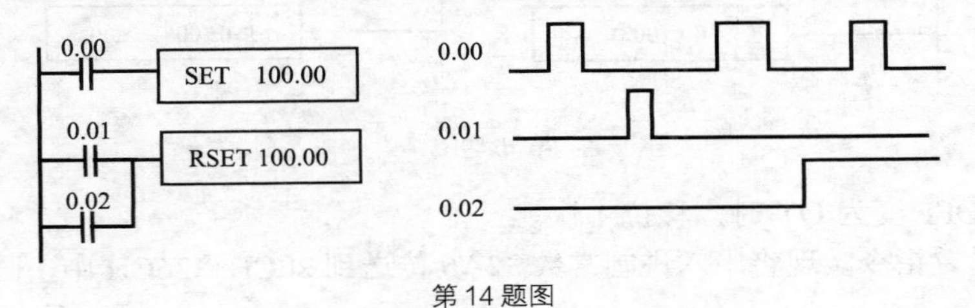

第 14 题图

15．已知梯形图及 0.00、0.01 的时序图如第 15 题图所示，画出 P_0_2s 及 100.00、100.01、100.02、100.03 各元件的时序图。

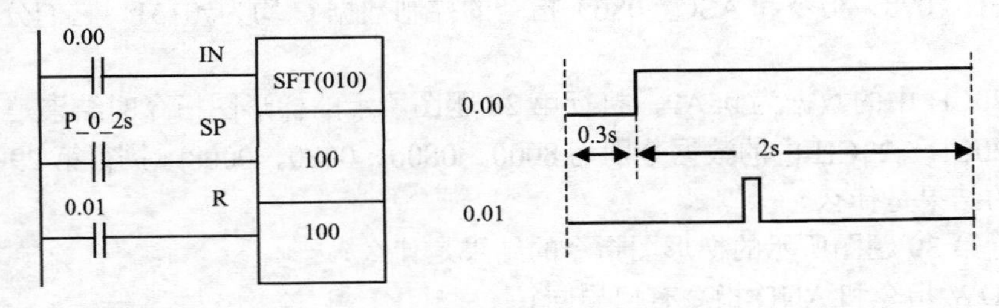

第 15 题图

16．试比较第 16 题图的两个梯形图功能有何不同，并结合此例说明联锁指令和跳转指令的区别。

17．定时器的输入条件为 ON 的时间小于其设定值 SV 设定的时间，其输出能否为 ON？为什么？若利用通道作为定时器的 SV，改变后的 SV 在什么情况下才能有效？

18．说明 TIM 指令和 TIMH（015）指令的区别。

19．可逆计数器在何时输出为 ON？

20．CMP（020）指令影响哪些标志位？如何影响？

21．CMP（020）、CMPL（060）、BCMP（068）的作用分别是什么？

22．把 D100～D102 的十六进制数据乘以 2，D100 为低位数据。分别用可逆移位寄存器指令、算术左移指令、循环左移指令实现。

23．设计一程序，实现 CY、DM0 的循环右移位，CY 初值为 1。移位由输入点 0.00 控

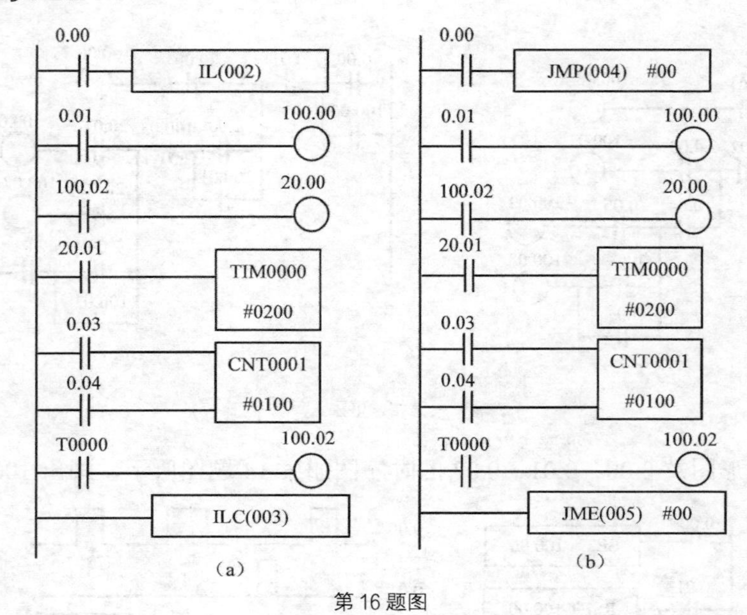

第 16 题图

制，当 0.00 由 OFF 变为 ON 时，移位 1 次。

24. 用块设置指令实现将十六进制常数 32A6 传送到 20CH～26CH 中，画出梯形图，写出语句表程序。

25. MOVB（082）、MOVD（083）指令的控制字 C 均为#0310，它们分别代表什么含义？

26. 把 001 通道的 2 位数字（1.04～1.11）送到 D0 的第 0 位、第 1 位数字上。

27. SDEC（078）指令和 ASC（086）指令的控制数据 C 均为#0131，它们分别代表什么含义？

28. 设 20CH 中的数据为 05A9，执行第 28 题图所示的梯形图指令的结果是什么？

29. 设 20CH～23CH 中的数据分别为 8000、0800、0080、0008，执行第 29 题图所示的梯形图指令的结果是什么？

30. 执行第 30 题图所示的梯形图指令的结果是什么？

31. ANDW 指令和 AND 指令有何异同？

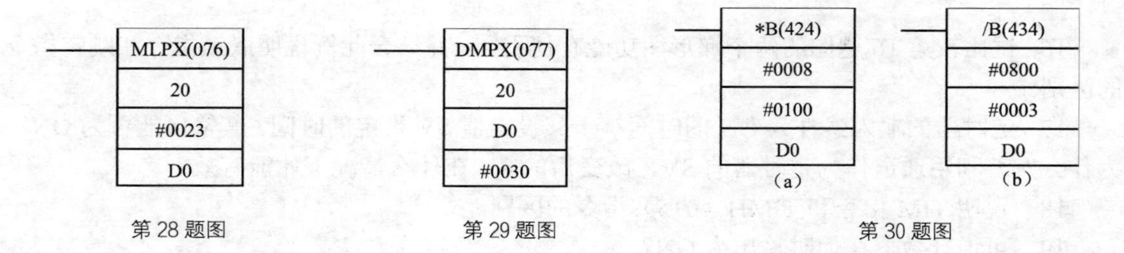

第 28 题图　　第 29 题图　　第 30 题图

32. 求（D100+D101）×D102 的值。设 D100～D102 通道内的数均为 BCD 数。

33. 求（D100+D101）×D102 的值。设 D100～D102 通道内的数均为十六进制数。

34. 如何使用 IORF（097）指令，缩短输入输出响应滞后时间？

35. 子程序应放在任务中的什么位置？

第8章 任务编程

8.1 概述

8.1.1 任务编程的特点

OMRON 先前的 PLC，如 C200Hα、CPM1A/CPM2A 等，它们的程序像一个长书卷。从 CS1 系列开始，OMRON 随后的机型，如 CJ1/CJ2、CP1H/CP1L/CP1E 等，程序的组织结构形式做了改进，推出任务编程的方法，即将程序分解为多个不同功能及不同工作方式的任务，使程序就像一系列按执行顺序排列的分立的卡片。程序的两种组织结构比较如图 8.1 所示。

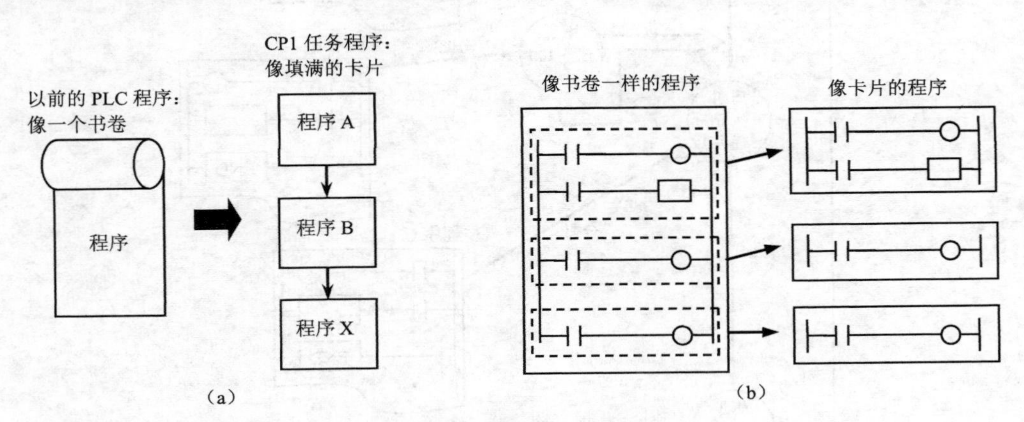

图 8.1　程序的两种组织结构比较

任务编程具有以下特点。

(1) 可将程序分解为多个任务，由多人共同开发，最终可以方便地将分别设计的各个任务组织起来，合并在一个用户程序中。

(2) 根据功能可将某些任务定制为独立性强的标准化模块，这样在进行新的编程时，如果有相同的功能要求，就可以方便地移植先前已有的任务模块。任务的标准化设计也便于将多人开发的程序组织、融合起来。为做到任务标准化，设计时要用到符号编程、符号的全局和本地的指定、本地变量地址的自动分配。

(3) 提高总体响应性能。将系统分为总体管理程序和各个独立的控制程序，根据需要可以仅使某个控制程序运行，因此提高了系统总体的响应性能。

（4）修改与调试简便。由于可以多人分工按任务进行编程、调试，提高了工作效率。当程序需要改变时，只需对变更部分的任务进行修正即可，维护简便。通过 CX-P 软件中符号变量的全局/本地设定以及“局部变量”地址的自动分配功能，在调试时能够很容易识别某个地址是程序固有的还是与其他程序共享的，另外由于不需要进行程序间地址的重复检验，提高了调试效率。

（5）容易实现程序的切换。在程序中使用任务管理指令，可以控制指定的任务，使其在需要时开始运行或停止运行。

（6）用户程序的可读性好。通过对用户程序的结构化编写，对传统上采用跳转指令的程序进行模块化处理，使用户程序更加容易理解。

8.1.2 任务和程序

图 8.2 所示为多个任务组成的程序。每个任务分配了一个独立的程序，任务的最后一条指令是 END，代表任务结束，END 之后的指令不执行。这些任务大体上分为两类：循环任务和中断任务，而中断任务还可以作为扩充循环任务使用。

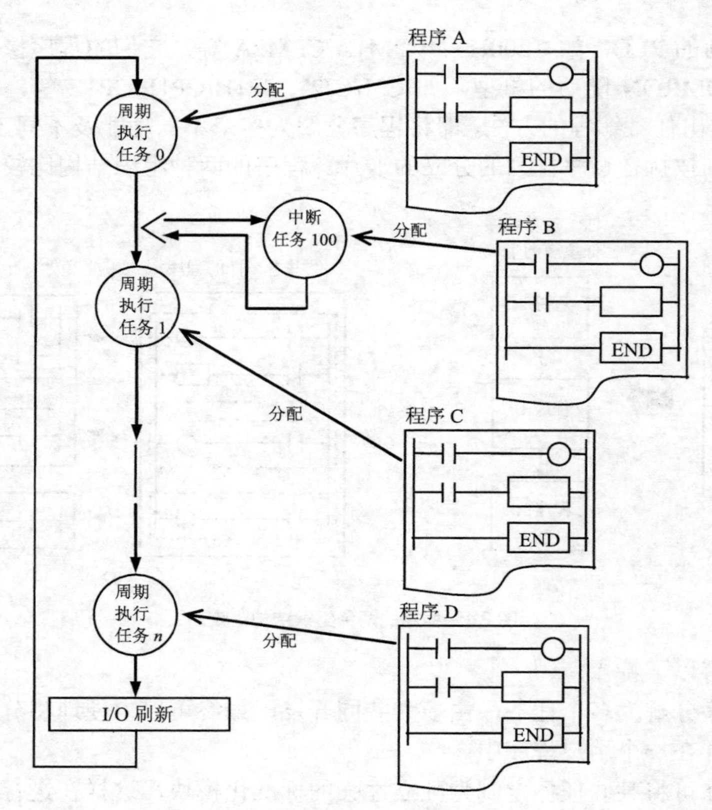

图 8.2 多任务程序

1. 循环任务

当循环任务的状态置为准备时，每个扫描周期执行一次，最多能使用 32 个循环任务，任务编号为 00～31，多个任务时按从小到大的顺序执行。

循环任务除任务 00 外，其他的任务都要使用 CX-P 另行建立。循环任务建立时，在工程工作区，右击“程序”，再击“插入程序”。其后，击程序的属性项，将弹出程序属性窗口，如图 8.3 所示，从中选定任务类型及任务编号。同时，还可选定操作开始时，是否执行本任务。如图 8.4 所示的设置，循环任务 01，名称“新程序 2”，属性“操作开始”时执行。

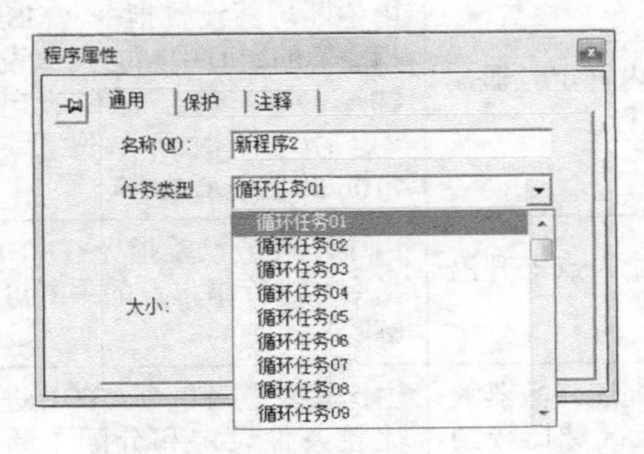

图 8.3 程序属性

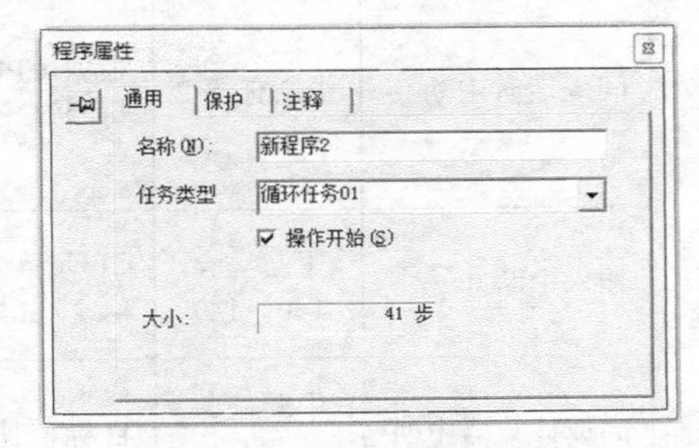

图 8.4 循环任务 01“操作开始”设定

图 8.5 所示为 CP1H 任务建立后工程工作区的显示，共有两个循环任务：“新程序 1”和“新程序 2”，任务编号为 00 和 01。

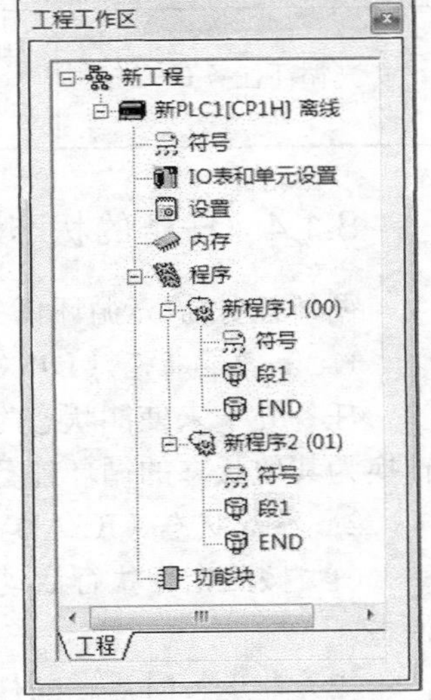

图 8.5 任务建立

需要注意，所有建立的循环任务中，至少有一个要设为“操作开始”时，即操作开始时执行，否则，无法下载，而且会报出“没有程序有操作起始点（或者没有主程序）”的错误。

2. 中断任务

当中断条件产生时，无论处于循环任务执行、扩充循环任务执行，还是 I/O 刷新、外设服务阶段，都必须立即强制中断，转去执行中断任务，执行完后再返回执行前的断点。CP1H 的中断任务分为输入中断、定时中断、高速计数器中断和外部中断四种。中断任务还可以通过 TKON 指令的设置，作为扩充循环任务使用。

中断任务的建立见后面 8.3.1 小节。

3. 扩充循环任务

扩充循环任务能够和通常的循环任务一样周期性地执行。在运行完循环任务（编号为 00～31）后，对设置为“准备”状态的中断任务，按中断任务编号由小到大顺序执行。最多执行 256 个扩充循环任务，编号为 0～255。但是，与通常的循环任务不同，扩充循环任务的属性不能设置为启动时自动执行，只能由 TKON 指令启动。

由于扩充循环任务的编号与输入中断、间隔定时中断、高速计数器中断和外部中断的任务编号重叠，会出现两种情况下执行同一个任务，因此，不要把作为正常中断任务使用的编号再分配给扩充循环任务，除非有意这样做。

8.1.3 任务的执行条件及相关设定

任务的执行条件和相关设定见表 8.1。

表 8.1　　任务的执行条件

任务种类		任务号	执行条件	相关设定
循环任务		0～31	在准备状态（程序属性选中“操作开始”或由 TKON 指令启动）下，取得执行权后在每个周期执行	无（总是有效）
中断任务	间隔定时中断 0	中断任务 2	根据 CPU 单元的内置定时器，每经过一定时间执行	由中断屏蔽设置指令（MSKS 指令）的定时中断时间来设定（0～9999）PLC 系统设定的“定时中断时间单位设定”（10ms/1.0ms/0.1ms）
	输入中断 0～7	中断任务 140～147	CPU 单元内置的输入点上升沿或下降沿时执行	由中断屏蔽设置指令（MSKS 指令）进行指定点的中断屏蔽解除
	高速计数器中断	中断任务 0～255	在 CPU 单元内置高速计数器的目标值比较一致或区域比较的条件满足时执行	由比较表登录指令 CTBL 进行比较条件设定和分配中断任务号
	外部中断	中断任务 0～255	在 CP1H 扩展使用的 CJ 特殊 I/O 单元或 CPU 总线单元要求时执行	无（总是有效）
扩充循环任务 0～255		中断任务 0～255	在准备状态（由 TKON 指令启动）下，取得执行权后在每个周期执行	无（总是有效）

8.1.4　任务的状态及转换

循环任务/扩充循环任务具有以下 4 个状态。

1. 未使能状态（DISABLED）

任务处于未使能状态时不能被执行。在编程模式时，所有的循环任务都处于未使能状态。转换为其他状态的循环任务只要未切换为编程模式，就不能返回到该状态。

2. 准备状态（READY）

（1）按照指令执行启动的任务。通过运行任务启动指令 TKON 将未使能状态转换为待机状态。

（2）在运行时启动的任务（仅限循环任务）。从“程序”模式切换为“运行”或“监视”模式时，由未使能状态转化为准备状态。利用 CX-P 的“程序属性”功能，可以将循环任务 0～31 中若干个任务从运行开始时切换到准备状态。

3. 执行状态（RUN）

当循环任务处于准备状态时获得执行权，处于实际执行状态，即传统的程序执行状态。执行权按照该扫描周期内执行状态的任务号由小到大的顺序依次传承。

4. 待机状态（STANDBY）

根据任务执行待机（TKOF）指令，从执行状态切换为待机状态。在此状态下，指令不执行，因此不会增加指令时间。

各任务状态的转换关系如图 8.6 所示。通过状态之间的转换，可以对不执行的程序区域进行任务分割，使之处于适当的待机状态，以缩短扫描周期。

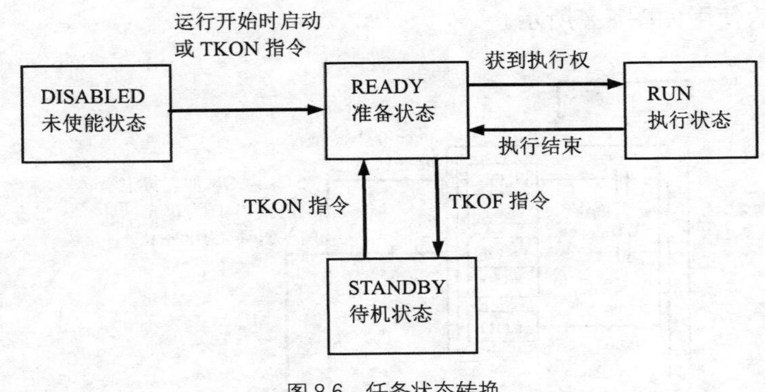

图 8.6 任务状态转换

程序属性“操作开始”只能在循环任务中设定（扩充循环任务中不可）。在“运行”状态的任务中，执行 TKOF 指令时（即由 TKOF 指令把自身任务设为“待机”状态时）转换为“待机”状态。

8.2 任务的管理和使用

8.2.1 任务启动/待机命令

从程序中启动循环任务或扩充循环任务时，可使用任务启动指令 TKON 实现；而待机指令 TKOF 则将任务置于待机状态。

1. 任务启动命令 TKON（820）

任务启动命令 TKON 是使循环任务置为“准备”状态，或将中断任务变为扩充循环任务并置为“准备”状态。其梯形图符号如图 8.7 所示。

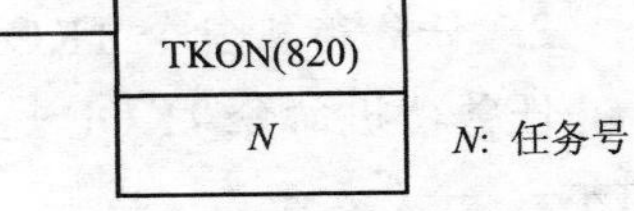

图 8.7 TKON 指令的梯形图

N 为任务编号。循环任务时，其取值范围为 00～31，对应于循环任务 00～31。扩充循环任务时，其取值范围为 8000～8031，对应于中断任务 0～255。

TKON 的功能是将由 *N* 所指定的循环任务或扩充循环任务置为准备状态。当 *N*=0～31（循环任务）时，同时将对应的任务标志（TK00～31）置为 1。使用 TKON 置为准备状态的循环任务或扩充循环任务，只要 TKOF 指令不使之为待机状态，在下一个周期仍保持为准备状态，而且 TKON 可以在任何任务中设定其他任务。

注意：

（1）TKON 可以在循环任务或扩充循环任务中执行，而不能在中断任务中执行；

（2）当 TKON 将比自身任务号小的任务置为准备状态时，该任务在本周期内不能执行，要到下一个周期方可执行；当 TKON 将比自身任务号大的任务置为准备状态时，该任务在本周期内即被执行；

（3）对于任务标志已经置为 1 的任务而言，执行 TKON 时无效，视作空操作指令，而将自身任务号置为准备状态时，执行 TKON 也无效；

（4）在一个扫描周期中必须具有一个或一个以上的置为准备状态的循环任务或扩充循环任务；否则，任务出错标志 A295.12 将置位，CPU 停止运行。

TKON 指令的使用如图 8.8 所示。

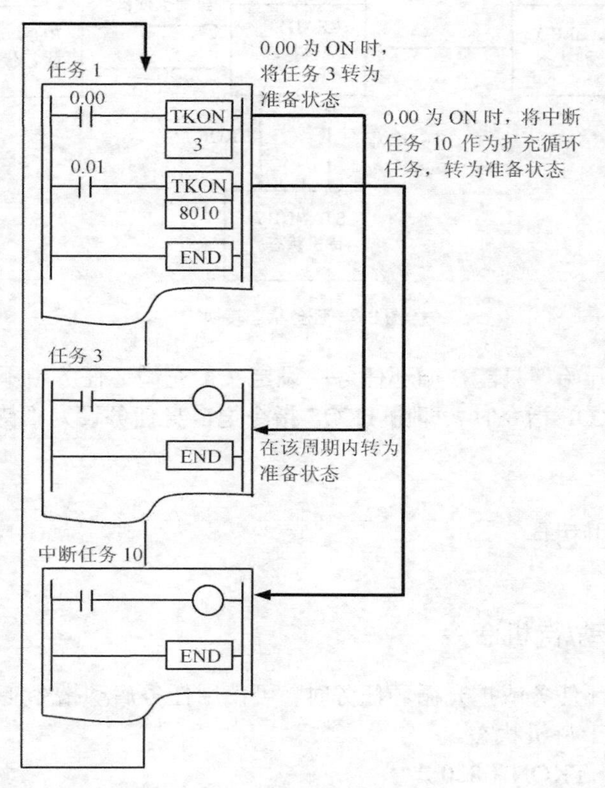

图 8.8 TKON 指令的使用

2. 任务待机命令 TKOF（821）

任务待机命令 TKOF 是将循环任务或扩充循环任务置为待机状态。其梯形图符号如图 8.9 所示。

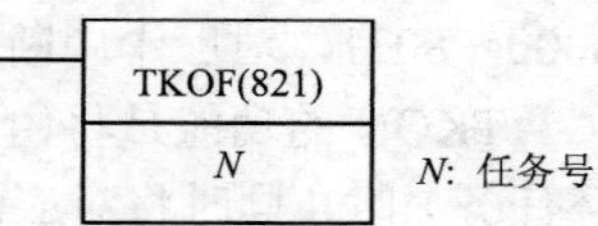

图 8.9 TKOF 指令的梯形图

N 为任务编号。TKOF 的功能是将由 *N* 所指定的循环任务或扩充循环任务置为待机状态。当 *N*=0～31（周期执行任务）时，同时将对应的任务标志（TK00～31）置为 0。所谓待机状态是指在本周期内任务处于不执行状态。使用 TKOF 置为待机状态的循环任务或扩充循环任务，只要 TKON 指令不使之为准备状态，在下一个周期仍保持为待机状态。

注意：

（1）TKOF 可以在循环任务或扩充循环任务中执行，而不能在中断任务中执行；

（2）当 TKOF 将比自身任务号小的任务置为待机状态时，该任务将在下一个周期置为待机状态，而在本周期仍然处于可执行状态；当 TKOF 将比自身任务号大的任务置为待机状态时，该任务在本周期内即处于待机状态；

（3）若将自身任务置为待机状态，在执行 TKOF 指令的同时，本任务置为待机状态，在 TKOF 之后的指令将不被执行，如图 8.10 所示。

TKOF 指令的使用如图 8.11 所示。

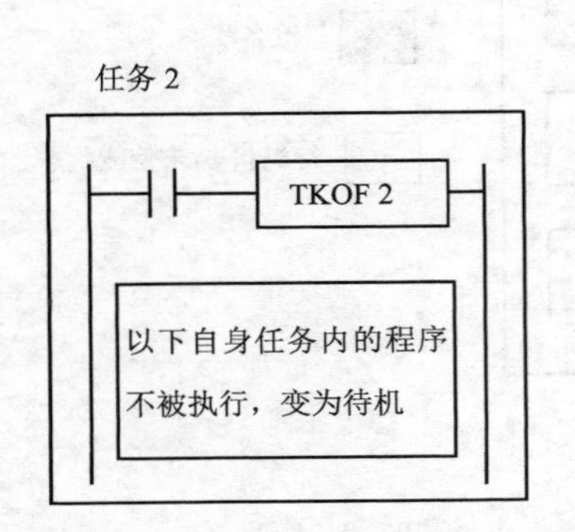

图 8.10 TKOF 指令将自身任务置为待机

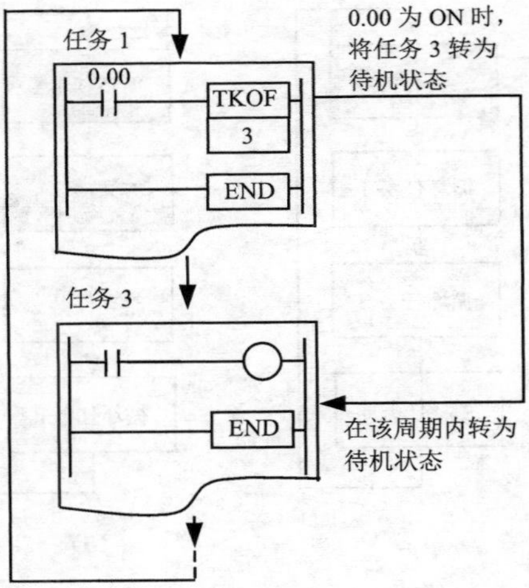

图 8.11 TKOF 指令的使用

8.2.2 任务指令使用举例

图 8.12 所示为任务指令使用举例，循环任务 0 的属性设为“操作开始”时启动，图 8.12（a）中的循环任务 0 使用 TKON、TKOF 指令，控制循环任务 0、1、2、3 的执行；图 8.12（b）为任务 0、1、2、3 循环执行的顺序。

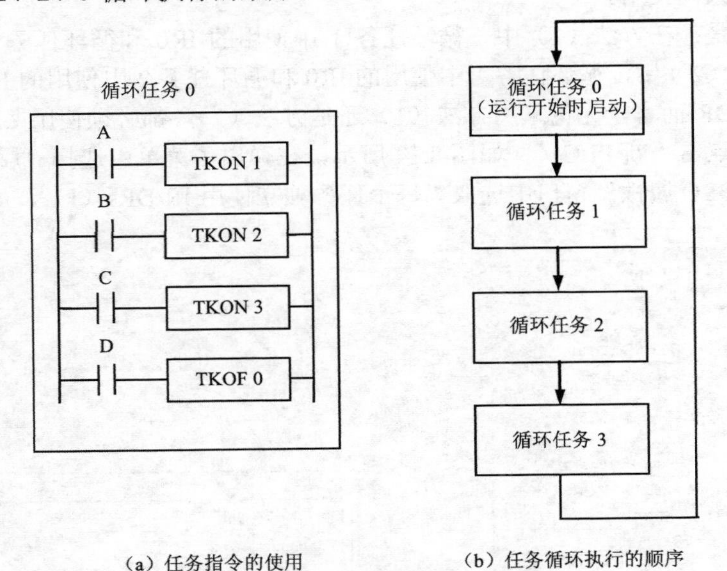

（a）任务指令的使用　　（b）任务循环执行的顺序

图 8.12 任务指令使用举例

图 8.13 所示为任务执行的各种情况。

图 8.13（a）中，运行开始时，任务 0 启动，处于执行状态，其他的任务为未使能状态。

图 8.13（b）中，A 为 ON 时，任务 1 置为准备状态，开始启动，同任务 0 一样，处于执行状态，而任务 2、3 处于未使能状态。

图 8.13（c）中，D 为 ON 时，任务 0 把自身置为待机状态，从下一个周期开始，任务 0 不再执行，而其他的任务保持原状态。

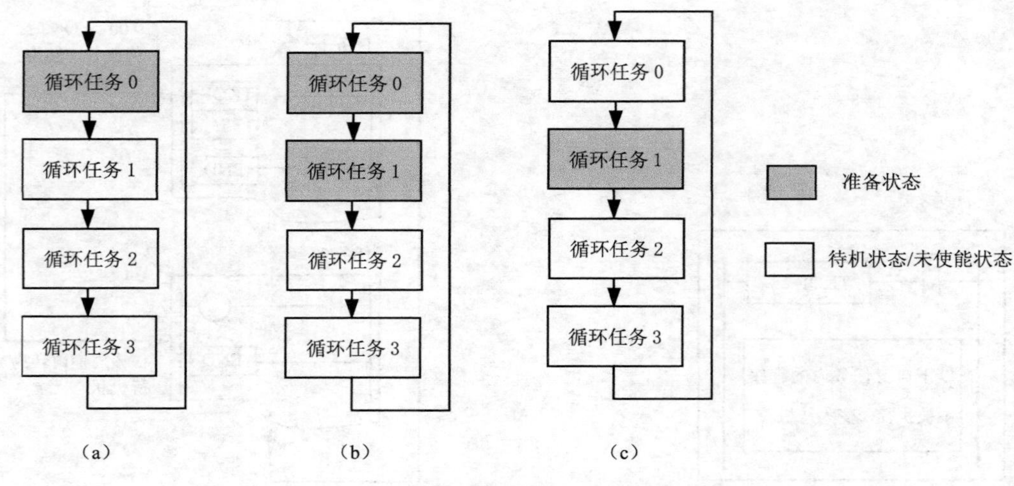

图 8.13 任务执行的各种情况

8.2.3 任务与 I/O 内存的关系

任务在变址寄存器（IR）与数据寄存器（DR）中有以下两种使用方法。

（1）按各个任务分别单独使用；

（2）各任务共同使用。

二者的区别是：在方法（1）中，循环任务 1 中使用的 IR0 和循环任务 2 中使用的 IR0 不相同。在方法（2）中，循环任务 1 中使用的 IR0 和循环任务 2 中使用的 IR0 相同。

对于 IR 或 DR 而言，无论采用方法（1）还是方法（2），都必须使用 CX-P 设定。在工程窗口中，右键点击“新 PLC1”，如图 8.14 所示，在弹出子菜单中选择“属性”。

在弹出的“PLC 属性”窗口中选取“每个任务独立使用 IR/DRs（I）”，如图 8.15 所示。

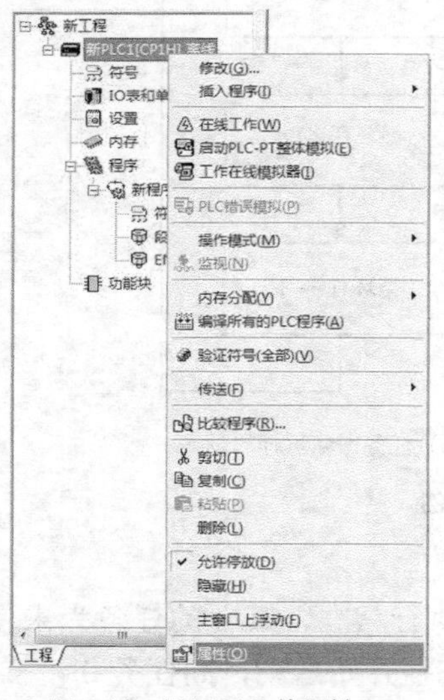

图 8.14 设置 PLC 的属性

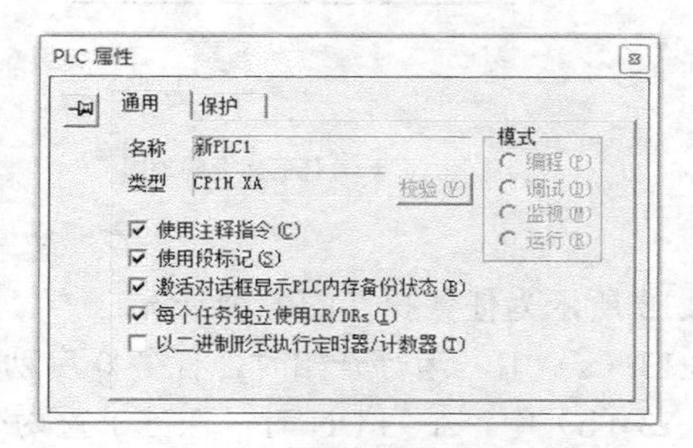

图 8.15 PLC 属性窗口

各任务将共享其他数据区域。例如，对于在循环任务 1 中使用的接点 10.00 和循环任务 2 中使用的接点 10.00 是指同一个点。因此，对于 IR 和 DR 以外的内存区域，由于是各任务共同使用导致在某个任务中变更的值必然影响到其他任务，所以在编程时需特别注意。

中断任务或扩充循环任务启动后，IR和DR的值不确定，因此在中断任务或扩充循环任务内使用IR或DR时，必须通过索引寄存器设定指令MOVR/MOVRW在设定值以后再使用。当中断任务结束后，自动地返回到中断发生前的IR值或DR值。

8.2.4　任务对指令的限制

某些需配对使用的指令必须在同一任务中，否则错误标志位P_ER将置位，不能执行指令。这些需要配对使用的指令为：JMP/JME、CJP/JME、CJPN/JME、JMP0/JME0、FOR/NEXT、IL/ILC、SBS/SBN/RET、MCRO/SBN/RET、STEP S/STEP。

某些指令在中断任务中不能被执行，但是将中断任务切换为扩充循环任务后就可以执行了。这些指令为：TKON、TKOF、STEP、SNEX、STUP、DI、EI。

某些指令在中断任务内执行结果将不准确。这些指令为：TIM/TIMX、TIMH/TIMHX、TTIM/TTIMX、MTIM/MTIMX、TIML/TIMLX、TIMW/TIMWX、TMHW/TMHWX、PID、FPD、STUP。

8.2.5　任务标志

1．循环任务的标志

（1）任务标志（TK00～TK31）

任务标志TK00～TK31是在确认当前任务是否被执行时使用，当循环任务为准备状态时置为1，在未使能状态或待机状态时置0。任务00～31对应于标志TK00～TK31。示例如图8.16所示。

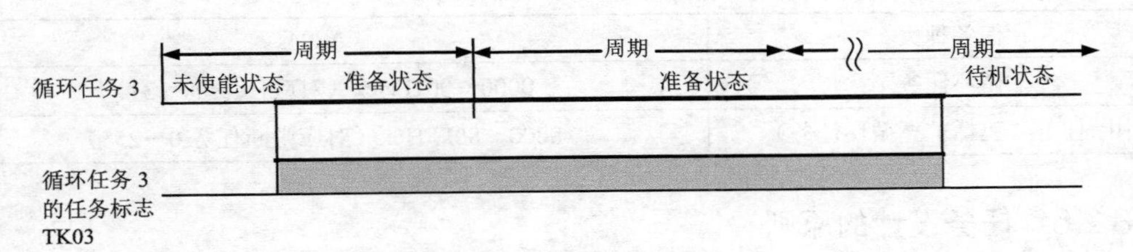

图8.16　任务标志的动作示例

（2）任务初次启动标志A200.15

任务初次启动标志A200.15是在运行程序中进行一次初始化处理时使用。当循环任务从未使能转换为准备状态并得到执行权，处于执行状态时置为1，实际结束时置为0。循环任务通过该标志可以判断自身是否为初次执行。当初次执行时可以进行初始化处理，如图8.17所示。

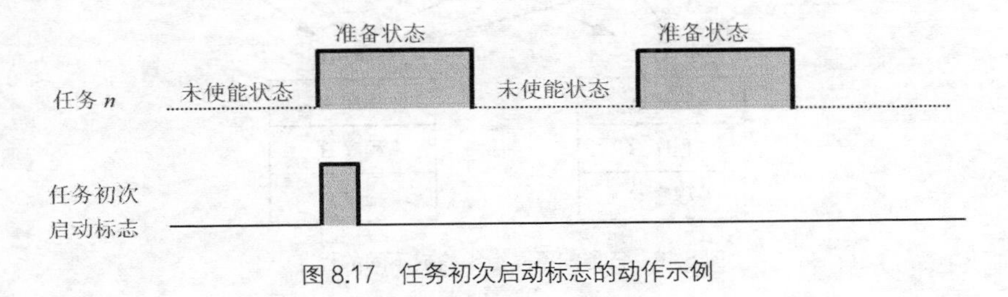

图8.17　任务初次启动标志的动作示例

（3）任务上升沿标志 A200.14

任务上升沿标志 A200.14 是每次任务启动时用于初始化处理。当循环任务从未使能状态转换为准备状态时置为 1。通过把该标志作为输入条件，能够进行任务启动时（用 TKON 指令将此前为待机状态的循环任务置成准备状态时）的初始化处理，如图 8.18 所示。

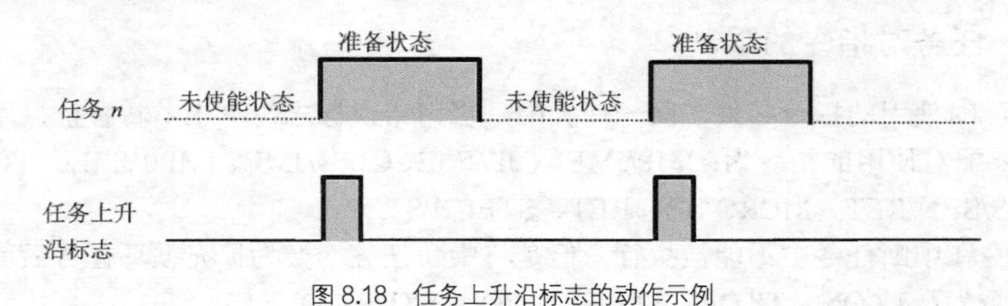

图 8.18 任务上升沿标志的动作示例

2. 任务的共享标志

（1）任务出错标志 A295.12

当在一个循环周期内不存在一个准备状态的循环任务或扩充循环任务时，或不存在分配给循环任务的程序时，或不存在分配给启动的中断任务（包括扩充循环任务）的程序时，任务出错标志 A295.12 置为 1。

（2）出错的任务号通道 A294

由于程序出错而停止运行时，出错的任务种类及任务号将保存在 A294 通道中，见表 8.2。由此可以判定发生异常的任务。当异常解除时 A294 的值被清零。同时将该程序停止时所处的程序地址保存在 A298（程序地址低字）和 A299 通道（程序地址高字）。

表 8.2 程序停止时 A294 通道的数据

任务种类	A294
循环任务	0000～001FHex（对应任务 00～31）
中断任务（包括扩充循环任务）	8000～80FFHex（对应中断任务 0～255）

8.2.6 任务设计的原则

任务编程是模块化编程的进一步发展，但优点更突出。将任务进行不同的组织就构成不同的程序，如图 8.19 所示，程序 ABC 及程序 ABD 为两个不同的程序。有了任务后，程序的组织很灵活。

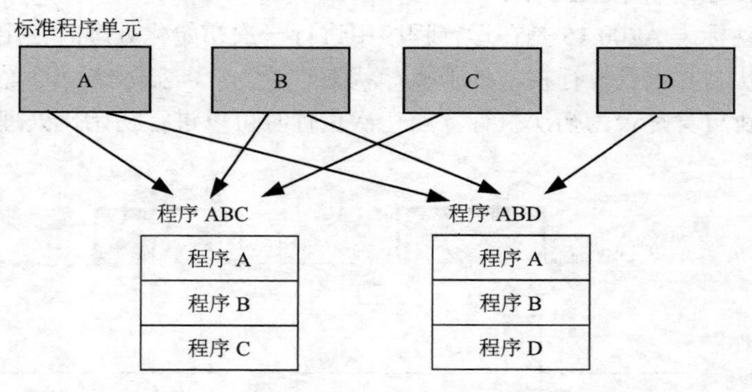

图 8.19 任务的不同组织构成不同的程序

每个任务可以设计自己的子程序，别的任务不能调用。但如果设计的是全局子程序，则所有的任务都可调用。

每个任务执行结束时，所有的标志位，如ER、CY、EQ、AER等，均被置为0。

任务划分及设计时要考虑以下问题：

（1）可从多种角度划分任务

① 按执行条件划分。例如，当条件1成立时，执行任务A；当条件2成立时，执行任务B等。

② 按外部输入/输出划分。若根据输入划分，当输入1 ON时，执行任务A；当输入2 ON时，执行任务B等。同样可以根据输出来划分任务。

③ 按功能划分。将程序划分为时序控制、模拟量控制、人机处理、异常处理等任务。

④ 按生产工序划分。例如，加工工序任务，组装工序任务，搬运工序任务。

⑤ 按加工工件划分。例如，工件A任务，工件B任务，工件C任务。

⑥ 按开发者划分。例如，开发者A设计的任务，开发者B设计的任务，开发者C设计的任务。

⑦ 按执行优先级划分。分为周期任务和中断任务。

（2）任务划分时应尽可能减少数据交换，以提高各自独立性。

（3）采用全局管理任务来控制其他任务的执行或待机。

（4）将循环任务或扩充循环任务中优先级高的任务分配小的任务号。

（5）将优先级高的中断任务分配为小的中断任务号。

（6）任务一旦被启动，只要没有被自身或其他任务设为待机状态，则在下一周期之后成为可执行状态，执行条件的任务分支时，不要忘记插入针对于其他任务的TKOF指令。

（7）划分清楚各任务共同使用的内存区域和各任务单独使用的内存区域。

（8）在进行任务执行时的初始化处理时，使用以下标志：

① 在运行中只进行一次初始化处理时，使用任务初次启动标志A200.15；

② 只要任务启动就进行初始化处理时，使用任务上升沿标志A200.14。

8.3 中断任务

8.3.1 CP1H的中断功能

CP1H的CPU单元，通常周期性重复执行公共处理→运算处理→I/O刷新→外设服务，运算处理中执行循环任务。与此不同，根据特定要求的发生，可以在该周期的中途中断，使其执行特定的程序，这称为中断功能。CP1H的中断分为下列5种情况。

1. 直接模式的输入中断

CPU单元内置输入点产生上升沿或下降沿时，执行中断任务。固定分配的中断任务号为140～147。

2. 计数器模式的输入中断

通过对CPU单元内置输入点的输入脉冲进行计数，当计数达到设定值时，执行中断任务。这种模式下的计数频率可达5kHz。

3. 间隔定时中断

通过 CPU 单元的内置定时器，按照一定的时间间隔执行中断任务。时间间隔的单位时间可从 10ms、1ms、0.1ms 中选取。另外，可设定的最小时间间隔为 0.5ms。中断任务 2 被固定分配。

4. 高速计数器中断

利用 CPU 单元内置的高速计数器来对输入脉冲进行计数，根据当前值与目标值比较、或通过区域比较来执行中断任务。可通过指令分配中断任务 0～255。

5. 外部中断

CP1H 连接 CJ 系列的特殊 I/O 单元、CPU 总线单元时，通过单元侧的控制，设定中断任务 0～255 并执行处理。

表 8.3 所示是中断任务的一览表。

表 8.3　　中断任务一览表

中断原因	中断任务号	中断条件	设定方法	最大点数	用途举例
输入中断 0～7	140～147	计数 CPU 单元内置的中断输入接点的上升沿/下降沿（直接模式）或指定次数的上升沿/下降沿（计数模式）时	用 MSKS（中断屏蔽设置）指令来指定哪个输入编号为中断有效	8 点	可使特定的输入接点实现高速响应
高速计数器	0～255	对于高速计数当前值与目标一致比较或区域比较的条件成立时	用 CTBL（比较表登录）指令指定和比较条件一起执行的中断任务号	256 点	在由编码器脉冲的计数值来定位时
间隔定时中断 0	2	定时（一定时间间隔）	用 MSKS（中断屏蔽设置）指令来指定定时中断时间 PLC 系统设定的“定时中断时间单位设定”	1 点	可以按一定的间隔显示运行状况
外部中断	0～255	有来自 CJ 的特殊 I/O 单元、CPU 总线单元的中断要求时	无（总是有效）	256 点	使用 CJ 系列高功能单元的功能的各种条件中断

中断任务程序的编程方法是在工程工作区窗口中右击“新程序 1”，在弹出的上下文菜单中选择“属性”项，如图 8.20 所示。

在弹出的程序属性对话框中设定“任务类型”，图 8.21 所示的是设定中断任务 00 的示例。

中断任务执行的优先顺序，在输入中断（直接模式/计数器模式）、高速计数器中断、定时中断和外部中断中，都是相同的顺序。因此，执行某中断任务 A 的过程中，其他要素的中断 B 发生的情况下，A 的处理不被中断，处理结束后，B 的处理才开始。另外，在多个中断要素同时出现的情况下，按照图 8.22 所示的顺序执行。同一种类的要素同时发生的情况下，按照任务号的最小顺序执行。

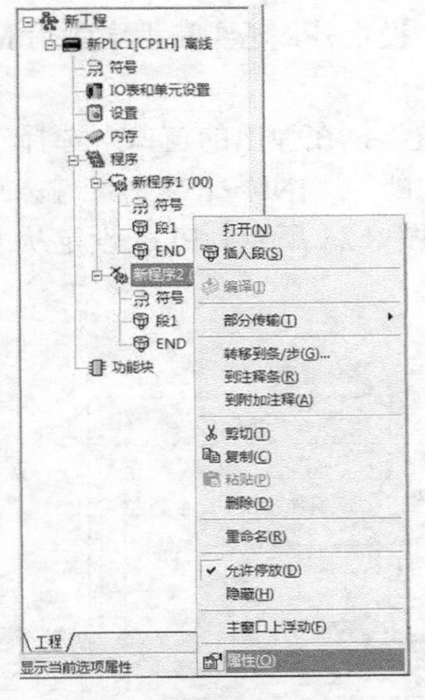

图 8.20 设置新程序 2 属性

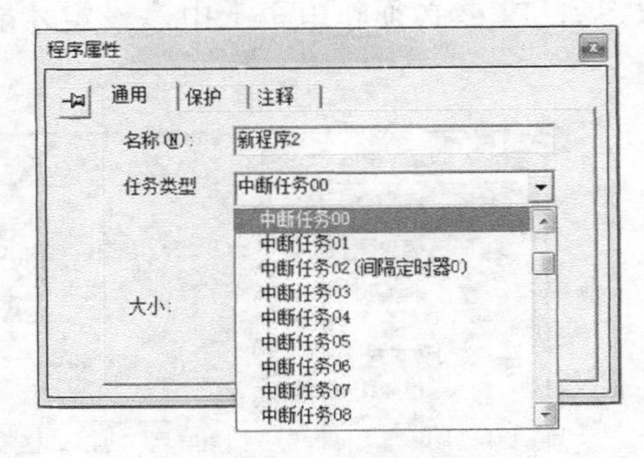

图 8.21 中断任务设置

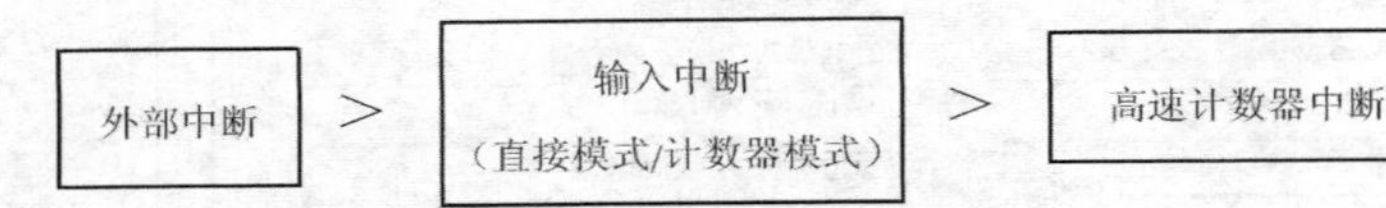

图 8.22 中断任务的执行顺序

8.3.2 直接模式的输入中断

直接模式下输入中断使用的输入点编号根据 CPU 单元的不同而异。表 8.4 列出了 X/XA 型 CP1H 的中断输入点分配。

表 8.4　X/XA 型 CP1H 的中断输入点分配

输入点		输入动作设定		任务号
通道	编号（位）	通用输入	输入中断	
0CH	00	通用输入 0	输入中断 0	中断任务 140
	01	通用输入 1	输入中断 1	中断任务 141
	02①	通用输入 2	输入中断 2	中断任务 142
	03①	通用输入 3	输入中断 3	中断任务 143
	04～11	通用输入 4～11	——	——
1CH	00	通用输入 12	输入中断 4	中断任务 144
	01	通用输入 13	输入中断 5	中断任务 145
	02	通用输入 14	输入中断 6	中断任务 146
	03	通用输入 15	输入中断 7	中断任务 147
	04～11	通用输入 16～23	——	——

① Y 型不可用

使用直接模式输入中断功能时，除了用 CX-P 对 PLC 设定外，还要在程序中用 MSKS 指令进行设置。

用 CX-P 对 PLC 设定时，在工程工作区中点击“设置”，在弹出的窗口中选择“内置输入设置”，将用作中断输入使用的输入点用途设定为“中断”。IN0～IN7 对应输入中断 0～7，这些点作为通用输入使用时，保持“普通”设定，如图 8.23 所示。PLC 设定从 CX-P 下载到 PLC 后，PLC 必须断电再上电，设定才能生效。

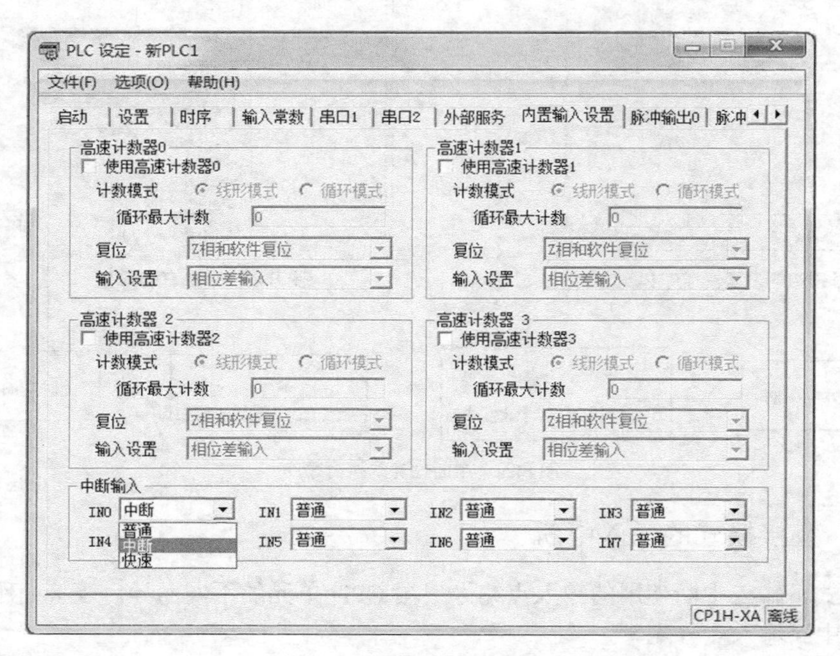

图 8.23 输入中断的设定

在程序中利用 MSKS 指令进行设置，如图 8.24 所示，两次使用 MSKS 指令，第一次指定输入中断在上升沿还是下降沿响应，第二次指定输入中断允许还是禁止。MSKS 指令的操作数见表 8.5。

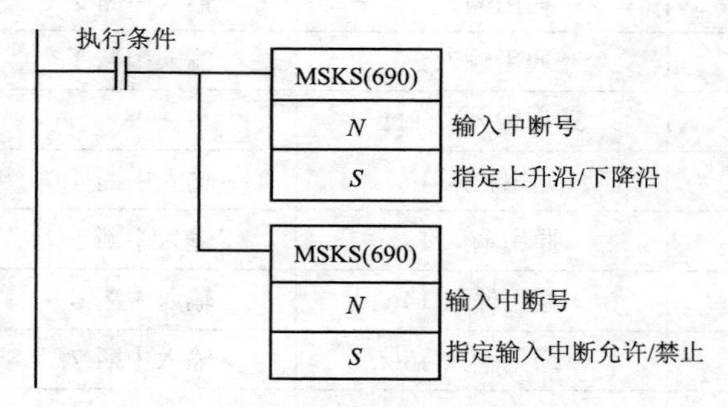

图 8.24 MSKS 指令的应用

表 8.5 MSKS 指令的操作数

输入中断号	中断任务号	设定输入的上升沿/下降沿		设定输入中断的允许/禁止	
		N 输入中断号	S 执行条件	N 输入中断号	S 允许/禁止设定
#0 输入中断	140	110（或 10）	#0000 上升沿指定 #0001 下降沿指定	100（或 6）	#0000 中断允许 #0001 中断允许
#1 输入中断	141	111（或 11）		101（或 7）	
#2 输入中断	142①	112（或 12）		102（或 8）	
#3 输入中断	143①	113（或 13）		103（或 9）	
#4 输入中断	144	114		104	
#5 输入中断	145	115		105	
#6 输入中断	146	116		106	
#7 输入中断	147	117		107	

① Y 型不可用

当输入点 0.00 由 OFF→ON 时，在直接模式下执行中断任务 140，设定步骤如下。

（1）将输入设备连接到输入点 0.00。

（2）通过 CX-P 用 PLC 设定将输入 0.00 设定为中断输入点。

（3）通过 CX-P 编写中断处理程序，并分配到中断任务 140。

（4）通过 CX-P 利用 MSKS 指令编程，如图 8.25 所示。

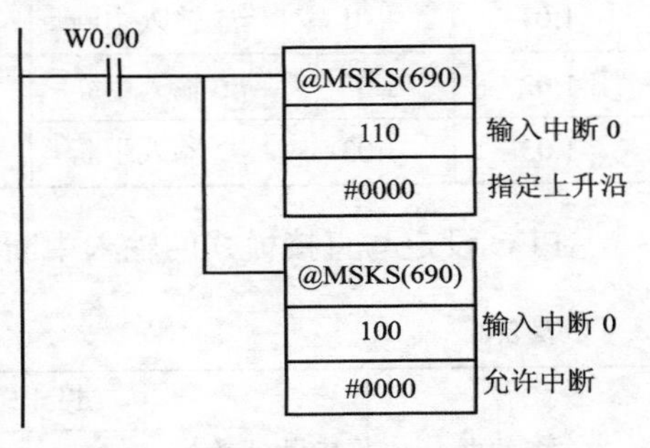

图 8.25 直接模式输入中断的设定

如图 8.26 所示，当执行条件 W0.00 由 OFF→ON 时，执行 MSKS 指令，此后，如输入 0.00 从 OFF 向 ON 变化（上升沿），则将执行中的循环任务暂时中断，开始执行中断任务 140。当中断任务执行完毕，则返回中断前的循环任务程序，从断点处继续执行。

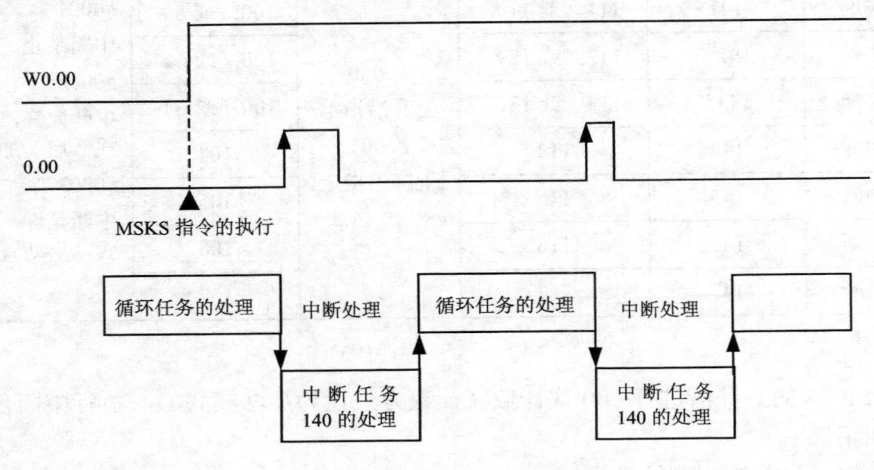

图 8.26 输入中断的动作

8.3.3 计数器模式的输入中断

计数器模式的输入中断与直接模式的输入中断使用同样的输入点，对输入信号的上升沿或下降沿进行计数，可选择加法或减法模式，计数频率可达 5kHz，计数器当前值计数结束时启动相应的中断任务。输入点与中断任务号及计数器区域的关系见表 8.6。

表 8.6　　　输入点与中断任务号及计数器区域的关系表

输入点		功能		计数器	
X/XA 型	Y 型	输入中断号	中断任务 No.	设定值（0000～FFFFHex）	当前值
0.00	0.00	#0 输入中断	140	A532CH	A536CH
0.01	0.01	#1 输入中断	141	A533CH	A537CH
0.02	—	#2 输入中断	142（Y 型不可使用）	A534CH	A538CH
0.03	—	#3 输入中断	143（Y 型不可使用）	A535CH	A539CH
1.00	1.00	#4 输入中断	144	A544CH	A548CH
1.01	1.01	#5 输入中断	145	A545CH	A549CH
1.02	1.03	#6 输入中断	146	A546CH	A550CH
1.03	1.03	#7 输入中断	147	A547CH	A551CH

PLC 设定与直接模式的输入中断方法相同，MSKS 指令的操作数见表 8.7。

表 8.7　　　MSKS 指令的操作数

输入点	中断任务号	设定输入的上升沿/下降沿		设定输入中断的允许/禁止	
		N 输入中断号	S 执行条件	N 输入中断号	S 允许/执行条件
#0 输入中断	140	110（或 10）	#0000 上升沿指定 #0001 下降沿指定	100（或 6）	#0001 中断禁止 #0002 中断允许，计数器模式，启动加法计数 #0003 中断允许，计数器模式，启动减法计数
#1 输入中断	141	111（或 11）		100（或 6）	
#2 输入中断	142[①]	112（或 12）		100（或 6）	
#3 输入中断	143[①]	113（或 13）		100（或 6）	
#4 输入中断	144	114		104	
#5 输入中断	145	115		105	
#6 输入中断	146	116		106	
#7 输入中断	147	117		107	

① Y 型不可用

对输入 0.01 的上升沿进行 200 次计数（计数方式设为加法模式），执行中断任务 141，设定步骤如下。

（1）将输入设备连接到输入点 0.01。

（2）通过 CX-P 用 PLC 设定将输入 0.01 设定为中断输入点。

（3）通过 CX-P 编写中断处理程序，并分配到中断任务 141。

（4）通过 CX-P 将中断计数器的设定值 00C8H（200）设定到 A533CH。

（5）通过 CX-P 利用 MSKS 指令编程，如图 8.27 所示。

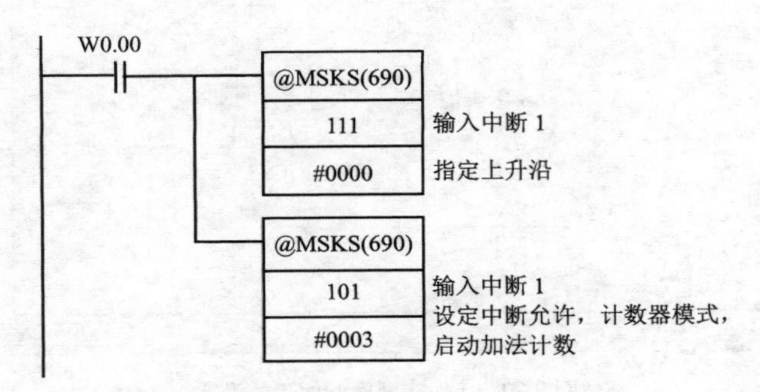

图 8.27　高速计数器模式输入中断的设定

如图 8.28 所示，当执行条件 W0.00 由 OFF→ON 时，执行 MSKS 指令，可进行计数模式输入中断。如输入点 0.01 通断 200 次，则将执行中的循环任务暂时中断，开始执行中断任务 141。当中断任务执行完毕，则返回中断前的循环任务程序，从断点处继续执行。此时，中断计数器的当前值清 0，对 0.01 从 0 开始重新计数，重复上述过程。

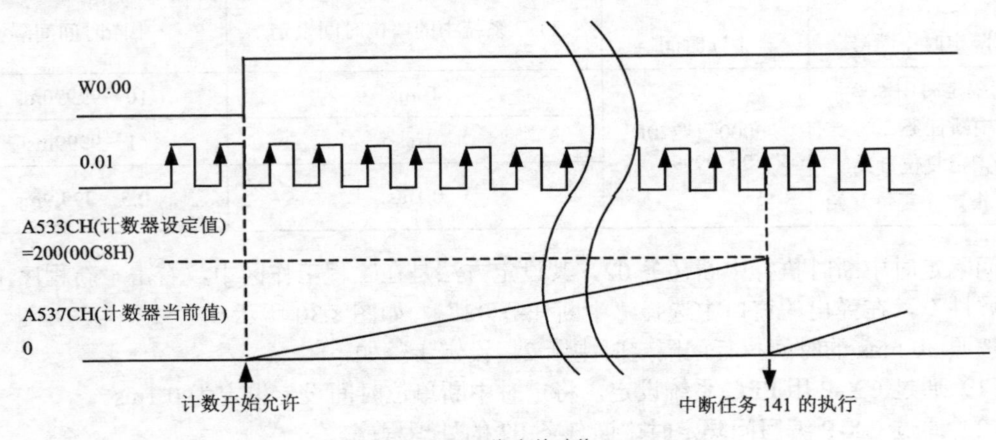

图 8.28　指令的动作

8.3.4　间隔定时中断

通过 CPU 单元的内置定时器，按照一定的时间间隔执行中断任务。中断任务 02 被固定地分配给间隔定时中断。

使用间隔定时中断功能时，除了用 CX-P 对 PLC 设定外，还要在程序中用 MSKS 指令进行设置。

用 CX-P 对 PLC 设定时，在工程工作区中双击“设置”，在弹出的窗口中选择“时序”，设定“定时中断间隔”的单位时间，如图 8.29 所示，可设定的单位时间为 10ms/1ms/0.1ms，该单位时间乘以通过 MSKS 指令设定的值，即为间隔定时中断任务的循环执行周期。PLC 设定从 CX-P 下载到 PLC 后，PLC 必须断电再上电，设定才能生效。

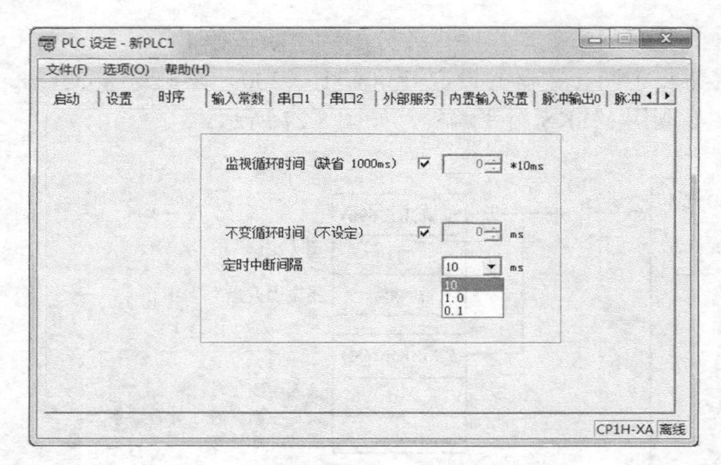

图 8.29 定时中断时间间隔的设定

MSKS 指令的操作数见表 8.8。

表 8.8　　MSKS 指令的操作数

MSKS 指令的操作数		中断时间间隔（周期）	
N 间隔定时中断号	S 中断时间	PLC 系统中的单位时间设定	中断时间间隔
间隔定时中断 0 （中断任务 2） 14：指定复位开始 4：指定非复位开始	#0000～#270F （0～9999）	10ms	10～99990ms
		1ms	1～9999ms
		0.1ms	0.5～999.9ms

间隔定时中断时执行中断任务 02，其设定方法是在工程工作区中，右击“新程序 1”选择“属性”，在弹出的窗口中选择“中断任务 02”，如图 8.30 所示。

按照 30.5ms 的时间执行间隔定时中断 2，设定步骤如下。

（1）通过 CX-P 用 PLC 系统设定，将定时中断单位时间设定设定为 0.1ms。

（2）通过 CX-P 编写间隔定时中断任务 02 的处理程序。

（3）通过 CX-P 利用 MSKS 指令编程，如图 8.31 所示。

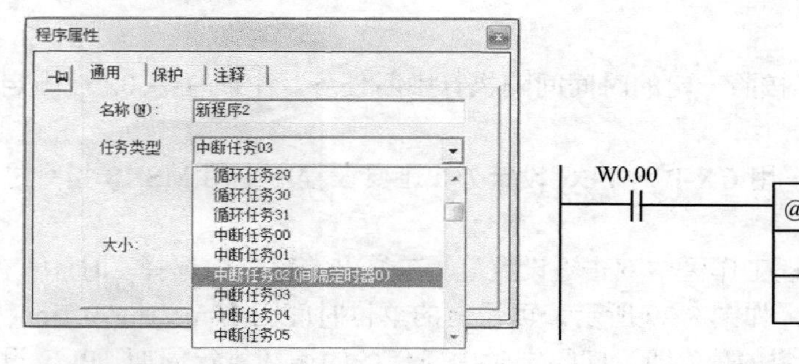

图 8.30 间隔定时中断任务的设定

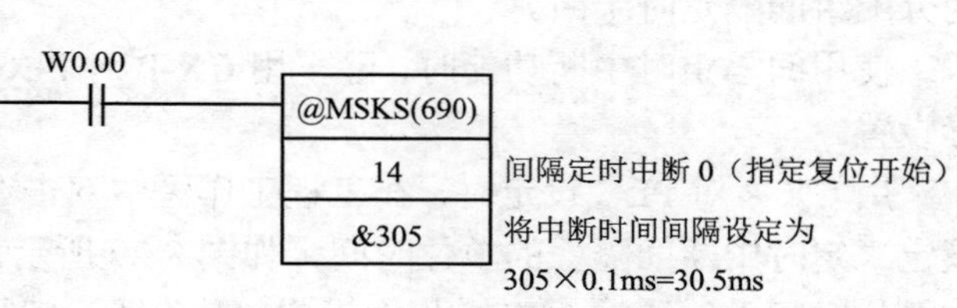

图 8.31 间隔定时中断的设置

如图 8.32 所示，当执行条件 W0.00 由 OFF→ON 时，执行 MSKS 指令，可进行间隔定时中断，将定时器复位后开始计时。每隔 30.5ms 执行一次定时中断任务 02。

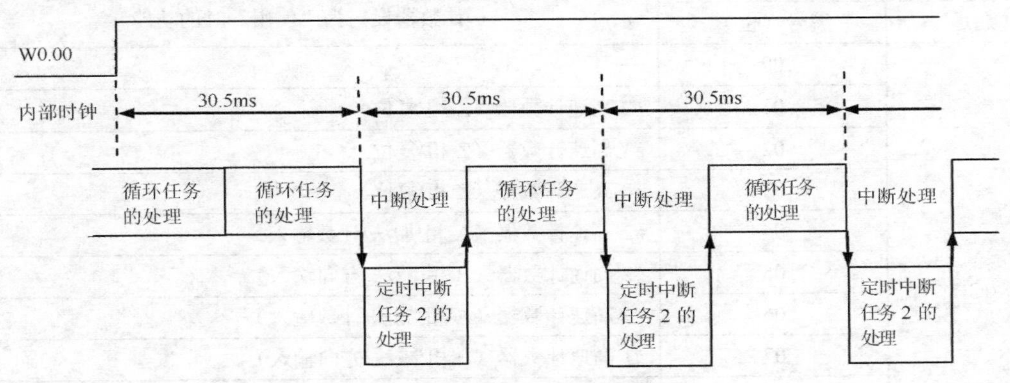

图 8.32 间隔定时中断的动作

8.3.5 高速计数器中断

CP1H CPU 单元内置的高速计数器的当前值与预先登录的比较数据一致时，可使指定的中断任务（0～255）启动。

使用高速计数器中断功能时，除了用 CX-P 对 PLC 设定外，还要在程序中用比较表登录指令 CTBL 和工作模式控制指令 INI 进行设置。

用 CX-P 对 PLC 设定时，在工程工作区中双击“设置”，在弹出的窗口中选择“内置输入设置”，选中所使用的高速计数器，设置相关的选项，如图 8.33 所示。PLC 设定从 CX-P 下载到 PLC 后，PLC 必须断电再上电，设定才能生效。

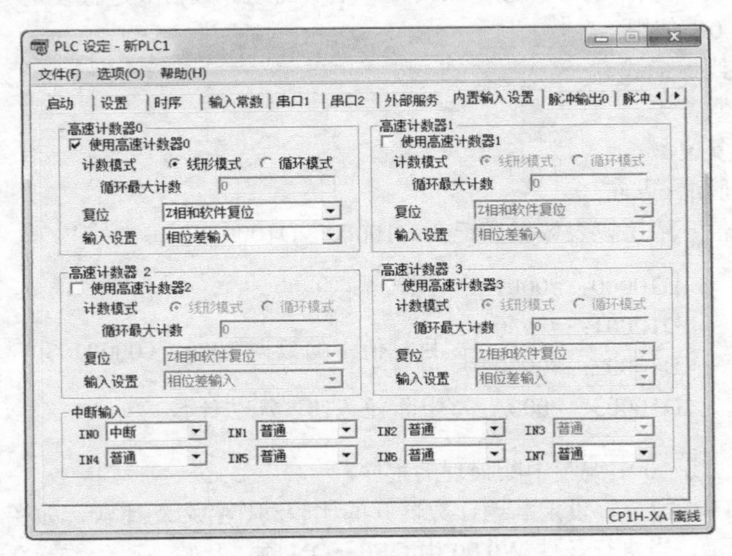

图 8.33 高速计数器中断的设定

高速计数器使用的输入端子随 PLC 单元类型不同而异。表 8.9 列出了 X/XA 型 CP1H 的输入端子分配情况。

表 8.9　　高速计数器输入端子分配

输入点		通过 PLC 系统设定将#0、#1、#2、#3 高速计数器设定为“使用”时的功能
通道	编号（位）	
0CH	00	—
	01	#2 高速计数器（Z 相/复位）
	02	#1 高速计数器（Z 相/复位）
	03	#0 高速计数器（Z 相/复位）
	04	#2 高速计数器（A 相/加法/计数输入）
	05	#2 高速计数器（B 相/减法/方向输入）
	06	#1 高速计数器（A 相/加法/计数输入）
	07	#1 高速计数器（B 相/减法/方向输入）
	08	#0 高速计数器（A 相/加法/计数输入）
	09	#0 高速计数器（B 相/减法/方向输入）
	10	#3 高速计数器（A 相/加法/计数输入）
	11	#3 高速计数器（B 相/减法/方向输入）
1CH	00	#3 高速计数器（Z 相/复位）
	01～11	

比较表登录指令 CTBL 和工作模式控制指令 INI 的使用方法见 7.14 节。

高速计数器 0 在线性模式下使用，当前值达到 30000（00007530H）时，使中断任务 10 启动。设定步骤如下。

（1）在 PLC 系统设定的“内置输入设置”中对高速计数器 0 进行设定

高速计数器 0：使用。

计数模式：线性模式。

循环最大计数：无。

复位：软件复位。

输入设置：脉冲+方向。

（2）将目标值一致比较表数据登记在 D10000～D10003

D10000：#0001　　比较个数1 点

D10001：#7530 }
D10002：#0000 } 目标值 1 的数据 30000（00007530H）

D10003：#000A　　中断任务10（加法计数）

（3）在中断任务 10 中编制中断处理的程序。

（4）通过 CTBL 指令，设定高速计数器 0 的比较动作并启动比较，如图 8.34 所示。

如图 8.35 所示，当执行条件 W0.00 由 OFF→ON 时，开始高速计数器 0 的比较动作。当 0.09 ON 时，高速计数器 0 对 0.08 进行加法计数，当前值达到 30000，则将执行中的循环任务暂时中断，开始执行中断任务 10，当其执行完毕，则返回中断前的循环任务程序，从断点处继续执行。当 0.09 OFF 时，高速计数器 0 减法计数，但当前值达到 30000 时，也不会执行中断任务。

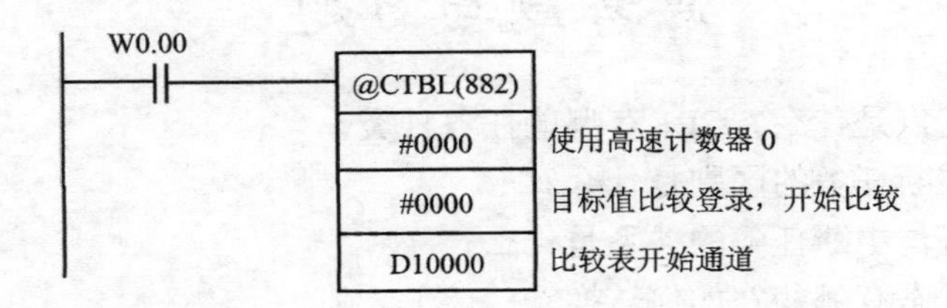

图 8.34 CTBL 指令的应用

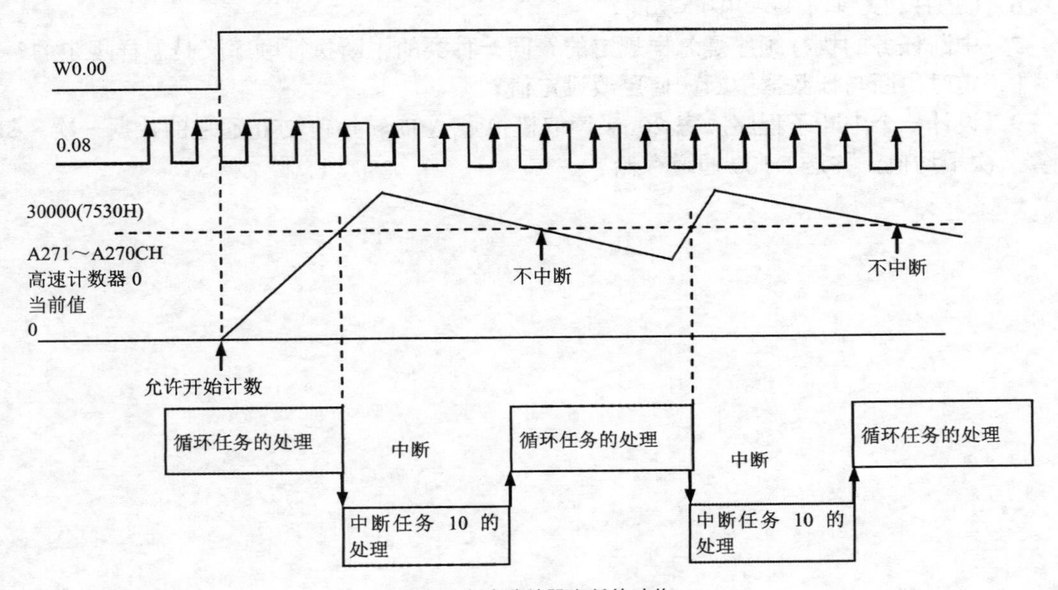

图 8.35 高速计数器中断的动作

8.3.6 外部中断

对于连接在 CPU 单元上的 CJ1 系列的 CPU 总线单元或特殊 I/O 单元所具有的中断功能，外部中断任务通过该功能执行中断处理。通常可以进行中断的交换。外部中断在 CPU 单元侧未特别设定。但是，需将被指定编号的外部中断任务先保存到用户程序内。例如，来自高速计数器单元 CJ1W-CT021-V1 的外部中断如图 8.36 所示。

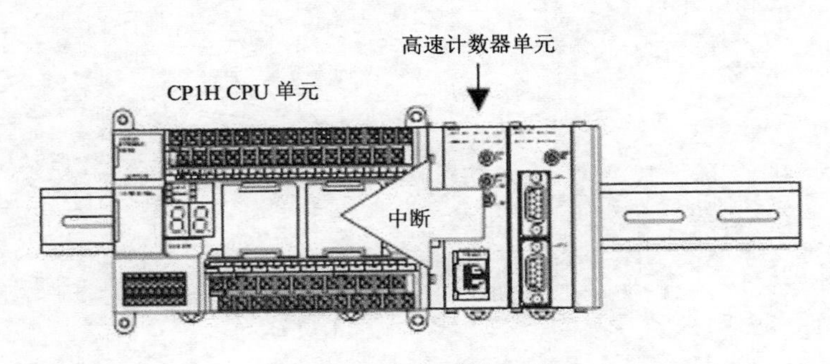

图 8.36 外部中断的应用

思考题与习题

1．任务编程的优点是什么？CP1 有哪些任务种类？

2．循环任务与中断任务的区别是什么？

3．扩充循环任务与中断任务的关系是什么？

4．循环任务的状态有哪些？如何转换？

5．当任务出错时如何查找出错的任务号及其种类？

6．CP1H PLC 具有哪些中断功能？

7．中断任务的执行顺序是怎样规定的？同一种类的中断执行顺序又是怎样规定的？

8．定时中断与计数器中断如何更改设定值？

9．设计一个中断子程序，每 20ms 读取模拟量 A/D 转换值 200 通道的数据一次。每 1s 计算一次平均值，并送 D100 通道存储。

第9章 编程软件 CX-P

PLC 的编程工具有编程器和计算机辅助编程（CAD）。编程器直接安装在 PLC 的 CPU 上，对 PLC 进行编程和调试，是 PLC 早期广泛应用的编程工具。特别是在 PLC 未与上位计算机构成网络的情况下，必须用编程器作为编程工具。计算机辅助编程是当上位计算机与 PLC 建立通信后，在上位机上运行专用的编程软件，对 PLC 进行编程和调试。

计算机辅助编程既省时省力，又便于程序管理，它具有简易编程器无法比拟的优越性，目前，简易编程器用得越来越少，计算机加编程软件已成为主流的编程工具。

OMRON 先后开发出多种编程软件。在 DOS 环境下，早期使用 LSS（Ladder Support Software），后来升级为 SSS（SYSMAC Support Software）。在 Windows 环境下，早期使用 CPT（SYSMAC-CPT），现在使用的是 CX-P（CX-Programmer）。

CX-P 文件的扩展名为“CXP”或“CXT”，“CXP”是“CXT”的压缩形式，通常使用的是“CXP”。CX-P 的文件称为工程，CX-P 以工程来管理 PLC 的硬件和软件。

CX-P 提供文件转换工具，可以将采用 OMRON 早期的编程软件 LSS、SSS 和 CPT 等所编写的程序导入处理，转换为 CX-P 的文本文件，扩展名为“CXT”。转换时，从桌面上的“开始”菜单出发，找到 CX-P 中的“文件转换实用工具”项，单击后，根据提示即可完成。

本章介绍 CX-P 的基本功能及操作方法，限于篇幅，不再介绍 CX-P 的功能块编程、网络配置等功能。

9.1 CX-P 简介

CX-P 从 6.0 开始，除了独立封装、独立安装外，还与 OMRON 其他各种支持软件（如 CX-Simulator、NS-Designer 等）集成一体，形成了一个工厂自动化工具软件包，称为 CX-One。因此，CX-P 6.0 及以后的版本可从 CX-One 中选择，作为其中的一部分功能安装。

1. CX-P 的运行模式

CX-P 有 4 种运行模式。

（1）初级模式。提供全部功能但仅支持 CP1、CPM1、CPM2 * 、SRM1 和 SRM1-V2。

（2）试验模式。提供全部功能但自安装之日起只能运行 30 天。

（3）演示模式。提供全部功能但工程文件不能被保存和打印。

（4）全功能版。提供全部功能，无任何限制。

CX-P 安装时，要求输入许可号，如果没有输入，则安装为演示模式。其他模式都需要输入对应的许可号。安装完毕后，可以更改许可号，在“帮助”菜单中，选中“关于 CX-Programmer...”项，重新输入许可号后，即可改变 CX-P 的运行模式。

2. CX-P 的通信口

CX-P 编程时要和 PLC 建立通信连接。

CX-P 支持 Controller Link、Ethernet、Ethernet（FINS/TCP）、SYSMAC Link、FinsGateway、SYSMAC WAY、Toolbus 接口。

CX-P 与 PLC 通信时，通常使用计算机上的串行通信口，即选 SYSMAC WAY 方式，大多为 RS232C 口，有时也用 RS422 口。PLC 则多用 CPU 单元内置的通信口，也可用 Host Link 单元的通信口。

现在的笔记本计算机上很少配置 RS232C 口了，但都有 USB 口。如果计算机用 USB 口，PLC 用 RS232C 口，则要使用两根电缆，计算机先接一根 USB 口转 RS232C 口电缆，再连一根 RS232C 电缆。OMRON 最新型号的 PLC 开始配置 USB 口，例如，CP1 的 CPU 单元上内置了 USB 口，这样就只需一根 USB 电缆，方便了计算机与 PLC 的通信。

CX-P 使用串口与 PLC 通信时，要设置计算机串口的通信参数，使其与 PLC 通信口相一致，两者才能实现通信。简便的做法是计算机和 PLC 都使用默认设置，PLC 可用 CPU 单元上的 DIP 开关（如果有）设定，通信参数为默认的。如果无法确定 PLC 通信口的参数，可以使用 CX-P 的自动在线功能，在“PLC”菜单中，选中“自动在线”项，选择使用的串口后，CX-P 会自动使用各种通信参数，尝试与 PLC 通信，最终建立与 PLC 的在线连接。

3. CX-P 支持的 PLC

支持 C、CV/CVM1、CS1、CJ1/CJ2、CP1 等 OMRON 全系列的 PLC，还支持 IDSC、NSJ、FQM。

4. CX-P 的特性

CX-P 最新的版本为 9.4，它的主要特性如下。

（1）Windows 风格的界面，可以使用菜单、工具栏和键盘快捷键操作。用户可自定义工具栏和快捷键。鼠标可以使用拖放功能，使用右键显示上下文菜单，进行各种操作等。

（2）在单个工程下支持多个 PLC，一台计算机可与多个 PLC 建立在线连接，支持在线编程；单个 PLC 下支持一个应用程序，其中，CV/CVM1、CS1、CJ1、CP1H 系列的 PLC 可支持多个应用程序（任务）；单个应用程序下支持多个程序段，一个应用程序可以分为一些可自行定义的、有名字的程序段，因此能够方便地管理大型程序。可以一人同时编写、调试多个 PLC 的程序；也可以多个人同时编写、调试同一 PLC 的多个应用程序。

（3）提供全清 PLC 内存区的操作。对 PLC 进行初始化操作，清除 CPU 单元的内存，包括用户程序、参数设定区、I/O 内存区。

（4）可对 PLC 进行设定，例如，CX-P 对 CPM1A，可设定“启动”、“循环时间”、“中断/刷新”、“错误设定”、“外围端口”和“高速计数器”，设定下载至 PLC 后生效。

（5）支持梯形图、语句表、功能块和结构文本编程。梯形图、语句表是最常用的编程语言，OMRON 的 PLC 都支持，除此之外，OMRON 的 CS1、CJ1/CJ2、CP1 等新型号的 PLC 还可用功能块和结构文本语言编程。

（6）CX-P 除了可以直接采用地址和数据编程外，还提供了符号编程的功能，编程时使用符号而不必考虑其位和地址的分配。符号编程使程序易于移植、拖放。

（7）可对程序（梯形图、语句表和结构文本）的显示进行设置，例如，颜色设置，全局符号、本地符号设为不同的颜色，梯形图中的错误显示设为红色，便于识别。

（8）程序可分割显示以监控多个位置。一个程序能够在垂直和水平分开的屏幕上显示，可同时显示在 4 个区域上，这样可以监控整个程序，同时也监控或输入特定的指令。

（9）提供丰富的在线监控功能，方便程序调试。为了检查程序的逻辑性，监视可以暂时被冻结等。CX-P 与 PLC 在线连接后，可以对 PLC 进行各种监控操作，例如，置位/复位，修改定时器/计数器设定值，改变定时器/计数器的当前值，以十进制、有符号的十进制、二进制或十六进制的形式观察通道内容，修改通道内容，计算扫描周期等。

（10）可对 PLC 设计 I/O 表，为 PLC 系统配置各种单元（板），并对其中的 CPU 总线单元和特殊 I/O 单元设定参数。I/O 表设计完成后要下载到 PLC 中进行登记，一经 I/O 表登记，PLC 运行前将检查其实际单元（板）与 I/O 表是否相符，如不符，PLC 不能运行，这样可避免出现意外情况。

（11）可对 PLC 程序进行加密。OMRON C 系列的 PLC 用编程器和 CX-P 都可以做加密处理，在程序的开头编一小段包含密码的程序，密码为 4 位数字。而 CV/CVM1、CS1、CJ1、CP1H 只能用 CX-P 设置密码，密码为 8 位字母或数字。

（12）通过 CX-Server 软件的应用，可以使 PLC 与它支持的各类网络进行通信，使用 CX-Server 中的网络配置工具 CX-Net 可以设置数据链接表和路由表。

（13）具有远程编程和监控功能。上位机通过被连接的 PLC 可以访问本地网络或远程网络的 PLC。上位机还可以通过 Modem、利用电话线访问远程 PLC。

9.2　CX-P 主窗口

图 9.1 所示为 CX-P 创建或打开工程后的主窗口。

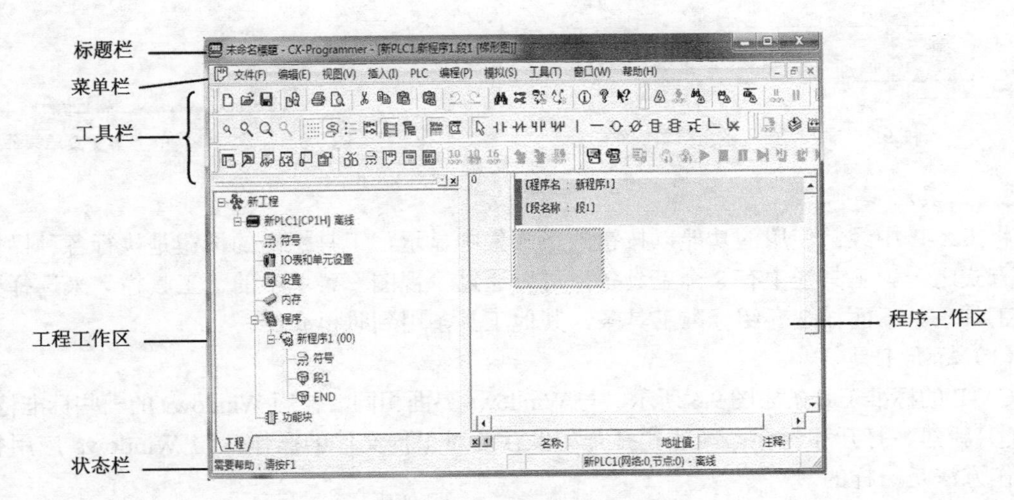

图 9.1　CX-P 主窗口

CX-P 主窗口的组成如下。

1. 标题栏

显示打开的工程文件名称、编程软件名称和其他信息。

2. 菜单栏

将 CX-P 的全部功能按各种不同的用途组合起来，以菜单的形式显示。

主菜单有 9 个选项：文件、编辑、视图、插入、PLC、编程、工具、窗口、帮助。

将光标移到主菜单的选项上，单击鼠标左键后，会出现一个下拉菜单，其中的各个命令项表示该主菜单选项下所能进行的操作。

CX-P 的全部功能都可通过主菜单实现，具体操作时，先选中操作对象，然后到主菜单中单击相应的选项，在下拉子菜单中选择各种命令。如图 9.2 所示，在梯形图的条 1 上方插入“条”，选中条 1 后，通过主菜单的“插入”项来做。

CX-P 除了通过主菜单操作外，还可通过上下文菜单，有时后者更为方便。在不同窗口、不同位置，单击鼠标右键，会弹出一个菜单，此即上下文菜单，显示的各个命令项表示能够进行的操作。图 9.3 中用上下文菜单在梯形图的条 1 上方插入“条”，选中条 1，单击右键，出现上下文菜单，选中“在上面插入”命令项即可完成该操作。

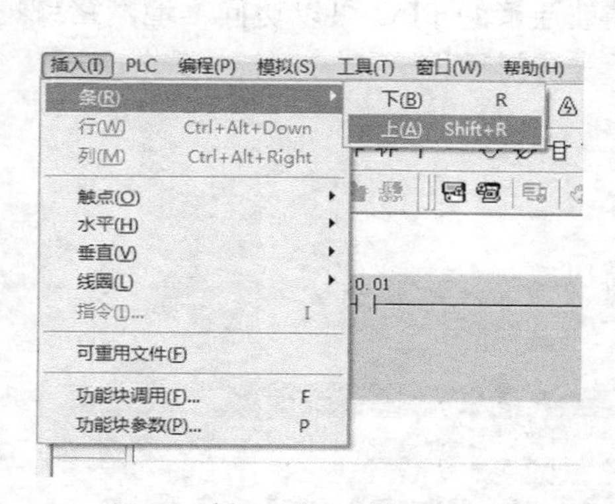

图 9.2 插入“条”的主菜单操作

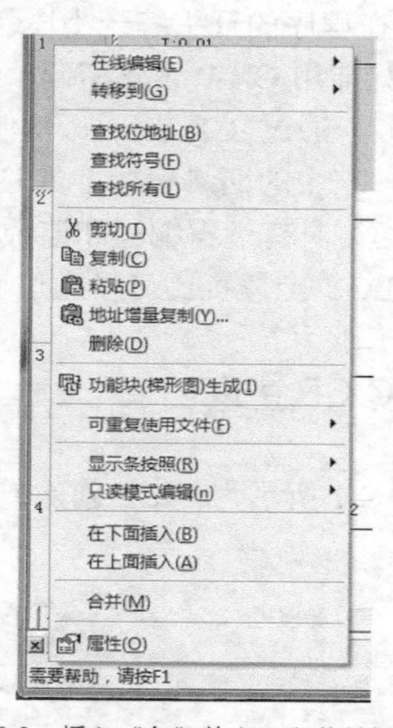

图 9.3 插入“条”的上下文菜单操作

3. 工具栏

将 CX-P 中经常使用的功能以按钮的形式集中显示，工具栏内的按钮是执行各种操作的快捷方式之一。工具栏中有 8 个工具条，可以通过“视图”菜单中的“工具栏”来选择要显示的工具条。下面详细介绍标准工具条，其他工具条用到时再介绍。

（1）标准工具条

CX-P 的标准工具条如图 9.4 所示，与 Windows 界面相同，使用 Windows 的一些标准特性。

① 新建、打开和保存：新建、打开和保存是对工程文件的操作，与 Windows 应用软件的操作方法是一样的。

② 打印、打印预览：CX-P 支持打印的项目有梯形图程序、全局符号表和本地符号表等。

③ 剪切、复制和粘贴：可以在工程内、工程间、程序间复制和粘贴一系列对象；可以在梯形图程序、助记符视图、符号表内部或两者之间来剪切、复制和粘贴各个对象，例如，文本、接触点和线圈。

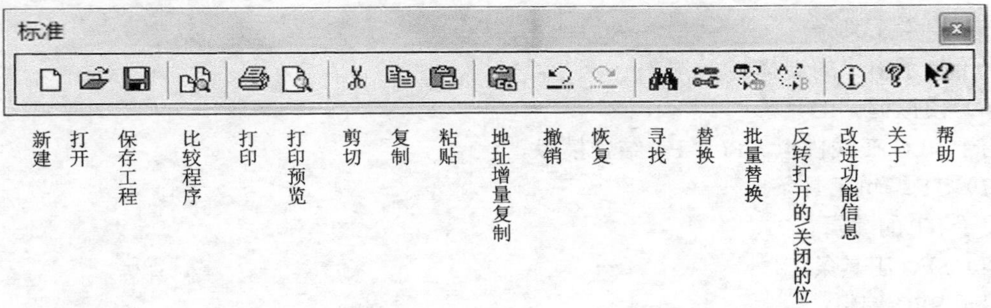

标准

新建　打开　保存工程　比较程序　打印　打印预览　剪切　复制　粘贴　地址增量复制　撤销　恢复　寻找　替换　批量替换　反转打开的关闭的位　改进功能信息　关于　帮助

图9.4　标准工具条

④ 拖放：在能执行剪切/复制/粘贴的地方，通常都能执行拖放操作，单击一个对象后，按住鼠标不放，将鼠标移动到接受这个对象的地方，然后松开鼠标，对象将被放下。例如，可以从符号表里拖放符号，来设置梯形图中指令的操作数；可以将符号拖放到监视窗口，也可以将梯形图元素（接触点/线圈/指令操作数）拖放到监视窗口中。

⑤ 撤销和恢复：撤销和恢复操作是对梯形图、符号表中的对象进行的。

⑥ 查找、替换和改变全部：能够对工程工作区中的对象在当前窗口中进行查找和替换。

在工程工作区使用查找和替换特性，此操作将搜索所选对象下的一切内容。例如，当从工程工作区内的一个PLC程序查找文本时，该程序的本地符号表也被搜索；当从工程对象开始搜索时，将搜索工程内所有PLC中的程序和符号表。

也可以在相关的梯形图和符号表窗口被激活的时候开始查找，这样，查找就被限制在一个单独的程序或者符号表里面了。

查找和替换可以是文本对象（助记符、符号名称、符号注释和程序注释），也可以是地址和数字。

对于文本对象，除了对单个文本操作外，还可以使用通配符“*”实现对部分文本的操作。

对于地址对象，除了对单个地址操作外，还可以对一个地址范围进行操作。

对于数字对象，有必要确认要处理的是浮点数还是整数，任何以“+”、“-”开头或者带有小数点的操作数就是浮点数。

在“查找”对话框中，单击“报表”按钮来产生一个所有查找结果的报告。一旦报告被生成，将显示在输出窗口的“寻找报表”窗口。

⑦ 删除：PLC离线时，工程中的大多数项目都可以被删除，但工程不能被删除。PLC处于离线状态时，梯形图视图和助记符视图中所有的内容都能被删除。

⑧ 重命名一个对象：PLC离线时，工程文件中的一些项目可被重命名，例如，为工程改名，向PLC输入新的名称等。

（2）梯形图工具条

用于梯形图的编辑。

（3）PLC工具条

用于CX-P与PLC通信，例如，联机、监控、脱机、上载、下载、微分监控、数据跟踪或时间图监视器、加密、解密等。

（4）程序工具条

用于选择窗口监控、程序编译、程序在线编辑。

（5）查看工具条

用于显示窗口的选择。

（6）模拟调试工具条

用于 PLC 在线模拟、PLC-PT 结合模拟。

（7）ST 编辑工具条

用于 ST 的编辑。

（8）SFC 工具条

用于 SFC 编辑。

4. 状态栏

位于窗口的底部，状态栏显示即时帮助、PLC 在线/离线状态、PLC 工作模式、连接的 PLC 和 CPU 类型、PLC 扫描循环时间、在线编辑缓冲区大小和显示光标在程序窗口中的位置。可以通过“视图”菜单中的“状态栏”命令来打开和关闭状态栏。

9.3 CX-P 工程

在工程工作区，工程中的项目以分层树形结构显示，如图 9.5 所示，分层树形结构可以压缩或者扩展。工程中的每一个项目都有图标相对应，图 9.5 所示为离线状态下的显示，在线状态下还会显示出“错误日志”。

对工程中的某一项目进行操作时，可以选中该项目，单击主菜单的选项，弹出下拉命令子菜单后，选择相应的命令；也可以选中该项目，单击工具栏中的命令按钮；也可以选中该项目，使用键盘上的快捷键；还可以右击该项目的图标，弹出上下文菜单后，选择相应的命令。

图 9.5 中的工程、PLC、程序、任务、段这些项目均有属性设置。选中对象，单击鼠标右键，在上下文菜单中选择“属性”，即可在弹出的“属性”对话框中修改名称、添加注释内容等。

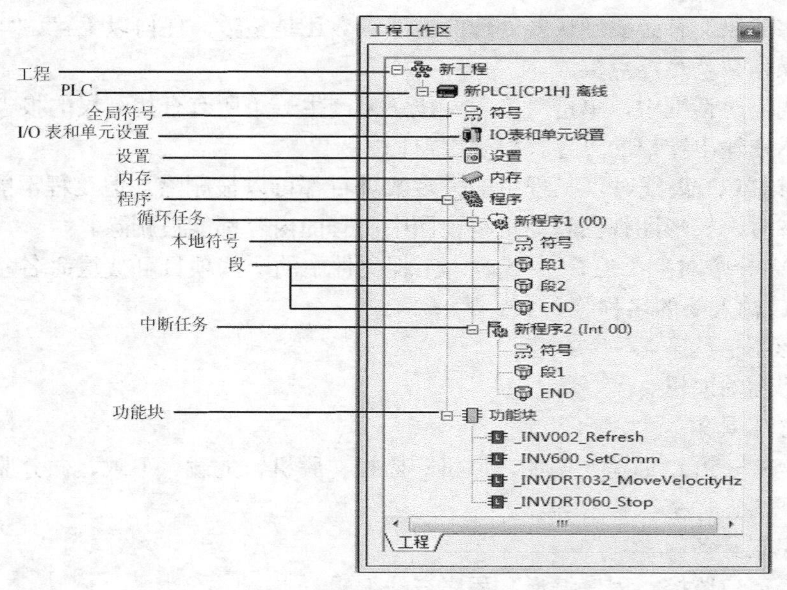

图 9.5　工程中的项目（离线）

1. 工程

一个工程下可包括多个 PLC。

对项目“工程”进行的操作有为工程重命名、创建新的 PLC、将 PLC 粘贴到工程中、属性设置等。

2. PLC

一个 PLC 包括的项目有全局符号、I/O 表和单元设置、设置、内存、程序、功能块等。PLC 的型号不同，包括项目会有差别，OMRON 的 CS1、CJ1/CJ2、CP1 等新型号 PLC 才有功能块。

对项目“PLC”能够进行的操作有对 PLC 修改、剪切、复制、粘贴、删除；在线工作；改变 PLC 操作模式；符号自动分配；编译所有的 PLC 程序；验证符号；传送；比较程序；属性设置等。

图 9.6 所示为 PLC 属性设置窗口。用其可定义 PLC 名称，并对一些编程中的重要特性做设定。例如，“以二进制形式执行定时器/计数器”项，若选定，则可启用 TIMX 等以二进制形式执行的定时器/计数器指令。若未选定，则只能启用 TIM 等以 BCD 码形式执行的定时器/计数器指令。

在该窗口上，若单击“保护”标签，将出现密码设定窗口，如图 9.7 所示。在其上可键入程序保护的密码。密码为 8 位，含英文字母或数字。

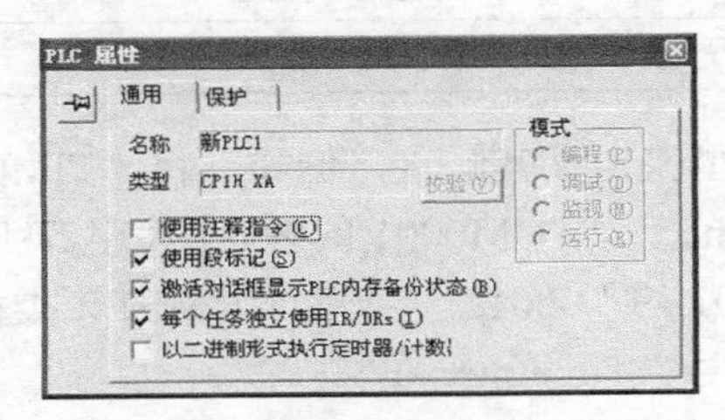

图 9.6 PLC 属性窗口

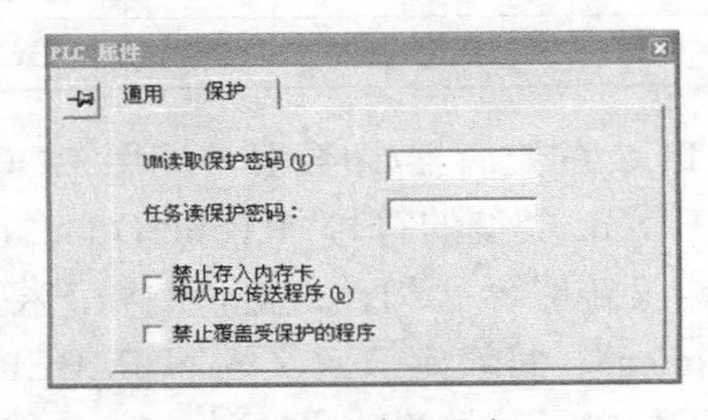

图 9.7 PLC 密码设定

“UM 读取保护密码”是对 PLC 中所有的用户程序加密，“任务读保护密码”只是对用户程序中的一个或几个任务加密。CX-P 操作人员在不输入密码时，不能读取 PLC 中加密的用户程序或加密的任务。

这里用的加密方法只适用于 CS1、CJ1/CJ2、CP1 等 OMRON 新型 PLC。

这里，PLC 的属性窗口与所用的 PLC 有关。本例的 PLC 为 CP1H 机，才有那么多设定选项。如为其他机型，可能就没有那么多项。例如，CPM1A 的选项很少，也不能用这种方法对程序加密。

3. 全局符号和本地符号

（1）符号

CX-P 除了直接采用地址和数据编程外，还提供了符号编程的功能。

符号是用来表示地址、数据的标识符。一个 PLC 下的各个程序都可以使用的符号叫做全局符号，为程序中的某个任务定义的专有符号叫做本地符号。

在编程中使用符号，具有简化编程、增强程序可读性、方便程序维护等优点。例如，仅改变一下符号对应的地址，程序就会自动使用新地址。程序越复杂，符号编程的优势越明显。

符号除了分配地址或数值外，还要规定数据类型。符号的数据类型见表 9.1。

表 9.1　　符号的数据类型

符号名称	容量	符号	格式	备注
BOOL	1 位	—	二进制	逻辑二进制地址位。用于触点和线圈
CHANNEL	1 个或多个字	—	任 意	任何除 BOOL 和 NUMBER 的非位地址
DINT	2 个字	有	二进制	一个有符号的双字二进制字地址
INT	1 个字	有	二进制	一个有符号的单字二进制字地址
LINT	4 个字	有	二进制	一个有符号的四字二进制字地址
NUMBER	—	有	十进制	是一个数字值，而不是一个地址。这个值可以是有符号数或者浮点数，默认时为十进制，可以使用前缀“#”来表明它是一个十六进制数
REAL	2 个字	有	IEEE	一个双字浮点值的地址
LREAL	4 个字	有	IEEE	一个四字浮点值的地址
UDINT	2 个字	无	二进制	一个无符号的双字二进制字地址
UDINT_BCD	2 个字	无	BCD	一个无符号的双字 BCD 地址
UINT	1 个字	无	二进制	一个无符号的单字二进制字地址
UINT_BCD	1 个字	无	BCD	一个无符号的单字 BCD 地址
ULINT	4 个字	无	二进制	一个无符号的四字二进制字地址
ULINT_BCD	4 个字	无	BCD	一个无符号的四字 BCD 地址

对 PLC 的定时器/计数器，使用 BOOL 数据类型来定义其触点，例如，将“TIM0001”定义为 BOOL 类型的符号“RTimerDone”，RTimerDone 代表 TIM0001 的触点；使用 NUMBER 类型来定义定时器号和设定值，例如，将定时器 0001 的“0001”定义为 NUMBER 类型的符号“RTimer”，将设定值定义为 NUMBER 类型的符号“TimeInterval”。

由于规定了符号的数据类型，CX-P 能够检查符号是不是以正确的方式被使用。例如，一个符号定义为 UINT_BCD 类型，表示其代表的数据是无符号 BCD 单字整数。CX-P 对该符号进行检验时，能检查出其是否只被使用于操作数是 BCD 类型的指令，如果不是，则给出警告。

（2）全局符号表和本地符号表

符号表是一个可以编辑的符号列表，包括名称、数据类型、地址/值和注释等。对 CV 系列、CS1、CJ1 系列的 PLC，这个列表还提供有关机架位置等信息。每一个 PLC 下有一个全局符号表，当工程中添加了一个新 PLC 时，根据 PLC 型号的不同，全局符号表中会自动添入预先定义好的符号，通常是该型号 PLC 的特殊继电器。每一个程序的各个任务下有一个本地符号表，包含只有在这个任务中用到的符号，本地符号表被创建时是空的。

在符号表中，每一个符号名称在表内必须是唯一的。但是，允许在全局符号表和本地符号表里出现同样的符号名称，这种情况下，本地符号优先于同样名称的全局符号。

双击“全局符号表”图标，可以显示出全局符号表。全局符号表中最初自动填进的一些预置的符号取决于 PLC 类型，例如，许多 PLC 都能生成的符号“P_1s”（1s 的时钟脉冲）。所有的预置符号都具有前缀“P_”，不能被删除或者编辑，但用户可以向全局符号表中添加新的符号。

双击“本地符号表”图标将显示出本地符号表，本地符号由用户自行定义，并添加到本地符号表中。

在符号表中，可以对符号进行添加、编辑、剪切、复制、粘贴、删除和重命名等操作；可以对当前符号表或当前 PLC 所有的符号表进行验证，检查是否存在符号重名等问题，并给出警告信息。符号显示可选择大图标、小图标、列表和详细内容 4 种方式。

4. I/O 表和单元设置

（1）I/O 表

模块式 PLC 的 I/O 表可自动生成，也可自行设计。自动生成时，其 I/O 地址按默认值确定。自行设计时，有的 PLC（如 CJ1 机）地址可按给定的变化范围选定，较灵活。

要自行设计时，可双击工程工作区中的“I/O 表和单元设置”图标，将弹出 I/O 表设计窗口。该窗口提供了可能的 I/O 配置，可按系统实际配置进行选择。

I/O 表设计后，传送给 PLC 就完成了 I/O 登记。一经 I/O 表登记，PLC 运行前，CPU 就要检查实际模块连接与 I/O 表是否相符。如不符，则出现 I/O 确认错误，PLC 无法进入运行模式，无法工作。

自动生成的 I/O 表也可作登记。登记时，首先，CX-P 与 PLC 在线连接，且使 PLC 处于编程模式。进而双击工程工作区中的“I/O 表和单元设置”图标，等待弹出 I/O 表设计窗口。该窗口出现后，再在其上的“选项”菜单项中选“创建项”，并单击之。

自动生成的 I/O 表也可不作登记。这样做，当 PLC 上电时，其 CPU 不检查实际模块连接与 I/O 表（因未登记，无 I/O 表）是否相符。不管模块是如何安装的，其程序照样运行。这当然有一定的危险。所以，一般还是推荐进行 I/O 表登记。

I/O 表登记可用 CX-P 删除。办法是 CX-P 与 PLC 在线连接，且使 PLC 处于编程模式。双击工程工作区中的“I/O 表和单元设置”图标，等待弹出 I/O 表设计窗口。该窗口出现后，再在其上的“选项”菜单项中选“删除项”，并单击之。

对于 CJ1 机，I/O 是否登记可在辅助区 A206 中进行检查。如果 A206 中内容为 0000（十六进制），则 I/O 表未登记；PLC 每次上电时，根据 PLC 实际连接的模块（单元）创建 I/O 表。如果 A206 中内容为 BBBB（十六进制），则 I/O 表已登记；PLC 每次上电时，CPU 将根据已登记的 I/O 表检查实际中连接的 I/O 模块（单元）。如实际连接的 I/O 模块（单元）与登记的 I/O 表不符，则将有 I/O 确认出错显示，PLC 将不能工作。

（2）单元设置

在生成 I/O 表时，对选中的特殊 I/O 单元、CPU 总线单元等可以同时进行设置，例如，设置单元号等，在 I/O 表下载时，这些设置将一并传到 PLC 中。

5. 设置

各种机型的 PLC 都开辟了系统设定区，用来设定各种系统参数。

双击“设置”，出现“PLC 设定”窗口，用户根据所需功能的不同，可以做全面的系统设置，包括启动模式、循环时间、中断响应、高速计数器、脉冲输出、模拟输入输出、高速响应等。

CX-P 的各种设定需下传到 PLC，PLC 断电再上电后才能生效。

6. 内存

在编程或监视模式下，CX-P 通过“内存”图标可以查看、编辑和监视 PLC 内存区，监视地址和符号，强制位地址，以及扫描和处理强制状态信息。

7. 程序

OMRON 的 CS1、CJ1/CJ2、CP1 等新型 PLC 支持多任务编程，把程序分成多个不同功能及不同工作方式的任务。任务有两类：循环任务和中断任务。

在工程中，PLC 程序下可以包含多个任务。

对项目“程序”可以进行的操作有插入程序（任务）、删除、属性设置等。

8. 任务

任务实际上是一段独立的具有特定功能的程序，每一个任务的最后一个指令应是 END，表示任务的结束。任务可以单独上载或下载。

在工程中，任务由本地符号、段组成。最后一个段为 END，自动生成。

对项目“任务”进行的操作有打开、插入程序段、编译、部分传输、将显示转移到程序中指定位置、剪切、复制、粘贴、删除、重命名、属性设置等。

9. 段

为了便于对任务的管理，可将任务分成一些有名称的段，一个任务可以分成多个段，例如，段 1、段 2 等，PLC 按照顺序来搜索各段。程序中的段可以重新排序或重新命名。

可用段来储存经常使用的算法，这样段作为一个库，可复制到另一个任务中去。

对项目“段”进行的操作有打开梯形图、打开助记符、将显示转移到程序中指定的位置、剪切、复制、粘贴、删除、上移、下移、重命名、属性设置等。

可以直接用鼠标拖放一个段，在当前任务中拖放将改变段的顺序，也可将段拖到另一个任务中。

10. 功能块

OMRON 的 CS1、CJ1/CJ2、CP1 等新型号的 PLC 可以使用功能块编程，功能块下的成员可以从 OMRON 的标准功能块库文件或其他库文件中调入，也可由用户使用梯形图或结构文本自己编辑产生。

11. 错误日志

处于在线状态时，工程工作区的树形结构中将显示 PLC“错误日志”图标。双击该图标，出现“PLC 错误”窗口。窗口中有 3 个选项卡：错误、错误日志和信息。

（1）“错误”：显示 PLC 当前的错误状态。

（2）“错误日志”：显示有关 PLC 的错误历史。

（3）“信息”：可显示由程序设置的信息。信息可以被有选择地清除或全部清除。

9.4 CX-P 视图

下面以工程“交通灯”为例，介绍 CX-P 的各种视图，交通灯的程序见 9.5 节。

图 9.8 显示了 CX-P 窗口的各种视图。

对 CX-P 的视图操作时，要用到查看工具条，如图 9.9 所示。单击工具条中按钮将激活对应的视图，再次单击将视图关闭。

1. 工程工作区

打开工程文件后，单击工具条中的“切换工程工作区”按钮将激活工程工作区视图，对“工程工作区”中各个项目的介绍见 9.3 节。

2. 梯形图视图

选中工程工作区中的“段 1”，单击工具栏中的“查看梯形图”按钮或双击段 1，将显示如图 9.10 所示的梯形图视图。

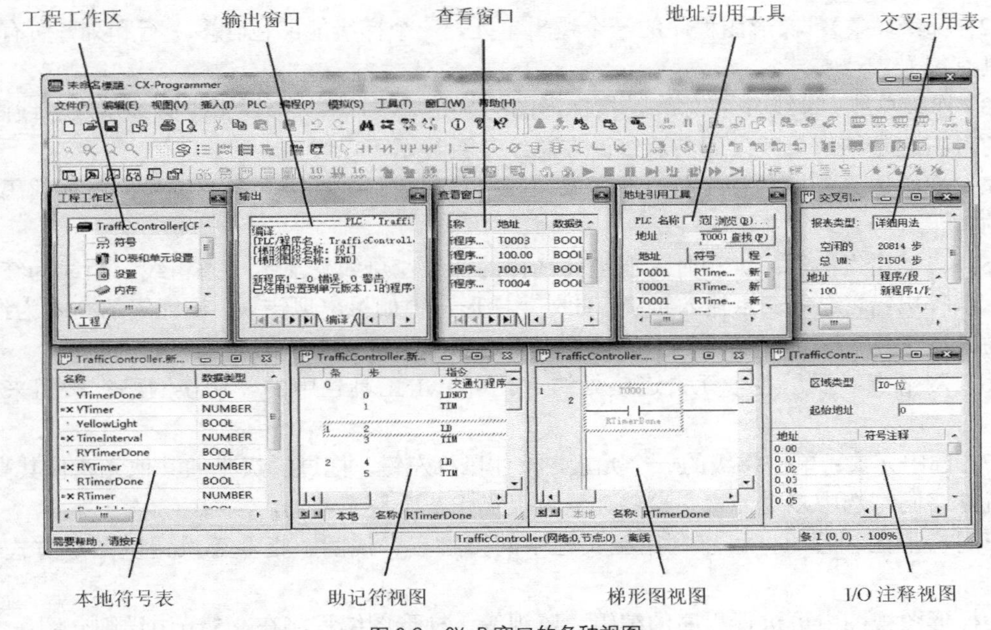

图9.8 CX-P窗口的各种视图

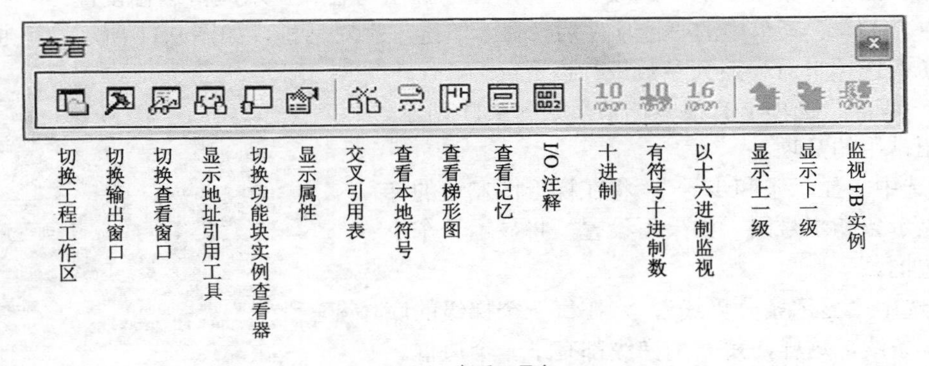

图9.9 查看工具条

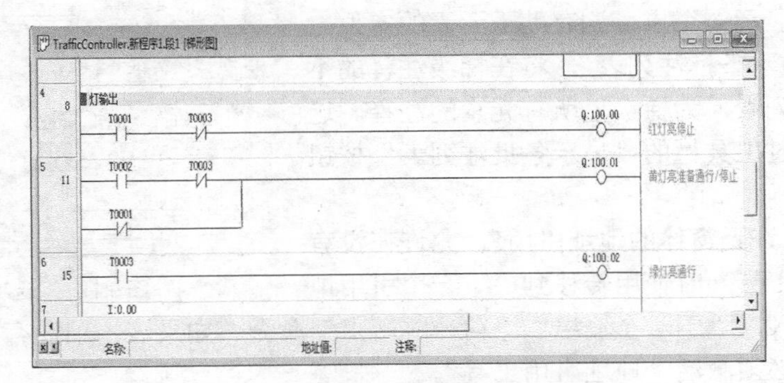

图9.10 梯形图视图

梯形图视图的特征用以下名词描述。

（1）光标：一个显示在梯级里面的当前位置的方形块。光标的位置随时显示在状态栏中。

（2）梯级（条）：梯形图程序的一个逻辑单元，一个梯级能够包含多个行和列，所有的梯级都具有编号。

（3）梯级总线（母线）：左总线是指梯形图的起始母线，每一个逻辑行必须从左总线画起。梯级的最右边是结束母线，即右总线。右总线是否显示可以设定。

（4）梯级边界：指左总线左边的区域，其中左列数码为梯级（条）编号，右列数码为该梯级的首步编号。

（5）自动错误检测：编程时，在当前选择的梯级左总线处显示一条粗线，粗线为红色高亮表示编程出错，绿色表示输入正确。此外，梯形图中如果出现错误，则元素的文本为红色。可以通过“工具”菜单“选项”中的“外观”选项卡来定义上述的颜色和显示参数。

（6）网格点：显示各个元素连接处的点。可单击工具栏中的“切换网格”按钮来显示网格。

（7）选中元素：单击梯级的一个元素，按住鼠标左键，拖过梯级中的其他元素使其高亮，这样就能够同时选中多个元素。这些元素可以当作一个块来移动。

在用梯形图编程时，可以利用工具栏中的接触点、线圈、指令等按钮以图形方式输入程序。

在梯形图视图中可进行程序的编辑、监视等。梯形图编程将在 9.5 节中详细介绍。

可用“工具”菜单中的“选项”对梯形图的显示内容和显示风格进行设置。

选中“工具”菜单中的“选项”后，显示“选项”对话框，如图 9.11 所示，可通过对话框中的 7 个选项卡对一系列参数进行设置。

（1）“程序”选项卡有很多选项，如图 9.11 所示，下面介绍常用的几项。

① 选中“显示条和步号”，将在梯形图左边的梯级边界显示条和步号码。如果不设置，将显示一个小的梯级边框。

② 选中“显示条分界线”，将在每一个梯级的底部显示一条线，这样，每一个梯级都有了一个边框。

③ 选中“显示缺省网络”，将在梯形图的每一个单元格的连接处显示一个点，这有助于元素的定位。

④ 选中“显示条批注列表”，将在梯级注释的下方显示一个注释列表，为梯级里所有元素的注释。这个选项也可以通过工具栏的“显示条批注列表”按钮来快速设置。

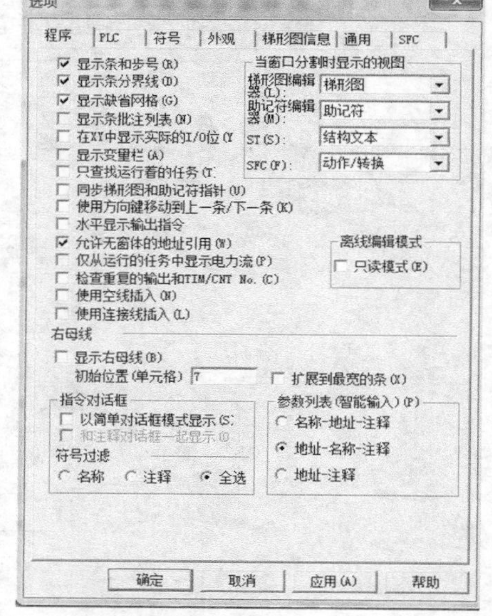

图 9.11　“选项”对话框

⑤ 选中“允许无窗体的地址引用”，允许在没有激活“地址引用工具”时使用转移到“下一个引用地址”、“下一个输入”、“下一个输出”、“前一跳转点”命令。如果这一项没有被设置，在使用这些命令的时候必须激活“地址引用工具”。

⑥ 选中“水平显示输出指令”，使特殊指令能够水平显示，这样，增加屏幕上显示的梯级数目，改进程序的可读性，减少打印所需的纸张数。

⑦ “当窗口分割时显示的视图”组合框：当选择“窗口”菜单中的“分割”命令时，允许在图表工作区里面显示 2 个或 4 个视图，显示的视图由“当窗口分割时显示的视图”组合

框中的设置决定。例如，当在“梯形图编辑器”中选择助记符或符号时、在“窗口”菜单中选择“分割”命令、单击梯形图视图时，则出现两个视图，即梯形图视图和与其对应的助记符视图或符号表。若在“梯形图编辑器”中选择梯形图、在“窗口”菜单中选择“分割”命令、单击梯形图视图，则出现4个梯形图视图。

⑧ “右母线”组合框：选中“显示右母线”，则显示右总线。当选中“扩展到最宽的条”时，通过对“初始位置”的设置，可调整梯形图左右总线间的空间，右总线的位置将自动匹配本程序段最宽的一个梯级。

（2）“PLC”选项卡，主要设置向工程中添加新的PLC时出现的默认的PLC类型及CPU型号。

（3）“符号”选项卡，可设置是否确认所链接的全局符号的修改。

（4）选择“外观”选项卡，显示如图9.12所示的对话框，在对话框中可定义CX-P运行环境中的字体和颜色显示。

在“项目”的列表中选择对象，如本地符号、错误、母线等，定义它的“前景色”或“背景色”，颜色也可以默认设置。

① 通过“梯形图字体”按钮，设置梯形图窗口中显示的字体。

② 通过“助记符字体”按钮，设置助记符窗口中显示的字体。

③ 通过“ST字体”按钮，设置ST窗口中显示的字体。

④ 通过“全部复位”按钮，将把所有的显示设置恢复到系统默认。

“单元格宽度”中的滑动条可对梯形图窗口中的单元格宽度进行调整，根据符号名称的典型尺寸来调整单元格在水平方向的大小，通过调整，使文本有一个所需要的显示空间。

（5）选择“梯形图信息”选项卡，显示如图9.13所示的对话框，在对话框中可对梯形图中的元素（如接触点、线圈、指令和指令操作数）的显示信息进行设置。显示的信息越多，梯形图单元格就越大。为了让更多单元格能够被显示，一般只选那些需要的信息显示。

图9.12 “外观”对话框

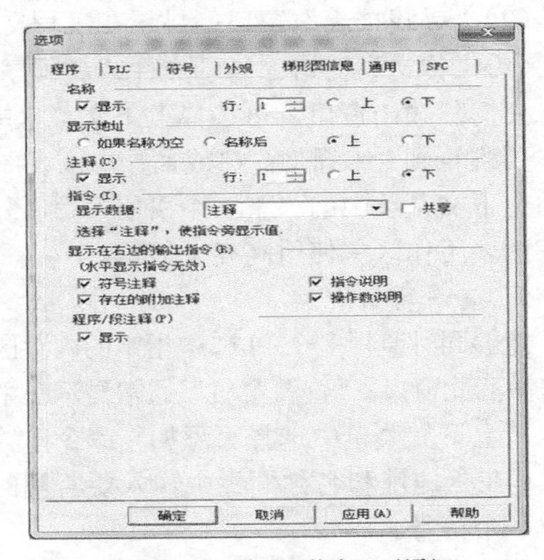

图9.13 “梯形图信息”对话框

① 通过“名称”可决定显示还是隐藏符号名称，规定显示行数及在元素的上方还是下方显示。

② 通过“显示地址”可决定显示还是隐藏地址，规定地址显示的位置。

③ 通过“注释”可决定显示还是隐藏注释，规定显示的行数及显示的位置。

在监视状态下，通过设置“指令”中的选项来决定指令的监视数据的显示位置。不选“共享”时，监视数据显示在名称、地址或注释的下方；选“共享”时，监视数据与名称、地址或注释显示在一行。

④ 通过“显示在右边的输出指令”可选择在输出的右边显示一系列有关输出指令的信息，包括以下选项：“符号注释”、“指令说明”、“存在的附加注释”、“操作数说明”。选中后则显示，否则不显示。

⑤ 通过“程序/段注释”可决定显示还是隐藏程序/段的注释，选显示，则出现在程序的开头处。

（6）“通用”选项卡，主要改变 CX-P 的窗口环境，设置 CX-P 创建或打开工程时的视窗风格，如可只显示梯形图窗口，其他窗口被隐藏；也可在工程工作区、输出、查看和地址引用工具这些窗口中选择显示。

（7）“SFC”选项卡，设定 SFC 编辑器的显示设置。

3. 助记符视图

助记符视图是一个使用助记符指令进行编程的格式化编辑器。选中工程工作区中的“段1”，单击工具栏的“查看助记符”按钮，显示“助记符”视图。

4. 输出窗口

输出窗口位于主窗口的下面，可以显示编译程序结果、查找报表和程序传送结果等。

单击查看工具栏上的“切换输出窗口”按钮来激活此窗口，“输出”窗口通常显示在主窗口的下方。再次单击“切换输出窗口”按钮可关闭此窗口。“输出”窗口下方有“编译”、“寻找报表”和“传送”3 个选项，它们对应 3 个不同的窗口。

（1）“编译”窗口：显示由程序编译产生的输出。选择其中一个错误，可使梯形图相关部分高亮。“编译”窗口也能显示其他信息，例如，警告及连接信息。

（2）“寻找报表”窗口：显示在工程文件内对特定条目进行查找的输出结果。

（3）“传送”窗口：显示文件或者程序传送的结果。

要清除输出窗口，可选择上下文菜单中的“清除”命令。

要跳转到“编译”窗口或“寻找报表”窗口中指出的错误源时，双击窗口中相应的信息，使用上下文菜单中的“下一个引用”命令，跳到该窗口下一条信息所指的位置。跳转到的地方在图表工作区中使用高亮来显示。

5. 查看窗口

能够同时监视多个 PLC 中指定的内存区的内容。单击查看工具栏上的“切换查看窗口”按钮来激活此窗口。“查看窗口”通常显示在主窗口的下方，它显示程序执行时 PLC 内存的值。

从上下文菜单中选择“添加”命令，“添加查看”对话框将被显示。在“PLC”栏中选择 PLC，在“地址和名称”栏中输入要监视的符号或地址。如果有必要，选择“浏览”按钮来定位一个符号。

6. 地址引用工具

用来显示符号或地址在 PLC 程序中的使用位置。单击查看工具栏上的“显示地址引用工具”按钮来激活此窗口。

在梯形图程序里选择一个元素。单击查看工具栏中的“显示地址引用工具”按钮，该窗口将显示出在梯形图程序中所选择的地址的相关信息。

7. 交叉引用表

用来检查内存区的不同数据区的符号的使用。在程序出现问题时，可以用来检查指令设置的值。这可以使编程者能有效地使用存储器资源。

在“报表类型”栏中选择一种使用方法，包括“详细用法”、“用法概况”、“包括未使用过的用法概况”。

（1）“详细用法”将显示有关 PLC 程序内所用的任一地址的使用信息。将显示程序/段名称、步数、指令类型、操作数起始地址，以及和每一个用法相关的符号。

（2）“用法概况”将显示选定内存区域的总体使用总结，其仅仅显示被使用的那一部分内存。对于每一个被使用的内存地址，显示使用数目。符号“D”表示这个地址已经被分配给一个符号。

（3）“包括未使用过的用法概况”将显示内存区域的总体使用情况，包括没有被使用的那一部分内存。

9.5 CX-P 编程

CX-P 编程时的操作有建立新工程、生成符号表、输入梯形图程序、编译程序等。

下面以图 9.14 所示的交通灯控制为例，介绍 CX-P 与编程相关的操作。

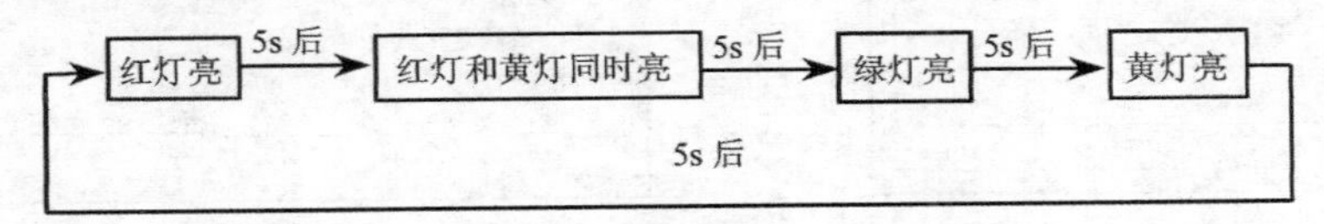

图 9.14 交通灯工作示意图

1. 建立新工程

（1）启动 CX-P 后，窗口显示如图 9.15 所示。

（2）在“文件”菜单中选中“新建”项，或单击标准工具条中的“新建”按钮，出现如图 9.16 所示的“变更 PLC”对话框。

图 9.15 CX-P 窗口

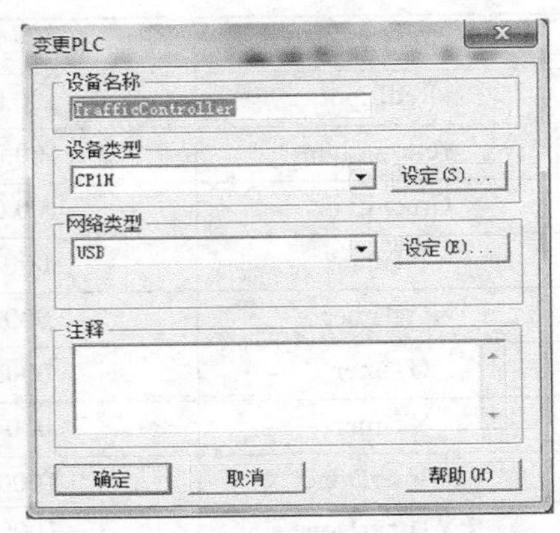

图 9.16 “变更 PLC”对话框

① 在“设备名称”栏输入用户为 PLC 定义的名称，例如，输入“TrafficController”。

② 在“设备类型”栏选择 PLC 的系列，例如，选择“CP1H”。单击“设定”按钮可进

一步配置 CPU 型号，例如，选择“X”。

③ 在“网络类型”栏选择 PLC 的网络类型，这里选择“USB”。如果其他机型使用 RS232C 口通信，选择“SYSMAC WAY”，单击“设置”按钮，出现“网络设置”对话框，它有 3 个选项卡。单击“驱动器”选项卡，显示如图 9.17 所示的对话框，在此对话框中可以选择计算机通信端口、设定通信参数等。计算机与 PLC 的通信参数应设置一致，否则不能通信。单击“网络”选项卡可以进行网络参数设定。若使用 Modem，可单击“调制解调器”选项卡来设置相关参数。单击“确定”或“取消”按钮确认或放弃操作，并回到“变更 PLC”对话框。

④ 在“注释”栏输入与此 PLC 相关的注释。

⑤ 单击图 9.16 中的“变更 PLC”对话框中的“确定”按钮，显示如图 9.18 所示的 CX-P 主窗口，表明建立了一个新工程。若单击“取消”按钮，则放弃操作。

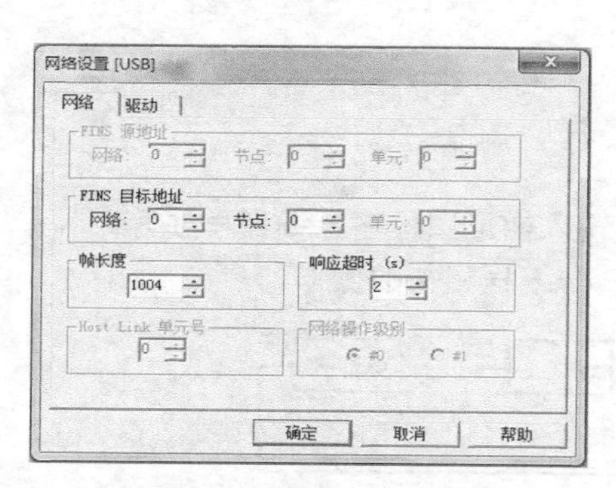

图 9.17 “网络设置”对话框

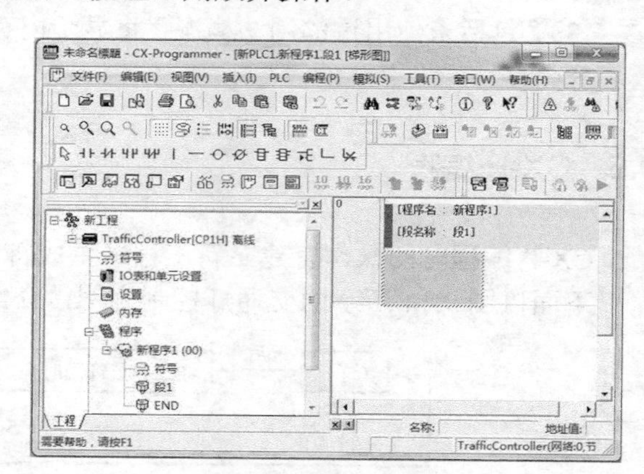

图 9.18 建立新工程

2. 生成符号表

生成符号表就是建立符号与地址、数据的对应关系，并输入到全局符号表或本地符号表中。交通灯控制的符号分配如表 9.2 所示。

表 9.2 交通灯控制的符号分配表

符号名称	地址/值	数据类型	注释
RedLight	100.00	BOOL	停止
YellowLight	100.01	BOOL	准备通行/停止
GreenLight	100.02	BOOL	通行
RTimer	0001	NUMBER	红灯定时器
RYTimer	0002	NUMBER	红黄灯定时器
GTimer	0003	NUMBER	绿灯定时器
YTimer	0004	NUMBER	黄灯定时器
RTimerDone	T0001	BOOL	
RYTimerDone	T0002	BOOL	
GTimerDone	T0003	BOOL	
YTimerDone	T0004	BOOL	
TimeInterval	50	NUMBER	定时时间

将定义的符号输入到本地符号表中。双击工程工作区中的“本地符号表”图标，打开本地符号表，单击右键，弹出上下文菜单，选中“添加符号”选项，显示出“新符号”对话框，根据提示即可输入。交通灯控制的本地符号表如图 9.19 所示。

在符号表中除了添加，还可以修改、剪切、复制、粘贴、移动和删除符号。

除了打开符号表添加符号外，在输入梯形图用到符号时还可马上定义，立即添加。

TrafficController.新程序1 [符号] [梯形图]

名称	数据类型	地址 / 值	机架位置	使用	注释
RedLight	BOOL	100.00			停止
YellowLight	BOOL	100.01			准备通行/停止
GreenLight	BOOL	100.02			通行
RTimerDone	BOOL	T0001			
RYTimerDone	BOOL	T0002			
GTimerDone	BOOL	T0003			
YTimerDone	BOOL	T0004			
=X RTimer	NUMBER	1			红灯定时器
=X RYTimer	NUMBER	2			红黄灯定时器
=X GTimer	NUMBER	3			绿灯定时器
=X YTimer	NUMBER	4			黄灯定时器
=X TimeInterval	NUMBER	50			定时时间

图 9.19　本地符号表

3. 梯形图输入

在工程工作区中双击“段 1”，显示出一个空的梯形图。利用图 9.20 所示的梯形图工具条中的按钮来编辑梯形图，可输入常开接点、常闭接点、线圈、指令等，单击按钮会出现一个编辑对话框，根据提示进行输入。

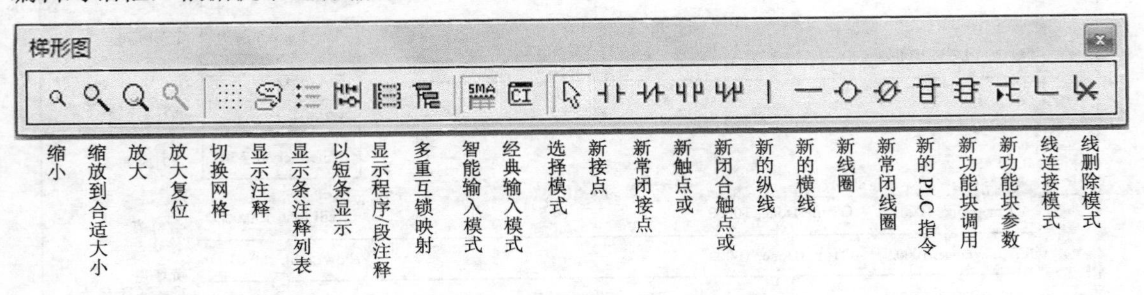

图 9.20　梯形图工具条

如果位、通道或立即数定义了符号，编辑时既可直接输入数据本身，也可输入符号，输入符号是在一个下拉列表中选择，表中为全局符号表和本地符号表中已有的符号。符号可以预先定义，并输入到全局符号表或本地符号表中，也可在输入梯形图用到时马上创建。

编辑指令时，可以输入指令名称（助记符）或指令码，或从指令的下拉列表中寻找。当输入的是指令码时，指令名称会自动显现。立即刷新指令在开头使用感叹号（!），上升沿微分指令在开头使用符号@，下降沿微分指令在开头使用符号%。

在编辑梯形图时，可为梯级、梯形图元素（接触点、线圈和指令）添加注释，提高程序的可读性。注释通过梯级、梯形图元素的上下文菜单中的“属性”项添加。梯级注释显示在梯级的开头。梯形图元素添加注释后，其右上角将出现一个圆圈，圆圈中有一个数字，表示该注释在梯级中的序号。当在“工具”菜单的“选项”中做一定设置后，同一梯级的全部注释显示在梯级的批注列表中，位于梯级的开头处。经过设置，梯形图右边输出指令的注释内容还会显示在圆圈的右部。

梯形图编辑时，除了添加，还可进行修改、复制、剪切、粘贴、移动、删除、撤销、恢复、查找、替换等操作。

编程一般按一个一个梯级进行，梯级中错误的地方以红色（默认）显示，梯级中出现一个错误，在梯形图梯级的左边将会出现一道红线。在梯级的上方或下方可插入梯级，已有的梯级可以合并，也可拆分，这些都可通过梯级的上下文菜单中的命令完成。在一个梯级内，通过梯形图元素的上下文菜单中的命令，可插入行、插入元素、删除行、删除元素。

交通灯控制的梯形图程序如图 9.21 所示。梯级 0、4 的开头处有梯级注释，梯级 4、5、6 中各有一个梯形图元素的注释，用数字圆圈标记。

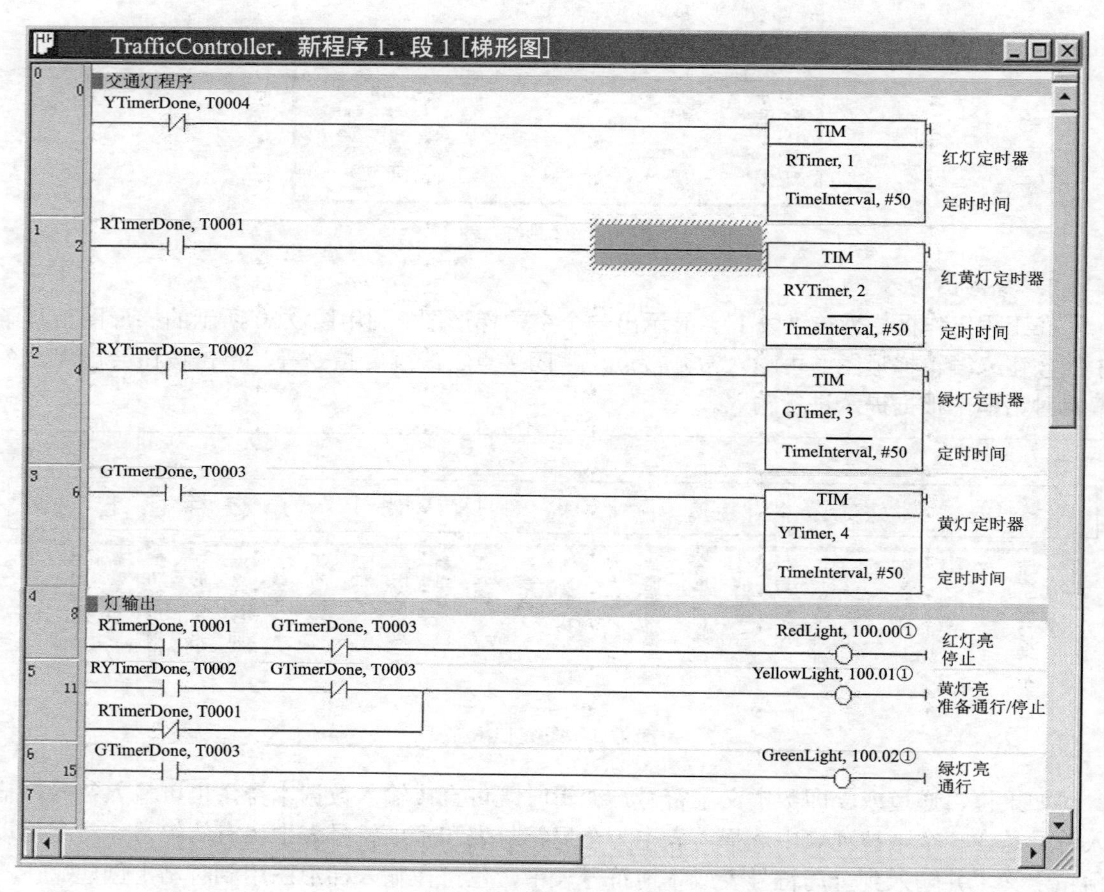

图 9.21　交通灯控制梯形图程序

4. 助记符输入

CX-P 允许在助记符视图中直接输入助记符指令。选中工程工作区中的“段 1”，单击视图工具栏中的“查看助记符”按钮，显示出如图 9.22 所示的助记符视图。

助记符输入的步骤如下。

把光标定位在第一行上，双击鼠标左键或按“回车”键，即进入编辑模式，开始输入助记符指令，一条助记符指令由指令名称和用空格分隔开来的操作数组成，例如，输入 LDNOT YTimerDone，按“回车”键，光标移到下一行，逐行输入直至结束。

修改助记符程序时，使用鼠标或键盘上的“↑”、“↓”键移动光标，定位于某一行上，双击鼠标左键或按“回车”键，进入编辑模式，重新输入或进行修改。

选中某一行后，单击鼠标右键，弹出上下文菜单，根据命令提示可进行插入行、删除行的操作。

助记符视图中，在梯级的开头处输入梯级注释，先输入字符“’”，后输入文本；给梯形图元素输入注释时，先输入字符“//”，后输入文本。

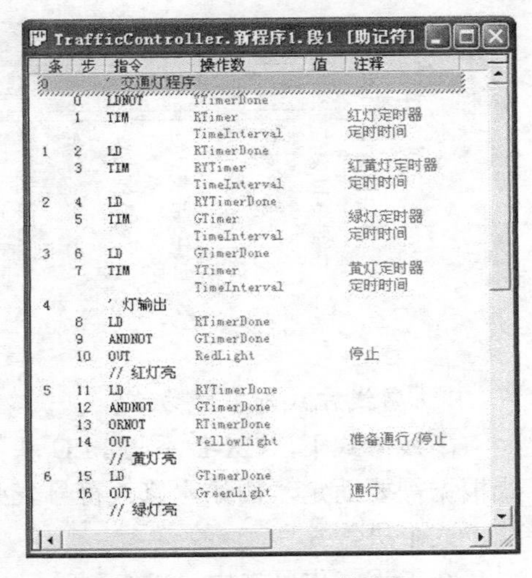

图9.22 CX-P助记符编程

5. 梯级的语句列表编程

在梯形图中，CX-P 支持以语句列表的方式来编辑梯级。梯级的语句列表就是助记符语句。

选中梯级，从其上下文菜单中选择“显示条按照”，弹出的菜单中有两个显示格式选项：“梯形图”和“说明列表”，若选中“说明列表”，梯级将以语句列表方式一行一行地显示。将光标移到相应的行，双击鼠标左键或按回车键就可进行编辑。语句列表中的语句被不断编译，不正确的地方以红色标记。完成编辑后，也可将梯级显示切换到梯形图格式。

6. 程序的编译

如图 9.23 所示，程序工具条上有两个编译按钮：“编译程序”和“编译 PLC 程序”，前者只是编译 PLC 下的单个程序，后者则编译 PLC 下所有的程序。

选中工程工作区中的 PLC 对象，单击程序工具条的“编译 PLC 程序”按钮，结果显示在输出窗口的编译标签下面。

程序编译时，对所编的程序进行检查，检查有 3 个等级：“A”、“B”和“C”，等级不同，检查的项目也不同，其中，“A”最多，“B”次之，“C”最少。检查项目还可自行定制。

选择“PLC”菜单中的“程序检查选项”命令，显示“程序检查选项”对话框，如图 9.24 所示，进行相应的选择，编译时将按选定的项目检查程序的正确性。

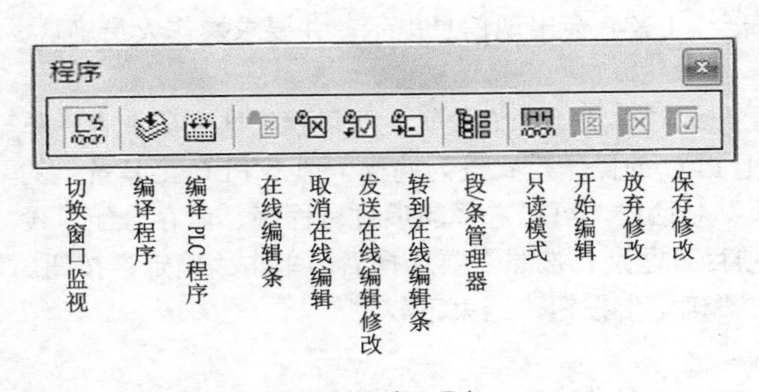

图9.23 程序工具条

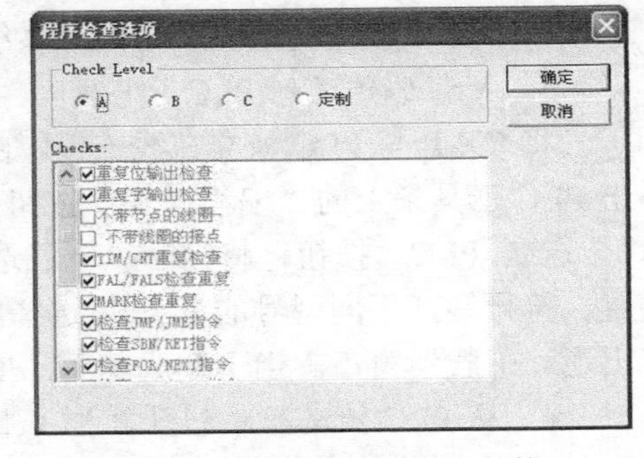

图9.24 “程序检查选项”对话框

9.6 CX-P在线工作

CX-P 在线工作时要用到 PLC 工具条，如图 9.25 所示。

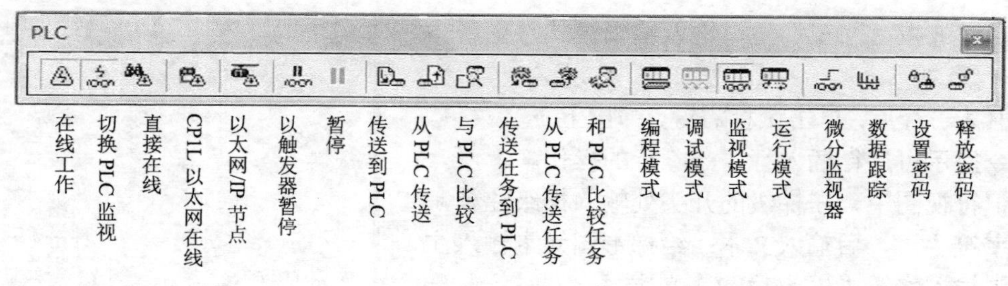

图 9.25　PLC 工具条

1. 离线方式与在线方式

离线方式下，CX-P 不与 PLC 通信。在线方式下，CX-P 与 PLC 通信。究竟选用何种方式根据需要而定，例如，修改符号表必须在离线方式下进行；而要监控程序运行，则应在在线方式下进行。

在工程工作区选中“PLC”后，单击 PLC 工具条中“在线工作”按钮，将出现一个确认对话框，选择“是”，则计算机与 PLC 连机通信，处于在线方式；再单击“在线工作”按钮，则转换到离线方式。

CX-P 与 PLC 建立在线连接时，CX-P 选用的通信端口与计算机实际使用的要相符，而且计算机端口的通信参数要与 PLC 的相一致，否则无法建立在线连接。如果无法确定 PLC 端口的通信参数，使用 CX-P 的自动在线功能是很方便的。

2. PLC 工作模式

PLC 通常有 3 种工作模式：编程、监视和运行，CV/ CVM1 及 CS1 有 4 种，即增加一种调试模式。工作模式可通过单击 PLC 工具条中的相应按钮来切换。

编程模式下，PLC 不执行程序，不产生输出，CX-P 可向 PLC 下载程序、PLC 设定、I/O 表等。

监视模式与运行模式基本相同。只是在运行模式下，计算机不能改写 PLC 内部的数据，对运行的程序只能监视；而在监视模式下，计算机可以改写 PLC 内部的数据，对运行的程序进行监视和控制。

PLC 工作模式转换时，为确保系统安全，CX-P 会出现信息提示，并要求操作人员确认。

3. 把程序传送到 PLC（下载）

将 CX-P 与 PLC 建立在线连接，由于在线时一般不允许编辑，所以程序区变成灰色。单击 PLC 工具条上的“编程模式”按钮，把 PLC 的操作模式设为编程。单击 PLC 工具条上的“传送到 PLC”按钮，将显示“下载选项”对话框，可以选择的项目有程序、内存分配、设置、符号等，不同型号的 PLC 可选择的项目有区别。按照需要选择后，单击“确定”按钮。出现“下载”窗口。当下载成功后，单击“确定”按钮，结束下载。

4. 从 PLC 传送程序到计算机（上载）

将 CX-P 与 PLC 建立在线连接，单击 PLC 工具条的“从 PLC 传送”按钮，将显示“上载选项”对话框，可以选择的项目有程序、内存分配、设置、符号等，不同型号的 PLC 可选择的项目有区别。按照需要选择后，单击“确定”按钮确认操作。出现确认传送对话框。单击“确定”按钮确认操作，出现“上载”窗口。当上载成功后，单击“确定”按钮，结束上载。

5. 与 PLC 比较程序

将 CX-P 与 PLC 建立在线连接，单击 PLC 工具条中的“与 PLC 比较”按钮，将显示“比较选项”对话框。可以选择的项目有程序、内存分配等，不同型号的 PLC 可选择的项目有区别。按照需要选择后，单击“确定”按钮确认操作。与 PLC 之间的比较细节显示在“输出窗口”的“编译”标签下。

6. 在线编辑

在线状态下，程序区变成灰色，一般不能编辑或修改程序。但程序下载到 PLC 后，如果要做少量的改动（仅限一个梯级范围内），可选择在线编辑功能来修改 PLC 中的程序。

使用在线编辑功能，要使 PLC 处在“编程”或“监视”模式下，不能在“运行”模式下。

选择要编辑的梯级，单击程序工具条中“在线编辑条”按钮，梯级的背景将改变，表明其现在已经是一个可编辑区，此时可以对梯级进行编辑。此区域以外的梯级不能改变，但是可以把这些梯级里面的元素复制到可编辑梯级中去。

当对编辑结果满意时，单击程序工具条中的“发送在线编辑”按钮，所编辑的内容将被检查并被传送到 PLC，一旦这些改变被传送到 PLC，编辑区域再次变成只读。

若想取消所做的编辑，单击程序工具条中的“取消在线编辑”按钮，可以取消所做的任何在线编辑，编辑区域也将变成只读，PLC 中的程序没有任何改动。

进入在线编辑时，PLC 中的程序必须与 CX-P 上激活的程序是一样的，否则无法进入。

在线编辑多在监视模式下进行，对所编的程序边运行边修改，提高调试效率，由于此时 PLC 执行程序有输出，一定要注意系统安全。

9.7 CX-P 监控

CX-P 具有强大的监控功能，可以监控 PLC 的运行，调试 PLC 的程序。

CX-P 调试程序时要和 PLC 建立在线连接，要保证梯形图窗口中显示的程序和实际 PLC 中的相一致。如果不确定，使用 PLC 工具条中的“与 PLC 比较”按钮进行校验，程序不一致时，可以根据需要将 CX-P 中的程序下载，或将 PLC 中的程序上载至 CX-P 中。

1. 梯形图窗口监控

CX-P 与 PLC 在线连接后，单击 PLC 工具条中的“编程模式”、“监视模式”或“运行模式”，选定 PLC 的工作模式，再单击“切换 PLC 监视”按钮，可以看到梯形图中触点接通将有“电流”通过，凡是接通的地方都有“电流”流过的标志，形象地反映了 PLC 的 I/O 点、内部继电器的通断状态，可以看到 PLC 中的数据变化及程序的执行结果。

如图 9.26 所示，在监视或运行模式下执行，可以看到输入点 0.00 接通，定时器 0（设定值为 100）开始定时，当前值从 100 开始递减计数，图中显示当前值减到 71。

图 9.26 梯形图监控

PLC 有 3 种工作模式：编程、监视和运行，CX-P 在不同工作模式下的监控功能是不一样的。

在编程模式下，PLC 的程序不执行，CX-P 可以对 PLC 改变位的状态、修改通道的内容、修改定时器/计数器的设定值等。在 PLC 控制系统调试时，CX-P 在此模式下直接控制输出点的接通或断开，可检查 PLC 输出电路的正确性，这是调试工作中重要的一步。

在监视模式下，PLC 的程序执行，CX-P 除了监视外，还可对 PLC 改变位的状态、修改通道的内容、修改定时器/计数器的设定值和当前值等，通常在监视模式下调试 PLC 的程序。

在运行模式下，PLC 的程序执行，CX-P 除了监视外，不能进行改写位的状态或通道的内容等操作。

CX-P 对位的操作有强制 ON、强制 OFF、强制取消、置为 ON、置为 OFF。某一位被强制操作后，其状态将不受 I/O 刷新或程序的影响，不需要强制时，可以取消。如果位状态被置为 ON 或 OFF，则只能保持一个扫描周期。

对位或通道等进行操作时，在梯形图中选择好对象，单击右键，弹出上下文菜单，根据提示即可操作。

开关量变化很快时，普通的监视看不到，此时可利用微分监视器来观察，可看到上升沿或下降沿出现的情况，还有声音提示，并统计显示变化的次数。微分监视器使用时要设置，选择待观察的位，单击右键，弹出上下文菜单，选中“微分监视器”项后，出现如图 9.27 所示的窗口，填入监视的地址，选择边沿和声音，图 9.27 中监视的位是 0.00。单击“开始”按钮，开始监视，当 0.00 出现上升变化时，图 9.28 中的两个图交替显示，图中计数为上升沿的次数。

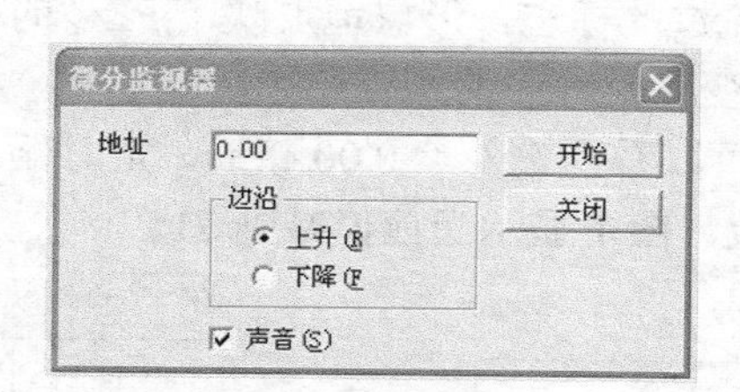

图 9.27　微分监视器

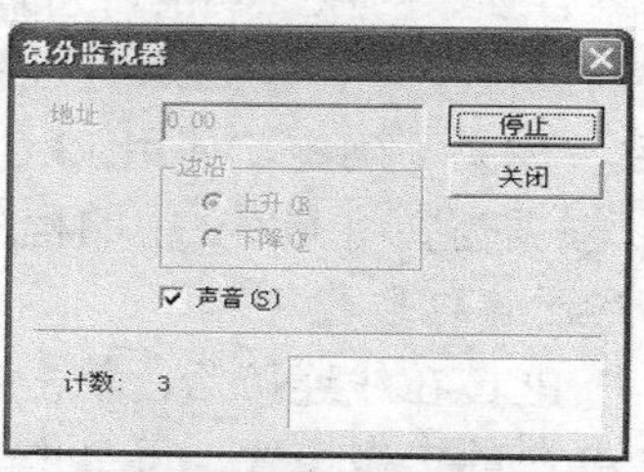

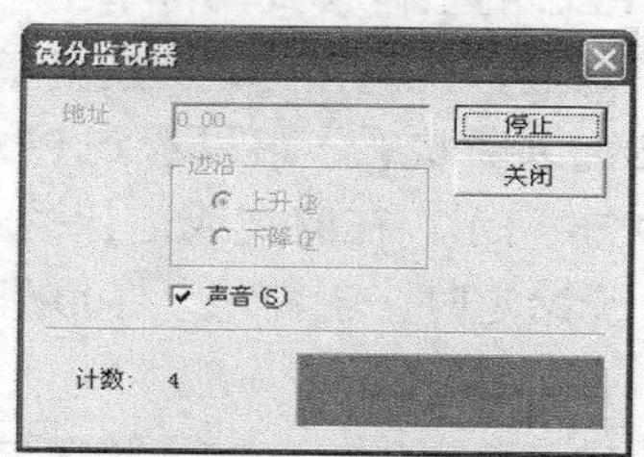

图 9.28　微分监视显示

检查程序的逻辑时，使用暂停监视功能，能够将普通监视及时冻结在某一时刻，便于分析、检查。可以通过手动或者触发条件来触发暂停监视功能。

选择一定的梯级范围以便于监视，单击 PLC 工具条中的“触发器暂停”按钮，出现“暂停监视设置”对话框，如图 9.29 所示，选择触发类型：手动或者触发器。

如果选择触发器，则在“地址和姓名”栏输入一个地址，或者使用浏览器来定位一个符号。选择“条件”类型，如果地址是位，则选“上升沿”或“下降沿”；如果地址是通道，则输入触发的“值”。当暂停监视功能工作时，监视仅仅发生在所选区域，选择区域以外的地方无效。要恢复完全监视，可再次单击“触发器暂停”按钮。

如果选择“手动”，则单击“确定”按钮后开始监视。等到屏幕上出现感兴趣的内容时，单击 PLC 工具条中的“暂停”按钮，暂停功能发生作用。要恢复监视，可再次单击“暂停”按钮，监视将被恢复，等待另一次触发暂停监视。

当选择触发类型为“触发器”时，也可以通过单击 PLC 工具条中的“暂停”按钮来手动暂停。

2. 查看窗口监控

如果要同时监控多个位或通道，则使用查看窗口集中监控较为方便。

打开查看窗口，用鼠标选中要编辑的行，单击右键，出现上下文菜单，选择其中的“编辑”项，弹出编辑对话框，如图 9.30 所示，在其上填入相应的地址。若不知地址名，可单击“浏览”按钮，将弹出寻找符号窗口，可在其中找出要观察的符号地址。

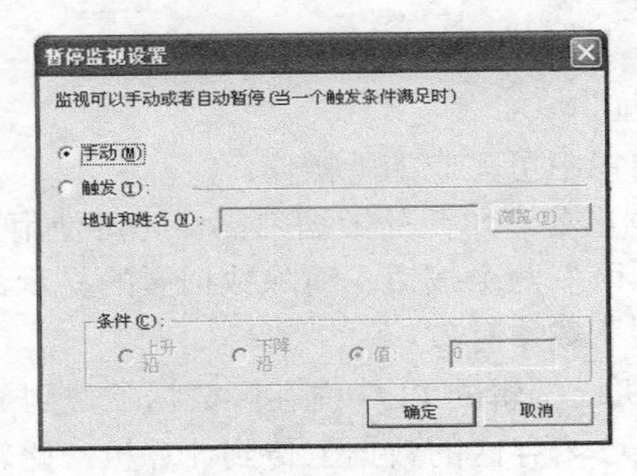

图 9.29 暂停监视设置

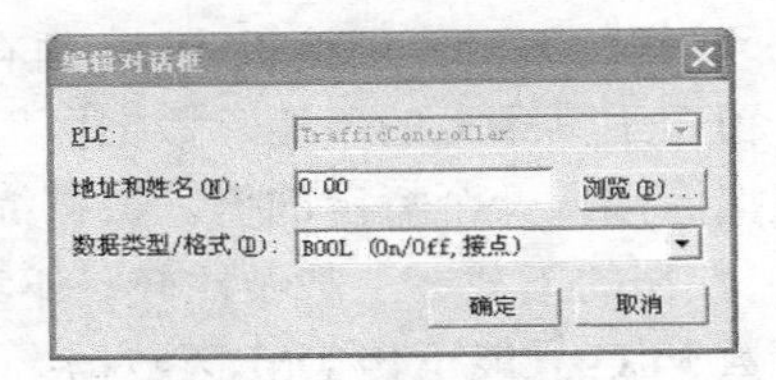

图 9.30 编辑对话框

将要监视的位或通道逐行输入，得到如图 9.31 所示的查看窗口，可以观察到各个地址的当前值。

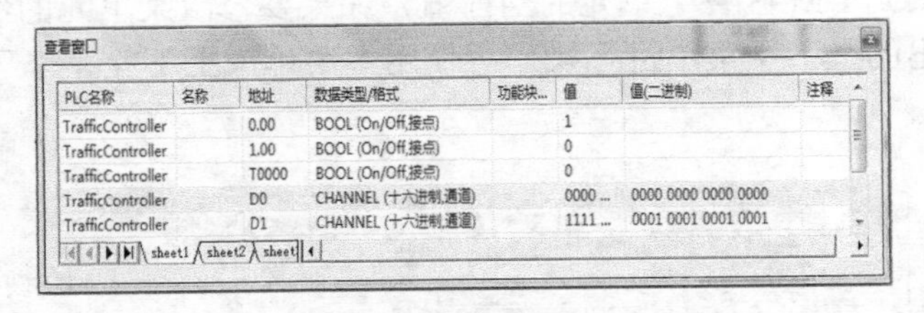

查看窗口

PLC名称	名称	地址	数据类型/格式	功能块...	值	值(二进制)	注释
TrafficController		0.00	BOOL (On/Off,接点)		1		
TrafficController		1.00	BOOL (On/Off,接点)		0		
TrafficController		T0000	BOOL (On/Off,接点)		0		
TrafficController		D0	CHANNEL (十六进制,通道)		0000 ...	0000 0000 0000 0000	
TrafficController		D1	CHANNEL (十六进制,通道)		1111 ...	0001 0001 0001 0001	

sheet1 sheet2 sheet

图 9.31 查看窗口

如果 PLC 处于编程或监视状态，则可在查看窗口改写位的状态或通道的内容，这时，单击鼠标左键选中对象，再单击右键，弹出上下文菜单，根据提示即可完成相应的操作。

3. 内存窗口监控

通过 PLC 内存窗口可以查看、编辑和监视 PLC 的各个内存区，监视地址和符号、强制位地址，以及扫描和处理强制状态信息。

注意，对 PLC 内存数据的修改应在编程或监视状态下进行，当 PLC 处于运行状态下时，不能修改内存数据。

在“PLC”菜单下，选中“编辑”项，在弹出的子菜单中选中“存储器”项，或在工程工作区双击“PLC 内存”图标，将显示如图 9.32 所示的“PLC 内存”窗口。

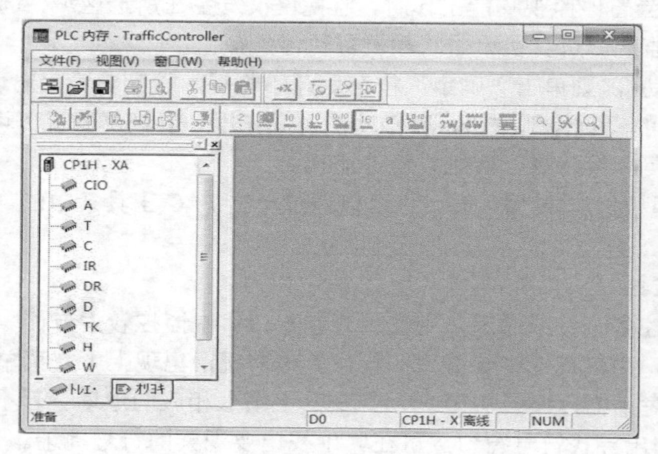

图 9.32 “PLC 内存”窗口

左窗格的下方有两个选项卡：“内存”和“地址”。

（1）单击“内存”出现“内存”窗口，在此窗口中可完成如下操作。

① 数据的编辑。可编辑 PLC 内存区某一数据区各个单元的数据，需要时可使用“PLC 内存”窗口工具条上的“清除数据区”、“填充数据区”两个按钮，清除数据区的显示，或向某一数据区添入一个特定的值。数据编辑后，必须下载才有效。

② 数据的下载、上载及比较。下载是将计算机已编辑的 PLC 内存区数据下传到 PLC，只是多数 PLC 只能下传 DM 区数据；上载是将 PLC 内存区的数据上传到计算机；比较是将计算机数据与 PLC 内存区比较。这 3 种操作必须在在线状态下进行。

③ 数据的监控。在线状态下，选定 PLC 内存中的某一数据区，监视或修改其中的数据内容。图 9.33 所示为 DM 区的监视，单击工具条上的“监视”按钮可以启动或停止监控，在监控状态下可以观察到 DM 区各个单元的当前值，如果要修改某单元的值，选中该单元后，单击右键，根据弹出的上下文菜单进行操作。使用主菜单或上下文菜单可设置数据监视更新间隔，即采样时间。

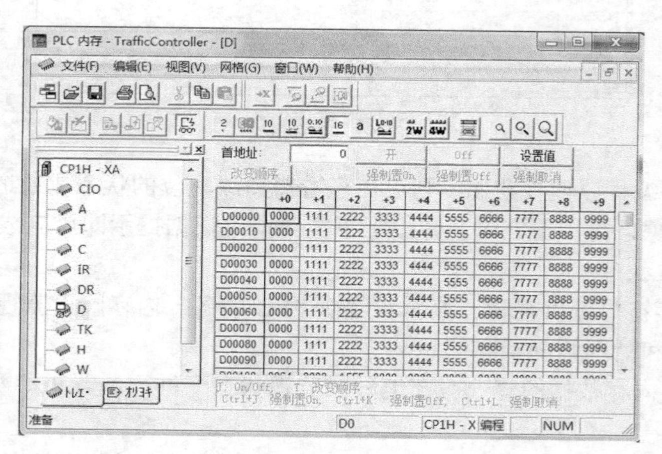

图 9.33 DM 区监控

在显示或输入数据时，可选择的格式有二进制、BCD、十进制、有符号十进制、浮点、十六进制或文本，如果选择二进制的格式，可对通道中的位进行操作。另外，数据显示除了通常的单字方式外，还可选择双字、四倍长字。

（2）单击“地址”出现一个窗口，此窗口包含“监视”和“强制状态”两个命令。在此窗口中可完成如下的操作。

① “监视”命令。在线状态下，通过该命令，可监视地址或符号，改变位的状态或通道内容。

双击“监视”出现“地址监视”窗口，在此窗口中输入地址或符号即可进行监控，如图9.34 所示，利用工具栏上的按钮，或上下文菜单，可对选中的位进行强制“ON”、“OFF”或“取消”操作，对选中的通道修改其内容。

数据显示格式可选，有二进制、BCD、十进制、有符号十进制、浮点、十六进制或文本。

使用主菜单或上下文菜单可设置数据监视更新间隔，即采样时间。

② “强制状态”命令。在线状态下，可通过该命令扫描和处理强制状态信息。双击“强制状态”，强制状态信息将显示在“强制状态”窗口中。选中某一强制状态位地址，从该位的上下文菜单中，可将其从“强制状态”窗口中复制到“地址监视”窗口中进行监视；可清除所有的强制位，还可刷新强制状态窗口。

4. 时序图监视

梯形图监控窗口激活时，在主菜单选项“PLC”中可选择“数据跟踪”或“时间图监视”，两种监视的操作方法相同。

以“时间图监视”为例，选中后则弹出“时间图表监视器”窗口，如图 9.35 所示。

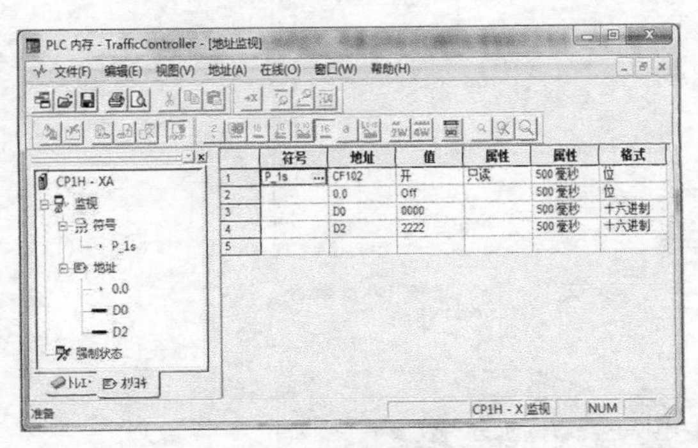

图 9.34　地址监视

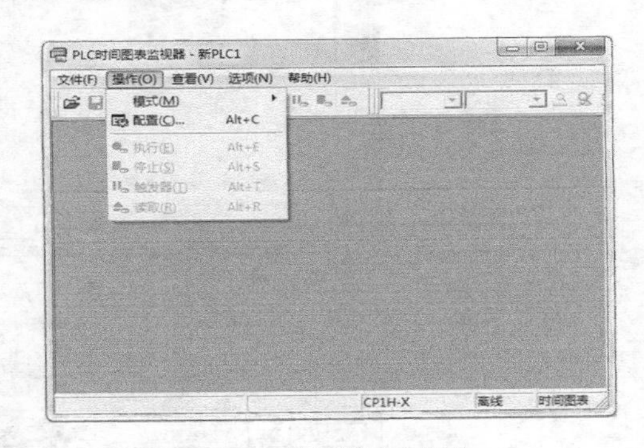

图 9.35　时间图表监视器

单击“操作”菜单下的“配置”，弹出“时间表配置”对话框，如图 9.36 所示。在“设置”选项卡下，先选择触发器，指定触发信号及其特性；再单击“采样设置”选项，对采样时间间隔及其他参数进行设定；还可以设定延迟。如果单击“导入”选项，则导入已经编辑好的时间图表配置。

选中“时间表配置”中的“跟踪目标”选项卡，设定要监控的目标地址，如图 9.37 所示。

完成配置后，CX-P 与 PLC 在线时，单击图 9.35 中“操作”子菜单下的“执行”按钮，即可启动监视；或者在“从 PC 到 PLC 传送结束后自动开始执行”前打对号，单击“传送（PC 到 PLC）”直接执行，监视画面如图 9.38 所示，从时序上看出各个量随时间的变化规律，所以对调试 PLC 程序很有帮助。

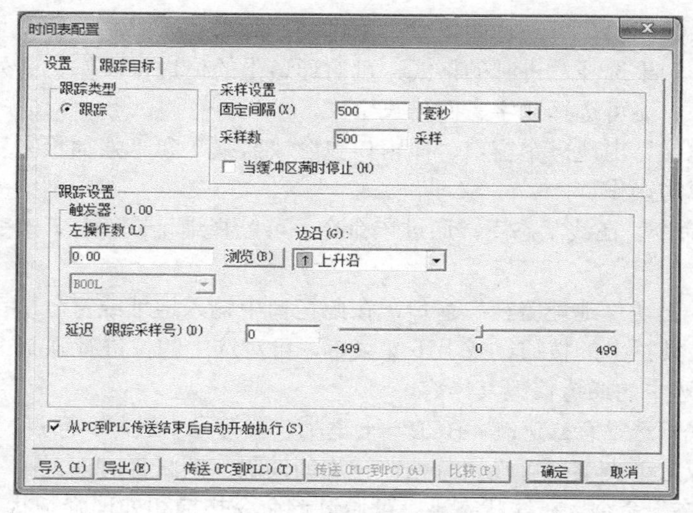

图 9.36　时间表配置

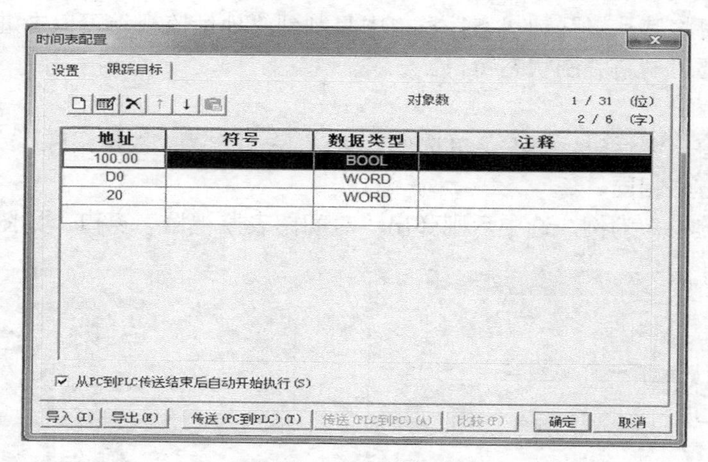

图 9.37　跟踪目标设置

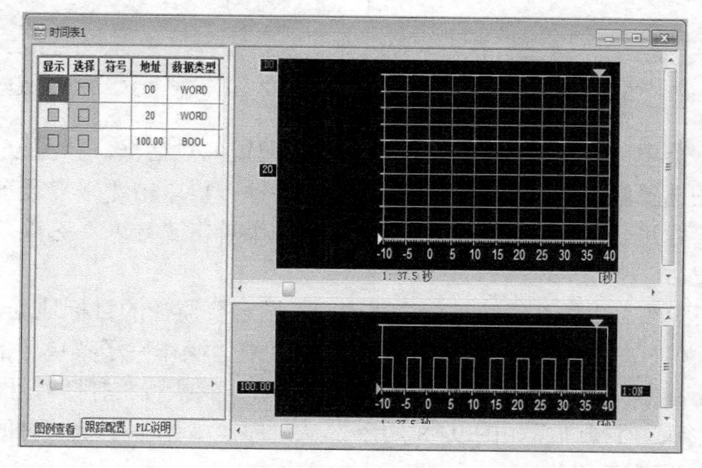

图 9.38　时间图监视

思考题与习题

1．CX-P 有几种运行模式？CX-P 有哪些功能？

2．CX-P 有哪些工具条？各有什么用处？

3．什么是 PLC 的 I/O 表？使用 PLC 时怎样对 I/O 表进行操作？设置 I/O 表的意义何在？

4．CX-P 的数据类型有哪些？什么是 CX-P 的符号编程？符号编程有什么好处？

5．CX-P 的 PLC 设定包括哪些内容？设定后怎样生效？

6．CX-P 的全局符号与本地符号区别是什么？

7．使用 CX-P 的在线编辑功能时要注意什么问题？

8．用 CX-P 在现场调试程序，转换 PLC 的工作状态时，要注意什么问题？

9．用 CX-P 修改 PLC 的内存数据应在 PLC 的什么工作状态下进行？如何操作？

10．有哪些方法可以监视、修改 PLC 的位或通道的值？

11．什么是强制置位/复位功能？PLC 处于什么工作状态下，CX-P 才可以使用此功能？此功能对实际的现场调试有什么意义？

12．何为微分监视？如何操作？

第10章 PLC控制系统设计

10.1 概述

PLC 控制系统由信号输入元件、输出执行元件和 PLC 构成。信号输入元件接在 PLC 的输入端，向 PLC 输入指令信号和被控对象的状态信号。输出执行元件接在 PLC 的输出端，控制被控对象的工作。PLC 是通过执行软件程序来完成控制功能的。因此，PLC 控制系统设计包括硬件电路设计和软件程序设计两项主要任务。

PLC 控制系统的设计应遵循以下基本原则。

（1）控制系统应安全、可靠、实用，且易于维修；

（2）在满足控制要求的前提下，系统应力求简单、经济，性价比高；

（3）考虑到今后的发展和工艺的改进，在硬件配置上应留有一定的裕量。

PLC 控制系统设计的一般步骤和基本内容如下。

10.1.1 系统分析

在进行 PLC 控制系统设计之前，首先必须对生产的工艺过程进行深入调查，明确 PLC 控制的任务。

要弄清 PLC 是用于开关量控制还是模拟量、数字量控制？其规模有多大？I/O 点数有多少？模拟量的路数和位数各多少？进行数字量控制时，PLC 接收高速脉冲输入或输出高速脉冲的频率是多少？是否有数据采集、显示监控的要求？是否有 PID 运算、闭环控制和通信联网等更高的要求？必要时进行内存容量的估算。大多数情况下，PLC 的内存容量均能满足用户的需要。当控制规模大、控制要求复杂时，需要的程序容量大，才需要进行内存估算。

要弄清 PLC 控制的操作方式（如手动、自动；连续、单周期等）和在每一种操作方式下应完成的动作（如动作顺序、动作条件、必需的保护和联锁等）。

还要弄清 PLC 的使用环境。PLC 使用时，对环境温度、防潮、防尘、防腐、防震、防电磁干扰都有相应的要求。PLC 可靠性高是有一定环境条件保证的，在设计 PLC 控制系统时，必须对此给予充分的考虑。如果环境条件恶劣，应采取相应对策，改善 PLC 运行环境，使用时注意维护保养和及时检修，以保证 PLC 长期稳定的工作。

10.1.2 硬件电路设计

1. 选择PLC机型

机型选择的基本原则是在满足控制要求的前提下，保证可靠、维护使用方便，并取得最佳的性能价格比。具体应考虑以下几点。

（1）性能与任务相适应

① 要看PLC的控制规模，即最大I/O点数，例如，CPM1A的最大I/O点数为160点，CQM1H可达520点。

② 要看PLC工作速度。PLC的输出对输入响应存在滞后现象，对于一般工业控制是允许的。现代PLC设置了一些动作很快的功能，例如，高速响应输入、高速计数、脉冲输出等，可以满足一些特殊的要求。

③ 选择PLC还要看其内存容量、内存配置。PLC一般装有RAM内存，并有电池支持，可以掉电保护。但为了程序安全，通常还可配置EPROM或EEPROM型内存卡。

④ PLC使用时要考虑电源问题。一方面PLC自身需要电源，选用交流或直流，型号会不一样；另一方面，PLC的输入、输出电路需要驱动电源，PLC向外提供一个DC 24V电源，使用时注意不要超出其额定容量。

⑤ 要选择PLC的输出方式。继电器输出适用的电压范围较宽，承受瞬时过电压和过电流的能力较强。但其触点的动作速度较慢、寿命较短，因此适用不频繁通断的负载。对于频繁通断的负载，应选用晶体管输出。

⑥ 要看系统是否需要特殊功能配置。如果有温度、压力、流量、液位等连续量的检测与控制，应选用模拟量输入单元和模拟量输出单元，配接相应的传感器、变送器和驱动装置。对于温度控制，OMRON公司还提供了温度传感器单元和温控单元，可以方便选用。如果需要一个人机界面监控PLC，也就是既向PLC输入控制数据，又能观察PLC的内部数据信息，则可以选择可编程终端（PT）。

⑦ 有时要考虑PLC的安装尺寸。机电一体化的趋势之一是产品向轻、薄、短、小巧化方向发展，控制柜的体积越来越小，这就要求PLC的体积尽可能小，大的PLC生产厂家都开发了高性能、超小型的PLC，如OMRON公司的CPM2C、CJ1。

对于简易的小规模控制系统，可选择微型PLC，如OMRON的ZEN、SIEMENS的LOGO。

对于开关量控制的系统或以开关量为主、包含少量模拟量控制的系统，控制速度要求不高时，可选用小型PLC，如OMRON的CPM1A、CPM2A。

对于以开关量为主、带有部分模拟量的控制系统，或者有其他更高的要求，可以选择功能较强的小型机，如OMRON的CQM1H、CJ1、CP1。

对于控制复杂、控制功能要求高的系统（如PID调节、闭环控制、通信联网等），可选用中、大型PLC，如OMRON的CS1。

（2）PLC结构合理、机型统一

PLC的结构分为整体式和模块式两种。整体式PLC每一I/O点的平均价格比模块式的便宜，适用于工艺过程比较稳定、控制要求比较简单的系统。模块式PLC的功能扩展、I/O点数的增减、输入与输出点数的比例都比整体式方便灵活。维修更换模块、判断与处理故障快速方便，适应于工艺过程变化比较多、控制要求复杂的系统。

在一个企业里，应尽量使机型一致，这不仅使模块通用性好，减少备件量，而且给编程和维修带来了极大的方便，也给扩展系统升级留有余地。

（3）可靠性

控制系统必须可靠地工作，可靠性是第一位的问题。

生产 PLC 的厂家很多，应尽可能选择使用广泛、口碑好的大公司产品，或有较长生产历史、有一定知名度的厂家产品。

还要考虑 PLC 厂家售后服务、技术支持等情况，用户总是希望厂商供货及时、各种配件齐全、技术服务好、维修方便。目前，世界上一些生产 PLC 的大公司正把生产基地转移到中国，例如，日本 OMRON 公司早在 20 年前就把生产基地移到上海，建立了完善的生产、销售、技术服务体系。

在一些重要行业（如发电厂、港口码头），要求系统特别可靠，绝不允许出差错，否则后果不堪设想。此时，对 PLC 要求很高，可选择有相应功能的 PLC 进行双机热备或冗余配置。

2. 选择输入元件、输出执行元件

输入元件有按钮、行程开关、接近开关、光电开关、旋转编码器、液位开关、变送器等。输出执行元件有接触器、电磁阀、指示灯、数码管等。

对上述外围器件应按控制要求，从实际出发，选择合适的类别、型号和规格。

3. 进行 I/O 点的分配，设计 PLC 控制线路，设计主电路

（1）I/O 点的分配

I/O 点分配是建立 I/O 点与输入元件、输出执行元件的对应关系。I/O 点分配应利于记忆、方便编程、节省配线。

在设计 PLC 控制系统时，为了减少投资，用一些办法可以节省 PLC 的 I/O 点数。例如，用单按钮控制启动和停止；把有相同控制功能的按钮并联使用；有些手动操作按钮不向 PLC 输入信号，不占输入点，将它们设置在 PLC 的输出端直接进行控制；在手动/自动工作方式下，通过简单的硬件电路，可以使同一个输入点在两种工作方式下代表不同的输入信号，即一点顶两点用。这些方法可以节省输入点数。在 PLC 输出端，通/断状态完全相同的两个负载并联后共用一个输出点；用一个输出点控制指示灯常亮或闪烁，显示两种不同的信息。这些方法可以节省输出点数。系统中某些相对独立且比较简单的部分可以用继电器电路控制。这样，同时减少了所需的 PLC 输入点和输出点。

（2）设计 PLC 控制线路

PLC 的输入端需要直流驱动电源，可以方便地使用自身配置的 DC 24V 电源。如果该电源还用于其他目的（如向传感器供电），注意不要超过其额定容量。

PLC 的输出端需要注意的问题如下。

① 在 PLC 的输出回路中（通常在公共端子 COM 上）串入保险丝，作为短路保护用。

② 如输出端接感性负载时，要考虑接入相应的保护电路，保护 PLC 的输出点。交流感性负载两端并接 RC 浪涌吸收电路，而直流感性负载则在两端并接续流二极管或 RC 浪涌吸收电路，以抑制电路断开时产生的电弧，保护 PLC 输出电路。

③ 如果 PLC 输出端控制的负载电流超过最大限额或负载较重而动作又频繁时，可先外接继电器，然后由继电器驱动负载。

④ 装接外部紧急停车电路。在 PLC 的外部设计紧急停车电路，当运行中发生故障时，按紧急停车按钮，切断负载电源。

（3）主电路的设计

按照继电器控制电路的设计规范进行。

10.1.3 软件程序设计

由于 PLC 所有的控制功能都是以程序的形式实现的，因此 PLC 控制系统设计的大量工作集中在程序设计上。对于较简单的系统，梯形图可以用经验法设计。对于较复杂的系统，一般采用逻辑设计方法或顺序控制设计方法，要先绘制控制流程图或时序图，如有必要，画出详细的顺序功能图，然后设计梯形图。实际编程时，并不仅限于一种方法，往往各种方法并用。

用户编程要注意以下几点。

1. 熟悉 PLC 指令系统和 PLC 的内部软器件

熟悉 PLC 指令系统和 PLC 内部软器件是正确编程的前提条件。

随着 PLC 的发展，PLC 的指令系统越来越丰富。例如，OMRON 低档机 CPM1A 有 150 多条指令，而高档机 CS1 则达到近 400 种，共计 1 000 条。指令多，编程时方便，但学习起来麻烦。用户对一些常用指令可以了如指掌，但不可能掌握所有指令的使用方法。学习时注意对指令进行分类，熟悉各个指令类别的功能，编程时根据控制要求首先确定指令的类别，再从中挑选出最恰当的指令。

要正确地使用指令，对所用指令的功能和使用条件要搞清，不能含糊。必要时，可有针对性地编一些简单的程序进行测试，达到正确理解指令的目的。

同一厂家生产的不同型号 PLC 的某些相同指令的使用方法会有差异。因此，当选用了新机型时，要注意新机型与自己所熟悉机型指令之间的异同，避免简单移植或套用而发生错误。

PLC 指令的操作数涉及内部软器件。每一种 PLC 都提供了丰富的内部软器件，OMRON 的小型机有 I/O 继电器、内部辅助继电器、特殊继电器、定时器/计数器、断电保持继电器，还有数据存储区、扩展数据存储区等。每一种器件都有特定的功能和指定的编号范围，编程前必须搞清。编程时根据要实现的功能选用它们，例如，实现断电保持功能时应选用保持继电器，设计具有断电保持的定时器时可选用计数器等。

使用内部软器件时，要预先做好规划。例如，I/O 分配要有规律，便于记忆与理解，当使用的软器件较多时，应做一个详细分配列表。

2. 程序应结构分明、层次清楚

结构分明、层次清楚是程序设计追求的目标。

在设计复杂的控制程序时，为使程序简洁，恰当地使用跳转、子程序、中断等流程控制指令可优化程序结构，减少程序容量。例如，具有多种工作方式的控制程序设计时选用跳转指令，多次重复使用的某一功能可编为子程序供主程序调用，PLC 需要及时对某些事件做出反应时选用中断功能。

程序简洁有以下好处。

（1）节省用户程序存储区，多数情况下可减少程序的扫描时间，提高 PLC 对输入的响应速度。

（2）提高可读性，便于检查与修改，减少调试时间，也利于以后维护。

（3）便于他人阅读和理解，利于相互交流。

3. 程序应能正确、可靠地实现控制功能

正确、可靠地实现控制功能是对 PLC 程序最根本的要求。

在正常情况下，程序能够保证系统正确运行，单纯做到这一点还不够，在非正常情况下，程序要有应变能力，仍然能够保证系统正确运行，或根据对非正常情况的判断，停止运行，确保系统安全。

非正常情况有如下表现：系统运行时突然断电，过一段时间恢复供电，要求系统保持断电前的状态继续运行；操作人员非法操作，例如，同时按下电动机的正转、反转按钮，不按规定的顺序按按钮等；传感器损坏导致输入信号有误。

如果要求系统具有断电保持功能，则在程序设计时，使用 PLC 的保持继电器、计数器、数据存储器等具有断电保持功能的器件，可以使系统从“断点”处无“缝隙”地继续运行下去。

解决非法操作通常采用连锁的手段，例如，电动机的正反转控制电路中，将正转、反转按钮的常闭触点串接到对方的启动电路中，实现连锁。

不正确的输入信号可导致系统动作失误，发生事故，对重要的输入信号，一方面从硬件上采取措施，例如，对传感器进行冗余配置，用两个或多个传感器；另一方面从软件上采取防范措施，利用信号之间的关系来判断信号是否正确。

在实验室利用输入信号开关板模拟现场信号，对 PLC 控制程序进行模拟调试。复杂程序可分段调试，然后进行总调试，有问题时做必要的修改，直到满足要求为止。

10.1.4 制作控制柜及现场施工

制作控制柜时，应先画出 PLC 的电源进线接线图和输出执行元件的供电接线图；画出电气柜内元器件布置图、相互间接线图；画出控制面板元器件布置图。如果 PLC 的供电电源带有严重干扰，可设置滤波器、隔离变压器。信号线、电源线、动力线应分开，用槽或管配线。

现场施工时应特别注意安装要安全、正确、可靠、合理、美观，要处理好 PLC 的接地，注意提高系统的抗干扰能力。

10.1.5 系统调试

系统安装完毕后进行调试，一般先对各单元环节和各电柜分别进行调试，然后按动作顺序，模拟输入控制信号，逐步进行调试，观察程序执行和系统运行是否满足控制要求，如果有问题，先修改软件，必要时再调整硬件，直到符合要求为止。没有问题后，投入运行进行检验。

10.1.6 编制技术文件

系统调试和运行检验成功后，整理技术资料，编制技术文件，包括电气原理图、元件明细表、软件清单、使用说明书等。

10.2 梯形图的基本电路

本节介绍梯形图编程的一些基本电路，它们是构成复杂电路的基础，应该熟练掌握。

10.2.1 启保停电路

图 10.1 所示为电机的启动、保持、停止控制电路，简称启保停电路，其中图 10.1（a）为梯形图，图 10.1（b）为 PLC 外部接线图。

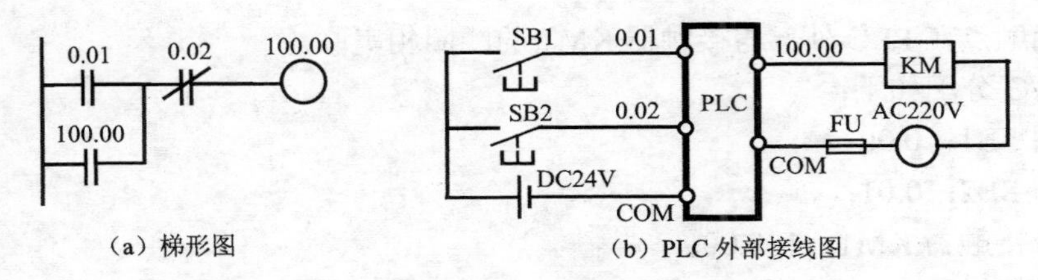

（a）梯形图 （b）PLC 外部接线图

图 10.1 启保停电路

0.01 外接启动按钮 SB1，0.02 外接停止按钮 SB2，100.00 外接控制电机的接触器 KM。按一下启动按钮，0.01 常开触点闭合，使 100.00 线圈得电，其常开触点闭合，维持 100.00 线圈继续得电，接触器 KM 通电，电机运转。可以看出，这种电路具有自锁或自保持作用。按一下停止按钮，0.02 常闭触点断开，使 100.00 线圈断电，接触器 KM 也断电，电机停转。

10.2.2 双向控制电路

图 10.2 所示为电机的正反转控制电路，称为双向控制电路。其中图 10.2（a）为梯形图，图 10.2（b）为 PLC 外部接线图。

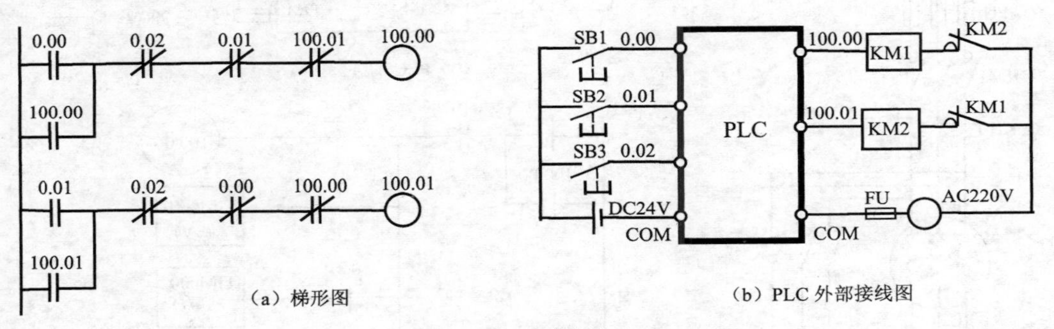

（a）梯形图 （b）PLC 外部接线图

图 10.2 双向控制电路

0.00 外接正转启动按钮 SB1，0.01 外接反转启动按钮 SB2，0.02 外接停止按钮 SB3，100.00 外接控制电机正转的接触器 KM1，100.01 外接控制电机反转的接触器 KM2。按一下正转启动按钮，0.00 常开触点闭合，使 100.00 线圈得电并自锁，KM1 得电，电机正转；此时若按一下反转启动按钮，0.01 常闭触点断开，使 100.00 线圈断电，电机正转停止，由于 0.01 常开触点闭合，使 100.01 线圈得电并自锁，KM2 得电，电机反转；电机正转或反转过程中若按一下停止按钮，则 0.02 常闭触点断开，使 100.00 或 100.01 线圈断电，电机停转。

双向控制电路要求 2 个接触器 KM1、KM2 不能同时得电，否则会造成电机电源的短路。在梯形图上，100.00 和 100.01 的线圈上串接对方的常闭触点，进行互锁。当 100.00 线圈得电时，其常闭触点断开，使 100.01 线圈不可能得电，只有 100.00 断电时，100.01 线圈才可能得电；反之亦然。0.00 和 0.01 的常闭触点用来实现按钮联锁。外部接线图中 KM1、KM2 线圈上互相串接对方常闭触点也起互锁作用，这样可以确保在任何情况下（如某一接触器主触点熔焊），2 个接触器都不会同时接通。

10.2.3 电动机 Y-△降压启动控制

图 10.3 所示是电动机 Y-△降压启动。其中，图 10.3（a）是主电路，图 10.3（b）为 PLC 的外部接线，图 10.3（c）为控制程序。在主电路中串联了热继电器 KH 的发热元件，热继电

器 KH 的常闭触点在 PLC 外部与接触器 KM1 的线圈相串联。

PLC 的 I/O 分配如下：

启动按钮 SB1：0.00；

停止按钮 SB2：0.01；

供电电源接触器 KM1：100.00；

星形连接接触器 KM2：100.01；

三角形连接接触器 KM3：100.02；

按下启动按钮后，KM1 与 KM2 接通，电动机绕组星形连接降压启动；Y-△换接时，KM2 断开，KM3 接通，电动机绕组接成三角形全压运行。

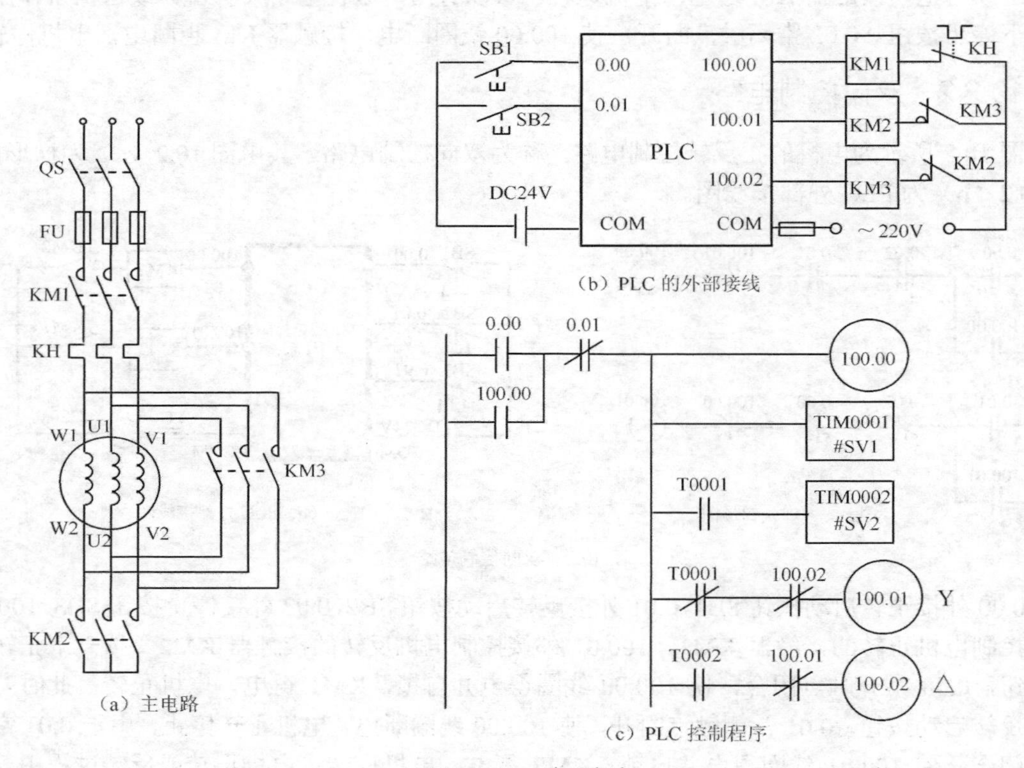

图 10.3　Y-△降压启动

启动时，按下启动按钮 SB1，0.00 常开触点 ON，100.00 线圈和 100.01 线圈 ON，电动机绕组星形连接启动，TIM0001 开始定时，经过 SV1×0.1 后，星形启动结束，100.01 线圈 OFF，同时 TIM0002 开始定时，经过 SV2×0.1 后，100.02 线圈 ON，Y-△换接完毕，电动机绕组三角形连接，全压运行。

停车时，按下停止按钮 SB2，0.01 常闭触点 OFF，100.00 线圈、100.01 线圈和 100.02 线圈均 OFF，电动机停转。

程序中，TIM0001 对电动机星形启动的时间进行定时，TIM0002（时间很短）是 Y-△换接中间的等待时间，即星形结束后，再过这一段时间，三角形才接通。其目的是使接触器 KM1 的电磁机构完全释放后，再让 KM2 的线圈通电，这样两个接触器不会同时接通，保证 Y-△换接安全、可靠。

10.2.4 单按钮启停控制

采用一个按钮进行启停控制，可节省 PLC 的一个输入点。下面介绍两种编程方案供参考。

图 10.4 所示是用 KEEP 指令设计的单按钮启停控制程序，使用输入点 0.00 和输出点 100.00。程序运行后按一次按钮，第一梯级中 0.00 常开触点 OFF→ON，执行指令 DIFU 后，20.00 线圈 ON 一个扫描周期；第二梯级中 20.00 常开触点 ON，但 100.00 常开触点 OFF，故 100.00 线圈被置为 ON，即启动过程完成。需要停止时按一次按钮，第一梯级中 0.00 常开触点 OFF→ON，执行指令 DIFU 后 20.00 线圈 ON 一个扫描周期；第二梯级中，由于 20.00 和 100.00 的常开触点都 ON，而复位优先，故 100.00 线圈被置为 OFF。

图 10.5 所示是用基本指令设计的单按钮启停控制程序，使用输入点 0.00 和输出点 100.00。程序运行后按一次按钮，第一梯级中 20.00 线圈 ON 一个扫描周期；第二梯级中 20.00 常开触点 ON，但 100.00 常开触点 OFF，故 20.01 线圈 OFF；第三梯级中 20.00 常开触点 ON，20.01 常闭触点 ON，故 100.00 线圈 ON 并自保，启动过程完成。停止时按一下按钮，第一梯级中 20.00 线圈 ON 一个扫描周期；第二梯级中 20.00 和 100.00 的常开触点都 ON，故 20.01 线圈 ON；第三梯级中因为 20.01 常闭触点 OFF，故 100.00 线圈 OFF。

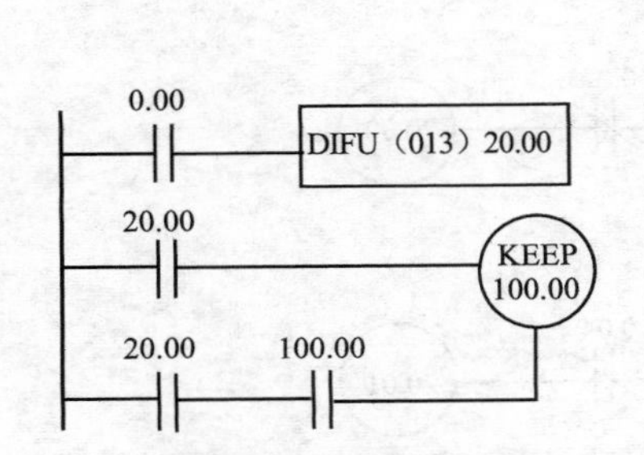

图 10.4 用 KEEP 指令设计单按钮启停控制

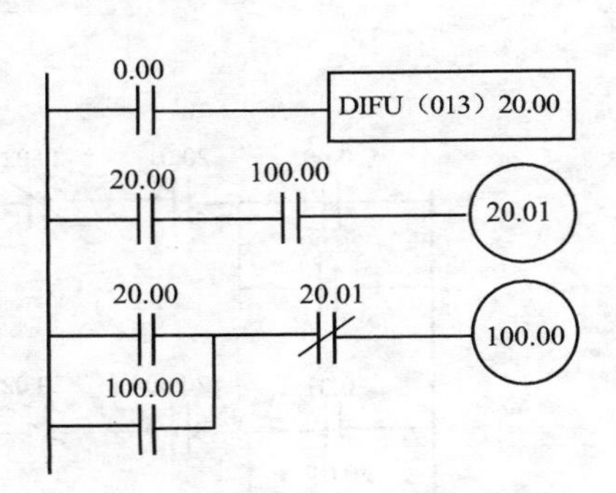

图 10.5 用基本指令设计单按钮启停控制

10.2.5 优先权程序

PLC 对多个输入信号的响应有时有顺序要求，例如，当多个信号输入时，优先响应级别高的，或者有多个输入信号时，响应最先输入的信号。

图 10.6 所示是一种优先权程序的方案，级别高的信号得到优先响应。有 4 个输入信号 0.00～0.03，其优先级别从高到低的顺序为 0.00、0.01、0.02、0.03。

程序的功能分析如下。

（1）设 4 个信号 0.00～0.03 同时输入，根据 PLC 的扫描工作原理，只有 20.00 线圈为 ON，其余的 20.01～20.03 线圈都不能为 ON。可见，只要级别最高的输入信号 0.00 得到了响应，对其余的信号都不予理睬。

（2）若某个级别低的信号先输入了，此后又有级别更高的信号输入，则级别更高的信号可以得到响应，同时封锁对级别低的信号的响应。例如，某时刻信号 0.02 先输入，20.02 线圈 ON。此后又有信号 0.01 输入，则 20.01 线圈 ON，信号 0.01 得到了响应。20.01 使 20.02 线圈变为 OFF，即封锁了对低级别信号 0.02 的响应。

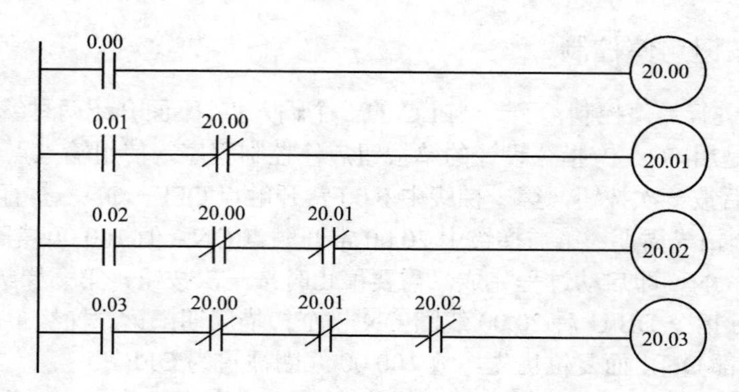

图 10.6 级别高的信号优先响应

图 10.7 所示的程序可以使最先出现的事件得到优先响应，4 个输入信号 0.00～0.03 中，不论哪个信号首先出现了，其余的信号即使出现了也得不到响应。例如，若 0.01 首先输入，则 20.01 线圈 ON，20.01 常闭触点 OFF，使其余 3 个输入信号对应的输出都 OFF，这时，即使其他输入信号出现了，也无法得到响应。这个程序判断出哪个输入信号最先出现。0.04 为复位信号。

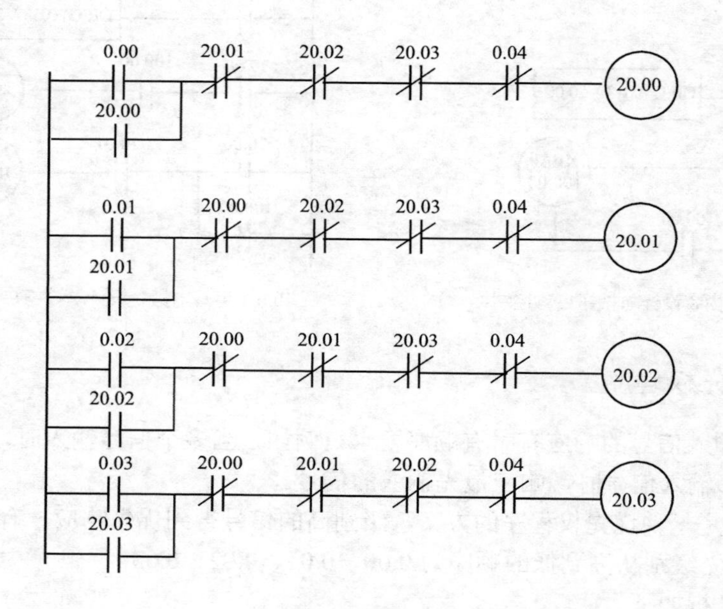

图 10.7 先输入先响应

10.2.6 分频器

图 10.8 所示是二分频器。当输入信号 0.00 第 1 次由 OFF 变为 ON 时，20.00 线圈 ON 一个扫描周期，20.02 线圈 ON 并自保。当 0.00 第 2 次由 OFF 变为 ON 时，20.00 线圈 ON 一个扫描周期，20.01 线圈 ON，20.01 常闭触点 OFF，使 20.02 线圈 OFF。上述过程循环进行，从图 10.8（b）可以看出，20.02 的频率为 0.00 频率的一半。

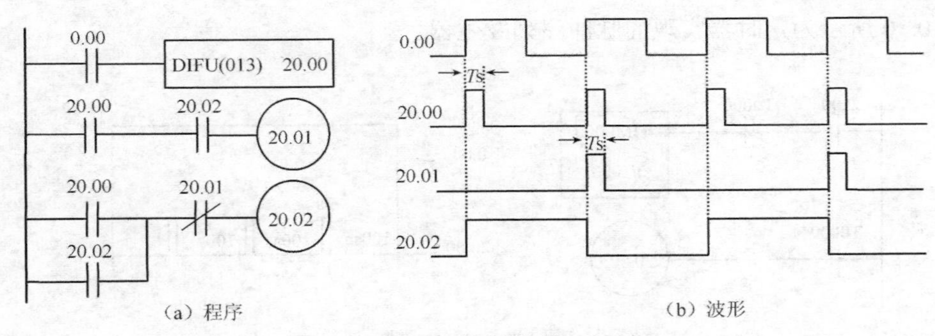

图 10.8 二分频器

10.2.7 脉冲发生器

1. 单脉冲发生器

图 10.9 所示是单脉冲发生器程序，其中，图 10.9（a）是在输入信号 0.00 的上升沿时输出单脉冲，脉冲宽度可调；图 10.9（b）是在输入信号 0.00 的下降沿时输出单脉冲，脉冲宽度可调。

图 10.9(a)中，每当出现输入信号 0.00 的上升沿时，20.01 线圈 ON 并自保，定时器 TIM0000 开始定时。经过 SV×0.1s，定时器 TIM0000 ON，TIM0000 常闭触点 OFF，使 20.01 线圈 OFF，定时器复位。可见不论触点 0.00 ON 多长时间，由 20.01 输出的单脉冲的宽度都是 SV×0.1s。改变 SV 就可以调整脉冲宽度。

图 10.9（b）所示的程序功能可以同样分析。

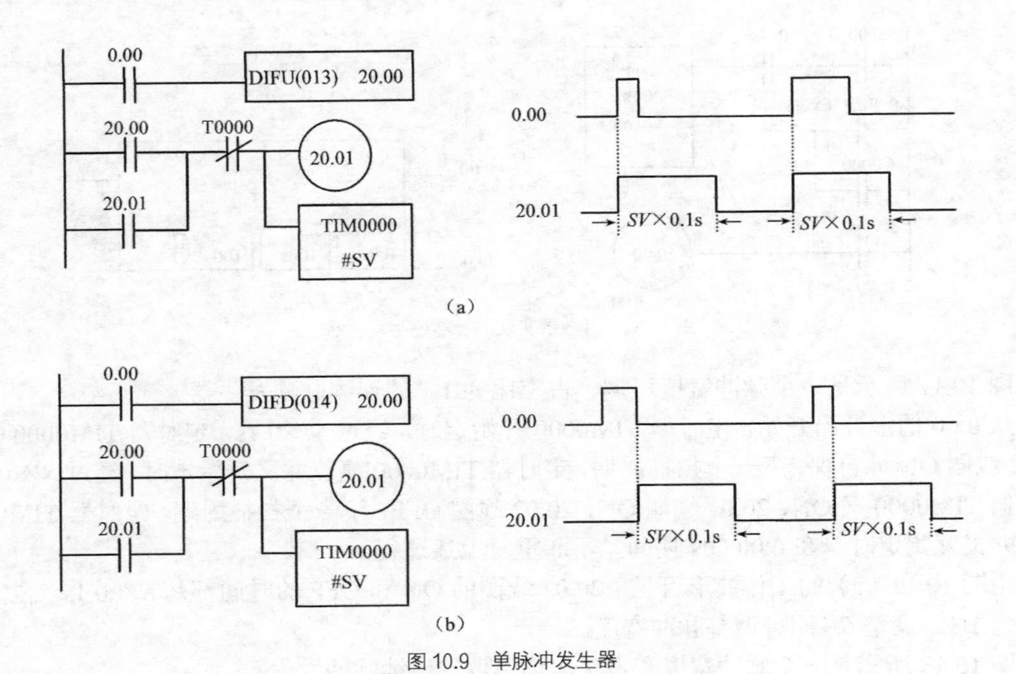

图 10.9 单脉冲发生器

2. 连续脉冲发生器

图 10.10 所示为定时器实现的脉冲序列发生器。

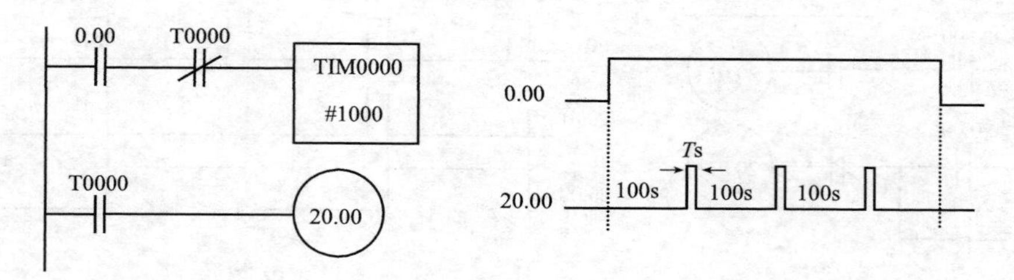

图 10.10 定时器实现的脉冲序列发生器

在图 10.10（a）中，当控制输入 0.00 闭合时，TIM0000 线圈得电，开始定时，100s 后，定时时间到，常闭触点断开。在下一个扫描周期，TIM0000 的常闭触点使其自身线圈断电，其常闭触点又闭合。再下一个工作周期，TIM0000 线圈又得电，开始第二次定时，如此循环。TIM0000 的常开触点的波形如图中所示，由于其闭合的时间为一个扫描周期 *T*s，*T*s 很短，可以近似认为脉冲序列的周期为 100s。该电路中定时器的线圈上串接自身的常闭触点，定时时间到时，常闭触点断开使其自身线圈断电，因此，这种电路又称自复位定时器。

同自复位定时器一样，自复位计数器也可以产生周期性脉冲序列。如图 10.11 所示，计数器 CNT0000 对 1s 时钟脉冲 P_1s 进行计数，计数设定值为 100，则可实现 100×1=100s 的定时功能。将 CNT0000 的常开触点并接在复位端上，当计数结束时，该触点闭合，使 CNT0000 复位，等到下一个扫描周期，CNT0000 的常开触点断开，又使 CNT0000 重新开始计数。具体工作过程自行分析。

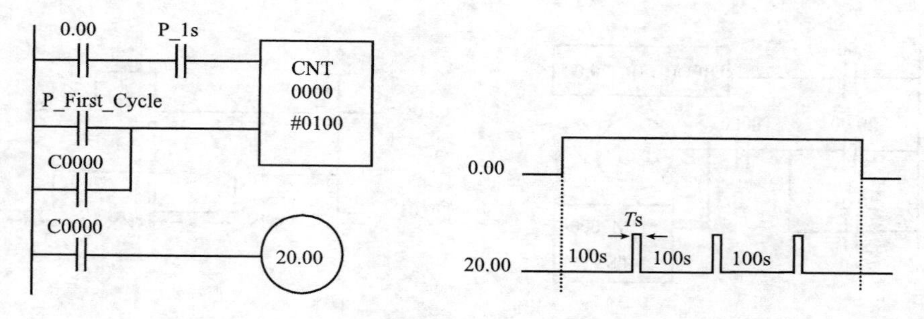

图 10.11 计数器实现的脉冲序列发生器

图 10.12 所示是一个脉冲宽度可调、占空比为 1:1 的连续脉冲发生器。

从 0.00 的上升沿开始，定时器 TIM0000 开始定时，经过 *SV*×0.1s，定时器 TIM0000 ON，20.02 线圈 ON 并自保，下一个扫描周期，定时器 TIM0000 复位并又开始定时。经过 *SV*×0.1s，定时器 TIM0000 又 ON，20.01 线圈 ON，20.02 线圈 OFF，下一个扫描周期，定时器 TIM0000 复位并又开始定时。在 0.00 ON 期间，不断重复上述过程。

由图 10.12（b）的工作波形可见，20.02 线圈的 ON 和 OFF 的时间都是 *SV*×0.1s，占空比固定为 1:1，调整 *SV* 即可调整脉冲宽度。

图 10.13 所示是一个脉冲宽度和占空比均可调的连续脉冲发生器。

从 0.00 的上升沿开始，20.00 线圈 OFF，定时器 TIM0000 开始定时。经过 *SV*1×0.1s，定

时器 TIM0000 ON，使 20.00 线圈 ON，定时器 TIM0001 开始定时。经过 $SV2\times0.1$s，定时器 TIM0001 ON，20.00 线圈 OFF，定时器 TIM0000 复位，定时器 TIM0001 也复位，定时器 TIM0000 又开始定时。此后，在 0.00 ON 期间不断重复上面的过程，由 20.00 输出连续脉冲，调整两个定时器的设定值就可以改变脉冲信号的宽度和占空比。

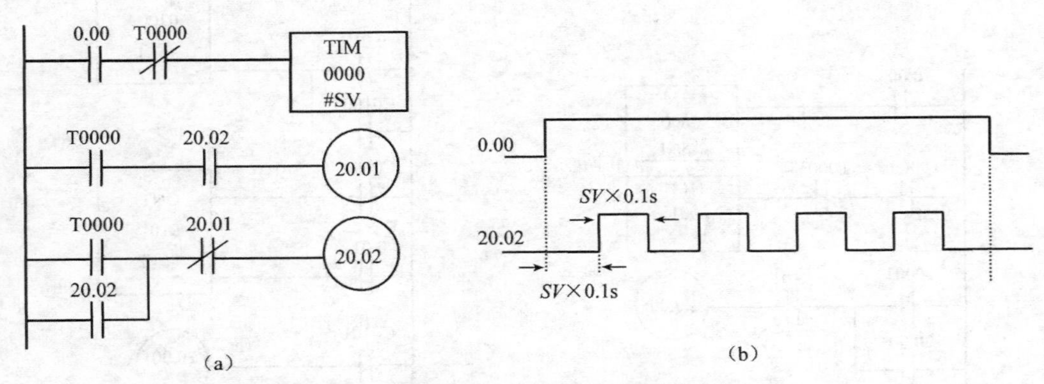

图 10.12 脉冲宽度可调、占空比为 1:1 的脉冲发生器

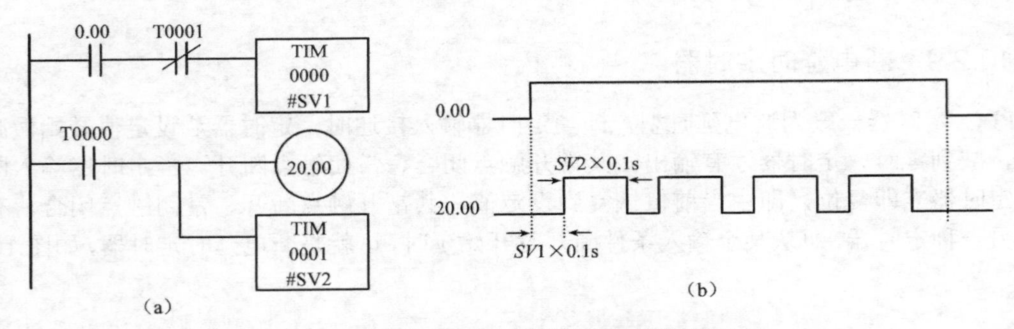

图 10.13 脉冲宽度和占空比均可调的连续脉冲发生器

10.2.8 长定时程序

PLC 单个定时器的定时时间是有限的，如普通定时器最大的定时时间仅为 999.9s，工程上常需要长时间的定时器，例如，几小时、几天、几个月，甚至几年。实现长定时有多种方法，例如，将两个或两个以上的定时器或计数器级连起来，使用长定时指令等，其中，用计数器指令可以实现具有断电保持的长定时功能。

图 10.14 所示是用两个定时器级连实现长定时的程序，总的定时时间是 $SV1+SV2$，最大为 1999.8s。根据实际需要，可以用更多的定时器级连以实现更长的定时。

用计数器指令 CNT 可设计具有断电保持功能的长定时程序，设计时分两级考虑，第一级可采用各种形式的周期性脉冲序列发生器，第二级只能使用计数器。

图 10.15 所示是用两个计数器设计的具有断电保持功能的长定时程序，第一级 CNT0100 用来产生计数脉冲，P_1min 为分钟脉冲，由 CNT0100 产生的计数脉冲周期为 $SV1$ 分钟，第二级 CNT0101 对 CNT0100 产生的脉冲序列进行计数，计满 $SV2$ 个数时，20.00 线圈通电，总的定时时间为 $SV1\times SV2$ 分钟，最大值为 9999×9999=99980001 分钟，即 69430 天或 190 年。

只要 PLC 开机，程序运行，就开始累计时间，由于计数器具有断电保持功能，因此，该程序可对 PLC 控制系统总的工作时间进行累计。

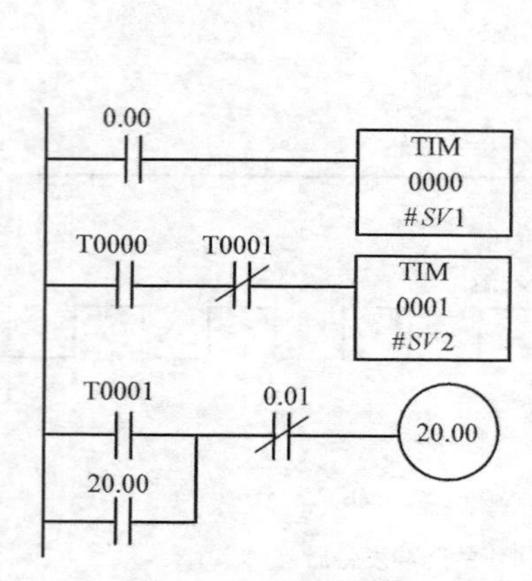

图 10.14　两个定时器级连

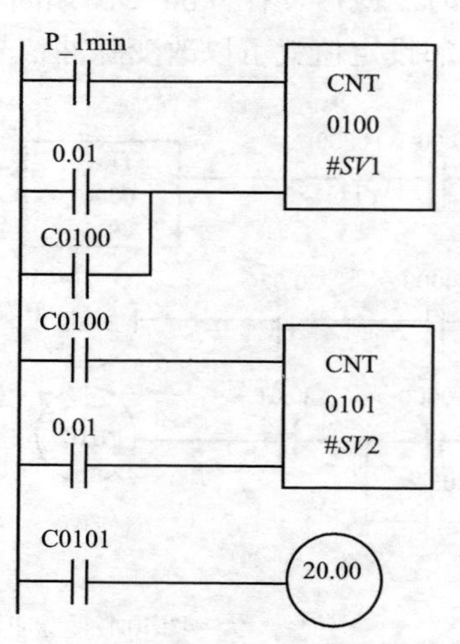

图 10.15　具有断电保持功能的长定时程序

10.2.9　断电延时定时器

PLC 定时器一般为通电延时型，即当定时器输入接通时，定时器从设定值开始做减法运算，减到零时，定时器才有输出，其常开触点闭合、常闭触点断开。当定时器输入断开时，定时器立即复位，即由当前值恢复到设定值，其常开触点断开、常闭触点闭合。有时需要另一种定时器，即从某个输入条件断开时开始延时，这就是断电延时定时器，如图 10.16 所示。

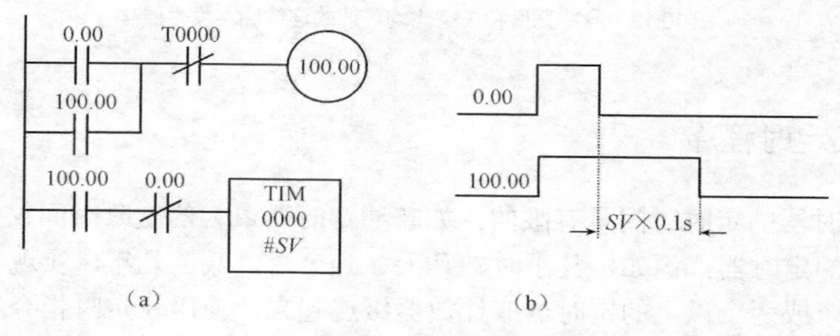

图 10.16　断电延时定时器

当输入 0.00 接通时，100.00 线圈得电并自锁，但定时器 TIM0000 的输入却无法接通。只有当 0.00 断开时，TIM0000 才开始定时，经过 SV×0.1s，TIM0000 常闭触点断开，使 100.00 线圈断电，实现了断电延时。

10.2.10　双延时定时器

所谓双延时定时器，是指通电和断电均延时的定时器，用两个定时器完成双延时控制，如图 10.17 所示。

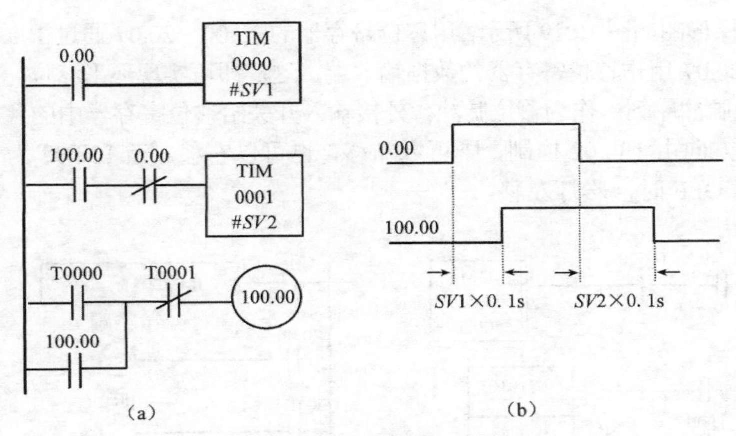

图 10.17 双延时定时器

当输入 0.00 接通时，TIM0000 开始定时，$SV1\times0.1$s 后，定时时间到，TIM0000 的常开触点接通，100.00 线圈得电并自锁。当输入 0.00 断开时，TIM0001 开始定时，$SV2\times0.1$s 后，TIM0001 常闭触点断开，使 100.00 线圈断电，实现了输出线圈 100.00 在通电和断电时均产生延时控制的效果。

10.2.11 移位寄存器的应用举例

1. *在自动生产线上的应用*

移位寄存器在物品分选上的应用如图 10.18 所示，某生产线有 5 个工位，1 号工位是检查站，5 号工位是剔除站。产品经过检查站要检查其是否合格，如果不合格将在 5 号工位被剔除。从 1 号工位到 5 号工位要移动 4 次，因此，使用 4 位移位寄存器 20.00～20.03。检查结果（合格为 0，不合格为 1）由 0.00 输入到移位寄存器，传送带的主动轮上装有移位信号传感器，产品每移动一个工位，传感器即发出一个移位脉冲（由 0.01 输入），使移位寄存器右移一位。开始时产品处在 1 工位接收检查，当从 1 工位移入 2 工位，产生一个移位脉冲，使检查结果移入 20.00。当产品在生产线上一个一个工位移动时，检查结果在移位寄存器中同步移位。当产品被传送到剔除站时，检查结果被移到 20.03，20.03 通过 100.00 控制机械手动作。当不合格产品移到 5 号工位时，20.03 恰好为 1，机械手动作，剔除不合格产品。输入 0.02 为工作控制信号。

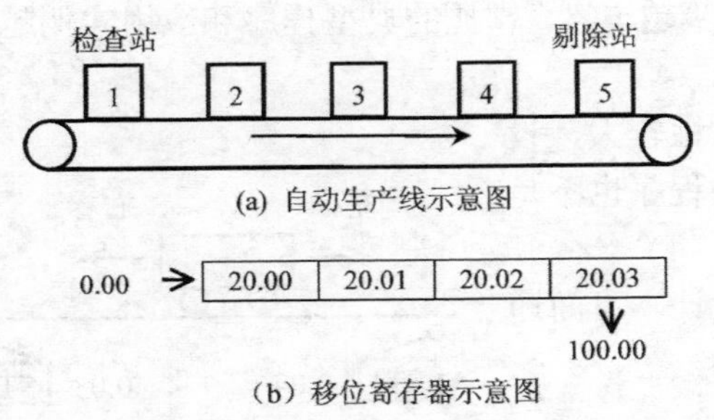

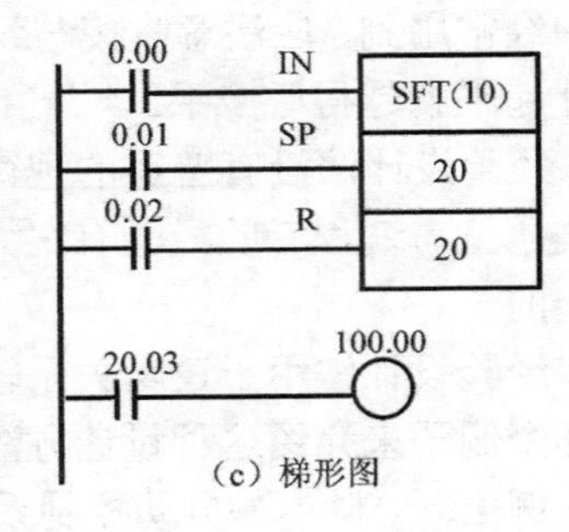

图 10.18 物品分选

2．彩灯控制

彩灯控制的梯形图如图 10.19 所示，用移位寄存器的 20.00～20.07 通过 100.00～100.07 控制外接 8 个彩灯，20.07 用作移位寄存器的数据输入端，这样即可实现环形移位。用自复位定时器产生周期为 2s 的脉冲序列，作为移位脉冲。外接输入开关给移位寄存器中的各位设置初始值。

彩灯移动的方向由 100.02 控制，既可以左移，也可以右移。当 100.02 为 ON 时，彩灯右移；当 100.02 为 OFF 时，彩灯左移。

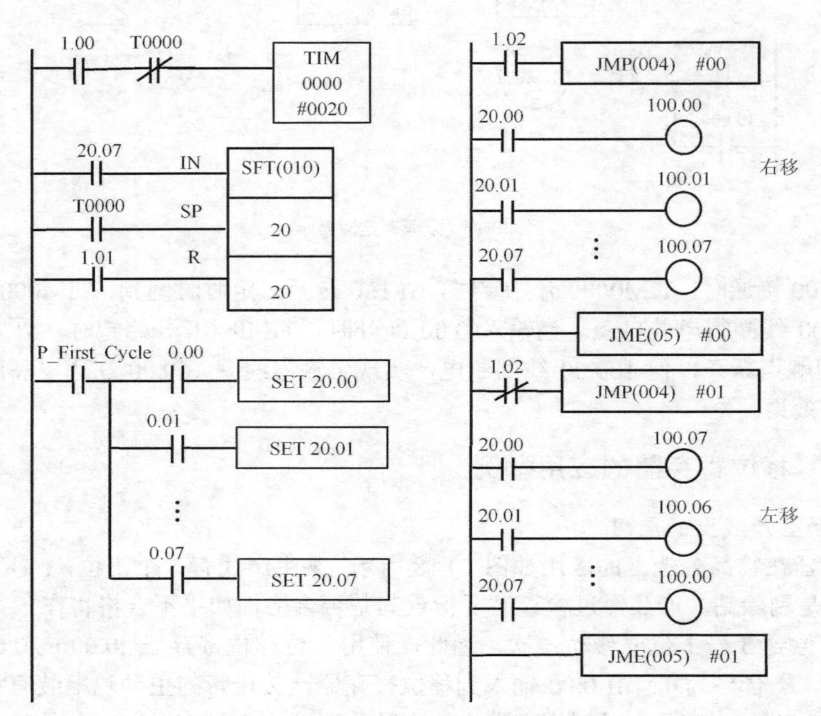

图 10.19　彩灯控制梯形图

10.3　梯形图的经验设计方法

经验设计法是根据自己或别人已有的经验来编程。通常是选择现有的程序，根据被控对象对控制系统的具体要求，进行修改和完善，直到满足要求为止。一些典型的控制程序在设计中经常用到，应注意收集与积累。设计者的经验越丰富，掌握的典型程序和应用实例越多，设计起来就越得心应手。

经验设计法没有普遍的规律可以遵循，随意性较大，设计的质量与编程者的经验有很大的关系，最后的程序也不是唯一的。

经验设计法用于逻辑关系较简单的梯形图设计，下面通过几个例子来介绍这种设计方法。

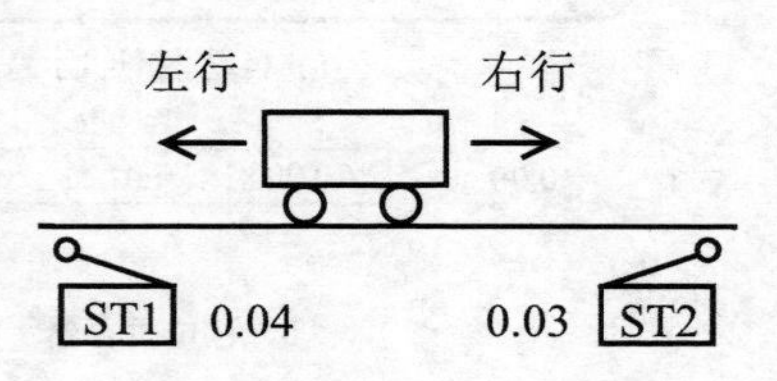

图 10.20　送料小车工作示意图

例 1　送料小车自动控制系统的梯形图设计。

送料小车工作示意图如图 10.20 所示，送料小车在行程开关 ST1 处装料，15s 后装料结束，开始右行，碰到行程开关 ST2 后停下来卸料，10s 后左行，碰到行程开关 ST1 又停下来装料，这样不停地循环工作。在右行或左行过程中，按一下停止按钮 SB3，小车停止运行。系统设置右行启动按钮 SB1 和左行启动按钮 SB2。

（1）I/O 分配

输入：右行启动按钮 SB1　0.00

左行启动按钮 SB2　0.01

停止按钮 SB3　0.02

右端行程开关 ST2　0.03

左端行程开关 ST1　0.04

输出：右行接触器　100.00

左行接触器　100.01

装料电磁阀　100.02

卸料电磁阀　100.03

（2）设计梯形图

梯形图如图 10.21 所示。

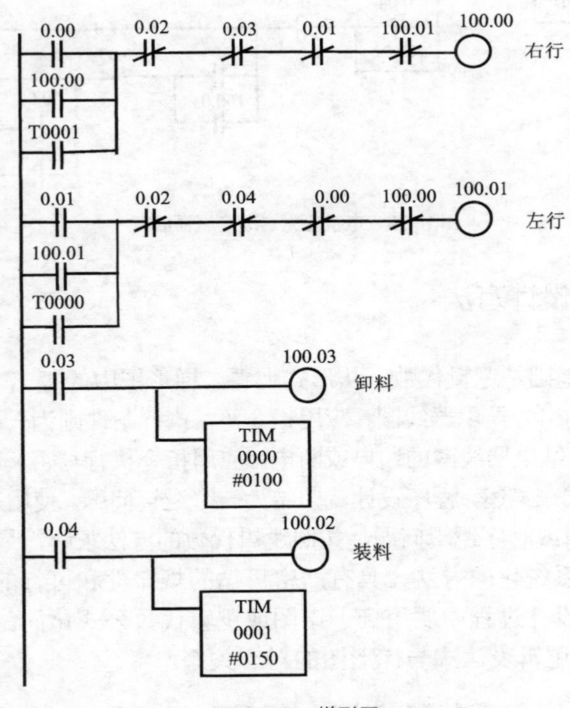

图 10.21　梯形图

按一下右行启动按钮，小车右行，按一下左行启动按钮，小车左行，按一下停止按钮，小车停止。这是典型的双向控制功能，故可以采用前面介绍的双向控制电路。

该系统还要求，右行至 ST2 处，停止右行，卸料，定时 10s；左行至 ST1 处，停止左行，装料，定时 15s。因此可以用 0.03 的常闭触点控制 100.00 线圈断电，用 0.03 的常开触点控制 100.03 线圈得电，并控制 TIM0000 定时 10s；用 0.04 的常闭触点控制 100.01 线圈断电，用

0.04 的常开触点控制 100.02 线圈得电，并控制 TIM0001 定时 15s。

卸料 10s 后，自动左行，停止卸料；装料 15s 后，自动右行，停止装料。因此可以将 TIM0000、TIM0001 的常开触点分别与右行启动 0.00、左行启动 100.00 的常开触点相并联。小车左行离开 0.03 或右行离开 0.04，卸料或装料动作将自动停止。

例 2　电机优先启动控制。有 5 个电机 M1～M5，都有启动和停止控制按钮，要求按顺序启动，即前级电机不启动时，后级电机无法启动；前级电机停，后级电机也都停。

（1）I/O 分配

输入：　5 个启动按钮 SB1～SB5　　　0.00、0.02、0.04、0.06、0.08

　　　　5 个停止按钮 SB6～SB10　　　0.01、0.03、0.05、0.07、0.09

输出：　5 个控制电机的接触器 KM1～KM5　100.00～01004

（2）设计梯形图

梯形图如图 10.22 所示。

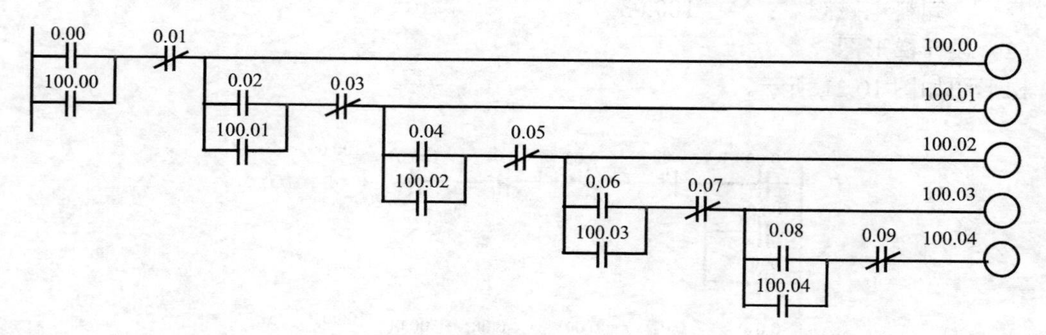

图 10.22　电机优先启动控制梯形图

10.4　梯形图的逻辑设计方法

逻辑设计法的理论基础是逻辑代数。从形式上看，梯形图中的每一个梯级可分成两部分：输出和它的执行条件。输出为继电器线圈、应用指令等，执行条件则为一些常开、常闭触点的串并联组合，输出的结果（继电器线圈的通电或断电、应用指令执行与否）取决于执行条件。将执行条件用一个逻辑表达式来描述，程序设计就归结为一个逻辑问题。使用逻辑设计法时，将 PLC 控制问题转化为组合逻辑或时序逻辑问题，按照逻辑代数的方法求解，最后转换成梯形图。

逻辑设计法是一种系统化的方法，具有严密可循的规律性和可行的设计步骤，设计思路清晰，考虑问题全面，设计过程中要用到卡诺图或逻辑代数公式化简。

表 10.1 所示为基本逻辑表达式与梯形图的对应关系。

表 10.1　基本逻辑表达式与梯形图的对应关系

基本逻辑表达式	梯形图
逻辑“与” $y = x1 \cdot x2$	x1　x2　y
逻辑“或” $y = x1 + x2$	x1　x2　y

续表

基本逻辑表达式	梯形图
逻辑“非” $y=\overline{x1}$	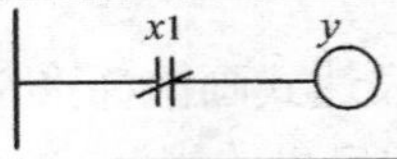 x1 y
“或”/“与”运算式 $y=(x1+x2)\cdot x3\cdot\overline{x4}$	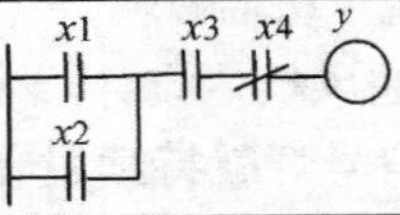 x1 x3 x4 y x2
“与”/“或”运算式 $y=x1\cdot x2+x3\cdot x4$	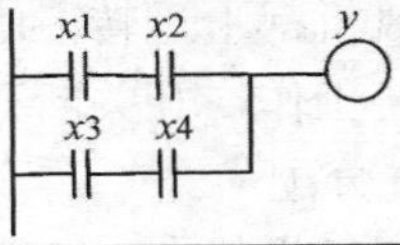 x1 x2 y x3 x4

按照输入与输出的关系，梯形图电路分为两种：组合逻辑电路和时序逻辑电路。在组合电路中，输出仅取决于当前的输入，而与以前的输入无关。在时序电路中，输出不仅取决于当前的输入，还与以前的输入有关，或者说与输入的历史有关。组合电路设计时，往往首先列出真值表，再写出逻辑表达式，有时不通过真值表也可以直接写出逻辑表达式，然后利用逻辑代数的公式或卡诺图进行化简，最后将化简后的逻辑表达式转换成梯形图。时序电路的设计相对复杂，要列出系统的状态转换表（也称动作节拍表），才能进行系统的逻辑设计和化简。

例 3　三个开关控制一个灯

三个开关控制一个灯，任何一个开关都可以改变灯的状态，即控制灯的亮或灭。

（1）I/O 分配

输入：三个开关　0.00～0.02

输出：灯　100.00

（2）设计梯形图

每个开关有两个状态：接通或断开，以 1、0 表示；灯有两个状态：亮或灭，以 1、0 表示。表 10.2 所示为三个开关控制一个灯的真值表，一共有 8 种组合，分成两组，奇数个 1 为 1 组，有 4 个组合，对应灯亮；偶数个 1 为另一组，有 4 个组合，对应灯灭。显然，任何一个开关状态的改变，都可以把组合从一组改到另一组，从而实现所要求的控制。

表 10.2　3 个开关控制一个灯的真值表

输入			输出
0.00	0.01	0.02	100.00
0	0	0	0
0	0	1	1
0	1	0	1
0	1	1	0
1	0	0	1
1	0	1	0
1	1	0	0
1	1	1	1

逻辑表达式为：

$$100.00=\overline{0.00}\cdot\overline{0.01}\cdot 0.02+\overline{0.00}\cdot 0.01\cdot\overline{0.02}+0.00\cdot\overline{0.01}\cdot\overline{0.02}+0.00\cdot 0.01\cdot 0.02$$

由逻辑表达式画出梯形图，如图 10.23 所示。

例 4　通风机监视

有 3 个通风机，设计一个监视系统，监视通风机的运转。要求如下：如果两个或两个以上在运转，信号灯就持续发亮；如果只有一个通风机在运转，信号灯就以 0.5Hz 的频率闪烁；如果 3 个通风机都不运转，信号灯就以 2Hz 的频率闪烁。用一个开关来控制系统的工作，开关闭合时系统工作，开关断开时，系统不工作，信号灯熄灭。

（1）I /O 分配

输入：	风机状态 1～3	0.00～0.02
	控制开关	0.03
输出：	信号灯	100.00

（2）设计梯形图

如题意所述，通风机运转有三种情况，对应信号灯三种指示状态，用三个辅助继电器 20.00～20.02 表示这三种状态，再由这三个继电器控制指示灯，信号灯控制程序结构如图 10.24 所示。

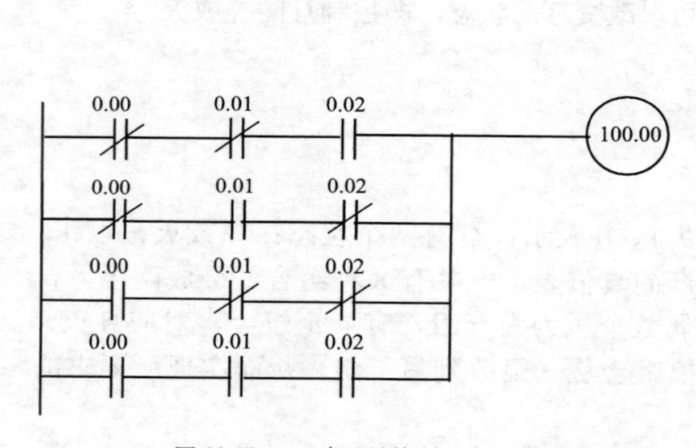

图 10.23　三个开关控制一个灯

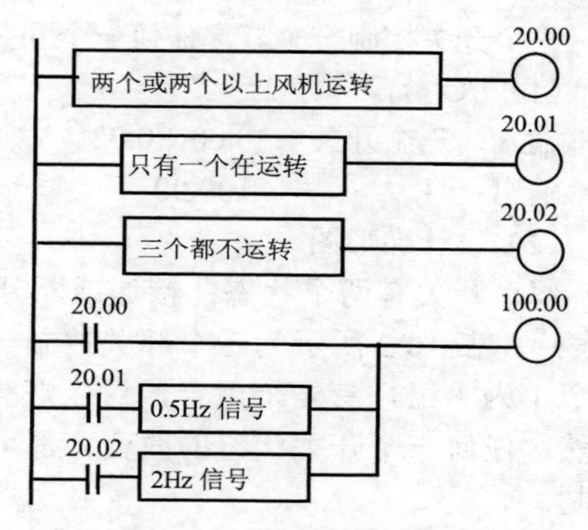

图 10.24　信号灯控制程序结构

20.00、20.01、20.02 的控制电路设计如下。

20.00～20.02 和 0.00～0.02 的关系可用真值表列出，如表 10.3 所示，写出 20.00～20.02 的逻辑表达式，并用逻辑代数的公式化简如下。

$$\begin{aligned}20.00&=\overline{0.00}\cdot 0.01\cdot 0.02+0.00\cdot\overline{0.01}\cdot 0.02+0.00\cdot 0.01\cdot\overline{0.02}+0.00\cdot 0.01\cdot 0.02\\&=0.00\cdot 0.01+0.00\cdot 0.02+0.01\cdot 0.02\end{aligned}$$

$$20.01=\overline{0.00}\cdot\overline{0.01}\cdot 0.02+\overline{0.00}\cdot 0.01\cdot\overline{0.02}+0.00\cdot\overline{0.01}\cdot\overline{0.02}$$

$$20.02=\overline{0.00}\cdot\overline{0.01}\cdot\overline{0.02}$$

表 10.3 信号灯真值表

输入			输出		
0.00	0.01	0.02	20.00	20.01	20.02
0	0	0	0	0	1
0	0	1	0	1	0
0	1	0	0	1	0
0	1	1	1	0	0
1	0	0	0	1	0
1	0	1	1	0	0
1	1	0	1	0	0
1	1	1	1	0	0

从逻辑关系上 20.01 可由 20.00、20.02 来表示：

$20.01=\overline{20.00}\cdot\overline{20.02}$ 。

由逻辑表达式可以画出梯形图，如图 10.25 所示。

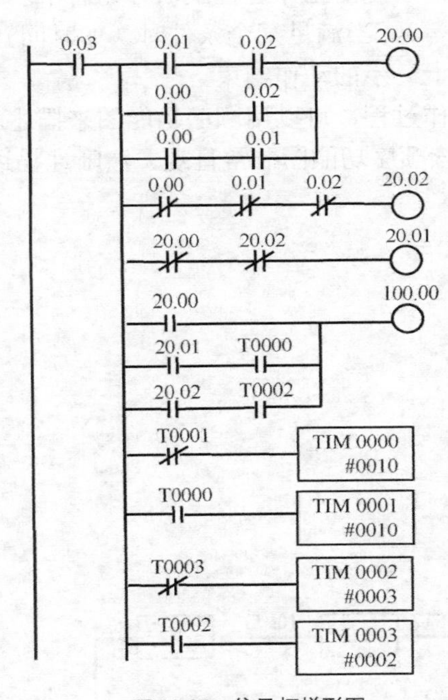

图 10.25 信号灯梯形图

0.03 的常开触点作为工作控制信号。TIM0000、TIM0001 构成的电路产生周期性的方波，TIM0000 输出 0.5Hz 的脉冲信号，其常开触点断开、接通的时间均为 1s；TIM0002、TIM0003 构成的电路也产生周期性的方波，TIM0002 输出 2Hz 的脉冲信号，其常开触点断开、接通的的时间分别为 0.3s、0.2s。

10.5 梯形图的顺序控制设计方法

10.5.1 顺序控制设计方法

很多工业过程是顺序进行的，设计顺序控制系统的梯形图有一套固定的方法和步骤可以遵循。这种系统化的设计方法与前面介绍的经验设计方法相比有很多优点：简单易学，设计周期短；规律性很强，克服了经验法的试探性和随意性；设计出来的程序结构清晰、可读性好。顺序控制设计方法作为梯形图设计的主要方法，已广泛应用于 PLC 控制系统的设计中，成为解决实际问题的一种有效方法。

1. 顺序控制的特点

下面以送料小车自动控制系统为例来看顺序控制的特点。

送料小车自动控制系统的工作过程如图 10.26 所示。系统启动后，首先进行装料，15s 后，装料停止；小车右行，右行途中碰到行程开关 ST2 时，右行停止；进行卸料，10s 后，卸料停止；小车左行，左行途中碰到行程开关 ST1 时，左行停止，进行装料，…，如此循环一直进行下去。

这种工作过程有如下特点：系统的工作过程可以分为若干步（如第一步装料，第二步右行，第三步卸料，第四步左行等），当满足某个条件时（如时间 15s、碰到行程开关等），系统从当前步转入下一步，同时上一步的动作结束。

上述过程就是一种步进工作过程，可以用顺序功能图来描述。例如小车送料控制系统的顺序功能图如图 10.27 所示，该顺序功能图非常直观、清晰地描述了小车的工作过程。

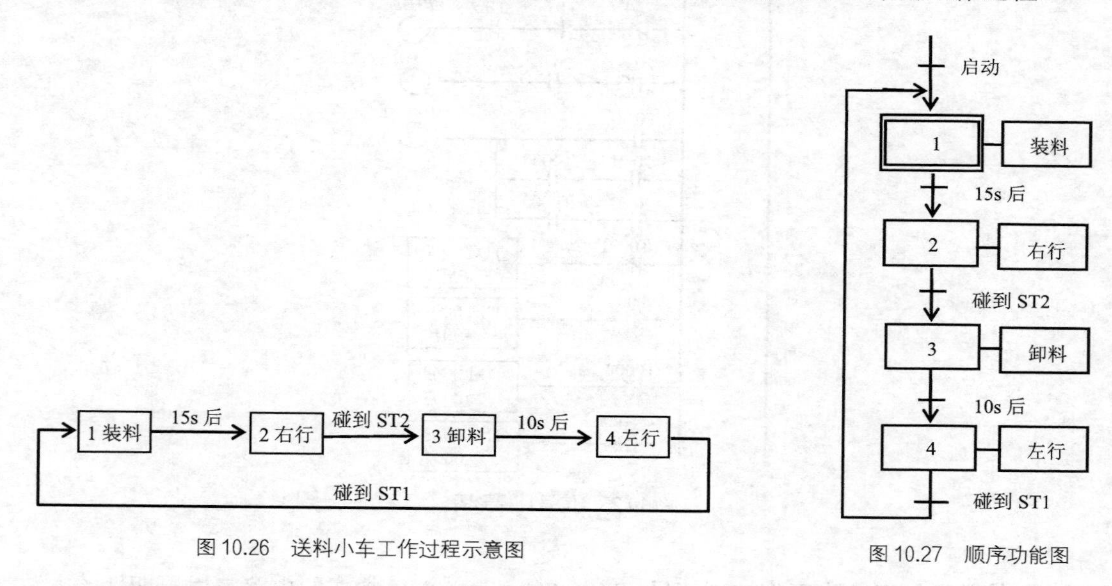

图 10.26 送料小车工作过程示意图

图 10.27 顺序功能图

在顺序控制设计法中，顺序功能图是很重要的工具，下面予以详细介绍。

2. 顺序功能图及其对应的梯形图

顺序功能图又叫状态转移图、状态图或流程图，是描述控制系统的控制过程、功能和特性的一种图形，利用它可以很方便地设计出顺序控制的梯形图。

如图 10.27 所示，顺序功能图由步、转换条件、有向连线、动作来组成。步用矩形框表示，框内的数字表示步的编号。动作用矩形框表示，框内的文字表示动作的内容，该矩形框应与相应步的矩形框相连。步与步之间用有向连线连接，箭头表示转换的方向（一般转换方向为自上而下，在不致引起混淆的情况下，可省略箭头）。步与步之间用转换条件隔开，转换条件用与有向连线垂直的短划线表示，并在短划线旁边用文字、表达式或符号说明。当转换条件满足时，上一步的活动结束，下一步的活动开始。

当系统正处在某一步所在的阶段，进行相应的动作时，叫做该步处于活动状态，该步称为活动步。

顺序功能图中与初始状态相对应的步称为初始步。初始步用双线框表示。每个顺序功能图至少应该有一个初始步。

顺序功能图有以下几种结构。

（1）单序列结构

单序列由一系列相继激活的步组成。每一步的后面仅有一个转换条件，每一个转换条件后面仅有一步，如图 10.28 所示。

（2）选择序列结构

选择序列的开始称为分支。某一步的后面有几个步，当满足不同的转换条件时，转向不同的步。如图 10.29（a）所示，当步 5 为活动步时，若满足条件 e=1，则步 5 转向步 6；若满足条件 f=1，则步 5 转向步 9；若满足条件 g=1，则步 5 转向步 11。一般只允许同时选择一个序列。

选择序列的结束称为合并。几个选择序列合并到同一个序列上，各个序列上的步在各自转换条件满足时转换到同一个步。如图 10.29（b）所示，当步 5 为活动步，且满足条件 m=1，则步 5 转向步 12；当步 8 为活动步，且满足条件 n=1 时，则步 8 转向步 12；当步 11 为活动步，且满足条件 p=1 时，则步 11 转向步 12。

（3）并行序列结构

并行序列的开始称为分支。当转换的实现导致几个序列同时激活时，这些序列称为并行序列。如图 10.30（a）所示，当步 3 为活动步时，若满足条件 h=1，步 4、6、8 同时变为活动的，步 3 变为不活动的。为了强调转换的同步实现，水平连线用双线表示。步 4、6、8 被同时激活后，每个序列中的活动步的进展将是独立的。并行序列的分支只允许有一个转换条件，标在表示同步的水平双线之上。

并行序列的结束称为合并。当并行序列上的各步都为活动步，且某一个转换条件满足时，同时转换到同一个步。如图 10.30（b）所示，当步 3、5、7 都为活动步，若满足条件 d=1 时，则步 3、5、7 同时变为不活动的，步 8 变为活动的。并行序列的合并也用水平双线表示。并行序列的合并只允许有一个转换条件，标在表示同步的水平双线之下。

在利用顺序功能图设计梯形图时，一般用辅助继电器表示步，各步顺序接通和断开。图 10.31 所示的顺序功能图包括了各种基本结构，下面结合图 10.31 介绍顺序功能图中代表各步的辅助继电器控制电路的设计方法。

功能表中的步可用典型的启保停电路控制。如图 10.32 所示，如果步 S_i 的前级步 S_{i-1} 是活动的（$S_{i-1}=1$）并且它们之间的转换条件 C_i 成立（$C_i=1$），步 S_i 应变为活动的。所以步 S_i 的启动电路由 S_{i-1} 和 C_i 的常开触点串联而成。C_i 一般是短信号，所以用 S_i 的常开触点实现自锁。当后续步 S_{i+1} 变为活动步时，S_i 应断开。所以将 S_{i+1} 的常闭触点与 S_i 的线圈串联。

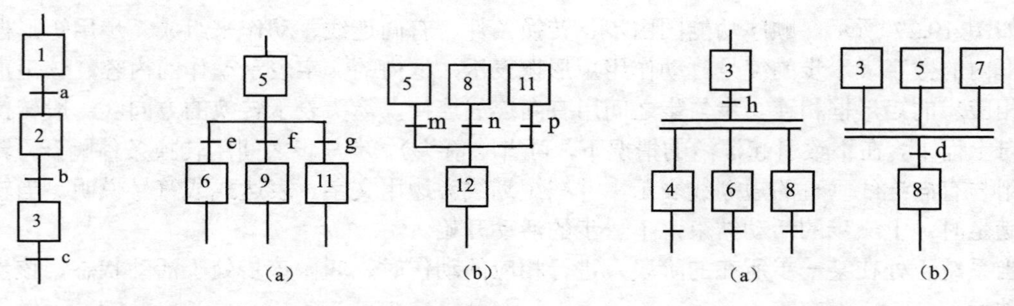

图 10.28　单序列结构　　图 10.29　选择序列的分支与合并　　图 10.30　并行序列的分支与合并

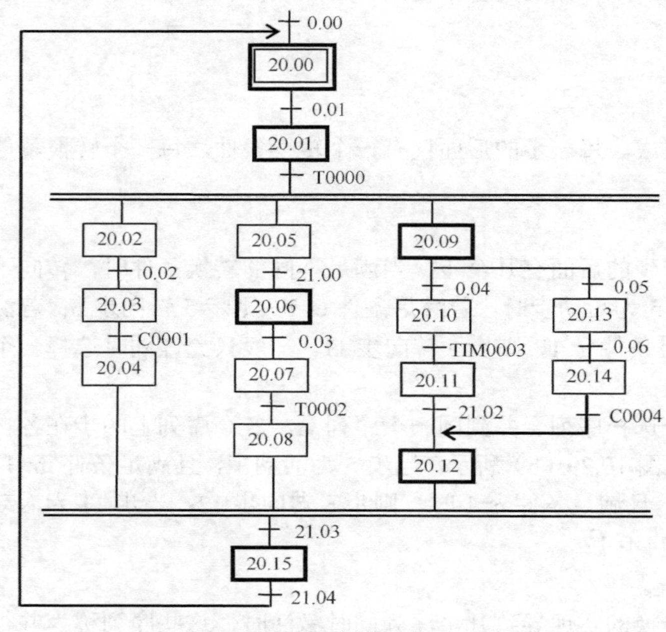

图 10.31　顺序功能图

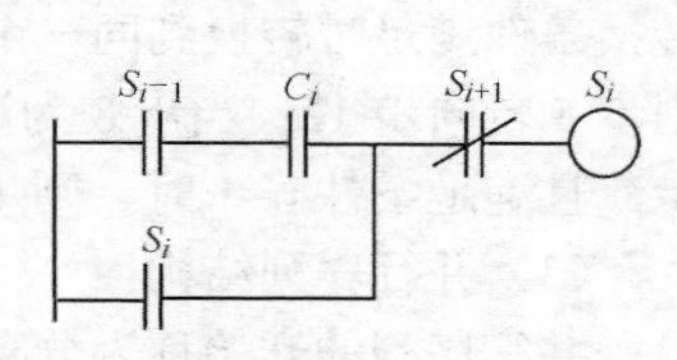

图 10.32　步的基本电路

图 10.33 给出了图 10.31 中典型步的控制电路。

① 步 20.00

步 20.00 为起始步，它的前面有 2 条分支，其控制电路如图 10.33（a）所示。

② 步 20.01

步 20.01 的后面有 3 条并行序列的分支，其控制电路如图 10.33（b）所示。步 20.01 的后续步为 20.02、20.05、20.09，用其中之一（20.02）的常闭触点与 20.01 线圈串联，当步 20.01 为活动步且转换条件 TIM000 满足时，步 20.02、20.05、20.09 同时变为活动步，步 20.01 变为不活动的。

③ 步 20.06

步 20.06 是单序列的步，步 20.05、步 20.07 为其前级步和后续步，其控制电路为启保停电路的基本形式，如图 10.33（c）所示。

④ 步 20.09

步 20.09 的后面有 2 条选择序列的分支，其控制电路如图 10.33（d）所示。步 20.09 的后续步为 20.10、20.13，用 20.10 和 20.13 的常闭触点与 20.09 线圈串联。当步 20.09 为活动步且 2 个转换条件 0.04、0.05 其中之一成立时，对应的某一后续步变为活动的，步 20.09 变为不活动的。

⑤ 步 20.12

步 20.12 的前面有 2 条选择序列的分支，其控制电路如图 10.33（e）所示。步 20.12 的前级步为 20.11、20.14，步 20.12 的启动电路由 2 条支路并联而成，各并联支路由前级步的辅助继电器常开触点和对应转换条件的触点串联而成。当 2 个前级步之一为活动步且对应的转换条件满足时，20.12 变为活动的，前级步变为不活动的。

⑥ 步 20.14

步 20.14 的前面有 3 条并行序列的分支，其控制电路如图 10.33（f）所示。步 20.14 的前级步为 20.04、20.08、20.12，步 20.14 的启动电路由 20.04、20.08、20.12 的常开触点串联而成，当 3 个前级步都为活动步且转换条件 21.03 满足时，20.14 变为活动的，3 个前级步都变为不活动的。

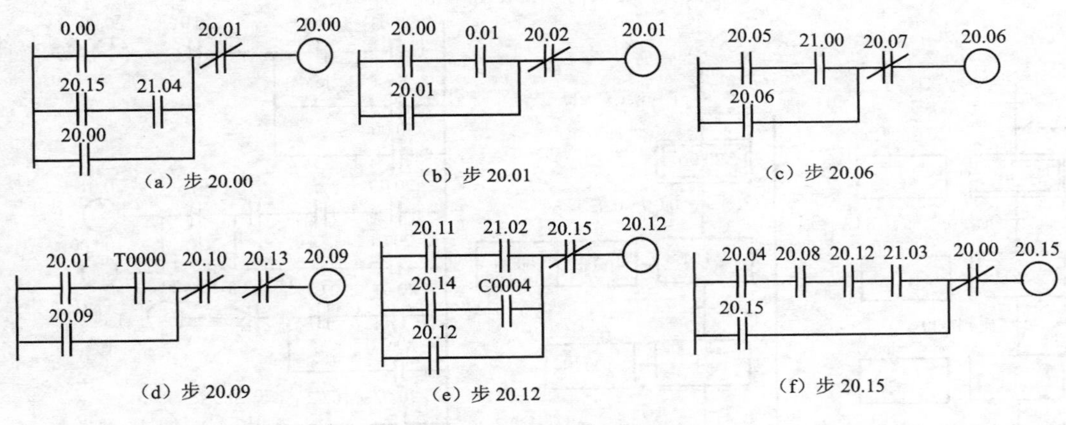

（a）步 20.00　（b）步 20.01　（c）步 20.06

（d）步 20.09　（e）步 20.12　（f）步 20.15

图 10.33　典型步的控制电路

10.5.2　顺序控制程序设计举例

顺序控制程序设计的关键在于绘制顺序功能图，即将系统的工作过程划分为若干阶段或步并确定各相邻步的转换条件。在各步内，系统各输出量的状态保持不变。如果输出量的通/断状态发生变化，系统就从原来的步进入下一步。转换条件使系统从当前步进入下一步。常见的转换条件有限位开关的通/断，定时器、计数器常开触点的接通等。转换条件也可能是若干个信号的与、或逻辑组合。下面通过几个例子加以介绍。

例 5　图 10.34 为一动力头进给运动的示意图。初始状态时，动力头停在 ST3 处，按一下启动按钮后，动力头快进；碰到行程开关 ST1 时，改为工进；碰到行程开关 ST2 时，改为快退；快退碰到行程开关 ST3 时，停止。

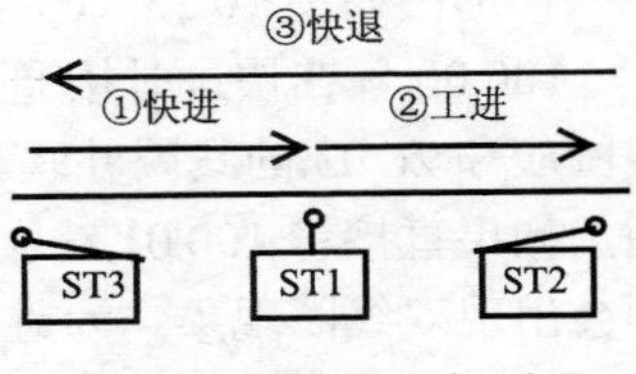

③快退
①快进　②工进
ST3　ST1　ST2

图 10.34　动力头运动示意图

（1）I/O 分配

三个行程开关分别接 PLC 的 0.01、0.02、0.03，启动按钮接 PLC 的 0.00，控制运动的三个电磁阀分别接 100.00、100.01、100.02，如表 10.4 所示。快进时 100.00、100.01 接通，工进时 100.01 接通，快退时 100.02 接通。

表 10.4　　I/O 分配表

输入		输出	
启动按钮	0.00	正转电磁阀 1	100.00
ST1	0.01	正转电磁阀 2	100.01
ST2	0.02	反转电磁阀	100.02
ST3	0.03		

（2）画出顺序功能图

可以看出，整个工作过程分为四步，顺序功能图如图 10.35（a）所示。其中，初始步是等待步，没有动作，等待按启动按钮；初始步到 2 步的转换条件应该是 ST3 被压下，并且启动按钮被按下，以避免不在初始位置启动。顺序功能图可进一步改画为图 10.35（b）。初始步的转换条件是 P_First_Cycle，P_First_Cycle 在 PLC 运行的第一个扫描周期为 ON，用其作为系统运行启动信号。

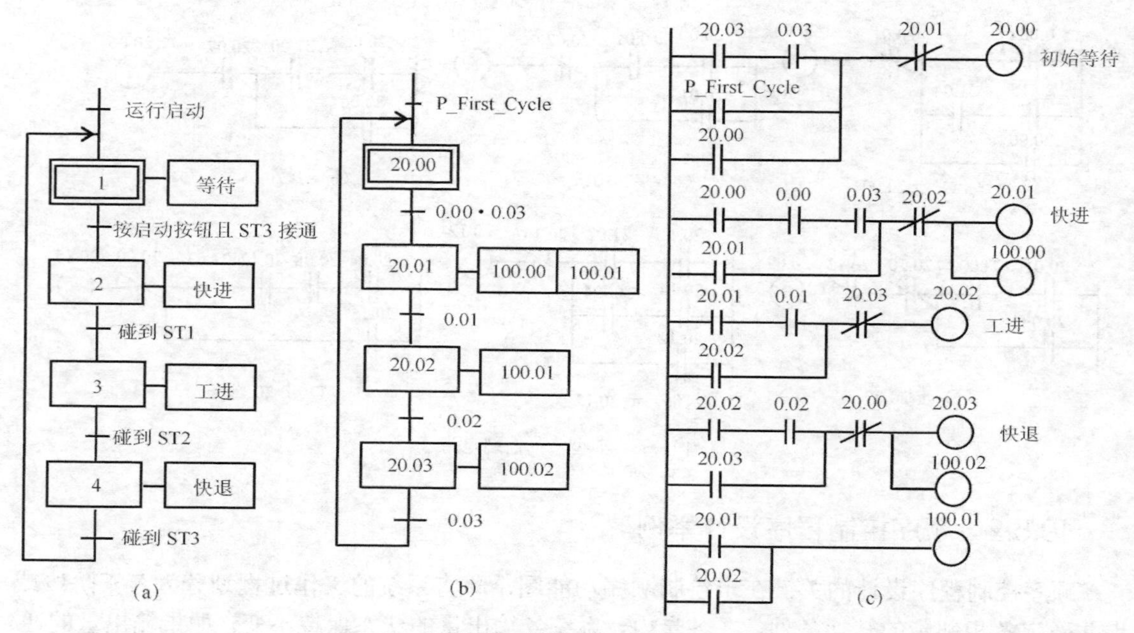

图 10.35　顺序功能图及梯形图

（3）设计梯形图

梯形图如图 10.35（c）所示。

100.00 仅在快进时接通，故可以将 100.00 的线圈和 20.01 的线圈并联。同理，100.02 的线圈应和 20.03 的线圈并联。而 100.01 在快进和工进时都接通，如果直接将 100.01 线圈并联在 20.01、20.02 的线圈上，则会出现双线圈现象。为避免这种情况，用 20.01、20.02 的常开触点并联来控制 100.01 的线圈。

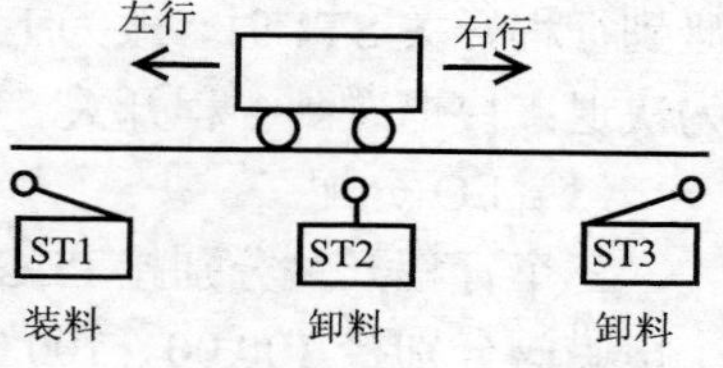

图 10.36　送料小车工作示意图

例 6　两处送料小车的控制梯形图。送料小车工作示意图如图 10.36 所示，初始状态，小车空车停在行程开关 ST1 处，按一下启动按钮，小车在 ST1 处装料；15s 后装料结束，开始右行；

碰到行程开关 ST2 后停下来卸料；10s 后左行，碰到行程开关 ST1 又停下来装料；15s 后装料结束，开始右行，碰到行程开关 ST3 后停下来卸料，10s 后左行，碰到行程开关 ST1 又停下来装料。这样循环工作，直到按一下停止按钮，小车在完成最后一个周期的工作后空车停在 ST1 处。

（1）I/O 分配

I/O 分配见表 10.5。

表 10.5　　I/O 分配表

输入		输出	
ST1	0.01	右行接触器	100.00
ST2	0.02	左行接触器	100.01
ST3	0.03	装料电磁阀	100.02
启动按钮	0.04	卸料电磁阀	100.03
停止按钮	0.05		

（2）画出顺序功能图

顺序功能图如图 10.37 所示。注意该系统是一种连续工作方式，即在初始点 ST1 处，按一下启动按钮，系统进行连续循环工作，直到按一下停止按钮，系统在完成最后一个周期的工作后，停止在初始点。以 21.00 表示系统处在连续运行状态，则 20.00 到 20.01 的转换条件为：21.00=1。

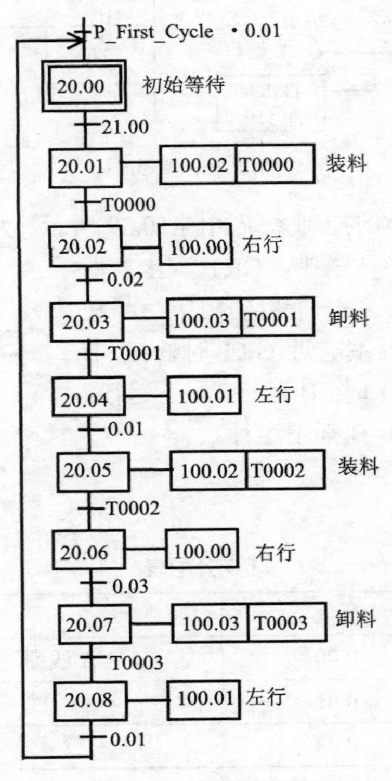

图 10.37　顺序功能图

（3）设计梯形图

根据顺序功能图画出梯形图，如图 10.38 所示。

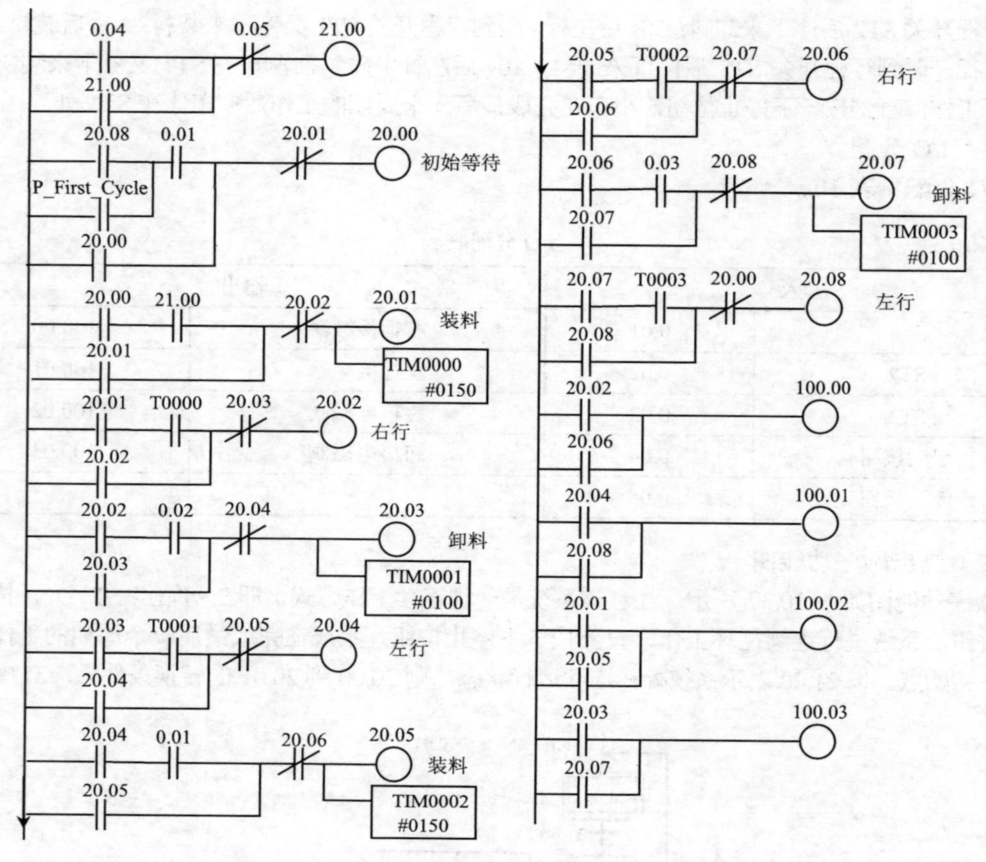

图 10.38 梯形图

例 7 用传送带传送长物体的控制系统如图 10.39 所示。为了减少传送带的运行时间，采用分段传送方式。A、B 为两条传送带，GK1、GK2 为两个光电开关，工作过程如下：按一下启动按钮，A 开始运行，B 不运行；当长物体前端靠近 GK1 时，A、B 都运行；当长物体后端离开 GK1 时，B 运行，A 不运行；当长物体后端离开 GK2 时，A、B 都不运行。

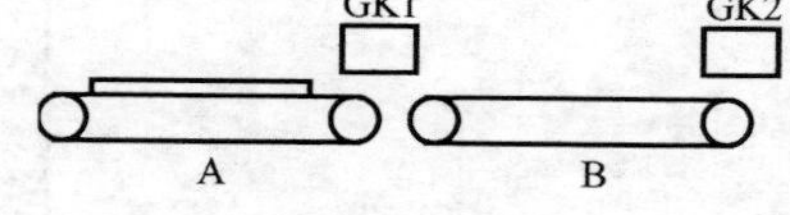

图 10.39 传送长物体示意图

（1）I/O 分配

I/O 分配见表 10.6。

表 10.6 I/O 分配表

输入		输出	
GK1	0.00	A 线圈	100.00
GK2	0.01	B 线圈	100.01
启动按钮	0.02		

（2）画出顺序功能图

顺序功能图如图 10.40 所示。

$\overline{0.00}$ 表示转换条件为 0.00 OFF，0.01↓表示转换条件为 0.01 的下降沿微分。

（3）设计梯形图

梯形图如图 10.41 所示。

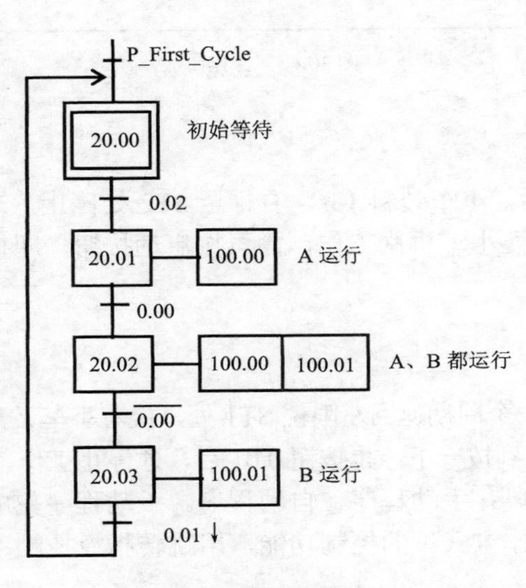

图 10.40　顺序功能图

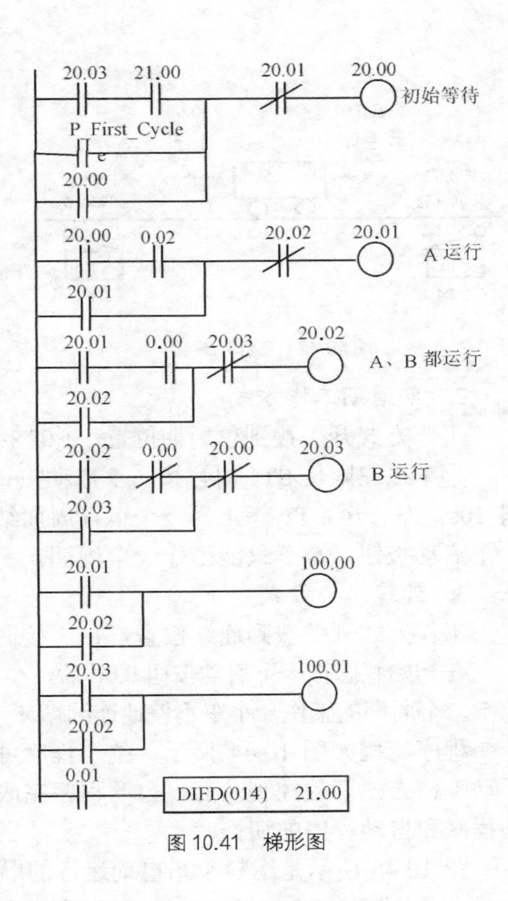

图 10.41　梯形图

10.6　多种工作方式的程序设计

很多工业控制设备设置有以下几种工作方式：手动、单周期、连续，后两种属于自动工作方式。下面以运料小车的控制系统为例，介绍多种工作方式的程序设计。

图 10.42 所示是运料小车的工作示意图。

操作面板如图 10.43 所示。

系统设有 3 种工作方式，由工作方式选择开关确定。各种工作方式下，小车的动作过程如下。

1. 手动工作方式

工作方式开关拨到手动位置，1.01 接通。

按住右行按钮 1.04，小车右行，松开按钮或碰到 ST2（0.03），右行停止。

按住左行按钮 1.05，小车左行，松开按钮或碰到 ST1（0.04），左行停止。

小车停在 0.04 处时，按住装料按钮 1.06，小车装料，松开按钮，装料停止。

小车停在 0.03 处时，按住卸料按钮 1.07，小车卸料，松开按钮，卸料停止。

在执行自动程序之前，如果系统没有处于初始状态（所谓初始状态，是指小车卸完料后停在左端），应选择手动方式操作小车，使系统处于初始状态。

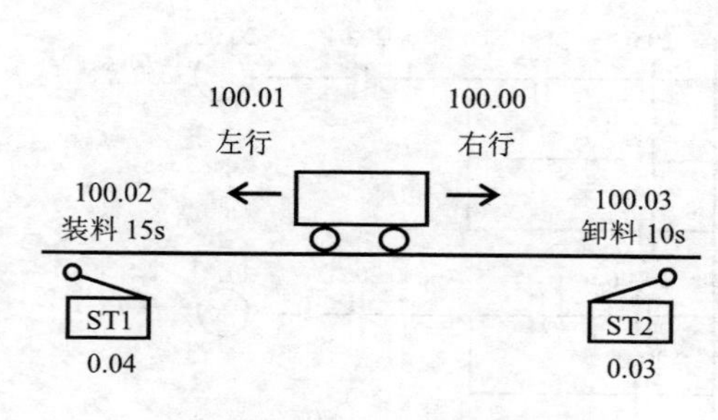

图 10.42 工作示意图

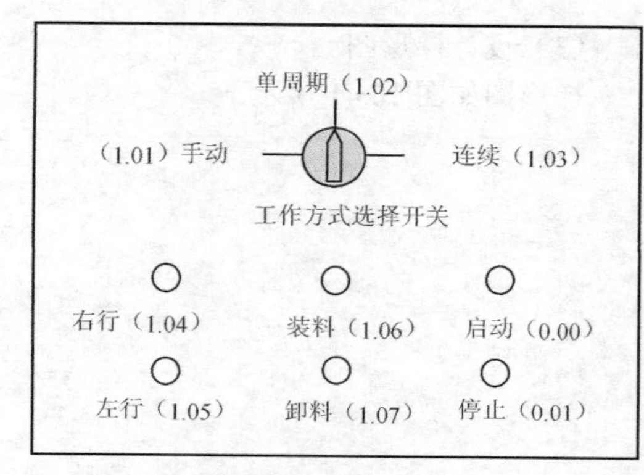

图 10.43 操作面板

2. 单周期工作方式

工作方式开关拨到单周期位置，1.02 接通。

小车在左限位 ST1 时，按一下启动按钮 0.00 后，小车装料 15s，右行至 ST2 处停止，卸料 10s，左行至 ST1 停止，一个运行周期结束。如要小车再次工作，需再按启动按钮，即按一下启动按钮，小车只能工作一个周期。

3. 连续工作方式

工作方式开关拨到连续位置，1.03 接通。

在初始状态按一下启动按钮 0.00 后，小车工作一个周期返回左限位 ST1 处，接着小车又开始下一个周期的工作，小车不停地连续循环工作，直到按一下停止按钮 0.01 后，才停止工作。

程序流程如图 10.44 所示，整个程序可分为两段：手动程序、自动程序。手动程序完成手动工作方式下的控制功能，自动程序完成自动工作方式下的控制功能，用跳转指令控制手动程序和自动程序的切换。

图 10.45 所示是运料小车自动运行的顺序功能图。21.02 表示手动/自动工作方式，21.02 为“1”时表示手动方式，为“0”时表示自动方式。21.00 表示自动方式下的连续运行状态，21.00 为“1”时表示处在连续运行状态，为“0”时表示连续运行处在停止状态。

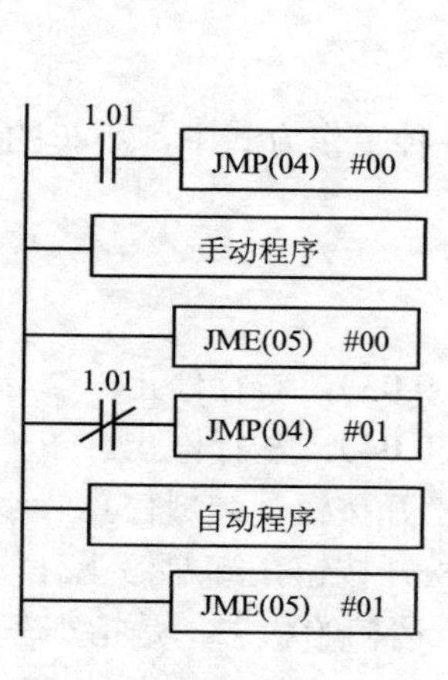

图 10.44 程序流程

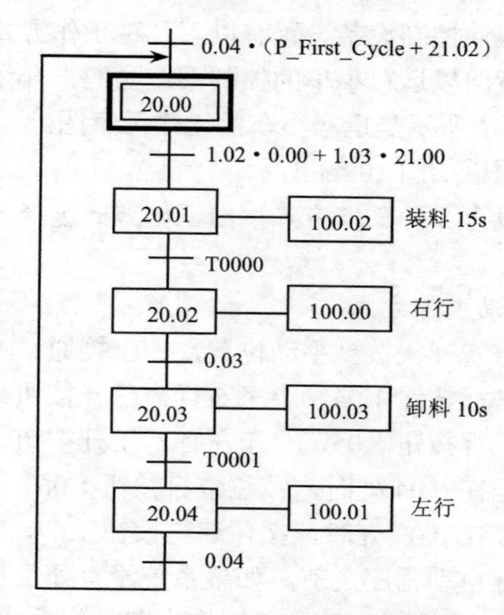

图 10.45 运料小车自动运行的顺序功能图

图10.46所示为运料小车的控制程序。

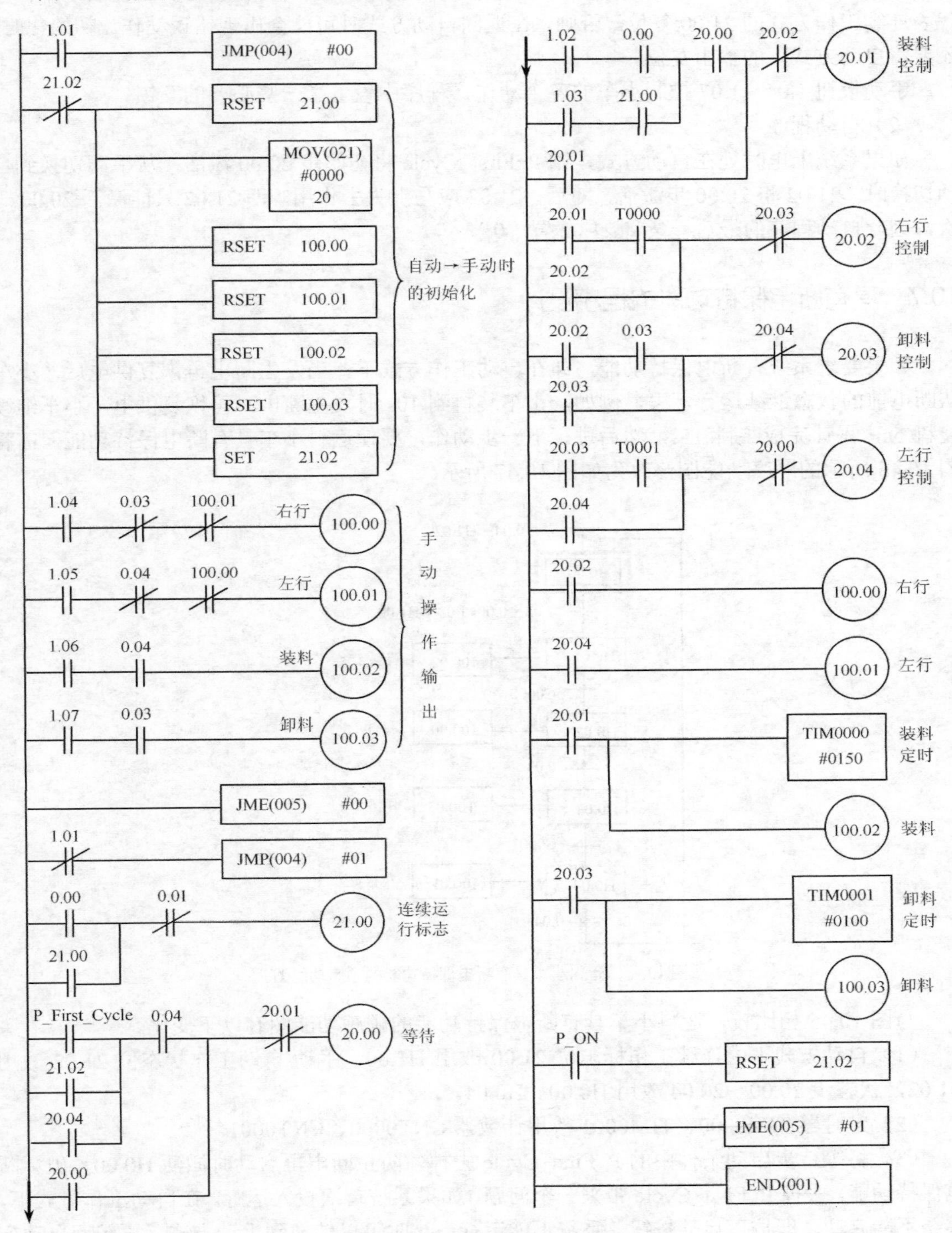

图10.46 运料小车的控制程序

程序说明如下。

（1）手动程序

当系统从自动方式切换到手动方式时，应进行初始化处理，将代表各步的辅助继电器和代表连续工作方式的 21.00 复位。否则，在返回自动方式时可能会出现错误动作。初始化时，还要将自动方式下的输出复位。

手动按钮 1.04～1.07 控制小车的各个动作，程序中设置了一些必要的互锁。

（2）自动程序

如果系统上电时处在自动方式，则 P_First_Cycle 将初始步 20.00 激活；从手动切换到自动切换时，21.02 将 20.00 步激活，随后，21.02 应马上失去作用，即 21.02 只能激活 20.00 一次，因此自动程序的最后一条将 21.02 置"0"。

10.7 具有断电保持功能的程序设计

如果要求系统有断电保持功能，即在自动工作方式下，当发生断电再恢复供电后，小车从断电前的状态继续运行下去，例如，小车装料到 10s 时发生断电，再恢复供电，小车继续装料 5s，累计完成装料 15s，然后进行下一步动作，要使运料小车具有断电保持功能，需将图 10.45 所示的顺序功能图修改为如图 10.47 所示。

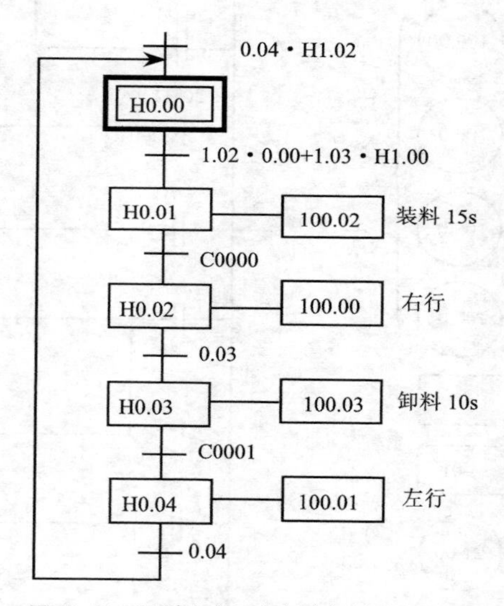

图 10.47 运料小车具有断电保持功能的顺序功能图

与图 10.45 相比较，运料小车具有断电保持功能的顺序功能图有以下变化。

（1）自动方式下的连续工作标志位 21.00 改用 H1.00，手动/自动工作状态位 21.02 改用 H1.02，状态步 20.00～20.04 改用 H0.00～H0.04。

（2）定时器 TIM0000、TIM0001 改用计数器 CNT0000、CNT0001。

（3）将等待步启动条件中的 P_First_Cycle 去掉，防止断电再启动时激活 H0.00，破坏断电保持功能。去掉 P_First_Cycle 带来一个问题，如果系统首次投入运行，在自动工作方式下，系统不能启动，即按下启动按钮，系统不能运行，这时可以转换到手动方式，再转回自动方式，系统就可以启动了。

运料小车具有断电保持功能的程序如图 10.48 所示。

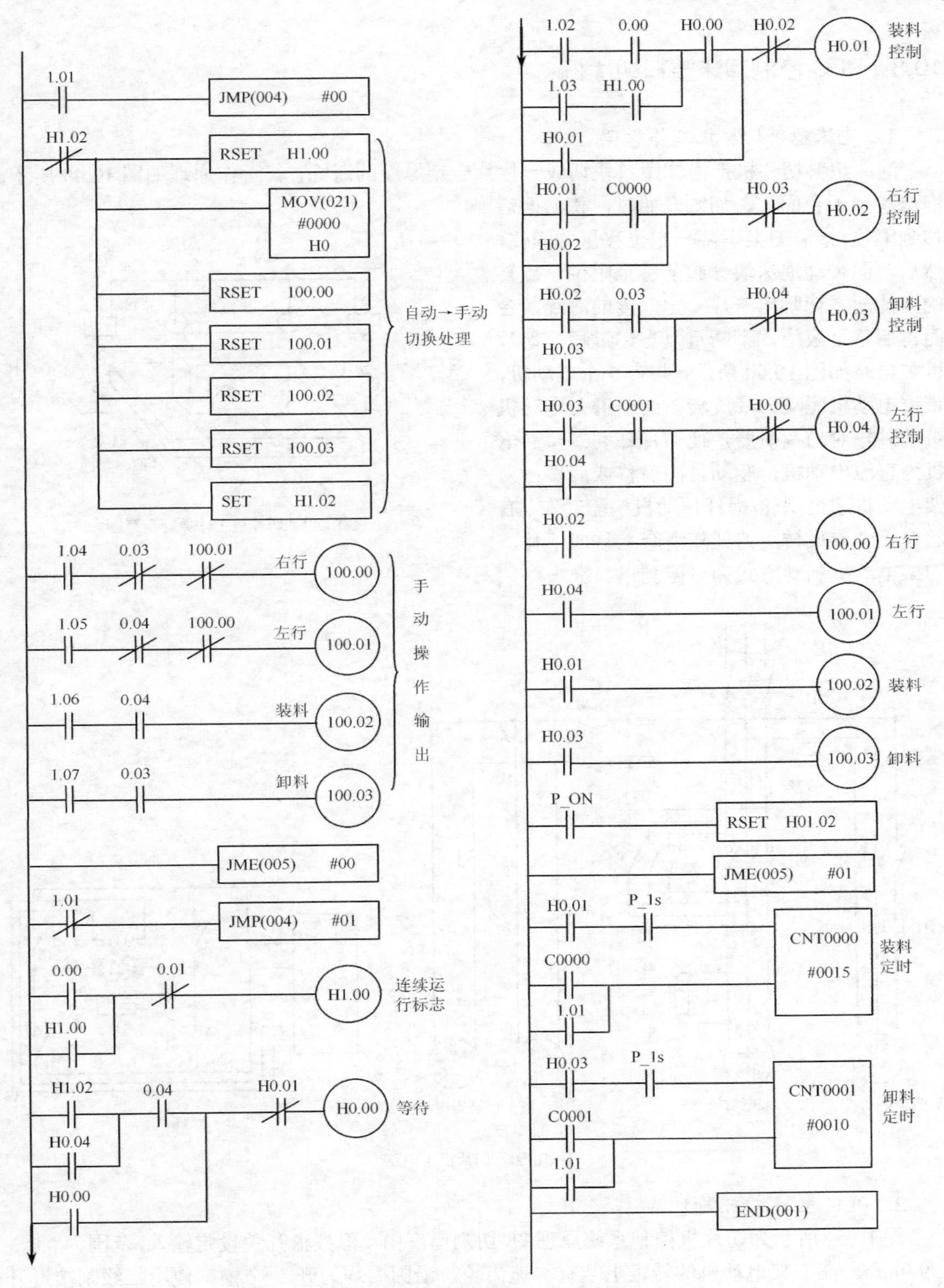

图 10.48 系统具有断电保持功能

10.8 PLC 控制泡沫塑料切片机

1. 泡沫塑料切片机工作原理

泡沫塑料切片机把泡沫塑料块切成一片片一定厚度的海绵，其工作原理如图 10.49 所示。泡沫块置于台面上，切割开始时，使台面后移到限位，接着刀架下降一定位移量并锁住，然后台面带动泡沫块一起前移至限位，旋转的刀片随之切割出一片一定厚度的海绵，台面再后移至限位，不断重复上述过程。切片机主电路如图 10.50 所示，共有 5 个电动机，带锯电动机驱动刀片旋转；两个磨刀电动机带动砂轮对刀片研磨，使刀片锋利；台面电机为直流电动机，驱动台面前移或后移；刀架电动机通过涡轮/蜗杆传动机构驱动左、右丝杠正转或反转，刀架随滑套上移或下移，刀架电动机制动方式为电磁刹车。

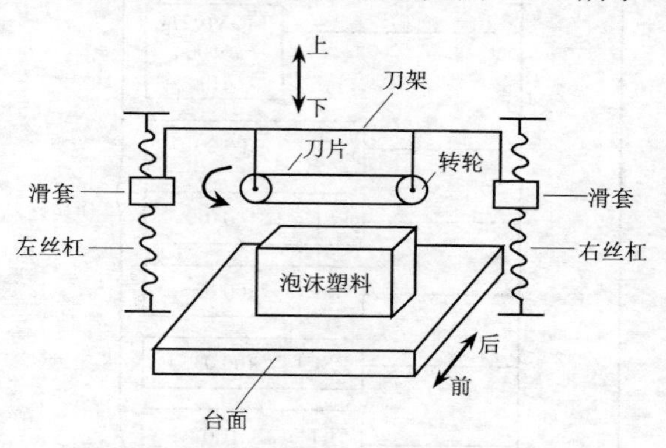

图 10.49 切片机工作原理示意图

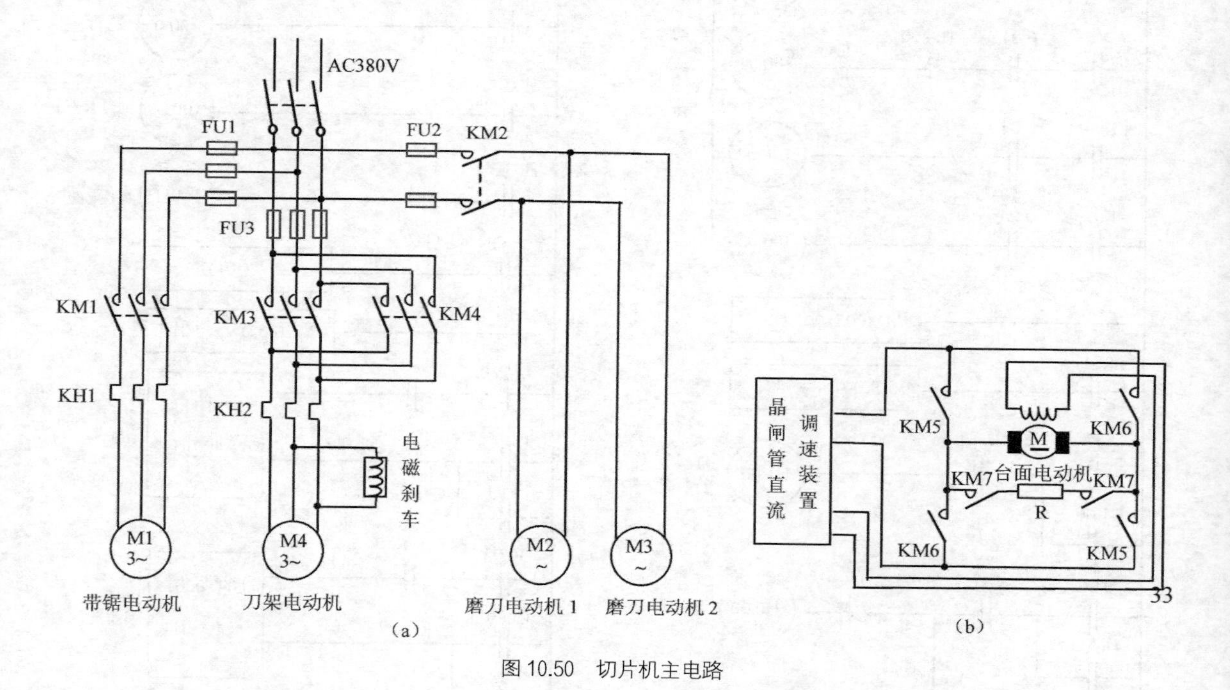

图 10.50 切片机主电路

2. PLC 控制系统设计

图 10.51 所示为切片机控制系统原理图，切割厚度由 4 位拨盘开关设定输入，范围为 0.0～199.9mm。在刀架电动机的转轴上装有测速齿轮，沿圆周均匀开 5 个槽。使用二线制接近开关，电机轴每转 1 圈，向 PLC 发出 5 个计数脉冲，转两圈刀架高度变化 1mm，接近开关发出 10 个脉冲，根据设定的切割厚度可以简单地计算出 PLC 应计的脉冲个数。电动机轴转速

为 10 转/秒，PLC 的计数频率应达到 50Hz。选用 CP1E-E40DR-A 型 PLC，使用其高速计数器 0，它的计数频率可达 10kHz。

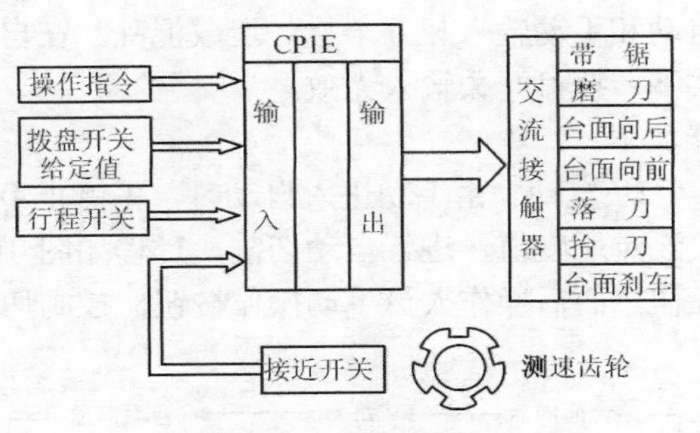

图 10.51 切片机控制系统原理图

图 10.52 所示为 PLC 接线图，高速计数器 0 的输入点是 0.00。

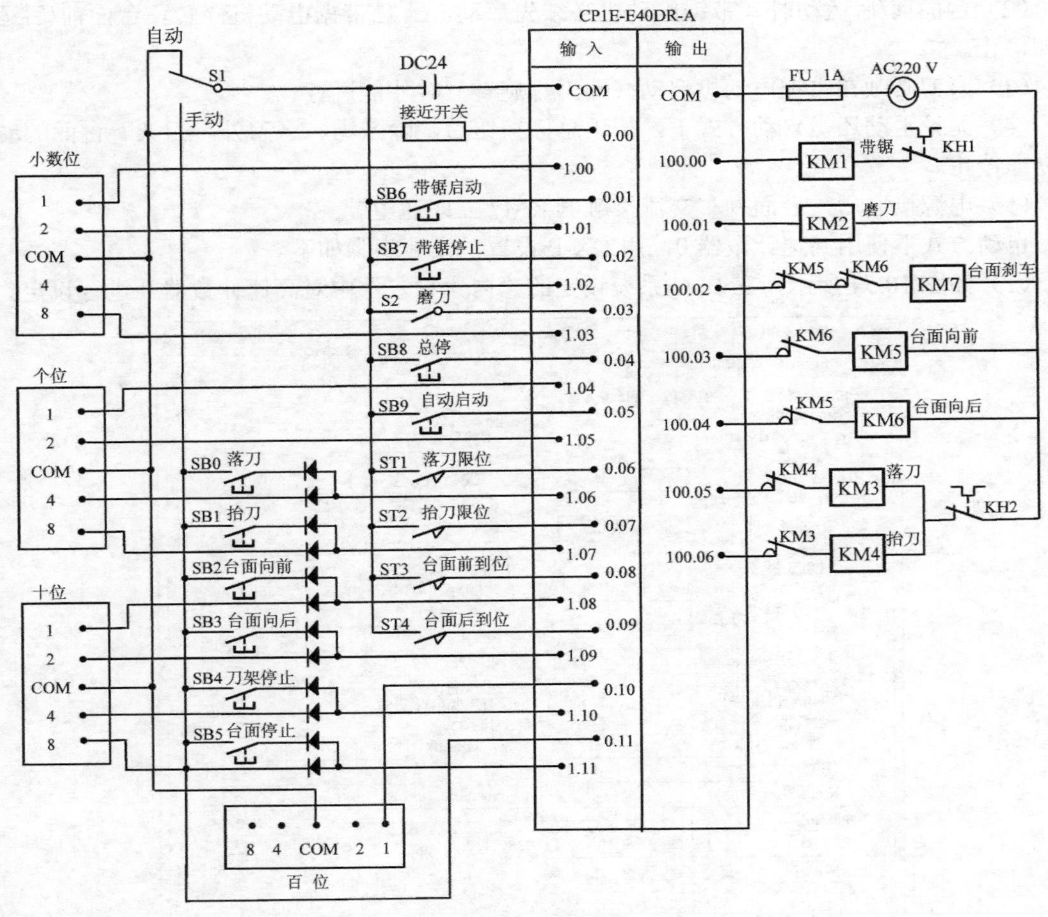

图 10.52 PLC 接线图

切片机的工作方式有两种：手动和自动。由工作方式选择开关 S1 确定，输入点 0.11 接通时为手动方式，断开时为自动方式。两种方式下的输入点共有 30 个，超出 PLC 本身 24 个输入点，由于手动和自动只能以一种方式工作，故某些输入点可分时复用，一点顶两点用。采用二极管对 PLC 输入点进行扩展，这是一种很常用的做法，这里必须使用二极管，否则，会形成寄生电路，导致自动和手动输入相互干扰，造成混乱。在自动方式下，SB0～SB5 按钮失去作用；在手动方式下，拨盘开关输入无效。

PLC 控制系统的功能如下。

（1）两种工作状态：手动/自动。由手动进入自动时，先停止手动状态动作，按下自动启动按钮后，根据拨盘开关设定厚度值，进行自动切割，过程如图 10.53 所示。由自动进入手动时，先停止自动状态工作，而后操作人员手动操作按钮，控制切片机动作。

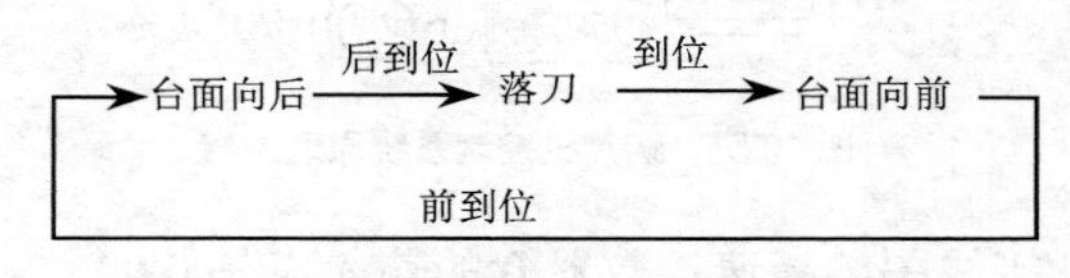

图 10.53 自动方式下的工作流程

（2）台面前/后运动时，带锯电动机必须先启动，一旦带锯电动机停转，台面前/后运动立即停止。

（3）磨刀必须在带锯电动机启动（即刀片旋转）时才能进行。

（4）无论手动还是自动方式下，按下总停按钮后，除带锯、磨刀外，刀架、台面的动作应立即停止。

（5）电源接通后，台面刹车交流接触器 KM7 立即通电。

自动方式下使用高速计数器 0，用 CX-P 设置，设计步骤如下。

（1）如图 10.54 所示，在 PLC 系统设定的“内置输入”中对高速计数器 0 进行设定。

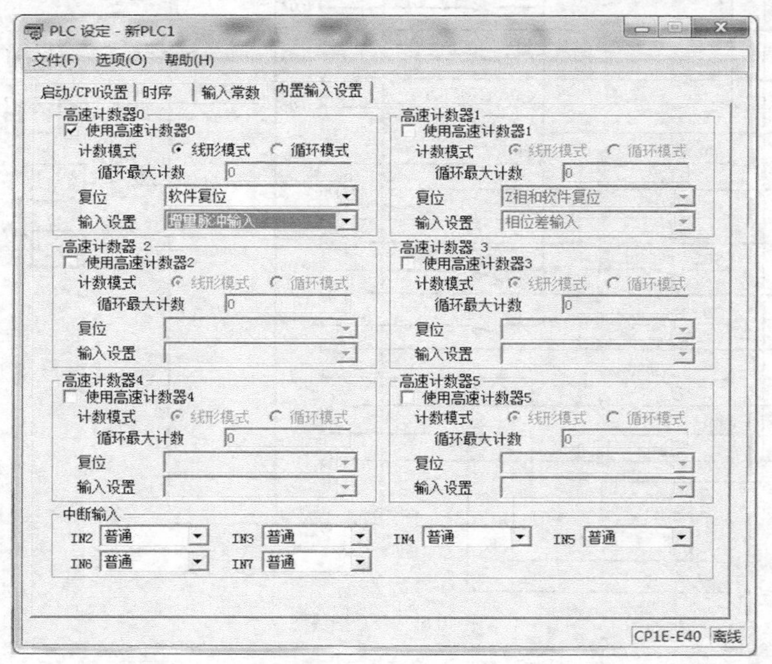

图 10.54 高速计数器 0 设定

高速计数器 0：使用。

计数模式：线性模式。

循环最大计数：无。

复位：软件。

输入设置：增量。

（2）将目标值一致比较表数据登记在 D0～D3。

D0　比较的次数（在程序中置为 0001）。

D1　目标值 1 低 4 位（在程序中计算设置）。

D2　目标值 1 高 4 位（在程序中置为 0000）。

D3　在程序中置为 0000（加法计数，中断任务编号 00）。

（3）分别设计循环任务 00 和中断任务 00。

循环任务 00 的程序共分三部分：公用程序、手动程序、自动程序。其中公用程序完成对带锯电机、磨刀电机、台面刹车的控制。选用 20.02 表示手动/自动工作状态，20.02 为“0”时表示手动状态，为“1”表示自动状态。在自动程序里，选用 23.00～23.05 这 6 个内部辅助继电器作为工作的步标志，控制循环动作，其顺序功能图如图 10.55 所示。

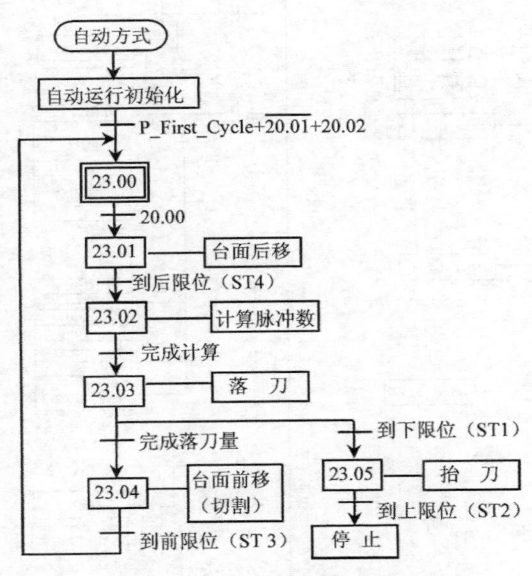

图 10.55　自动程序的顺序功能图

中断任务 00 的功能是当刀架下降距离达到一个设定的厚度时，立即将步 3 复位，即停止刀架电动机的运行，同时将步 4 置位，启动台面前移，开始切割。

各部分梯形图如图 10.56 所示。这里应当注意的是，在自动程序中，初始步的产生及中间步的转换不是采用通常的启保停电路的结构形式，而是用置位/复位（SET/RSET）指令来实现的，它们同样可以实现启保停电路的功能。

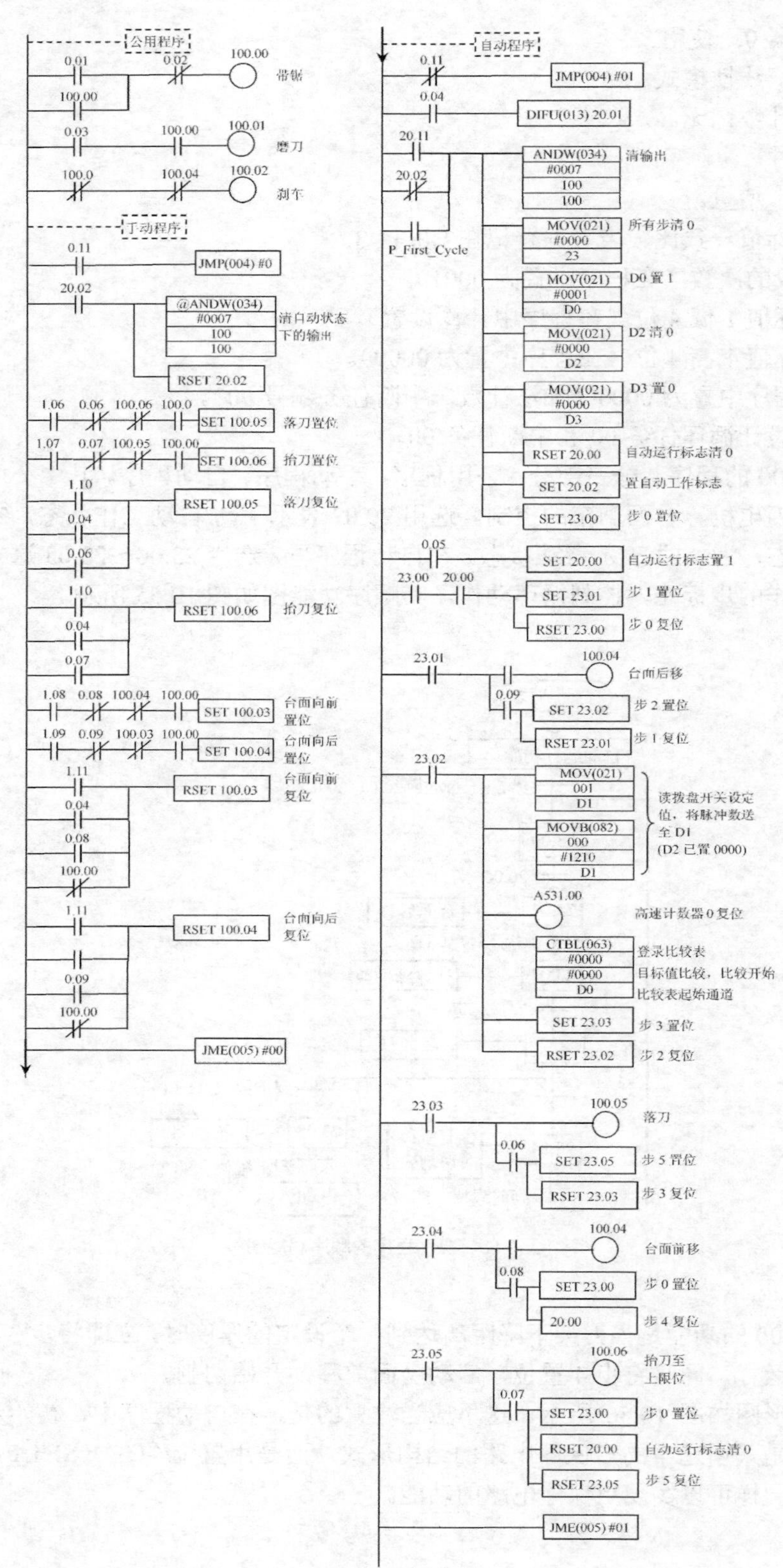

图 10.56　循环任务 00

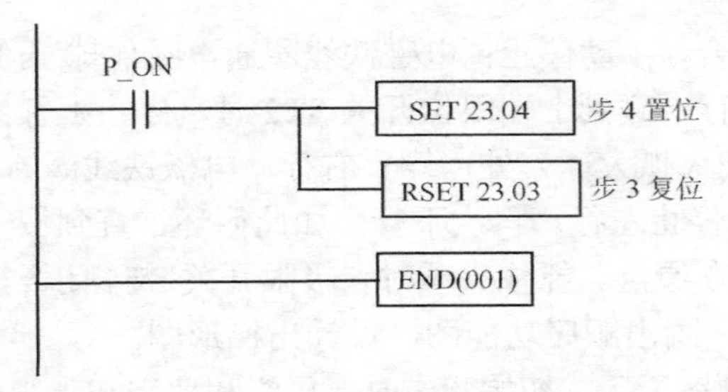

图 10.57 中断任务 00

思考题与习题

1. 某自动门，在门内侧和外侧各装有一个超声波探测器。探测器探测到有人后 0.5s，自动门打开，探测到无人后 1s，自动门关闭。设计 PLC 梯形图。

2. 利用 PLC 控制三盏灯自动顺序点亮，逆序熄灭。按下启动按钮 SB1，第一盏灯亮，2s 后，第二盏灯亮，再过 2s，第三盏灯亮；按下停止按钮 SB2，第三盏灯灭，2s 后，第二盏灯灭，再过 2s，第一盏灯灭；按下停止按钮 SB3，全部灭。分配 I/O 点，设计出梯形图。

3. 设计具有断电记忆功能的长定时器，定时时间为 365 天。

4. 设计三开关表决逻辑电路，当有两个或两个以上开关接通时，绿灯亮，表示通过；当只有一个或没有开关接通时，红灯亮，表示不通过。

5. 按一下启动按钮后，电动机运转 10s，停止 5s，重复如此动作 3 次后停止运转。设计梯形图。

6. 某广告牌上有六个字，每个字依次显示 0.5s 后六个字一起显示 1s，然后全灭。0.5s 后再从第一个字开始显示，重复上述过程。试用 PLC 实现之。

7. 粉末冶金制品压制机如第 7 题图所示，装好粉末后，按一下启动按钮 0.00，冲头下行。将粉末压紧后，压力继电器 0.01 接通。保压延时 5s 后，冲头上行至 0.02 接通。然后模具下行至 0.03 接通。取走成品后，工人按一下按钮 0.05，模具上行至 0.04 接通，系统返回初始状态。画出顺序功能图，设计出梯形图。

8. 动力头按第 8 题图（a）所示的步骤动作：①快进，②工进 1，③工进 2，④快退。输出 M0～M3 在各步的状态如第 8 题图（b）所示，表中的“1”、“0”分别表示接通和断开。设计该动力头运动的梯形图程序，要求设置连续、单周期、单步 3 种工作方式。

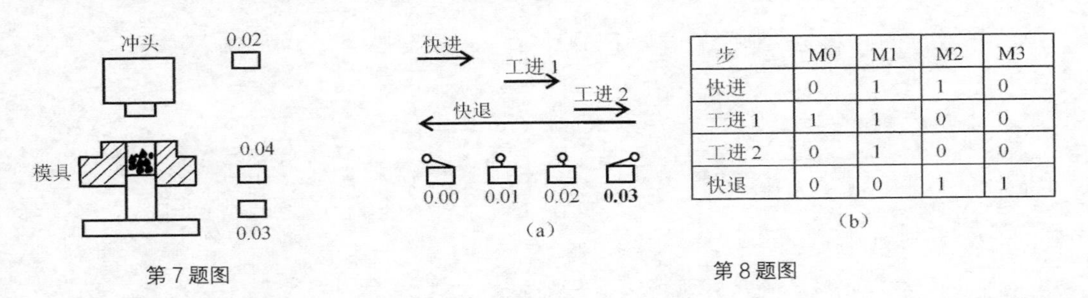

步	M0	M1	M2	M3
快进	0	1	1	0
工进 1	1	1	0	0
工进 2	0	1	0	0
快退	0	0	1	1

第 7 题图

第 8 题图

9. 分拣大、小球的机械装置如第 9 题图所示。工作顺序是：手臂在左上点（原点），ST2、ST3 闭合，按一下启动按钮，手臂向下运动，碰到下端限位开关 ST1 时，停止下行；手伸出，碰到球时，压力继电器闭合，手动停止；电磁铁线圈通电吸住球 1s 后，手开始缩回，缩回到位的时间为 0.5s；手臂上行，碰到上端限位开关 ST2 时，停止上行；右行，行至右端光电开关 GK1（抓小球）或 GK2（抓大球）处，停止右行，电磁铁线圈断电释放球；1s 后，左行，至左端限位开关 ST3 处，停止左行。再次下行。如此循环，直到按一下停止按钮，机械手完成最后一次循环后，停止在原点。抓住小球时，极限开关 ST4 闭合，抓住大球时，极限开关 ST4 不闭合。分配 I/O 点，画出顺序功能图，设计出梯形图。

10．剪板机如第 10 题图所示，初始状态时，压钳和剪刀在上限位置，0.00 和 0.01 接通。

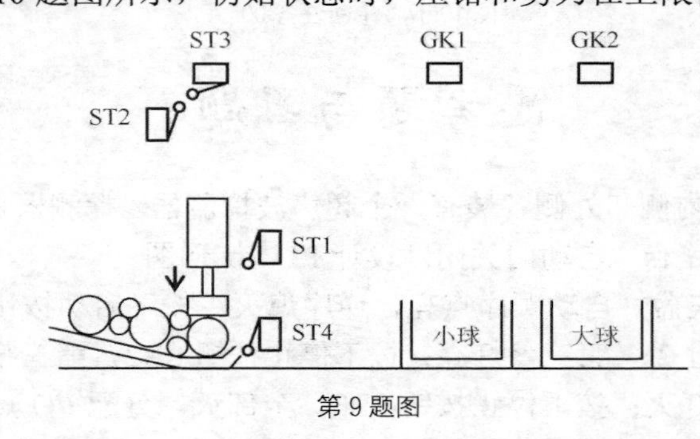

第 9 题图

按一下启动按钮 0.05，工作过程如下：首先板料右行（100.00 接通），至 0.02 接通，然后压钳下行（100.01 接通）。压紧板料时，压力继电器 0.03 接通，压钳需保持压紧（100.01 仍接通），剪刀开始下行（100.02 接通）。剪断板料后，0.04 接通，压钳和剪刀同时上行（100.03 和 100.04 接通，100.01 和 100.02 断开）。当它们碰到各自的上限位开关 0.00 和 0.01 后，都停止上行。接着又开始下一周期的工作。剪完 10 块料后，停止工作，并停在初始状态。画出顺序功能图，设计出梯形图。

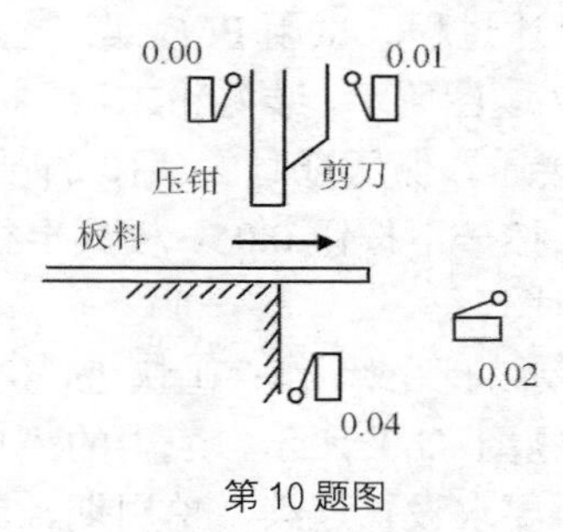

第 10 题图

附录 实验指导

实验一　三相异步电动机启保停与点动控制

一、实验目的

（1）认识常用低压电器的结构及工作原理。

（2）掌握三相异步电动机的启动、保持、停止控制及点动控制线路的接线方法。

（3）掌握三相异步电动机的长动与点动的工作原理。

二、实验内容

1．*控制要求*

在附图 1 中按一下启动按钮 SB2，电动机启动并连续运转；当按一下停止按钮 SB1 后，电动机 M 停止工作。

在附图 2 中，按一下启动按钮 SB2，电动机启动并连续运转；当按一下停止按钮 SB1 后，电动机 M 停止工作。在电动机静止时，按下点动按钮 SB3，电动机启动；松开 SB3，电动机停止，实现点动。

2．*实验原理*

附图 1 是三相异步电动机直接启动控制电路，图中 FU 是短路保护，FR 是过载保护，SB2 是启动按钮，SB1 是停止按钮。当按下 SB2 时，KM 得电，电动机运转，KM 的常开触点吸合，起自锁功能，所以电动机可以在松开 SB2 时连续运转下去，按下 SB1 后，KM 失电，电动机停止运行，所以附图 1 称为启保停控制电路，可实现电动机长动控制。

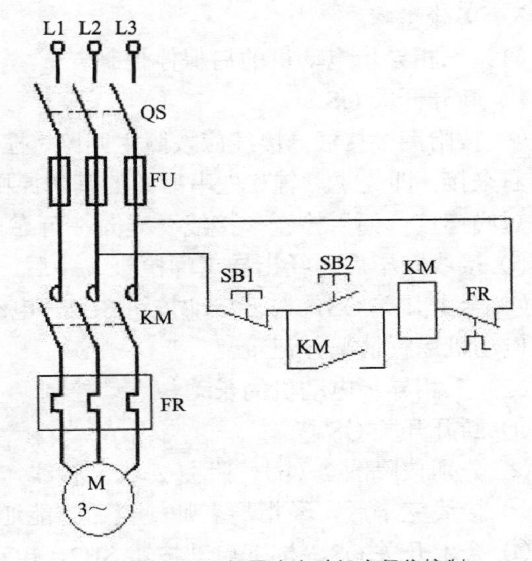

附图 1　三相异步电动机启保停控制

附图 2 是既可长动又可点动的控制电路，（a）是主电路，（b）、（c）是两种不同控制电路。

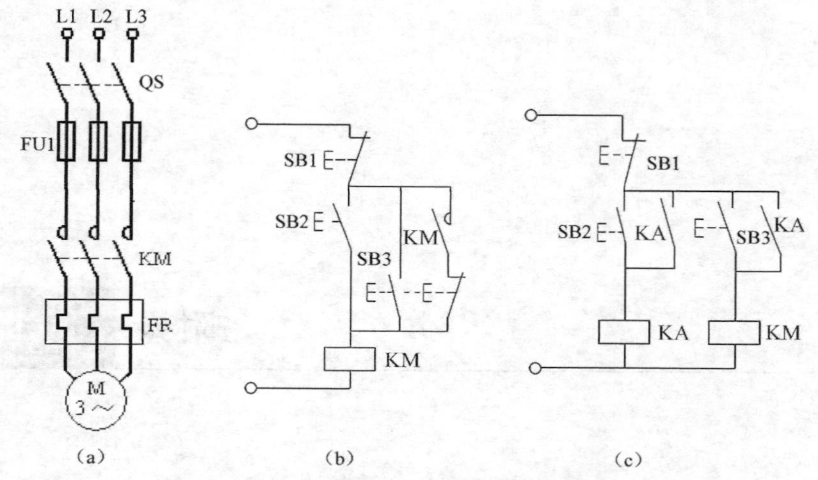

附图 2 三相异步电动机长动和点动控制

附图 2（b）中，当按下启动按钮 SB2 时，接触器 KM 通电吸合并自锁，电动机连续运行，称之为长动控制；当按下停止按钮 SB1 时，交流接触器 KM 断电释放，电动机停止运行；而电动机在静止时，当按下点动按钮 SB3 时，电动机转动，如果松开，则电动机停止运行，没有自锁功能，称为点动控制。

在附图 2（c）中，长动控制如下：按下启动按钮 SB2 后松开，中间继电器 KA 得电并自锁，KA 另一辅助触点接通接触器 KM，电动机连续运行；按下 SB1 时，KA、KM 失电，电动机停止运行。点动控制如下：电动机在静止时，按下点动按钮 SB3 时，电动机转动，如果松开，则电动机停止运行，没有自锁功能。

3. 实验步骤

（1）三相异步电动机的启保停控制

① 断开开关 QS。

② 按附图 1 接线。接线应按照主回路、控制回路分步来接；接线次序应按自上而下，从左向右来接；即先主后辅、先串后并的基本原则。接线尽可能整齐、清晰，能用短线的地方，就用短线连接，便于检查。接线要牢固、可靠。

③ 接线完毕后需经指导老师检查线路后，方能接通电源。

④ 合上开关 QS，按下启动按钮 SB2，电动机启动并连续运行，按下 SB1 电动机停止。观察电动机运行情况并记录。

（2）三相异步电动机的长动与点动控制

① 断开开关 QS。

② 分别按附图 2（b）、附图 2（c）接线，接线方法应按步骤（1）去做。

③ 接线完毕后，经指导老师检查后方能通电。

④ 合上开关 QS，按下启动按钮 SB2，电动机启动并连续运行，按下 SB1 电动机停止。

⑤ 电动机停稳后，按下 SB3，电动机运行，松开 SB3 电动机停止，实现点动。观察电动机运行情况并记录。

思考：附图 2（b）、附图 2（c）的控制功能是否相同？若有区别，分析原因并验证。

实验二　三相异步电动机正反转控制

一、实验目的

（1）掌握由电气原理图制作实际电路的方法。

（2）加深对电气控制系统各种保护、自锁、互锁等环节的理解。

（3）学会分析、排除继电器控制电路故障的方法。

二、实验内容

1. 控制要求

附图 3（b）为三相异步电动机带接触器互锁的控制电路，附图 3（c）为三相异步电动机带按钮、接触器双重互锁的控制电路。两个控制电路中 SB2 为正转启动按钮，SB2 按一下后，电动机启动并运行，按下 SB1 电动机停止运行。SB3 为反转启动按钮，按一下 SB3，电动机反转并运行，按一下 SB1 电动机停止，双重互锁电路可以直接反转，只有接触器互锁的控制电路需要先停止正转，才能启动反转。

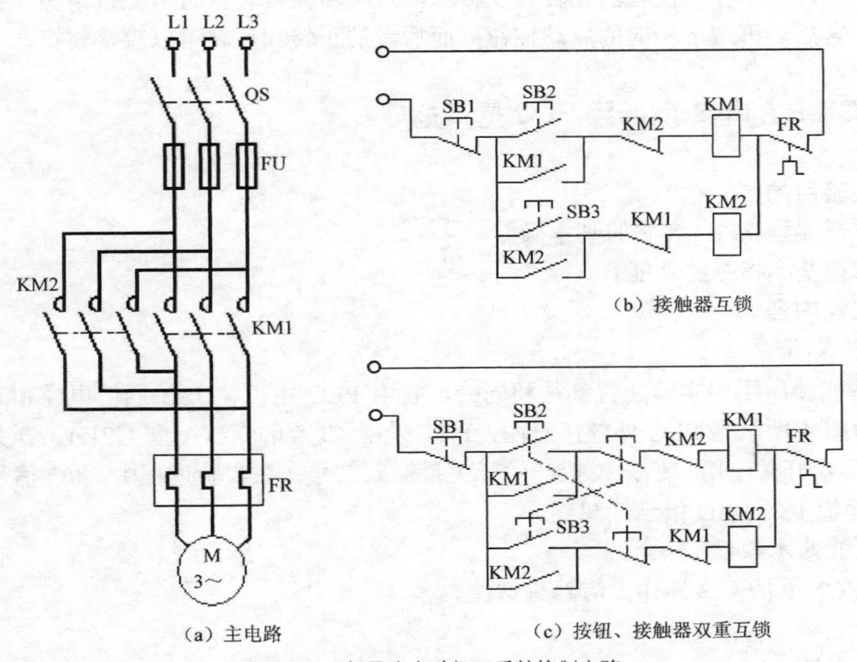

（a）主电路　（b）接触器互锁　（c）按钮、接触器双重互锁

附图 3　三相异步电动机正反转控制电路

2. 实验原理

附图 3 为三相异步电动机正反转控制电路。

附图 3（a）为主电路，KM1、KM2 主触点分别担任正转、反转的任务，交换与电动机绕组相连的三相电源中的任意两相。

附图 3（b）的控制电路带有接触器互锁，以保证电路可靠工作。当正转按钮 SB2 按下时，KM1 通电吸合并自锁，同时互锁住 KM2，使电动机正转；在电动机静止时，当反转按钮 SB3 按下时，KM2 通电吸合并自锁，同时互锁住 KM1 使电动机反转。无论在正转还是反转，按下SB1，电动机停止。

附图3（c）的控制电路带有按钮、接触器双重互锁，使电动机运行更可靠。当正转按钮SB2按下时，KM1通电吸合并自锁，同时互锁住KM2，使电动机正转；当反转按钮SB3按下时，KM1因被断开而失电，KM1触点恢复常态为反转提供条件，接着KM2通电吸合并自锁，同时互锁住KM1使电动机反转。反之，先启动KM2，也同样道理。无论在正转还是反转时，按下SB1，电动机停止运行。

3. 实验步骤

（1）三相异步电动机带接触器互锁正反转控制

① 断开开关QS。

② 按附图3（b）、附图3（c）接线。接线应按照主回路、控制回路分步来接；接线完毕后需经指导老师检查线路后，方能接通电源。

③ 合上开关QS，按一下SB2，电动机正转并连续运行，按一下SB1电动机停止。按一下SB3，电动机反转，按一下SB1电动机停转。观察正反转情况并记录。

（2）三相异步电动机双重互锁正反转控制

步骤同上，区别在于前者的正转和反转不能直接转换，转换时需先按下停止按钮SB1，使电动机停转后，再按下相应的启动按钮；而后者的正转和反转可以直接转换。

实验三　CX-P的基本操作与PLC基本指令

一、实验目的

（1）掌握编程软件CX-P的基本操作。

（2）掌握基本指令的功能。

二、实验内容

1. 实验装置

PLC各实验所用的实验装置都是相同的，它由PLC主机、USB通信电缆和开关量输入板组成，附图4所示为PLC外部接线图，PLC采用40点的X/XA型CP1H。开关量输入板上有24个乒乓开关，用它们来模拟产生开关量输入信号。在实验过程中，I/O信号的状态可借助PLC面板上的LED指示灯观察。

2. CX-P基本操作

以下为CX-P的基本操作，应熟练掌握。

（1）建立新工程；

（2）建立符号表；

（3）输入程序；

（4）编译程序；

（5）下载程序；

（6）上载程序；

（7）继电器、数据区监控。

3. PLC基本指令编程

附图5所示为应用PLC基本指令编写的程序，用CX-P输入，并下载到PLC中。

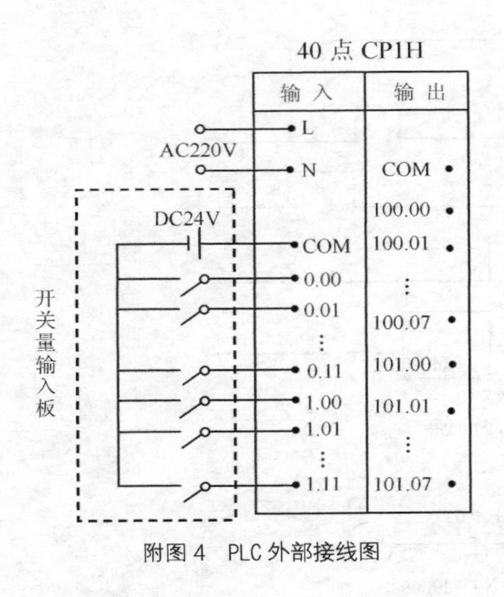

附图 4　PLC 外部接线图

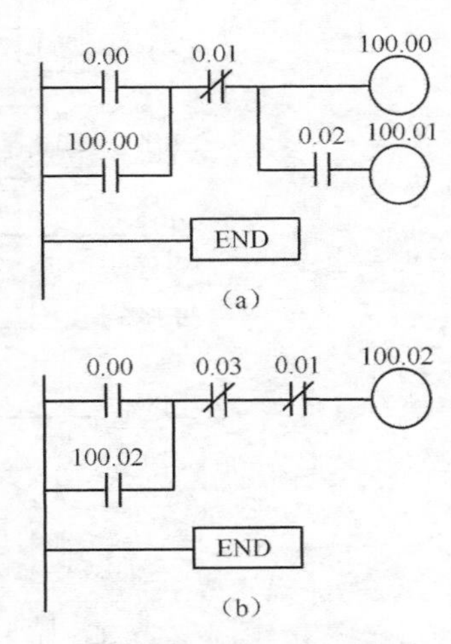

附图 5　基本指令程序

4. 程序调试

程序下载到 PLC 后，断开实验装置的全部输入开关，用 CX-P 将 PLC 的工作方式从编程转换为监视或运行，PLC 开始执行程序。

按照附表 1 操作输入点 0.00～0.02 对应的乒乓开关，通过 PLC 上的 LED 观察输出点 100.00 和 100.01 的状态，并填在附表 1 中。表中⎍表示开关接通马上断开（模拟按钮操作），0、1 分别表示断开和接通。

附表 1　I/O 信号状态表

0.00	0.01	0.02	100.00	100.01
⎍	0	0		
0	0	1		
0	0	0		
0	⎍	0		

完成以上操作后，检查附表 1 的结果是否与附图 5 一致，如果发现错误，用 CX-P 加以改正。

实验四　定时指令的应用

一、实验目的

掌握定时指令的功能及应用。

二、实验内容

（1）利用 TIM 指令编程，产生周期为 3s，占空比为 2∶1 的方波。

（2）某工件加工过程分为四道工序完成，共需要 31s，每个过程都从第一道工序开始，其时序要求如附图 6 所示。试编制一个程序，完成工件的加工任务。设输入接点 1.00 为运行控制开关。

加工工序的程序见附图 7。

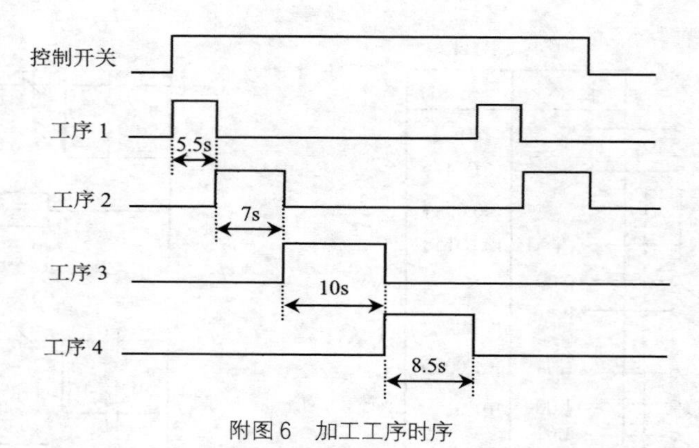

附图 6　加工工序时序

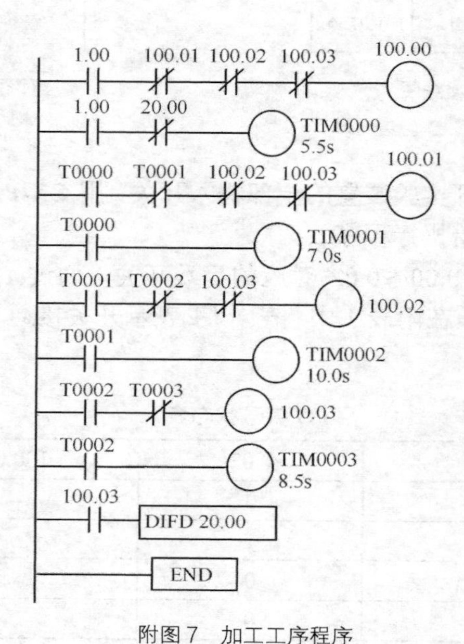

附图 7　加工工序程序

思考：若改用一个定时器设置全过程时间，再用若干条比较指令来判断和启动各道工序，程序将如何编写。

实验五　计数指令的应用

一、实验目的

掌握计数指令的功能及应用。

二、实验内容

（1）用 CNT 指令代替 TIM 指令实现附图 6 所示的加工工序要求。

（2）用一个输入开关（1.00）控制三个灯（100.01、100.02、100.03），若开关闭合三次，100.01 灯亮；再闭合三次，100.02 灯亮；再闭合三次，100.03 灯亮；再闭合一次，三个灯全灭。如此反复。

提示：CNT 为减 1 计数器，应先设定预置值。计数脉冲既可由内部继电器提供，也可由外部开关提供。当复位信号到来时，CNT 重新装入设定值，CNT 减到 0 时，该继电器为 ON。断电时，计数器的当前值不变。程序 1 中可用 0.1s 时钟脉冲 P_0.1s 作为计数脉冲。

灯控制程序见附图 8。

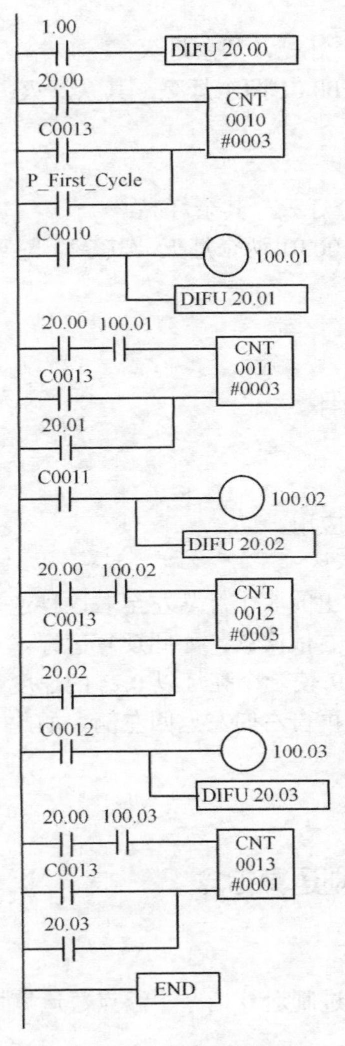

附图 8　灯控制程序

实验六　数据传送指令的应用

一、实验目的

掌握数据传送指令的功能及应用。

二、实验内容

（1）用传送指令编程，输入接点 1.00=ON 时，将“1、2、3”三个数分别送入数据存储器 D0～D2 中；1.01=ON 时，全清零且清零优先。调试运行时，需用 CX-P 通道监视功能进行监视。

（2）用传送指令编程，输入接点 1.00～1.07 的通断控制输出指示灯 100.00～100.07 亮灭的个数，1.08 的通断控制被控灯的亮灭。要求如下。

① 当 1.08=ON 时：

若 1.00=ON，则 100.00 一个灯亮，其余灯灭；

若 1.01=ON，则 100.00 和 100.01 两个灯亮，其余灯灭；依此类推。

② 当 1.08=OFF 时：

若 1.00=ON，则 100.00 一个灯灭，其余灯亮；

若 1.01=ON，则 100.00 和 100.01 两个灯灭，其余灯亮；依此类推。

数据传送程序见附图 9。

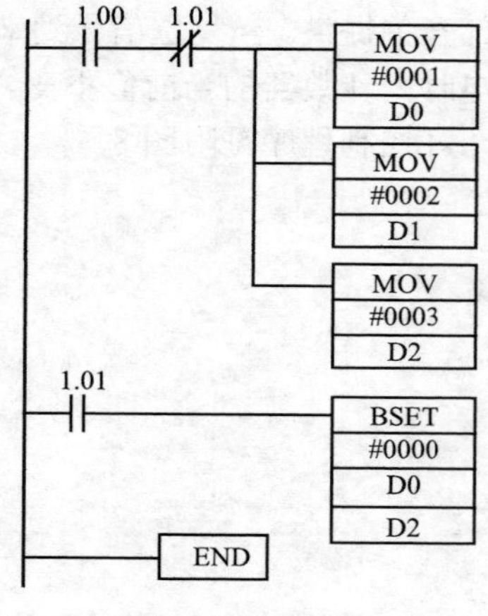

附图 9　数据传送程序

实验七　数据移位指令的应用

一、实验目的

掌握数据移位指令的功能及应用。

二、实验内容

（1）利用移位指令 SFT 使输出的 8 个灯从左至右以秒速度依次亮；当灯全亮后再从左至右依次灭。如此反复运行。

（2）利用可逆移位指令 SFTR 使一个亮灯以 0.2s 的速度自左向右移动，到达最右侧后，再自右向左返回左侧。如此反复。

SFT 移位程序见附图 10。

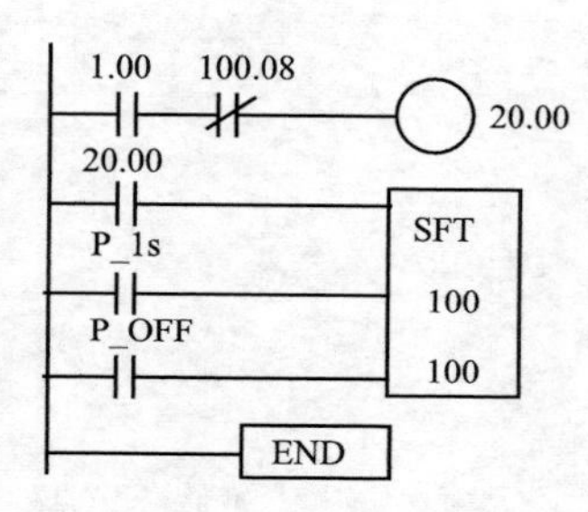

附图 10　SFT 移位程序

实验八　数据转换指令与四则运算指令

一、实验目的

（1）掌握数据转换指令与二进制运算指令、浮点数运算指令的使用。

（2）掌握微分型指令的使用。

二、实验内容

用 BIN 运算指令完成下式十进制数的计算：

$$\frac{(123+127)\times 8-31}{10}$$

要求：

（1）1.01=ON 时，计算；1.00=ON 时，全清零；

（2）各步运算结果存入 D0～D4 中。

提示：

（1）首先利用数据转换指令 BIN 将 BCD 数转换为二进制数，再用二进制运算指令进行计算，最后用数据转换指令 BCD 将二进制结果转换为 BCD 数；

（2）在程序调试过程中，需用 CX-P 监视功能监视各步运算结果。

数据转换与四则运算程序见附图 11。

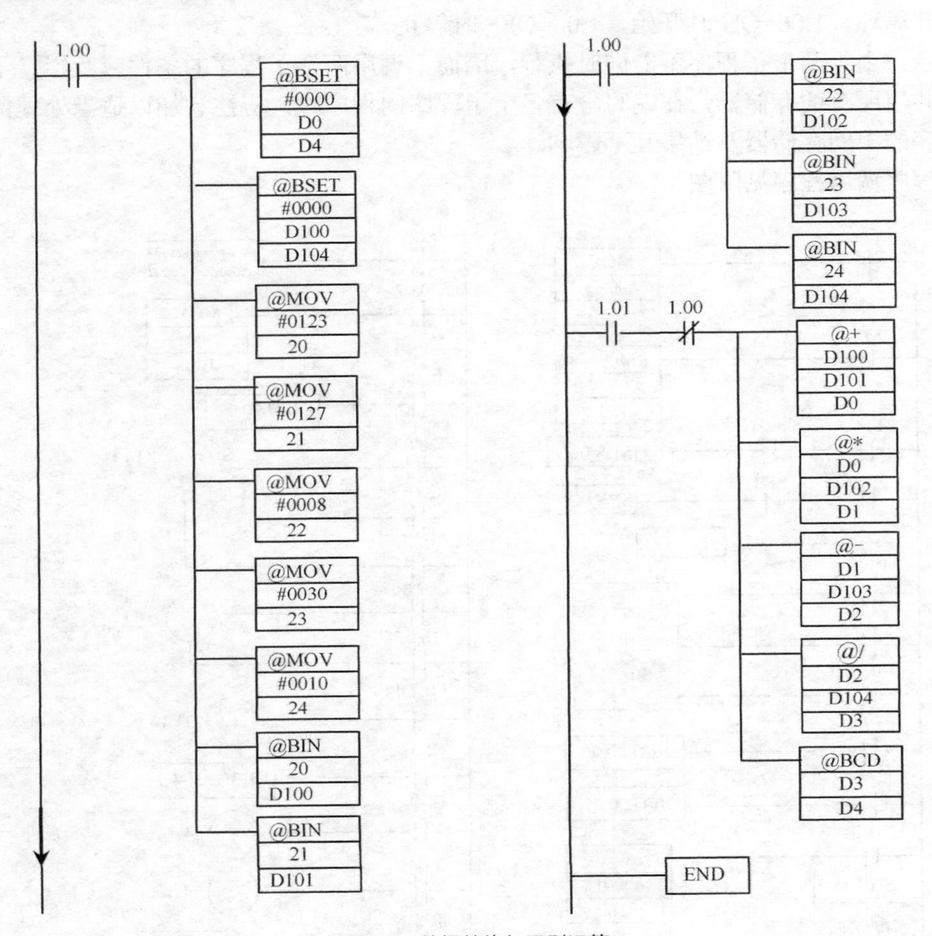

附图 11　数据转换与四则运算

思考：

① 上述实验举例的每一步运算结果都未超出一个字，若超出一个字，应怎样编程。

② 试应用浮点数运算指令，完成下列计算

$$\frac{(12.36+127.59)\times 8.789-30.56}{10.456}$$

实验九　子程序的应用

一、实验目的

掌握子程序的调用方法、调用过程及其应用。

二、实验内容

用子程序实现下列控制。

（1）当 1.00=ON 时，亮灯以秒速度自左至右移动（灯为 100.00～100.07），当到最右侧后，重复上述动作。1.07=ON 时开始，1.07=OFF 时停止。

（2）当 1.01=ON 时，亮灯以秒速度自左至右移动，当到最右侧后，再自右至左返回最左侧，如此循环。1.06=ON 时开始，1.06=OFF 时停止。

提示：由于两个子程序不能同时执行，因而，调用两个子程序的条件应互锁。子程序与主程序共用所有的存储器，在编写含有多个子程序的程序时，应注意加以适当处理，以使两个子程序的中间存储器及结果互不影响。

子程序调用程序见附图 12。

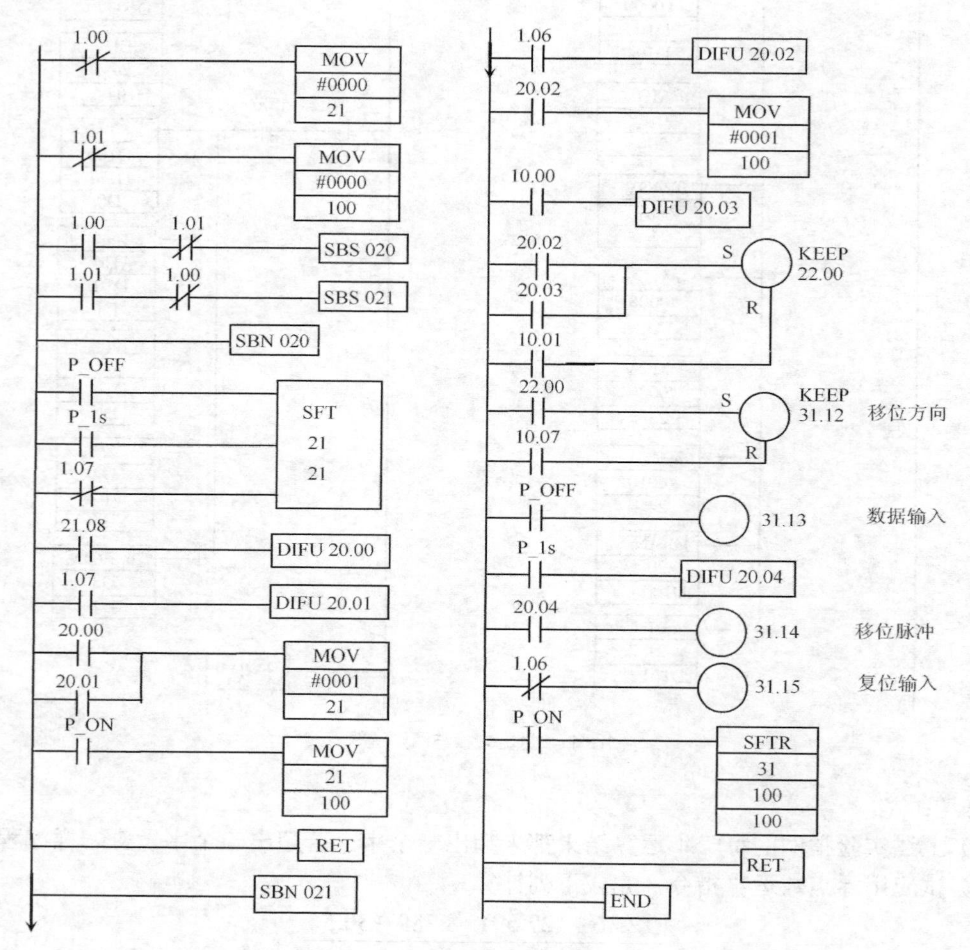

附图 12　实验九的参考程序

实验十　中断控制的应用

一、实验目的

（1）熟悉直接模式下输入中断、计数模式下输入中断和间隔定时中断的响应过程。

（2）掌握中断的 PLC 设定方法。

（3）掌握中断任务的编写方法。

二、实验内容

（1）使用直接模式下输入中断功能，输入点 0.00 对应输入中断 0，输入点 0.01 对应输入中断 1。输入中断 0 使 100.00 置 ON，输入中断 1 使 100.00 置 OFF，反复交替，注意输入点的上升沿还是下降沿触发中断。

实验步骤如下。

① 用 CX-P 设定，将 IN0、IN1 的用途选为“中断”。

② 在循环任务 00 用 MSKS 指令编写中断设置程序，如附图 13（a）所示。

③ 在中断任务 00 编写中断响应程序，如附图 13（b）所示。

④ 在中断任务 01 编写中断响应程序，如附图 13（c）所示。

⑤ 将 PLC 设定、程序下载到 PLC 中，运行程序，观察结果。

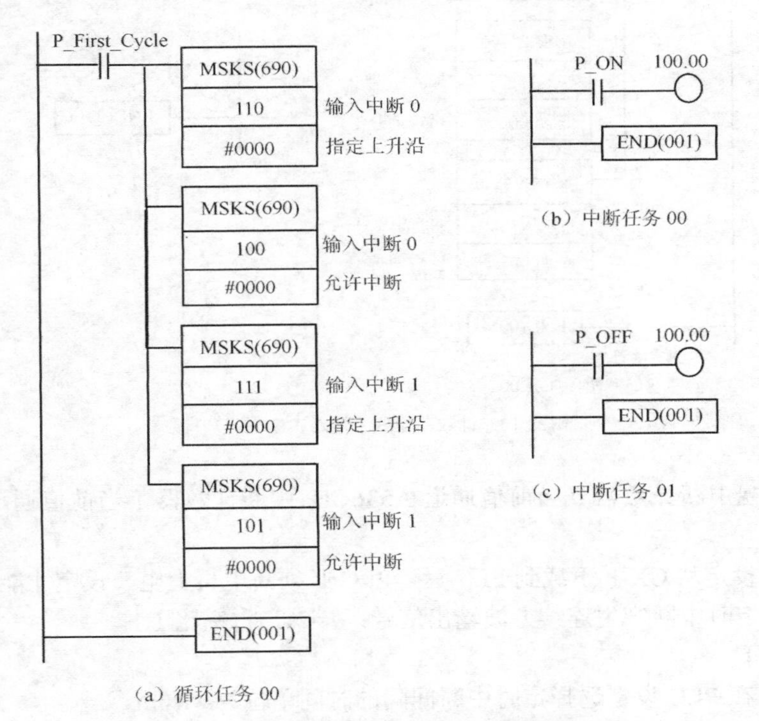

附图 13　直接模式下输入中断程序

注意：PLC 设定从 CX-P 下载到 PLC 后，PLC 必须断电再上电，设定才能生效。

（2）使用计数模式下输入中断，输入点 0.00 计数 10 次后，使 100.00 置 ON；而输入点 0.01 计数 20 次后，使 100.00 置 OFF。反复交替，注意输入点的上升沿还是下降沿触发中断。

实验步骤如下。

① 用 CX-P 设定，将 IN0、IN1 的用途选为“中断”。

② 在循环任务 00 用 MSKS 指令编写中断设置程序，如附图 14（a）所示。

③ 在中断任务 00 编写中断响应程序，如附图 14（b）所示。

④ 在中断任务 01 编写中断响应程序，如附图 14（c）所示。

⑤ 将 PLC 设定、程序下载到 PLC 中。

⑥ 用 CX-P 将 000AH（10 次）设定到 A532 通道，此为中断计数器 0 的设定值；将 0014H

（20 次）设定到 A533 通道，此为中断计数器 1 的设定值。

⑦ 运行程序，观察结果。

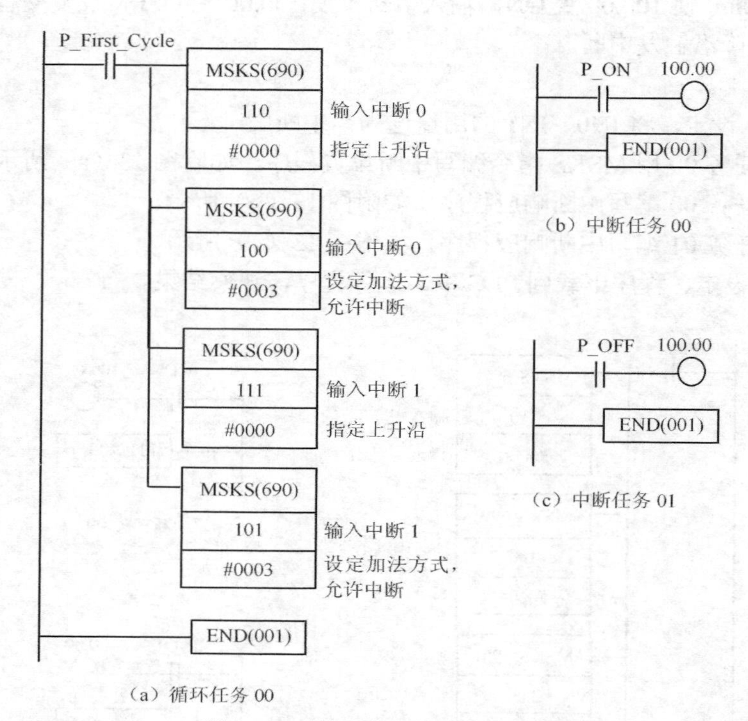

附图 14　计数器模式下输入中断程序

用 CX-P 监视中断计数器 0 当前值通道 A536CH、中断计数器 1 当前值通道 A537CH 的变化。

注意：PLC 设定从 CX-P 下载到 PLC 后，PLC 必须断电再上电，设定才能生效。

（3）用间隔定时中断产生连续方波输出信号：T=2s，占空比 1:1。

实验步骤如下。

① 用 CX-P 在 PLC 设定选择定时中断间隔的时间单位为“10ms”。

② 在中断任务 02 编写间隔定时中断响应程序，如附图 15 所示。

③ 将 PLC 设定、程序下载到 PLC 中，运行程序，观察结果。

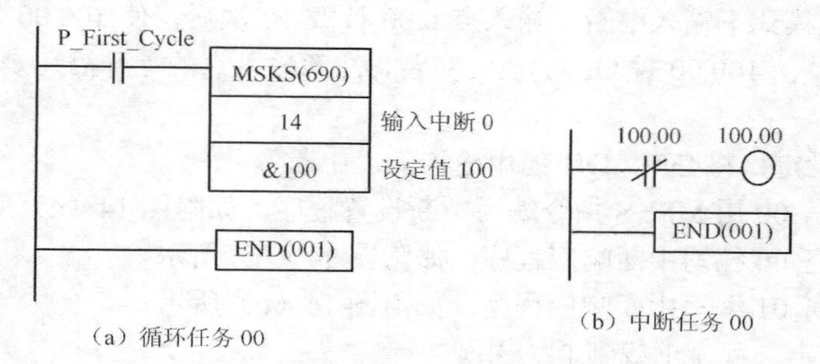

附图 15　间隔定时中断程序

注意：PLC 设定从 CX-P 下载到 PLC 后，PLC 必须断电再上电，设定才能生效。

实验十一 十字路口交通灯控制

一、实验目的

（1）进一步熟悉基本指令的功能及应用。

（2）熟悉十字路口交通灯控制的编程及调试。

（3）熟悉程序的经验设计方法。

二、控制要求

附图 16 是城市十字路口交通灯示意图，交通灯的控制要求如下。

当启动开关接通时，交通灯系统开始工作。先东西绿灯亮，南北红灯亮。南北红灯亮维持 35s，在南北红灯亮的同时，东西绿灯也亮，并维持 30s，到 30s 时，东西绿灯闪亮，闪亮周期为 1s（亮 0.5s，灭 0.5s）。绿灯闪亮 3s 后熄灭，东西黄灯亮，维持 2s，到 2s 时，东西黄灯灭、红灯亮，同时南北红灯灭、绿灯亮。东西红灯亮维持 25s，南北绿灯亮维持 20s，到 20s 时，南北绿灯闪亮 3s 后熄灭，南北黄灯亮，维持 2s，到 2s 时，南北黄灯灭、红灯亮，同时东西红灯灭、绿灯亮，进入第二周期的动作。此后周而复始地循环。

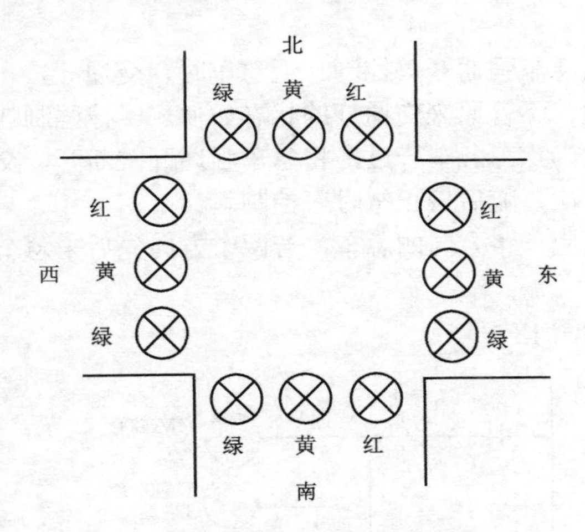

附图 16 十字路口红绿灯示意图

当启动开关断开时，所有交通灯熄灭。

交通灯状态示意图如附图 17 所示。

I/O 分配表：

输入信号	启动开关	1.00
输出信号	东西绿灯	100.00
	东西黄灯	100.01
	东西红灯	100.02
	南北绿灯	101.00
	南北黄灯	101.01
	南北红灯	101.02

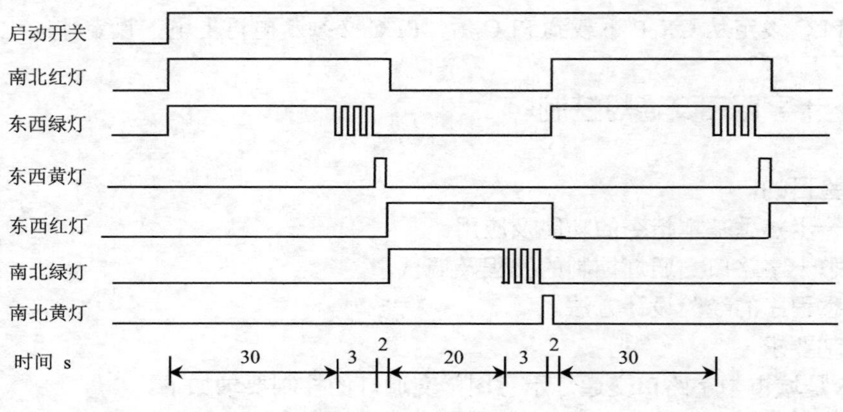

附图 17 交通灯状态示意图

提示：

（1）利用若干个定时器控制红黄绿灯亮的时间及亮、灭顺序；

（2）TIM0010 和 TIM0011、TIM0020 和 TIM0021 产生两组为 1s 时钟脉冲，这里不用系统的 1s 时钟脉冲 P_1s。

思考：上述实验为交通灯正常时序控制，若改为急车强通控制，试编制程序。急车强通控制的要求如下。

急车强通信号受两路急车强通开关控制。无急车时，交通灯按正常时序控制。有急车来时，将急车强通开关接通，不管原来交通灯的状态如何，一律强制让急车方向的绿灯亮，使急车放行，直到急车通过为止。急车一过，将急车强通开关断开，交通灯的状态立即转为急车放行方向上的绿灯闪 3 次，随后按正常时序控制。

急车强通信号只能响应一路方向的急车，若两个方向先后来急车，则响应先来的一路，随后再响应另一路。

交通灯控制程序见附图 18。

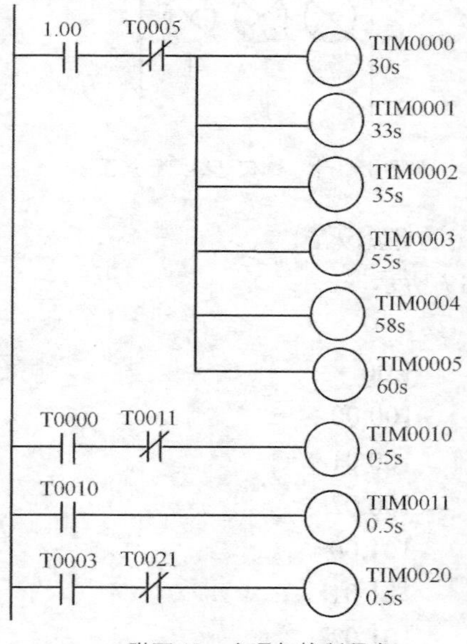

附图 18 交通灯控制程序

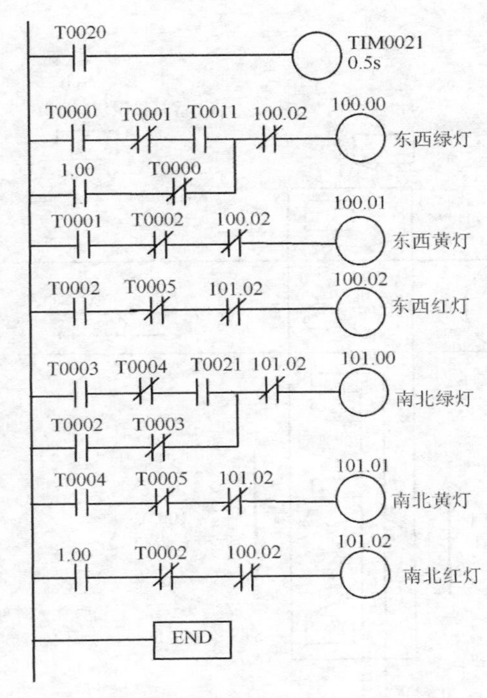

附图 18　交通灯控制程序（续）

实验十二　大、小球分拣传送控制

一、实验目的

（1）学会 PLC I/O 点的分配方法，能够画出 I/O 接线图。

（2）掌握顺序控制程序的设计方法。

（3）掌握 PLC 程序调试方法和技巧。

二、实验内容

1. 工作原理

大、小球分拣传送机工作原理如附图 19 所示。

传送机将大、小球分类传送至指定场地存放。工作顺序是：机械臂在左上点（原点），ST1、ST2 闭合，按一下启动按钮，机械手向下运动，碰到球时，压力继电器闭合，停止下行。电磁铁线圈通电吸住球后，定时 1s，若下端限位开关 ST3 接通，吸住的是小球；若 ST3 不通，吸住的是大球。1s 后，机械手开始缩回，上升碰到上端限位开关 ST2 时，停止上行。开始右行，行至右端限位开关 ST4（小球）或 ST5（大球）处，停止右行。电磁铁释放球，同时定时 1s。1s 后，机械臂左行，至左端限位开关 ST1 处，停止左行，回到原点，机械手再次下行。如此循环，直到按一下停止按钮，机械臂完成最后一次循环后，停止在原点。

2. 控制要点

（1）机械臂起始位置在机械原点，机械臂左限 ST1、机械手上限 ST2 均接通，此时指示灯 HL 亮。

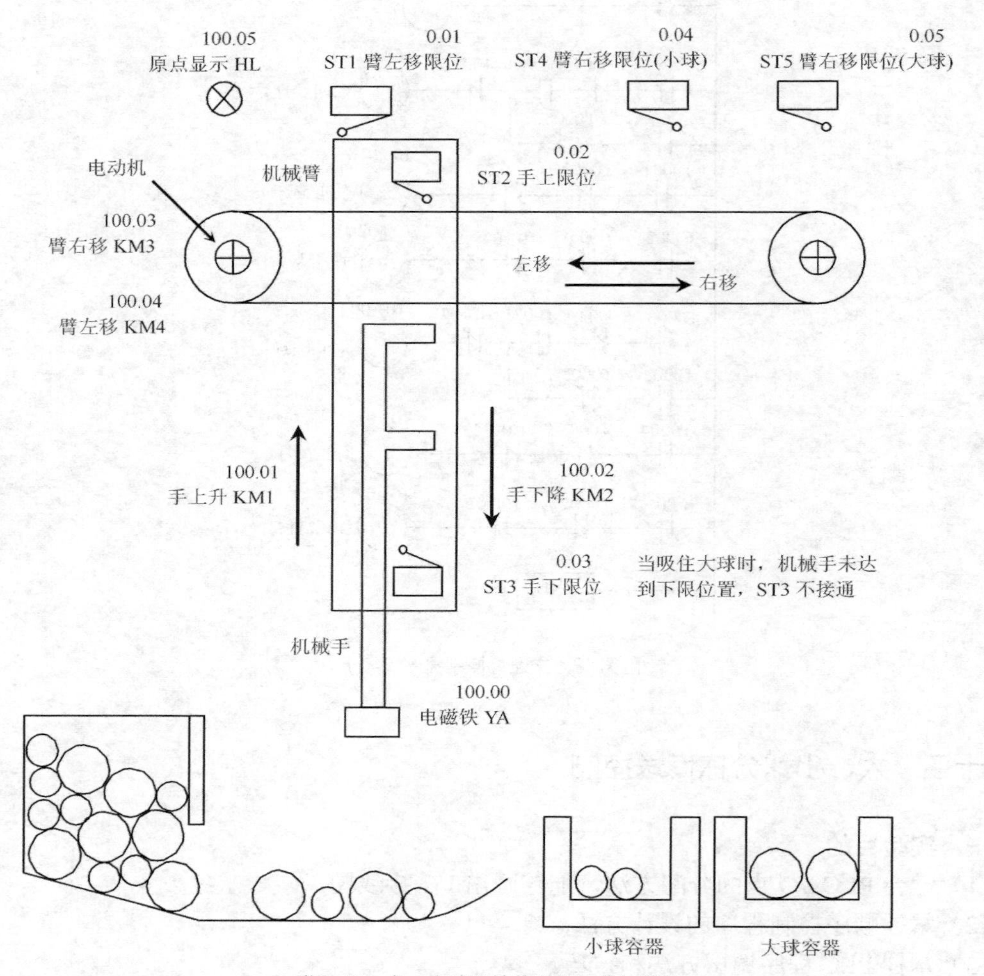

附图 19　大、小球分拣传送机工作示意图

（2）一个周期的动作顺序为：机械手下降→电磁铁吸球→机械手上升（至上限）→机械臂右行（至右限）→电磁铁放球→机械臂左行返回（至原点）。

（3）机械手下降，当电磁铁压着小球时，下限开关 ST3 接通；压着大球时，下限开关 ST3 不接通；机械臂右行时的右限位有两个位置：小球右限位（ST4）和大球右限位（ST5）。

（4）启动按钮和停止按钮控制运行，按下停止按钮时，要完成当前周期的动作，回到原点后，才停止。

三、实验要求

（1）进行 I/O 分配，画出 PLC 接线图；

（2）画出顺序功能图；

（3）画出梯形图程序；

（4）调试程序并修改，直到满足要求为止。

附表 2 为 I/O 分配表。

附表 2　　I/O 分配表

序号	输入信号	输入点地址	输出信号	输出点地址
1	压力继电器	0.00	电磁铁 YA	100.00
2	机械臂左移限位开关 ST1	0.01	机械手上升 KM1	100.01
3	机械手上限位开关 ST2	0.02	机械手下降 KM2	100.02
4	机械手下限位开关 ST3	0.03	机械臂右移 KM3	100.03
5	机械臂右移时小球限位开关 ST4	0.04	机械臂左移 KM4	100.04
6	机械臂右移时大球限位开关 ST5	0.05	原点指示灯 HL	100.05
7	启动按钮 SB1	0.06		
8	停止按钮 SB2	0.07		

附图 20 所示为 PLC 的 I/O 接线图。

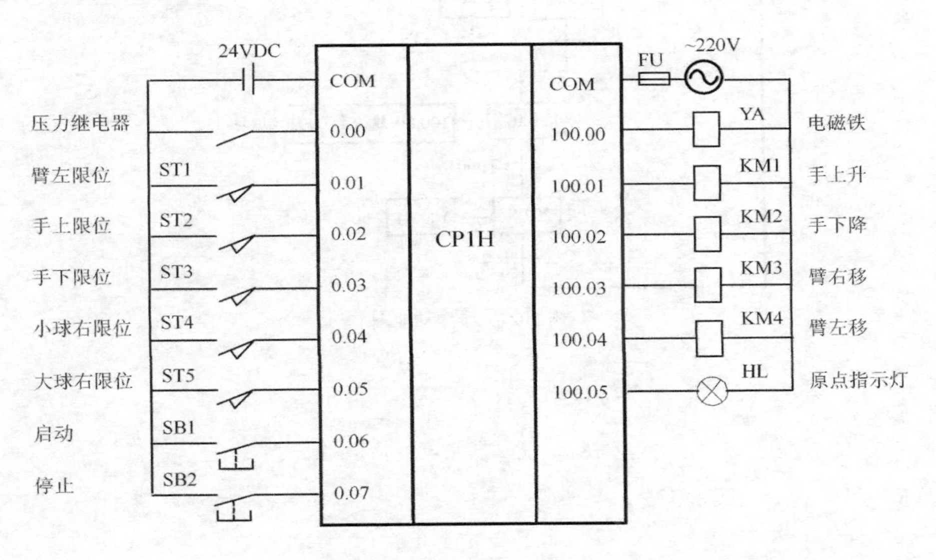

附图 20　PLC 的 I/O 接线图

顺序功能图见附图 21。

根据吸住的是小球还是大球，有两个选择性分支，21.01 为小球/大球标志，21.01 为 1 时，表示吸住的是小球，21.01 为 0 时，表示吸住的是大球。在 20.02 步时，当机械手下限位开关 ST3 接通时，21.01 置为 1；若 ST3 不接通时，21.01 置为 0。在 20.05 或 20.06 步时，21.01 置为 0。

21.00 为工作标志，按下启动按钮后，21.00 为 1，表示进入工作状态；按下停止按钮，21.00 变为 0，表示停止工作。

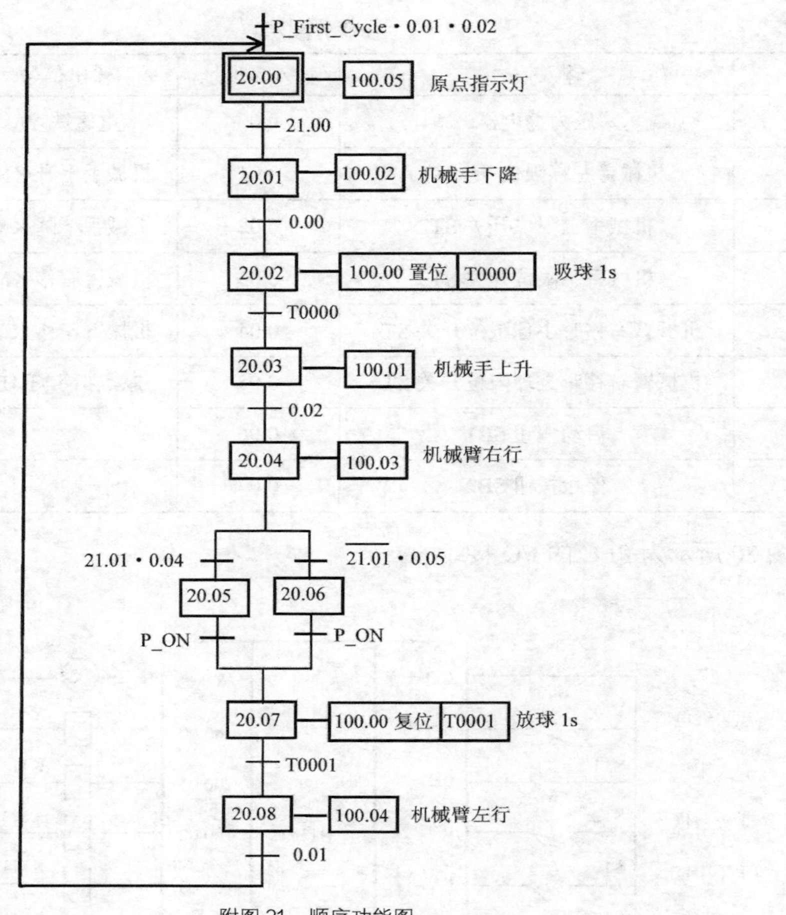
P_First_Cycle・0.01・0.02
20.00
100.05
原点指示灯
21.00
20.01
100.02
机械手下降
0.00
20.02
100.00 置位
T0000
吸球 1s
T0000
20.03
100.01
机械手上升
0.02
20.04
100.03
机械臂右行
21.01・0.04
$\overline{21.01}$・0.05
20.05
20.06
P_ON
P_ON
20.07
100.00 复位
T0001
放球 1s
T0001
20.08
100.04
机械臂左行
0.01

附图 21　顺序功能图

参考文献

1．郁汉琪．电气控制与可编程序控制器应用技术（第二版）．南京：东南大学出版社，2009．

2．刘祖其．电气控制与可编程序控制器应用技术．北京：机械工业出版社，2009．

3．熊幸明．电气控制与 PLC．北京：机械工业出版社，2011．

4．陈立定．电气控制与可编程序控制器的原理及应用．北京：机械工业出版社，2004．

5．徐世许．可编程序控制器原理·应用·网络（第 2 版）．合肥：中国科学技术大学出版社，2008．

6．徐世许，宫淑贞，彭涛．可编程序控制器应用指南 编程·通信·联网．北京：电子工业出版社，2007．

7．霍罡等．欧姆龙 CP1H PLC 应用基础与编程实践．北京：机械工业出版社，2007．

8．宫淑贞，王冬青，徐世许．可编程控制器原理及应用．北京：人民邮电出版社，2002．

9．王冬青．欧姆龙 CP1 系列 PLC 原理与应用．北京：电子工业出版社，2011．

10．屈虹等．可编程控制器原理与应用．北京：中国电力出版社，2007．

11．宋伯生．PLC 编程理论·算法及技巧．北京：机械工业出版社，2005．

12．OMRON CP1H CPU 单元编程手册．2005．

13．OMRON CP1H CPU 单元操作手册．2005．

14．OMRON CJ1M CPU 单元编程手册．2002．

15．OMRON CJ1M CPU 单元操作手册．2002．

16．OMRON SYSMAC CS1/ CJ Series CS1W-DRM21/ CJ1W-DRM21 DeviceNet Units OPERATION MANUAL．2005．

17．OMROM SYSMAC CVM1-DRM21-V1/C200HW-DRM21-V1/CQM1-DRT21/DRT1 系列 CompoBus/D（DeviceNet）操作手册．1998．

18．OMRON SYSMAC CS1W-CLK21-V1/ CJ CS1W-CLK21-V1/ C200HW-CLK21/CVM1-CLK21/ CQM1H-CLK21 Controller Link Units OPERATION MANUAL．2003．

19．OMRON SYSMAC CS1 and CJ Series CS1W-ETN21/ CJ1W-ETN21 Ethernet Units Construction of Networks OPERATION MANUAL．2004．

20．OMRON SYSMAC CS1 and CJ Series CS1W-ETN21/ CJ1W-ETN21 Ethernet Units Construction of Applications OPERATION MANUAL．2004．

21．OMRON SYSMAC WS02-CXPC1-E-V60 CX-Programmer Ver.6.0 OPERATION MANUAL．2005.

22．徐世许．滚动画布广告群的同步控制系统设计．青岛大学学报（工程技术版）．2004 年第 4 期．

23．徐世许．基于 VC 的上位机与 PLC 远程通信设计．青岛大学学报（工程技术版）．2006 年第 3 期．

24．http://www.fa.omron.com.cn.